决不，决不，决不放弃
英国航母折腾史
1945年以后

决不，决不，决不放弃
英国航母折腾史
1945年以后

NEVER GIVE IN
The British Carrier Strike Fleet After 1945

[英] 大卫·霍布斯 著

谭星 译

民主与建设出版社
·北京·

© 民主与建设出版社，2020

图书在版编目（CIP）数据

决不，决不，决不放弃：英国航母折腾史：1945年以后 /（英）大卫·霍布斯著；谭星译. —— 北京：民主与建设出版社，2020.3

ISBN 978-7-5139-2923-3

Ⅰ.①决… Ⅱ.①大… ②谭… Ⅲ.①航空母舰 – 史料 – 英国 Ⅳ.①E925.671-095.61

中国版本图书馆CIP数据核字(2020)第030606号

THE BRITISH CARRIER STRIKE FLEET: AFTER 1945 by DAVID HOBBS
Copyright:©DAVID HOBBS 2015
This edition arranged with Seaforth Publishing
through BIG APPLE AGENCY, INC., LABUAN, MALAYSIA.
Simplified Chinese edition copyright:
2020 ChongQing Zven Culture communication Co., Ltd
All rights reserved.

著作权登记合同图字：01-2020-0653号

决不，决不，决不放弃：英国航母折腾史：1945年以后
JUEBU JUEBU JUEBU FANGQI YINGGUO HANGMU ZHETENG SHI 1945NIAN YIHOU

著　　者	[英]大卫·霍布斯
译　　者	谭　星
责任编辑	彭　现
封面设计	王　涛
出版发行	民主与建设出版社有限责任公司
电　　话	（010）59417747　59419778
社　　址	北京市海淀区西三环中路10号望海楼E座7层
邮　　编	100142
印　　刷	重庆长虹印务有限公司
版　　次	2020年4月第1版
印　　次	2020年4月第1次印刷
开　　本	787毫米×1092毫米　1/16
印　　张	39
字　　数	594千字
书　　号	ISBN 978-7-5139-2923-3
定　　价	169.80元

注：如有印、装质量问题，请与出版社联系。

中译本序

1945年时，英国海军最强大的舰队以9艘航母为核心。随着二战的结束，大英帝国日渐式微，这支强大的打击力量也无可挽回地走向衰落。

当然，二战之后，英国虽然在航母舰队的体量规模上不断衰退，但是在航母技术的创新上仍旧不乏亮点。英国人不仅研制了"海鹞"这种独树一帜的垂直/短距起降战斗机，而且还贡献了蒸汽弹射器、斜角飞行甲板、光学助降系统等巧妙的发明。另外，他们在滑跃起飞领域也颇有心得。

此外，英国航母在二战后还参与了为数不少的局部战争、局部冲突，乃至种种和平时期的任务，在投送打击力量，以及显示存在、联合护航、护侨撤侨、实施援助等方面都出力不少。

这本书讲述的正是二战之后英国航母的故事，包括航母的设计、建造、服役与四处征战。这当然不是一段一帆风顺的历史，否则也不会有激烈的冲突和精彩的故事了。就大环境而言，英国经济的衰退决定了其航母舰队不断萎缩的命运。另外，来自英国空军那"同行是冤家"般的敌视，一分钱恨不得掰八瓣花的政客挥舞的裁军"大砍刀"，以及英国海军自身在发展方向和造舰计划上的颠三倒四、反复无常给航母舰队造成了致命打击。

在这种四面楚歌的形势下，那些力挺航母、真正理解航母对一个海权大国的意义的人顶风而上、屡败屡战、折腾不止。经过这些人的不懈努力，老本几乎被吃尽的英国航母舰队终于在20世纪80年代获得了三艘无敌级轻型航母。几经沉浮之后，21世纪的第二个十年，两艘伊丽莎白女王级航母也先后入役。尽管如此，一切仿佛都是回光返照，大英帝国的航母舰队再也无法重现往日的荣景了。

本书作者大卫·霍布斯是海军飞行员出身，不仅对航母怀有深厚的感情，而且谈起航母和舰队航空兵的战斗、生活来如数家珍，这为书中的故事增色不少。认识水平终究是由实践水平决定的，一部融入了作者亲身经历和切身体会的作品，其眼光、见解和生动程度自然是那些单纯依靠文献资料写成的书籍无法比拟的。

需要注意的是，作者是从一个没落的殖民帝国的舰队航空兵军官的视角来讲述这段故事的，字里行间隐隐流露出对英国主导的世界秩序土崩瓦解的扼腕叹息。作者的立场我们绝不认同，书中所述也都是其一家之言，仅供参考。尤其是对二战后民族独立运动的叙述，以及关于20世纪50年代以来历次局部战争的内容，都是从保护英国自身利益的立场出发的，与世界大势格格不入。对此，我们应当特别加以甄别。

前　言

　　水手们总是在最严酷的学校里才能学会精准地执行任务，才能拥有坚定的决心，而大海就是这样一所容不得瑕疵的航海学校。在那里，任何不是百分之百正确的事情，就一定是大错特错的。大海赋予了人们纪律、勇气，以及对一切狂妄和不忠的毫不容忍。正是大海，让所有的不列颠水手变得成熟，无论长幼。

——约翰·布坎

　　其实笔者并不喜欢用名人名言为一本书开头，不过，把约翰·布坎的这番话用于一本关于1945年之后英国皇家海军航母打击舰队的书确实再合适不过了，所以笔者决定破个例。与笔者参与过的其他各种作战样式相比，在辽阔的大洋里、航空母舰上起降固定翼飞机是真正的"容不得瑕疵"，而且必须"百分之百正确"，在夜间和不良天气条件下更是如此。海军航空兵可以执行几乎所有的作战任务，这在保卫英伦三岛及其全球利益方面价值巨大，要做到这些常常别无他途。

　　笔者在早先关于英国太平洋舰队的著作中介绍过这支舰队给战后皇家海军带来的重大影响。本书仍将延续这一观点，而且会阐述诸多由英军航母担纲的作战行动，详细介绍那些功勋卓著的战舰和飞机。在第二次世界大战后的70余年间，英国皇家海军及下辖的舰队航空兵发生了翻天覆地的变化，而在这一过程中，战果最为丰硕的航空母舰却引来了比其他任何武器装备更多的争议。舰队航空兵不仅要对付敌人，还要经常去应付对这些舰船和飞机的重大价值缺乏理解的政客。还有一个难题来自空军，虽然英国政府倾向于组织多军种联合作战，但独立的英国皇家空军总是企图甩开其他军种单干，这常令其无法发挥应有的价值。为了说明这一切是如何达成微妙的平衡的，笔者将在描述航母部队战例的同时，介绍英国政府的一系列国防评估并阐释其带来的影响。同时笔者还将讲述航母部队的技术发展，从1946年轻型舰队航母上的单发"海火"FR47战斗机一直到2015年技术上十分先进的"闪电"Ⅱ型联合攻击战斗机，以及即将搭载这些新型战机的伊丽莎白女王级航母。即便是与核威慑能力相比，英军航母攻击能力的重要性也毫不逊色，笔者将花上一章的篇幅来介绍英国核威慑能力的发展，以作为对比。

另外，笔者自己的经历也值得一提。我在固定翼飞机和直升机上飞了超过30年，在7艘航母、多支海军航空中队和国防部的两个岗位上工作过。有一少部分读者会认为我对皇家空军及其运作方式知之不多，对此，我必须予以解释。我在皇家空军4号航校的"蚊蚋"教练机上进行过高级飞行训练，后来还参加了两次飞行员交换，其中一次驾驶的是"猎人"FGA9战斗机，另一次则是"堪培拉"B2轰炸机和T17教练机。另外，我是为数不多的拥有包括"塘鹅"预警机、海军和空军两种型号"猎人"战斗机、"堪培拉"轰炸机和"威塞克斯"直升机等多种机型的飞行记录，并且荣拥超过800次航母降落经验的飞行员之一。从海军退役后，我在海军历史处工作了一段时间，随后升任耶维尔顿海军航空站舰队航空兵博物馆的馆长和副主任。这两段工作经历使我得以对海军航空史进行了大量详细、深入的研究，并将成果应用在本书中。我还将介绍许多人物及其事迹，以求全面阐述"发生了什么、为什么会发生"，以及这背后的人与事。当然，我知道，书中提到的每个名字背后都有许多无法一一刻画的故事，但我仍将竭尽全力地展示舰队航空兵在这段激情岁月里的精、气、神，并把他们的光辉成就展现在读者面前。舰队航空兵实际上是个规模很小的部队，然而卓越的机动能力却使其能够出现在任何需要他们的地方，并且可以"全力出击"。而我，也为能亲身参与这段历史而深感骄傲。

英国皇家海军中校（退役）、英国员佐勋章获得者：大卫·霍布斯
2015年2月于克莱尔

致　谢

首先要感谢我的妻子简迪、儿子安德鲁和儿媳卢克叶尔一直以来对我的帮助和支持。

在超过30年的皇家海军生涯中，我遇到了许多聪敏而且充满热情的同僚，他们大大开阔了我在航母进攻战术、技术和作战行动方面的见识。限于篇幅，本书无法将所有人一一列出，只能写出一部分人的姓名，但我仍然全心全意地向他们所有人表达谢意，他们中仍然在世的人必将心领神会。当我的关注点从当前的行动转移到海军历史研究时，许多人都给予了我直接或者间接的帮助，有些还是全球各种研讨会和协会的成员。其中包括海军历史处的历任处长莱特·戴维·布朗、克里斯托弗·佩奇、斯蒂芬·普林斯和他们的同僚，海军上将图书馆馆馆员詹妮·莱特，以及乔克·加德纳和马尔科姆·里维林-琼斯。麦克·马卡隆拥有的"技能"价值巨大，他不仅能立刻告诉你哪些档案可以回答某一问题，而且还知道这些档案都存放在哪里。莱特·D. K. 布朗在航空母舰性能方面是个不可多得的活知识库。在伍尔维奇枪炮铸造厂的国家海洋博物馆，历史照片和舰船方案处的安德鲁·钟和杰瑞米·米切尔也拥有相当丰富的信息资源，他们也十分支持我的工作，我能把宝贵而有限的时间用来和他们一起扑在舰船的图纸上，这真是太好了。我还要感谢格拉汉姆·艾德蒙斯，他源源不断地把来自报刊和其他出版物的最新讯息提供给我。

我从我的好友，澳大利亚海权中心前战略与历史研究总监大卫·斯蒂文那里得到了许多关于皇家澳大利亚海军和英国皇家海军的有价值的信息，乔·斯特拉杰克也提供了其他一些有用的信息。海权中心的高级历史学者约翰·佩里曼为我找到了不少皇家澳大利亚海军的图片资料，并为我征得了使用许可。詹姆斯·戈德里克海军少将的父亲曾是皇家澳大利亚海军的一名飞行员，他在数年时间里一直和我反复交流，让我充分领会了澳大利亚舰队航空兵所做的贡献。

在美国，我从好友诺曼·弗里德曼那里学到了许多东西，他是我们这一代海军史研究者中的翘楚。我在美国还接触了包括 A. D. 贝克三世、爱德华·J. 马洛尔达、托马斯·威登伯格等许多人，尤为值得一提的是海军航空系统司令部的汤姆·丛山，在他的安排下，我执行了1981年AV-8"鹞"式战机在"塔拉瓦"号两栖攻击舰上的试飞。美国海军学院的数字版《每日新闻》也为我提供了重要而且不可或缺的信息。

迈克尔·惠特比是加拿大海军历史部门的主任，他为我提供了关于皇家加拿大海军舰队航空兵的知识。同样还要感谢J.艾伦·斯诺威，让我了解了许多加拿大海军"壮丽"号与"邦纳文彻"号航母上航空兵作战的历史。

和往常一样，我发现自己多年来收集的图片资料还不足以成为本书的亮点，感谢众多同僚用他们的资源帮我弥补了这一点。尤其是海洋书社的史蒂夫·布什，他让我得以使用T.菲勒斯-沃克尔和克莱尔博物馆的图片资料。

我和康拉德·沃特斯围绕我每年为《西福斯世界海军评论》所做的工作进行了讨论，这大大启发了我的思路，作用很大，我同样要感谢他的有力支持。

本书包含了从《英国政府公开法案》1.0版中获得的政府公共部门信息。

我最后还要感谢罗伯·加迪纳和西福斯出版公司对本书及此前一系列作品的鼓励和支持。我们已经成功合作了近10年，现在已经共同开始了下一本书的创作。

大卫·霍布斯

目录

中译本序		001
前言		003
致谢		005
第一章	人手、舰队和变局	1
第二章	帮扶英联邦海军	35
第三章	发明、创造，新型飞机与改造军舰	53
第四章	冷战、北约和中东	87
第五章	参加王室活动和激进国防评估	115
第六章	苏伊士运河危机	139
第七章	新装备和新一轮国防评估	187
第八章	直升机与直升机母舰	233
第九章	东征西讨	267
第十章	又一代新飞机	295
第十一章	婆罗洲丛林的奇幻之旅	333
第十二章	英国核威慑与海军部的终结	359
第十三章	CVA-01取消了	391
第十四章	航空母舰部队的衰落	425
第十五章	战斗力、贝拉巡逻、亚丁和伯利兹	459
第十六章	小型航母与垂直降落	475
第十七章	南大西洋战争	509
第十八章	十年征战	545
第十九章	新的国防评估、航母和飞机	565
第二十章	若干思考	599
参考文献		605

第一章
人手、舰队和变局

对英国皇家海军而言，其太平洋舰队（British Pacific Fleet，缩写为 BPF）1945年对日本战略目标、工业设施、军事设施和海军目标卓有成效的打击意味着一个新时代的开始。这体现在诸多方面。首先，太平洋舰队不仅沉重打击了日本本土，而且在人力和装备利用方面展现出了良好的经济性，这个优势是英国其他任何打击力量都不具备的。战后的英国政府由此意识到，一旦有需要，英军完全可以用经济上可承受的方式来实现1945年之后那些难以确定的全球战略利益。其次，除了舰队自身可以密切配合美国军队作战之外，英国太平洋舰队还可以利用英联邦国家的战争潜力服务于各国的共同利益。在美国成为世界霸主已经初见眉目之时，这些因素和舰队自身的有效战斗力同样重要。再次，飞机即将成为舰队战斗力的核心，对航空兵的光辉战史稍有了解的人都会预见到海军航空兵在战后时代的光明前景。最后，战争结束后，太平洋舰队还展示出了更多的灵活性，它的一部分舰艇，尤其是航空母舰，用来遣返战俘和其他被扣留人员，以及向许多被日本占领军搞得困乏潦倒的地区提供人道主义救援。在日本垮台后留下的权力真空中，舰队还完美地扮演了区域警察的角色，在远东各处打击海盗和暴乱，以恢复和平贸易。英国太平洋舰队已经充分展示了自己在适当地点适当时间投入适当力量进行武力威慑或人道救援的能力——通常同一支队伍就足以兼顾这两项任务。

在二战刚刚结束的1945年年末和1946年的大部分时间里，英国太平洋舰队和它的支援船队充分证明了自己的价值。他们不仅是应对各种敏感难题的最佳人选，也是英国政府在突发情况下推行政策的唯一靠山。当时，法国和荷兰在中南半岛和东印度群岛的殖民统治在当地人民的起义风潮冲击下摇摇欲坠，两国需要向当地运送大量的殖民军，然而这些殖民国家自身也面临着在摆脱纳粹统治后恢复实力的难题。法国与荷兰的重新殖民（这话听来不怎么好听）虽然在美国的支持下暂时站住了脚跟，但最终还是靠着英国的支持才为西方世界所认

△英国太平洋舰队引领着皇家海军走进了海战史的新时代，舰载航空大队现在能够对海、陆、空三个方面的敌人予以重击，如果需要，可以在远离英国本土的地方这么做。图中，"胜利"号航母的甲板上排满了"海盗"和"复仇者"，正准备空袭日本的目标。在二战中，能对日本本土实施打击的英军飞机只有这些皇家海军的舰载机。（作者私人收藏）

可。另一个十分重要的任务是恢复全球航运，更进一步，是在6年战争后恢复英国的经济。太平洋舰队采取了一系列措施来保障航运的安全以及英国的贸易，包括打击肆虐的海盗和非法武装。更重要的是，舰队还可以在全球各个港口"升旗"，以宣示英国作为一个足迹遍布全球的战胜国，可以很好地胜任联合国安理会常任理事国的角色。

日本的投降并不意味着军事行动的终结，还有很多必须去做的事情，例如清除战时留下的雷场。在英国海军部的推动下，一个总部设在伦敦，以组织清除雷场工作为目的的专门国际组织成立了[1]，它统一协调来自多个国家的1900艘扫雷舰艇投入这项任务当中。虽然付出了这样的努力，但在1945年后期到1946年间仍然有来自各国的130艘商船和渔船因触雷或沉或伤，其中许多船只都没有在已经公布的安全水道行驶，好在没有扫雷舰艇损失。1946年年初，全球各地共有513艘皇家海军扫雷舰艇在执行任务，所有舰艇都需要由能够长期服役的熟练人员操作，以免舰员变动过于频繁。到1947年年初，执行任务的扫雷舰艇减少到65艘[2]，英国和英联邦的舰船在1946年间已经在从大西洋、北海、地中海，到新加坡、马来亚、中国香港、中南半岛和文莱的辽阔海域扫除了4600枚水雷[3]。

虽然太平洋舰队里那些强有力的攻击型航空母舰一直战斗到战争胜利，但是英国海军本土舰队在日本投降前就已经大幅裁撤，地中海舰队则完全成了训练舰队，只需要在天气晴好的日子里为新服役的军舰训练舰员。因为军队不能再继续占用这么多的人力了。英国的经济在6年的全球战争和全面武装之后已经处于崩溃的边缘，随着战争的结束和英国政府挽救经济的需求日益急迫，英国海军不得不大规模地裁员和缩编。1945年，人员危机已经出现，当包括16艘新型轻型舰队航母在内的新舰入役后，航母"暴怒""百眼巨人"和几艘战列舰等老旧舰只能转入预备役以腾出有经验的人手来操作新舰。英国海军部一度预计太平洋战争将持续到1946年，但英国政府重建英国工业需要大量人力，一部分军兵种已经提前开始压缩人手。1945年8月日本投降，这意味着大批官兵即将复员。虽然舰队仍然要保留在必要时参加战斗的能力，但是在远赴重洋开展大规模战斗行动的时代结束后，整个皇家海军，尤其是舰队航空兵，不可能再像战时那样行事了，全军都要遵照和平时期的要求重新整编。

人力和训练

1945年中期时，总共有866000名军人在皇家海军、陆战队和海军妇女勤务队中服役，其中多达75%的军官都是临时动员服役的皇家海军预备役和志愿预备役人员，1939年之后加入正规军的很大一部分士兵也是根据"仅战时有效"的规则才当的兵。虽然这些人理论上可以继续留在部队中，直到国家状态从战时彻底恢复为平时，直到那些接受过和平时期训练的人前来替代他们，但他们的人数太多了，毕竟根据1918年的编制，皇家海军的总兵力只有450000人。因此，复员势在必行，而且复员的规模和速度都是史无前例的。随着敌人的投降，有些部队和设施失去了存在的意义，因此可以被迅速裁撤，包括利物浦的西部海口司令部、斯卡帕湾的本土舰队战时基地，还有锡兰、澳大利亚、海军上将群岛和许多其他地方的机场、水上飞机码头以及各种仓库。到1946年，皇家海军的兵力已经下降到了492800人，1947年更是缩减到了192665人。

连续两年每年裁撤30万人实属不易，裁军绝不仅仅是个数字问题。那些在战前就加入海军的正规军人此时大多已经成了高阶士官或者军官，而战时入伍的军人们退伍后，所有部队都感到低阶军人数量不够，这个问题在那些新出现的部门，例如雷达、战斗机指挥、电子战，尤其是海军航空部门格外突出。虽然皇家海军直到1939年5月才拿到对舰载飞机及其采购事宜的管控权，国防协作大臣托马斯·因斯基普在此后才开始大规模征召飞行人员和地勤维护人员，但实际上早在1937年7月，这些舰载机的行政管理和作战指挥就移交给了海军部而不是联合作战部。到了1945年，皇家海军及其预备役人员中每4个人就有1人直接从属海军航空部队。最年轻的海军航空部门不像诸如水手、司炉这些老部门那样有大量的超期服役老兵可以复员，其结果就是有不少技术岗位的复员进度低于平均进度[4]。到1947年，复员最快的部门和最慢的部门之间的退伍进度差异高达11倍。这一失衡状况一直持续到1948年最后一批"仅在对敌作战时需要"的人员复员。人都复员了，部队怎么办？1945年到1948年期间的人员危机也成了皇家海军妇女勤务队被改为常设机构的原因之一。

1939年之前，有一批皇家海军正规军官获得了飞行员资格，从1937年开始还有不少原本是短期服役的义务兵陆续成为皇家海军飞行员或者航空观察员。这其中有许多人已经获得了终生服役资格，还有一些人晋升为高级军官，他们自然没问题。然而1939年9月之后入伍的大批飞行员和航空观察员此时却不得不转入预备役，甚至是志愿预备役。虽然他们中有不少人希望转为正规海军，但大部分未能如愿。1946年，面对空勤人员严重不足的局面，海军部决定停止专门的航空观察员训练，转而将现役军官训练成飞行员兼观察员以填补缺口。[5]那些正在进行观察员训练或者即将参训的军官都将被转为飞行员兼观察员。不过令人意外的是，这次英军没有像二战前那样把短期服役的义务制军官培训为飞行员，而是决定让未来飞行员队伍中2/3的职务转由水兵来担任[6]。这其中的大部分人将直接从民间征召并编入新成立的水兵飞行员部门，不过还是打算从海军其他部门吸纳一些，尤其是要从那些飞机维修技师中遴选，问题是眼下皇家海军中飞机维修技师本身就人手不够，看来这也指望不上了。1946年11月，首批水兵飞行员征召入伍，这些人大多是被战争推迟的"Y"候补生计划遗留下的志愿者，还有一部分是从海军其他部门招募来的人员。同时，随着战时的无线电员兼炮手（TAG）被取消，一个新的兵种取而代之，他们通常被称为"空勤人员"，这些新一代的飞机后座人员实际上是机载无线电设备的维护与操作员，海军希望可以从无线电岗位的水兵中招募。那些军衔比较高的水兵空勤人员将受训为飞机导航，条件合适的无线电员兼炮手也将进行转职训练以便进入新的岗位服役，未来航空中队中80%的后座人员就指望他们来充任了。

飞机的维护和勤务，以及其他与此相关的部门也都在发生着改变。英国海军的航空兵部门进行了重组，在航母上负责飞机转运和安全设施操作的航空兵专业被转隶给了水兵部门。航空兵部门保留了负责摄影、气象工作的水兵，以及负责飞机勤务和与航空弹药相关的技师。那些技术等级更高的技师，也就是后来所谓的熟练航空技师（SAM），替代了先前的航空维修部门。后者一直负责飞机维护，但对人员的技术等级要求比较低[7]，而那些熟练航空技师则是水兵军衔的人员中技术水平最高的，只有获得航空结构/发动机或者电子设备/弹药两大认证之一的人才能充任。根据海军飞机维护委员会的提议，各一线和训练航空部队都建立了集中化的维护设施，以此为核心，航空兵部队的人员和飞机被重新编组为编制严密的航空大队。

不到一年，英国海军就发现自己不得不面对航空兵改革带来的恶果，海军航空兵的训练水平急转直下，情况不仅没有改善，反而更糟糕了。由于没有几个水兵军衔的军人志愿参加水兵飞行员计划，海军部意识到，只有军官才能完成飞行员所需的所有资质认证并拥有飞行员必备的理解战况简报和情报文件的能力[8]。考虑到这一局面与战争留下的经验，英国海军关于继续依赖水兵飞行员的决定显得匪夷所思。不仅如此，统一负责英军全部飞行员训练的英国皇家空军已经决定自己的飞行员以军官为主，这就使单独为皇家海军培训水兵飞行员的做法变得十分困难。面对此情此景，英国皇家海军不得不在1948年12月[9]废止水兵飞行员计划，他们同时宣布，未来的飞行员队伍中将有1/3志愿参与的终身制军官，其余2/3则来自兵役制军官。此外，皇家海军陆战队和工程技术军官中也有一小部分人被吸纳进了飞行员队伍,此举提升了一线部队的业务知识水平。

1948年7月,飞行员兼观察员的转换训练开始启动,人们立即发现,这种对军官进行双专业训练使其既能担任飞行员又能担任观察员的做法既不现实也不经济。因为这种训练的周期格外漫长,而且受训者毕业后的任务频度也很难保持两个专业能力不衰减。这些为数不多的双专业毕业生在英国皇家海军中被赋予编号F(飞行人员),而不是更常见的P(飞行员)或是O(观察员)。早在1946年时,最后一期纯粹的航空观察员训练就已经只有皇家加拿大海军和荷兰的军人参加了。到了1948年,英军意识到,直接将兵役制军官培训成专业观察员的方式必须恢复。航空兵部门花费了很长时间才让这件事启动,最终参与观察员培训的都是空中无线电员兼炮手(TAG)——所有士官及以上军衔的无线电员兼炮手都可以选择转职为空勤人员或者重新参加海军飞行员或航空电子专家的训练。大约150名这样的军人选择了继续飞行并在1949年11月完成了他们的训练。而在航空电子专家培训方面,先前打算从航空电子部门水兵中招人的计划也落了空,因为根本无人来报名,他们只好将其改为不限专业的普遍招募。这项培训直到1949年才开展,招来的全都是前无线电员兼炮手。虽然经历了各种波折,但英国海军还是期待能够招到一批水兵军衔的空勤人员,因为他们的三座反潜机项目已经有了眉目,那就是费尔雷公司的"塘鹅"反潜机。总体而言,只有航空维护部门的改组进行得十分顺利,并且一直坚持了下来。1949年,英国海军航空兵又进行了一项变革:从1939年5月开始,皇家海军中所有与飞行勤务相关的军官都被统称为航空兵,不过人们还是习惯于使用从1924年沿用下来的老称呼——舰队航空兵。那些短期兵役制和从预备役、志愿预备役中动员加入航空部门的军官,只要没有指挥军舰或者担任守备主官的资质,就需要在军衔肩章上加个"A"字母以示区别。1949年,这个"航空部门"被撤销,那些军官要么转为主官,要么转入工程部门[10],他们肩章上的"A"字母也随之消失。

1949年9月,最后一期飞行员兼观察员训练结束,这一尝试以失败告终。不过按照正常的训练规则,那些条件合适的观察员仍然可以转训为飞行员。与此同时,专门的观察员训练也再度向主官序列的军官们开放,直接征召观察员并进行训练的做法也恢复实施。到1949年，英国海军空勤人员的培训方式终于稳定了下来，然而，培训出来的人员数量却依旧远远不能满足需求。作为弥补，英国人拿出了两套可以在紧急情况下快速扩充空勤人员数量的可行办法。第一套办法是在1947年7月建立4支海军志愿预备役航空中队，其中3支是战斗机中队，1支是反潜机中队。这些中队驻扎在皇家海军航空站，其核心是一批正规飞行员和地勤维护人员——最初是65名飞行员和6名观察员，他们全都是军官[11]，这批人可以继续发挥他们在战时积累的丰富经验。此外，海军部还给志愿预备役中队配备了90名拥有飞机勤务和维护经验的水兵，一旦开战，这些人就会转变为具有经验的工程军官、后勤军官和航空管制官。他们每年都要进行为期14天的封闭式训练，此外还要花上至少12个周末进行100小时的业余训练。不过实际上人们发现，这些预备役飞行员若要保持训练水平不减，每个月至少需要花上3个周末和飞机在一起才行。随着这些预备役军人年龄的增长，他们战时经验的价值难免会打折扣，好在英军的第二套办法就是培训新的预备役空勤人员。从1949年起，英国海军决定对符合条件的国家勤务队人员进行飞行员训练和航空观察员训练[12]。受训者将成为海军志愿预备役候补军官，继而根据海军飞行训练大纲进行正规训练，并在国家勤务队服役期间达到"升空"标准。此后，他们将加入海军志愿预备役航空中队，进行各具体机型的飞行训练并持续飞行，确保达到正常训练水平。这两项针对预备役的措施保证一线各航空兵中队可以在紧急情况下得到宝贵的增援。出乎意料的是，这两项措施很快就经受了实战的检验，比人们预想的快很多。

为了最大限度发挥现有人员的作用，1949年，英军还做了另一个决定，把一部分原本由本土航空司令部训练部门负责的工作转包给民间机构。此举意在把这些工作占用的一部分飞行员和大量地勤维护人员释放出来，以便执行更贴近作战一线的任务[13]。这些被外包出去的工作包括双发飞机改装、为飞机引导学校提供目标机。先前，由布罗迪海军航空站的航空勤务部门负责这些事务的管理，由位于汉博镇的海军航空信号学校飞行训练队负责驾驶飞机，现在海军部把它们指派给了一直为仪表飞行学校和飞行训练部门供应设备的肖特兄弟&哈德兰公司（位于罗切斯特）。工作外包一事一直到1950年都运转良好，于是海军开始考虑外包更多事项。

舰船

1945年时，英国皇家海军全部6艘可作战的大型舰队航母都在英国太平洋舰队（BPF）的第1航母中队麾下。到1947年，这6艘舰已全部回到本土，其中有几艘舰在完成将部队从远东撤回本土的任务后就转入了预备役。"光辉"号进行了现代化改造并重新服役，但她的居住条件远逊于和平时期的标准，因而不得不大大削减舰员规模，并且转行充当试验和训练舰。然而在大裁军的背景下，即便所需的舰员数量剧减，英国海军也凑不齐能让这艘航母运转起来所需的人手，因此她不得不在预备役里待了一段时间。在1945年到1948年间，人们不得不承认，这些庞然大物不仅需要大量的人手来操作，使用成本也过于高昂。"冤仇"和"不屈"两舰进行了现代化改装以重回现役，然而其过低的机库高度和过小的升降机尺寸却大大限制了舰载机的选择。"不倦"和"胜利"两舰被从预备役舰队中召回现役，配备缩编版舰员队伍后前往波特兰港加入本土舰队训练中队，接替那些退役或者被拆解的旧式战列舰，承担起训练舰的职责。"可畏"号在战时遭到了重创，舰况十分糟糕，只得弃置一旁，再没有接受维护，也再未重返舰队。

这几艘航母的舰龄并不算老，但设计时间比较早，因此受到了很大的限制——1942年，联合技术委员会决定，航母必须搭载更多、更大的飞机，必须打破先前关于起飞重量不超过13.6吨的限制。然而，英军现役航母中没有任何一艘可以不经大规模改建就能搭载如此大型的舰载机，不仅如此，这些20世纪30年代末期设计的航母，舰内空间也无法容纳更加庞大的航空大队、体积更大的雷达和其他新技术设备，包括更先进的近距离自卫武器。于是，1945年中期，海军部获批建造7艘新型舰队航母，其中前3艘是大胆级，后4艘是更大的马耳他级。而后者根本不可能在二战结束前竣工，因此她们从一开始就是根据关于战后舰队的构思设计的。然而随着英国经济濒临崩溃，海军部再也无法从内阁那里要到建造至少2艘马耳他级航母所需的人力，于是，全部4艘马耳他级在未及开工的当年12月就被取消。有一艘建设进度达到27%的大胆级航母直接在船台上被拆解，另2艘大胆级则幸运地建成服役，成了"鹰"号和"皇家方舟"号，两舰均修改了设计以搭载新一代的舰载机，她们在皇家海军打击舰队的核心位置上服役了20年。

轻型舰队航母在二战刚刚结束的多事之秋展现出了巨大的价值。其中"巨人""尊严""复仇""光荣"四舰在1945年加入了英国太平洋舰队，她们来得太晚，没能赶上对日作战的最后阶段，但刚好赶上应对远东各地在日本占领军被赶走后爆发的各种冲突——英军需要用有限的实力四处救火，而轻型航母恰好在这里发挥了重要作用。1946年年底，英国太平洋舰队中还有2艘轻型航母，到1947年，随着人员紧缺达到高峰，这两艘舰也被召回英国本土转入预备役。那些在1945年之后才完工的同级舰则要一直等到新的人手和舰载机中队到位后才能服役。英国皇家海军最终没能得到经过改进的尊严级（Majestic class）航母，然而皇家加拿大海军却以租借的形式得到了一艘该级舰"华丽"号，皇家澳大利亚海军买走了一艘"可怖"号并更名为"悉尼"Ⅲ号。这两国海军的舰队航空兵都沿用了皇家海军的舰载机部队编制和运作流程，他们自筹人力满足需求，并在英国海军的大力协助下建起了自己的舰载航空兵大队。1948年时，由于严重的人员危机，英国海军所有的航母都不得不在英国本土的各个港口中沉睡[14]。然而到这一年结束的时候，情况得到了很大的改观，英国人已经能够将1艘舰队航母和4艘轻型舰队航母，连同满编的舰载机部队编入作战舰队，另启用1艘舰队航母和1艘轻型舰队航母用于测试和训练任务。

二战期间，英国海军拥有38艘依据租借法案获得的美制护航航母，英国本土的船厂也用商船改造了6艘护航航母，另外还有19艘由海军人员操作的改自商船的小型MAC船①。到1947年，所有幸存的美制护航航母都归还了美国，所有MAC船都被改回了商船，大部分英国自制的护航航母也物归原主，英国海军只保留了1艘护航航母"坎帕尼亚"号。这艘船原本打算改造为飞机运输舰，然而这个计划却未能实现，她只是在1951年的英国文化节大巡游上充当了一回花船。1952年，"坎帕尼亚"号的海军生涯再度重启。她在改装之后成了开赴澳大利亚西北海岸外蒙特比洛岛执行原子弹试爆任务的特混舰队的旗舰。在这次行动中，她搭载的数架直升机和水上飞机在舰队和任务的运作协调中发挥了很大作用。

---

① 即"商船航空母舰"，相当于护航航母的极简版。——译注

英国海军在1946年退役了3艘维护母舰——这是英国海军特有的舰种，仅留下"独角兽"号和"英仙座"号两舰，前者在后来的战争中发挥了重要作用，后者则成了一艘试验舰，最终成为直升机母舰的原型。

经历了战后初期的短暂困难之后，英国海军的人员数量逐渐恢复了稳定。然而海军部仍然面临着棘手的问题。为了保证皇家海军的战斗力，他们必须引进新一代的舰载机，然而现有的那些大型舰队航母上低矮的机库、狭小的升降机、局促的工作间和居住间都使她们难以搭载新型飞机。要想让这些老航母适应新飞机，就必须进行大规模的改建，而这样的改建所需的成本却高得惊人。成本究竟有多高？英国海军部直到1950年首次启动"胜利"号航母的改造之时才对这个数字有了概念。皇家海军的船厂此前从来没有进行过如此大规模的舰艇改建，然而1949年时，英国海军部还是在财力许可的情况下批准对3艘已有的舰队航母进行改建[15]。航母的飞行甲板和机库都被加长，以支持重量超过13.6吨的飞机。机库保留了原有的装甲保护，但高度被增加到5.334米，飞行甲板以下的机库上方还新建了一层走廊甲板。这些航母将改用新的、更大的升降机，包括一台侧舷升降机，同时还将采用新的蒸汽弹射器、改进的拦阻索和阻拦网。不过实际上直到1949年，英国海军中还是普遍认为"这些舰太小，根本不可能达到需要依靠所有最新型航空设备才能实现的理想战斗力"[16]。至于那些轻型航母，虽然此刻作用很大，但一时半会还没有人打算去对她们进行现代化改造。

飞机

从许多方面看，英国皇家海军在飞机上面临的问题和舰船如出一辙。在1945年皇家海军的飞机多不胜数，其中许多型号还在继续生产，然而新技术的发展和对远程空中打击的需求使其中大部分飞机都过时了。相当数量的飞机——大约占总数的一半——都是根据租借法案获得的美制飞机，战争结束后，这些飞机要么按美元价买下来，要么归还给美国，要么干脆毁掉报战损。显然，最后一种方式最便宜，于是，数以千计的飞机被世界各地的皇家海军们抛进了澳大利亚、印度、锡兰、南非和英国本土周边的大海里。问题还不止于此，英国自己的航空工业也陷入了战后初期的大混乱中，这一方面是由于战时"影子工厂"计划①的终止，另一方面也是由于大量飞机订单被取消带来的财务紧张。

　　1945年，英国海军正在研发两型飞机，对现有的那些舰队航母和轻型航母而言，这些新飞机太大、太重，难以搭载，因此计划中它们专用于马耳他、大胆和竞技神级航母。但是马耳他级计划取消了，"鹰"号和"皇家方舟"号两舰计划被大幅推迟，其余4艘竞技神级即使按时建成也不可能使用那些还没诞生就要过时的飞机，因此这两型飞机的研发计划被双双取消。被取消的第一个型号是费尔雷"旗鱼"俯冲/鱼雷轰炸机，该机是根据O.5/43设计标准研制的"梭子鱼"替代机型，用于执行攻击和侦察任务[17]。与以鱼雷攻击为主的前代机型相反，"旗鱼"机将俯冲轰炸视为主要攻击方式，鱼雷攻击居于其次。第一架原型机RA356号在1946年首飞，随后又制造了2架原型机，这些飞机直到1952年之前都在进行各种测试和试飞。然而制造208架"旗鱼"攻击机的计划最终被取消，于是费尔雷公司斯托克波特工厂生产线上那些已经造出来的飞机机体只好就地拆解[18]。这型飞机翼展18.36米，最大起飞重量达10吨，比前代机型更大更重。巨大的内置弹仓可以挂载1枚Mk15或Mk17鱼雷，或者最多4枚454千克炸弹。飞机的自卫武器是一挺装在座舱尾部炮塔上的12.7毫米勃朗宁机枪，由观察员遥控射击。这型飞机的另一大进步是鱼雷投射和瞄准装置中引入了早期型号的模拟计算机。飞机的作战半径为640千米，原型机和计划中的最初100架生产型机装有一台2320马力布里斯托尔"人马座"58型星型发动机，后续生产型机打算安装一台计划中的动力更充沛的罗尔斯-罗伊斯②"奔宁"发动机[19]。"旗鱼"是有史以来最大的单引擎螺旋桨飞机之一。

　　另一款被取消的飞机是肖特"鲟鱼"，该机是根据S.11/43设计标准研发的远程侦察/轻型攻击机。和"旗鱼"一样，它也是根据联合技术委员会关于为新一代航母制造更大更重飞机的决定而设计的。这是英国海军专门设计的唯一一种双发飞机，其余双发机型都是从皇家空军的机型改造而来的，这型飞机对已有

---

① 即英国战时安排许多汽车工厂转产飞机的计划。
② 这个公司在民用领域有一个更有名的名字：劳斯莱斯。

△ "鲟鱼" T2是一型很特别的拖靶机，它装备有完整的航母起降装备。图中这架来自哈尔法海军航空站第728中队的飞机此时正在地中海舰队的一艘轻型舰队航母上降落，着舰引导官（俗称"板子手"）正向飞行员发出"关机"信号。

的航母而言，同样太大太重了。"鲟鱼"由2台各2080马力的罗尔斯-罗伊斯"灰背隼"140发动机驱动，翼展18.26米，战斗全重10.43吨[20]。小型的内置弹舱可以容纳1枚454千克炸弹或4枚深水炸弹。机上还计划装备2挺安装在机翼中的前射12.7毫米勃朗宁机枪，翼下设有外挂点，可以挂载16枚携带27.2千克战斗部的76.2毫米火箭弹。这一切让"鲟鱼"获得了有效的攻击能力，但是它的主要装备还是2台装有36英寸或20英寸直径镜头的F-52型照相机，这令其拥有了战略侦察能力。飞机的机头装有ASH雷达，使其兼具用雷达和目视搜索海面并跟踪敌舰的能力。这型飞机最大飞行速度为325节①，在无风环境下的行动半径达到了惊人的1020千米。和所有双发螺旋桨舰载机一样，"鲟鱼"如果有一台发动机

---

① 合601.25千米/时。

在准备降落时出现故障，飞机就会面临推力不对称的难题。为解决起飞时的偏航问题，肖特为每台发动机安装了2个共轴反转螺旋桨。不过降落时单发故障的问题还是解决不了，因为剩余那台完好的发动机的推力轴线不可能和机体中轴线重合。"鲟鱼"只制造了1架原型机，RK787号，1946年首飞。

1945年8月，英军签署合同，制造30架"鲟鱼"S1型机，海军部后来没有取消这笔订单，而是要求肖特公司根据Q.1/46设计标准把这些飞机改造为高速拖靶机，于是又有2架"鲟鱼"原型机被造了出来，分别是VR363号和VR371号。这两架飞机保留了航母起降所需的尾钩和电动折叠机翼，同时加长了机头，扩大了透明玻璃窗以布置照相机。这一改装体现了1945年之后英国海军对实战化训练的重视，最初的生产型"鲟鱼"中有23架后来改成了这种TT2型拖靶机，以满足英国本土和马耳他附近皇家海军舰队的训练需求。这些拖靶机中，又有19架在20世纪50年代中期被进一步改装为TT3型，TT3的着舰设备和照相机被一同取消，机头也换回了最初的样式。这些拖靶机在英国海军中一直服役到1958年被新的"流星"TT20拖靶机取代为止。

另一种在战后初期少量生产的机型是布莱克本"火炬"舰队防空战斗机。这型飞机起初是根据N.11/40设计标准开发的。"火炬"的第一架原型机DD804号在1942年2月就首飞了，它庞大、坚固，但并不太受飞行员的喜欢，更重要的是，此时"海火"战斗机已经证明了自己能够胜任舰队防空的角色，于是英国海军决定把"火炬"改为一款能够携带鱼雷的远程战斗机。接下来的研发跨过了漫长的二战岁月，第一架生产型机TF4直到1945年9月才进入第813海军航空中队服役。这架飞机后来参加了1946年6月伦敦上空庆祝胜利的空中分列式。"火炬"总共制造了220架，大部分是按照TF4型的标准制造的，只有一小批飞机采用了最终型TF5的设计。一部分TF4型机后来也被升级为TF5型。

"火炬"最大起飞重量7.94吨，翼展15.6米，这意味着它可以在"冤仇""不倦""鹰"和改造后的"不屈"号上起降[21]。到1946年，"火炬"已经完全达不到战斗机的要求了，由于此时皇家海军手中除了过时的"梭子鱼"外再没有第二种鱼雷机可用，它总算找到了自己的位置。使用"火炬"的舰载机中队有两个：第813中队和第827中队。两个中队原本期待在1948年用装备涡轮发动机的韦斯特兰

"飞龙"替代"火炬",然而"飞龙"机研发进度的延误使得这一替换被推迟到了1953年。"火炬"TF5型机装备1台2520马力的布里斯托尔"人马座"9发动机,最大飞行速度为380节。飞机在机翼上安装有4门20毫米机炮,每门炮备弹200发,机身中轴线下方的外挂点可以挂载1枚839千克重的Mk15或Mk17型鱼雷,也可挂载907千克、454千克或227千克的炸弹,以及Mk6、7或9型水雷,或者378.5升副油箱。每一侧机翼下方的外挂点可以选择挂载227千克或113千克的炸弹、深弹、189升副油箱,或者8枚装备27.2千克战斗部的76.2毫米火箭弹。飞机使用机内燃油时作战半径为450千米。外挂副油箱可以大大延长这一距离,但飞机在重载时的操纵品质会大幅下降。不管在何种情况下,这种飞机在甲板降落时都显得笨重。到1950年,"火炬"机已经被视为过时机种了。

1944年3月25日,E. M."温克尔"·布朗少校驾驶一架经过改造的"蚊"式战斗轰炸机在"不倦"号上成功进行了全世界首次双发飞机航母着舰[22],随后,英国人开发了一型舰载型"蚊"式战斗轰炸机,绰号"海蚊"。飞机遵循N.15/44设计标准,被赋予"海蚊"TR33的编号,在最初3架原型机的制造合同之后,英国海军又采购了100架生产型机。第一架生产型机在1945年年末交付部队。由皇家空军"蚊"式FB6中队改编而来的第811海军航空中队在1945年年底奉命改装这一新型飞机,并在1946年4月完成换装。然而,虽然"海蚊"16.5米宽的翼展尚可接受,但它在挂载1枚鱼雷和满载燃油时10.2吨的战斗全重却是当时任何一艘英军航母无法承受的。唯一可行的办法是在相对大型的"不倦""冤仇"两艘航母上以非满载状态起飞。另外,双发飞机不良的单发着舰性能也是个麻烦,这虽然在战时还能接受,但在和平时期就无法容忍了。于是,装备"海蚊"的第811中队只好在福特、布罗迪、艾灵顿的岸基皇家海军航空站行动,直至1947年7月解散[23]。大部分生产型"海蚊"机连同一部分经过改进的TR37型机一起,只能装备二线中队,它们服役到了20世纪50年代中期。

"蚊"式的娘家——德·哈维兰公司从1943年起就着手设计新一代的双发飞机,新型单座战斗攻击机从一开始就考虑了陆基和舰载两种用途。两个机型都装备了两台2030马力的"灰背隼"发动机,并使用了对转螺旋桨以解决起飞时的偏航问题,然而单发故障条件下降落时的推力不对称问题却依然如故[24]。其海军型

△第813中队的一架"火炬"正挂着Mk17型鱼雷从"不屈"号航母上起飞。远处停放的飞机是"海怒"和"火炬"。（作者私人收藏）

号由海斯顿公司根据 N.5/44 设计标准进行了修改，原型机 PX212 号在1945年4月首飞，并于当年8月在新服役的轻型舰队航母"海洋"号上进行了着舰试验。海军型双发飞机被命名为"海黄蜂"，皇家海军最终制造了3种型号的"海黄蜂"：F20远程战斗攻击机、NF21夜间战斗机和PR22侦察机。NF21是其中最重的型号，它装备一台 ASH 雷达，并增加了第2名乘员专司操作。这一机型战斗全重8.9吨，和其他子型号一样，翼展为13.7米，这意味着它可以在"不倦""冤仇"及改造后的"不屈""鹰"，甚至那些经过现代化改造的轻型航母上使用——虽然轻型航母上的搭载数量要少一些。"海黄蜂"F20的最大飞行速度可达406节，这是皇家海军使用过的所有活塞引擎飞机中速度最快的一型。其依靠机内燃油时作战半径为1100千米，机翼下挂载副油箱时作战半径可扩大至1480千米。F20和NF21两型机在机头

16　决不，决不，决不放弃：英国航母折腾史：1945年以后

△一架"海黄蜂"NF21型机降落并钩住2号拦阻索前的一瞬。着舰引导官把指示板放低到"关机"位置并看着这架飞机从自己风挡后方的阵位冲过。（作者私人收藏）

处装有4门20毫米航炮，每门炮备弹180发[25]，两型机翼下都设有外挂点，可以挂载一对副油箱、454千克炸弹或水雷。翼下外挂点还能加装一组8联装76.2毫米火箭弹发射导轨。令人意外的是，虽然NF21型机加装了一台雷达和一名乘员，但其最大速度仅比F20型慢了6.6千米/时。PR22是一型战略侦察机，没有安装航炮，但机翼下外挂点仍可挂载副油箱。机上装备2台垂直安装的F52照相机（用于昼间侦察），或者1台K19B相机（用于夜间侦察）[26]。后来F20型机也在后机身加装了一台照相机以执行航拍侦察任务，并更名为FR20。"海黄蜂"F20和PR22只装备了一支一线舰载机中队——第801海军航空中队，这支中队在1947年6月1日完成换装。另外，1948年时第806中队还混编了"海黄蜂""海吸血鬼"喷气战斗机和"海怒"前往美国进行展示。虽然F20的作战半径比所有其他型号战斗机都要远，但它还是在1951年退出了各一线中队。这样，所有英军航母上的战斗机便统一为单一型号——"海怒"。PR22也同期退出一线，不过这两型机都在二线部队服役，直到1957年。NF21型机从1949年1月20日起装备第809海军航空中队，并一直服役到1954年，之后被"海毒液"喷气战斗机替代。"海黄蜂"总共制造了178架，其中

包括77架F20、78架NF21，以及23架PR22[27]。

另一种新型飞机是霍克公司的"海怒"战斗机，这型飞机于1945年2月首飞，1946年在"胜利"号航母上首次进行降落试验。不过从此以后，这型飞机的研发进展就变得缓慢起来，这一方面是由于霍克公司的工厂从1946年起大量关闭，另一方面也是由于海军手中有大量战时留下的"海火"战斗机，一时还不急于更换。"海怒"的第一个型号是F10[28]，一款用于舰队防空的截击机，1947年8月，这一型飞机首次装备驻扎在艾格灵顿皇家海军航空站的英军第807海军航空中队[29]。然而，飞机的研发工作远没有到此为止，随后出现的"海怒"FB11成了那一代活塞式战斗机中的佼佼者。FB11型机拥有一台2480马力的布里斯托尔"人马座"发动机，驱动一个五叶螺旋桨。两侧机翼里总共装有4门20毫米航炮，每门炮备弹580发，这使得"海怒"成了一款在那个年代很难对付的对地攻击机和战力强大的战斗机。每侧翼下的外挂点可以各挂载1枚454千克或227千克炸弹，或者携带1个170～340升副油箱外加最多12枚挂在发射导轨上的76.2毫米航空火箭弹[30]。"海怒"最大起飞重量为6.6吨，翼展仅11.7米，可以在任何一艘英军航母上使用，这一优点对在整个20世纪50年代都要用那些轻型舰队航母来挑大梁的英国皇家海军和英联邦国家海军而言，意义是不言而喻的。"海怒"在使用机内燃油时作战半径为550千米，外挂340升副油箱时这一距离可以翻倍，当然这对飞机的机动性会有一些影响。第一个装备FB11型机的部队是1948年5月在艾格灵顿海军航空站重返现役的第802海军航空中队，最终，这一型飞机完全取代了"海火"战斗机，装备了8支皇家海军一线战斗机中队、8支海军志愿预备役中队，以及12个二线部队。为了统一英联邦国家海军的后勤，皇家澳大利亚海军和皇家加拿大海军也组建了"海怒"战斗机中队，并将它们搭载于自己的轻型舰队航母上。此外，荷兰海军也为自己的轻型舰队航母引进了"海怒"FB11型机，而陆基型号则出口到了缅甸、古巴和德国。最终，仅皇家海军自己就装备了665架"海怒"，其中最后一批次30架飞机的订单是1951年10月下达的。同一时代那些早期的喷气式战斗机的飞行速度比"海怒"快不了多少，在格斗中却绕不过后者，因此"海怒"直到20世纪50年代中期仍然是一型称职的战斗机，它一直服役到1957年。

△一架"海怒"战斗机在"光辉"号上降落时的一瞬。(作者私人收藏)

虽然皇家海军的官兵们在对日作战胜利后不久就扔掉了大部分美制飞机，但还是有几个中队留着这些飞机继续使用了一小段时间。1945年，英国太平洋舰队的4艘轻型舰队航母由于没有英制战斗机可用而暂时保留了原来的"海盗"战斗机，不过这一情况随着库存的"海火"F15型战斗机的到来而告结束。最后一个装备"海盗"的中队，第1851海军航空中队在1946年8月解散。1945年4月，皇家海军为重建的第892中队引进了一批"地狱猫"NF2战斗机（相当于美军的F6F5-N），使其成为专职夜间战斗机中队，它们随负责夜间作战的"海洋"号航母加入了太平洋舰队。1945年后期，"海洋"号迎来了第二支夜间战斗机中队——装备"萤火虫"NF1的第1792中队。1946年上半年，这艘航母搭载着自己的战斗机中队开赴地中海，进行了一次夜间作战试验，马耳他基地和哈尔法皇家海军航空站为此次试验提供了支持。这场试验同时评估了单座的"地狱猫"和双座"萤火虫"在性能上的差异，这一对比的重要性在于，英国海军部可以借此想清楚，是否要向美国支付一笔美元，以留下这些夜战型"地狱猫"及装在其翼下吊舱里的美制AN/APS-6雷达。"萤火虫"飞机机腹下的吊舱里安装的是美制的AN/APS-4雷达，由于没有同类的英制产品可以替换，英国人也得向美国人付钱。测试发现，APS-6雷达在对空截击方面更加出色，而APS-4则在对海搜索方面发挥着重大的作用。这两款雷达及其黑盒子（即雷达控制系统）都可以装在任意型号的"萤火虫"飞机上，从而将其改造为夜间战斗机。英国人还认为，由一名观察员专心操作雷达，让飞行员专注于飞行，这对需要在恶劣天候和夜间执行任务的夜间战斗机而言是一个更安全的选项。1946年4月，试验结束，英国海军得出结论，"萤火虫"更适合担任夜间战斗机，因为它数量充足，而且只要经过中队技师的少量改造即可改为执行其他任务。当时，英国海军打算不再训练专门的航空观察员，但这也意味着他们要培训出足够数量的雷达操作员来执行空中截击任务。那些"地狱猫"飞机最后被归还给了美国。这次试验期间，"海洋"号创下了连续1100次昼间着舰和250次夜间着舰无事故的安全记录。

"萤火虫"是1945年后英国海军留用的为数不多的几型二战遗留飞机之一。最终有多达1702架最后期型号的"萤火虫"被送到马耳他哈尔法海军航空站的第728中队接受无人驾驶靶机改装。最后一批"萤火虫"被送去改装时已是1956年3

月，此时距离该型机首飞已经过去了近15年。战时的"萤火虫"装备一台1990马力的罗尔斯-罗伊斯"鹰狮"7型发动机[31]，战后研发的FR4和FR5改进型则换装了更强有力的2250马力"鹰狮"74型发动机[32]。"萤火虫"最大起飞重量为6.1吨，翼展12.5米，可以在英国海军所有的航母上使用，这使它成了"海怒"战斗机的好伙伴，装备了轻型航母上的战斗—攻击机大队。这型飞机的机翼里装有4门20毫米航炮，每门炮备弹160发，每一侧机翼下方的外挂点可以挂载1枚454千克或227千克的炸弹或者深弹，或者改为最多4枚导轨发射的76.2毫米火箭弹。"萤火虫"在1945年之后陆续装备了16支一线皇家海军中队、7支志愿预备役中队和至少21个二线中队。搭载不同的装备后，"萤火虫"可以胜任战斗机、战斗侦察机、夜间战斗机和反潜机多种角色，它还出现在了皇家澳大利亚海军、皇家加拿大海军和荷兰海军的航母甲板上，以及泰国、瑞典、埃塞俄比亚和丹麦的陆地机场上[33]。不过，另一种型号——三座的专用反潜机AS7型却并不成功，仅仅装备了陆基训练中队。

△ "海火"FR47型机装备各一线中队时，仍有一部分老旧型号，例如里-昂-索伦特航空站第771中队的"海火"F17，在坚守岗位，它们用到了20世纪50年代初期。（作者私人收藏）

另两种二战机型是"海火"和"梭子鱼"。后者是二战期间皇家海军的主力鱼雷攻击／俯冲轰炸／侦察机,制造数量很大。随着鱼雷攻击的任务转交给"火炬"战斗鱼雷机,许多"梭子鱼"被拆解或丢进了大海,只有一支部队——第815中队保留了装备雷达的AS3型机,从1945年开始,他们以艾格灵顿航空站为基地,负责探索航空反潜战术。"梭子鱼"装备的1642马力"灰背隼"32发动机动力偏弱,导致飞机性能不足,于是根据租借法案获得的美制格鲁曼"复仇者"鱼雷机取代了该机在英国太平洋舰队中的位置。有意思的是,由于"梭子鱼"替代机型的生产延误,美国人后来根据国防互助计划又向英国海军提供了100架"复仇者",其中一部分替换了第815中队里的"梭子鱼",这使得"梭子鱼"留下了相隔9年两次被同一机型替代的独一无二的搞笑记录。

"海火"也是一型制造数量庞大,而且在1945年之后继续生产和研发的机型。战后,装备"鹰狮"发动机的F15型机取代了先前的Mk3型机[34]。"海火"是战后英国皇家海军用以替代租借来的"海盗"和"地狱猫"战斗机的唯一机型,1946年情况稳定下来之后,"海火"逐渐装备了皇家海军所有仍然在役的战斗机中队。1945年之后,皇家海军采购了791架装备"鹰狮"发动机的"海火",其最后一种型号是拥有2375马力发动机的FR47型。这一"海火"的最终型号装备了得到改进的起落架,从而降低了在航母甲板上降落时的事故率,武装也改成了4门20毫米航炮[35]。机腹和翼下的外挂点可以各挂载1枚227千克炸弹或一具340升副油箱,翼下挂点还可以挂载4枚76.2毫米火箭弹。飞机座舱后方可以安装一台光学照相机,以便执行侦察任务,这也是FR这个编号的由来。这一型飞机的最大弱点仍然是从"喷火"战斗机继承来的老问题——航程过短。使用机内燃油时,"海火"的作战半径仅有277千米,如果不挂炸弹改挂副油箱,其作战半径也仅能扩大到460千米而已。"海火"FR47是"喷火／海火"系列战斗机的最后一种型号,它与十年前的早期机型已经是天差地别。然而,它依旧无法超越其小型化机体的限制,也无法克服其轻量化机体结构和起落架带来的痼疾。英国人开发了一种使用新型机体结构和新型层流翼型的新机型,名称也改为"海毒牙"。新机型进行了原型机首飞,但其操纵品质不佳,与"海火"PR47相比并无优势,随即被放弃了。

1945年后，随着"影子工场"模式的终止，各个工厂开始转产以满足和平时期的市场需求，英国的航空工业开始迅速下滑。像"海火""萤火虫"这样的飞机虽然接到了大笔的订单，但后来订单被取消的也不在少数。从这以后，各型飞机都只能接到小批量的订单，这就大大提高了飞机单价，也使得每年海军实力统计表上的飞机总数一降再降。这一情况在接下来的70余年里屡见不鲜。英国航空工业部门开发新型号飞机的方法其实是过时的，而在二战结束后，飞机日益增加的复杂性又给其现代化改装带来了很大压力，因此这一时期的英国海军引进新一代喷气式或者涡轮发动机飞机的进程尤为缓慢。即便是1945年之后飞机订单的大规模下降也没能给这种落后的模式带来改观。位于范堡罗的皇家飞机研究中心（英文缩写RAE）是英国政府下属的专业研究机构，负责研发航空新技术，并将其推荐给海军部和航空工业部门。这个研究中心提出了不少新颖的技术，例如在弹性甲板上机腹降落、变后掠翼、零长弹射，等等，其中有些来自缴获的德军技术资料。海军部从RAE的研究结果中挑出看起来对下一代海军飞机可能有用的技术，并据此向后勤供应部[①]发出需求——1945年之后，后勤供应部接替了飞机制造部在军用飞机供应方面的职责。后勤供应部将对相关性能指标的可行性给出建议，如果双方达成一致意见，则将继续向各家飞机制造公司下达性能指标并征集方案。有意思的是，桑德斯-罗公司提交的SR177联合攻击战斗机，其性能要求被改得面目全非，这仅仅是因为大型水上飞机制造商出身的后勤供应大臣认为它的指标"不可行"。

有些公司会经常拿出一些设计草图，海军部也习惯于向两家公司发出制造一两架原型机的合同，以便进行对比评估。然而对这些公司来说，这些项目的成本收益估算是极其困难的，因为此时他们根本不知道这些新飞机的生产数量是多少。被选中的原型机将要先交还厂家进行验证测试，之后由RAE逐一进行机体结构、系统和武备的验收测试，最后还要进行使用测试，包括甲板降落试验，之后新机型才能最终交付海军使用。这一本已冗长的研发过程随着一些重要部

[①] 实际上专司飞机制造。

件被交由独立部门单独研发而雪上加霜：雷达方面的系统交给了皇家雷达研究中心（RRE），他们在设计雷达时对其即将装备的飞机项目完全没有概念；发动机的制造商在开发新型动力设备之初也完全不知道它们将被用在何处；无线电、机载武器和其他子系统也通常是海军部或者航空部直接选用的，新型飞机的设计必须适应这些子系统的情况。在如此漫长的设计过程中，无论新飞机原本的性能有多么优秀，它也一定会由于一线部队需求的变化而不得不变更设计，这又令一线部队获得新型飞机的速度变得更加缓慢。导致飞机研发进度缓慢的因素还不止这些，英国的大部分飞机制造厂都习惯在专门的场所制造原型机，而这些场所和飞机生产线之间距离遥远，另外原型机和生产型在制造工艺上也截然不同。就算原型机被军方选中，工厂也不得不对原型机来一次"逆向工程"，这样才能将其纳入生产线。英军还像20世纪30年代小型双翼机时代那样只订购很少的原型机，然而此时的飞机需要经历一连串机体结构、发动机、武器、雷达航电和上舰测试才能交付，这些测试不得不依次排队才能进行，研发进度缓慢的问题进一步恶化。更严重的是，一旦有一架原型机在测试中损毁，那么新机型的交付没准就会被延误一整年。英国海军部最终体验到了这种痛苦，从20世纪50年代中期的布莱克本"掠夺者"NA39项目起，他们终于订购了20架原型机，以保障各项测试同时进行。

20世纪40年代末期，英国海军航空兵就是这个状况，由于国防预算紧缩，这些困难比今天想象的更严重。然而，海军部还是需要在人手严重紧张的情况下保住军队在必要时扩充实力的能力，而且还要在政客们看不到眼前危险的时候把那些过时的飞机替换掉。在此之前，战争中留下来的大批旧飞机还要在部队中继续超期服役。正是在这种情况下，新一代喷气式和涡轮螺旋桨动力飞机开始出现在军事家们的视野里。早在1944年，喷气式战斗机就进入了皇家空军服役，此时活塞式发动机飞机已经接近了性能的极限，喷气式飞机踏上发展之路恰逢其时。1945年12月，E. M. 布朗少校驾驶一架编号为LZ551/G的皇家海军"海吸血鬼"原型机在"海洋"号上降落，这是全世界第一次喷气式飞机在航空母舰上降落。试验表明，喷气式飞机降落时观察甲板的视野良好，但必须采用一些新的降落技巧：飞机需要以正常飞行速度落在甲板上，不能关闭节流阀——喷气发

△ 1949年"锈蚀"行动中的"复仇"号。这一为期6周的北极圈行动旨在评估极寒天气对人员、舰船和飞机的影响。此时"复仇"号搭载的舰载机大队包括"海吸血鬼"喷气战斗机、"蜻蜓"直升机和其他一些常见型号。（作者私人收藏）

动机对操作的响应速度略慢，考虑到一旦降落失败还要拉起复飞，所以万万不能减小推力。"海吸血鬼"战斗机的最高速度很快，但滞空时间太短，甚至连"海火"都比不上，因此，虽然皇家海军组建了几支二线喷气式战斗机部队以便飞行员们体验这种新的技术和相关的战术，但是这些新型飞机都未能正式编入航母舰载机大队。英国海军部的另一项顾虑是，涡轮喷气发动机需要使用专用燃料，也就是所谓的航空煤油，而这种燃料英国人自己尚无法精炼，必须耗费美元从美国购买，这就使得喷气飞机的飞行格外昂贵。不过从另一方面讲，航空煤油的燃点比航空汽油更高，可以像舰用锅炉燃油一样存储在航母的双层船底里，这就大大增加了单艘航母的燃油携载量，并且大大降低了燃油殉爆的风险。

皇家海军第一种真正服役的喷气式战斗机是超马林公司的"攻击者",这一型飞机被认为只是更优秀战斗机研发期间先行装备部队的过渡机型。"攻击者"采用了和被取消的"海毒牙"机相似的层流翼型,装有一台罗尔斯-罗伊斯公司的"夏威夷雁"3型轴流式喷气发动机[36],推力2.27吨,其最大起飞重量为5.54吨。不过这型飞机沿用了旧式的后三点式起落架,这在喷气飞机发展史上绝无仅有。"攻击者"装备了3支一线部队:第800、803和890中队。这三支中队全部搭载于"鹰"号航母,并在1954年换装新型"海鹰"战斗机。不过"攻击者"还是在5个志愿预备役战斗机中队和一部分二线部队中使用到了1957年。

这一时期,英国海军还启动了一些先进机型项目。其中第一个是根据GR17/45设计指标开发的费尔雷"塘鹅",笔者在20世纪70年代驾驶过这种飞机。"塘鹅"是一种专用反潜机[37],可以在护航航母上起降。它起初是一种双座机,使用前三点起落架,装备2台汽油涡轮发动机,驱动着2具共轴反转螺旋桨。该机享有双发飞机的优越性能,又不会在单发故障时遭遇偏转问题。英国海军分别从布莱克本和费尔雷航空各订购了一架原型机,布莱克本的机型装备两台奈皮尔"水仙"发动机,费尔雷的机型则使用两台阿姆斯特朗-西德利公司的"树蛇"发动机。量产型号装有1台ASV15雷达,起初配备一台22英寸直径扫描天线,后来改进为36寸天线。机上装有8个声呐浮标和1台浮标信号接收器,还可以挂载1枚907千克重的制导鱼雷。其他可用的武备还包括炸弹、火箭弹和水雷。GR17/45设计标准没有要求飞机配备固定武装,但"塘鹅"还是可以加装2门可拆卸的20毫米航炮。设计人员预估飞机的最大飞行速度为537千米/时,最佳巡航速度为277千米/时。海军部乐观地估计该型机可以在1949年服役。

韦斯特兰"飞龙"是一型单座战斗攻击机,首批15架量产型号装备的还是罗尔斯-罗伊斯"鹰"式活塞发动机。1947年,英军对装备罗尔斯-罗伊斯公司"克莱德"涡轮螺旋桨发动机的Mk2型"飞龙"进行了测试,希冀能够尽快交付部队。新型号的"飞龙"预计最大速度可达770千米/时,挂载1枚鱼雷或最多907千克炸弹时作战半径为1200千米[38],滞空时间为5个小时。这一机型还能够挂载当时以"汤姆叔叔"为代号的454千克反舰火箭弹,或者最多16枚76.2毫米火箭弹外加378升副油箱。英军先前期待这种飞机能在1949年装备部队,但不幸的是,由于研发遇到困难，以及拟安装的发动机换成了阿姆斯特朗-西德利公司的"大蛇"，飞机一直到1953年才进入部队服役。这个时候，它已经有些过时了。仅仅5年后，也就是1958年，"飞龙"就从最后一个中队中退役了。

最后一种新型飞机是霍克公司的N.7/46，后来发展成了"海鹰"喷气战斗机。它装有一台和"攻击者"相同的"夏威夷雁"发动机，但设计更精良，最大速度可达995千米/时[39]，使用机内燃油时的作战半径为715千米，不过这型飞机可以在两侧翼下共加挂2个246升副油箱以加大航程。英国人起初计划让这款性能不错的飞机在1949年末或1950年初服役，然而，研发中的延误再次出现，第一支装备"海鹰"的部队——布罗迪海军航空站的第806中队——直到1953年3月才拿到新飞机。

航空武器

1945年之后，英国海军的机载武器也进行了优化，先从机枪开始。到1946年为止，所有12.7毫米机枪都随着那些租借而来的美制飞机一道退出了现役，不过7.92毫米机枪却留了下来，"海火"F17战斗机还在使用它们。除此之外，所有攻击机和战斗机的固定武器都换成了20毫米航炮。航空炸弹的庞大库存得到了削减，并且统一保留了907千克穿甲弹、454和227千克中等级炸弹、227千克半穿甲弹和113千克通用弹几个类型，其中最后一种炸弹仅在战后初期仍然供在役的"海火"战斗机使用。战时研发的"B"炸弹——这是一种十分有意思的武器，载机需要把它投放到目标军舰近旁，炸弹入水后会上浮，触碰到敌舰底部龙骨后爆炸——虽然库存甚多，但也由于实战表现不佳而被放弃。英军还开发了一种新的炸弹运载车，可以运载所有型号的炸弹，并把它们挂到所有型号的飞机上。[40]

76.2毫米火箭弹仍然是标准装备，它可以根据目标的不同而选择使用11.3千克实心穿甲弹头或27.2千克高爆弹头。其中实心穿甲弹的用途是击穿潜艇的耐压艇壳或者对付陆地上的装甲车辆。一种新型的127毫米火箭正在研发之中，代号是"汤姆叔叔"，英国海军指望这种武器能够取代鱼雷成为反舰攻击机的"杀招"。不过，由于研发困难、缺乏预算，以及皇家空军对此缺乏兴趣，这一武器计划最终在20世纪40年代末被取消。

1946年，皇家海军暂停了鱼雷攻击机飞行员的训练，此时，整个英国海军舰队航空兵中只剩下一支使用"火炬"战斗鱼雷机的第813中队还具有投射鱼雷的能力。这个中队仅仅试验性地投射了几次鱼雷就在1946年9月解散了。海军部提出，一旦得到必要的飞机和必需的人手，鱼雷攻击训练还将恢复，但无论如何，这种作战方法的重要性已经大不如前了。此时，英国人还在研发一种代号为"处理器"的反潜制导鱼雷，这一计划最终发展成了Mk30型鱼雷。这种轻型鱼雷重量仅有304千克，在15节航速时射程仅有4500米，其声自导系统在浅水中可以捕获270米外的目标，这意味着需要把它投放到目标前方射程之内的地方。1946年，所有的随队鱼雷维护单位都被降格为"维护与保养"单位，因为确实没事可做了。不过皇家海军的武器库中仍然保留了相当数量的Mk15和Mk17型鱼雷，以备应对大威力反舰武器的数量不足。同样，1947年之后英军也保留了大批空投水雷，虽然眼下还没有使用它们的机会。1948年后，英军建立了专门的水雷战机构以便在战时能够有效布设水雷场，同时他们恢复了水雷战训练，以免战时积累的宝贵经验失传。

虽然算不上是武器，但照相机也是战斗攻击机的重要装备，它们也得到了优化。保留下来的一种垂直或倾斜安装的F24型照相机，用于"海火"FR47、"海黄蜂"F20，以及"海怒"FB11机。这些照相机可以从座舱内进行控制，主要用于战术侦察。1947年，皇家海军成立了一支战略侦察部队，目的是与驻扎在本森基地的皇家空军中央照相侦察部队配合行动。皇家海军的这支部队起初装备"海蚊"TR33侦察机，机上装备2台F52相机，可选装36英寸或20英寸的镜头，用于执行战略侦察任务。这些飞机后来被替换成了更先进的"海黄蜂"PR22型机。

皇家海军航空站

二战期间，皇家海军在全世界共建立了83处海军航空站和10处航空设施。这其中29处设在海外，其余的都在英国本土。到1947年12月1日，英国海军在本土只保留了19个航空站和6处其他设施，另有15处航空站转入预备，一旦遇到紧急情况可在短期内启用。海外还有4个航空站：马耳他有2处，新加坡

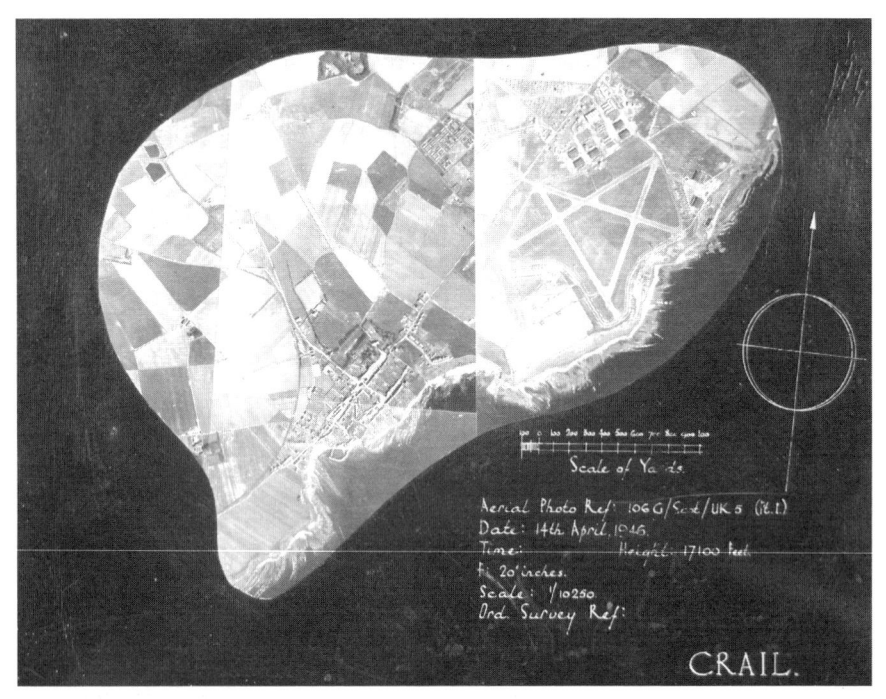

△ 克莱尔皇家海军航空站是战后关闭的海军航空设施之一。本照片摄于1946年该基地转入"简单照看"状态之前。隐约可以看见机库北面和跑道东面的空地上排满了多余的"梭子鱼"飞机，它们正在等待拆解公司前来处理。（图片来自克莱尔博物馆）

和锡兰[①]各1处，另有4处航空站转入预备。战时建立的机动海军航空基地队（MONAB）也全部解散，但是仍然在洛斯茅斯海军航空站保留了一批骨干成员和核心装备，以便在紧急情况下恢复整套系统[41]。

英军航空站的诸多职能对那些搭载在航空母舰上的一线作战部队来说是不可或缺的，包括接受、分配和存储那些新交付或者长期库存的飞机。此外，这些基地还为离开母舰的中队提供保持专业技能所需的活动空间。有些基地可以为诸如战斗机、反潜机、攻击机等专业机种的飞行人员和维护人员提供训练设施，其他一些基地则是专业的飞机维修中心。1947年之前，海军部一度想要建设一

---

① 今斯里兰卡。

大批功能专一、规模相对较小的机场,但随着库德罗斯、康沃尔两大海军航空站在1947年完工[42],他们转而追求建立为数不多的"超级基地",通过把更多功能集中在一个机场的方式节约人力。从那以后,所有留存下来的机场都得到了扩建,以接纳那些从被裁撤的小机场转移出来的任务。海外的机场则可以直接支援靠泊的舰船,包括提供舰载机中队离舰所需的设施、驻扎舰队执行任务所需的二线中队,以及存放一批后备飞机以替换那些损失或受伤的飞机。

到1949年12月,英国本土的海军航空站已经缩减至16处,其他航空设施为5处,另有16个航空站保持预备。海外,只剩下马耳他的2处航空站仍然在役,锡兰的基地转为预备状态(18个月内保持恢复现役状态的能力)状态,新加坡的森巴旺基地则转租给了皇家空军。不过,随着远东形势的变化,英国海军在1950年1月向新加坡派出了"西姆邦"号以图恢复森巴旺基地[43]。此举的时机真是好得不能再好了。

作战行动

1947年3月,英国第一海务大臣乔治·哈尔[44]指出:皇家海军的基本任务是维持一支常备舰队,足以确保英国重要海运线的畅通,并在必要时为美国提供同类保障[45]。同时,这支海军还必须把对国家人力物力的占用降到最低。二战结束后留下的许多重要事情还远未完成,仍需付出大量努力。包括支援驻扎在前敌国国土上的占领军,以及在其他地区维持法律和秩序。此时,战时海军组织架构已经解体,新的海军组织框架尚未建成,人们还必须花很大力气去消化、应用那些盟军在战争中学到的经验教训,以及分析德国和日本战时记录所了解的知识。似乎是嫌这些还不够,海军部还在致力于提升和平时期人员的战备水平。

1946年之后,随着人力和财政危机的到来,英国海军手中完整在役的航母数量锐减。到1948年年初,只剩下"海洋"和"凯旋"两舰还处于在役状态并搭载有舰载机大队,另有一艘"胜利"号带着削减的舰员组充任训练舰[46]。在那次夜战测试之后,"海洋"号成了地中海舰队的一部分,并且展示出一艘航母具备的各种作战能力。1946年10月,她为在库尔福湾被阿尔巴尼亚水雷炸伤的"索

△一架"萤火虫"在"光荣"号上降落，照片摄自待命救援着舰飞机的驱逐舰。飞机下方可以看到着舰引导官，他的胳膊和指示板略向下倾斜，表示飞机的下滑角略低。舰上的2道拦阻网都已升起，已经降落的飞机都集中停放在飞行甲板1区。（作者私人收藏）

马里兹"和"沃拉格"两艘驱逐舰上的伤员提供了医疗支援。1948年5月，她带着第805中队（"海火"F17）和第816中队（"萤火虫"FR1）加入了掩护驻巴勒斯坦英军撤退的特混舰队，当皇家空军的陆基基地撤离后，她的舰载机中队成了当地仅有的空中掩护。1948年6月，"海洋"号返回本土，舰上的舰载机中队飞离航母，重新改编为皇家澳大利亚海军第一个航空大队的一部分。

在苏伊士运河以东，英国太平洋舰队的最后一艘航母是"忒修斯"号，该舰在1947年2—12月期间搭载着第804中队（"海火"FR47）和第812中队（"萤火虫"FR4/5）。当这艘航母返回英国本土后，英国太平洋舰队重新改称"远东舰队"。新加坡的海军航空站移交给空军后，远东地区所有库存的飞机和零部件被送回英国本土或者就地处理，这支舰队彻底失去了航空力量。

随着远东形势的逐步变化，英国人决定再次向远东舰队派出一艘航空母舰，并且采取措施为驻扎远东的舰载航空大队提供保障。第一个行动是恢复新加坡

△前直升机时代的搜索救援！"忒修斯"号航母的起重机正在将一架"海獭"ASR.2水上飞机从飞行甲板吊放到海面上。注意飞机的发动机已经在运转，机组人员正站在上翼面上准备松脱挂钩。飞机发动机下方的梯子清晰可见，机组人员只有通过这个梯子才能爬进座舱。飞机尾轮支柱上栓有一根绳子，舰上的水兵要拉住这根绳子的另一端以保持飞机稳定不会旋转。（作者私人收藏）

森巴旺的海军航空站。随后，维修航母"独角兽"号也被从德文波特港内的预备役舰队中拉回现役，装上一大批航空兵保障设施前去重建森巴旺基地。舰上还同时运载了一批处于封存状态的"海火"FR47战斗机和"萤火虫"FR1战斗机，准备支援一线舰载航空大队并替换战损。卸下载货和飞机，在岸基基地组建起飞机维护部队后，"独角兽"号于1950年6月开进新加坡海军基地，为返回英国本土做准备。1949年4月21日刚刚在舍恩尼斯船厂完成改装、重返现役的轻型舰队航母"凯旋"号被选中成为远东舰队的主力航母。与她同行的是第13舰载航空大队，包括第800中队（"海火"FR47）和第827中队（"萤火虫"FR1），外带1架负责搜索救援的"海獭"水上飞机。该舰1949年7月从港口出发，10月23日抵达远东并参加了一些军事行动。1950年6月8日，"凯旋"号和远东舰队的其他舰艇一起造访了日本大凑港。6天后，她们在日本周边海域和皇家海军、美国海军的其他舰船一起进行了一系列军事演习。

注释

1. Statement of the First Lord of the Admiralty, Explanatory, of the Navy Estimates 1947–48 (London: HMSO), Command 7054, p 5.
2. 同上。
3. 这使得英国皇家扫雷艇部队从1939年9月以来累计扫除的水雷数量达到了34600枚。
4. Explanatory Statement 1947–48, p 6.
5. CB 03164 Progress in Naval Aviation Summary #1, year ending 1 December 1947, Directorate of Naval Air Warfare (London: Admiralty, April 1948), p 18.
6. 同上，第17页。
7. 同上，第18页。
8. 值得注意的是，本章大量引用的"CB 03164 Progress in Naval Aviation"文件在扉页上写道："本文件可供读者引用，但所用案例可能主要仅涉及英国军队的现役军官。"因此水兵飞行员的资料未能展现。
9. CB 03164(48) Progress in Naval Aviation Summary#2, year ending 1 December 1948, Directorate of Naval Air Warfare (London: Admiralty, May 1949), p 15.
10. 一小批航空工程官获得了飞行员资格：获得了前线经验之后，许多人都成了维护试飞员，即便是那些对飞行之事所知不多的技术和维修人员也是一样。
11. CB 03164 Progress in Naval Aviation Summary #1, p 4.
12. CB 03164(49) Progress in Naval Aviation Summary #3, year ending 31 December 1949, Directorate of Naval Air Warfare (London: Admiralty, April 1950), p 10.
13. 同上，第5页。
14. CB 03164 Progress in Naval Aviation #2, p 5.
15. CB 03164(49) Progress in Naval Aviation #3, p 18.
16. David Hobbs, *British Aircraft Carriers* (Barnsley:Seaforth Publishing,2013). 该书介绍了所有英国航母及其设计、建造、改进和作战使用的详情。
17. David Hobbs, *Aircraft of the Royal Navy since 1945* (Liskeard: Maritime Books, 1982), p 95.
18. Ray Sturtivant, Mick Burrow and Lee Howard, *Fleet Air Arm Fixed-Wing Aircraft since 1946* [Tonbridge: Air Britain (Historians), 2004], p 301.
19. CB 3053(11) Naval Aircraft Progress&Operations Periodical Summary No.11–Period Ended 30 June 1945, p 17.
20. Tony Buttler, *STURGEON-Target-Tug Extraordinary* (Ringshall: Ad Hoc Publications, 2009).
21. Captain Eric Brown CBE DSC AFC RN, *FIREBRAND-From the Cockpit 8*(Ringshall: AdHoc Publications, 2008), p 25.
22. David Hobbs, *A Century of Carrier Aviation* (Barnsley: Seaforth Publishing, 2009), p 186.
23. Ray Sturtivant and Theo Ballance, *The Squadrons of the Fleet Air Arm* [Tonbridge: Air Britain (Historians), 1994], p 166.
24. Alan J. Leahy, *SEA HORNET-From the Cockpit 5* (Ringshall: Ad Hoc Publications, 2007), pp 9 et seq.
25. Owen Thetford, *British Naval Aircraft Since 1912* (London: Putnam, 1962), p 91.
26. Hobbs, *Aircraft of the Royal Navy Since 1945*, p 14.
27. Sturtivant, Burrow and Howard, *Fleet Air Arm Fixed-Wing Aircraft since 1946*, pp 124 et seq.
28. "海怒"是皇家空军霍克"怒火"飞机的海军型。为了避免编号混淆，海军型的编号从Mk10开始，之后是Mk11。空军型则是F1、FB2之类。不过最后所有575架空军型的制造计划都被取消，仅有海军型被制造了出来。皇家海军的"海黄蜂"第一个型号是F20，"海吸血鬼"是F20，也是同理。
29. Hobbs, *Aircraft of the Royal Navy Since 1945*, p 34.
30. Alan J. Leahy, *SEA FURY-From the Cockpit 12* (Ringshall: Ad Hoc Publications, 2010), p 13.

31. Thetford, *British Naval Aircraft Since 1912*, pp 156 et seq.
32. J. G. S. 'Joe' Norman, *FIREFLY-From the Cockpit 4* (Ringshall: Ad Hoc Publications, 2007), p 7.
33. Hobbs, *Aircraft of the Royal Navy Since 1945*, p 26.
34. 从1947年起，英国军队的飞机编码从先前的罗马数字改为阿拉伯数字，因此最后一型使用"灰背隼"发动机的"海火"战斗机是Mk Ⅲ，而替代型号Mk XV则改称为Mk15。
35. Captain Eric Brown CBE DSC AFC RN, *SEAFIRE-From the Cockpit 13* (Ringshall: Ad Hoc Publications, 2010), p 49.
36. Graeme Rowan-Thomson, *ATTACKER-From the Cockpit 9* (Ringshall: Ad Hoc Publications, 2008), p 12.
37. CB 03164 Progress in Naval Aviation Summary #1, p 21.
38. 同上，第21页。
39. 同上。
40. 同上，第23页。
41. 同上，第10页。
42. Geoff Wakeham, *Royal Naval Air Station CULDROSE 1947-1997* (RNAS Culdrose, 1997), p 10.
43. CB 03164(49) Progress in Naval Aviation #3, p 9.
44. 哈尔后来接替A. V. 亚历山大任国防大臣，和其他人不同，哈尔没有进入内阁，他的继任者帕肯海姆勋爵则进入了内阁。
45. Statement of the First Lord of the Admiralty, Explanatory, of the Navy Estimates 1947-48 (London: HMSO, 1947), p 2.
46. Statement of the First Lord of the Admiralty, Explanatory, of the Navy Estimates 1948-49 (London: HMSO, 1948), p 5.

第二章
帮扶英联邦海军

1941年之后，随着舰队和航空兵中队的快速扩张，英国皇家海军开始在人力方面严重依赖英联邦国家。到1945年，舰队航空兵中有50%的空勤人员来自澳大利亚、加拿大和新西兰，这些人中的大部分理论上隶属于皇家澳大利亚、加拿大、新西兰海军的预备役部队，实际上他们都在英国海军中参加战斗。如此，皇家加拿大和澳大利亚海军最终会建设自己的航母特混舰队也就顺理成章了——新西兰海军规模太小，实在做不到，就算了。澳大利亚和加拿大海军当然可以先用英军航母来积累经验，然而两国政府也意识到，如果想要独立作战，或者在联合国、盟军、英联邦的舰队中发挥实质性作用，就必须在战后拥有自己的航母。另一方面，英国海军部早在1944年就已经意识到让皇家澳大利亚和加拿大海军独立使用航母是解决即将到来的人力危机的一个方法。当然也必须承认，在英国眼中，澳大利亚和加拿大海军的"航母特混舰队"只是一对既能让英军削减自己航母和航空大队数量，又能保持英联邦国家总体海军战斗力不减的可靠"接盘侠"。

起初，英军打算让友军装备护航航母，这是个能让他们获得独立使用航母经验的好办法，然而，英美两国之间的"租借法案"却明确提出，租借给皇家海军的美制军舰只能装备英军自身，不允许移交给第三方，即便这个"第三方"曾是大英帝国的一部分——军舰上仍然挂着英国海军军旗也不行。随着时间的推移，新出现的轻型舰队航母带来了一种理想的解决方案——这些航母的运行成本相当低，许多子系统与澳大利亚、加拿大海军现有的巡洋舰、驱逐舰可以通用。1945年时，英国皇家海军已经意识到这些建造中的轻型航母数量太多了，一旦战后复员，他们根本没有那么多人手来操作和运转这些军舰，除非裁撤掉大量其他类型的军舰以腾出人手，然而这是不可能的，英军已经决定保留一部分其他类型战舰了，不过他们还是打算继续建造这些航母，这至少可以让英联邦海军更容易地得到航空母舰。总而言之，1945年时这批大量建成的轻型舰队航母为其提供了不可错过的良机。

皇家加拿大海军

1943年的盟军首脑魁北克会议之后，加拿大就成立了一个皇家加拿大海军/空军联合委员会，以研究本国进一步发展海军航空兵的潜力。10月，这个委员会提出了提案："我国海军应当获得自己的航母，并自行驾驭。"[1]这是加拿大海军掌握本土、纽芬兰岛、拉布拉多岛周围制海权的关键。通过与皇家加拿大空军的联合行动，他们还可以为保护英联邦海运线、协防北美洲近海以及支持加拿大国家政策和利益发挥重大作用。海军委员会接受了这个提案，并把它列入了关于建立加拿大海军太平洋舰队的近期计划中，虽然这支舰队在战争末期才以英国太平洋舰队组成部分的身份参加了战斗，但这毕竟是加拿大这个独立国家自己的军队。加拿大海军委员会希望通过租借的方式在1944年获得2艘轻型舰队航母，然而英国海军部却告知加拿大这2艘航母要到1945年才能就绪。于是，一套替代方案应运而生：英国海军部将向加拿大海军提供2艘统治者级护航航母以使其获得航母使用经验。为了规避"租借法案"的限制，这两艘舰在名义上仍然是皇家海军的战舰，只不过其指挥人员和水兵都来自皇家加拿大海军。舰上的航空部门和搭载的航空兵中队仍然来自英国，不过有一部分空勤人员来自新西兰。让人始料未及的是，这些来自英国、加拿大、新西兰三国的海军官兵工资和每日伙食津贴各不相同，因此出现了不少麻烦。第一艘移交给加拿大的护航航母"土官"①号起先在1943年9月交付英国皇家海军，随后在温哥华的布拉德船厂进行了为期几个月的改装。1944年1月，她的加拿大舰员在埃斯奎莫尔特上舰。抵达英国后，她又在利物浦进行了一轮改装，最后搭载着英国海军第852中队（装备"复仇者"鱼雷机）在当年6月加入英国海军本土舰队。连同搭载的舰载机中队一起，舰上共有504名加拿大军人，327名英国军人和9名新西兰军人。

1944年8月下旬，"土官"号驶离斯卡帕湾参加英国本土舰队组织的"古德伍德"行动，空袭瑞典卡法峡湾里的"提尔皮茨"号战列舰。恶劣的天气使得这

---

① "土官"指的是英国在印度殖民地设置的本地官员。

次行动未能收到全效,"土官"号反而被德国潜艇U-354号发射的一枚声自导鱼雷命中了舰艉,水线下方被炸开了一个15米长、12米宽的大口子,唯一的一根螺旋桨主轴被炸弯。万幸的是,舰上的维修队长、加拿大海军的J. R. 鲍尔在参军之前恰好在纽芬兰的圣约翰船厂负责修补舰船的鱼雷损伤,这枚纳粹鱼雷碰上了克星,舰员们很快就封闭了破口附近的水密隔舱,军舰靠自己的动力在8月27日返回了斯卡帕湾。虽然舰艉下沉,但她还是在返航途中放飞了"复仇者"鱼雷机进行反潜巡逻。不幸的是,回到港口,人们发现"土官"号损伤过重,英国根本没有船厂能修。于是这艘护航航母只好在1944年9月30日退役,被遗弃在福斯湾南侧堤岸的一处泥滩上,任由船厂将舰上各种装备拆走,充当姊妹舰上的备用部件[2]。

"拳击者"号于1944年2月服役,加拿大海军R. E. S. 比德维尔上校从1944年5月10日起担任首任舰长。她起初被用作飞机运输舰,在纽约和英国之间来回跑了几趟运输,直到1944年11月主机发生故障为止。之后她开往克莱德,利用"土官"号上拆下来的零部件进行了改装和维修。完成这些工作后,她在1945年2月加入了英国本土舰队,搭载着皇家海军第881中队(装备"野猫"战斗机)和第821中队(装备"梭子鱼"攻击机)前去空袭挪威沿岸的德军目标。二战欧洲战场胜利时,"拳击者"号正在克莱德进行改装,当年5—6月,她就这么停在港口,成了第1790和1791中队(装备"萤火虫"战斗机)的着舰训练舰。随后,这艘航母的机库被加装了床铺和卫生间,摇身一变成了运兵船。从8月起,她减少了舰员数量,在英国本土、加拿大哈利法克斯和美国纽约之间来回奔波。第一趟旅程中,她把491名加拿大海军官兵和40名加拿大妇女勤务队员从英国送回了家。在最后一次返回英国时,她又为新建成的轻型舰队航母"勇士"号带去了服役所需的人员和物资——这艘在贝尔法斯特的哈兰德·沃尔夫造船厂完工的航母即将被租借给皇家加拿大海军。

1945年,英国原本打算以租借的形式将"海洋""勇士"两舰提供给皇家加拿大海军,然而后者也遭遇了同样的人力危机,直到1945年9月之前都无法接收轻型航母,于是英国皇家海军只好将"海洋"号留下自用[3]。最终,同是由贝尔法斯特的哈兰德·沃尔夫船厂建造的"勇士"和"庄严"两艘航母被交给了加拿

△皇家加拿大海军"庄严"号航母，1952年摄于马耳他大港。甲板上停放的飞机分别是"海怒"和"复仇者"。（作者私人收藏）

大海军。1946年，"勇士"号先行就位。"庄严"号的实力比"勇士"号更强，可以起降更大更重的飞机，当她1948年加入加拿大海军时，她并没有与"勇士"号并肩作战，而是直接替代了后者的位置。"庄严"号被加拿大海军租用到1957年，之后被经过了现代化改造的姊妹舰"邦纳文彻"号（原英国海军"有力"号）接替，后者已经不再是租借舰，而是加拿大政府出资购买来的。加拿大舰队航空兵的筹建始于1945年春，当时，飞行员超编的皇家加拿大空军向英国海军派出了550名飞行员随英国太平洋舰队作战。随着太平洋战争戛然而止，这批在英国接受了航母飞行训练的人刚好成了组建加拿大海军第一批舰载机中队的理想人选。这些中队在英国组建，编制与皇家海军的航空中队完全一致，还沿用了那些暂时解散的英军中队的编号。第一支加拿大舰载机中队是第803中队（装备"海火"23型机），它于1945年6月15日在阿布罗斯皇家海军航空站成立。飞机的涂装、标识与英国海军的完全一致，只是后机身机体编号上方的小字由"皇家海军"改成了"皇家加拿大海军"。1946年1月24日,也就是加拿大海军"勇士"号航母服役当天,这支中队正式加入加拿大海军。[4]另一个成立比较早的单位是第825中队,该部1945年7月1日在拉特里海军航空站改编为加拿大海军航空中队,装备"梭子鱼"攻击机。当年11月,"萤火虫"替代了"梭子鱼",2个月后,第825中队与803中队于同日加入加拿大海军。

当"勇士"号抵达加拿大时,加拿大海军就需要一个岸上基地来停放那些离开母舰的舰载机中队了。于是,一个由皇家加拿大空军和皇家加拿大海军高级军官共同组成的委员会奉命拿出一套联合解决方案。1945年10月,这个委员会达成共识。鉴于1937年之前英国海军自己在管理航空事务时还有各种疙里疙瘩,加拿大人能如此快地达成共识,实在令人惊讶。按照这份共识,皇家加拿大空军将负责所有海军航空兵陆地事务的管理,包括飞机的维修、维护和提供仓储。皇家加拿大海军则掌管一切军舰上的航空活动,并且负责对陆基基地的飞机进行简单维修和检修。海军航空兵的永久性陆上基地选在了加拿大新斯科舍省的达特茅斯空军基地,二战期间,这个基地曾为海军训练航空无线电员与炮手。1946年3月31日,第803和第825中队飞离"勇士"号航母,达特茅斯基地里的海军航空兵部队随之成立。当然,除了这支海航部队,这个基地里还有加拿大空军的部队、越洋客机和飞加拿大国内航线的客机。然而,和在英国一样,这种跨军种联合管理的弊端很快显现出来,不久之后就变得积重难返,出现死结。空军方面当然有充分的能力"顺手"解决舰队航空兵的后勤供应,然而他们也顺理成章地为自己的部队赋予了更高的优先级。这就导致海军连诸如飞行服、通用零部件之类的重要基础物资供应都捉襟见肘。达特茅斯的海军将领们向上级报告说自己简直就是"叫花子",自己所使用的设施也亟须维修[5]。举个例子,1947年1月,海军使用的第108号和109号机库就一度出现供暖系统故障,把人们都赶了出来。加拿大政府起初考虑将海军陆上基地迁出达特茅斯,然而这里作为海军航空基地的优势却无可替代,于是政府干脆把这个基地完全移交给了海军,基地名称也从1948年12月1日起改称为"皇家加拿大海军航空兵,达特茅斯,西尔沃特基地"。

此时,加拿大海军航空兵建有2个舰载航空大队——第18大队和第19大队,前者下辖最初在英国建立的那两个中队,后者则拥有随后在加拿大本土建立的

2个中队——第883中队（装备"海火"战斗机）和第826中队（装备"萤火虫"飞机）。1947年5月，第三支专用于训练任务的航空大队成立了，大队下辖一支舰队勤务中队——第743中队，装备有各种型号的飞机，还附设一所实战飞行训练营。不过，针对那些已经取得飞行徽章的新手飞行员的实战训练实际上都是在英国的皇家海军航校里完成的，这一情况直到20世纪50年代中期，加拿大海军不再完全沿用英国海军航空兵的装备后才告终止。然而，加拿大航校的意义也是显而易见的。当英国人徒劳地试图将飞行员训练和观察员训练合二为一时，正是加拿大海军还维持着观察员训练，为英国海军补充了一批不可或缺的航空观察员。1948年，霍克"海怒"战斗机替代"海火"成为加拿大航母上的主要战斗机；1951年，经过专门改造的格鲁曼"复仇者"反潜机替代了"萤火虫"。在20世纪50年代上半叶，加拿大海军的航母没有参加过实战，虽然当时有人计划派遣一支加拿大舰载战斗机中队随英国航母参战，但最后还是不了了之。

1957年，"邦纳文彻"号加入加拿大海军服役。她搭载的舰载机已经换成了美制的麦克唐纳"女妖"战斗机（第870中队）和格鲁曼"追踪者"反潜机（第880中队）。舰载机大队随后又装备了美制西科斯基"旋风"反潜直升机。虽然此时的加拿大海军仍然保留了许多从英国海军沿袭而来的传统，但其独有的加拿大风格却逐渐显现了出来，其反潜战能力也逐步在北约各国海军中脱颖而出。"女妖"战斗机实际上性能一般，其潜力在20世纪50年代后期已经被发挥到了极限，因此在1962年退役，然而却没有后继者。加拿大军队一度考虑用道格拉斯A-4"天鹰"攻击机接替"女妖"，"天鹰"已经大量装备美国海军航母，加拿大人也进行了着舰试验，然而即便这种飞机价格并不算贵，加拿大政府还是拒绝为此划拨费用。事情就这么结束了。

这个时候，皇家加拿大海军已经开始走下坡路了。1968年，原本从属于英军的皇家加拿大海军被编入了新成立的加拿大武装部队（Canadian Armed Force，CAF）。后者没能充分理解航空母舰的价值，于是，这艘刚刚在1967年完成"中期寿命改造"的"邦纳文彻"号在1969年就匆匆退役，在1970年被拆解。加拿大海军航空兵部队从此只剩下了于1963年接替"旋风"直升机服役的美制西科斯基"海王"反潜直升机，由CAF的飞行员驾驶，以单机的形式搭载于驱逐舰上。直到2014年，加拿大人才意识到"加拿大武装部队"的错误，恢复了"皇家加拿大海军"这一光荣的称呼。然而即便如此，同样恢复了名称的皇家加拿大空军飞行员们仍然驾驶着海军的舰载直升机，驻扎在由先前的"皇家加拿大海军航空站"改造而来的陆基直升机基地里。1992年，加拿大政府尝试更新年事已高的"海王"直升机，但这却成了一个代价高昂的错误——他们花费了数百万美元，却没能找到一款合用的直升机。这其中一部分原因来自加拿大海军提出的性能要求：首先，直升机必须能在海上漂浮，以备在北极海域迫降之需；其次，除了反潜能力外，这些直升机还必须装有货运设施，以便执行多种任务。然而，西方国家海军装备的3型主要反潜直升机却无一能够满足加拿大的需要。或许我们可以公正地说，加拿大海军实际上从1968年起就已经衰落，至今仍有待恢复。

皇家澳大利亚海军

1945年，皇家澳大利亚海军的实力与1914年和1939年时相比已经相去甚远。1914年时，他们的"澳大利亚"号战列巡洋舰及其随行舰队是一支力量全面而且相当强大的力量；1939年，他们也拥有一支由5艘现代化巡洋舰和一批驱逐舰组成的强大海军。然而，在二战当中，航空兵逐渐成了海战的决定性力量，皇家澳大利亚海军没有航母，无法组建自己的特混舰队，因而"落了伍"[6]。不过，澳大利亚海军的士气却十分高昂，官兵们都为自己在二战中取得的成就而自豪。从专业的角度看，他们需要的只是一个在未来战争中展示自己价值和战斗力的机会，"很明显，这就意味着他们必须为自己的舰队引入海军航空兵"[7]。

然而，引进航空母舰一事在澳大利亚海军内部也是有争议的。早在1944年年初，澳大利亚英联邦海军委员会（ACNB）就已经清楚地意识到，建立一支澳大利亚自己的航母特混舰队将是本国为最后阶段对日作战出力的最有效方式，而且这支特混舰队理所当然将会是战后澳大利亚舰队的核心[8]。于是，关于英国皇家海军向皇家澳大利亚海军免费移交一艘轻型舰队航母和两艘巡洋舰的讨论开始在澳大利亚政府内部"低调而且非官方"地展开了[9]。ACNB委员长兼海军参谋长，皇家海军上将盖伊·罗伊尔爵士在1944年3月21日的一次军事顾问会议上抛出了这一方案。然而不幸的是，他此前并没有就此事与其他军兵种的参谋长和国防委员会主席弗雷德里克·西顿爵士商量过，后者被打了个措手不及，随即把自己的疑虑告诉了澳大利亚首相约翰·库尔汀。库尔汀随后写信提醒罗伊尔，与英国海军部围绕这件事情的讨论必须通过政府渠道进行。

当库尔汀访问英国与英国首相温斯顿·丘吉尔会谈时，盖伊·罗伊尔爵士再度提出了他的方案。库尔汀随即发现，丘吉尔对此事的态度相当积极，他告诉澳大利亚人，英国也很希望请澳大利亚的水手来操作那些可能要迟至1945年之后才能服役的新舰，以此化解英国海军的人力危机[10]。英国打算以免费租借的形式向澳大利亚提供2艘轻型舰队航母，可能是"尊严"号和"海洋"号，不过最终情况取决于这些新舰的竣工日期和澳大利亚的人员到位情况。约翰·库尔汀依旧坚持，澳大利亚海军装备航母绝非权宜之计，要将其纳入战后军力构建的通盘考虑。最终，库尔汀还是在1945年2月接受了英国人的提案，此时英国太平洋舰队已经在澳大利亚民众的热烈欢迎中抵达悉尼四天了。不过，向澳大利亚提供航母的计划还未及实施战争就结束了。如果这项计划继续推进下去，这两艘航母也会像加拿大海军的护航航母那样"混编"：皇家澳大利亚海军提供主要指挥人员和大部分水兵，英国皇家海军提供舰载机中队和航空部门的大部分人员。然而，太平洋战争在1945年8月15日戛然而止，这使得澳大利亚海军引进航母的计划骤然加快。当时澳大利亚空军向皇家澳大利亚海军志愿预备役移交了一大批"喷火"战斗机飞行员，准备让他们到英国太平洋舰队里去驾驶"海火"战斗机，然而这些人数量太多，英国人来不及在战争结束前完成对他们的训练，于是有相当一部分人恰好可以到澳大利亚海军轻型舰队航母上的战斗机中队里找到自己的去处。不仅如此，根据英国太平洋舰队的情况，其航空部门的水兵中有不少志愿者也完全可以转隶给皇家澳大利亚海军。

1945年，英国海军将领路易斯·汉密尔顿爵士接掌盖伊·罗伊尔的职务，他将是最后一位被派去担任澳大利亚海军参谋长的英国海军将领，此人决意要解决皇家澳大利亚海军装备航母一事。他发起了一项关于建立澳大利亚海军航空兵的必要性的研究，并且指派杰出服务十字勋章得主、在二战的大部分时间里都在皇家海军担任航空观察员的澳大利亚海军V. A. T. 史密斯少校来完成这一工作[11]。和他的前任不同，路易斯·汉密尔顿爵士有效说服了澳大利亚国防委员会主席西顿，和新任首相奇弗雷的交流也很充分。汉密尔顿不得不告诉澳大利亚领导人，由于战后初期英国经济极其困难，他们无法再免费向澳大利亚提供航母了，同时澳大利亚还需要承担一部分保卫太平洋地区英联邦权益的任务。奇弗雷也接纳了史密斯少校的提议——战后的皇家澳大利亚海军应当以2艘航母为核心，随时保持至少1艘可用，既能够组织可攻可守的独立特混舰队，也可以作为多国舰队的一部分发挥作用。虽然皇家澳大利亚空军对此提出反对，表示所有能飞的东西都必须以陆地为基地，都该归空军掌管，但澳大利亚政府还是决定在一份五年防卫计划中加入从英国海军那里购买2艘轻型舰队航母的内容。经过协商，英国海军部最终同意向澳大利亚出售2艘尊严级航母，价格相当于其中1艘航母的造价[12]。这样，这两艘航母的价格就是275万英镑，再加上每艘舰45万英镑的零备件费用，总价格为365万英镑。此时澳大利亚政府手中有42.7万英镑可用，这是1941年"悉尼"号巡洋舰战沉后民众捐款购买替代舰的费用。这一笔捐款很快就被转用于购买第一艘航母，而这艘航母也因此继承了巡洋舰的舰名——"悉尼"号。这使得许多捐了款的澳大利亚老百姓都感到这艘澳大利亚海军中最强大的战舰有了自己的一份，而这艘航母的到来也意味着皇家澳大利亚海军迈入了一个新纪元。

然而，尽管汉密尔顿倾尽了全力，差错还是发生了。英国海军部否决了他给澳大利亚海军的低廉报价，毕竟在这个飞机和航空相关系统都飞速进步的时代，研发新一代飞机需要耗费大量资金，英国海军部也缺钱。考虑到此时英国海军正在进行一系列影响深远而且耗资不菲的新技术研发——例如柔性降落甲板[13]和蒸汽弹射器，汉密尔顿对这些因素的忽视实在令人意外。战后初期，澳大利亚政府对投向海军航空兵的每一分钱都很谨慎，因为一直有人觉得这种给小规模海军配备强大航空兵的做法可能会耗费巨大而一无所获[14]。不过，随着舰队航空兵的逐步"澳大利亚化"和皇家海军对澳大利亚影响的逐步衰退，澳大利亚的五年国防计划取得了很大进展，对航母的疑虑也逐渐淡化，这种疑虑直到20世纪70年代末期澳军需要再次更新航母时才再次出现。关于航母采购和价格的问题并不容易解决，但舰载机将成为海战决定因素的观念却已深入人心。唯一的阻力来自皇家澳大利亚空军，他们一直试图阻止澳大利亚购买这两艘航空母舰，即使在她们于1947年列入五年国防计划后也没有放弃。航空部长坚持认为海军航空兵应由空军来提供飞机和空勤人员并进行管理。考虑到先前英国和美国已在海军航空兵方面树立了成功的"典范"，史密斯少校的报告也已得到澳大利亚政府认可，航空部长的顽固态度实在令人难以理解。虽然他后来仍然坚持反对意见，认为在皇家澳大利亚海军中建立舰队航空兵"并非国防中的重要事项"[15]，但首相还是同意海军航空部门的官兵穿海军军服、接受海军的作战指挥，并且由海军的岸基基地和其他设施负责支援[16]。如果澳大利亚空军当时如愿以偿，那么"悉尼"号航母入役时所搭载的舰载机大队将会与航母作战理念背道而驰，她在后来的战争中也不会表现得如此卓越，更糟糕的可能是，也许她根本就没有机会服役。空军不明白，海军航空兵的存在对兄弟兵种战斗力的发挥具有极其重要的作用，这完全合乎情理，其政治影响也不可忽视。这些人自以为是"制空权"的代言人，试图扑灭皇家澳大利亚海军舰队航空兵以及它为国家利益提供强有力军事支撑的能力，这注定只能是徒劳的。

1948年8月28日，皇家澳大利亚海军的第20舰载航空大队在英国北爱尔兰的艾格灵顿海军航空站成立[17]，大队下辖第805中队（装备"海怒"FB11）和第816中队（装备"萤火虫"FR4）。第二支舰载航空大队，第21大队，于1950年4月在澳大利亚本土的圣梅林皇家海军航空站成军，下辖第808中队（装备"海怒"FB11）和第817中队（装备"萤火虫"FR5），这支大队的飞机搭乘"悉尼"号一同来到澳大利亚。1948年1月，为了给即将成立的舰载航空大队配备飞行人员，澳大利亚海军在芬德斯军港接收了35名参加过二战的老空勤，统一授予中尉军衔[18]。此外，4名来自皇家澳大利亚海军学院（RANC）的上尉军官奉命前往英国与皇家海军一同进行飞行训练，还有5名皇家海军短期借调来的前澳大利亚空军飞行员被调往澳大利亚海军。第20舰载航空大队在成立时共拥有4名来自澳大利亚海军学院的上尉、6名于当年1月在芬德斯军港加入的空勤人员、15名英国海军飞行员、6名英国海军观察员，以及6名从皇家海军中征召的空勤人员。大队长和2名中队长起初都是英国人，但到了1952年，所有英国军官都退出了澳大利亚舰队航空兵的基层指挥岗位，中校军衔以下的英国军官只剩下了那些在基层单位层面上交流战术、扩展视野、丰富知识的交流军官。

△皇家澳大利亚海军"悉尼"号驶离英国开往澳大利亚，飞行甲板上和机库里挤满了皇家澳大利亚海军建立舰队航空兵所需的"海怒"和"萤火虫"。（作者私人收藏）

澳大利亚海军的航母"悉尼"号于1943年4月在英国德文波特船厂动工，其身份起初是英国海军航母"可怖"号，是1942年设计的16艘轻型舰队航母之一[19]，是二战后期英国海军大规模扩建航空力量的动作的一部分。1942年型轻型航母划分为两个级别——10艘巨像级和6艘经过改进的尊严级，后者能够起降更大、更重的飞机。后来英国还设计了一型更大的1943年型航母，计划建造4艘，但英国人认为到20世纪50年代初期，英军将无力操作和使用这些航母。全部尊严级航母的动工时间都比较晚，日本投降时均未完工，其建造工作只好全部冻结，而且她们都没能进入英国海军服役。"可怖"号起先是尊严级的第二艘，1947年6月3日被澳大利亚政府买下后，其建造工作很快恢复。1948年12月，她以原始设计状态交付皇家澳大利亚海军。1949年2月5日的入役仪式上，澳大利亚驻伦敦高级专员的太太 J. A. 贝思丽夫人为其剪彩[20]。她的首任舰长是杰出服务十字勋章得主、皇家澳大利亚海军上校 R. R. 唐宁，他也是澳大利亚与英国两国海军之间密切联系的纽带。那些努力建设澳大利亚航母打击力量的人们都没有预料到，澳

△在飞行甲板上"伪造签名"！摄于1954年皇家澳大利亚海军"复仇"号航母护卫"女王伊丽莎白二世"号邮轮巡游英联邦各国期间。(皇家澳大利亚海军供图)

大利亚舰队航空兵能够在很短的时间里成为一支强有力的作战力量——就在"悉尼"号抵达澳大利亚本土仅仅一年后，她就参加了实战，而且表现上佳。

澳大利亚的第二艘航母是"尊严"号（HMS *Majestic*），后改名为"墨尔本"号。该舰由英国维克斯公司的巴罗因弗内斯船厂建造，1946年后停工。后续建造的进度比较慢，因此英国海军那些革命性的航母技术在她身上都得以体现。实际上她的最终建造方案和原始设计相比有了大幅度改进，1955年11月竣工时，"墨尔本"号是世界上第三艘在建成时就拥有蒸汽弹射器、斜角甲板和助降镜的航空母舰，不像其他同时代的大多数航母那样还需要进行改造[21]。"墨尔本"号的服役生涯同样长久而且功勋卓著，她在澳大利亚海军中一直服务到1982年才退役。为了达到最新锐航母的状态，"墨尔本"号进行了大范围重建，其竣工时间比先前的计划晚了几年，于是英国海军的轻型舰队航母"复仇"号从1952年11月起被租借给澳大利亚以填补空缺。这艘航母1955年5月启程离开澳大利亚，当年8月回到英国，其舰员则留给了新加入的"墨尔本"号航母。英澳两国海军之间的关系如此亲密无间，外人实在难以想象。

第二章 帮扶英联邦海军 47

△皇家澳大利亚海军"墨尔本"号航母,一架"塘鹅"正在降落。她是世界上第三艘在完工时即装有蒸汽弹射器、斜角甲板和助降镜的航母,其他诸多航母都是在服役后的改造中陆续装上这些设备的。(作者私人收藏)

　　轻型舰队航母毫无疑问是澳大利亚的上佳之选。她们易于获得、价格适中、作战经济性好,而且在完工时都是当时最先进的。第二艘航母相对缓慢的建造进度在为其带来最新技术的同时,也让澳大利亚舰队航空兵获得了更多的时间使自己更加成熟。假如澳大利亚选择购买1943年型轻型航母,那么这些航母能否在1954年之前完工就会成为大问题——这是个不可忽视的延迟,而且价格也会更加昂贵。操作这些更新型的航母需要耗费更多的人力和成本。当时的澳大利亚海军人员都是由英国海军集中训练的,而且两军的相同兵种可以互换,因此,澳大利亚海军人员对这些航母上的标准英式装备十分熟悉,操作起来也几乎没什么问题[22],这意味着澳军可以把大部分精力放在飞行方面。除了英制航母外,当时澳大利亚唯一可能的其他选项是美国海军剩余的护航航母科芒斯曼特湾级。这些航母的机组、操舰系统和弹药都与澳军先前使用的不同,即使她们售价更低廉,澳军也需要花费更多的代价去熟悉和使用。"悉尼"号后来的实战表现甚至更优于美国海军的埃塞克斯级航母"兰道瓦"号,她的适航性更佳,更易于应用后来新出现的技术。

印度海军

虽然印度海军早在1947年独立时就有了一支小规模的岸基舰队航空兵，但他们仍然是英联邦国家中最后一个装备航空母舰的。1957年，印度政府购买了未完工的英国轻型舰队航母"大力神"号——澳大利亚和加拿大那些航母的姊妹舰。这艘舰起初在维克斯 - 阿姆斯特朗公司的蒂恩船厂动工，但在加里洛奇船厂下水后就被弃置一旁，未能建成。被印度人买下后，她被拖到贝尔法斯特的哈兰德 & 沃尔夫船厂，结合加拿大"邦纳文彻"号航母现代化改造和建设的经验进行最后阶段的施工。1961年竣工后，她成为印度海军的"维克兰特"号航空母舰，这是最后一艘入役的1942年型轻型舰队航母，她同样安装了蒸汽弹射器、斜角甲板和助降镜。"维克兰特"号的舰载机包括英制霍克"海鹰"FGA6战斗机和法制布雷盖"贸易风"反潜/侦察机，后来又增加了韦斯特兰"海王"直升机。印度海军原本希望购买法制"军旗"战斗机，但最终还是在英国海军超低价甩卖退役"海鹰"战斗机时选择了这些便宜货[23]。后来，印度还以很低的价格从联邦德国手中补充采购了一批被 F-104"星战士"战斗机淘汰下来的"海鹰"。"维克兰特"号的舰员和航空中队人员起初都是在英国训练的，然而和加拿大、澳大利亚不同，印度人很快放弃了英国式的海军管理制度，转而采取更加本土化的组织架构。

△印度海军"维克兰特"号航母，摄于1962年该舰抵达印度后不久。（作者私人收藏）

这让他们在购买装备时节约了很多经费，印度海军的"海鹰"舰载战斗机在接二连三的地区战争中充分证明了自己的价值，并且一直使用到20世纪80年代才退役。印度海军的舰载机中队没有采用英国式的编号体系，而是自创了300系列中队编号。到20世纪80年代，印度成了英制"海鹞"战斗机的唯一国外用户，他们以比较低的价格采购了一批"海鹞"，替代了业已老旧不堪的"海鹰"。为了使用这些新型战斗机，印度人给"维克兰特"和后来新购买的"维拉特"号加装了12°的滑跃起飞甲板——"维拉特"号是原英国海军"竞技神"号，印度海军于1986年从英国买来，同样是以甩卖价，并且在德文波特船厂进行了大范围改造。"维拉特"号直到2015年仍然在役，其舰载机大队装备"海鹞"战斗机和"海王"直升机，外加少量俄制卡莫夫卡-31预警指挥直升机。

脱离了英国体系之后，苏联/俄罗斯对印度的影响与日俱增。1994年，俄罗斯海军打算出售一艘基辅级航母，不过这笔生意迟迟没能落单。到1999年，俄罗斯决定将"戈尔什科夫海军元帅"号航空母舰免费赠送给印度，后者只要支付重新设计和改建的费用就可以了。双方在2004年签署了协议，看起来印度又淘到了一个便宜的好东西。然而这一次，印度的"便宜货"策略失灵了。俄印两国最初商定的改造价格是6.25亿美元，然而众多未能提前预见的问题和建造困难大大延缓了这项工程，这艘更名为"维克拉玛蒂亚"号（又译为"超日王"号）的航母一直拖到2013年才交付印度，价格也飙升到20亿美元以上，而许多技术问题还是没有解决好，例如锅炉的可靠性仍然不够。和俄罗斯海军的同类型航母相同，她的舰载战斗机借助滑跃起飞甲板实现短距起飞，降落则是传统的拦阻降落（STOBAR）。印度海军还在意大利工程师的协助下主导设计建造了一艘新型航母，这艘航母在2014年下水，计划2018年完工。印度海军将其命名为"维克兰特"Ⅱ号，他们还希望能够自行建造更多靠弹射器起飞舰载机而不再使用滑跃起飞甲板的航母，以使战斗机获得重载起飞的能力和更大的作战灵活性。

皇家新西兰海军

虽然二战中有许多新西兰空勤人员在皇家海军中奋战，但是战后的皇家新西兰海军规模太小，难以独立运转一艘航母或组建自己的舰队航空兵，新西兰人只有加入英国海军与澳大利亚海军才能担任飞行员或航空观察员。然而，当1966年第一艘领袖级护卫舰服役时，直升机这一新的机种便加入了新西兰海军。新西兰购买了韦斯特兰"黄蜂"直升机，由在英国受训的皇家新西兰海军飞行员驾驶，由新西兰空军的地勤技术人员来维护。1997年安扎克级护卫舰服役后，旧的"黄蜂"直升机换成了美制卡曼 SH-2G "海妖"。这些直升机由在新西兰本土培训出来的飞行员和观察员驾驶，由新西兰空军维护。新西兰海军在2014年再次采购了一批"海妖"直升机，这一使用方式在可预见的未来还将持续下去。

注释

1. J. D. F. Kealy and E. C. Russell, *A History of Canadian Naval Aviation* (Ottawa: Naval Historical Section, Canadian Forces Headquarters, 1965), p 35.
2. 战后,"土官"号以"瘫痪"状态归还美国海军,1947年出售给荷兰船厂重新改建为商船,最终于1977年拆解。
3. Kealy and Russell, *A History of Canadian Naval Aviation*, p 36.
4. Leo Pettipas, *The Supermarine Seafire in the Royal Canadian Navy* (Winnipeg Chapter of the Canadian Naval Air Group, 1987).
5. 同上,第33页。
6. David Stevens and John Reeve(eds), *The Navy and the Nation* (Crow's Nest, NSW: Allen&Unwin, 2005), pp 211 et seq.
7. Letter from Admiral Sir Louis Hamilton to the First SeaLord, Admiral Sir John Cunningham dated NOTES 57718 March 1947. 文件存于澳大利亚海权中心,本书作者藏有其副本。
8. A Wright, *Australian Aircraft Carrier Decisions, Papers in Australian Maritime Affairs Number4* (Canberra: Maritime Studies programme, 1998).
9. Stevens and Reeve (eds), *The Navy and the Nation*, p 212.
10. J. Goldrick, T. R. Frame and P. D. Jones, *Reflections on the Royal Australian Navy* (Kenthurst: Kangaroo Press, 1991), pp 225 et seq.
11. 他就是后来的皇家澳大利亚海军上将维克多·史密斯,骑士指挥官勋章、二等巴斯勋章、杰出服务十字勋章得主。
12. 关于加拿大和澳大利亚每一艘航母的详细情况可参考笔者的另一本著作《英国航空母舰》。
13. 柔性甲板技术最终未能被采用,但英国海军还是为此投入了相当多的努力。
14. 事后看来,关于澳大利亚海军航母采购的这一论点与21世纪初皇家海军伊丽莎白女王级航母反对者的观点如出一辙。
15. Stevens and Reeve (eds), *The Navy and the Nation*, p 216.
16. Agenda Item 5/1947 for the Council of Defence meeting held on 3 July 1947 with comments by Admiral Sir Louis Hamilton to the RN First Sea Lord, Admiral Sir John Cunningham in the Archive of the Naval Historical Society of Australia with a copy in the author's archive.
17. 两个中队在1948年7月解散之前都在英国海军"海洋"号上服役,此番重建登上新建成航母也是遵循英国海军的旧制。这也是皇家加拿大海军首次根据英国的编号规则建立新的航空兵中队。
18. *A Survey of Naval Aviation in Australia, Flight Deck* (Winter 1952), p 9.
19. Hobbs, *British Aircraft Carriers*, p 209.
20. Vince Fazio, *RAN Aircraft Carriers* (Sydney: The Naval Historical Society of Australia, 1997), p 39.
21. 前两艘舰分别是1955年2月的皇家海军"皇家方舟"号和1955年10月的美国海军"福莱斯特"号。
22. Colin Jones, *Wings and the Navy 1947-1953* (Kenthurst: Kangaroo Press, Kenthurst, 1997), pp 62 et seq.
23. Hobbs, *British Aircraft Carriers*, p 350.

第三章
发明、创造，新型飞机与改造军舰

二战期间，英国海军部下属的海军航空作战指挥部（DNAW）创办了月刊《飞行甲板》，创刊号在1944年8月出版。创刊号首页上刊登了英国第一海务大臣、海军元帅安德鲁·坎宁安爵士发来的致辞："海军的未来将大大依赖一支强有力的空中力量，如果海军要保持英勇而高效的伟大传统，我们所有人就必须充分理解空中作战。"[1]第五海务大臣，在海军委员会中分管航空事务的海军中将丹尼斯·博依德爵士对此自然是深表赞同，他还希望这份月刊能够"竭尽全力地让整个海军，尤其是关心航空的人，了解海军进攻和防御作战矛头——飞机的供给和运用"。然而，虽然这份刊物很重要而且办得不错，但它还是于1946年1月在战后大复员带来的大裁撤中停刊了。

不过，这个缺口总得有人来填补。《飞行甲板》后来还是复刊了。1952年冬，海军航空作战指挥部把它改成了一份季刊。时任第五海务大臣安斯提斯海军中将称，这份新刊将要"为我们的飞行员，和那些虽然不是飞行人员但与航空作战相关或者应当了解航空兵能力的人，介绍最新的航空知识，如今，整个海军都属于其中第二类"[2]。对此，第一海务大臣，海军上将麦克格雷戈爵士评论道："航空业进展迅速，已经影响到了海军的方方面面。所有军官都应当完全理解航空业的发展，以及它对海战的影响，这是至关重要的。"创刊号的第一篇文章节选自海军中将莫里斯·曼塞夫爵士1952年在英国皇家联合军种国防研究所（RUSI）的一次演讲[3]。曼塞夫中将曾经担任过第3航母中队的指挥官，在1949—1951年间担任第五海务大臣和分管航空事务的海军副参谋长。

海军航空兵的任务

曼塞夫在卷首指出，飞机已经成为"不可或缺的一部分日常，对海军来说，它已经如同火炮、鱼雷、舟艇和其他必备品那样常见"，"航空"现在已经成了"海上力量"一词的应有之义。到1952年,英国皇家海军已经摆脱了战后初期的人力危机,但迷茫的未来却横亘在他们眼前。随着冷战的展开,英国政府的注意力现在集中在两件事上:一是拥有原子弹,二是在德国保留一支强有力的陆军部队以在必要时抵御"铁幕"另一侧的苏联军队。当然,保持制海权以保护海运生命线的安全这种事情也不会被抛弃,但优先级无疑会下降很多。曼塞夫在RUSI的演讲意在让这些涉猎广泛、知识丰富的听众认识到维持一支强大海军的重要性。然而,把这段演讲放在《飞行甲板》季刊却表明,英国海军部甚至还需要花费力气向自己的军官灌输制海权的意义。有意思的是,曼塞夫在演讲中并没有把海军航空兵捧成一朵花,反而着力赞许了皇家空军海岸司令部在大西洋战役中的赫赫战功,以及轰炸机司令部在布雷行动中的成果。不得不说,他为了避免被戴上本位主义的帽子,刻意夸大了空军的成就。在海军部看来,陆基和舰载航空兵的联合作战是必须而且重要的,然而,英国政府的其他部门却并不都这么认为,我们在接下来的章节里将多次看到这一幕。

曼塞夫在演讲中指出,舰载机需要担纲这样三种主要战斗形式,按重要性由高到低依次如下:

(a)反潜战;
(b)舰队和护航运输队的大纵深防空;
(c)空袭水面舰艇和陆地目标。

依次往下,还有一个重要任务就是为地面部队提供战术支援或近距空中支援,这正是轻型舰队航母在战后初期的实战中表现最出色的领域。然而为了上述后两项目标而设计的飞机足以有效完成这项任务,因此对地支援也就没有被加入重要任务的列表当中。除了作战之外,海军航空兵还需要担负一些次要任务,包括在飞行人员和舰艇水兵们进行防空训练时扮演假想敌。

一般来说,反潜机需要拥有较长的滞空时间,能够通过目视或雷达搜索水面航行或"潜望镜状态"的潜艇——潜艇经常通过这种手段规避水面舰艇的攻击。这些飞机还要能够使用声呐浮标锁定潜航状态的潜艇,并择机使用自导鱼雷或深水炸弹进行攻击。新型的费尔雷"塘鹅"反潜机就是这样一型从一开始就为了"猎/歼"任务而设计的飞机，一架飞机就能够在距离航母很远的地方同时搜索和打击敌方潜艇。曼塞夫也是最早那批提醒人们注意直升机在反潜领域崭露头角的人之一。他指出，海军委员会已经开始关注这种新型航空器在反潜战中的作用，直升机可以"成为有效的短程搜索机，对付那些躲过其他反潜搜索、正开赴攻击位置的敌人潜艇"[4]。他还提出，在这种情况下，直升机需要去对付潜航状态的潜艇，因此要"装备声呐浮标信号接收器并与水面舰艇保持联系畅通，将来还可能会直接装备反潜武器"。

所谓防空，就是要在受到敌方航空兵威胁，而己方水面舰队或船队又必须通过的区域保持或夺取制空权。曼塞夫将"防空"这一概念拆分为两个类别。第一类是要摧毁跟踪本方舰队或船队的敌机，在这些侦察机的背后通常会有协同作战的敌方潜艇，或者随时能够发动空袭的敌岸上指挥部。第二类就是要阻击敌人的攻击机群，这需要在敌方最优秀的轰炸机和战斗机的作战半径之内，击退敌人最大规模且有护航的空袭，令其无法向己方舰队投射弹药。这种空袭无论在何种天候、何种气象下都可能出现，因此防御敌方大规模空袭的作战又可以分为两个小类。海军部认为，在昼间良好气象条件下，飞行员并不需要其他的截击辅助措施[5]，防空引导官借助航母上的雷达就足以把战斗机引导到可目视发现敌机的距离上。但在恶劣气象条件下或者夜间，就需要机载截击雷达，以及受过雷达操作训练的专业观察员，将飞行员引导至可以用航炮攻击目标的距离上[6]，根据敌机的机动状况，这个距离在250米到90米之间。

用来防卫运输船队的最理想的战斗机应该是双座的，装备雷达，性能要足够好但不必强求达到舰队防空战斗机的水平。这一类战斗机的最高性能要求是能够在敌方的高速轰炸机投射弹药之前予以有效拦截，做到这一点应该是压力不大的。不过，为了达到最佳的性能，飞机可能需要降低对滞空时间的要求，这就让海军部开始考虑放弃传统的战斗空中巡逻①战术，转而采用

---

① CAP，即战斗机时刻在空中待命，接到命令后立即前往截击的战术。

甲板起飞截击①的方法[7]。太平洋战争的经验显示，舰队需要借助机载雷达来发现舰载雷达探测范围下方低空盲区内的敌方攻击机，为了满足这一需求，英国海军在北约国防互助计划（MDAP）的框架下从美国海军那里获得了50架装备雷达的"天袭者"早期预警机。虽然英军一时半会儿还没有找到能够兼顾舰队防空和船队护卫的理想战斗机，但减少在役战斗机型号的需求却意味着英国海军需要在短时间内开发出一种能够兼顾舰队和船队防空的夜间战斗机。最终，德·哈维兰公司的"海毒液"战斗机被选中承担这一任务。昼间战斗机则是霍克"海鹰"。

自从大型专用攻击机计划在1946年被取消后，攻击机就成了英国海军中发展最缓慢的机种。理想的攻击机既要能攻击水面舰艇和地面目标，又要能在两栖作战甚至是内陆作战中为地面部队提供近距支援。1952年英国海军唯一可用的专用攻击机仍然是布莱克本"火炬"，其后继机型——韦斯特兰"飞龙"的研发则遭遇延迟，这意味着这种飞机刚一服役就过时了。

新发明——"橡胶甲板"

"海吸血鬼"战斗机的着舰试验显示了早期喷气发动机加速缓慢的缺陷[8]，这意味着无论是航母技术还是飞机的甲板降落技术都需要变革。技术人员指出，下一代超音速战斗机将遭遇更严重的问题，因为其为了达到高性能而采用的后掠翼将会带来更高的降落速度。同时，未来战斗机使用的高速翼型太薄，无法容纳厚重的起落架，而随着飞机降落速度的增加，要吸收这远超以往的着舰冲击力，就得采用更加厚重的起落架。不过喷气化仍然是不可避免的趋势，喷气式飞机速度优势明显，其发动机使用的航空煤油的燃点也远高于先前的航空汽油，这意味着燃料可以像舰用重油那样存放在与舰体结构相融合的油槽内，航母的燃油携载量可以大大增加。起先，这种航空煤油只有美国能够生产，英国人只能用宝贵的美元去购买，然而随着民用喷气机，譬如德·哈维兰

---

① 战斗机在航母甲板上待命，接到命令后再起飞截击敌机的战术。

公司的"彗星"客机的崛起，英国人也掌握了精炼航空煤油的技术，其成本自然也就降了下来。

在1946—1947年的一段时间里，人们普遍认为，如果未来没有发生一些革命性的技术突破，那么喷气式飞机的使用就将被局限在一个很小的领域内。第一个引起关注的技术突破来自位于范堡罗的皇家航空研究院下属海军航空部（NAD）首席科学家，路易斯·博丁顿。他提出，可以将飞机着舰时主要冲击动能的吸收载体从飞机转变为航母，换言之，就是使用没有起落架的飞机。这一想法虽然听起来很不着边际，但其逻辑是清晰的，即将弹射器、拦阻索以及其他用于飞机短距离起降的设施全部装在航母上而不是飞机上。如此还可带来另一个好处，没有起落架的战斗机与普通飞机相比能减轻15%的重量，这意味着飞机将拥有更高的性能。不过这一方案的显著缺陷就在于，没有起落架的飞机无法在降落后靠自身动力滑行，无论是在航母甲板上还是在陆地机场上。此外，海军部还对在战后初期经济危机和人手危机的高峰期，耗费大量财力、人力和资源来开发这项新技术的困难给予了充分的考虑[9]。

鉴于喷气式舰载机着舰速度超过135节基本是板上钉钉的事，英国海军使用"海吸血鬼"战斗机进行了顺风模拟降落测试以评估甲板降落引导官（DLCO）在飞机高速降落时可能遇到的困难。同时，他们还在范堡罗的皇家航空研究院里建造了一条柔性甲板，更通俗地说就是橡胶甲板。在橡胶甲板的测试中，博丁顿要求飞行员们以仅仅略高于失速速度的低速贴地、小角度掠过甲板，并放下尾钩。飞行员们要把每一次通场当作一次降落失败来对待，直到他感觉到架设在甲板上方的拦阻索挂住了他的尾钩为止。执行此次陆上试飞的是著名试飞员，杰出服务勋章和飞行十字勋章得主，皇家海军少校埃里克·布朗，他驾驶多架飞机进行此次试飞，包括一架经过专门改装的"吸血鬼"战斗机原型机，TG286号，以及几架"海吸血鬼"F21型机。其中后者是装有起落架的普通飞机，但是机体结构得到了加强，以承受无起落架降落时的冲击。对飞行员来说，仅仅依靠周围的景物把飞机的飞行高度保持在区区0.61米上绝非易事，TG286号飞机和橡胶甲板也因此在一次飞行高度过低的测试中双双受损，然而陆地测试总体上仍然是十分成功的，项目随即进入海试阶段。

1948年，刚刚结束了加拿大之旅的轻型舰队航母"勇士"号回到朴次茅斯，在那里装上了一块橡胶甲板。这块甲板布置在两台中轴线升降机之间，由横向排列、充满压缩空气的许多橡胶软管组成，软管上方铺设了一层橡胶膜以供舰载机降落。甲板表面用气流不断冲刷以保持整洁。橡胶甲板上装有1台美制Mk4型拦阻索，拦阻索的驱动活塞一前一后装在其两侧。橡胶甲板可供降落的长度最大只有48.8米，这意味着每次着舰都需要足够速度的甲板风。1948年11月，"勇士"号进行了首次橡胶甲板降落试验，仍由埃里克·布朗少校驾驶TG286号飞机执飞，降落时飞机的表速为96节，甲板上迎面风速35节，这样实际降落速度就是61节。降落后，舰上的"小飞象"起重机立即把飞机吊了起来，飞机得以放下起落架，像正常飞机那样滑行到橡胶甲板前方的普通飞行甲板区域里。在那里，试验机自由滑行起飞，飞回了其所驻扎的里-昂-索兰特皇家海军航空站。接下来的降落都是由"海吸血鬼"F21型机执行的，这些飞机更重，但能够由弹射器弹射起飞。飞行甲板后方布置了一名降落引导官，人们更习惯称其为"挥板子的"，他负责监控飞机的降落航线，如果航线过低，他就会指挥飞机飞离。由于这些飞机需要按照"冲过拦阻索"的方式来降落，这名着舰指挥官便不再发出"关机"的信号。不过有两次，拦阻索撞上了飞机的机腹，迫使飞机不得不脱钩，拉起复飞。这两次，飞机的机腹都擦上了飞行甲板，然而其"开足马力降落"的着舰方式使其得以安全拉起。

之后，英国人还进行了进场速度更快的着舰测试——制动加速度在1.8G到3.1G之间，以及有意识地偏离轴线着舰。1948年11月25日，"海吸血鬼"战斗机VT805号由"勇士"号的BH3液压弹射器弹射升空，这是英国海军首次在航母上弹射放飞前三点起落架的喷气式飞机。1949年3月，英国海军进行了更多测试，这一次他们使用了2台串联布置的美制Mk4拦阻系统，拦阻索架设在活动十字头上，同时降落甲板长度达到了88.4米，最大允许降落速度提高到了120节。除了布朗少校之外，其余5名经验水平不一的飞行员也参加了试验。美国海军也派出观察员参观了这些测试，其中包括军需部门、舰船设备处和海军航空器材中心的代表。几年后的1952年11月，这些部门正式发布结论，乐观地评价了这一项目[10]。然而，柔性甲板此时已经行将就木。

第三章 发明、创造，新型飞机与改造军舰 59

△橡胶甲板和无起落架飞机的问题在这张照片里看得很清楚。一旦飞机降落，甲板人员就必须用一根绞车驱动的绳索把它拖到照片前景处的小车上。更糟糕的是，小车没有刹车装置，这令其更加难以操作。把一架这样的飞机拖出降落区所用的时间，足够10架常规舰载机自行滑跑到飞行甲板1区了。(作者私人收藏)

　　降落试验的成功，证明没有起落架的飞机在柔性甲板上降落是可行的，但试验同时也清楚地揭示了这一概念的根本性缺陷。普通的起落架飞机在直通甲板航母上降落，频率大概是每分钟2架，按降落速度60节计算，当前一架飞机钩住拦阻索时，后一架飞机应该位于航母后方约900余米处。博丁顿指出，如果将这一间隔视为飞机依次着舰时的适当距离，那么当飞机的着舰速度提高到110节时，飞机的回收速度理论上就需要达到16秒一架，约合每分钟4架。考虑到当进场飞机飞到距离航母180米时如果甲板还没有清空，那么着舰引导官就会发出信号要求飞机飞离，那么橡胶甲板在每次接受飞机后12秒内就必须清空。然而在"勇士"号的试验中，每架飞机降落后需要花费5分钟才能把甲板清理干净，因为要用起重机把飞机吊起来，好让它们放下起落架[11]。考虑到航母上搭载飞机的数量，即便是在轻型舰队航母上，5分钟的降落间隔也是绝对不可接受的。为了解决这个问题，海军航空部想出了不少充满创意的方法，然而却无一能够实用化。其中有一种方案是，在橡胶甲板前方布置一块液压控制升降的跳板，飞机刚一停稳，一名操作员就跑上去用绳索挂住机头上的牵引环，随后飞机就可以被绳索拖曳沿跳板滑到普通甲板上。完成这一套动作后，跳板可以重新收起，成为飞行甲板的一部分。另一个方案是安装一套绳索系统，可以把飞机拉到侧舷升降机上，迅速降到机库里。看起来最靠谱的方案是在甲板中间竖起一套尼龙拦阻网，当飞机停下时，一名操作员上去把牵引绳挂到机头上，阻拦网随即放下，飞机迅速被向前拉，之后拦阻网再次升起，准备接收下一架飞机。实际上真到了飞行甲板的降落区，各种各样用机腹着舰的飞机清理起来要慢得多，它们要被起重机吊到小车上，然后在甲板上重新排列，这需要相当长的时间。那些看起来能够快速回收飞机的方法，实际上都是以大幅度拖慢飞机排布速度为代价的，这仍然会严重妨碍航母收放飞机的能力。

其实橡胶甲板计划还遇到了诸多其他困难。例如，橡胶甲板和没有起落架飞机的组合意味着全世界所有航母舰载机可能要降落的机场都要铺设这样一套"橡胶垫"。另一个问题是，没有起落架的飞机免不了需要挂载副油箱或者武器弹药降落，而这些外挂物可能在降落时受损，或者损毁橡胶甲板。1952年，海军航空处最后提出了一套方案想要继续推进这一概念[12]。方案建议在飞机下方加装一套"滑行轮"，可以在飞机降落后放下，使飞机无须借助滑车就可以滑行或被拖曳。然而这一方案需要对飞机进行专门设计，还需要像普通起落架一样增加重量和复杂性，包括加装一整套制动系统，却并不能让飞机靠它降落，因此完全不具备可行性。英国海军和美国海军都拒绝了这一方案，橡胶甲板计划也最终在1954年宣告结束。就在橡胶甲板艰难摸索的几年里，斜角甲板、更好的飞机设计以及喷气发动机的快速发展已经解决了高性能喷气机在航母甲板上降落的难题。虽然事后看来，橡胶甲板的方案显得很怪异，然而它却显示了英国海军引领舰载战斗机迈入超音速时代的决心。

橡胶甲板的计划一直拖到1954年，然而，这是个前所未见的充满创新的时代，各种新思路在这一期间纷纷涌现。在橡胶甲板的试验中，英国人提出了将起飞甲板和降落甲板区分开的想法，这堪称那个才思泉涌的年代里最有价值的新思路。他们打算将降落甲板布置在航母中心线左侧，飞机降落后可以被迅速拖到起飞区，从而不会妨碍后续飞机的降落。这一简单的构思成就了后来斜角甲板的辉煌。

创新——斜角甲板、蒸汽弹射器和助降镜

由于喷气式飞机的降落速度更高，它们钩住拦阻索后的滑跑距离也更长，同时甲板上还需要给传统或尼龙材质的拦阻网预留空间，以保护飞行甲板1区停放的飞机。到1951年，英军航母飞行甲板上可用作停机区的区域已经缩水了许多，这就限制了航母在单次机群降落时可以停放飞机的数量，而可一次性回收的飞机数量减少，又降低了单个攻击机群的规模。更严重的是，未来的新型舰载机必然会变得更重，留给飞行甲板1区的空间即将不复存在。因此，如果皇家海军不打算回到20世纪20年代那种"清空甲板"式运作模式①的话，他们就必须找到新的解决方案。让降落甲板和停机区左右并列的简单想法在现有的航母上是不可能实现的，如果新建航母想要这么做，其舰宽也会宽到无法接受。对此，一名现役海军军官提出了一个简单但却天才的解决方案。1951年时，杰出服务勋章得主，英国海军上校 D. R. F. 坎贝尔是英国后勤处海军副总代表，在橡胶甲板试验中，一套关于让降落区偏离航母中轴线以使飞机在降落后迅速离开降落区的概念设计激发了他的灵感。坎贝尔立即和路易斯·博丁顿一起拿出了一套分隔甲板的可行方案。以飞行甲板尾端为轴心，让降落甲板的轴线偏离航母中轴线几度，就可以获得诸多令人眼前一亮的重要益处。即使只旋转一个很小的角度，也足以让降落区的前端在舰艉后方的恰当位置偏移到飞行甲板侧面，这就大大延长了降落甲板的长度，足够让喷气机在钩住拦阻索后停下来。而右半边的飞行甲板则形成了一片面积很大而且安全的飞行甲板1区，可用来停放降落下来的飞机。同时，两个甲板区域的总长度也大大超过了先前单一的直通式飞行甲板。更有利的是，斜角甲板为降落的飞行员提供了一块没有任何障碍物的干净的降落甲板，因为飞行甲板1区停放的飞机都位于降落甲板的安全线外，这就使得降落飞机的航线畅通无阻，如果飞机的尾钩没能钩住拦阻索，飞行员还可以打开节流阀，拉起复飞。

---

① 即所有飞机在起飞前和降落后全部收进机库，不在飞行甲板上停留。

△皇家航空研究所的海军航空分部用一艘漂浮在水槽上的光辉级航母模型来演示斜角甲板的好处,这一设计起先在皇家海军中称作"斜甲板",在美国海军中称为"倾斜甲板"。他们用战斗机模型来展示斜角甲板给飞行甲板1区带来的额外的停机区,模型中还有一架钩住拦阻索的飞机,以及一架用杆子支在空中的飞机——用以显示航母转向顺风航向。(作者私人收藏)

为了展示这一概念，他们制作了一艘带有斜角甲板的航母模型，把它放在水槽里，拍成照片示人。他们还利用"凯旋"号航母组织了飞行试验。航母的飞行甲板上被画上了一条斜角甲板，其轴线从飞行甲板右后方开始，延伸到舰岛位置飞行甲板的左舷边缘处，相比舰体中轴线逆时针偏转了8°。1952年2月，皇家海军所有现役飞机和在研飞机的原型机都在"凯旋"号的斜角甲板上进行了模拟降落试飞。试飞航线在接近着舰点时结束，试飞员们将在甲板降落引导官的指挥下拉起飞离，而不是进行真正的"一触即起"模拟降落，因为此时舰上的"斜角甲板"只是拿白漆刷的而已，拦阻索仍然与舰体轴线垂直布置，此时斜向进入的飞机一旦有一侧起落架挂上拦阻索，就可能发生事故[13]。不过，这项测试仍然是十分成功的。在斜角甲板上降落的航线飞起来并不困难，保持飞机全动力状态小角度下滑的新降落方法很容易操作，而降落区前方完全没有障碍这一点也使得飞行员们信心大增。人们起初有些担心甲板风的方向与斜角甲板方向不平行可能带来漂移危险，航母烟囱排出的黑烟也是个麻烦，然而实际上，这些都没有带来什么问题。

美国海军对这项新技术的每一步进展都保持了密切关注[14]，他们很快意识到了它的价值，并纳为己用。就在1952年春季，美国海军也在一艘埃塞克斯级航空母舰上照着"凯旋"号的样子画上斜角甲板进行了试验。当年夏季，另一艘埃塞克斯级航母"安提坦"号（CV-36）就装上了一块真正的10°夹角的斜角甲板，拦阻索也根据斜角甲板的方向重新布置。1953年1月12日，"安提坦"号的舰长，美国海军上校 S. G. 米切尔驾驶一架北美公司的 SNJ "哈佛"飞机进行了有史以来第一次真正的斜角甲板降落。随后，多种型号的飞机陆续进行了此项试验。1952年秋季，在斜角甲板技术推进期间，美国海军访问了朴次茅斯，英国皇家海军的各型飞机也在美军航母上进行了大量的斜角甲板拦阻降落。为此，舰上的甲板降落引导官要为处在着舰航线最后阶段的飞机指示高度并适时向活塞引擎飞机发出关机信号。英国人起先称这种新型降落甲板为"斜甲板"（Skew deck），美国人则称其为"倾斜甲板"（Canted deck），但很快，两国海军便统一使用了"斜角甲板"（Angled deck）的称谓，这一方案也迅速普及开来。两军对斜角甲板的疑虑完全不复存在，延迟只是由庞大的船厂改造工程量造成的——船厂需要在舰体左舷加装突出部以支撑斜角甲板的前端，拦阻索也需要重新布置。从此以后，全世界各国，无论是"纯血统"还是半路出家的固定翼飞机航母都装上了斜角甲板。

这一时期第二项重要的发明也是一名实战亲历者的手笔。皇家海军志愿预备役的C. C.米切尔中校早在20世纪30年代就向海军部提议要开发一种嵌入式的活塞弹射器，然而由于当时的舰载机很轻，对弹射器的要求并不高，现有的液压弹射器被认为足以胜任。米切尔的方案虽然得到好评，但还是被束之高阁。时光荏苒，到了1945年，舰载机的重量已经比20世纪30年代时重了许多，不仅如此，更重的喷气式舰载机此时已经近在眼前，而液压弹射器已经有些力不从心了——即将装备"鹰"号航母和1943年型轻型舰队航母的BH5型液压弹射器已经将这一类型设备的技术潜力发掘殆尽[15]。于是米切尔再次启动了开发更强有力的弹射器的工作。此时米切尔已经有了一些有利条件，他发现德国人已经在使用与自己的设想相似的弹射器来发射V-1飞弹了，于是他通过英国情报调查组搞来了这种弹射器的关键部件。新型弹射器的原型机很快被造了出来：蒸汽压力驱动活塞在一组平行的气缸中前进，各个活塞之间由刚性支架相连，以保证它们一同前进，拖曳滑块也安装在支架上。这一套设备装在与飞行甲板齐平的槽里，使用一根两头都有拉环的钢索与飞机下方的牵引钩相连[16]，拉动飞机前进。气缸上方的开口处装有一对橡胶密封条，活塞的支架前端通过时会强行将密封条分开，通过后密封条又会自动闭合，这样，气缸内的活塞便可以带着气缸外面的拖曳滑块滑动而不会给蒸汽压力带来太大的损失[17]。高压蒸汽来自航母的锅炉，存贮在可承受4000磅力/平方英寸压力的大型耐压容器内。

传统液压弹射器的工作原理是利用短行程活塞带动绞盘旋转（就像汽车活塞带动车轮旋转那样），绞盘再通过滑轮牵动数千米长的绳索，由此将活塞运动转化成为滑块的运动。液压弹射器的加速比较"硬"，在滑块行程仅仅1/3处就会达到最大加速度，滑轮也是个经常出故障的地方。而新型的嵌入汽缸式弹射器，或者叫蒸汽弹射器，不仅动力潜力更大，加速也更平滑，最大加速度要到滑块行程2/3时才会出现。海军部立即看到了这一设计的潜力，随即与布朗兄弟公司下属的苏格兰工程制造厂签订了研发合同——米切尔从皇家海军志愿

△这张俯视图清晰地展示了"英仙座"号上装有BXS-1型蒸汽弹射器原型机的凸起结构。一架"海黄蜂"飞机正停在弹射器的起始位置上,通过牵引绳与弹射滑块相连。弹射器后方还有第二架机翼折叠、飞行员尚未进入座舱的"海黄蜂"。甲板上还停放着"鲟鱼""复仇者"和"海怒"各型飞机。舰岛后方停放的一架"海怒"被桅杆挡住,看得不太清楚。(作者私人收藏)

预备役退役后正式前往这家公司任职。他们利用设在岸上的研发设备进行了大量试验。1951年，蒸汽弹射器的第一台原型机，BXS1，终于在罗塞斯船厂装进了维修航母"独角兽"号飞行甲板上的一个新建结构里。之后便是海上试验了。最初的弹射物是配重滑车，这种装了轮子的小车可以通过灌水来精确模拟不同的重量；接下来是拆除了外侧翼下壁板的废弃飞机；然后是开足马力，载油量逐步增加但却没有飞行员的普通飞机。这些飞机显然不可能飞太远，但确实有一部分飞机在最终栽进海里成为海底机群大军的一员之前，飞出了令人惊讶的距离。最后就轮到真正的有人驾驶飞机以最大起飞重量进行弹射了。"独角兽"号的弹射器结构从舰艏一直延伸到舰岛处，但她没有安装拦阻索，因此飞机在弹射起飞后只能飞往陆地机场降落。每天，这些飞机都要靠罗塞斯船厂外的起重驳船吊运到母舰上。

这一整套试验都是在严格保密的情况下进行的，结果大获成功。"独角兽"号上总共进行了1560次弹射试验，其中1000次弹射的是配重，其余的大部分都是没有飞行员的废弃飞机，主要是"海火"与"海黄蜂"，还有一部分有人驾驶的现役战机，包括"海吸血鬼"。[18]

和斜角甲板项目一样，美国海军也全程关注了蒸汽弹射器项目，还向"独角兽"号派出了观察员参加全部海试过程。英国皇家海军后来还把这艘舰提供给美国海军进行海试。1951年12月，"独角兽"号来到美国，美国海军用自己的配重和现役飞机又进行了140次弹射试验，所获数据印证了皇家海军的测试报告[19]，于是美国人利用北约国防互助计划获得了这项新技术的制造授权，开始自行制造蒸汽弹射器。1952年4月，美国人开始了蒸汽弹射器的开发；1953年12月，第一台美制蒸汽弹射器在帕塔克森特河海军航空站装机；1954年6月1日，美国海军进行了首次现役航母上的蒸汽弹射："汉考克"号航母弹射起飞了一架格鲁曼S2F-1"追踪者"。虽然英国海军部对蒸汽弹射器的热情丝毫不输美国人，但英国的工业却无力进行如此迅速的开发，因此，英国制造的第一台蒸汽弹射器直到1955年2月才装在"皇家方舟"号航空母舰上。

1951年时航空母舰上面临的第三个主要问题是如何回收速度越来越快的喷气式战斗机。英军用一架"海吸血鬼"在"光辉"号航母上进行了一系列顺风模拟降落试验。试验表明，在降落速度更高的情况下，无论经验多么丰富的甲板降落引导官都无法足够早地判断出进场飞机在高度和航线上的错误，也就无法及时发出信号指挥飞行员调整。而喷气机更陡峭的降落角度和动力全开的降落方式也意味着降落引导官无须像螺旋桨时代那样向飞行员发出"关机"信号，这样他就没什么事情可做了，然而眼下还没有什么东西能够替代这一形同鸡肋的岗位[20]。和前两次一样，解决方案再次来自现役军官。英国海军中校 H. C. N. 古德哈特当时在后勤供应部担任坎贝尔上校的副手，此人具有工程专业背景，二战中驾驶过"地狱猫"战斗机。他提出的解决方案是在左舷甲板外安装一大块镜子，镜面向后，在镜面后方50米左右布置光源，向镜子照射。只要把镜子向后稍稍倾斜一点，一套完美的预设可调的下滑角度指示器就展现在了处在降落航线末段的飞行员面前。飞行员们看到的位于镜面两侧绿色反光板指示条之间的反光光斑，很快就被冠以"肉球"之名，或者干脆叫"球"。如果飞行员看到光斑

△飞行员视角看"半人马座"号上的斜角甲板。背后有黑色挡风板保护的助降镜清晰可见。图中可见反光投影的"肉球"略高于6盏参照指示灯——镜面两侧各3盏，表明拍摄者的位置略高于固定翼飞机的最佳下滑位置——不过拍摄者可能在直升机上。注意，飞行甲板上所有的飞机都整齐地停放在斜角甲板右侧的翼尖安全线外。（作者私人收藏）

准确夹在指示条正中间，那么他的下滑角度就正好，如果光斑位置偏高，那么下滑角度就高了，反之则低。如此，给修正降落航线偏差带来延迟的就只有飞行员自己的反应速度了。同时，飞行员误读引导信号的可能性也不复存在。通过调整光源的亮度，助降镜的引导距离还能调增或调减。实际上光源上通常会装2~3个灯泡，这样任何一个故障都不会导致助降镜失灵。

这套设备被命名为甲板降落助降镜（DLMS），海军部要求范堡罗的皇家航空研究所制造一套样机用于岸上评估，并尽快安排上舰。第一台助降镜在1952年10月装上了"光辉"号，样机包括一块装在木质背板上、打磨抛光的凸面钢板，以及反光板指示条。这套设备虽然简陋，却展现出了预料之中的有效性。皇家航空研究所的D.林恩在此基础上又设计出了一种更有效的透镜。新透镜使用了铝制镜面，用一排面向舰艉方向的绿灯充当指示条，还安装了一台陀螺稳定器以抵消航母本身的纵摇。1953年6月，这套新透镜装上了"不屈"号航空母舰，并用多种型号的现役飞机进行了降落试验[21]。皇家加拿大海军、美国海军和美国海军陆战队的观察员参观了这些试验，一些美军飞行员还和英军飞行员一同进行了降落试验。通过调节镜面的倾斜角，人们甚至能够相当准确地控制飞机尾钩接触甲板的位置，试验非常成功。这种透镜解决了向高速进场的飞行员发出下滑角指示信号的难题，这也意味着航母甲板上拦阻索的数量可以从1950年时的平均12条减少到4条，安全性却不会下降。这一方面减少了飞行甲板上安装的机械设备的数量，另一方面也减少了技术维护的压力。数量的减少意味着留下来的拦阻索可以布置得更靠前，接近航母的纵摇中心，由此还可以在恶劣气象环境下降低尾钩同时钩住多根拦阻索的风险。新型的斜角甲板和助降镜不仅令舰载机着舰更加安全，还令其更加简单。在这经济和人力都捉襟见肘的两年里，皇家海军成功推动了航母应用技术的一场革命，这场革命对海战的重要性完全不亚于50年前那艘革命性的"无畏"号战列舰。这一系列新发明被所有拥有航母的海军使用，直到2015年，它们仍然是固定翼飞机航母起降的基石。早年的"无畏"舰令所有前辈一夜间过时，而这一次，所有已建成的航母都可以通过改造来引入这些新的技术。

1952年的皇家海军飞机

1952年，霍克"海鹰"战斗机的研发取得了很大进展，它已经在皇家海军福特航空站开始进行集中试飞。这一型战斗机装有一台罗尔斯 - 罗伊斯的"夏威夷雁"轴流式喷气发动机，低空轻载时最大时速为963千米。机上主要武器是安装在机头座舱下方的4门20毫米固定航炮，每门炮备弹200发，翼下外挂点可携带454千克或227千克炸弹。不挂载炸弹时，翼下可以加装火箭发射导轨，每一侧机翼最多可挂载4枚装有26.2千克战斗部的76.2毫米火箭弹。翼下挂点还可以加挂副油箱，使经济巡航速度下的滞空时间延长到3小时50分。英国海军期待这将是自己使用的最后一种亚音速平直翼昼间战斗机。1953年中期，"海鹰"正式交付部队[22]，接替"攻击者"战斗机装备了两个中队。接下来，这一型战斗机将以每3个月装备一个中队的速度交付，最终装备9个作战中队。

"海鹰"的后继机型是超马林N113D[23]战斗机。1952年，后勤供应部获得财政拨款以制造100架符合N113设计标准的战斗机，计划1954年首飞，1956年组建第一个中队。N113以超马林公司的508型机为基础研发，是一种后掠翼、双发喷气式战斗机，在甲板待命状态下起飞时，可在安全的距离上截击敌方轰炸机。为了满足这一需求，该机拥有格外出众的爬升率，达到每分钟6096米，实用升限为14935米。机载武器是装在机头处的2门30毫米"阿登"航炮，后来还装备了空对空导弹。

在英国海军中担负夜间和全天候战斗机的德·哈维兰"海黄蜂"NF21需要在较短时间里更换为同一家公司的"海毒液"，这种战斗机由根据N107设计标准制造的皇家空军"毒液"战斗机改进而来，装备一台德·哈维兰"魔鬼"喷气式发动机。首批50架飞机被赋予FAW20型的编号，装备AI Mk10雷达，首架原型机WK376号在1951年4月首飞，1951年7月在"光辉"号上进行了上舰试验。不过原定于1953年的服役时间却推迟了，因为测试发现飞机起落架和尾钩基座的强度不足[24]。最终，技术上更完善的FAW21型机在1955年率先上舰服役。这一型"海毒液"战斗机装备一台AI Mk21型雷达——这实际上是美国海军的AN/APS-57雷达，通过北约国防互助计划进入英国后改称为AI Mk21。各型"海毒液"战机的标准武器是装在机头处的4门20毫米航炮，翼下可以携带炸弹和火箭弹。

出于更长远的考虑，英国海军部在1952年向后勤供应部提交了NA38设计标准，以图获得一架更先进的双座、双发，具备跨音速飞行性能的全天候战斗机。后勤供应部接受了这一标准，并转交给德·哈维兰公司承接。海军部希望德·哈维兰公司正在开发的DH116型飞机能够满足这些需求，这是一型体型小巧，但性能优异的飞机，装有1台带加力燃烧室的涡轮喷气发动机，此时还在设计图板上。然而就在1952年，海军部接到后勤供应部通知，这家公司的研发实力已无力支持DH116的研发，只得将其放弃。作为备选，他们向海军部推荐了DH110型机[25]。同年，英国海军就DH110型机是否能够满足NA38标准进行了考察。结果表明，这是一架巨大的飞机，翼展达15.24米（DH116是13.05米），最大起飞重量21.2吨（DH116是6.8吨）。然而，DH110的优势也很特别，由于采用了双尾撑结构，这些飞机在机库停放时可以把机头放在其他飞机的机尾下方，因此停放密度可以大大增加。DH110的载弹量也很大，适合执行攻击任务。如果被采纳，这型飞机预计可以在1957年左右服役。然而，和其他飞机的情况一样，这一判断后来被证明过于乐观，因为原型机的数量太少，而且在这个航空技术疯狂爆发的年代，工厂缺乏设计和试验能力[26]。

1952年，"塘鹅"反潜机获得了最高优先级，皇家海军订购了210架。这一型飞机被认为能够"一揽子"解决反潜问题：在广阔海域内用ASV-19B雷达或目视搜索潜艇，使用声呐浮标锁定潜航潜艇的位置，并使用声自导鱼雷或深水炸弹加以攻击。然而，英国海军却担心这种完美的飞机太重，在未来的战争中难以在护航航母上使用。为此，他们提出了M123D设计标准，旨在制造一种更简单、更便宜，能够在紧急情况下大量制造，可在恶劣天气下从小型慢速航母上起降的轻型反潜机。设计这种简易飞机的合同落在了肖特兄弟公司头上，其结果便是"海鸥"反潜机。这种飞机很像二战后期那些在商船航母上起降的"剑鱼"Ⅲ型飞机，预计将在1953年试飞。

韦斯特兰"飞龙"S4，是研发严重延误的"飞龙"系列战斗攻击机的第一个量产型号，英军计划在1953年用它装备第一个作战中队。"飞龙"是一型很大的飞机，重量居然和DC-3"达科他"运输机相当！它在研发过程中受困于发动机、螺旋桨控制系统和机体结构的问题，耽搁了数年。实际上S4型机装备的阿姆斯特朗·西德利"巨蟒"发动机已经是这款机体上安装的第三种发动机了。英军期望这型飞机服役时能够挂载1枚Mk17鱼雷，3枚454千克炸弹，或者各种尚在研发阶段的新型弹药。

为了长远解决攻击机的问题，NA39设计标准应运而生，这是一种双座、安装2台涡轮喷气发动机的飞机，最终发展成了"掠夺者"攻击机。它吸取了20世纪50年代初期所有的实战经验和教训，可以挂载1814千克弹药，在距离母舰930千米的地方作战。飞机在海平面的最大飞行速度"至少为580节"，能够进行超低空攻击以躲避敌方雷达的探测。不过在初步讨论当中，后勤供应部告知海军部，这样一款攻击机很难在1959年之前装备部队。另一个新的设计方案，NA43，是一款反潜直升机，最大起飞重量约6.81吨，按照1952年的眼光看，这可算是庞然大物了。它可以携带吊放声呐——英国海军反潜探测设备研究委员会的杰作——和一枚声自导鱼雷，或者相同重量的深水炸弹。后勤供应部告诉海军部，最接近这一需求的机型是布里斯托尔173型直升机[27]，其原型机在1952年首飞。1952年时，超马林公司的"海獭"双翼水上飞机已经退役，代替这种飞机在航母和陆地基地上的地位的是英国引进许可证生产的美制西科斯基S-51直升机，英国称为韦斯特兰"蜻蜓"。

△第849B小队的一架"天袭者"AEW1停在"皇家方舟"号的斜角甲板上，准备自由滑跑起飞。注意飞机两根主起落架支柱之间巨大的AN/APS-20雷达天线罩。

根据国防互助计划获得的美制飞机仍然在皇家海军中扮演着重要的角色。因为无论是理论上还是实际上，一旦与东方阵营开战，英国的航空工业必将拼尽全力满足皇家空军的需要，而皇家海军就只能主要依靠租借来的美制飞机了——正如第二次世界大战中发生的那样。为此，英军航母在设计时一直都要求能够起降美制飞机。然而，诸如道格拉斯A-3"空中武士"这种翼展达22米，最大起飞重量达37.2吨的重型舰载机的出现给英国的航母设计敲响了警钟。1953年，英国海军打算接收100架格鲁曼TBM-3E"复仇者"以接替"梭子鱼"和"萤火虫"两型飞机，担负反潜巡逻和对地对海攻击任务，直到足够数量的"塘鹅"交付为止。这些"复仇者"都将交给普雷斯特维克的苏格兰航空工厂按照英国标准进行反潜改装。

同样在1953年，皇家海军将会接收25架西科斯基HO4S-3直升机，这型直升机装有吊放声呐，英军打算用它进行直升机近距离反潜试验。此外还有20架"席勒"直升机用于训练飞行员。国防互助计划给英国海军带来的最重要机型是道格拉斯AD-4W"天袭者"，它们在1952年7月装备重建的第849中队，用于执行早期雷达预警任务。这型飞机在英军中被称为"天袭者"AEW1，它装备的AN/APS-20C雷达可以捕捉到190千米外驱逐舰大小的水面目标和近100千米外空中的4发轰炸机。英军得到了50架这型飞机，其中有一部分被用作其他飞机的零备件。这些飞机在英国海军中的用法和在美国海军中截然不同。美国海军的AD-4W型机主要被当作空中雷达，升空时除了1名飞行员外，后座乘坐的是1~2名无线电技师，他们的任务是维护数据链，保障将雷达图像传回母舰，由母舰上的防空引导官进行解读。机上人员不会自行解读和运用雷达图像——前座飞行员的小雷达屏幕图像除外。而在英国海军中，后座乘坐的是2名经过特殊训练的观察员，他们接受过战斗机指挥训练，可以直接解读雷达图像，引导水面或空中搜索[28]，"天袭者"AEW1实际上成了空中指挥室。

机载武器

这一时期，英军一直着力于开发30毫米"阿登"航炮，这门炮的炮口初速比较高，预计可达762米/秒，主要是用作炮口初速更高的"希斯帕诺"825型航炮的替代品，以防其研发失败。

△第831中队的一架"飞龙"S4在"鹰"号的右舷弹射器上准备起飞,弹射滑块牵引绳已经绷紧。这架飞机两侧翼下挂有16枚76.2毫米火箭弹。(作者私人收藏)

由于在亚洲的实战中炸弹消耗量巨大,当时英国远东舰队和本土都闹起了炸弹荒,而1952年英国已经大幅缩水的炸弹制造工业还要忙于为皇家空军轰炸机司令部的三V喷气式轰炸机制造炸弹,海军只能转向美国,寻求解决一部分炸弹问题。于是,不少先前在海军中很少见的炸弹类型也纷纷钻进了海军的补给线,皇家海军还得现场对这些炸弹进行改造,以适应自己飞机的挂架。这其中许多炸弹的壳体都是铸造的,而非锻造的,因此不适合打击装甲目标或其他坚固目标[29]。

1952年,英军正在为标准76.2毫米火箭弹开发三种新型弹头,分别是D型反潜实心弹(这种弹头的水下弹道更笔直)、27.2千克的反坦克空心装药弹(即破甲弹),以及反坦克碎甲弹。英国海军和空军共同提出的36联装50.8毫米火箭弹发射器方案被采纳,这种武器起初打算安装到"海鹰"战斗机上,不过实际上要到1960年才能装备部队。在整个20世纪50年代前半期,英国人一直致力于开发海/空军联合参谋部提出的非制导反舰弹项目,代号"红天使"。这是早期"汤姆叔叔"火箭弹的改进型号,弹径292毫米,战斗部重量227千克。英军起初打算让"飞龙"攻击机使用这种火箭弹,随后NA39攻击机也装备了它。不过这型火箭弹的引信研发不顺,尾翼的展开也遇到了困难(这种火箭弹将折叠弹翼装在发射管里）。这引发了随后一系列开发延误，还造成了火箭弹触水爆炸的问题。结果不难预料，1956年，英国海军对"红天使"火箭弹的命中率进行了评估，发现如果在最理想的4500米射程上攻击巡洋舰大小的目标[30]，需要发射巨量的火箭弹才能保证命中至少1枚，而发射如此多的火箭弹所需的攻击机数量是无法满足的。于是，"红天使"计划被理所当然地取消了。

海空军联合参谋部提出的另一个需求是一型比原有弹药更重的反舰炸弹，研发代号"绿奶酪"。这是一枚火箭助推的1496千克重磅炸弹，战斗部重达771.1千克。它可以追踪目标的雷达回波信号，因此，攻击机在投放这种武器时需要持续用雷达照射目标，直至命中为止。不难想象，密集的海试很快发现，在7级风浪的情况下，巡洋舰大小舰艇的回波信号会淹没在海浪的杂波里，载机雷达很难跟踪。英国海军计划使用类似"塘鹅"或者NA39这样的海军飞机在5500米高度，距离目标大约9140米处投放。皇家空军的V炸弹计划也想要使用这种武器，不同的是在15240米高度、距目标18280米处投放[31]。虽然一度被寄予厚望，但这种武器还是在1956年被取消了，理由是"还要付出很大努力才能达到要求，然而却没有钱了"。这直接导致皇家海军在接下来的20年里都只能将老旧的454千克炸弹、227千克炸弹和76.2毫米火箭弹作为主要的反舰武器。

空对空制导武器也是海空军联合参谋部关注的焦点，这既包括半主动雷达制导导弹，也包括被动红外制导导弹。雷达制导导弹有三种。最早，也最简单的是费尔雷"火闪"（Fireflash），研发代号"蓝天"。这是一型目视视距内有效的雷达波束制导空空导弹，计划用于昼间晴好天气下的空战。导弹本身没有动力，靠助推火箭射出发射架，助推火箭烧完脱落后，导弹很快就会减速。因此，这型导弹只能在很近距离上使用。导弹的制导波束由Mk2型航炮测距雷达提供，皇家空军的"猎人"和海军的"弯刀"战斗机都装有这种雷达，但这也意味着战斗机要在战斗中始终用机头指向目标。很显然，这型导弹并不实用，因此它更多地只是被视为更先进的导弹的备用替代品。虽然"蓝天"项目完成了研发，并于1956年在皇家空军瓦里基地通过了海空两军的联合测试，但它从来没有实际生产，项目就这样偃旗息鼓了。

"红隼"是一型计划用于高速战斗机的雷达制导导弹,机载发射时最高有效高度19812米,最大有效速度可达2马赫,发射前后载机将获得最大限度的机动自由。在皇家海军眼里,这种导弹的主要作用是打破苏联陆基轰炸机团的大规模突击。武器制导方式有两种,一是目视可见目标时的雷达瞄准线引导,二是目标目视不可见时的预估瞄准,这就使导弹具备了昼夜全天候作战能力。考虑到"红隼"导弹的技术复杂性,人们预期其研发时间会比较长,于是代号"红校长"的中间型导弹项目被提上日程,准备供皇家海军和皇家空军的全天候战斗机使用。这也是一种雷达制导导弹,但又大又重。皇家海军的意图主要是开发一种重量不超过681千克的导弹,他们本想将这两型在研导弹连同相应的制导系统安装到同样在研的DH110型战斗机上。然而到了1956年,这两型导弹的研发者维克斯公司,不仅没有把导弹的重量降下来,反而让它更重了。海军部意识到,他们手中现役和在研的飞机中竟然没有一个型号能够挂载这种导弹,于是只好极不情愿地退出了海空军联合导弹研发项目[32]。海军部开始考虑从其他途径获得更实用、可以充分保障战斗机机动自由的导弹的可行性,并最终于1957年选择用美制AIM-9A"响尾蛇"红外制导空空导弹装备"弯刀"战斗机。

最成功的英国海空军联合导弹项目是德·哈维兰"火光",研制代号"蓝松鸦"。这是一种被动红外制导导弹,计划装备英国海军的DH110和P177战斗机,以及一部分皇家空军的在研战斗机。这种制导系统的优势是可以"发射后不管",飞行员射出导弹之后就不必再费力跟踪目标了,劣势则是发射前必须让导弹导引头锁定敌机的热信号——主要是尾喷口,这意味着载机必须进入目标尾后的漏斗形区域里,在距离目标5~8千米处射击。"火光"导弹装备一个扩圈式战斗部,当导弹飞掠目标时,装在头部导引头后方的近炸引信就会引爆战斗部,呈环形飞散的破片会像细线切蛋糕那样撕裂敌机。导弹不必直接击中目标,但一旦直接命中,爆炸的力量可以摧毁大部分飞机。1956年,一枚实战标准的"火光"导弹首次试射时就击中了一架无人驾驶靶机。1958年,量产型导弹正式装备"胜利"号航母上的第893中队。与"火光"导弹一同交付部队的还有几型训练弹,其中包括用于训练弹药库搬运组和武器弹药供应保障部门的惰性弹(即模型弹),以及被称为PQR的专用训练弹。这是一种训练空对空目标捕获与追踪的新概念装备，它在惰性弹上加装了一个真实的导引头，但不安装发动机和战斗部，这样可以重复使用。除了向载机的火控系统反馈瞄准和发射信息外，它还可以记录作战数据，这样每一次空战训练之后，空战教官（AWI）都可以立即拿出这些数据，带领学员们复盘刚才的空战过程。

20世纪50年代前期，英国海军一直在致力于开发两型457毫米空射声自导反潜鱼雷。其中比较大的一型是907千克的"正戊烷"，它航速30节，理论射程5484米，最大潜深305米。导引头的目标捕获距离根据目标的噪音和航速情况而定，但不低于914米。"正戊烷"的研发进度缓慢，最终被更轻、更有效的美制鱼雷替代。更轻型的"解决方案B"则成功得多，在1954年被命名为Mk30并交付部队，主要装备"塘鹅"AS1反潜机，后来也装备了"旋风"HAS7直升机。这是一型被动声自导鱼雷，全长2.6米，航速12.5节时射程5485米。鱼雷加装弹翼和降落伞后仅有303.9千克重，在从发射到入水的这段时间内，弹翼和降落伞能够保持弹道稳定。Mk30鱼雷最大潜深只有243.84米，可以从飞行高度91.4米、时速不超过555千米的飞机上发射。它的性能逊色于"正戊烷"，但这也使其更易于研发。

一旦入水，弹翼和尾翼会自动脱落。Mk30鱼雷下潜6米后自动启动，在9米深处进入环形搜索航线，直至捕捉到潜艇的音响信号为止。试验显示，鱼雷的导引头对以5节速度航行的S级潜艇的捕捉距离约为550米，实战中实际捕捉距离则取决于目标航行时发出的噪音[33]。当导引头捕捉到明确的目标信号后，鱼雷就会自动加速至19.5节[34]。为了防止鱼雷自身发动机的噪音干扰制导，雷头中央的听音器上加装了一个小型的无噪音静锥区。这也在跟踪目标时建立了一定的提前量，鱼雷的瞄准点始终在目标略前方的位置，直到最后一刻再扑向目标。作为被动制导武器，它的另一个好处就是在捕获目标、开始追踪之前很难被发现。除了新型的自导鱼雷外，传统的深弹和火箭弹也是攻击水面或潜航状态潜艇的常用武器。

二战后，英国海军仍然在持续开发新型水雷。到1954年，已经有几种新型水雷服役。其中包括A Mk12型水雷，这种水雷采用了"盒式组装"设计，可以在航母上设置引信。在过去，航母只能携带事先在岸上完成引信设置的水雷，每次出航都只能执行单一任务。A Mk10型是一种锚雷，专门对付扫雷舰，与沉底水雷结合使用效果更好。

航空电子设备

20世纪50年代中期，随着机载武器及其使用方式日趋复杂，航空电子设备也变得越来越昂贵且复杂。1952年，计划装备"飞龙"和NA39攻击机，与"红天使""绿奶酪"配合使用的陀螺稳定式火箭弹瞄准镜和海军攻击瞄准镜被赋予了高优先级，但最终却随着这两型制导武器计划的取消而终止发展。而配用航炮陀螺瞄准仪的测距雷达却在持续发展，并在1957年装备"弯刀"战斗机。1954年，英军开始研发飞行员射击瞄准仪，这一项目旨在实现完全盲射/模拟视觉显示的能力，这一系统可与各种雷达连接，以发射各种空对空武器，包括导弹。1954年，英军装备了一型新的高频无线电设备，ARI 18032型，可以实现257.5千米内无线电通讯的无盲区覆盖，主要装备"塘鹅"反潜机。20世纪50年代末期，英军和其他北约盟国一起将作战飞机近距离通讯使用的高频无线电改为甚高频，为此，他们引进生产了美制AN/ARC 52无线电。

△第814中队一架"塘鹅"AS4正在执行反潜巡逻任务，机上的ASV-19B雷达天线罩已经放下。雷达前方可看到飞机巨大的炸弹舱。（作者私人收藏）

1954年，皇家海军的雷达品种已经相当繁多。其中海军参谋部比较关注的包括装备"塘鹅"AS1型机的ASV-19B型雷达，和从1958年起装备"塘鹅"AS4的改进型ASV-21雷达。后者装有一个150千瓦功率的照射天线和一个9英寸的地平显示器，声呐浮标的位置都可以在显示器上显示出来。这台雷达还一度打算用作"绿奶酪"制导炸弹的目标指示雷达。这台X波段雷达可以360°周视，能够发现20千米外平静海面上潜望镜状态的潜艇。还有一款美制AN/APS-20A搜索雷达起先装备在"天袭者"AEW1飞机上。这一型号随后升级成为AN/APS-20C，可以发现200千米外驱逐舰大小的目标。更强大的AN/APS-20E后来也被制造出来，装备未来的空中早期预警机，也就是"塘鹅"AEW3。另外还有些对空截击雷达，专门给皇家无线电研究所测试用，并没有打算装备飞机。

英国海军对空截击雷达的最初型号是装备"海毒液"FAW20战斗机的AI Mk10，这款雷达虽然发挥不太稳定，但性能还算不错。AI Mk17是作为美制AN/APS-57雷达的替补而研发的，一旦通过国防互助计划获得的美制雷达数量不足，AI Mk17就将作为备选，装备"海毒液"FAW21战斗机。这是一款S波段雷达，可以实现盲射，后来装备了皇家加拿大海军的"海毒液"FAW53战斗机。AI Mk18则是海空军参谋部联合发起的一个比前两者更先进的雷达计划，海军打算将它装在DH110上。这型雷达的进步体现在两个方面：首先是雷达的基本型加装了盲射装置，这一型号没有投入量产；第二种型号加装了射击和导弹火控计算机，最终在1958年之后装备"海雌狐"战斗机。

AI Mk20是一型实验性雷达，意在使单座战斗机能够在高空晴好天气下执行昼夜截击任务。1954年，人们意识到，在高空高速战斗机的作战中，飞行员的目视发现距离已经不足以给他足够的时间去占据射击位置，因此，雷达引导对先前那些完全依靠目视就可以实现的截击战术而言已经是不可或缺的了。AI Mk20必须使用简单，因为只有飞行员一个人，没有专门的观察员来帮他操作雷达，还要能在地面引导员引导飞行员抢占敌机6点钟方位时帮助他及早捕获目标，完成截击。海军参谋部计划将这种雷达装到"弯刀"战斗机后期型上，但遗憾的是，这个项目后来被取消了。

AI Mk21是英国给美制AN/APS-57对空截击雷达赋予的本国编号，这款雷达本身是AN/APQ-35雷达制导火控系统的简化版本。AI Mk21暂时还不具备目标锁定和盲射能力，但比起早先的AI Mk10还是有所改进，它装在了"海毒液"FAW21战斗机上。另一个值得一提的型号是AI Mk23，它能让单座战斗机实现航炮和导弹的盲射。这一型雷达后来安装在了皇家空军的"闪电"截击机上，海军则考虑将其用于"弯刀"战斗机的发展型号。更加值得一提的是英军对在对空截击中使用红外探测器的探索。这是20世纪50年代中期的事情，虽然最终英国海军还是选择了雷达，但却带来了一个意外的好处——飞机上不可或缺的"黑匣子"可以做得更轻、更小，同时扫描设备的精度也从英尺提高到了英寸。

上面所说的这些航空电子系统全部都是来自海空军联合参谋部的项目，但还有一个领域，过去的经验让两个军种的参谋部选择了各自开发，那就是敌我识别。英军的大部分飞机都装备了AN/APX-6敌我识别应答器，可以与英国军舰上装备的IFF Mk10设备匹配，但是海军参谋部要求战斗机全部加装专门的空对空识别设备，即FIS-3，这是一台简单的多波段设备，可以通过简单编码与IFF 10匹配。最重要的是，装备AI对空截击雷达的战斗机飞行员可以从雷达屏幕上识别出哪些雷达信号是友机，这对舰队防空来说是极其重要的。然而皇家空军参谋部和美国海军却选用了"黑玛利亚"FIS-4型，于是海军飞机上只好专门加装设备以与皇家空军和美国海军的敌我识别系统兼容。

飞行装具

20世纪50年代初期，高空高亚音速战斗机的快速兴起让海空军联合参谋部急于获得新的飞行装具以替代原有的飞行服。其中包括增压服可以在座舱失压时保持飞行员神志清醒，在15000米高空仍旧有效。抗荷服在二战中已经出现，此时它的装备范围扩大了许多，战斗机飞行员们都会穿上它，以便在低空剧烈机动时承受更高的过载。当过载增加时，抗荷服就会向裤子里充气加压，阻止人体内的血液向下半身过度集中，保证大脑供血充足，这种飞行服很快就会遍及全世界。虽然不同的抗荷服各有差异，但它们普遍能够将飞行员出现"中心视力丧失"现象的过载增加2～3G，从而使飞行员更容易飞出飞机的极限性能。用于保暖的防水服也是一项新需求，英军在实战中发现，飞机在海面迫降是一件很常见的事情，而飞行员们坐在救生筏上等候救援时需要保暖以免体温过低。被击落的飞行员在引导救援时也有新的单兵无线电导航设备可以用，这种新装备被称为TALBE，也就是战术空勤人员定位导航设备（Tactical Aircrew Locator Beacon Equipment），它被装在救生衣上，打开之后可以持续发出无线电信号，救援飞机可以循此找到被击落的飞行员。

对诸如"飞龙"这样的攻击机和战斗机而言，弹射座椅是不可或缺之物，因为在高空高速条件下飞行员很难从下坠的飞机座舱里爬出来——甚至可能完全做不到。马丁-贝克公司最初的弹射座椅需要飞行员在弹射出座舱后自行离开座椅，而1954年开始根据海空军联合参谋部要求制造的新的Mk2型弹射座椅可以自动实现人椅分离。Mk2型弹射座椅最低安全弹射高度只有30.5米，可以在以90节速度飞行的飞机上弹射，拉下弹射手柄时，座舱盖可以自动炸飞，以免伤及飞行员。这一系列弹射座椅的后续发展一直延续到今天，正是这些弹射座椅，赋予了飞行员们充分的信心，在战斗中把飞机的性能飞到极限。现在，马丁-贝克公司已经成了全球弹射座椅技术的翘楚，到了2015年，他们的产品已经成了皇家海军、皇家空军、美国海军，以及其他许多国家军队的标配。

飞行装具中变化最明显的是飞行头盔。20世纪40年代末50年代初，飞机的飞行速度突飞猛进，空勤人员头部受伤的事故开始频发，这主要是由于传统的皮革飞行帽无法保护头部。因此，MK Ⅰ型飞行头盔应运而生，它除了能保护头部之外，也是安装耳机、护目镜、氧气面罩的最佳位置。这款英国海空军通用的新装备拥有一个装有耳机、氧气面罩挂扣或者直升机机组喉头送话器挂钩的内胆，外盔则是皮革包边的硬塑料头盔，保护头部免遭撞击。头盔上起初计划继续配用护目镜，但很快就换成了通过棘齿连接的透明面罩，可以拉下来，直接盖在氧气面罩上方，这样可以保护飞行员的眼睛在弹射出舱后免遭高速气流的冲击。更重要的是，深色透明面罩还可以解决高空阳光刺眼的问题。海军部计划在1955年全面普及这种新型头盔，至于佩戴体验，除了那些习惯于皮革飞行帽的老手起初觉得有些别扭之外，其他飞行员很快就爱上了这种新头盔。

改造航母

二战结束时，英国海军部正致力于进行能够起降新一代飞机的新航空母舰设计。然而，马耳他级航母的取消和"大胆"号、竞技神级航母完工时间的大幅度延迟，意味着战时遗留下的光辉级航母还得硬着头皮继续担当航母舰队的主力，这也就意味着她们需要进行大范围的现代化改装。眼下看来，巨像级轻型舰队航母机库高度比较高，设施相对先进，因此能够比舰队航母更有效、更经济地起降最新一代活塞动力战斗机，她们在20世纪50年代初期的战争中正是被如此使用的。所有6艘光辉级舰队航母都从战争中幸存，其中有几艘已遍体鳞伤，却还要在世界各地执行任务[35]。

在全部6艘光辉级舰队航母中，只有"不屈"和"冤仇"两舰在二战刚结束时还在继续搭载舰载航空大队执行任务，这两舰都接受了小规模的改造以起降新型飞机。光辉级航母有多个亚型号，最初的型号单层机库高度只有4.88米；"不屈"号的主机库更是只有4.27米，面积比较小的下层机库也不过4.88米；最后两艘舰的双层机库都只有4.27米。前4艘光辉级可起降飞机的最大重量只有6.35吨，后2艘则提高到了9.07吨。此外，这些老式舰队航母的航空燃油携载量不足以支持耗油量很大的喷气式飞机，其升降机出于尽量维持甲板防护的目的做得比较小，这也是个严重的制约。新一代的航母在设计时都要求能够起降重量达到13.6吨的飞机，机库高度不能低于5.34米，老航母的改造也必须依照这一标准进行。选择开放式机库还是封闭式机库，这是个问题。这个问题曾导致马耳他级航母设计的延迟，但是到了1947年，英国海军参谋部确信封闭式机库代表着更先进的设计理念。这一决定受到了美国海军放弃开放式机库的影响。美国人的依据有二：一是他们的航母舰队1945年时在太平洋上曾遭遇台风袭击，损失惨重；二是1946年比基尼环礁核试验的结果清楚地表明，舰载机在面对远距离核爆暴风冲击时需要保护。

以海军少将 G. N. 奥利佛为首的一个委员会对改造航母的事项进行了考量，得出明确的结论：必须对这些老航母进行全面的现代化改造，这可以令她们延寿20年。每艘舰"只要花新建航母一半的费用就可以有效服役到20世纪60年代中期"。英国海军希望对全部6艘航母进行改造，实施顺序依次为"可畏""胜利""不屈""光辉""冤仇"和"不倦"。然而这个委员会也发现，有几艘航母上还有一些很难克服的缺陷，这令改造工作举步维艰。1947年，委员会向海军部提交了率先改造"可畏""胜利"两舰的提议，并指出这些改造后的航母将类似于"快速、装甲坚固的竞技神级航母"，可以搭载48架飞机。财政部评审后认为，改造老航母在短期内比建造新航母更经济、更有效，于是海军部在1948年1月批准了这一提案。具体的改造方案设计在1948年2月启动，直到1950年6月才结束，这个方案要求将航母机库甲板以上的上层舰体全部拆除重建，工程量堪称巨大。随后，英军对两艘待改建的航母进行了调查，结果发现，"可畏"号的飞行甲板已经扭曲，螺旋桨大轴有故障，1945年日军神风自杀机的撞击和引起的火灾造成了大量内部结构损伤，但当时仅仅是草草修补。更糟糕的是，这艘舰从1947年3月起就一直处于无人维护状态，舰体锈蚀已经十分严重。于是，1950年，英国海军决定先行改造"胜利"号，这艘舰此前不久还作为训练舰服役，舰体状况比"可畏"号好很多[36]。

△1958年现代化改装完成后不久的"胜利"号。一架"天袭者"停在斜角甲板上准备自由滑跑起飞，一队"海毒液"停在斜角甲板右侧舰岛左后方的飞行甲板4区。"海毒液"战斗机比较小，比大型的后继机型更容易停放。（作者私人收藏）

英国人有充分的理由首先改造早期批次的光辉级航母。除了最老旧之外，这还是数量最多的批次，总共有3艘，这就意味着一份改建设计图可以用在3艘舰体上。与此相似，最后批次的光辉级有2艘，这也算不错。而改造"不屈"号就没这么划算了，设计图只能用在这一艘舰上。那些新出现的航母技术对"胜利"号的改造方案影响巨大，方案被推翻了数次，以加入蒸汽弹射器、完整的斜角甲板、助降镜、大型的984型三坐标雷达，以及配套的先进显示系统。由于"鹰"号、"皇家方舟"号和"阿尔比翁""堡垒""半人马座"三艘1943年型轻型舰队航母在建造时使用的都是早期标准，英国海军不得不指望"胜利"号的改造工程在1956年完工，因为她是唯一一艘在设计中吸纳了所有新技术，并一直处于最佳状态的航母。"胜利"号的改造工程太重要了，不可能被取消，然而这一工程还是花了8年时间，耗费的资金也超过了新建一艘航母。后来，随着舰体和价值都够大的"鹰"号进行了现代化改造，以及1943年型轻型航母"竞技神"号在船台上改用了与"胜利"号类似的设计，其他光辉级航母就没有接受改造了。英军起初计划把其余1943年型轻型航母都按照"竞技神"号的方案进行改装，但1957年的国防评估后放弃了这一计划。不过此时"半人马座"号已经加装了蒸汽弹射器，她的2艘姊妹舰"阿尔比翁"和"堡垒"号后来被改装成了突击直升机母舰，并在20世纪60年代表现卓越。

注释

1. *Flight Deck* (August 1944), p 1.
2. *Flight Deck* (Winter 1952), p 2.
3. 同上,第4页。
4. 同上,第5页。
5. 他指的是装在飞机上的对空截击雷达。
6. 1946年的海上试验之后,英军选择了装备雷达的双座而非单座夜间战斗机。
7. 本书后面的章节提到的桑德斯-罗SR177火箭动力战斗机将是这一战术的最理想实现者。
8. 早期的喷气发动机在高节流阀状态下加速很快,但在降落时常用的低节流阀状态下就需要耗费10秒以上才能让发动机开足马力以安全爬升。更糟糕的是,猛推节流阀会让大量燃油涌入燃烧室,导致发动机熄火。若是在高空,飞行员当然可以按下节流阀上的点火按钮来重启发动机,但在降落时,飞机的高度完全不够进行如此操作。
9. Hobbs, *A Century of Carrier Aviation*, pp 195 et seq.
10. US Naval Air Material Centre, *Rubber Carrier Decks may be on the Way*, Confidential report (November 1952), passim.
11. 出于安全考虑,起重机吊起飞机时飞机的发动机必须关闭,但此时,飞机起落架的液压伺服系统就只有靠手摇来推动了。
12. US Naval Air Material Centre, *Rubber Carrier Decks may be on the Way*.
13. Captain D. R. F. Campbell DSC RN, *The Angled Deck: A brief Review of its significance*, *Flight Deck* (Summer 1953), pp 10 et seq.
14. 二战时租借法案的条款之一就是英国要在战后20年时间里允许美国参与英国的所有海军与其他军事开发项目。斜角甲板、蒸汽弹射器、助降镜、橡胶甲板和战斗机陀螺瞄准仪只是美国海军从"逆租借"条款中受益的一小部分例子。
15. Hobbs, *A Century of Carrier Aviation*, p 204.
16. 在高性能飞机上,这些钩子都被装在起落架槽里,这样在高速飞行时它们就不会暴露在气流中而带来额外的阻力。
17. 这种弹射器更适合称为"槽式活塞弹射器"。理论上讲常用的名称"蒸汽弹射器"其实并不十分准确,因为诸如慢燃火药、压缩空气之类的高压气体都能用来推动这些弹射器。只不过在1951年的那些蒸汽动力舰船上,蒸汽是最容易搞到的高压气体。
18. Hobbs, *Moving Bases*, pp 78–80.
19. 有意思的是,皇家海军喜欢给这些配重小车配上诸如"佛罗西""诺亚"之类的名字,美国海军的配重小车则都是用207698之类的编号命名的。
20. Hobbs, *A Century of Carrier Aviation*, pp 206 et seq.
21. 这是"不屈"号海洋生涯的最后阶段。试验之后她就被打发进了不予维护的预备舰队。
22. CB 03164(52), Progress in Naval Aviation, Summary #6 (London: Admiralty, December 1952), p 13.
23. 这一机型最后发展成了"弯刀"F1。由于英国的采购体系过时,以及原型机数量不足,它的研发工作被严重拖延,直到1958年才配备第一支一线中队。
24. Roger Lindsay, *de Havilland Venom* (Stockton-on-Tees: privately published, 1974), pp 10 et seq.
25. 为了达到皇家海军的要求,DH110型机的90%都进行了重新设计,其重复工作的比例比之DH116有过之而无不及。
26. 20世纪50年代中期,德·哈维兰公司的摊子铺的太大了,他们研发的项目包括喷气发动机、彗星、三叉戟和DH125客机,DH110、"蓝条纹"中程弹道导弹,以及"火光"空空导弹。
27. 与此同类的直升机,布里斯托尔171型机最后发展成为"望楼"直升机并交付皇家空军执行运输任务,而海军型的173型直升机则在1957年被取消。
28. 有趣的是，美国海军对皇家海军这套设计方案很感兴趣并加以采纳，直到2015年，美国的E-2D"鹰眼"预警机还是在机舱里安排了专门的观察员。
29. CB 03164(52), Progress in Naval Aviation, Summary #6, p 15.
30. 它们的设计交战目标是苏联的斯维尔德洛夫级巡洋舰。
31. CB 03164, Progress of the Fleet Air Arm, Summary #8 (London: Admiralty, June 1956), p 15.
32. 皇家空军原本计划用"红校长"导弹装备他们的薄翼型格洛斯特"标枪"先进发展型，当这种战斗机在1957年被取消时，导弹项目也就寿终正寝了。
33. CB 03164, Progress in Naval Aviation, Summary #6, p 18.
34. 鱼雷在这一航速下的射程约为1830米，具体航程取决于开启高速航行模式时雷体内电池的状态。
35. Hobbs, *British Aircraft Carriers*, pp 267 et seq.
36. "胜利"号现代化改造的完整介绍可参见霍布斯的《英国航空母舰》(*British Aircraft Carriers*)一书。

第四章
冷战、北约和中东

随着西方盟国和苏联之间关系的恶化，1945年之后数年，英国皇家海军面前出现了新的威胁。受到资金不足、人力匮乏和开发引入新技术占用资源的影响，英国海军应对威胁的能力大为削弱[1]。许多观察家相信，1945年扔在广岛和长崎的原子弹使得所有的常规军队，尤其是海军，一夜之间就过时了，将舰船集中编为特混舰队或者护航船队的做法只是为挂载核弹的陆基轰炸机提供理想的靶标而已。然而实际上，战后初期世界上根本没有那么多核弹[2]。假如战争在1952年之前爆发，那么新成立的美国战略空军司令部（SAC）计划在对苏联最初的突袭中就把手头仅有的少量核弹都用完，然后用和第二次世界大战时差不多的武器和战术继续轰炸。武器级铀原料需要花费很长时间来逐步积累，也正是由于这个原因，美国空军极力反对美国海军的核动力潜艇计划——潜艇核燃料的供应将会延缓空军核炸弹的制造。

冷战

1948年年初，捷克斯洛伐克并入苏联阵营[3]，这令西方世界一时间有一种大祸临头之感。到了当年6月，苏联试图切断位于东西德分界线东侧深处的西柏林盟军占领区，这种危机感更是达到了高潮——这条分界线此时已经被丘吉尔形容为"铁幕"。随后就是著名的"柏林空运"。在超过一年的时间里，盟军几乎一刻不停地用运输机向西柏林空投食品和燃料，直到谈判桌上的讨价还价化解了这一危机为止。针对复杂的国际形势，1948年，英国内阁国防委员会举行了一系列紧急会议来商讨对策。他们最终做出决定，国家的经济重建仍然是第一要务，但是英国也必须拥有足够强大的海上和空中力量以吓阻"热战"，同时为政治层面上的"冷战"提供坚实基础。同一年，北大西洋公约组织（简称"北约"，英文缩写为NATO）成立，西方盟国希望依托这一组织来对抗苏联向西欧发动常规进攻的潜在威胁。令人瞩目的是，这是世界上最强大的两支海军，美国海军和英国海军第一次在和平时期结成联盟以应对潜在的威胁,而这个联盟的名字恰恰是将各个成员国连在一起的那块大洋。但是,英国海军在此之后却选择了裁军。上任不久的国防大臣 A. V. 亚历山大(曾在战时任第一海务大臣)虽然征求了各军种参谋长的意见,但还是力排众议提交了最省钱的现役舰队规模方案,并很快得到内阁批准。他关于不再保留战列舰的决定导致众多历史名舰被拆解,包括"纳尔逊""声望"和"伊丽莎白女王",相对新一些的英王乔治五世级战列舰在本土舰队训练分队里待了一段时间后也逐步转入预备役。

在整个冷战期间,西方盟军的情报部门总是倾向于高估苏军的实力,但在1948年,人们还是认为在未来5年内爆发全面战争的可能性微乎其微。1957年,西方判断苏军已经建立起日益强大的核武库,投送手段也越来越多。全面战争的威胁骤然升级,英国也随之感受到了用新技术装备重新武装自己的迫切需要。英国人认为,此时距离危机的最高峰还有几年时间,因此他们的政策更倾向于武器系统的长期发展计划,以期在1957年之后的大规模战争中拥有最有效的作战手段。而在短期,英国三军,包括皇家海军打击舰队,则在飞机和舰艇方面采取了一边快速开发以跟上技术发展,一边少量采购的"小步快跑"策略,争取实现"跨越式发展"。无论是出于误判还是预期,一旦战争在英军准备完成之前爆发,英国就只能用手头现有的部队和武器来战斗[4]。此时,英国政府在国防方面优先级最高的项目是尽快建立可携带核弹的中型轰炸机部队,其次是重建一支拥有强大航空兵和反潜力量的皇家海军,在北大西洋与苏联海军的水面舰队和潜艇作战。

假如东西方两大阵营之间的战争在20世纪40年代末到20世纪50年代初爆发,那么几乎可以肯定的是,在战争伊始就会看到核武器爆炸的蘑菇云,然而此时的核武器并不是十分强大,数量也不够,不足以从一开始就赢得战争。核弹的出现只会让大规模常规战争的样式发生一些局部变化,也正因为如此,1952年之前这一段时间被认为是冷战的最初阶段。即使是根据美国战略航空司令部过于乐观的估计,西方盟军也需要进行连续6个星期的战略轰炸才能迫使苏联停止对西欧的常规进攻,从而让西方盟军决定停火条款乃至后来的和平协议。因此,西方盟军仍然需要大规模的地面部队在这至少6周的时间里守卫领土、拖延时间，以便轰炸机部队发挥威力。同样，西方也需要强大的海军来护卫运载着援军、弹药和食品的运输船团横越大西洋。这一时期，美国已经逐步建立起了数量庞大的核武库，不仅可以用核弹进行战略轰炸，也可以用它们来执行战术任务。而苏联的核武库规模还远不能和美国的相提并论，在美国的大规模核威慑之下，苏联实际上无法在欧洲大陆向北约发动常规进攻。英国也不甘示弱，1952年，皇家海军护卫舰"普利姆"号在澳大利亚西北海岸远处的蒙特·贝洛岛上引爆了英国的第一枚原子弹。

当核武器赚足了公众的眼球，并且大大改变了常规战争的样式时，其他一些新技术武器也带来了重大的直接影响。这包括快速潜艇、喷气式飞机和制导武器。每一种武器都让一大批在不久前的战争中发挥出色的军舰变得过时，而相关反制技术的开发不仅旷日持久，而且耗费不菲。现代海军需要在辽阔的大洋上及时探知、拦截并摧毁所有的威胁，而舰载机则是实现这一目标的最有效、最经济的手段，这就使得海军航空兵在现代的皇家海军中更加重要。值得注意的是，人们很快意识到，上述这3种类型的武器一旦扑向一支特混舰队或护航船团，它们就很难再被阻截，因此从源头摧毁威胁舰队的潜艇基地和机场才是最有效的手段。退一步说，舰载战斗机至少要在敌方飞机到达能够锁定舰队并发射导弹的位置之前将其击落。

政治理论和一系列国防评估

1948年下半年，英军建立了一个以埃德蒙德·哈伍德为主席的跨军种联合工作组，此人是一名高级别的民事官员，战时曾任食品供应大臣，被认为是经济发展方面的专家。皇家海军在这个工作组中的代表是查尔斯·拉姆比少将，他曾在英国太平洋舰队中指挥"光辉"号航母，并将是未来的第一海务大臣。这个委员会的第一个任务是搞清楚在1950—1953年间军队所要扮演的角色，第二个任务则是确保这一期间国防预算不超过财政部给出的最高限额——7亿英镑。当时，英国的国防预算占到了GDP的10.8%，而美国只有3.8%[5]。1949年2月，委员会向国防大臣提交了报告，指出，英国必须继续履行对北约的承诺，同时要继续有效进行冷战。除此之外，委员会还再次肯定了现有的国防投入优先级顺序，他们提出，应当少量采购一些新型武器以应对近期可能发生的战争，而大部分精力仍应当着眼长远，为1957年及之后可能发生的战争开发适用的武器。哈伍德最重视皇家海军保卫英国海运线的能力，这可能是拜他在二战中负责食品进口的痛苦经验所赐，他还想定一旦爆发大规模战争，英国将会从一开始就得到美国的支援。这份报告还提出要大幅度减少英军部署在远离本土的远东、中东、地中海和西印度群岛地区的军舰数量，国防大臣亚历山大和英军参谋长将此视为冒险之举，因为撤回对英联邦国家的军事支援将会使其在遭到攻击时身处险境。1949年7月，英国又成立了一个以国防部永久秘书长哈罗德·帕克爵士为主席的新工作组，负责继续探讨这个问题[6]。

经过深入的探讨，这个委员会提出了一套关于建立一支"结构优化、规模有限的舰队"的提案，其组织结构和规模都要能满足皇家海军执行多种类型任务的需要。1949年后期，这一提案得到了海军委员会、国防大臣和内阁的认可，这也代表了1950年时英国的海军政策。英军乐观地预计"鹰"号和"皇家方舟"号2艘大型舰队航母和4艘1943年型轻型航母可以在1952年服役，现有的舰载航空兵也将得到一定程度的扩编以搭载在这些新型航母上。在一系列研究基础上做出的需要应对近期局部战争的决定，使一些原本只能止步于原型机状态的新机型获得了小批量生产的机会。这其中就包括超马林"攻击者"，1948年10月29日的 t6/Acft/2822/CB.7(b) 号合同订购了63架该型机[7]。随后各型新机也都被少量订购。值得注意的是，这样多批次小批量的飞机采购并非像有些批评家认为的那样，是由于对航空技术缺乏理解，恰恰相反，这是为了在有限的预算之下与国家战略保持最大限度的同步。虽然英军在短期内给予"海毒液"夜间战斗机比较高的优先级以期尽快替代过时的"海黄蜂"，但他们的主要精力仍集中在远期的"终极"夜间战斗机上。

1952年，局部战争的爆发和丘吉尔重掌英国首相大印，使得英国开始重新审视自己的国防政策。此项工作始于1952年2月格林威治皇家海军学院的各军种参谋长会议[8]。这场会议中有一个重量级参与者——曾在二战中任战时内阁副秘书长，后来成为英国广播公司总裁的伊安·雅各布爵士，丘吉尔让他改任国防部参谋长[9]。雅各布离开BBC，来到总参谋长任上，起草了这次参谋长会议的议案初稿，从这篇文稿的字里行间就可以清楚地感受到三军之间的协调是多么艰难，连签名都是三个军种参谋长联合签署的。为此，雅各布责令各参谋长和自己的秘书长 F. W. 欧邦克准将起草一份融合多方要求的文稿以提交给首相。这一"融合"说起来容易，做起来真难，大家花了一整个春季才把修订版讨论出个结果来。外务办公室的皮尔森·迪克逊爵士也加入进来，修订版的第一部分正是根据他的建议修订的。他们工作的成果便是被称为"全球战略文书"的文稿，这也成了英国保守党政府的防卫政策纲领，直至1957年进行下一轮国防战略调整为止。

这份文件有三个主要目标。第一个目标是"提供武装力量，以在冷战中保卫我们的全球利益"，这一目标毫无问题，传统的以维护和平与支持局部战争为目的的武装力量建设成了国家重点。第二个目标也合乎逻辑，争议不多："与盟国共同建设北约军力，其实力和编成要能够有效拒止敌人的进攻。"对第三个目标的解读则成了众多争议的焦点，虽然它的原始表述也很直白清晰："为热战的可能爆发做合理的准备。"此时，冷战的第一阶段已经结束，美国已经建立起了数量充足的核武库，不仅能满足战略轰炸的需要，还可以用来进行战术打击。苏联在1949年试爆了第一枚原子弹，这个时间比西方的预期早了几年，但苏联的核弹数量仍然很少，他们要到1957年才能拥有足够的核武器。1952年，美国引爆了第一枚氢弹，英国和苏联此时也正在研发同类武器。这些核武器起初十分庞大，只有B-36或者B-52之类的大型轰炸机才能携带，于是，核武器的小型化工作被赋予了很高的优先级[10]。1954年，美国的第一枚量产型氢弹出厂，战略航空司令部的氢弹库存从此开始稳步增加。苏联在1953年就试爆了自己的第一枚氢弹，仅仅比美国晚一年，这令西方世界大吃一惊。不过这还只是个粗糙的试验型氢弹，苏联人还要等数年时间才能拿出可以批量生产、装备部队的氢弹来。英国则直到1958年才试爆了第一枚氢弹。

从1952年到20世纪50年代末是冷战的第二阶段，西方各国政府认为，自己手中庞大的核武库和日渐增长的氢弹数量不仅能够重创苏联，还能够将其完全摧毁。而苏联的中型轰炸机和中程弹道导弹虽然很难够得着美国本土，但却足以摧毁英国和西欧大部分国家。此时西方集团和苏联若爆发战争，就不会再出现一轮核突击之后进行长期常规战的情况，而是在战争爆发伊始就投入所有资源向苏联打出毁灭性的全力一击，并消灭对手核反击的能力。"保证互相摧毁"一词正是在这种情况下诞生，而且准确地反映了这时的情况。这样的战争会在几天，甚至几个小时内结束，也就不需要组织援军或运输船队横越大西洋了。氢弹的出现使常规武器存在的意义受到了怀疑，原来的全球战略文书也过时了。英国政府自然不会傻等，他们立即发起了对国防政策的新一轮评估，并得出了十分激进的结论。对此，我们将在下一章详述。

1954年的皇家海军

当关于国防的政治争论还在持续时，皇家海军已经从战后的人力危机中恢复了过来，并开始在20世纪50年代初期的局部战争中发挥重要作用。英国的船厂里停放着许多军舰，其中很大一部分都是战时建造的，在预备役中的级别也很低。许多舰艇被分散存储在遍布英伦各地的码头和船坞里。一旦爆发长期战争，这些军舰还能找到用武之地，但如果打的是速战速决的核战争，那这些军舰就难有出头之日了。下表[11]列出了1954年2月时皇家海军的规模，这是冷战第一阶段结束时的状态：

舰种	在役	试验/训练舰	预备役/改装中
战列舰	"前卫"		"安森"
			"豪"
			"约克公爵"
			"英王乔治五世"
航母	"鹰"	"光辉"	"胜利"
	"光荣"	"不倦"	"不屈"
	"勇士"	"冤仇"	"海洋"
		"凯旋"	"忒修斯"
		"英仙座"※	"半人马座"
巡洋舰	10	1	15
驱逐舰	26	3	71
护卫舰	33	21	115
潜艇	37	21	
扫雷舰	38	16	146

※：改造为运输舰/直升机母舰

列表中处于"试验/训练舰"状态的军舰数量意味着海军部利用有限人手保持军舰可用的努力获得了成功，一旦预期中1957年之后的战争来临，这些军舰都可以迅速投向前线。例如，"凯旋"号航母取代了老旧的重巡洋舰"德文郡"号成为达特茅斯不列颠尼亚皇家海军学院军官候补生的训练舰。为此，这艘航母在机库前部和中部加装了额外的住舱、教室和枪炮室，另外还搭载了一小队博尔顿·保罗公司的"巴利奥尔"教练机，停放在机库后部。这种飞机既能弹射起飞又能拦阻降落，可以让候补生们很好地体验飞行，这在航空时代无疑是个绝佳的安排，问题是用航母充当训练舰的做法太费钱了。于是，1956年，训练舰的岗位被移交给了护卫舰。"冤仇""不倦"两舰一直在本土舰队训练中队中服役，以保持良好状态等候现代化改造。然而在1954年，人们意识到像"胜利"号那样的大幅度现代化改造不仅难以完全达到技术目标，而且经济上也不划算，何况这种改造还遥遥无期，"胜利"号还要在船厂里待几年才能完成改造呢！运营成本低得多的"海洋""忒修斯"两舰也被改造成了训练舰。还有几艘轻型舰队航母建成后交给了皇家澳大利亚和加拿大海军，"大力神"[12]"利维坦"[13]两舰则最终未能完工。

需要应对的苏联威胁

皇家海军需要面对的冷战威胁主要来自三个方面：水面上的苏联斯维尔德洛夫级巡洋舰；空中的苏联海军航空兵中型轰炸机，包括图-16"獾"式；水下的W级潜艇。

斯维尔德洛夫级巡洋舰的设计明显受到缴获的德国技术的影响，西方盟军情报部门已经获悉苏联正在大量建造该型军舰，其首舰已在1950年下水[14]。这一级巡洋舰共有17艘下水，其中14艘竣工服役。"斯维尔德洛夫"的4座三联装炮塔上装有12门152毫米舰炮，6座双联炮塔上装有12门100毫米炮，还有32门37毫米高射炮，以及10管533毫米鱼雷发射管（两组五联装）。军舰的后甲板上有水雷投放轨道，据说可以搭载250枚水雷，不过满载水雷会对其他武器带来什么样的影响，西方一直不得而知。动力强大的13万轴马力主机使军舰的最高航速达到了34节，编制舰员数量略超过1000人。这显然是一型强有力的军舰，然而西方情报部门始终对其知之甚少。直到1953年"斯维尔德洛夫"号参加了英国斯匹特黑德的伊丽莎白女王登基阅舰式,另一艘姊妹舰造访瑞典,她的神秘面纱才被揭开。

根据二战时对付德国海军破交战的经验,英国海军部预计一旦战争爆发,这些苏联巡洋舰将会被用于破袭盟军护航船队,以此阻断连接美英两国的大西洋海运线。而英国海军根本无法指望保留足够多的巡洋舰去寻找这些袭击舰并在一对一的战斗中击败她们。因此,苏军巡洋舰数量日益增长带来的威胁促使英国海军开始寻求能够在远距离上发现并打击她们的新一代舰载机。"天袭者"AEW1雷达预警机带来的大范围对海搜索能力无疑是至关重要的,而开发新型NA39攻击机的重要性也不逊于此。虽然"飞龙"攻击机也能用常规炸弹和火箭弹进行攻击,但要让命中的炸弹数量多到足以击沉一艘斯维尔德洛夫级,投入的飞机架次是非常多的。空投鱼雷仍然是一个可选项,然而这种攻击方式需要攻击机顶着得到雷达引导的中口径高炮冲到距离目标不足1000米处,这越来越像一种自杀攻击。英国海军想要用最少架次的攻击机来击沉或重创这种1.9万吨级的巡洋舰,就意味着飞机必须装备最精确的武器投射系统。NA39设计标准中要求机载搜索雷达为精确投弹系统提供数据,从而使飞机可以在敌舰高炮的最大有效射程外投弹[15]。20世纪50年代中期,英军逐步确信自己可以制造一种小到能够执行战术任务的核弹,也就是"红胡子"炸弹,于是"红胡子"也被列入了NA39设计标准中。这种炸弹即使落在距离目标远达数百米的地方,也能击沉或彻底打残一艘巡洋舰,因此传统的投弹技术便足以应对。

海军部也要考虑为缺乏航母掩护的特混舰队提供保护的问题。这就是英国海军让"前卫"号战列舰维持现役,并保持英王乔治五世级战列舰的预备役状态直到20世纪50年代初的原因——这些巨舰能够在雷达的指引下,用重炮在斯维尔德洛夫级主炮的射程之外向其开火。战时留下的那些巡洋舰仍然可以用来护航,或者在世界各地的海军分舰队中充当旗舰。然而,无论是战列舰还是巡洋舰,她们的运转成本都是很高的。由于这些军舰还需要花钱进行现代化改造以保持战斗力,她们的数量在整个20世纪50年代一直处于锐减状态。苏联海军的战列舰也一直保留到20世纪50年代初,其中2艘可以追溯到1914年,还有1艘则是前意大利海军"朱利奥·恺撒"号战列舰,根据1949年苏联与意大利的和平协定被移交给苏联海军。这些旧舰在西方情报部门看来早已老态龙钟,毫无机械可靠性可言。这一时期,苏联还建成了超过100艘科特林级和斯科里级驱逐舰,一下子拥有了一支规模可观的远洋舰队,在舰艇数量上已经超过了英国海军,但攻击力仍然落后英军很多。而美国海军则无论在规模上还是在对海对陆打击能力上都占有压倒性优势。

二战中,德国海军那些能在水下高速航行的新型潜艇参战太晚,没能改变大西洋之战的结局,然而德国的技术却被苏联接收,并应用在了新一代潜艇上。从1950年起,W型潜艇就开始在苏联各地的多个船厂批量建造,到20世纪50年代末,其服役数量已经超过了170艘。随后苏联海军还建造了W级的改进型号——Z级潜艇,到1960年时已有20艘服役。鉴于德国U艇在二战中给自己带来的惨痛经历,西方盟军判断苏联也会使用如此庞大的潜艇舰队来攻击自己的海运线。今天,我们站在事后诸葛亮的角度看,其实苏军建造斯维尔德洛夫级巡洋舰和W级潜艇,主要是为了保护其本土免遭西方国家航母舰队和两栖部队的打击,而不是为了攻击西方国家的航运线,盟军航母舰队和两栖舰队的战斗力在1945年给苏联高层留下了深刻的印象。斯大林认为,凭借核武器的强大威力和遍布全球的强有力的机动部队,西方国家一定会在苏联从二战的巨创中恢复过来之前发动先发制人的打击。不过,无论苏联人的实际想法如何,其庞大的潜艇建造计划必定会带来严重的威胁,若不能妥善应对,强大的红色潜艇舰队必然会严重危及欧洲的"生命线"。

W级潜艇水下排水量1180吨,装备6具533毫米鱼雷发射管[16]。艇上装备德国设计的柴油发动机和电动机,拥有17节的水上航速和高达15节的短期水下爆发航速。所有W级潜艇都装有通气管,可以在潜望镜深度下使用柴油机,这样既能给蓄电池充电,也能获得远比单独依靠电动机更持久的水下高速航行能力。英国海军部最为忧虑的就是这些潜艇的水下高速航行能力,这让W级潜艇拥有更大的潜航攻击范围,在这个范围内,她们可以更容易地从水下进入攻击位置。二战中最好的反潜舰艇是英国皇家海军的湖级驱护舰,但她的最大航速也只有18.5节，比W级的水下航速快不了多少，很难对后者发动有效攻击，即便这些驱护舰装有前射反潜抛射武器（即"刺猬"炮）也无济于事。这样，我们就很容易理解英国海军为什么要为15型和16型驱逐舰的研发赋予如此高的优先级，这二者都是航速超过30节的专用反潜舰。20世纪50年代中期，装备先进侦测和武器系统的12型反潜护卫舰得到了很高的生产优先级，即便她造价高昂。

图-16轰炸机，北约绰号"獾"[17]，同时装备了苏联空军和海军。海军装备的是"獾"B型，可在内置弹舱中挂载重达9吨的自由落体炸弹，作战半径约1600千米。更令西方盟军忧虑的是，这种轰炸机还可以挂载2枚KS-1"彗星"空对舰导弹，北约将这种导弹命名为AS-1"犬舍"。这些导弹装在飞机外翼下方的挂架上，实际上是一架小型的后掠翼飞机，它们使用了米格-15的技术，装有一台小型涡轮喷气发动机，战斗部重量454千克。实际上它们可以被理解为早期的巡航导弹。载机发射导弹时可以在最高1.16万米的高空飞行，用雷达搜索目标。一旦目标被锁定，"獾"就可以将机头指向目标，并在"犬舍"导弹93千米的最大射程上将其射出。导弹起初用惯性导航系统向发射方向飞行，弹上的雷达同时对前方进行搜索，一旦锁定回波信号，便进入末段攻击航线，直至命中为止。这套系统实际上十分简陋，无论是"獾"轰炸机还是导弹都无法主动识别目标，如果想要命中一支特混舰队中价值最大的目标，他们就只能选择最大的那个回波信号，然后祈祷。为了弥补这一缺陷，苏联海军航空兵选择了以一个团12架飞机为单元集中突击的战术，所有飞机向大致相同的方向齐射导弹，以求突破对方舰队的防御。"獾"式轰炸机从20世纪50年代后半期开始大规模装备苏军，这也是英国海军要开发1957年之后服役的新一代战斗机的原因。"海鹰"和"海毒液"这一代战斗机的飞行速度只是略微高于"獾"式轰炸机，很难在对手发射导弹之前予以拦截。当然这些战斗机还可以击落射出的导弹，然而在面对一整个团的苏联轰炸机的集中攻击时，英军除非派出非常多的战斗机，否则根本无法保证舰队的安全。"獾"式轰炸机的低空最大飞行速度为1000千米/时，在1.16万米高度时最大飞行速度0.75马赫，最大起飞重量77.1吨[18]。

在大洋上航行的特混舰队和船队在防空作战中天然拥有防御纵深的优势。空中的雷达预警机可以率先发现来袭的轰炸机，随后装在航母和其他大型舰艇上的对空预警雷达也将捕获目标。首先前往迎战的是被引导至目标所在位置的防空巡逻战斗机，它们的任务是打乱敌方轰炸机群的阵型或者将其消灭。一旦对方轰炸机射出导弹，己方军舰就会干扰导弹上的雷达或者施放假目标信号予以欺骗，导弹逼近到距离军舰7000米之内时，军舰上的中口径和小口径高炮将依次开火。面对这些只能以固定速度、固定航线飞行的早期亚音速导弹，那些装有Mk6射击指挥仪、发射VT引信炮弹的军舰有很大的概率幸免于难。仍然装备二战时HACS指挥仪的老舰效能就差了许多，不过英国海军没钱为预备役中的数百艘驱逐舰、护卫舰升级现代化的新型设备。20世纪50年代中期，西方情报部门相信苏联正在开发几型能够在公海上执行远程监视任务的大型轰炸机。其中有一种后来发展成了图-20"熊"[①]，这种轰炸机的设计很特别，在修长的后掠翼上加装了4台涡轮螺旋桨发动机。"熊"式轰炸机翼展49.68米，最大起飞重量167.8吨，作战半径接近5000千米[19]。其中海军型"熊"D轰炸机在20世纪60年代初期装备部队，直到60多年后的今天仍然在役。

北约演习

本书无意逐一介绍北约每一次演习，也无意介绍每一次演习中英国航母的表现，但是接下来的例子很好地显示了这一时期皇家海军的打击舰队在北约中发挥的作用。

1952年6月的"响板"演习有9个成员国的军舰和飞机参加，演习区域覆盖了北大西洋的大片海域。"不屈"号在这次演习中担任了皇家海军本土舰队重型舰艇中队总司令卡斯帕·约翰少将的旗舰[20]。舰上搭载装备"萤火虫"AS6的第820和826中队，以及装备"海黄蜂"NF21型的第809中队，外加皇家海军第一支韦斯特兰"蜻蜓"HAR1直升机分队，专门承担搜索救援任务。与"不屈"号

---

① 国内习惯称之为图-95。

同行的还有加拿大海军的"庄严"号航母，后者搭载第871中队（"海怒"FB11）和第881中队（"复仇者"TBM-3）。两艘舰共同组成了航母特混舰队，重点演练船队护航场景下的反潜战和夜间战斗机截击作战。虽然夏季夜短对舰队行动有利，但天气却并不"配合"，反而常常对"敌人"有利，在种种有利和不利环境下，两艘航母进行了24小时不间断的作战演练。船队护航演习之后是模拟对敌方潜艇活动区域的攻势反潜。声呐浮标得到了有效的应用，而根据新的北约联合作战条令执行的海空协同反潜作战也卓有成效，多次对潜艇目标的"进攻"都被演习裁判组判为"击沉"。这一演习对"不屈"号上的飞行人员影响很大，因为在此之前，他们仅仅和真正的潜艇合练过一次。"响板"演习还训练了指挥与控制、实弹射击和战术配合，在这些行动中，"不屈"号舰长、杰出服务勋章得主 W. J. W. 伍兹上校尽可能让全体舰员都有机会参与其中。伍兹上校在报告中很高兴地特地提到，演习中第一个发现潜艇的人是他手下刚刚上舰两个星期的实习通信兵威尔姆豪斯。在波特兰外海的实弹射击中，"不屈"号左前方的114毫米高射炮组首轮齐射就击落了一架拖曳靶机，获得了广泛赞誉。

首次进行海试的"鹰"号航母也参加了演习，并进行了新型舰载机的降落试验。她在"响板"演习中扮演了攻击航母的角色，为此搭载了装备"攻击者"FB1喷气战斗机的第800、第803中队，装备"火炬"TF5的第827中队，以及装备"萤火虫"AS6的第814中队。"鹰"号成功地对多个目标发动"空袭"，作为截至当时皇家海军建造的最大的航母，她吸引了许多人前来一睹风采，其中最"大"的一拨人包括英国第一海务大臣、空军大臣、后勤供应大臣和本土舰队航空兵总司令。

1952年9月的"主桅操桁索"大演习是迄今为止在和平年代举行的最大规模的海上军演，这场大演习与之前"响板"演习的时间间隔如此之短，清楚地彰显了北约急切想要展示自己的高度战备，以吓阻苏联可能对西欧发起的进攻。这场演习的总指挥是大西洋盟军最高指挥官——美国海军上将麦克柯米克。皇家海军特混舰队则由英国海军上将乔治·克雷西爵士指挥，他是三等巴斯勋章、官佐勋章、杰出服务勋章和维多利亚十字勋章得主、英国本土舰队司令、东北大西洋北约部队总指挥，他的旗舰是战列舰"前卫"号。参演的美国军舰包括航母"富兰克林·D. 罗斯福"号、"黄蜂"号和"莱特"号，以及战列舰"威斯康星"号。

此时，"鹰"号已经接替"不屈"号成为本土舰队重型中队的旗舰。她目前还没有完全形成战斗力，但还是搭载了一支标准的舰载机大队，并额外搭载了装备"萤火虫"AS6的第812中队和来自第849中队的2架"天袭者"AEW1。虽然恶劣的天气使得计划中的不少飞行架次被取消，但舰员们还是学到了许多宝贵的经验，加快了战斗力的形成速度。这次演习旨在展示北约各国密切协同作战的能力，分为两个阶段：第一阶段的主题是护卫一支增援船队由西向东穿越大西洋；第二阶段要派遣1500名美国海军陆战队员在日德兰半岛登陆，保卫斯堪的纳维亚半岛各国，以显示北约没有忽略这些盟国，并且有能力帮助他们抵御进攻。这场演习的最后一幕是打击舰队在最恶劣的气象条件下尽全力支援部署在挪威和丹麦的北约地面部队。人们普遍认为这场演习是成功的，打击舰队在演习中不仅能够消灭"敌人"的水面和水下力量，还能在完成这些任务后继续为因天气原因或遭受敌方"空袭"而失去陆地机场的地面部队提供强有力的空中支援。演习后的总结，或者说人们常说的"复盘"，在靠泊奥斯陆港的"鹰"号上部机库里

△在风暴中破浪前行的"鹰"号，海水飞溅到了飞行甲板上，摄于1953年英国本土舰队春季巡航期间。图中飞机为814中队的"萤火虫"AS6和一架849A小队的"天袭者"。注意，前方2架"萤火虫"的座舱盖罩布都被狂风吹掉了，近处左手边那架"萤火虫"的座舱盖也被吹开了，这样会有大量的含盐海水涌入座舱，损坏设备。（作者私人收藏）

进行，挪威国王哈肯[21]和王储奥拉夫也出席了这次复盘会议，让庞大的航母蓬荜生辉。一同出席的还有美国陆军上将马修·B.李奇微、英国海军上将帕特里克·布林德爵士，前者从1952年5月起接替艾森豪威尔将军担任欧洲盟军最高统帅，后者则是北欧盟军总司令。来自8个国家的200名军官参加了总结大会，而选择"鹰"号作为会场也表明了北约在冷战初期将机动空间极大的海上作战视为战争的重心。海基武力可以机动到欧洲漫长海岸线的任意一点集结并发动反击，而苏联斥巨资实施近海防卫战略也从反面佐证了海上机动作战的有效性。然而遗憾的是，西方国家尤其是英国的政客们只是将盟军的制海权视为天经地义，却没有想到这是需要去夺取和保护的。

刚刚从远东返回本土的"忒修斯"号轻型舰队航母在"主桅操桁索"演习中加入了另一支航母特混舰队，与加拿大海军航母"庄严"号、美国海军护航航母"民都洛"号编为一组。"忒修斯"号搭载有第804中队（"海怒"FB11），以及第820和826中队（"萤火虫"AS6）[22]，"庄严"号的舰载机部队则与参加"响板"行动时相同。在演习的第一阶段，这支特混舰队护卫着一支船队从卑尔根开往罗塞斯港，在五月岛附近，一艘潜艇模拟攻击了特混舰队但是被导演部判定无效，因为攻击地点超出了指定的演习海域。然而，来自"敌方"岸基基地的空袭还是纷至沓来。虽然天气恶劣，但舰载机还是坚持起飞作战，并且多次发现"敌方"潜艇。第二阶段，这支舰队为登陆丹麦的两栖作战部队护航，并在登陆时提供了空中掩护。"庄严"号上的"复仇者"取得了在夜间"击沉"一艘潜艇的战果，这更突显了她平时优秀的训练成绩。演习结束时，"忒修斯"号在放飞第804中队返回陆地基地时创造了皇家海军的一项新纪录：9架"海怒"和1架"复仇者"连续弹射起飞，平均间隔只有36.2秒，这充分体现了舰上飞行甲板部门的作战效能。另一方面，用非满编舰员操作航母执行非作战任务以保障航母在作战时可以迅速补充人员投入战场的做法，在成为试验和训练舰的"光辉"号上展现出了价值：1952年8月30日，"光辉"号搭载着荷兰皇家海军的第860中队（"海怒"FB11）参加了"主桅操桁索"演习。9月3日，英国海军第824中队（"萤火虫"AS6）也登上了"光辉"号。已是着舰训练舰的"胜利"号航母也搭载着第767中队的"萤火虫"FR4机群参加了演习。

第四章 冷战、北约和中东 101

△第826中队的"复仇者"和皇家加拿大海军航母"庄严"号。当时这艘航母正随加拿大大西洋舰队进行演习。（作者私人收藏）

足迹遍全球

20世纪50年代初，英国和埃及的关系开始恶化，矛盾的根源之一在于英国在埃及驻有相当规模的占领军，占据了苏伊士运河区。英军从19世纪就进占了埃及，而这支占领军毫无疑问始终是英国中东政策的基石。然而，虽然驻埃及英军在一战中打败了土耳其，在二战中顶住了德意联军的进攻，但二战后阿拉伯民族主义的兴起还是让英国占领者感到屁股不稳。1947年，英军从开罗和其他地区行政中心撤出，退回到运河区内。一年后，当新的以色列国成立时，英军又撤出了巴勒斯坦[23]。然而，英国使用的大部分石油都产自中东，需要穿过苏伊士运河送回国内，因此英国人仍然将保卫苏伊士运河区视为重中之重——万一运河被摧毁或封闭，油轮就必须绕行整个非洲，航行距离长到可怕。然而，埃及民族主义者将英军对苏伊士运河区的长期占领视为与埃及军队在1949年被以色列打败相同的耻辱。于是，1951年，埃及政府单方面退出了1936年的"英埃协定"，这份协定正是英军驻扎运河区的法律基础[24]。之后，英国占领区内的暴动此起彼伏。为了保护一家英法合资公司对苏伊士运河的所有权，英军巡洋舰"冈比亚"号开进了塞得港，另一队军舰则占据了运河南端。英军开始组织巡逻艇和登陆艇沿着运河巡逻，总参谋部也筹划了一套一旦局势失控就对埃及进行军事干预的应急预案，行动代号"竞技"。计划分为两步：首先，英军从运河区出发占领开罗；然后，继续推进，沿塞浦路斯—亚历山大港一线部署。其目的当然是保护英国侨民和国家利益。1952年1月，英军士兵在埃及的伊斯梅利亚省与埃及警察发生冲突，开罗随即发生暴动，"竞技"计划立即提升到48小时内启动的级别。然而，面对当地的实际情况，英国政府的高官们告诉总参谋部，若启动应急预案则必然遭到埃及武装部队的反抗，侨民们会留在英国鞭长莫及的武装分子控制区里听天由命。更危险的是，这可能促使埃及军队向运河区发动进攻。于是，"竞技"计划也就演变成了英国和英联邦公民的武装撤退计划。

1952年7月，埃及国王法鲁克被军事政变推翻，他未成年的儿子艾哈迈德·弗瓦德成为名义上的新国王，实权则落入以纳吉布将军为首的军官团手中。1953年6月，纳吉布废黜了年轻的国王，自任新成立的埃及共和国的总统。1954年，埃及和英国签署了一份协议，协议要求英军在1956年6月前撤离运河区，但英国仍然可以使用设在伊斯梅利亚的大型后勤基地，以应对可能与土耳其或者阿拉伯联盟发生的冲突，但前提是不能用这个基地来帮助以色列打阿拉伯人。英国可以让民间人员继续运转这个基地，军人则不允许进入。然而1954年11月，纳吉布本人又被贾马尔·阿卜杜勒·纳赛尔上校为首的军官团推翻，纳赛尔随即掌握了总统大权，但他却一直等到选举之后才在1956年6月23日正式上任——这次选举中人人都要投票，但候选人却只有纳赛尔一个人[25]。随之而来的1956年苏伊士运河危机将在后面的章节中详述。

随着中东局势逐步发酵，英国海军的航空母舰越来越多地扮演起了多种不同角色。首先是运输舰。1951年6月，"勇士"和"凯旋"两艘航母将英国陆军第16伞兵旅连同大部分装备从英国本土运到塞浦路斯[26]。同年11月，"光辉"和"凯旋"两舰又将英军第3步兵师连同大部分装备从朴次茅斯运往塞浦路斯，为中东地区英军部队的部署贡献良多。接下来是作战主力。1952年1月，埃及伊斯梅利亚发生交战期间，"海洋"号轻型航母带着第802中队（"海怒"FB11）和第825中队（"萤火虫"FR5）坐镇东地中海，和巡洋舰"格拉斯哥""欧吕阿鲁斯"一同作为地中海特混舰队的核心，准备在必要时保护并撤离当地英国侨民。当危机化解之后，"海洋"号穿过苏伊士运河，接替"光荣"号加入了英国远东舰队。被"海洋"号替换下来的"光荣"号又回到地中海执行任务，向世人展示了英国航母打击舰队自由组合、任意对调的能力。1952年7月，"光荣"号搭载着第807和898中队（"海怒"FB11）、第810中队（"萤火虫"FR5）在东地中海活动。当埃及国王法鲁克被推翻时，她正和加拿大海军"庄严"号航母一同对伊斯坦布尔进行正式访问。危机一爆发，"光荣"号立即开赴塞浦路斯与友军会合，准备应对不测。当年10月，她又在危机结束后回到远东舰队替换了"海洋"号。英国政府认为，在地中海舰队布置一艘航空母舰是至关重要的，因此多艘航母都在那里待过一段时间。"不屈"号于1953年1月从本土舰队调入地中海舰队，此时她搭载的是第804中队（"海怒"FB11）和第820、第826中队（"萤火虫"AS6）。不幸的是，当年2月3日，舰上的航空制氧设备发生爆炸，8人被炸死，多人受伤。由于这艘航母的服役期已近尾声，英军没有再对她进行维修，被炸毁的舱室用水泥填充了事。回到英国本土后，这艘老舰参加了斯匹特黑德的女王加冕礼阅舰式，之后便开往罗塞斯，被列入低等级预备役。1952年1月，"忒修斯"号航母在完成改装后重新服役，之后就在本土舰队和地中海舰队之间来回轮班，直到1954年10月再次接受改装，接替"冤仇"号成为本土舰队训练中队的旗舰。1953年9月塞浦路斯发生地震，此时"忒修斯"号正在东地中海活动，她立即加入了塞浦路斯岛外的英国特混舰队，救助当地灾民。

英国海军的航空母舰不仅在动荡不安的中东赚足了公众的眼球，而且在全球各个角落都发挥着重要作用。1953年10月英属圭亚那发生动乱时，"冤仇"号航空母舰就运载了一个营的阿盖尔和萨瑟兰高地步兵从德文波特高速开往特立尼达，增援了在当地驻防的英军。1954年3月，"凯旋"号航母被派往阿尔及尔支援守卫失火英国运兵船"温德拉什帝国"号的驱逐舰"桑特"号。一个月后，"鹰"号又在驱逐舰"鲁莽"号的护卫下前去搜索在罗马—开罗航线上失踪的德·哈维兰"彗星"客机的残骸，但只找到几具尸体。1954年8月，英国远东舰队的"勇士"号搭载第811中队（"海怒"FB11）和第825中队（"萤火虫"AS5）开往西太平洋接替澳大利亚海军航母"悉尼"号执行维和任务。8月25日，这艘航母被派往越南接运难民——由于中南半岛燃起战火，越南总理遂向近在咫尺的英军舰队求援。为此，"勇士"号前往附近的码头，在机库里加装了隔壁、床铺和卫生设施，于1954年8月31日开赴越南。接运工作于9月4日开始，到9月13日，她已经撤离了3000名难民。航运途中，舰上的医疗人员还帮助3个婴儿降临人间。完成撤离难民的任务后，"勇士"号又回到港口，拆除了临时居住设施，然后返回英国本土。1954年10月，"勇士"号由于在人道主义行动中的表现被南越总理授予特殊荣誉勋章。1954年10月，刚加入地中海舰队的新轻型航母"半人马座"号从意大利的的里雅斯特撤回了最后一支英军——英国从二战之后就在这里驻扎了一支小规模的部队。她在完工不久就接受了一轮改造，加装了临时性斜角甲板，从而成为英军第一艘安装斜角甲板的航母。这艘舰上还搭载了一支过渡型的舰载机大队，包括装备喷气式战斗机的第806中队（"海鹰"FB3），装备螺旋桨飞机的第810中队（"海怒"FB11）、第820中队（"复仇者"AS4）。1955年年初，"半人马座"号与美国海军第6舰队举行了联合演习，此举进一步加强了两国海军在二战的烽火中打

△ 1954年8月，应南越总理请求，英国政府派遣"勇士"号前往接运越南难民。这张照片显示了当年9月航母机库里住满难民的场景，这艘航母总共接走了3000人。此时舰上的航空大队已经离舰，但可以看到备用的"萤火虫"机翼和螺旋桨仍然固定在舱壁上。（作者私人收藏）

出来的密切联系。此时，英国海军航母上的着舰引导员已经采用了美国海军的信号系统，这也是英、美、法、荷等北约各国海军统一通信标准的一部分。皇家加拿大海军也采用了这一信号系统。

而在这诸多行动中，舰载机部队也充分展示了自己广泛的能力，即便他们离开航母驻扎岸基基地，也同样表现出色。1955年，驻塞浦路斯的英军指挥官发起了"阿波罗"行动，以阻止EOKA组织用船向岛上偷运武器——EOKA即"塞浦路斯斗士全国组织"，其宗旨是反抗英国统治。为此，第847中队（"塘鹅"AS1）奉命每日从尼科西亚基地起飞巡逻，支援在塞浦路斯海岸外执行任务的舰艇。这一任务一直执行到了1959年，直到这支中队飞回英国本土解散为止。1952年10月，英国海军重建了第848中队，驻扎戈斯波特航空站，装备10架根据国防互助计划从美国获得的西科斯基"旋风"HAS21直升机，从而成了皇家海军的第一支直升机部队。这些直升机后来被拆去声呐，装上载员座椅，搭乘维修航母"英仙座"调往新加坡的森巴旺海军航空站，成了第一支直升机突击运输中队，支援马来

△1952年临时客串货船的"英仙座"号,此时她正在南安普顿装货,甲板上挤满了要送往远东舰队的"海怒"战斗机,以及一排排的卡车、客车,甚至是私人小汽车。第848中队的一架"旋风"HAR21直升机即将在甲板后部降落。"英仙座"号此行是要将这些装备送往新加坡的森巴旺基地,用以在马来亚执行任务。(作者私人收藏)

亚安全部队与当地游击队作战。1953年2月，这支改编后的第848中队移驻吉隆坡附近的一处前进基地[27]，他们为在密林中作战的部队带来了前所未见的高机动性。因此，这支中队在1953年荣获博伊德奖杯。丛林中的直升机作战一直持续到1956年12月第848中队再度退役为止。1953年2月，英国本土东海岸与荷兰多处遭遇严重水灾，皇家海军的直升机随即被派往这两处，广泛用于执行人道主义救援任务，这是直升机第一次在非军事任务中露脸，驻戈斯波特航空站的第705中队（"蜻蜓"HAR1直升机）指挥官也因为指挥救援行动并有效协调广大区域内的多架直升机而荣获大英帝国员佐勋章（MBE）。

海军航空兵的作战指挥与行政管理

英国海军部并不是一个仅仅负责管理海军的政府部门，在1964年之前，它实际上是英国海军的作战枢纽，各大舰队司令收到的许多命令和指示都出自这里。海军部的首脑由文职人员担任，被称为海军大臣，不过从20世纪50年代初期开始，海军大臣退出了内阁，因此所有涉及海军的国家政策和预算都必须提交给国防大臣作最后批准，如有必要，还需提交内阁。皇家海军的总指挥和军事首脑是第一海务大臣兼海军参谋长，他负责根据政府审定的国家政策，统一指挥3支主力舰队，以及本土和海外的各种部队与基地。负责海军航空事务的海军委员会成员是第五海务大臣，他也是海军副参谋长，需要负责整个海军的战术发展和战斗力生成。在第五海务大臣之下，有多个部门具体负责海军航空的各个方面，其中包括海军航空作战指挥部（DNAW）和海军航空组织和训练指挥部（DAOT），这两个部门的负责人都是上校军衔。第三位上校是航空事故顾问（AAA），这一职务设于20世纪50年代，直接受第五海务大臣领导，全面负责飞行安全，不过他的职能后来逐步被海军航空作战指挥部吸收。航空母舰的设计和开发，与其他军舰一样，都归分管造舰的第三海务大臣负责，这一职务在历史上的名称更为有名，那就是"管制官"。和皇家海军中的其他部门一样，航空人员也归分管人事的第二海务大臣及其属下部门统管。到20世纪50年代初，英国海军全面接管海军航空兵已逾10年，参加的战斗遍及全球，也经历了战后的大裁军，他们的行政管理和作战指挥已经游刃有余、行之有效。

△列队飞行的皇家海军第一代喷气机，摄影师坐在一架"流星"T7上。图中最近处是一架"海鹰"，可能是F1型，稍远依次是"攻击者"FB1、"海吸血鬼"F20和"流星"T7。（作者私人收藏）

英国陆海空三军新飞机和航空武器、装备的采购由后勤供应部统一负责，这个部门里的皇家海军高级代表被称为副总管（分管航空）、后勤供应部海军总代表/海军航空装备参谋长[28]。他直接受第五海务大臣和管制官领导，负责确保后勤供应部充分理解海军参谋部的需求，并有效地配合其工作。他手下有三个部门，分别是航空装备和海军摄影指挥部（DAE）、飞机维护和维修指挥部（DAMR），以及海军飞机研发与制造指挥部（DNDP）。其中飞机维护和维修指挥部的负责人是少将军衔，其他都是上校。后勤供应部被撤销后，这些指挥部被原样并入海军参谋部，由一名少将负责，他的职务叫航空兵总监（海军），缩写为DGA（N）[29]。1951年时，第五海务大臣的军衔是中将，副总管（分管航空）则是少将。

航母打击舰队的作战指挥由本土、地中海和远东三大舰队的总司令及其副总指挥分别负责。随着航母的部署日渐灵活，各舰不再隶属于固定的航母中队，英国海军专门设立了航母舰队司令（FOAC）一职，负责全世界范围内的航母行动。这一岗位负责管理所有在役的航空母舰，在必要时也会对特混舰队进行作战指挥。航空母舰总司令的主要职责是促成航母和舰载航空中队之间的紧密配合以进行有效作战，并为所有航母和舰载机中队制定训练标准和计划——这些航母和舰载机中队则归航空总司令（基地）管理。1951年时，英国本土和地中海舰队的总司令是上将，远东舰队则是中将。航空母舰总司令可以是低年资的中将或者高年资的少将。各舰队也要负责其辖区内海军航空站的事务。航母通常不会归属到海外的海军基地，例如西印度群岛或者南大西洋，但可以在航空母舰总司令或者最近的舰队副总司令指挥下执行特定任务。

皇家海军中航母打击舰队的日常管理由航空总司令（基地）负责，在1951年这个职位的军衔是中将，他要为海外的舰队和基地提供必需的指导和支撑，并且指定试验航母的试验项目。他手下有三个司令，都是少将军衔。第一个是地面训练司令（FOGT），负责在海军航空站执行的对军官、专业军士、航空技师和海军空勤人员进行的地面技术培训。第二个是飞行训练司令（FOFT），负责所有航空站的高级飞行训练和作战训练[30]，确保训练"管道"输出的飞行人员能够满足作战中队的需要；必要时还要迅速培训出大批飞行员以组建新的中队，应对紧急态势；同时也负责给训练航母指派任务。第三个司令的职位叫后备飞机少将（RARA），他手中管理的后备飞机为海军航空兵在全世界的行动提供了坚实的基础。他的工作涉及多个不同的方面[31]，主要包括：

（a）维护足够数量、战备程度不同的后备飞机和发动机，包括长期储备和短期储备，这样无论是和平时期还是紧急情况下的需求都可以在最短时间内得到满足。

（b）承担航空装备补充职能，包括提供备用机以替换那些损毁、送厂大修的飞机，提供新飞机以补充现有的海军航空中队或建立新的中队。

（c）管理飞机和发动机的维修，这些工作需要由飞机制造商、分包商的工厂、海军飞机工厂和皇家海军的机动维修单位来承担。

（d）从制造商处接收新型飞机以交付部队，对它们进行测试，并送到需要的地方。

(e)对将要船运前往海外舰队和基地的飞机和发动机进行整备,同时接收海外运回的飞机和发动机。

(f)为所有飞机和发动机建立台账,记录它们从接收到退役的完整经历。

所有这些工作都以阿布罗斯海军航空站为依托,此外,阿伯特辛奇、安索恩、库尔汉姆和斯特雷顿海军航空站的飞机管理部门,以及民间经营的设在弗里兰、多尼布雷斯特和贝尔法斯特的皇家海军航空工厂也参与其中。后备飞机与被封存的预备役舰艇有很大不同。所有没有被具体编入某一中队的飞机都会被列为后备,这其中有一些还是刚刚下线的崭新的飞机。虽然许多飞机被列为"长期储备",但这其中大部分飞机都是"立即可用"的。海军部在飞机使用上的策略是尽量缩减库存:一线部队保有的飞机数量不多,但使用频率很高,一旦飞机需要进行小修以上的维护,就立即撤出一线部队并用后备飞机替换。这一策略使一线部队得以专注于飞行本身,而保障飞行所需的飞机维修、改装、装备和分发的重担就落在了后备飞机司令部身上。要维持部队战斗力,关键在于在适当的时间、向适当的地点提供适当的补充飞机。后备飞机司令部的任务是维持足够数量的飞机,以满足紧急情况下大量的飞机需求,若做到这一点,和平时期的需求也就迎刃而解了。

后备飞机司令部采用了流式飞机维护流程,使得后备飞机都处于良好的战备状态,除了那些用作备件提供者的飞机之外,每一架飞机都处于可随时使用的状态,并且每年至少要试飞一次。大部分飞机都被密封保存在机库里以减少损坏或锈蚀。这些飞机每周、每月、每季度、每半年、每年都会进行检测,一旦发现损伤就会立即修补。每存储一年,飞机都会被解封,加以现代化改造,并进行特种技术检测(STI),过去12个月间的所有技术改进都要在此时体现到飞机上,武器要试射,罗盘也要试用。所有问题都解决后,这些飞机都要交由经过专门训练的维护试飞员进行试飞,试飞员通常是上尉或者少校(E)(P)军衔。试飞时发现的小问题还需要继续解决,然后再次试飞,直到飞机达到作战标准为止。之后,这些达到交付部队标准的飞机要么立即被送到各一线中队,要么进入待用飞机行列,每周都要进行检查和试飞。1952年时英国海军每个月都要

第四章 冷战、北约和中东 111

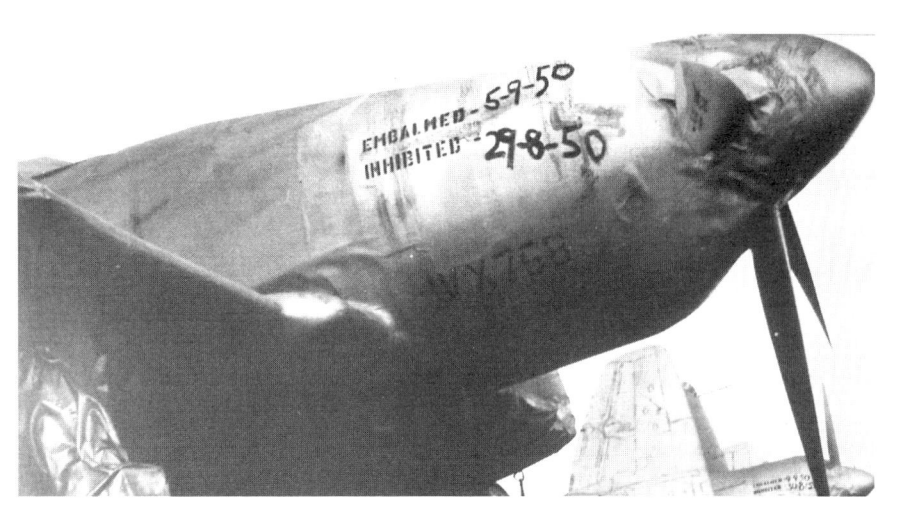

△被封存的VX758号"海怒"FB11，此时她刚刚交付皇家澳大利亚海军不久。注意，保护罩上标注了飞机封存和启封的日期。（皇家澳大利亚海军供图）

对80架飞机进行如此操作。还有一些飞机被封存纳入长期库存，这种封存工艺和预备役舰队中对军舰炮座进行的密封相似。这些飞机都会被通体喷上不透水的保护膜，飞机内部则要放上干燥剂以防机体锈蚀。飞机的保护膜都要定期检查，干燥剂也要定期更新以保证飞机状况良好。此时若要对飞机进行改造，就需要揭下一部分保护膜，改装后再重新密封，很麻烦。因此这些飞机通常在准备启用时才彻底去除保护膜，进行现代化改造和特种技术检查。

新交付的飞机由制造商的飞行员驾驶飞到指定的飞机维护部队（AHU），此时的飞机只是裸机，还要安装许多作战装备。这些飞机通常都不是最新的改进型，因为改进很频繁，生产线却做不到实时跟上。因此，飞机维护部队需要检查供应商是否按要求提供了所有附加装备，并检查作战装备（例如航炮、雷达等）是否按海军部的要求来配备。这时需要进行武器试射和罗盘试用。检查后，飞机维护部队要对飞机进行全面试飞，之后飞机就会进入待用飞机序列。飞机一旦被指派到某个中队后就不会随意调动，直到被淘汰或者飞行小时寿命结束需要重新评估可用性为止。那些受伤较重、中队维修人员或机动维修部队无法修理的飞机，以及彻底损失掉的飞机也需要替换——这些工作一般要由设在航空工厂里的维修单位来处理。送到中队的替换飞机来自待用飞机序列,而待用飞机则来自库存后备飞机或新交付的飞机。1950年,后备飞机司令部交付给各中队的飞机总数为859架。

后备飞机司令部属下还有一个负责管理飞机和装备分配的部门,他们要满足来自海军部、航空总司令(基地)和舰队的各种要求。1950年,这个部门总共分配了1900架飞机和1500台发动机,此外,将这些飞机和发动机运送到海外基地也是这个部门的重要工作。在英国本土,制造商造出来的飞机要运送给两处设在飞机维护部队中的接收与分发单位(RDU),必要时还要从这两个单位送到其他飞机维护部队,之后再运送到各个作战和训练航空站以及修理厂。修理厂修好的飞机也要送回飞机维护部队。飞机的转运由民间承包商承揽,这家公司有16名飞行员负责此事,为了便于在英国国内各处接机,海军部还为他们提供了2架轻型运输机。正常情况下这些人每年要飞1500架次转运飞行,全部由后备飞机司令部里的中央转运管理处统一协调。他们虽然是民间飞行员,但也要遵循海军飞行规范,只有对新型飞机的适应性试飞除外。

那些不能飞行的飞机则要由三个海军飞机运输与回收单位(NATSU)负责运送。其中一支设在阿伯特辛奇海军航空站,另一支在沃西镇海军航空站,第三支规模略小,设在北爱尔兰的艾格灵顿海军航空站。这些单位的运输机由民间飞行员驾驶,但飞机的拆解和装运则要由海军航空技师负责。他们的工作包含了回收坠毁飞机的项目,这是一项极其特殊、毫无规律可循的工作,因为没有任何两架坠毁的飞机是一模一样的。需要运往海外的飞机大部分都是在格拉斯哥区域装船的,虽然这些飞机运输舰需要占用民用商船的泊位——这带来了一些麻烦,但英国海军往运输舰上装飞机的技术水平却相当高超。有一次,他们仅仅用了3小时30分钟就向运输舰上装载了72架飞机,这主要归功于牵引车司机、起重机操作员、吊装与操作组的密切配合。本土的飞机卸载主要在朴次茅斯进行,飞机通过驳船从运输船运送到岸边。1950年期间,海军飞机运输与回收单位共计运送了832架飞机、1823台飞机发动机和1186船其他类型的物资。他们还将155架飞机吊上了航母,把232架飞机从航母上吊了下来,飞机运输航运总里程达到了172.96万千米。

注释

1. Norman Friedman, *The Postwar Naval Revolution* (London: Conway Maritime Press, 1986), pp 9 et seq.
2. 1945年8月末时，美国手中只有3枚原子弹。他们首批制造的3枚原子弹中，一枚被用于阿拉莫戈多靶场的核试验，另两枚则轰炸了日本。
3. Eric J. Grove, *Vanguard to Trident* (London: The Bodley Head, 1987), pp 38 et seq.
4. A.V.Alexander, Cabinet Defence Committee DO948)1, CAB131/6 at the National Archives, quoted in Grove, *Vanguard to Trident*, p 39.
5. Friedman, *The Postwar Naval Revolution*, p14. 此时英国的GDP只有350亿美元，作为对比，美国则是2580亿美元。1948年，英国还是从有限的经费中拿出了36亿美元的国防开支，而美国只有大约97.5亿美元。
6. Grove, *Vanguard to Trident*, pp 51 et seq.
7. Sturtivant, Burrow and Howard, *Fleet Air Arm Fixed-Wing Aircraft since 1946*, p 562.
8. 与会人员包括海军上将罗德里克·麦克格雷戈爵士、陆军元帅威廉·"比尔"·斯利姆爵士和空军元帅约翰·斯莱塞爵士。
9. Grove, *Vanguard to Trident*, p 83.
10. Friedman, *The Postwar Naval Revolution*, p 10. 弗里德曼指出，"北极星"导弹的研发基础在于预计1963年时将能够造出尺寸适当的核弹头。
11. Statement of the First Lord of the Admiralty Explanatory of the Navy Estimates 1954-55, Admiralty, London, February 1954, p 6.
12. "大力神"号最终出售给印度海军并被命名为"维克兰特"号。
13. 在"胜利"号长达8年的现代化改造期间，"利维坦"号被停在"胜利"号旁边，用作水上仓库、工人食堂和加工车间，她最终没能建成。20世纪60年代初，她的锅炉和涡轮机被拆下来替换了荷兰海军"卡雷尔·多尔曼"号因火灾受损的同类部件。
14. *Jane's Fighting Ships*, 1954-55 Edition (London: Sampson Low Marston & Co, 1954), p 305.
15. 皇家海军114毫米舰炮搭配Mk6型指挥仪时对空最大有效射程为6400米。苏联100毫米炮与此相当。"掠夺者"之类的攻击机在依靠雷达测距进行上仰甩投时，可以在距离目标8100米外高速拉起并向目标投出炸弹，而敌方高炮却无法予以有效打击。此时攻击机投弹的圆公算偏差大约只有45米，因此当飞机沿目标舰艇纵轴线投出多枚炸弹时，就有很大概率获得一枚或多枚命中，而攻击机最多只会留给敌方高炮数秒钟的攻击窗口。
16. *Jane's Fighting Ships*, 1961-62 Edition (London: Samson Low, Marston & Co, 1961), p 411.
17. 北约情报部门发现那些苏联名词很难读，于是给苏联武器都起了上口的北约绰号。这些绰号的首字母代表武器的类型，"B"打头的词指代轰炸机，"F"打头的词指代战斗机。同一型飞机的不同型号各有一个字母标识，例如"獾"A是苏联空军的中型轰炸机，"獾"B则是苏联海军航空兵的岸基反舰型号。
18. William Green, *The World's Fighting Planes* (London: Macdonald, 1964), pp 62-5.
19. 同上，第65-67页。
20. *Flight Deck* (Winter 1952), pp 25 et seq.
21. 除了是挪威国王外，他还是皇家海军元帅。
22. *Flight Deck* (Spring 1953), pp 36-7.
23. Robert Jackson, *Suez 1956-Operation Musketeer* (London: Ian Allen, 1980), p 9.
24. Grove, *Vanguard to Trident*, p 160.
25. Jackson, *Suez 1956*, p 9.
26. Royal Naval Historical Branch, The Royal Navy-Incidents Since 1945. Notes of HM Ships Involved (London: Admiralty, 1963), p 9.
27. Ray Sturtivant, *The Squadrons of the Fleet Air Arm* (Tonbridge: Air-Britain (Historians), 1984), p 329.

28. 对海军航空兵组织结构的这些称呼取自：Admiralty for publication in *Flight&Aircraft Engineer*, the official organ of the Royal Aero Club, in a special edition on British Naval Aviation published on 20 April 1951.
29. 本书作者于1979—1982年间在航空总司令部（海军）中担任航母行政军官，这个岗位与航空工程总监一同隶属舰船与基地科。正是在这时，新的无敌级航母加入了现役，"海鹞"战斗机也进驻了无敌级和经过改造加装了滑跃甲板的"竞技神"号。倍感荣幸。
30. 这一阶段，飞行员的初级飞行训练由英国本土的皇家空军负责，其中每年还有60名飞行学员要被送到美国海军彭萨科拉航空站接受海军训练。皇家加拿大海军则会培训一批观察员。
31. DAOT's News letter dated 5 November 1952 and distributed from the Admiralty, London on 21 November 1952. 本书作者藏有其副本。

第五章
参加王室活动和激进国防评估

从1908年英国海军部第一次尝试建造试验型的硬式飞艇以来，皇家海军中负责航空器的部门就在多方的影响下屡经变革，名称也一变再变。

名分很重要

早期那一小群在英国本土巴罗因弗内斯和伊斯特彻奇两地的海军航空先行者们并没有什么官方的名分。1912年4月13日，英国政府出手，将海军、陆军中专攻飞行的团队和中央飞行学校统一整编为皇家飞行团（Royal Flying Corps，RFC）[1]。在陆地上，飞行部队可以为英国远征军提供侦察支援，然而在海上，飞机还无法从舰艇上起落。随着海军航空的专业属性逐步发展起来，它与陆军航空最终分道扬镳。在先驱者们的努力下，海军飞机终于在1913年的舰队机动演习中崭露头角，展示了自己在海战中的潜力。随着将飞机用于舰队作战的探索逐步加深，1914年7月，海军飞行部队正式更名为皇家海军航空兵（Royal Navy Air Service，RNAS）。到1918年，皇家海军航空兵已经成了全世界同行的领头羊，它甚至实现了海军航空部队最初建立时的初衷——在需要时支援沿岸地域的皇家飞行团。尽管如此，英国政府并没有顾及这些成就，仍然于1918年对皇家海军中的航空兵进行了改组，将皇家海军航空兵与皇家飞行团合并为"统一的、独立的"皇家空军（RAF）。

此时距离一战结束只有几个星期，皇家空军很快表现出对海上作战缺乏兴趣，其行政上的独立性也使得海军航空事业不得不由来自空军和海军的两个参谋部分别负责[2]，这项事业因此陷入了绝境。起初，搭载在航空母舰、战列舰和巡洋舰上的飞机、飞行员和飞机机械师被编为"皇家空军舰载部队"。然而这个头衔却和皇家空军对海军航空的理解一样不受欢迎——皇家空军起初认为，所有飞行员都应当能够驾驶所有的飞机，无论是陆地上的还是海洋上的。后来，事实当然证明了这一观点的错误，然而海军航空部队却已深受其害：他们必须对所有新飞行员进行训练，让他们能够从军舰上起落，一旦培训合格，这些飞行员就被调到陆上基地去了。这一状况发展到1924年时已然达到了危机的程度，然而英国政府依旧拒绝将海军航空归还给海军部。1924年，海军方面的凯耶斯上将和空军方面的特伦查德元帅围绕这些问题进行了会商，最后达成妥协[3]。这份协定后来被称为"特伦查德/凯耶斯协议"，其主要内容是：海军航空由海空两军联合管理，海军负责舰载机部队的作战指挥，皇家空军则负责岸上基地和飞机的管理以及新飞机和发动机的采购。为了保证人员方面的延续性，海军航空部队70%的飞行员、所有观察员、所有无线电员和射手、所有飞行甲板管理人员将由皇家海军提供，30%的飞行员和所有飞机维护人员则来自皇家空军。为了将这支与空军联合管理的海上航空部队与前几年那支小飞行队区分开，从1924年起，海军部将其命名为"舰队航空兵"（Fleet Air Arm）。但不幸的是，"舰队航空兵"仅仅包含那些搭载在军舰上的航空部队，岸基飞机则统一归皇家空军海岸司令部管辖，这个名称本身就足以显示它有限的作战范围。早先的海军航空兵本可以统管舰载和岸基航空力量，可是皇家空军的出现硬生生地把它们分开了。到了1937年，就连那些政客们都看出来海军航空的分头管理已经无法维系了，于是，国防协作大臣，一位知名的御用律师，托马斯·因斯基普爵士受命对此事进行调研并拿出解决方案[4]。他很快发现，海军航空的"双重管理"是完全失败的，这导致整个皇家海军失去了全球领先的地位，同时他还得出结论，海军飞机并不仅仅是军舰上的乘客，而是海军装备体系中一个重要的有机组成部分。他接受了海军部的提案：海军飞行人员必须和其他海军军官一样——具有相同的背景知识，接受相同的训练，授予相同的军衔。1937年7月，他提出[5]，舰队航空兵应当在两年内完全移交给皇家海军[6]。在航空大臣的配合下，这项移交工作于1939年5月正式完成。但遗憾的是，进行移交的仅仅是舰队航空兵而已，海岸司令部仍然留在了皇家空军之内，直到1941年，为了打大西洋之战他们才被交给海军部指挥。

不难理解，英国海军部想要给已经完全归入自己麾下的舰载航空兵部队一个新的身份，以显示其再次成为皇家海军大家庭的一部分。他们将舰载航空兵更名为皇家海军航空部队[7]，"舰队航空兵"一词在官方词典中被废弃。由于此时海军中能驾驶飞机的军官数量太少,他们采取了各种措施来增加飞行员的数量。海军每年会征召固定数量的兵役制军官来担任飞行员。和普通海军军官不同,他们的皇家海军直线袖标上增加了一个卷曲的 A 字[8],这表明他们是飞行专业军官,不能担任海战指挥——那些既能指挥海战又能驾机飞行的军官没有 A 字徽章,而是在左袖袖标上增加了一对飞翼徽章。1939 年 9 月,二战爆发了,为了便于大量招募飞行员,这些人都以皇家海军志愿预备役的名义入伍,他们的徽章是在波浪形袖标上增加了一个标示航空部队的 A 字。早期入伍的"志愿预备役"航空人员训练得比较草率,但是到了 1945 年,其中许多人都提升到了少校军衔,开始担任飞行中队的指挥官,他们对空战的理解要比那些既能飞行也能指挥的全能型军官更深刻。其中许多人在战后转为正式的皇家海军军官,他们袖章上的 A 字和所有其他皇家海军军官一样被摘掉,只有预备役飞行员还保留着 A 字袖章。二战中,海军航空兵的官方和非官方名称双双大行其道,那些老航空兵仍然把自己的部队称为"舰队航空兵",新来的预备役航空人员则称其为"航空部门",这一情况直到 1953 年,即英国女王加冕那年才告结束。这一年,海军委员会决定放弃"航空部门"这个不受欢迎的称呼,将海军航空部队正式命名为"皇家海军舰队航空兵"。240805Z/May/53 号文件清楚地说明,这项变更在那些资深军官中大受欢迎,这一名词也在皇家海军和皇家澳大利亚海军中一直沿用至今[9]。不过,虽然很受欢迎,但直到 2015 年,"舰队航空兵"这个名词对英国民众来说仍然很陌生,本书作者就经常被人询问到底是皇家海军还是舰队航空兵。或许改用旧名称的做法并不如想象的那么好,至少不如"皇家海军航空部队"那样容易让人理解它与海军的关系,然而此事早已不必去纠结了,就算普通民众了解得不太清楚,"舰队航空兵"这个名词也早已成了习惯。

加冕阅舰式

重大节庆时在斯匹特黑德锚地举行阅舰式,这在皇家海军中已经是延续 100 多年的传统了。在 1914 年 7 月一战爆发前的那次阅舰式上,英国皇家海军向世人展示了多达 59 艘战列舰的惊人军容,虽然其中的前无畏舰已经无法在大舰队中发挥什么作用了。这次阅舰式之后,大舰队就被海军部长温斯顿·丘吉尔派到位于斯卡帕湾的战时基地去了。1924年的阅舰式上出现了世界上第一艘全通甲板航母——"百眼巨人"号的身影。1937年英国国王乔治六世的加冕阅舰式上出现了5艘航空母舰。1953年6月15日星期一的英国女王伊丽莎白二世加冕阅舰式上只出现了1艘战列舰，即"前卫"号，同时有9艘航母组成第F列，出现在战列舰周围[10]。官方记录称[11]，这样的舰队组成充分体现了"最近的战争教会我们的东西，而且能够充分利用最新的科学技术带来的现代化武器和装备"。批评者指出，这些航母中有5艘已经无法作战，很快就会退出现役。但是不要忘记，此时英国的船厂里还有5艘航母正在建造，老舰"胜利"号也正在按最新的设计标准进行改造。和之前的阅舰式一样，这次阅舰也是新舰和老舰并存。

△"航母大街"！1953年6月15日，庞大的受阅舰队组成第F列，英国女王伊丽莎白二世乘舰由东向西进行检阅。照片最近处是"鹰"号，远处依次是"不屈""冤仇""不倦""光辉""忒修斯"，加拿大海军"庄严"号，澳大利亚海军"悉尼"号，以及"英仙座"号。（作者私人收藏）

第五章 参加王室活动和激进国防评估 119

和前几次一样，这次阅舰式，皇家海军的水域管理部门对锚地进行了详细的划分，设计了 A 到 M 多个队列，每艘舰都有明确的停泊队列和位置，此外还有几个较小的队列专门用于停放小型舰艇。值得一提的是，每一艘舰艇都有足够的空间来随着潮汐调整舰体方向。即使是在低潮位，每艘舰艇的泊位也都有足够的水深确保不会搁浅。有一部分参阅舰艇来自预备役舰队，包括巡洋舰"迪多"和"克柳帕特拉"，还有3艘驱逐舰、3艘护卫舰和1艘潜艇支援舰。这支庞大预备役部队的作用就在于保持相当数量的舰艇可以在战争爆发时快速投入使用，它们在阅舰式上亮相是信手拈来且合情合理的。这支巨大的受阅舰队拥有超过200艘军舰，她们主要来自皇家海军、皇家澳大利亚海军、皇家加拿大海军、皇家新西兰海军、皇家巴基斯坦海军和印度海军，还有一部分是应邀前来受阅的友邦军舰，包括美国海军的"巴尔的摩"号、法国海军的"蒙特卡姆"号、苏

△ 在参加1953年阅舰式时，皇家澳大利亚海军"悉尼"号上除了有自身的舰员之外，还搭载了澳大利亚和新西兰陆空两军的部队。图为"悉尼"号开赴英国途中两国陆海空三军官兵在甲板上列队。（澳大利亚海权中心供图）

联海军的"斯维尔德洛夫"号以及瑞典海军的"戈达·莱昂"号。除了海军军舰之外，参加阅舰式的还有来自皇家军辅船队的舰艇、港务局代表、北方灯塔管委会长官、爱尔兰灯塔管委会长官、皇家海关代表、一艘海洋气象船、来自商船队和渔船队的船舶，以及皇家救生研究所代表。

阅舰式这天，所有受阅舰船在上午8点全部盛装就位，英国女王伊丽莎白二世登上了临时充当检阅舰的驱逐舰"惊讶"号[12]。这艘舰原本是地中海舰队基地总司令的交通用舰，这次为了担任女王检阅舰，还特地拆除了B炮位的双联装102毫米炮，代之以一座检阅台。这天上午，英国女王陛下和爱丁堡公爵在"惊讶"号上接见了海军委员会全体成员与海军总司令。随后，午宴在13:00开始。14:35，包括女王母亲在内的其他王室成员登上了"惊讶"号。15:00，检阅舰起航。在海关船"帕特里夏"号的引领和搭乘着海军大臣的护卫舰"雷德波尔"号的伴随下，"惊讶"号开向了受阅的舰队。接近受阅舰队时，皇家礼炮鸣响。15:30，"惊讶"号开进了受阅队列。跟随在女王检阅舰和海军大臣座舰后方的是搭载着海军部嘉宾的"斯塔林"号、搭载着朴次茅斯基地总司令的"弗利特伍德"号、搭载着朴次茅斯市长和戈斯波特市长以及一众嘉宾的"赫姆斯戴尔"号。参阅的英国政府嘉宾乘坐商船"奥凯德斯"号、"普雷托利亚城堡"号和"斯特拉斯纳瓦"号，海军参谋部的人员则搭乘汽船"布拉丁"号和"南海"号。这次阅舰式中英国人别出心裁地在"英仙座"号的飞行甲板上搭建了一个看台，舰队的一众头头脑脑可以在这里迎接前来检阅的王室成员、海军部高官和嘉宾。完成检阅之后，"惊讶"号于17:10在E队列的前方停船下锚。17:35，海军航空兵在阅舰阵容上方进行了空中分列式表演。之后活动继续进行，18:30女王在"惊讶"号上举行了雪莉酒会；20:30又在"前卫"号战列舰上与舰队指挥官共进晚餐，对所有参与晚宴的人来说，这都是个终生难忘的时刻。22:30，受阅舰队亮灯，22:40又进行了一场焰火表演。1953年6月16日星期二，也就是次日上午，"惊讶"号返回朴次茅斯港口南防波堤的火车站，女王和爱丁堡公爵搭乘皇家专列返回伦敦。

站在打击舰队的角度看，这一天中最值得一提的是，从喷气式战斗机到直升机，多达300架海军飞机都能按预定顺序精确到秒地飞过检阅舰上空，这实在是一件很不容易的事情。和水面舰队一样，受阅的航空兵也充分体现了这个时期技术快速变化的特点：受阅的32个中队装备的还是即将过时的活塞螺旋桨飞机，另外8个中队则装备新锐的喷气式战斗机，新型直升机和使用涡轮螺旋桨的"塘鹅"也出现在了检阅现场。空中分列式的领队是大英帝国官佐勋章、杰出服务勋章得主，海军少将W. T. 库奇曼，他驾驶着一架"海吸血鬼"战斗机飞在队伍前列。受阅的40个飞行中队中有7个来自志愿预备役，这既体现了预备役飞行部队的规模，也展示了他们在必要时驾机参战的能力。皇家澳大利亚海军和皇家加拿大海军也有飞行中队受阅，这些飞机直接来自停泊在F队列里的航空母舰。

参加这次检阅的海军飞机共有327架，制定检阅计划之初人们就意识到要起飞、控制和降落这么多种类、这么大规模的飞机，单靠一个海军航空站是肯定做不到的。于是他们选择了4个航空站来执行这项任务。福特海军航空站负责8个喷气式战斗机中队，戈斯波特航空站负责直升机和2个活塞式飞机中队，科尔汉姆航空站负责7个活塞式飞机中队，里-昂-索伦特航空站则承担了最大的一部分，23个活塞式飞机中队。里-昂-索伦特是舰队航空兵司令部所在地，也是这次阅兵中组织管理工作最复杂的基地，因此值得详述。每一个中队在从原驻扎基地飞往里-昂-索伦特时都被告知了飞抵目的地的准确时间，航空管制和加油组的工作也都围绕着这个时间计划来安排。所有受阅飞机都集中停放在11/29号跑道的中央，排成3列，每两列飞机之间留下足够加油车穿行的空间。6月13日星期六，机群进行了实装彩排，在这次彩排和后来的实际分列式中，参阅人员都严格贯彻了无线电通讯纪律：只有第一个中队的领队长机可以呼叫塔台清空滑行道，后续各中队只能依序跟着前面的飞机滑行。一旦有飞机在滑行途中发生故障，飞行员就要把飞机开到滑行道旁边的草地上，在多个指定位置待命的维护组将前来支援。如果有飞机在起飞点上发生故障，飞行员要立即向跑道指挥人员打出大拇指向下的手势，随即尽快滑出跑道，让出起飞位置，以免影响其他飞机的起飞[13]。参阅飞机从跑道的两侧轮流连续起飞，以免两架飞机之间距离太远、难以协同。飞机升空后向右转弯，飞往各中队预定的集结编队空域，在那里，各个中队将编成受阅队形，加入分列式的队伍。如果有飞机在起飞后出现故障，飞行员就要尽量留在空中，等里-昂-索伦特的所有飞机起飞完毕后再回到这里。如果飞机难以保持飞行，飞行员则可以酌情飞往戈斯波特海军航空站或者托尼岛皇家空军基地——戈斯波特基地比较小，但也比较近。空中分列式结束后，各个中队还要逐一连续降落，他们首先要保持原来的航向，飞往指定的待机空域并保持高度。指挥部将按预定顺序逐一引导这些中队返回机场。各中队降落时，两机之间的间隔只有20秒，所以整个过程必须是连续不断的。机场为降落的飞机划定了3个可用高度，奉命降落的中队首先飞到机场上空450米高度待机，当300米高度空域清空后，这些飞机将下降到那里的低待机空域，之后再降至150米。前一支中队落地后，后续中队将紧随其后降落。如果有飞行员没有降落成功，他们就会拉起飞机做急转弯，跟在本中队的队尾降落，或者飞往备降区域待命，等大机群全部降落后再根据地面引导降落。这一过程中可能发生的最糟糕情况是有飞机在降落时坠毁并堵塞跑道，一旦出现这样的情况，已经提前准备就绪的备用跑道指挥组就会立即发挥作用，引导飞机前往备用跑道降落。在彩排和阅舰式期间，皇家海军还安排了一架搜救直升机在戈斯波特海军航空站随时待命。

各海军航空中（小）队的受阅顺序和队长姓名

总指挥	W. T. 库奇曼少将 官佐勋章、杰出服务勋章得主
705中队	H. R. 斯佩丁少校 皇家海军
781中队	D. L. 斯特林少校 皇家海军
771中队	R. 普利德汉－威佩尔少校 皇家海军
796中队	J. S. 巴恩斯少校 皇家海军
750中队	E. F. 普里查德少校 皇家海军
766B 小队	D. W. 温特尔顿少校 皇家海军
737中队	J. L. W. 汤姆森少校 皇家海军
719中队	R. A. W. 布莱克少校 皇家海军
812中队	J. M. 库尔博森少校 皇家海军
814中队	S. W. 伯斯少校 皇家海军 官佐勋章、杰出服务勋章得主
817中队	A. L. 奥克利少校 皇家澳大利亚海军 杰出飞行勋章得主
820中队	G. C. 哈特威少校 皇家海军
824中队	O. G. W. 哈金森少校 皇家海军
825中队	R. P. 考夫少校 皇家海军
826中队	J. W. 鲍威尔少校 皇家海军 杰出服务勋章得主
1830中队	R. C. 里德航空兵少校 皇家海军志愿预备役
1840中队	A. P. D. 西姆斯航空兵少校 皇家海军志愿预备役

（续表）

1841中队	K. H. 蒂克尔航空兵少校 皇家海军志愿预备役
776A 小队	M. A. 毕雷尔少校 皇家海军 杰出服务勋章得主
1833中队	B. W. 威戈拉斯航空兵少校 皇家海军志愿预备役
849中队	J. D. 特雷切少校 皇家海军
738中队	H. J. 亚伯拉罕少校 皇家海军
802中队	D. M. 斯蒂尔少校 皇家海军
804中队	J. R. 罗特利少校 皇家海军
871中队	R. 黑斯中校 皇家加拿大海军
1831中队	W. A. 斯托雷航空兵少校 皇家海军志愿预备役
1832中队	G. R. 威尔考克斯航空兵少校 皇家海军志愿预备役 杰出服务勋章得主
1835中队	G. M. 拉瑟福德航空兵少校 皇家海军志愿预备役 员佐勋章、杰出服务勋章得主
728中队	P. C. S. 巴格利少校 皇家海军
809中队	E. M. 弗雷泽少校 皇家海军
815中队	L. P. 邓恩少校 皇家海军 杰出服务勋章得主
881中队	W. H. I. 亚金森少校 皇家海军 杰出服务勋章得主
"塘鹅"编队	
759中队	D. R. O. 普莱斯少校 皇家海军 杰出飞行勋章得主
736中队	A. R. 劳勃恩中校 皇家海军 AFC
800中队	R. W. 基尔斯利少校 皇家海军
803中队	J. M. 格雷瑟少校 皇家海军 杰出服务勋章得主
806中队	P. C. S. 奇尔顿少校 皇家海军
新型战斗机原型机编队	

  阅舰式上，所有飞行中队都要以8机编队的形式通场[14]，因此各中队都要起飞9架飞机——留1架备用。待到大机群起飞后，如果确认不再需要备用机了，它们就会飞回里-昂-索伦特或者干脆飞回原驻地。里-昂-索伦特基地还部署了一名民航交通管制员，任务是和相邻的南安普顿空管区协调，他完成得非常出色。阅舰式过后，有一部分中队直接飞回了原驻地，但大部分飞机还是回到了里-昂-索伦特。机场周围按时钟位置设置了12个等候区，包括高等候区、低等候区和降落航线本身。当一个中队降落时，位于其后方的中队会被引导前进一个位置。检阅当天，里-昂-索伦特基地196架飞机的平均起飞时间间隔只有11秒，111架飞机的平均降落间隔则只有17.4秒，超越了彩排时20秒的水平——

△密集排列在里－昂－索伦特航空站跑道上，准备起飞参加皇家庆典空中分列式的机群。照片近处是"萤火虫"机群，这是空中分列式中数量最多的机型。（作者私人收藏）

其余85架起飞的飞机则在完成任务后飞回了原驻地。在福特航空站，67架喷气式飞机在不到5分钟的时间里就起飞完毕，检阅后的降落时间也只有9分钟。总体上，1953年6月15日女王加冕阅舰式上的空中分列式无疑是一个令人印象深刻的成就。这次空中分列式完全由海军组织，这得到了阅舰式纪念册作者的格外关注。他在纪念册的第49页写道："这些全都是海军飞机，驾驶和维护它们的全都是海军的军官、士兵和女子服务队。"

斯皮特黑德的阅舰式并非皇家海军舰队航空兵为女王加冕而举行的唯一仪式。远在地球的另一端，"海洋"号航空母舰也应盟军部队中英国海军联络官的要求在女王加冕当天，即1953年6月2日举行了一次空中检阅。对在交战区域举行阅兵式的举动，人们起初非议不断，直到这次检阅的地点选定在交战前线以南13千米处相对安全的空域为止。恰巧，"海洋"号原本就计划在5月30日结束这一次战斗出航，于是她准备在返回佐世保港的途中派第807中队的14架"海怒"战斗机前往日本岩国基地执行此次检阅任务，这样便完全不会影响航母在两次战斗出航之间的维修工作。然而不幸的是，一场大雾让这些战斗机未能成行，当"海洋"号在5月31日抵达佐世保时，那些飞机还停在她的甲板上。6月1日，云开雾散，停泊在港湾里的"海洋"号以火箭助飞的方式放飞了13架"海怒"战斗机——第14架飞机在起飞前发生故障，没能飞起来。这也是英军航母第一次在锚泊时用火箭助飞设备放飞飞机。"海洋"号上的第807中队不知道的是，英国海军联络官在获悉"海洋"号未能如期放飞飞机后，又从南非空军那里要来了2个中队的F-86"佩刀"式喷气战斗机。得知第807中队已经飞抵岩国之后，联络官要求他们在"佩刀"机群退场后跟进检阅[15]。6月2日这天天气很好，第807中队的受阅机群飞越日本海，在"佩刀"机群刚刚离场时就飞到了战线以南的指定空域。它们先是排成E字队形由东向西飞过，接着又排成R字队形从西向东飞回，然后又在英联邦军队阵地上空排成一字纵队来了一场飞行表演。不幸的是，地面上有3辆陆军的吉普车由于司机只顾抬头看飞机而撞到了一起。老套的仪式也必不可少，1953年6月2日晚，佐世保港里的所有英联邦国家的军舰都张灯结彩，"海洋"号的机库里还举行了一次阅兵式[16]。

△ 受阅舰队夜间亮灯。摄于皇家澳大利亚海军"悉尼"号。(澳大利亚海权中心供图)

激辩

20世纪50年代中期，英国政府的关注焦点转回到削减国防开支以及应对新型热核武器方面。1953年7月27日，英国内阁开会重新评估国防计划，探讨在原有裁军方案的基础上是否还有进一步裁撤的空间，实际上就是"到1955年时，我们可以把国防水平降低多少，再看看还能裁撤多少部队"[17]。会议最初的汇报材料[18]从经济角度要求"到1955年，除德国驻防军之外的其他国防预算要有效降至15.5亿英镑以下"。这一数字来自财政大臣R. A. 巴特勒。材料同时还提出了军队必须优先完成的几项任务，列举了军队必须优先保留的三大类部队，这一论点得到了各军种参谋长的一致认可，这三大类部队分别是：

(1)在和平时期履行英联邦义务所需的最低限度的部队；

（2）能够在第三次世界大战最惨烈的初始阶段保护我们幸免于难的部队；

（3）从属于前两类部队的部队——这些部队虽然在大战爆发之初无法发挥作用，但在后续强度降低的持续作战中必不可少。

所有不能列入以上三个类型的部队，一旦条件允许，都将停止拨款。

这一次，后勤供应部长邓肯·桑迪斯是海军部在内阁中的主要对手[19]。他负责一切飞机的采购，这赋予了他相当大的发言权，他和首相的私人关系[20]也是个重要筹码。虽然遭到海军的反对，但他还是提出，皇家空军的战略轰炸机和防空战斗机才是需要用有限防务预算来优先保障的事项。巴特勒也支持桑迪斯的观点，他告诉亚历山大勋爵，1955—1956财年的国防预算最高只能给到16.5亿英镑，随后几年也不会超过这个限额，而其中能分配给海军部的预算只有3.6亿英镑，只相当于陆军或空军的2/3。在贯穿了整个第三季度的争论中，各种惊人的观点纷纷被抛了出来。桑迪斯集中攻击了航空母舰、舰载机，以及海军部为了支撑一线部队而保留的大量预备飞机。他还抨击了海军的巡洋舰，认为这些大家伙虽然"看起来不错"，但在核战争相互毁灭的初始阶段毫无用处。令人意外的是，刚刚中风康复的丘吉尔也说话了，他表示希望看到一支强大的预备役舰队，他批评海军部为了省钱而拆除战列舰的计划是"捡了芝麻，丢了西瓜"。此时，英国海军还有3艘英王乔治五世级战列舰，被列入低等级预备役，停放在盖尔罗奇港，另外还有1艘作为"前卫"号战列舰的替补队员封存在德文波特。海军弹药库里为这些战列舰存放着13000枚356毫米主炮炮弹，为此每年要耗费100万英镑。为了保障这些巨舰的安全，英国海军需要投入900名维护人员。拆毁这些战列舰其实省不下太多的钱，但是如果真的要大幅削减舰队规模，那就只能拿这些大家伙开刀了。同时，4艘光辉级装甲航母也被降格为低等级预备役，原本由她们执行的非作战任务则交给了轻型舰队航母。丘吉尔在他的演讲中发明了一个极富冷战特色的新词——"断背战"[21]，也就是指大战爆发初期核对轰之后被打断了脊梁骨的各方继续进行的战争。这一阶段的战争将体现出核战争和常规战争兼有的特点，而英国能否在这样的战争中幸存，完全依赖于皇家海军保

△一个时代的落幕。1957年，战列舰"英王乔治五世"号静静躺在加里洛奇港，可以看到军舰的炮口、炮塔和指挥仪都被精心密封。就在这张照片拍摄后几个月，这一级四艘战列舰悉数被拆解。（T. 费雷尔斯-沃克尔收藏，通过航海资料获取）

卫跨越大西洋的人员疏散和增援船队的能力。从这一点上看，一旦开战，预备役中的老旧战列舰无疑是一大弱点，因为她们需要耗费大量人力物力进行维护，之后才能重回现役。

20世纪50年代到60年代初，英国海军中有一个十分重要的单位，"M"部队。这个部门由文职组成，其职责是就战略和战术条令问题为第一海务大臣担当顾问。1953年，这个部门的首脑是菲利普·内维尔，此人头脑清醒、思路清晰，总是能够言简意赅、一语中的。在这场关于国防政策的激辩中，内维尔指出：由于两大阵营手中的核武器数量越来越多，双方"确保互相毁灭"的可能性越来越大，这也意味着双方之间的战争将局限为常规战争，甚至可能是"代理人战争"。和众多耽于教条的人不同，内维尔的判断不仅思维缜密，而且完全正确。海军情报处主任，海军少将安东尼·布扎德爵士也提出了相似的观点。他指出，如

△ 1953年时的第一海务大臣，海军上将罗德里克·麦克格雷戈爵士，骑士大十字勋章、杰出服务勋章得主，法学博士。他于1953年5月1日晋升海军元帅。(作者私人收藏)

果没有足够强大的海军力量，美国战略空军那强有力的首轮打击是否真的能够阻止庞大的苏联海军控制大西洋其实很成问题。苏军斯维尔德洛夫级巡洋舰和大量W级潜艇的出现为他的观点提供了有力的佐证。

第一海务大臣，海军上将罗德里克·麦克格雷戈爵士对这样的观点十分理解，但并不以为意。因为新型NA39舰载攻击机就是作为斯维尔德洛夫级杀手设计的，现代化的航母特混舰队毫无疑问可以轻松对付这些苏联巡洋舰。不难想见，要对付苏联海军的航空兵、巡洋舰和潜艇，英国海军还需要靠20世纪50年代末期的新一代飞机，这些对手对西方盟国在大西洋上的统治权构成了严重威胁，在它们面前，任何没有装备新型飞机的舰队都不可能有效保卫英国的海运线，甚至无法在北约的作战行动中发挥实质性作用。但讽刺的是，此时英国政府的目的恰恰是缩减海军规模，仅仅保留那些必不可少的军舰，好让海军委员会将资源集中于能够随北约作战的航母打击舰队上。到1953年时，地中海已经不再被视为关键战区了。如我们在早先的北约演习中看到的那样，英国航母组成了北约盟军的第2航母打击大队。和第1航母打击大队的那些美国航母相比，英军舰队拥有一个无可比拟的优势，她们可以在美军全军到达之前数日甚至数周在

△一架"海鸥"AS1飞机在甲板降落试验时钩住"勇士"号航母1号拦阻索的瞬间。(作者私人收藏)

北约控制的欧洲海域展开作战。而北约对苏联海军的空袭战术也让麦克格雷戈确信，NA39攻击机必须能够携带战术核武器以确保摧毁斯维尔德洛夫级。考虑到这一型攻击机650千米的攻击半径和在60米超低空高速飞行规避敌方雷达的能力，一架挂载了战术核武器的NA39就足以摧毁对手的海军基地，从根源上消灭对手的军舰、潜艇、飞机，连同其弹药、港口和后勤支援。NA39或许并非是为对地攻击设计的，但它却能够十分有效地完成这样的任务。实际上，皇家海军对新型攻击机提出的低空攻击要求使它远比轰炸机司令部那些耗资巨大的中型轰炸机更有效，后者只能从高空投弹轰炸，因此更容易遭到得到雷达引导的防空导弹和战斗机的截击。

鉴于桑迪斯对航母打击能力大加挞伐，英国内阁要求海军大臣詹姆斯·托马斯[22]明确航空母舰在平时和战时的角色。托马斯无可辩驳地指出：舰队航空母舰的用途是进攻，以及在陆基战斗机的作战范围之外保护舰队或运输船队；轻型舰队航母的用途则是在公海大洋上使用NA32飞机为护航船队和航运线提供对空和对潜防御——NA32是专为轻型舰队航母开发的机型，也就是后来的肖特"海鸥"。他还列举了诸多航空母舰在和平时期要执行的任务，包括远距离高速投送大批海军陆战队或其他军兵种部队及其装备。然而争论仍在继续。桑迪斯并不愿意收回先前关于重点投资皇家空军中型轰炸机部队的观点，他强调，此举是为了让英国在美国空军牵头的轰炸战略中保持足够的发言权。内维尔则告诉第一海务大臣，若真要争夺发言权，那么北约航母打击舰队中的AJ-1"野人"和A-3D"空中武士"核攻击机无疑是个同样有效却更加便宜的竞争对象。海军部对保留航空母舰的决心是坚定不移的。第一海务大臣总结道："即便是出于战略的需要，皇家海军放弃舰队航空母舰的结果也将是灾难性的。若真的如此，在世人眼中，我们从此将不再是一支值得一提的海上力量。"他还补充道："你们必须要记住，这样的后果对皇家海军的士气，以及任何一个海军委员的信心都会带来沉重打击，假如他们敢同意这一做法的话。"[23]关于舰队航空兵去留的争论一度让人有历史重现的感觉，20世纪30年代时轰炸机与战列舰之争，以及前不久美国的B-36战略轰炸机与航空母舰之争都是这样，旷日持久而毫无结果。然而1953年麦克格雷戈和空军元帅威廉·迪克逊爵士的会面改变了一切[24]，迪克逊元帅是空军总参谋长、骑士十字勋章、骑士司令勋章、杰出服务通令、飞行十字勋章得主，二人达成的共识成了当时国防政策的基础。两位参谋长一致同意，英国政府所热衷的重新装备轰炸机司令部一事，除非经过大幅度加强，否则不可能取代航母打击舰队。即使大幅度加强，轰炸机司令部也无法确保能对苏联北部的航空兵基地进行打击。他们甚至达成了关于航母打击舰队更适合攻击北方目标、舰载机可能更适合在北方海域布雷的共识。二人还进一步提出："部署两艘舰队航空母舰的开支并不多，但却能让英国在北约打击舰队的布置中获得发言权。"何况，航母都是已经建成的，"不用白不用"[25]。

1953年年末，英国议会和媒体中开始出现批评海军的声音，认为海军部目光短浅，无力应对新技术和战略态势变化带来的挑战。为了有力回击这样的言论，海军部在1954年发布了一份题为《未来海军》的文件[26]。文件开宗明义，认为皇家海军的使命和以往并无差异，即通过大海将英国的意志强加于敌国之上，阻止敌人如此对待英国，同时阻止敌人威胁英国的海运线。虽然使命未变，但实施起来却需要依靠一系列新技术装备，可能包括舰载机投送的核武器、防空导弹、能够从新一代小型航母上起降的垂直起降飞机，以及可以在各种舰艇上使用的反潜直升机。有意思的是，这份文件还提出了"海基弹道导弹发射装置"的设想，认为潜艇可能成为第一轮核打击能力的一部分，但对于两栖作战却没有给予什么重视，最终仅仅是要求合理更新现有的两栖舰艇而已。海军部还在文件中显示出自己对轰炸机司令部新一代中型轰炸机部队的不信任，他们指出"高空大型轰炸机日益脆弱"，而且有大量的目标处于其轰炸半径之外。海军部认为，行之有效的核战略需要通过从远海的航母上放飞、能够低空飞行的攻击机和执行掩护任务的战斗机来实现。这无疑是一份极富远见而且经过深思熟虑的文件，显示出皇家海军的眼光比皇家空军乃至美军更加敏锐。1954年时还没有其他任何一支空中力量考虑超低空攻击以规避敌方雷达的问题，皇家空军和美国空军的战略轰炸机部队此时都还认为自己能在苏联防空力量上空如入无人之境。直到1960年5月1日一架U-2高空侦察机在苏联乌拉尔地区的斯维尔德洛夫斯克上空被SA-2"导线"防空导弹的一轮齐射击落[27]，美军才开始反思。之后他们不得不开始要求那些大型轰炸机进行设计时根本没有考虑到的低空飞行，而此时皇家海军的NA39"掠夺者"攻击机已经开始试飞，很快就要装备皇家海军攻击机中队了。

然而激辩仍然未有穷期。1954年6月，英国内阁同意为热核武器计划拨款并着手重新评估国防政策，国防评估的负责人是斯文顿勋爵，他是英联邦秘书长，曾在20世纪30年代任航空大臣，负责当时皇家空军的大规模扩军。邓肯·桑迪斯又带着他的"反航母主义"加入了评估委员会，委员会中和他观点相同的还有尼格尔·伯奇，此人刚刚离开航空部不久[28]，他认为皇家空军新型三V轰炸机将拥有强大的空中打击能力，除了能满足自身的核轰炸需求之外，这一能力也是陆海空三军不可或缺的。遗憾的是，斯文顿对海军部为这份报告付出的努力视而不见，他在提交给议会的文件中声称，舰队航空兵带来的高昂预算负担与其有限的作用不成比例[29]，而且航空母舰的作用"已经随着岸基飞机航程的日益扩大而大为缩小"。他的这两个观点无疑是不合乎实际的，也没有证据证明这份过激的文件被提交给了议会。

△斯匹特黑德阅舰式之后不久，"不屈"号就退出了现役，此时她的舰龄只有12年。对她进行现代化改造或者将其转为突击队母舰成本太高了。图中，她正被拖往罗塞斯以待拆解，此时距离她退役并被出售已过去了一年。（T. 费雷尔斯－沃克尔收藏，通过航海资料获取）

对此，海军部回敬以一份题为《国防政策——舰队航空兵观点》的文件，海军大臣和第一海务大臣借此驳斥了那些"所持观点和提案与海军委员会不一致的人"[30]。斯文顿的报告如果被采纳，皇家海军就会遭到毁灭性打击，因此麦克格雷戈上将不得不以个人名义游说内阁[31]。他成功了，这是他在第一海务大臣任上取得的最重要的成功。他简明扼要地向内阁介绍了航母打击舰队为保护海运线免遭迅速壮大的苏联海军打击发挥的作用。他还提醒内阁，承担了北约大部分防务压力的美国要求英国提供3艘舰载机满编的攻击型航空母舰，而英国最少应该提供2艘。他重点指出，英国海军将必须在美国海军打击舰队到达之前独力迎战苏联海军，而如果没有自己的航母打击舰队，这是不可能做到的。麦克格雷戈还指出，考虑到这些航母实际上是现成的，皇家海军航母打击舰队还可以执行其他任务，包括在保护挪威海岸免遭两栖攻击时发挥重要作用。但他也提出，航母打击舰队的首要任务是击败苏联海军，摧毁其基地。最后，他还同意在原来皇家海军预算总体削减2500万英镑的基础上，再削减350万英镑原本用于为舰队航空兵维护预备飞机的经费。

△新一艘"皇家方舟"号于1955年服役，大大增强了皇家海军航母打击舰队的实力。她是世界上第一艘完工时就装备了斜角甲板、蒸汽弹射器和助降镜，而非服役后加装它们的航母。飞行甲板左舷中部装有一台仅通向上层机库的侧舷升降机。本照片摄于1957年5月，此时她左舷前部的1号、2号114毫米火炮被拆除以延长斜角甲板。图中甲板上的飞机是降落后停放在飞行甲板1区的"海鹰"和"海毒液"。（作者私人收藏）

斯文顿的委员会现在看起来很孤立，因为新任国防大臣哈罗德·麦克米兰和新任后勤供应大臣西尔维恩·洛依德都接受了海军部的观点。至于丘吉尔首相，只要国防大臣打算和海军部一起想办法找其他途径节约一些海军经费，他就不再考虑采纳斯文顿的提案。10月的一天，已经下班回家躺在床上的海军大臣托马斯接到了麦克米兰的电话，后者告诉他，自己已经采纳了海军部的方案。麦克米兰随即正式签发了一份国防部文件[32]，确认向北约打击舰队提供2艘可以在冷战防卫和热战中发挥有利作用的舰队航空母舰。此举令海军部悬着的心彻底放了下来，再也不用担心裁撤航母会让海军士气受挫了，关于陆基飞机可以取代舰载机大队的观点，也变得"不确定"起来。假如真的裁撤了舰队航空母舰，那就会"给英国海军的霸权和大不列颠的威望造成最沉重的打击"，而这样的打击绝对不是省下来的几个钱能弥补的。

当然，在这一轮节约预算的大砍刀之下，海军不可能全身而退。1955—1956财年海军预算表的解释性说明中指出，海军以往维持了大批战备程度不一的预备役军舰，而现在要将重点转为保留那些可以保持最高战备级别，且最能胜

△一部分轻型舰队航母被用于作战或训练，还有一部分则用于部队与物资运输。这张照片摄于1952年，"复仇"号正满载部队和车辆、物资执行运输任务。（作者私人收藏）

任其任务的预备役军舰。一年后的1956—1957财年预算说明则更进了一步，文件提出，现代舰队的核心是航母战斗群，航空母舰连同其多用途的舰载机中队则是其中最重要的组成部分，而预备役舰队要以最低限度的资金和人员维持最具战斗力的舰艇。至于其余的舰艇，英国人认为对她们进行现代化改造使其跟上时代步伐付出的代价太大了，于是其中状态最好的舰艇被卖给了外国，剩下的只能拆毁。在接下来的四年里，拆除名单上列入了5艘未经现代化改造的光辉级舰队航母，以及4艘英王乔治五世级战列舰。至于英国海军最后一艘战列舰"前卫"号，虽然英国人一度打算保留她以保护航母战斗群免遭斯维尔德洛夫级巡洋舰和敌方飞机的攻击，但她最终还是由于运转费用过于昂贵而转入了预备役。

注释

1. Donald Macintyre, *Wings of Neptune-The Story of Naval Aviation* (London: Peter Davies, 1963), p 5.
2. 陆军也是一样。
3. 特伦查德和凯耶斯是连襟，正因为如此，政府觉得他俩能解决问题。他们的讨论由哈尔丹勋爵主持。Cecil Aspinall Oglander, *Roger Keyes* (London: The Hogarth Press, 1951), pp 265–6.
4. 王室法律顾问——英国法律系统中级别最高的法律顾问。
5. 他的说明文件后来被称为"因斯基普提案"。
6. Hugh Popham, *Into Wind-History of British Naval Flying* (London: Hamish Hamilton, 1969), pp 116–17.
7. 但令人意外的是，1943年皇家文书局发布的正式海军组织命名标准中，关于海军航空的部分仍然冠以"舰队航空兵"的标题。
8. 澳大利亚和新西兰的海军志愿预备役也照此办理。但是皇家加拿大海军未设航空部队，因此在皇家海军中服役的加拿大海军志愿预备役官兵的袖章上都没有 A 标识。
9. 搭载于皇家加拿大和新西兰海军舰艇上的直升机由皇家加拿大和新西兰空军人员分别操纵。在这两个国家，"舰队航空兵"一词更多的是历史遗存而非现实需要。
10. 包括皇家海军"鹰""不屈""冤仇""不倦""光辉""忒修斯"和"飞马座"，皇家加拿大海军的"庄严"号与皇家澳大利亚海军的"悉尼"号。
11. Published under the authority of the Commander-in-Chief, Portsmouth by Gale & Polden Ltd, Portsmouth, 1953, price 2 shillings. Page 51.
12. 新一艘皇家游艇"不列颠尼亚"号正在建造，要等到1954年才能完工。
13. *Coronation Review Fly Past, Flight Deck* (Winter 1953), pp 39 and 40.
14. 只有福特海军航空站的"攻击者"中队例外，他们有12架飞机受阅。
15. *807 Squadron Flies Past, Flight Deck* (Winter 1953), p 42.
16. Hobbs, *British Aircraft Carriers*, p 190.
17. Minute C.(54)329 dated 3 November 1954 from the PrimeMinister, contained within CAB129/71 in the National Archives at Kew.
18. CAB 129/71 in The National Archives at Kew.
19. Grove, *Vanguard to Trident*, pp 92 et seq.
20. 此人在1935年娶了温斯顿·丘吉尔的女儿戴安娜，二人在1960年离婚。
21. Grove, *Vanguard to Trident*, p 95.
22. 此人后来加封子爵。
23. ADM 1/24695, *The Role of the Aircraft Carriers*, quoted in Grove, *Vanguard to Trident*, p 102.
24. 威廉·迪克逊是唯一一个参加过皇家海军航空兵的空军元帅。他在1916年加入皇家海军航空兵，1917年进入刚刚改建为原始航母的"暴怒"号。在"暴怒"号上，他先是跟随中队长邓宁，之后又成为全世界第三位在航母甲板上降落的飞行员。1918年转入皇家空军之后，他还是一度以试飞员的身份执行海军任务，直到1953年。早年的海军经历还是令他在海军中享有尊荣。
25. ADM 205/94, *Enclosure to First Sea Lord's No 2829* of 22 December 1953.
26. ADM 205/102, Section 8A, *Long Term Plan for the Navy* in the National Archives at Kew.
27. U-2由加里·鲍尔斯驾驶，从白沙瓦起飞，在据说是安全的高度上对苏联中程弹道导弹基地进行拍照侦察，之后飞往博多。但这架 U-2被苏联 SA-2 防空导弹的一轮齐射击落。不过这一轮齐射中的另一枚导弹也击落了一架试图截击 U-2 的米格-19战斗机，这架苏军飞机未能打开敌我识别应答器。
28. Section 8C of ADM 205/102 in the National Archives at Kew.
29. Quoted in Grove, *Vanguard to Trident*, p 111.
30. C954/332, *Defence Policy-The Fleet Air Arm*, contained in CAB129/71, paragraph 1 at the National Archives, Kew.

31. 人们普遍觉得，凭借强硬的个性，麦克格雷戈比海军大臣更能为皇家海军争取权益。海军大臣虽然对海军部的支持毫不含糊，但他未免有些太温柔、太绅士了。
32. ADM 2015/99 in the National Archives at Kew.

第六章
苏伊士运河危机

在战结束之后的10年里，英国的一系列国防政策都着眼于"大打核战争"，基本忽略了两栖作战。更过分的是，即便西方盟军在20世纪50年代初期的实战中曾经打出了极其精彩的两栖战，这一状况也没发生改变。英国陆军的"突击队"在1946年就完全解散了，皇家海军陆战队就成了英军唯一的两栖突击力量。皇家海军陆战队第3突击旅下辖皇家海军第40、42和45突击营，他们被指定为英军两栖战部队的先锋，这支部队装备有一小批坦克登陆舰（LST）和坦克登陆艇（LCT），主要用于训练，不过训练通常都是小规模的，较大规模的部队集中训练少之又少。这个突击旅缺乏装甲部队、炮兵、野战工兵和其他重要的兵种，若要进行旅级规模的作战，这些兵种就必须由英国陆军提供[1]。英国海军的低级别预备役舰队中还有一批战时留下来的LST和LCT，如果需要打一场两栖战，那么这些登陆艇和登陆舰就是不可或缺的，因此英军参谋长会议批准保留了这些预备役舰艇。考虑到就在仅仅10年前英军还是格外宏大的诺曼底登陆战的主角，这不免令人唏嘘。但也不难理解，毕竟到了20世纪50年代，短暂而惨烈的核交锋不可避免地吸引了各强国政府的注意，令其无暇他顾。无论如何，英军在一场非核战争中保卫英国利益的现实可能性并没有得到足够的重视，而这一缺陷到1956年夏季时已经很明显了。

苏伊士危机的背景

当英国政府在白厅围绕国家防御政策的平衡争吵不休时，世界各热点地区的战事正在愈演愈烈，甚至随时可能成为核大战的导火索。英国的一系列国防评估都受到了"轰炸机游说团"理论的影响，他们认为核战争的毁灭性足以阻止战争爆发，然而他们却忽略了另一种可能——如若不加制止，即使看起来很小的战事也可能一步步发展到诱发核大战的程度。要对付这样的威胁，就需要出动有实力的常规部队去扑灭这些"星星之火"。然而，英国政府的掌上明珠，V

系列轰炸机和洲际弹道导弹在任何世界大战以下级别的战事中都插不上手。

1955年，世界和平的前景堪忧。在波兰，当地民众和苏联人的矛盾日益激化，直接引发了波兹南流血冲突；在匈牙利，老百姓对苏联人的不满也愈演愈烈，直至1956年酿成反苏起义。法国的日子也不好过，他们在1954年的奠边府战役中被越盟军队打得大败而归，不得不在日内瓦和会上妥协，彻底退出了中南半岛，此刻他们又被阿尔及利亚民族起义搞得焦头烂额。英国同样无法置身事外。他们一边在马来亚和当地游击队打仗，一边在希腊和土耳其摩擦不断的塞浦路斯维持秩序，同时还要在肯尼亚压制当地人的茅茅起义。亚洲的局势也不稳定。1955年4月，温斯顿·丘吉尔最后一次告别政治舞台，接班人是他的外交大臣安东尼·艾登，他将自己视为国际调停者，在结束印支半岛战事的日内瓦会议中付出了很大的个人努力[2]。

这时候，中东的形势已经恶化到相当严重的程度。英军失去了对埃及的掌控力——驻扎苏伊士运河区的英国军队在1954年协定后开始撤退，直至1956年7月最后一支部队撤离塞得港，英国70余年的占领归于终结[3]。埃及和伊拉克两国原本为了争夺阿拉伯世界领导权而互相敌视，然而新成立的以色列国却使原本四分五裂的阿拉伯世界为了一个共同的敌人团结起来。埃及和伊拉克都想从西方购买现代化武器，然而由于各种原因，他们的采购合同都没能落地。不过在1955年8月，情况发生了变化。埃及和时为苏联卫星国的捷克斯洛伐克签署了军购合同，之后，来自苏联的米格-15战斗机、伊尔-28轰炸机、T-34坦克、Su-100自行火炮、牵引火炮、火箭发射车，捷克制造的步枪和迫击炮开始涌进埃及。这些苏式武器使埃及成功完成了部队的换装，纳赛尔对以色列的态度开始变得强硬起来。1955年10月，第一批米格战斗机由苏联货船"斯大林格勒"号送到埃及，这些飞机随后被送到阿尔马扎机场，之后由捷克的技术人员将其组装起来。埃及空军的航空技师也很快被培训出来，从11月起接过了捷克人的工作。之后伊尔-28轰炸机也被送到了这里。也是在这一段时间，埃及和叙利亚建立起了联合军事指挥部，两国都接受了大量苏制装备。早在1950年，英、法、美三国原本已经达成共识，要保持以色列和埃及的军事平衡，只要有任何一方主动越过1948年和平协议确定的边界，三国就将"另行讨论"应对措施[4]。为此，法国还向以色列提供了60架"神秘"ⅣA型战斗机以对抗埃及的米格-15。然而实际上，当英军撤离苏伊士运河区后，埃以边境附近就没有任何一支西方盟军部队可以阻止任何一方的突然进攻了。

1955年，美国促使阿拉伯国家内部建立了一个防御互助组织，也就是所谓的"中央条约组织"（CENTO），其核心是伊拉克和土耳其在当年2月签署的《巴格达条约》。当年晚些时候，英国、伊朗和巴基斯坦正式加入这一组织。美国为这个组织提供了军事和经济援助，却没有成为正式成员国。埃及和叙利亚则对这个组织充满敌意，他们与组织各成员国之间的关系也在持续恶化。埃及还利用他们的"阿拉伯之声"广播电台，在西方国家利益集中的亚丁、阿尔及利亚等地煽动当地人对西方的不满。西方与埃及博弈的另一焦点是埃及的阿斯旺大坝项目，这是纳赛尔最重视的工程，埃及方面需要寻求其他国家的贷款以完成这一项目。1956年年初，英国政府认为埃及正在评估西方国家与苏联哪一方能提供更有利的条件。当年5月，有传言说苏联准备为此拿出价值5000万英镑的无息贷款，然而英国和美国却怀疑埃及能否还得上这笔钱，即便是没有利息。于是两国退出了关于阿斯旺贷款的协商。但令纳赛尔意外的是，1955年7月12日，苏联外交部部长迪米特里·舍比洛夫突然表示苏联不打算为埃及的大坝项目提供资助。两头落空的纳赛尔只得把眼光转向最后一个可能的资金来源——英法合资的苏伊士运河公司。

1956年6月24日，纳赛尔正式宣布当选埃及总统。7月26日傍晚，他在庆祝英军撤走的群众集会上发表了长达3个小时的演讲。在亚历山大港解放广场的万众面前，纳赛尔宣布：埃及政府已经决定将苏伊士运河公司收归国有。纳赛尔用了"国有化"一词，这意味着运河公司的管理层要全部换成埃及人，同时他还要求公司所有职员都留在原岗位，那些英法国籍的员工也是如此。此令一出，运河区立即进入戒严状态，数千名埃及人从亚历山大港的解放广场出发，穿过街道来到港口，向正在那里进行友好访问的英国巡洋舰"牙买加"号呼喊反英口号，这些人看起来似乎要向巡洋舰发起冲击，英舰一度转入戒备。这艘进行友好访问的巡洋舰很快驶离了这个不友好的地方。当晚，来自外交部的电话把已经上床睡觉的安东尼·艾登首相从被窝里拖了出来，向他报告了事态的进展。虽然自诩为调停者,但此刻艾登的脑子里却立即蹦出了一个念头:20世纪30年代的绥靖主义没能阻止希特勒的扩张,现在一定不能重蹈覆辙,他要动用军队来阻止纳赛尔。苏伊士运河是中东石油运输线上的关键一环,英国和其他欧洲国家与远东之间的大部分航线也要经过这里。除了显而易见的所有权、管理权、经济补偿因素之外,运河完全移交埃及还意味着另一个可能的风险:苏伊士运河已经连续数年对以色列船只禁航了,英国人担心纳赛尔会决定哪些船只可以通过运河,哪些船只不得进入。危机伊始,英法两国就开始考虑使用武力恢复对运河的控制权,并保证其正常通行[5]。在苏伊士运河被埃及国有化后的几天里,英国一直在与法国一起研究军事解决方案,决策者深刻感受到了在一场突如其来的常规战争面前毫无准备的痛苦。本章将站在皇家海军航母打击舰队的角度来介绍这场危机,那些影响航母作战,以及受到航母作战影响的战事也将被一同提及。

可参战的打击舰队及其后援

1956年7月底,"鹰"号是英国地中海舰队唯一可用的航空母舰[6]。另外还有一艘"堡垒"号,她此刻只是一艘试验和训练航母,不过想要赶在8月调入地中海舰队之前改装为能搭载3支"海鹰"战斗机中队的作战航母也不是难事。早在1955年本土舰队夏季海训时,她就搭载了2支"海鹰"中队和1支"复仇者"中队,展示了自己的作战能力。第三艘航母"阿尔比翁"号从当年5月开始在朴次茅斯进行小规模改装,面对埃及局势的风云突变,她的改装工程只得草草收工,以便在9月加入地中海舰队[7]。本土舰队训练分队的2艘轻型舰队航母"海洋"号和"忒修斯"号不久之后也作为突击队直升机母舰加入了地中海舰队。皇家海军航母舰队由航母部队司令,杰出服务通令得主,M.L.波尔海军中将指挥,旗舰是"鹰"号。

地中海此时还有2艘法国航母,她们也加入了埃及外海的打击舰队。这两艘舰分别是"阿罗芒什"号[8]和"拉斐叶"号[9],由法国海军上将伊夫斯·卡隆指挥。进攻埃及的作战行动被命名为"火枪手",奉盟军总司令56-10-310550Z号指令发动。海军特混舰队则奉地中海总司令56-10-310730Z号指令组建。英法两国的航空母舰战斗群被命名为第345.4特混大队(缩写为TG345.4),直升机航母部队则命名为TG345.9。

第六章 苏伊士运河危机 143

△ 1956年10月10日，"鹰"号正在马耳他外海准备放飞一支由"海毒液""海鹰"和"飞龙"组成的大规模攻击机群。(作者私人收藏)

航空母舰及其搭载的航空中（小）队，1956 年 10 月

皇家海军"鹰"号，舰长皇家海军上校 H. C. D. 麦克莱恩，杰出服务勋章得主

中（小）队	机型	数量	队长
830 中队	"飞龙" S4	9	皇家海军少校 C.V. 霍华德
892 中队	"海毒液" FAW21	8	皇家海军少校 H.M.J. 佩特里
893 中队	"海毒液" FAW21	9	皇家海军少校 M.W. 亨雷 杰出服务勋章得主
897 中队	"海鹰" FGA6	12	皇家海军少校 A.R. 劳勃恩 杰出服务勋章得主
899 中队	"海鹰" FGA6	12	皇家海军少校 A.B.B. 克拉克
849A 小队	"天袭者" AEW1	4	皇家海军少校 B.J. 威廉
搜救小队	"旋风" HAR3 直升机	2	皇家海军少校 J.H. 萨默里

皇家海军"堡垒"号，舰长皇家海军上校 R. M. 斯密顿，员佐勋章得主

中（小）队	机型	数量	队长
804 中队	"海鹰" FGA6	11	皇家海军少校 R.V.B. 凯特尔
810 中队	"海鹰" FGA4	10	皇家海军少校 P.M. 拉姆 杰出服务勋章得主，杰出飞行勋章得主
895 中队	"海鹰" FB3	12	皇家海军少校 J. 莫里斯 – 琼斯
直属小队	"复仇者" AS5	2	
搜救小队	"蜻蜓" HR4 直升机	3	

皇家海军"阿尔比翁"号，舰长皇家海军上校 J. M. 维利尔斯，官佐勋章得主

中（小）队	机型	数量	队长
800 中队	"海鹰" FGA6	12	皇家海军少校 J.D. 拉塞尔
802 中队	"海鹰" FB3	11	皇家海军少校 R.L. 伊弗莱
809 中队	"海毒液" FAW21	9	皇家海军少校 R.A. 希尔考克
849C 小队	"天袭者" AEW1	4	皇家海军少校 D.A. 富勒
搜救小队	"旋风" HAR3 直升机	2	

皇家海军"忒修斯"号，舰长皇家海军上校 E. F. 皮吉，杰出服务通令得主

中队	机型	数量	队长
845 中队	"旋风" HAS22 直升机	8	皇家海军少校 J.C. 雅各布
	"旋风" HAR3	2	

皇家海军"海洋"号，舰长皇家海军上校 I. W. T. 拜罗，杰出服务勋章得主

中队	机型	数量	队长
混成直升机中队	"旋风" HAR2 直升机	6	皇家海军中校 J.F.T. 斯科特
	"西克莫尔" HR14 直升机	6	

法国海军"阿罗芒什"号，舰长海军上校拜黎旭

中队	机型	数量	队长
第 14 航空中队	"海盗" F4U-7	18	上尉克莱默
第 15 航空中队	"海盗" F4U-7	18	上尉迪盖尔曼
第 23S 救援小队	HUP-2 直升机		

法国海军"拉斐叶"号

中（小）队	机型	数量	队长
第 9 航空中队	"复仇者" TBN-3	10	上尉布罗斯
第 23S 救援小队	HUP-2 直升机		上尉萨雷乌

"火枪手"行动背后的政治角逐

在1956年7月26日的演讲中,纳赛尔宣称,到1956年时运河的大部分日常工作都已经由埃及人承担,但在苏伊士运河联合航运公司每年3000万英镑的收入中,埃及却只分到了100万英镑。他提出,如果埃及能够获得苏伊士运河的全部收入,那么埃及政府不需要国外贷款也能完成阿斯旺水坝的建设工程。此言一出,国际社会哗然。在伦敦和巴黎看来,这种"收归国有"简直就是对国际法的粗暴践踏。美国政府没收了埃及的在美资产,苏联则警告说事态必须和平解决[10]。虽然苏伊士运河一直禁止悬挂以色列旗帜的船只通行,埃及军队强行接管苏伊士运河公司各项设施的做法又招来无数非议,但纳赛尔还是向各国保证运河将继续正常开放。8月16日,一场国际会议在伦敦召开,会上法国代表明确表示希望对埃及采取军事行动,英国同意动武但是对立即采取行动还是有所犹豫,美国和苏联则希望暂时不要动手并继续探讨。会议一直开到8月23日才结束,与会各方达成一致意见,他们打算向埃及派出一个以澳大利亚首相罗伯特·门吉斯为首的五人委员会,意在说服埃及同意建立一个国际联合公司来运营苏伊士运河。1956年9月2日,门吉斯一行抵达开罗,然而关于建立国际联合公司的提议被纳赛尔毫不犹豫地拒绝了,而且没有任何回旋余地。接下来,艾登给美国总统艾森豪威尔写信,提议将苏伊士运河问题提交联合国安理会,寻求获得联合国授权,以武力夺回运河。信中,艾登将纳赛尔的"国有化"说成是一个公开的阴谋,目的就是将西方世界的影响力和贸易权益从阿拉伯国家排挤出去。如果不加以制止,埃及就会在沙特阿拉伯、约旦、叙利亚和伊拉克各国煽动革命。此时,英国和美国的情报部门早已获知埃及正在尝试通过代理人和埃及广播电台来推翻伊拉克政府,后者在1956年时被公认为最稳定、最先进而且亲西方的阿拉伯国家。然而,美国总统大选就在不久之后的1956年11月6日,艾森豪威尔并不打算卷入令美国选民无法理解的国外冲突。因此,他拒绝为日益强硬的英法两国提供支持。

英法两国的立场在埃及人看来就是另一副模样了。他们觉得自己是英帝国主义的受害者,那些本应服务于埃及经济的运河收入却落入了西方公司的口袋。在埃及,纳赛尔完全不是什么邪恶暴君,而是民族英雄!但是他拒绝谈判的做法却被认为是个错误，而且他还有三个重要的误判：他低估了法国对埃及支援阿尔及利亚独立运动的敌意，又没有意识到苏伊士运河对英国的绝对重要性，最后也是最重要的，他忽略了以色列与英法联合对埃及作战的可能性。即便纳赛尔无从知晓艾登的怒气冲天，他也应该从英国报刊上看到英国人已经把他的举动与1939年之前希特勒的所作所为相提并论了。至于以色列，早在1956年4月，法国和以色列就开始背着英美两国秘密接触了。到1956年10月底，英国也加入了法以两国的密谈，一个以色列秘密代表团[11]乘坐法国军用飞机前往巴黎，与英法两国政要最终敲定了作战计划。会议在巴黎西郊色佛尔的法国国防部长别墅举行。虽然三国为了对付埃及新政权联合到一起，但他们的目的却完全不同：英国要保持苏伊士运河的自由航行，同时重新确立自己在中东的长久影响力，如果有必要且纳赛尔愿意，他们也会和纳赛尔联合；法国也要保持运河畅通，但他们更想要推翻纳赛尔，他可是法国在阿尔及利亚最大的敌人；至于以色列，他们就是想要灭掉埃及，若不是实力不够，他们早就自己动手了。

最终，英国、法国和以色列三国代表签订了协议，他们的行动计划是这样的：1956年10月29日，以色列将向埃及发动进攻，穿越西奈半岛打到苏伊士运河；10月30日，英法两国政府将会发表声明，苏伊士运河附近决不允许发生战事，要求双方各自从运河沿岸后退15千米；此时以色列将会接受英法的声明，但预计埃及届时将拒绝英法的要求，这样英法两国就有了借口，派兵在运河北口登陆并夺占运河区；与此同时，联军将摧毁埃及空军以防止其威胁登陆及后续行动[12]。联军希望，消灭这支重新武装起来的埃及军队并恢复对运河的国际管控能让纳赛尔政府垮台，之后一个亲西方的新政府将取而代之。对英国政府而言，这份秘密协定并不是什么光彩的事情，所以保密了许多年[13]。这份协议的最后条款甚至违背了当时仍然有效的英国-约旦条约，提出如果约旦在三国协议有效期内进攻以色列，英国政府将不予支援。1956年10月，新上任的第一海务大臣，海军上将路易斯·蒙巴顿勋爵很快发现英国陷入了极其尴尬的境地。如果以色列进攻约旦，约旦就可以同时向英美两国求援，而如果英国拒绝了约旦转而支持以色列，美国却如约支持约旦，那么美英两军将会成为对手。如果这样，那些驻扎在约旦协助其防御的英军部队的日子就难过了。运气好的话，他们的驻扎会在一夜之间变得非法；若运气不好，这一小群人就会被视为背叛约旦和阿拉伯世界的象征，被愤怒的人群吞没。美国总统艾森豪威尔及其政府并不知道三国密约的存在，看起来也没有考虑到苏联通过支持埃及以增强自己对阿拉伯国家影响力的可能性。三国对国际舆论将会如何看待英法联军在埃及的登陆基本未做考虑，对从北非到中东那些已经弥漫着反西方情绪的阿拉伯国家的态度更是毫无顾忌。三国草率制定的让以色列打到苏伊士运河再"后撤"15千米的诡计实际上意味着西奈半岛将几乎完全落入以色列手中，这对整个阿拉伯世界来说不啻一场灾难，这就把纳赛尔推到了阿拉伯民族主义领袖的位置上，此时再想剥夺他的权力，那就是完全不可能的了。艾森豪威尔总统在获悉英法的计划后，采纳了国务卿约翰·福斯特·杜勒斯的提议，即不对军事行动予以支持。事后看来，艾登关于纳赛尔不让步就出兵夺回运河控制权的决定不仅仅是欠考虑的，还让自己站在了所有支持谈判解决的人的对立面，而英国偏偏还是那个挑头的。正因为如此，阿拉伯各国、联合国中有影响力的国家，甚至英联邦国家都站在了出兵的英法两国的对立面上。

军事方案和准备

自从英国政府决定将武力解决纳入选项，军队就必须提前准备作战方案以跟上政治的步伐。1956年时，"鹰"号航空母舰是英国在地中海上唯一一支做好完全战斗准备的攻击性力量。英法两国在北非和中东虽然还有一部分守备军和少量空军，但这些部队几乎都没有受过两栖战训练，无法用来执行大规模两栖登陆。当年夏季，有10000名英军在塞浦路斯和EOKA恐怖分子作战，这其中包括皇家海军陆战队2个突击营，以及英国陆军第16伞兵旅的2个营。然而，塞浦路斯的反恐作战却大大妨碍了这两支部队的正常训练。这些陆战队一直没有进行两栖战训练，伞兵营也没有进行过伞降训练，不仅如此，英法两军在东地中海地区连运输机都没有。英国第10装甲师部署在利比亚，第10轻骑兵团带着他们的坦克驻扎在约旦，但是他们的驻地都是阿拉伯国家，如果用这些部队来攻击埃及，其危险后果不难想见，因此这些部队也不能用。皇家空军在中东有几个"毒液"战斗轰炸机中队，其中一支部署在约旦以保护其免遭以色列的进攻。

这次作战起初被命名为"汉尼拔"（Hannibal），就是那个曾在罗马时代打到罗马城下的迦太基名将。伦敦方面认为这个名字在英语和法语中的读写都是一样的。为此，英军还下令把所有军用车辆都涂成沙漠黄色，并在车头和车尾涂上醒目的字母"H"（也就是"汉尼拔"的首字母）。等到这一切都做完，他们才发现原来汉尼拔在法语中的拼写是"Annibal"，于是匆忙将作战计划改称为在两国语言中拼写相同的词语"火枪手"（Musketeer）。然而，想要把那几千辆军车上已经涂好的"H"字母改成"M"却不是件容易的事，所以干脆不改了，继续用"H"识别。不少爱搞事的大兵们笑称这些"H"的意思是"Hegypt"[14]。英法联军初期计划在埃及亚历山大港登陆，以便尽快获得一处深水港，然而这个计划在9月被废弃了，因为人们发现从亚历山大港向苏伊士运河进攻，需要经过桥梁密布、易守难攻的尼罗河三角洲地区。既然战役目标是夺回运河的控制权，那么最佳的登陆地点就是塞得港，从这里可以快速进抵运河，进而夺取整个运河区。在8月上旬的第一次参谋长会议上，蒙巴顿勋爵提出以"鹰"号为核心的战役集群可以快速将陆战队送上岸，在对手做出反应之前就以迅雷不及掩耳之势夺取运河。这个提议显然十分乐观，其他军种参谋长拒绝了它，因为如果登陆部队规模过小，那么一旦遇到埃及军队的有效抵抗就会被压垮。组建一支达到一定规模的进攻部队将耗时数月，因此推迟进攻也就是可以理解的了。

1956年8月2日，第一批英国陆军预备役人员被一纸皇家征召令召回现役，服役期满的现役士兵的退伍工作暂停，海外驻防军人员的正常回撤也告一段落。英国在德国、中东和远东都有部队驻防，但短期内想从这些区域抽调驻防军是不可行的。因此，英军在8月决定投入驻扎在英国本土的第3步兵师并为其加强一个由第1和第6皇家坦克团组成的装甲旅。这些部队都还达不到战时满编的标准，而根据参谋长联席会议8月的估算，夺取苏伊士运河将需要由4万名英军和3万名法军组成的突击部队来完成。为此，塞浦路斯的那两个突击队营也被撤出来，重新整编为皇家陆战队第3突击旅，在马耳他进行全面的两栖战训练。第16伞兵旅也被匆忙补充到可作战水平。将如此规模的一支部队运到东地中海的过程困难重重，各种险阻无法一一详述，其中第1和第6皇家坦克团的遭遇已经足以显示英国在1956年时面对突如其来的战争是怎样的缺乏准备。两支部队都散布在各处，有一部分部署在德国，但大部分都在英国本土，有几个中队的战备程度很低，连坦克都没有。从英国各地的仓库里为这些部队调拨坦克和其他武器装备十分耗时，而且许多装备要么过时了，要么损坏了，要么二者兼有。有些坦克直到装船时还没有对空无线电甚至是弹药架。将"百人队长"坦克运往南安普顿和波特兰港装船的过程也远比想象的艰难。这些坦克太重，无法通过铁路运输，而陆军在二战后已经把大部分重载坦克运输车变卖掉了。英军只好找皮克福德运输公司转运这些坦克，但这些工人们却严格按照工会的工作标准干活，因此将坦克旅从停车场运到码头的过程慢得令人痛苦。第6坦克团直到9月4日才启程运往马耳他，第1坦克团更是要到一个月之后才动身。宝贵的战前训练时间就这么白白浪费了。1945年之后，英国海军在预备役中保留了大量的坦克登陆舰和登陆艇，然而到1956年，英军现役的两型舰艇只有各2艘！到了10月底，英国船厂才把12艘预备役登陆舰和登陆艇修复到了现役状态。塞浦路斯是距离战区最近的英军基地，但那里没有深水港，因此两栖突击部队和船队只能在马耳他集结。英法两军的伞兵突击部队则在塞浦路斯集结，那里的3个机场[15]已经挤满了两国空军的轰炸机、战斗机、照相侦察机和运输机。

虽然在国防政策辩论中得了不少分，但轰炸机司令部此时却显得缺乏克服计划外困难所需的灵活性、机动性和常识。10月，24架维克斯"勇士"轰炸机从皇家空军马尔汉基地移驻马耳他的卢卡基地，这是英国空军V系列轰炸机中的第一种型号。轰炸机的转场并不困难，但把大量地勤维护人员从英国本土运往马耳他却需要大量的运输机。运送轰炸机所需的巨量燃料和炸弹也需要相当数量的船只，拥有制海权才能把这些物资安全送到目的地，这些因素都是那些战略轰炸理论家考虑不到的。进攻埃及所需的空中力量都集结在塞浦路斯和马耳他的各3个机场[16]，到了10月，驻扎在这些机场里的英军航空兵拥有24架"勇士"中型轰炸机、98架"堪培拉"轻型轰炸机、47架"毒液"战斗轰炸机、28架"猎人"战斗机、24架"流星"战斗机、20架"瓦莱塔"运输机、14架"黑斯廷"运输机，以及常驻卢卡基地的"沙克尔顿"预警指挥机。法军航空兵则投入了36架F-84F战斗轰炸机、10架RF-84F侦察机、40架"诺拉特拉"和5架"达科他"运输机。远征军的总指挥部和航空作战指挥部都由一名英国军官担任总指挥，一名法国军官担任副总指挥，这也体现了两军在资源投入方面的高下。英军的"猎人"战斗机部队将为联军基地提供防空，尤其是塞浦路斯基地——这里距离埃及只有约30分钟的航程，严重缺乏防御纵深，假如埃及空军发动先发制人的打击，那么这里将极其脆弱。对埃及的首轮空袭将由皇家空军的轰炸机担纲，但是从一开始，轰炸机部队缺乏计划和空军各兵种之间配合不佳就让他们的空袭效果不彰，白白浪费了宝贵的资源。

英国皇家空军马尔汉基地原本是"胜利者"轰炸机的驻地，这个基地的负责人被任命为马耳他轰炸机联队的指挥官[17]。本土的轰炸机司令部命令他在1956年10月31日周六晚间向指定的埃及机场发动空袭。但不幸的是这个命令没有传达给马耳他的航空基地指挥官，他的上级是皇家空军的中东航空军（MEAF）而不是轰炸机司令部。结果，当轰炸机联队准备起飞时，马耳他的航空指挥部却关闭了，因为这是周末，而且没有人告诉他们战争即将在这一天打响。轰炸机部队的人联系到航空基地指挥官时，他又拒绝开放炸弹库，除非接到他自己上级的指令。结果，轰炸机部队的人马直接突破了听命于航空基地指挥官的空军宪兵的守卫，砸开了弹药库的大门，这才为准备当晚参战的轰炸机搞到足够的炸弹。炸弹只是第一个问题。直到周六下午，轰炸机机组还搞不清自己要轰炸的到底是埃及还是以色列[18]。后来总算弄清楚要炸谁了，接下来的目标分析、计划简报和导航准备工作就只能仓促完成了。第一晚的空袭打算兵分多路，分头轰炸各个埃及机场。同时轰炸机司令部要求飞行员们在1万米高度投弹以便更清楚地目视看见目标，可是飞行员们训练时通常在1.3万米处投弹，较低的投弹高度自然使他们很不适应，轰炸精度可想而知。更令人啼笑皆非的是，当第一波空袭西开罗机场的"勇士"轰炸机群从马耳他起飞奔向目标时，伦敦的航空部才获悉美国政府恰恰把美国侨民集中在西开罗机场，眼下正在安排飞机将他们撤离战区。大为震惊的空军参谋长立即绕过了所有层级，直接向马耳他的轰炸机联队指挥官下令，要求他取消这次空袭并撤回所有的"勇士"轰炸机。这下马耳他基地就乱成了一锅粥。后续攻击波次的飞机正满载着炸弹，密密麻麻地排列在机场上准备出击，而第一攻击波的"勇士"机群又提前返回需要降落，至于第一波轰炸机上挂载的炸弹，自然被统统扔进了海里。马耳他联队的"堪培拉"轻型轰炸机群现在不得不匆忙把轰炸目标改为阿尔马扎机场，从塞浦路斯基地起飞的同型机"探路者"将用照明弹为他们指示目标。然而不幸的是，同样是匆匆变更轰炸目标的"探路者"们找错了机场[19]，轰炸机群投下的炸弹并没有落进阿尔马扎机场，而是落进了开罗国际机场！对夜间轰炸作战而言，这显然不是什么好的开端，不过后来的官方报告还是自我安慰地写道："幸运的是，我们后来还是确证埃及空军的苏制飞机出现在了开罗国际机场。"当然，出现归出现，英国人的炸弹却分毫没有伤及这些苏制飞机。10月31日，英法联军继续轰炸阿尔马扎、卡布里特、阿布-苏伊尔和英查斯空军基地，然而11月1日上午出击的英法照相侦察机却发现，他们的轰炸几乎毫无作用，各个埃及机场上停放的飞机全都完好无损。其中一架皇家空军的"堪培拉"照相侦察机还遭到了埃及米格-15战斗机的截击，受了轻伤。1956年11月1日上午，已经挨了两轮夜间轰炸的埃及空军据信还有300架飞机，其中可以升空作战的飞机如下：

法伊德机场	26架"流星"F4/8战斗机
	10架"吸血鬼"FB52战斗轰炸机
卡布里特机场	27架米格-15战斗机
阿布-苏伊尔机场	15架米格-15战斗机
卡斯法里特机场	18架"吸血鬼"FB52战斗轰炸机
卢絮尔机场	20架伊尔-28轻型轰炸机
阿尔马扎机场	15架米格-15战斗机
	6架米格-17战斗机
	20架C-47运输机
	20架C-46运输机
	5架"流星"NF13夜间战斗机
	20架伊尔-14运输机
西开罗机场	15架"吸血鬼"FB52战斗轰炸机
德海拉机场[20]	轻型飞机
英查斯机场	29架伊尔-28轻型轰炸机

注：埃及空军另外还有一些"兰开斯特"轰炸机，但其中可升空的数目不详。

1956年10月29日，以色列遵照《色佛尔密约》向西奈半岛发动进攻。以色列总理本-古里安向美国总统艾森豪威尔发电，称他的政府"如果不能使用种种手段阻止以色列被武力灭亡，就是不称职的"。中东此时已是战云密布，然而奇怪的是，虽然英法已经在塞浦路斯集结了大量兵力，但埃及却似乎完全不知道战争即将到来。

了解了这些背景之后，笔者将先介绍盟军特混舰队的编成，再介绍皇家海军航母打击舰队在其中的角色，继而介绍航母本身的作战——从这个独特的视角来观察这场战争，最后再谈谈航母对整场战争的影响。

特混舰队编成

在"火枪手"行动的指挥体系中，海、陆、空三军都由一名英国军官任总指挥，一名法国军官任副总指挥。英国陆军上将查尔斯·凯特利爵士（爵级大十字勋章、杰出服务通令得主）被任命为整个行动的总指挥，法国海军中将P.巴约任副总指挥兼所有参战法军的总指挥[21]。以下是海军部队的指挥结构：

第345特混舰队，参加"火枪手"行动的英法军海军主力舰队，由英国地中海舰队副总司令，三等巴斯勋章得主L. F. 邓福德·斯莱特海军中将任总指挥。他的副总指挥是法国海军少将P. 兰斯洛特，他同时也负责指挥所有的法军舰队。这个特混舰队下辖多个特混大队，具体情况如下：

第345.4大队：航母打击舰队，由英国海军中将，三等巴斯勋章、司令勋章、杰出服务通令得主M. L. 鲍威尔指挥，他也是英国航母部队总司令。

第345.9大队：突击直升机母舰大队，由英国海军少将，三等巴斯勋章、杰出服务勋章得主G. B. 塞耶少将指挥。

第345.5大队：支援舰队，由英国海军少将，杰出服务通令与杰出服务勋章得主D. E. 霍兰少将指挥。

第345.2大队：两栖突击部队，由杰出服务通令与杰出服务勋章得主，皇家海军准将R. 德尔-布鲁克指挥。

第345.7大队：扫雷舰队，由皇家海军上校，官佐勋章得主J. H. 沃尔维恩指挥。

△三等巴斯勋章、司令勋章、杰出服务通令得主、航母部队总司令、M. L. 鲍威尔海军中将。他在"火枪手"作战期间以"鹰"号为自己的旗舰。

另外还有一支皇家海军特混舰队参加了作战，编号为第324特混舰队，由皇家海军红海作战大队司令J. G. 汉密尔顿上校指挥，在红海一侧行动。

在短暂的"火枪手"行动期间，航母攻击行动可以分为三个阶段。第一阶段是在空中和地面消灭对方的飞机。第二阶段是攻击敌人的装甲部队、机械化车辆，在两栖登陆之前全力支援陆军，削弱对方滩头阵地。第三阶段则是为空降伞兵和塞得港的两栖登陆作战提供近距空中支援。全部三个阶段的作战都大获成功，舰载机的战术任务完成率高达83%。

"鹰"号航空母舰

1956年初夏，"鹰"号在地中海舰队的编成内参加了一系列演习，其中有一些是和美国海军第6舰队共同进行的，此外她还造访了伊斯坦布尔、黎巴嫩和那不勒斯的港口，并在马耳他进行了一轮维护。当苏伊士危机爆发时，舰上的第812中队刚刚驾驶着他们的"塘鹅"反潜机飞回哈尔法海军航空站，由来自英国本土的装备"海毒液"的第893中队取而代之。舰上两支"海鹰"战斗机中队以哈尔法机场为备降机场，接连开展密集的夜间作战训练，从而双双具备了海上夜战能力。他们还重点进行了射击训练，在马耳他附近昼夜不停地使用活动靶练习扫射、投弹和火箭弹攻击。飞行员们还进行了炮击弹着点观察、战术和照相侦察、近距离空中支援科目的训练。其中最重要的训练内容是攻击机群的夜间起飞和编队，借助在领队长机上安装面朝后方的收放式指示灯，飞行员们可以清楚地看到长机的位置并快速编队[22]。之所以重视夜间起飞编队，是因为英军计划中的第一波空袭将在天亮前从埃及海岸外160千米的海上发起，此时舰队将保持无线电静默以免被埃及军队发现并遭到埃军轰炸机的反击。第一波空袭完成后，舰队将正常打开雷达和无线电，后续攻击机群的起飞位置也将更靠近海岸。第830中队的"飞龙"攻击机不参加夜间空袭，它们将跟随其他中队在天亮后起飞。

9月，英国地中海舰队的两栖战部队在马耳他区域迅速建立，舰队的飞机也模拟执行了近距空中支援和侦察、战斗防空巡逻任务。之后，"鹰"号、"堡垒"号与法国航母"阿罗芒什""拉斐特"举行了联合演习，并且访问了法国土伦港，在那里，英法两军军官共同商讨了"火枪手"行动的战术安排。到1956年10月，"鹰"号的舰载航空大队和舰员们觉得自己对任何短期任务都可以手到擒来了[23]，但是如果要执行长期战斗任务，那能否胜任还有待确认，为此她开进了直布罗陀码头，由舰员们进行简短的维护。之后，"鹰"号在马耳他短暂停留，于10月29日开赴东地中海，在那里进行了被称为"温柔飞行计划"[24]的低强度战前训练。但低强度照样会出问题。L. E. 米德尔顿上尉驾驶他的XE441号"海鹰"战斗机在航母右侧弹射器上弹射起飞时突发故障，飞机当场损毁[25]！航母顿时只剩下了一台弹射器，而这种故障在海上是无法修复的。10月30日，全舰听取了任务简报，飞行人员们拿到了卡其布军装、配枪，以及逃生用的地图和装备。和岸上的同僚一样，他们获悉自己的进攻目标是埃及而不是以色列时都大为惊讶。根据临战前最后时刻的约定，参战飞机都被涂上了黑黄相间的识别带，

△米德尔顿上尉（前排坐者右二）和第897中队的其他队员在返航之后向"鹰"号情报部门的温特·博特姆少校说明战况。（作者私人收藏）

每条识别带宽30.5厘米，由3条黄色和2条黑色带组成，涂在机翼和机身上。起初两国计划让法军飞机涂装黑黄色识别带，英军飞机涂装黑白识别带，但考虑到命令传达时可能出现的误差，加之时间紧迫，最终干脆把英法两军的飞机图上了统一的标识。10月30日星期二，英军航母通过海上补给补满了舰用重油和航空煤油。10月31日星期三，舰上的雷达预警机和防空战斗机保持了全天不间断巡逻。当天一整夜，舰队的雷达屏幕上不停闪现从马耳他和塞浦路斯起飞前往埃及的机群。

航空母舰的第一阶段空袭在11月1日打响，破晓前起飞的"海鹰"和"海毒液"机群攻击了埃及英查斯机场。这些飞机没有挂载炸弹，而是直接用机载20毫米航炮进行了英军飞行员们拿手的低空精确扫射。舰队上空还布置了一队"海毒液"战斗机执行防空巡逻任务。接下来几波攻击机群的目标指向了比尔

△ 第893中队这架无线电呼号WW281、舷号095的"海毒液"战斗机在空袭阿尔马扎机场时被高炮击伤，起落架无法放下。它只好用机腹在母舰甲板上迫降，但还是成功钩住了"鹰"号的一根拦阻索。（作者私人收藏）

贝斯、德海拉和西开罗机场，来自塞浦路斯基地的空军"毒液"战斗机也协同参与了这些战斗。各挂载着1枚454千克炸弹的"飞龙"攻击机空袭了德海拉机场，并在第二轮攻击中直接命中了机场跑道的交汇处。之后，英军的"海鹰"机群重点攻击了提姆萨赫湖里的阻塞船"阿卡"号，这艘破船上装满了水泥和废钢铁，埃及人准备把她拖到运河中自沉以阻塞航运。英军的炸弹和实心弹头火箭弹击中了她，但没能把她击沉，埃及仍然能够把她拖到自沉地点。眼下更好的解决方案是用20毫米航炮把用来拖曳"阿卡"号的拖船打掉，但母舰阻止了他们的攻击，因为这艘拖轮是由非军事人员操作的。11月2日，很明显埃及空军已经被消灭了，英军的精力转向了第二阶段空袭，这天的轰炸目标是开罗以东的哈克斯泰普军营，那里存放了埃及陆军的大批车辆和装备。英军的炸弹、火箭弹和20毫米炮弹给这里造成了重大损失。在对阿尔马扎机场的最后一轮攻击中，第893中队的WW281号"海毒液"战斗机被高炮击中，全机的液压系统失灵，导致返航时无法放下起落架。飞行员J.威尔考克斯少校在"鹰"号上成功进行了机腹迫降，不过他的观察员，皇家空军的R.C.奥丁却身负重伤，左腿膝盖以下不得不截肢。

11月3日星期六，英军持续派出少量飞机保持对各个埃及机场的空袭压力，确保埃及空军没有飞机幸存下来，而主要的空袭兵力则投向了贾米尔大桥，这座桥承载着从塞得港通过达米埃塔向西延伸的主要沿岸公路和铁路线，地位十分重要。这座钢架结构桥梁虽然很快就被击伤，但事实证明单靠俯冲轰炸很难把它彻底炸垮。最终，英军舰载机采用了超低空"掠投"战术，即攻击机从超低空冲向桥梁，在掠过桥梁之前的一瞬间投弹，炸弹就会像飞镖射向标盘那样击中闸门结构。为此，英军的炸弹都设置了20秒的延时以保证攻击机可以在爆炸前飞离危险区。不过还是有一架"飞龙"攻击机被高炮击落，D.F.麦卡锡上尉驾驶的这架WN330号"飞龙"飞机在完成投弹、掉头返航时中弹起火，因此他不得不在塞得港外5千米处跳伞逃生。埃及的海岸炮兵立即向他开火[26]，但同行的"海鹰"战斗机立刻冲下来扫射并压制住了这些岸炮。机群飞离时留下了一个小队的"海鹰"在麦卡锡上尉头顶上盘旋，直到75分钟后他被"鹰"号上P.拜雷上尉驾驶的XG581号"旋风"直升机救起。这是皇家海军的舰载直升机迄今为止执行的距离最远的救援任务。到当日日终时，这座桥西端的三分之一已经被炸毁，埃及援军从西边通往塞得港的通道实际上已经被切断。在轰炸贾米尔桥的战斗中英军情报部门出现了严重失误，目标判读部门声称这座桥是平旋桥，但"鹰"号对侦察照片的分析却显示它根本不是这种桥，于是变更了空袭战术[27]。当"鹰"号的舰载机在埃及上空肆虐之时，来自空军的"胜利者"和"堪培拉"轰炸机几乎无效的高空水平轰炸仍然在每天晚间继续，他们乐观地认为此举可以很快使敌人屈服，虽然二战的经验已经充分证明这纯属无稽之谈，但轰炸理论家们依旧对此深信不疑。

11月4日星期天，"鹰"号暂时撤出战斗进行海上油料补给，舰员们也抓紧机会全力维护飞机——能飞的飞机当然越多越好。11月5日星期一，第三阶段作战开始，英法两军伞兵在塞得港着陆，"鹰"号的舰载机从破晓时分起就飞临英军阵地上空盘旋待命，准备随时应招进行近距空中支援。直升机群同时飞往贾米尔机场，机降部队迅速将其占领，英法联军随即利用这个机场建立起医疗站并将伤员运回舰队。11月6日星期二，英法联军在塞得港的两栖登陆战打响，来自"海洋"号和"忒修斯"号的直升机在这里进行了世界史上第一次垂直包围作战。"鹰"号起飞的战斗机再次为登陆部队提供了近距空中支援，有一架飞机在扫射埃尔·宽塔拉时被击落，飞行员D. F. 米尔斯上尉弹射跳伞，在地面部队尚未到达的运河东侧落地。英军立即在他头顶上组织起了一队巡逻机，成功吓阻了几辆向他开过去的军车，后来一架来自"鹰"号的"旋风"直升机在战斗机的护航下把米尔斯救了回去。

△空袭贾米尔大桥！可以看到一枚炸弹爆炸。虽然这一弹没有击中大桥，但却击中并击伤了附近的一座雷达站。（作者私人收藏）

第六章 苏伊士运河危机　159

△第899中队的一架"海鹰"FGA6正准备从"鹰"号的左侧弹射器上起飞,机上武器包括航炮和装有26.2千克战斗部的76.2毫米火箭弹。注意座舱下方炮口处的烟熏痕迹,说明飞机不久前刚开过火,或许就是在它的前一次出击时。正在从飞机旁跑开的人是一名飞行甲板技师,或者说所谓的"獾",他刚刚把飞机和弹射滑块之间的牵引绳固定好。注意牵引绳已经绷紧了。照片左侧坐在地上的人是弹射器控制官助手,又叫"象轿",他之所以坐着是为了避免被飞机起飞时的强大尾流吹飞。(作者私人收藏)

还有一架"飞龙"攻击机在轰炸塞得港滩头工事时被高射炮击中。飞行员W. H. 考林少校是第830中队的一名老兵,他设法驾驶受损的飞机飞回舰队附近,然后安全弹射跳伞,只在水里泡了几分钟就被捞了起来。当晚,双方达成了停火,还没等英法联军占领运河区,战斗就结束了。11月7日星期二上午,"鹰"号将未及运出的伤员转运到"忒修斯"号,将航母舰队司令送到"堡垒"号上,自己则驶离交战海域开赴马耳他,继续自己的平时任务。在参加"火枪手"作战期间,"鹰"号利用仅剩的左侧弹射器放飞了621架次飞机,消耗了72枚454千克炸弹、157枚227千克炸弹、1488枚76.2毫米火箭弹和88000枚20毫米炮弹。

"堡垒"号航空母舰

1956年夏季，"堡垒"号航母刚刚结束了试航和舰员训练，开始搭载第809中队（装备"海毒液"FAW21）和第824中队（装备"塘鹅"AS1）进行为期两周的着舰训练。然而，随着局势的恶化，她于7月28日在英格兰西南部的锡利群岛外海接到指示：返回朴次茅斯，卸下现有的两个舰载机中队，准备搭载一支"海鹰"战斗机大队。1956年7月30日"堡垒"号回到港口，在那里，她受命做好一切战斗准备，包括补充作战所需的各种物资和弹药。8月，她搭载着第804、810和895舰载机中队奔赴地中海。第804中队是一支新组建的舰载机中队，装备"海鹰"FGA6战斗攻击机。第810中队曾在远东"阿尔比翁"号上服役，同样装备"海鹰"FGA6，这支中队在当年5月回到英国本土，原本打算在当年稍晚些时候解散，但此时他们的解散显然是要推迟了。第895中队在当年4月重建，起初装备的也是"海鹰"FGA6，但是"堡垒"号抵达地中海后，这支中队和第897中队交换了装备，换装了"海鹰"FB3战斗轰炸机。在东地中海，"堡垒"号进行了在航海日志中被描述为"繁忙而硕果累累"的训练[28]，包括夜间作战训练和对马耳他外海的费尔法拉礁进行实弹射击。

"堡垒"号的舰载机参加了1956年11月1日对西开罗机场的第一次拂晓空袭，这次战斗中，英军验证了后来在第一阶段作战中广为使用的战术。起飞前的任务简报向飞行员们介绍了攻击目标的详细情况、埃军的防空布阵、攻击机群进攻和退出目标区的战术航线，以及需要达成的任务目标。进攻时间经过了精心测算，攻击机群会在日出之前10分钟抵达目标区上空。理论上讲最理想的攻击航线是在超低空地平线高度从昏暗的西侧向明亮的东侧飞行[29]，然而此前一天的航空侦察照片却显示，机场上的飞机是南北向排列的，于是英军调整了进攻航线。攻击机群将飞到机场西南方的沙漠上空，之后向东北方俯冲，从超低空掠过机场。攻击航线从埃军高炮阵地上空经过，这样埃及炮手要飞快地转动高炮才能跟上来袭的飞机，射击难度大大增加。进攻的方式是俯冲扫射，飞行员们被告知每个人只需选定一个目标，只要通场一次。进入航线和攻击航线呈90°角，飞行员需要左转才能开始扫射。一旦长机发出"进攻"口令，外侧的编队将率先左转，与内侧编队的进入航线交叉。内侧编队随后左转，这样就可以

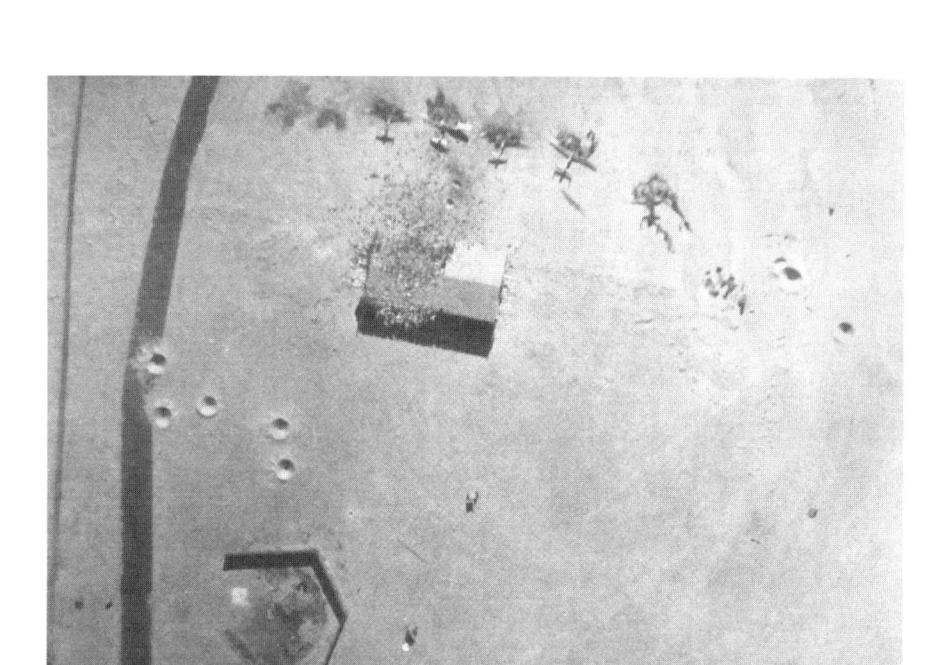

△ 一张攻击效果评估照片，图中可以看到西开罗机场上多架被烧毁的埃及空军"兰开斯特"轰炸机，以及一座被扫射和轰炸摧毁的机库。（作者私人收藏）

形成所有飞机在宽大正面一线平推的态势，令对方数量有限的高射炮无法同时应对。有一个战斗机小队被告知要为进入和退出攻击的机群提供掩护，一旦有必要，他们将和前来迎战的埃及战斗机一较高下。

在这种精确到秒的空袭中，精确的导航至关重要。机群起飞后，母舰的雷达会不间断地向机群发送母舰的方位和相对距离信息，以便飞行员们计算实际速度。任务开始之前，英军缺乏目标区域的气象情报，为了应对各种可能的情况，他们特地安排了2架"海毒液"夜间战斗机与攻击机群同行，一旦需要，它们将利用雷达带领机群穿过云层飞抵目标。不过实际上进攻时天气晴好，因此这两架夜间战斗机虽然受领了任务并随队同行，但没有发挥作用。飞机在夜间起飞后的会合至关重要，因此英军在战前几个星期进行了密集的夜间编队训练。

他们的夜间编队动作是这样的：领队长机迎风起飞后向前直飞2分钟，随后缓慢转弯180°，转向顺风航向；队里的其他飞机"切半径"追上长机，组成密集编队；在长机飞到母舰左舷3.2千米处时，编队完成；随后，长机带领全队转向目标方向。之后，长机将打开装在无线电接收天线顶端朝向后方的红色编队灯[30]，向75千米外的指定目标地点飞行并逐步爬升至6100米高度。第二和第三个编队也照此办理，第二、三编队的长机也要打开后向红色编队灯。飞到集合点后，第一编队将盘旋一圈以等候第二编队跟上，两个编队会合后将再盘旋一圈等候第三个编队。机群整队完成后，各队长机的后向编队灯保持打开状态，机群转向30°，继续前飞75千米。在英军的第一轮空袭中，6架伊尔-28被炸成了火球，另有3架可能被击伤，唯一的一架"兰开斯特"轰炸机也被击毁。飞行员们发现，只有小角度俯冲并集中火力射击一架飞机，才能把它打爆。在飞向目标途中，英军空袭的突然性大大削弱了埃及高射炮火的威胁。退出目标途中，"海鹰"机群的超低空航线则令射角有限的埃军高炮无法够到这些飞机，99%的高射炮弹都打到了英军机群的前方。接下来对阿尔马扎、英查斯和比尔拜斯的空袭则令英军确信，如果需要进行第二次通场攻击，那么就应当选择与第一次不同的进入方位，同时，如果可能的话，应当安排两架飞机在主攻开始前几秒扫射敌方的高炮阵地。总体而言，除非绝对必要，否则任何目标都不会被攻击第二次。如果需要对多个目标同时发动空袭，那么为各个攻击机群分配不同的通信频道就十分重要了，只有这样才能保证各机群长机能够控制自己的机群，使他们的指令迅速传达出去而不受阻扰。有效的战后照相侦察十分重要，这可以帮助指挥官决定是否需要再次攻击。因为一旦攻击机开始俯冲扫射，他们通常无法看到自己的目标到底是变成了燃烧的残骸还是岿然不动、丝毫没有受到损伤，而且各攻击机一旦分配了目标，就不会轻易更改，除非两架相邻的目标机紧紧靠在一起。

　　对"堡垒"号上的"海鹰"机队而言，第二阶段作战是从对伊斯梅利亚-泰尔·艾尔·开伯尔公路的武装侦察开始的。执行这项任务时，每一架"海鹰"都挂载6枚装有破甲弹头的76.2毫米火箭弹，这些火箭弹连同发射导轨一起使飞机的作战半径降低了约25千米，爬升性能受到的影响更严重。"海鹰"的武装侦察虽然未能发现值得打击的目标，但确实掌控了相当大的面积，而英军也付出了相应的代价。整场冲突中英军飞机被轻武器击中的情况大部分都出现在这一阶段。虽然埃及空军日渐式微，但是侦察机仍然不能忽略敌方战斗机的威胁，因此，武装侦察任务都由四机小队执行，其中一个双机编队在低空侦察，另一个双机编队则在高空掩护。任务执行到一半时两个双机编队交换位置，这样两个编队挂载的武器都能用得上，燃油消耗也更加均匀。低空侦察飞行大大降低了"海鹰"的作战半径，外挂的火箭弹更是雪上加霜，然而塞浦路斯基地那些陆基战斗机的有限航程却使其根本无法执行这样的任务，舰载机再一次展现出了无可替代的优越性。侦察机后来发现，埃及军队把坦克隐藏在树荫下，于是英军战斗机以15°小角度下滑，用火箭弹发动了攻击。那些薄皮车辆则被小心翼翼地混杂在民用大客车、私家车和油罐车中间，出于人道主义原因，英军放过了这些目标。不过，有时候英军也会发现有军用车辆驶出公路，这种情况下他们会立即顶着埃军轻武器的火力施以俯冲扫射。破甲火箭弹对装甲车辆具有毁灭性的打击效果，而攻击普通军车时最好用的还是机炮。发射火箭弹的飞行员往往无法看到自己火箭弹攻击的效果，要他们掉头飞回来查看攻击效果也是件危险的事情，因此最好的办法是呼叫照相侦察机前来观察和拍摄战果。

在第三阶段的作战中，"海鹰"战斗机依靠的就是机载火箭弹、227千克炸弹和20毫米航炮了。"海鹰"可以携带着这些武器在作战区域上空盘旋30分钟，随时应召为地面部队提供近距离空中支援。英军3艘航母轮番交替出击，使得在地面作战的英军部队可以一整天持续不断地得到空中支援。一次出击的机群规模通常为8架，编成2个四机小队，由其中资格比较老的小队长统一指挥。由于地面的前方对空指挥组对小队中各飞机的情况并不完全了解，机群指挥官要负责把受领的任务分配给距离目标最近或者机载弹药最适合摧毁指定目标的四机小队或双机编队。而在暂时没有目标的时候，这些飞机就在3050米高度排成松散队形，把发动机转速调到最低以节约燃油。"海鹰"在这一阶段的战斗中打击的目标十分广泛，包括隐藏在混凝土暗堡里的Su-100自行火炮、被用作坚固支撑点的海岸观察所，以及非装甲车辆。如果一直无事可做，这些战斗机就会在征得前方对空指挥组同意后对战场周边的道路进行游猎，这是飞行员们最喜欢的任务。幸运的是，在执行对地支援任务时，英军可用的战斗机总是比需要攻击的目标多。但到了战斗后期，大比例作战地图居然开始短缺，给作战行动带来了不利的影响。在整个"火枪手"行动中，舰队上空的防空巡逻一刻也没有停，不过没有出现需要去拦截的敌机。只有一次，巡逻机群长机在距离亚历山大港48千米外雾气弥漫的海面上发现了3艘埃及的高速巡逻艇，他们立即发动了攻击，击沉2艘，击伤1艘。被击伤的那艘小艇最终挣扎着捞救起幸存者，把他们送到了岸边。

冲突中英军的地勤维护工作也很出色，飞机一直保持了很高的出勤率。英军的飞机维护采用了机库维修制度，而不是飞行中队各自进行，此举效果良好，并没有因为各中队地勤之间缺乏竞争而受到影响。维护人员总是会关注他们的飞机都干了些什么，看起来只要他们对飞机的状况胸有成竹，维修工作就会颇为有效。在需要大规模出击的时候，飞机的状况总是很好，这就印证了那句老话：飞机飞得越多，它就越可靠。通常情况下飞机在飞行若干小时后需要进行"总检查"，在作战时这项工作自然被推迟了，不过依照"堡垒"号舰长的说法，推迟总检查非但没有令飞机的可用率降低，反而将其提高了。处理那些被弹片或子弹击伤的飞机，维修的方法可谓八仙过海，各显神通。这完全仰赖于英国海军对地勤人员的严格考评，以及维修军官和工程人员的杰出能力。"堡垒"号在战斗中统一搭载"海鹰"战斗机，这无疑大大降低了地勤维护的难度，无论是在飞行甲板上还是在机库里都一样。由于飞机的载弹量和载油量相同，所有飞机每一次出击的时间都是差不多的。在与埃及进行的这场为期6天的战斗中，"堡垒"号共放飞了580架次飞机，冲突结束后她被留在地中海舰队中一直到11月底。12月，"堡垒"号返回英国本土，在朴次茅斯船厂进行了改装，之后于1957年5月作为主力作战航母加入了本土舰队。她原本的测试和训练任务则交给了在1956年末完成现代化改装的"勇士"号。

"阿尔比翁"号航空母舰

1956年7月，"阿尔比翁"号刚刚结束在远东舰队的服役，按计划回到朴次茅斯进行改装。苏伊士危机爆发后，改装工作提前结束，她搭载上第800中队（"海鹰"FGA6）、第802中队（"海鹰"FB3）、第809中队（"海毒液"FAW21）和第849C小队（"天袭者"AEW1），于9月加入了地中海舰队的序列。第800

中队原本搭载于"皇家方舟"号航母,但是当危机到来时该舰正在进行大改造,于是这个中队在9月15日转隶"阿尔比翁"号。第802中队于1956年2月在罗西茅斯海军航空站重建,危机爆发时正在"堡垒"号上进行着舰训练,准备恢复作战能力,他们也在9月15日登上"阿尔比翁"号。第809中队是在耶维尔顿海军航空站重建的,危机爆发时同样在"堡垒"号上训练着舰,因此与第802中队同时加入"阿尔比翁"号。第849C小队在1955年时原本就是"阿尔比翁"号舰载航空大队的成员,但在1956年的大部分时间里都驻扎在岸上基地,它也在9月15日上舰[31]。

到达地中海之后,"阿尔比翁"号及其舰载机中队立即依托哈尔法海军航空站在马耳他周围海域进行了紧张的战前训练。10月29日,她与友舰"鹰"和"堡垒"同时分头开赴战区。与护航舰队一同高速东行之后,他们在10月31日到达了距离尼罗河三角洲240千米处的预定阵位。航行途中,"阿尔比翁"号进行了2次夜间起飞和编队训练,其中单舰训练和多航母联合训练各1次。她的阵位比较理想,所有身份不明的雷达信号最终都要么被证明为友军,要么根本没有靠近舰队的意思。31日白天,"阿尔比翁"号保持了不间断的防空巡逻,天黑后,前去轰炸埃及的皇家空军轰炸机群从舰队头上掠过,它们的身影也出现在了雷达屏幕上。1956年11月1日05:20,"阿尔比翁"号放飞了她的第一个攻击波,包括第802中队队长伊夫雷少校带领的8架"海鹰"和第809中队队长希尔考克少校带领的4架"海毒液"战斗机。他们的空袭目标是位于开罗以东约11千米,距离舰队约210千米的埃及阿尔马扎机场,这里驻扎有埃及空军的米格-15战斗机、伊尔-28轰炸机和一部分运输机,英军的目标就是将它们摧毁在地面上[32]。空袭完全依照计划进行,除了机场周围的轻型高炮火力外,英军飞机再未遇到其他阻挠。就在机群到达机场之前,2架米格-15紧急起飞,但它们并没有接近英军机群,而是逃向了南方。11月1日一整天,"阿尔比翁"号每隔1小时5分钟就会出动8~12架规模的攻击机群,机群首先爬升到6100米高度飞往目标,之后根据母舰飞行引导组发来的雷达测向数据和距离数据进行导航,进入攻击航线。攻击机首先用航炮扫射地面上的飞机,随后以400节高速贴地飞行退出目标区飞往海岸线。一旦"湿了脚",飞行员们就会收节流阀减速并爬升到1500米高度。之后,他们会沿用早年英国太平洋舰队发明的一项战术：攻击机群返航时先飞越驱逐哨舰上空，在进入舰队防空巡逻区和高炮射界之前先由哨舰对机群进行目视确认，同时确保没有敌机尾随。起先英军一直采用"打了就跑"的战术以防遭受损失，但当他们意识到有些地方根本没有防御力量时，情况发生了一些变化。例如，埃及飞行训练学院所在的比尔拜斯机场就没有任何防卫。英军的12架"海鹰"战斗机在那里发现了大约100架"金花鼠""哈佛"和其他型号的教练机，分别停放在跑道周围的三个地点。于是英军飞行员们立即转入了跑马灯式的反复攻击，直到油弹两尽为止。根据开战第一天的战后统计，"阿尔比翁"号的舰载机击毁了28架停在地面的飞机，另外还击伤了47架。

　　11月2日是战斗打响的第二天，英军起初仍然在继续攻击埃军机场，不过他们很快发现已经没有什么目标可以打了。于是当天下午，第二阶段空袭启动，英军飞机攻击了哈克斯泰普兵营里集中停放的大批坦克和军车。第800中队队长拉塞尔少校首先使用火箭弹发动进攻，击毁了几辆埃军坦克，第802中队的"海鹰"FB3无法挂载火箭弹，于是使用航炮扫射并引燃了成排的无装甲车辆。这一天，埃及的高炮火力愈加密集和准确，但事实却证明，它们仍旧只是一种干扰，构不成实质性的威胁。除了给英军飞机留下区区几个弹孔之外，这些高炮唯一值得被记载下来的战绩就是打掉了一架飞机的副油箱。11月3日，"阿尔比翁"号离开特混舰队北上进行加油补给，之后于11月4日星期日和其他英军航母重新会合。这天，她的舰载机受领的任务主要是为两栖突击做准备，例如塞得港的埃军炮兵掩体就被反复攻击了四次。拂晓时，第802中队再次攻击了阿尔马扎机场，确保这里不会有可能危及登陆的埃军飞机。在这次行动中，一枚埃军的高射炮弹在克拉克中尉座机的座舱上方爆炸，座舱被完全炸碎，好在他驾机安全着舰了，多亏了前不久刚刚装备英国海军航空兵的硬质飞行头盔。许多有机玻璃碎片扎进了头盔，但飞行员却毫无察觉。沃斯上尉驾机脱离目标时，一群飞鸟突然出现在他面前，其中一只鸟撞进了右侧进气口，重创了飞机，好在他也挣扎着飞回了母舰。也许尼罗河三角洲的鸟儿们给英军飞机造成的损伤比埃军高炮更多。第809中队的"海毒液"则同时参加了舰队防空巡逻和空袭两方面的任务。

第六章 苏伊士运河危机 167

　　11月5日的空袭过后,英军发动两栖登陆,除了一部分飞机留作舰队防空巡逻之用外,其他所有能用的飞机都被拿来为地面部队提供近距空中支援。11月6日一整个白天,英军飞机都在塞得港和福瓦德港上空盘旋,第800和809中队飞机的主要武器是76.2毫米火箭弹和4门20毫米航炮。第802中队的"海鹰"FB3则使用航炮对地面上的敌军部队、车辆和建筑施以有效打击。这个中队同时还借助装在特制副油箱里的照相机承担起了"阿尔比翁"号的照相侦察任务。在11月6日的战斗中,斯图亚特·杰尔维斯上尉的"海鹰"在塞得港外被一枚埃军高射炮弹凌空打爆,他成功跳伞,后来被两栖登陆指挥舰"梅恩"号放出的一艘小艇救起。战斗前半段,第849C小队的"天袭者"们一直在特混舰队与埃及海岸之间执行早期空中预警任务,以求提前发现那些试图利用英军

△ 1956年11月5日,"阿尔比翁"号搭载的"旋风"HAR3直升机将伤员运回母舰。(作者私人收藏)

雷达的低空盲区前来挑战英军舰队的敌方飞机。不过，当英法联军伞兵夺取了贾米尔机场之后，这些载重量巨大的"天袭者"就能腾出手来执行一些其他的任务了，例如给在机场上遭受敌方狙击手威胁的伞兵部队送去饮水、药品，甚至1000罐啤酒。

"阿尔比翁"号上的2架直升机在白天根本停不下来，2名直升机飞行员在10月31日—11月7日期间各飞行了接近40个小时[33]。每一次舰载机起降时，它们都要在飞行甲板周边飞行，待命救援，此外，这两架直升机还负责将重伤员从贾米尔机场运回母舰进行救治。飞往陆地时，它们还要给地面部队送去饮水、汽油、药品和前线空中指挥组所需的无线电电池。夜晚，即使是在没有月亮的时候，这两架直升机也要向舰队各舰传达第二天的作战任务，这是英军第一次使用直升机而不是小艇来执行这种任务。"阿尔比翁"号的"火枪手"行动战斗总结[34]着重指出，此战充分体现了航母特混舰队的速度和机动性，舰队可以在很短的时间里将作战飞机以及空中作战所需的后勤和战术支援送到任何需要它们的地方。11月29日，"阿尔比翁"号脱离了航母部队司令的作战指挥。舰长很高兴地收到了一份来自鲍威尔海军上将的简短电文："'阿尔比翁'号现在形成战斗力了。"此时，她已经在海上连续航行了31天，仅在11月就放飞飞机超过1000架次，若从到达地中海算起则超过了2000架次，而且安全无事故。她在地中海舰队一直待到1957年3月，之后带着新加入的第824中队（装备"塘鹅"AS1反潜机）加入了英国本土舰队。

舰载直升机机降突击

从1952年10月到1956年12月，装备"旋风"HAR21直升机的第848中队一直驻扎在马来亚的陆地基地，与当地游击队作战。这个中队由此学会了许多直升机战术，使用直升机将登陆士兵从航母运送到滩头也是一个合情合理的选项，但是英国人一开始并没有意识到这一战术的价值，因为在国防部眼里，登陆作战的优先级太低了。然而美国方面的情况则完全不同，美国政府专门划拨了预算，将护航航母"西提斯湾"号（CVE-90）改装成为专门搭载直升机的两栖攻击舰，以此检验美国海军陆战队的"垂直包围"战术理论，即登陆部队乘坐直升机飞越海岸线，直接攻打内陆的目标。这项改造在旧金山海军船厂进行，工期从1955年6月一直持续到1956年7月[35]。于是，恰在苏伊士危机愈演愈烈之时，"西提斯湾"号改造成功的消息成了各大报刊争相报道的焦点，其背后的登陆战术也恰到好处地进入了英国海军部的视野。这艘护航航母改造完工重返舰队后被重新编号为CVHA-1，可以搭载20架海军陆战队的HRS直升机。舰上原有的弹射器、升降机和拦阻索都被拆除，右后方新装了一台大型升降机，升降机后方的结构都被拆除[36]，以便直升机长长的尾梁伸出升降机之外，这样不会妨碍升降机运转。由于只是一艘训练舰，"西提斯湾"号上供搭载部队住宿的设施很是简陋。尽管如此，她也足以在容纳540名舰员的同时额外搭载38名军官和900名陆战队士兵[37]。陆战队的住舱设在原来机库的前半部，后半部则是直升机机库。诸如吉普车之类可以由直升机吊运的轻型车辆停放在飞行甲板右侧没有直升机起降的区域里。当1956年7月纳赛尔宣布苏伊士运河国有，运河形势急剧恶化之时，英国皇家海军已经没有时间找一艘航母来进行类似的改造了，但他们手中也有两艘执行非航空任务的航母可用，那就是隶属本土舰队训练中队的"海洋"号和"忒修斯"号。

"海洋"号与"忒修斯"号

埃及军队接管运河后48小时内，"海洋"和"忒修斯"两舰就接到命令，要求她们离开波特兰，返回母港，卸下训练学员，准备改造原机库以运载部队。8月5日，"忒修斯"号带着第16独立伞兵旅离开了朴次茅斯，飞行甲板上匆匆焊接了许多扣环以固定车辆，原炸弹库里被装进了数百吨弹药和物资。"海洋"号在两天后的8月7日驶离朴次茅斯，舰上搭载了陆军第一集团军群的皇家炮兵旅，包括第21和第50中型炮兵团，他们的大炮、车辆和部分物资固定在飞行甲板上，一部分弹药和物资则装进了炸弹舱和弹药库[38]。这两支部队都被送到了塞浦路斯，由于当地没有深水港口，两艘航母只能停泊在外海，用吊车和被称为"小飞象"的吊车驳船把车辆和重型装备吊运到靠泊过来的动力驳船上。舰员们还自制了滑道，这样弹药和其他物资只要2.5秒就能完成运送。部队卸载时正值盛夏，当地午间荫蔽处气温高达35℃，因此大部分重体力劳动都是在夜间完成的。在部队还没有卸完之前，这两艘航母就开始搭载皇家海军陆战队第3突击旅的官兵了。

"忒修斯"号接来了第45突击营连同其车辆和物资，"海洋"号搭载了第40突击营连同旅司令部，同时也有车辆物资。这两支部队都已在塞浦路斯和EOKA组织奋战了一年，现在他们要被送往马耳他，进行紧张的两栖作战准备以参加"火枪手"行动。航母起航前，塞浦路斯总督、英国陆军元帅约翰·哈丁爵士还专程来到航母上，为突击队员们在岛上所做的贡献向他们致谢。

1956年9月，海军部决定进行测试以寻找从两艘航母上出动大批直升机的最佳战术，这些直升机要从2艘轻型舰队航母上起飞，搭载450名突击队员飞向距离母舰24千米外的目标区。一旦确认最佳战术，航母就将在最短时间内做好准备，将这些战术付诸实施。原训练中队司令、海军少将塞耶被重新任命为直升机部队司令，以"海洋"号为旗舰。配属"海洋"号的直升机部队是第845中队，他们装备了8架"旋风"HAS22和2架HAR3，这些直升机先前在多个陆上基地不断测试

△ "海洋"号第845中队的"旋风"HAS22，摄于"火枪手"行动的早期集结阶段。（作者私人收藏）

直升机反潜战术,这是他们第一次正式登上"海洋"号。不过这支直升机中队在1956年6月时曾在"海洋"和"忒修斯"号上进行了短期的航母降落训练,也不完全算是生手。"忒修斯"号将要搭载皇家空军中东打击部队的联合直升机队,这支部队装备6架"旋风"HAR2和6架"西克莫"Mk14直升机,他们的任务是探索在陆地作战中使用直升机进行攻击和支援的战术,其飞行员队伍由英国陆军和英国皇家空军人员共同组成。为了满足直升机作战的需求,船厂工人们将这两艘航母的航空油槽修复到了作战标准,飞行控制室通往各处的线缆、飞行甲板照明设施和战斗简报室也被修复,新的航空部门也被迅速组建起来,着手进行上舰训练[39]。

直升机母舰部队组建完成后进行了一系列试验,包括在锚泊和航行状态下的直升机起降、夜间搜索和强行着陆等,测试了旋翼启动和停止时可接受的最大相对风速,找到了直升机突击编队的最佳队形,并且探索了在飞行甲板上给直升机加油的最好办法[40]。突击队员们还进行了在最短时间内从下层住舱全副武装前往飞行甲板登机的集合训练,包括按计划集合与紧急集合。这些训练都直奔主题,毫无冗余,所有东西都要快速掌握,不允许出错,这显然意味着战争迫在眉睫。而就在不久前,战争似乎还是个远在天边的东西。这两艘航母现在已经是作战舰艇了,先前作为训练舰时留在舰上的许多多余设施都要被拆除,包括飞行甲板周围的护栏、诸多教具、机库里的学员宿舍,8月装运部队时临时焊在飞行甲板上的扣环也被拆掉了一大半,只保留了一部分用来固定突击队的装备。对"忒修斯"号而言,在一艘舰上同时装备"旋风"和"西科莫"两种型号的直升机固然是个问题,但眼下最要紧的事还是尽快让舰上的20名来自英国陆军和英国皇家空军的飞行员学会在各种条件下着舰,当然地勤维护人员也要学会在海上工作。虽然困难重重,但大家都很积极,问题也解决得很好。试验完成之后,战前准备工作便在高度保密的情况下开始了,训练和演习区域都精心选在了陆地视野无法企及的海域。这22架直升机在英吉利海峡中央练习了编队机动,让那些从没见过这种景象的渔民们大饱眼福。两个星期后,直升机部队完成战术试验,"忒修斯"号的联合直升机队演示了刚刚学会的新技能:短短9分钟之内,12架直升机全体着舰、加油,搭载部队后再次起飞。测试完成后,两个直升机中队离舰返回航空站,航母也回到了母港。

10月，两个直升机中队奉命重新上舰。其原因不言自明，但开战时间此时还不太清楚。两个中队这一次对调了母舰，第845中队登上了"忒修斯"号，联合直升机队则入驻"海洋"号。两舰将突击队的车辆和物资固定在飞行甲板之后便启程奔赴马耳他。航行途中，飞行甲板组和新入驻的直升机中队共同训练了在甲板上转运物资和车辆。抵达马耳他后，直升机部队又和被指定执行机载突击任务的第45突击营共同进行了直升机载重和飞行性能试验。11月3日，2艘航母搭载着突击队及其装备驶离马耳他。除第45突击营外，第3突击旅的其余部队将乘坐普通登陆舰艇向滩头发动攻击。突击旅旅长R. W. 马多克陆战队准将（官佐勋章得主、ADC）坐镇登陆舰"梅恩"号，D. G. 特维迪中校（员佐勋章得主）指挥的第40突击营将搭乘坦克登陆舰"斯特莱克"号和"雷吉奥"号在红滩登陆，P. L. 诺科克中校（员佐勋章得主）指挥的第42突击营将搭乘坦克登陆舰"安奇奥"号和"萨弗拉"号在绿滩登陆。整个登陆舰队的通信中心是驱逐舰支援舰"蒂恩"号，她同时也是部队的联合指挥舰。11月4日，"蒂恩"号从塞浦路斯的利马索尔起航，机降突击打响时，她将到达塞得港以北约50千米外的阵位。从这一天开始，英国空军中将巴内特开始乘坐"蒂恩"号协调空中作战，他一方面要通过皇家空军设在塞浦路斯的艾比斯科比空中作战中心指挥空军，一方面要通过海军航母部队司令的每日指令来调度海军。登陆部队指挥官，陆军上将休伊·斯托克维尔爵士也乘坐"蒂恩"号，而他的法国副手，安德里·布法里将军则搭乘法国支援舰"古斯塔夫·杰德"号。

早在"火枪手"行动还在策划之时，英法联军就考虑过使用直升机机降突击队占领桥梁和其他关键目标，然而经过讨论，大部分将领认为此举过于冒险，因此第45突击营和直升机部队被留作"机动预备队"。这支机动预备队准备了两套作战方案，一旦需要，指挥官将会选择其中之一快速下达。第一套方案要求出动所有直升机向已知的大型着陆区发动大规模突击，第二套方案则是以6架直升机为一组在狭小着陆区组织连续机降。如果需要采用第二套方案，那么他们还将组织侦察直升机前去寻找最合适的着陆场。这种情况意味着战事艰难，但在登陆战打响后的混乱中，这可能是无法避免的。1956年11月5日傍晚，"海洋"和"忒修斯"两舰已经抵达塞得港外海，直升机在甲板上严阵以待，事先打包好的物资都已经摆放到了指定的位置上随时准备装机。准备期间的天气不太好，这给直升机机降部队的战斗准备带来了一些麻烦，然而"火枪手"作战期间的天气则一直都很好。11月6日破晓前，两艘航母在距离塞得港13.7千米外已经扫清了水雷的水道处下锚，机降部队在飞行甲板上集结待命，在他们眼前，英法联军对滩头的炮击和常规登陆作战已经铺开。为了减少对平民人身和财产的伤害，对滩头的炮击仅使用了驱逐舰上的114毫米舰炮，从04:03到07:54，"圈套""女公爵""钻石"和"花冠"四艘驱逐舰共向海边的埃军阵地打出了1063枚炮弹。

此时，"海洋"号和"忒修斯"号上的人们开始担心自己的突击队会得不到上场的机会。不过，他们的担心很快被证明是多余的。07:41，作战命令来了，第3突击旅要求向地图上编号为GR73999512的着陆区迅速发动第一波直升机机降，使用第二套方案。18分钟后，第845中队的一架"旋风"直升机带着第45突击营营长、N. H. 泰鲁尔陆战队中校和他的指挥部、着陆区引导组抵达了预定的降落区。这个降落区是一个运动场，不幸的是它恰好处于激烈的交火区域之中。直升机刚刚卸下载员拉起高度，一颗子弹就击伤了飞行员的手指头。他立即意识到自己的直升机和刚刚卸下去的那些人已经被敌人的轻武器火力覆盖，于是勇敢地飞了回去，重新降落，把陆战队员们接了上来——有些人已经负伤了。直升机随后飞向了第二备选着陆场——德-勒赛普雕塑广场（德-勒赛普是苏伊士运河开凿工程的总工程师）并安全降落。随后他通过无线电将新着陆场的信息发给了后方已经起飞、正在航母上空盘旋的直升机群。人类战争史上第一次直升机机降突击实战随即拉开了序幕。到10:21，第845中队和联合直升机队已经把415名突击队员、3门反坦克炮、4门迫击炮和15吨弹药送到了着陆区。损失在所难免，那架侦察直升机返航后被数出了30个弹孔，被判为"严重不可用"，还有一架"西科莫尔"直升机在起飞时发生发动机故障，在"海洋"号飞行甲板上坠毁，好在机组、载员和甲板人员都无人受伤。但不幸的是，已经在陆地上建立了阵地的第45突击营却遭到了友军火力的误击，遭受了不必要的伤亡[41]。当时，设在"梅恩"号上的联合火力支援协调组命令空中盘旋支援的飞机前去攻击一门向英国军舰开火的埃及火炮。领命而来的是第830中队一个"飞龙"三机小队，长机被告知，要攻击的那门火炮在一座有两个尖顶的清真寺旁边,向东370米处就是英军阵地,他也拿到了目标的地图坐标并且复述准确。随后长机在清真寺附近发现了一门反坦克炮,他觉得这门炮可能是英军的,于是向后方发回报告,但后方却要求他继续进攻。与此同时,第三架飞机的飞行员报告说自己看到附近的道路上有部队并上报了地图坐标,随后用航炮扫射了这支新出现的部队。遭到扫射的正是第45突击营,遭此意外打击,他们共有16人伤亡,包括情报官隆少校和营长,2名对空管制组组员也受了伤。运河西岸一所警察局屋顶上的观察所里有一名英军联络官,他目睹了这场误击的全过程,并且试图通过对地攻击任务组的无线电通用频道呼叫"飞龙"机群取消攻击,但却未能呼通。事后调查显示,联合火力支援协调组在试图锁定目标时犯了错,因为海岸以南有多座外观相似的清真寺。而且协调组使用的地图比例和飞行员手中的也不相同。另外,协调组此时应该把攻击机的指挥权转交给前线的对空指挥组。飞行员们也得出了相似的结论,认为此时自己更应该接受直面敌人的对空指挥组的引导,而不是由"梅恩"号协调组的指挥。"飞龙"机群在攻击前多次向后方确认目标并得到了攻击的指令,因此飞行员们无需对这次惨痛的事故负责。

  两栖突击作战结束后,直升机部队仍在马不停蹄地执行其他类型的任务。其中最重要的任务是接运伤员,英军在战后总结报告中引述了一名被接回"海洋"号的伤员的例子。这名陆战队员在登陆后不久负了伤,直升机立即把他接回了"海洋"号,直升机从母舰起飞仅仅20分钟后,这名伤员就躺在了"海洋"号的病床上。不过,这时航空母舰距离海岸很近,才有了这个神奇的例子,并不是所有的伤员都能享受到这种待遇。此外,直升机还将皇家空军的地面人员和机场指挥组输送到了贾米尔机场,使机场迅速投入使用,将各军兵种的高级指挥官运送到各个战略要点。另外,诸如向急需的单位快速运补物资和弹药、在母舰上收集信件后递送给陆上部队等杂事也都成了直升机部队的任务。最终,1956年11月6日当天,英军的舰载直升机部队总共进行了194架次甲板降落,将479名陆战队员和20吨物资弹药送到了陆地上。随后,联合直升机队移驻贾米尔机场,"忒修斯"号与"海洋"号也于11月7日带着一部分伤员先后启程返回马耳他。两舰官兵都为自己卓越地完成了这一新战术的首次实战而倍感自豪。

第六章　苏伊士运河危机　175

△第845中队的"旋风"直升机群正在进行史上首次实战直升机机降突击！注意照片右侧正在开赴滩头的登陆艇和岸上大火升起的浓烟。照片摄于一艘Mk8坦克登陆艇舰桥右侧的20毫米厄利孔高炮炮位上。图中近处的网架是为了防止高炮在扫射敌机时误伤本舰设置的。（作者私人收藏）

　　1956年之前，英国国防计划的制定者对两栖作战的轻视，难免会导致他们对直升机在两栖突击作战中的潜在关键作用缺乏理解。无论是"海洋"号还是"忒修斯"号的装备都并不完全适合执行垂直包围作战，舰上装备的直升机也不是最好的，但最重要的是，这两艘航母都能执行直升机机降任务，而且就手可用。由于对这种全新的战法缺乏自信，机降部队起初只是被作为机动预备队，但他们最终还是成功发起了突击，尽管没有遭遇严重的抵抗，直升机的能力还是得到了充分展示，首次登场的直升机机降突击成了"火枪手"行动留给未来战场的最重要一课。联合作战经验丰富的英国海军上将蒙巴顿一等勋爵很快意识到了直升机机降能力的重要意义，并准确预见到它很快就会成为打击舰队的重要组成部分。在接下来的四年里，针对有防卫和无防卫海滩的登陆战术成了各方研究探索的焦点。除了直升机作战，新的全球战略也已呼之欲出：对"火枪手"行

176 决不，决不，决不放弃：英国航母折腾史：1945年以后

△一张似乎是专为媒体而准备的"摆拍"照片，联合直升机队正飞离"海洋"号飞往贾米尔机场。编队中有5架"西克莫"和1架"旋风"。图中可以看到此时塞得港外的锚地有多么拥挤。（作者私人收藏）

动进攻阶段作战的评估充分显示，想用驻扎在固定几个基地里的部队去应对全球各处此起彼伏的小型冲突，就像苏伊士危机这种，并非理想做法，快速反应才是最重要的。经此一战，大家都意识到[42]："这场成功的进攻作战带给我们的首要结论就是，如果我们想用一个随时待命的'火力旅'去应对全球各地随时可能突然爆发的冲突，那就不要等到对手开了火之后再把我们的家伙拉出来。和陆军兄弟一样，我们的海军也必须随时枕戈待旦。"

马耳他哈尔法皇家海军航空站的重要意义

马耳他的哈尔法皇家海军航空站在整个苏伊士运河危机期间都扮演了十分重要的角色，无论是作为航母打击舰队的备降机场和战斗准备基地，还是作为敌前管制中心。哈尔法基地原本驻有作为舰队后备航空部队的第728中队和美

国海军的一支海上巡逻机中队VP-11。当"鹰"号和"堡垒"号入驻马耳他时,两舰上的10支舰载航空中队都进驻了这一机场;当"火枪手"行动需要使用轰炸机空袭埃及时,皇家空军的几支"堪培拉"轰炸机中队也被部署到哈尔法基地。"勇士"轰炸机群则来到了皇家空军的卢卡基地。于是乎,大量的炸弹和燃料开始源源不断地从岛上仓库运往这两个基地以保障它们的作战能力。进入登陆战阶段后,哈尔法海军航空站开始向各艘航母上的舰载航空兵中队持续提供替补飞机。这些替补飞机从英国起飞,途径法国,迅速抵达马耳他,之后装进货船送到舰队[43]。

"斗牛士"行动

以"纽芬兰"号巡洋舰为核心的第324特混大队位于苏伊士运河南面的红海海域,1956年10月31日,这支舰队已经行动起来,开始从南面保护开进苏伊士运河的英国与中立国船只[44]。除了巡洋舰之外,这支特混大队还编有驱逐舰"戴安娜"号、护卫舰"起重机"号和"莫德斯特"号,以及皇家军辅船队的油轮"海浪主权"号。吉布提还驻有法国海军的2艘护卫舰"拉皮罗斯"号和"加芝勒"号,如果需要也可以参战。10月31日日落后,"纽芬兰"号和"戴安娜"号正在驶进苏伊士湾,在开到加里卜角以北14.4千米处时,舰队发现一支商船队的尾后出现了一个昏暗的舰影。两艘英舰立即拉响了战斗警报,巡洋舰舰长汉密尔顿上校率领两舰转入与不明船只平行的航线,并将主炮指向了目标。接近到仅有7链的距离时[45],"纽芬兰"号打开了508毫米直径的信号灯照亮对手,对方的身份立刻暴露了出来——埃及护卫舰"达米埃塔"号[46]。汉密尔顿上校希望能够俘获而非击沉这艘敌舰,于是他向对手发出了信号:"停船,不然我就开火了。""达米埃塔"号收到了信号,随即减慢了航速,但是不甘屈服的埃及水兵很快又加快了航速,并把舰上的2门102毫米舰炮指向了眼前的庞然大物。汉密尔顿上校随即下令开火。01:20,"纽芬兰"号的152毫米主炮、102毫米副炮,甚至40毫米博福斯高射炮都打响了。英舰的首轮齐射就击中了"达米埃塔"号的水线部位,之后又接连命中,直到01:30才停火。01:35,埃及护卫舰翻覆在海面上,几分钟后就沉入了海底。英军巡洋舰随即放出一艘救生艇,救起了2

名埃及水手，"戴安娜"号奉命搜救幸存者并救起了6名军官和60名水兵。不幸的是，03:00舰队西北方出现了2艘身份不明的舰艇，英军驱逐舰只得中断救援前往应对，仍泡在驱逐舰周围海水里的埃及水兵就无暇顾及了。在这场一边倒的海战中，英国水兵们对埃及同行其实是充满了同情的，这些"敌人"大部分都在英国受训，而此时他们不过是在尽职而已。后来英军发现，大部分幸存者其实根本不知道英国和埃及已经开战，有些人甚至申请加入皇家海军担任厨师或勤务兵！"戴安娜"号的医护人员救治了一部分埃及伤员，他们甚至把舰上的礼堂改造成临时手术室，为一名腿部受伤的埃及水兵做了截肢手术。"纽芬兰"号被埃及护卫舰命中了2枚102毫米炮弹，1名勤务兵战死，另有5人受伤但伤势不重。"戴安娜"号用前主炮开了火，自身未受损伤。

由于缺乏空中掩护，这支特混大队在白天随时面临着埃及伊尔-28轰炸机的威胁。但是与"达米埃特"号的战斗却显示，由于航母打击舰队面临的威胁种类繁多，火炮巡洋舰在航母舰队中并非没有用武之地。在夜间，汉密尔顿上校一直担心埃及海军的高速巡逻艇会从多个不同方向向他的小舰队发动突袭，这正是他总在夜间要求各舰保持密集作战队形的原因，与"达米埃特"一战后他在发现不明雷达信号时要求驱逐舰"戴安娜"号放弃救援，也是出于这一担心。然而实际情况是，当时雷达探测到的目标并非敌舰，埃及也没有攻击他的特混大队。

此时，特混舰队的两艘护卫舰"起重机"号和"莫德斯特"号正分别在亚喀巴湾沿海和苏伊士湾南端巡逻。11月3日，以色列军队开始沿西奈半岛南下，当天傍晚，"起重机"号在开往指定位置的途中路过恩特普莱斯海峡，目睹了海滩上的一场坦克战。战场上空有5架飞机突然排成一列纵队扑向"起重机"号，英军起初以为这些是埃及空军的米格-15战斗机，后来才发现是以色列空军的"神秘"。"起重机"号的上甲板上绘有联军的旗帜，她立即升起战旗以17节的最高航速转向东南，希望晚霞的余光能在以色列飞行员面前把舰上的各种标识照亮。尽管如此，以色列飞行员还是把这艘护卫舰误认成了埃及护卫舰"塔里克"号，也就是"起重机"号的前同级舰"中杓鹬"号，随即用火箭弹和炸弹发动了攻击。"起重机"号立即反击，击落击伤以色列战斗机各1架。事后看来，把一艘与埃及军舰一模一样的护卫舰派到以色列部队近旁实在不是明智之举，而这次事故也显示出假如埃及人更积极主动地使用他们的空军，这支特混大队将面临何等险境。"起重机"号上有几人受伤，好在无人死亡。舰员们自己修复了损伤，保持在了原来的战位上，直到不久后开赴新加坡进行彻底维修。总体而言，这支特混大队完成了自己保护红海航运的任务，一旦需要，他们也能表现出坚强的战力。

停火

国际上出现了谴责英法两国在苏伊士运河地区动武的声音，美国的不支持使英法两国更趋孤立。在联合国安理会会议上，英法甚至两次动用了否决权，一次针对美国的解决方案，另一次针对苏联的。1956年11月2日，联合国大会要求英法停火。更令英法深受打击的是苏美两国的态度，美国已经不支持英法了，而苏联自视为阿拉伯国家权益的保护者，为了自己在中东的利益，它也对英法发出了威胁。英法以三国联军别无选择，只好同意停火。11月6日晚上，当联军的高级将领在"蒂恩"号上开会时，从BBC新闻广播里传来的关于停火协议即将当晚23:59[47]生效的消息令他们备感惊讶。不久，伦敦发来的一条指示确认了停火的消息，并要求一旦联合国部队抵达，联军就要把阵地移交给他们。可以想见，吃了一惊的联军高层并没有收手，斯托克维尔将军命令部队继续向苏伊士运河区推进，越快越好。到当晚23:59停火之时，联军地面部队赶到了塞得港以南37千米处的厄尔-卡普，然而此时埃及已经在运河里自沉了多艘阻塞船，有效封锁了航道，拖走这些阻塞船需要花费相当长的时间。

"火枪手"行动在军事上显然是成功的，但是从埃及实行苏伊士运河国有化到联军发动干涉行动之间的时间长达三个月，这使战争在政治上一败涂地。这次行动或许时机不对，运气也不好，但固定翼飞机航母和直升机航母在此次行动中的杰出表现足以载入史册。她们满足了人们的所有期待，而且做得更多、出击效率更优秀、事故率更低，更重要的是，她们展示了自己在和平时期快速介入突发事件的能力。攻击型航母和直升机航母已经成了英国快速介入能力的核心。

航母作战分析

作战行动初期，联军航母的活动区域是 A 区，也就是以塞得港 330° 方位（西北偏北）175.9 千米处为圆心，半径 56.3 千米的圆形区域，其中英军航母通常在区域南部活动，法国航母则在北部。11 月 4 日，这些航母转移到了更接近海岸的位置，英军航母前往 D 区，法国航母前往 C 区，两个圆形区域的半径都是 32 千米，圆心距离塞得港大约 112.7 千米。联军还在距离埃及海岸 19.3 千米处布置了 2 艘潜艇以执行搜救任务。战斗之初，联军在 A 区圆心西南 65 千米处布置了驱逐哨舰，不过到了第二天，敌方发动空袭的可能性基本消失，这些哨舰也随之取消。海上补给船队大部分时候都在航母以北 65～96 千米处活动[48]。每支航母编队的行动海域都是一个半径 11.2 千米的圆形，这一方面是考虑到便于特混大队的指挥，另一方面也是为了方便航母与护航舰艇的独立机动。舰队的航向则或多或少取决于风向。

11 月 1 日拂晓前空袭机群起飞时，联军航母距离目标大约 215 千米。挂载副油箱的"海鹰"战斗机在挂载炸弹时的最大实用作战半径是 277.8 千米，如果不带炸弹只使用航炮攻击则可以扩大到 296.3 千米。这样，英军的舰载战斗机基本都是在最大作战半径上执行任务，只要任意一次埃军攻击导致舰载机回收发生延误，后果就会十分严重。法军航母在 11 月 1 日扛起了舰队的反潜巡逻任务，同时向埃及海军军舰发动了两次空袭。他们还空袭了埃及的道路车辆和机场，并为法军地面部队提供了近距空中支援。每日固定翼舰载机的出击架次如下：

	"鹰"	"阿尔比翁"	"堡垒"	英军总计	法军总计
11月1日	135	93	124	352	24
11月2日	125	66	105	296	28
11月3日	113	补给	91	204	30
11月4日	4/补给	80	93	177	补给
11月5日	124	91	101	316	45
11月6日	120	85	66	271	36

英军各舰在执行战斗任务时的日均出击架次,"鹰"号约120架,"阿尔比翁"号约85架,"堡垒"号约95架。作战期间持续的良好天气,以及埃及方面未能展开有效反击,都为飞行任务提供了有力的帮助。同时,英军已经能把在哈尔法基地准备好的替补飞机用货船直接运送给舰队了。但在另一方面,出击架次又受到了不堪重荷而故障频出的BH5型弹射器的影响,"鹰"号的右侧弹射器在整个冲突期间一直不能用,"堡垒"号的2台弹射器在11月6日上午一度全部故障,其中1台自从11月2日之后每天都会断断续续出点问题,"阿尔比翁"号在11月4日的大部分时间里也只有一台弹射器可用。这些原因导致至少30架次的起飞被取消,但这也使舰队的最终成绩变得更加难能可贵。同为轻型舰队航母,"堡垒"号的起飞架次领先"阿尔比翁"号,这主要是由于她搭载的全部是单一机型"海鹰"战斗机,而且数量更多。各攻击型航母上直升机的起飞架次和飞行情况如下：

航母	架次	飞行时长（时）
"鹰"	75	44
"阿尔比翁"	130	68
"堡垒"	96	48
"阿罗芒什"	32	22
"拉斐特"	38	27

陆基飞机的参战架次也不少。除了运输机、战场巡逻机和照相侦察机之外,轰炸机司令部还出动了398架次轰炸机,战斗机也执行了722架次对地攻击任务。战斗机的起飞架次中,大约300架是法国的F-84F,其余的主要是从塞浦路斯起飞的英国空军"毒液"型。

在11月1日的拂晓空袭中,联军舰队同时放飞了55架舰载机,之后每次空袭同时出动的机群规模普遍是40架左右。大部分时候,舰队上空都会随时保留大约10架左右的战斗机用于执行防空巡逻,4架飞机执行早期预警或其他侦察性任务,航母甲板上随时保持6架战斗机处于待命状态以备增援防空巡逻机。在整场行动中,3艘英军攻击型航母始终合理错开了飞机起飞和降落的时间,从未发生冲突。这意味着调度人员需要在各种相互矛盾的冲突中做出合理妥协,尤其是对搭载多种不同型号飞机的航母而言。在对埃及的军事行动中，每一波出击和降落的时间间隔被设置为65分钟，这样可以最大限度地适应"海鹰"和"海毒液"战斗机的需要——这两型飞机占参战英军舰载机的绝大部分，同时也能够满足空袭通常距离海岸100千米左右的埃及机场的要求。即便在弹射器故障频发的情况下，英军仍然能够实现以较短间隔收放飞机。平均数据如下：

机型	起飞间隔（秒）		降落间隔（秒）
	双弹射器	单弹射器	
"海鹰"	32	52	34
"海毒液"	34	57	36
"飞龙"	40	70	46

在战斗的各个阶段，执行不同任务的飞机架次数也各不相同，这一变化也是相当有意思的，不妨一看。

日期	空袭	应召支援	武装侦察	侦察	照相侦察	防空巡逻	早期预警	运输	合计
11月1日	209	0	0	2	15	114	11	1	352
11月2日	191	0	0	2	9	82	10	2	296
11月3日	83	0	61	7	4	42	5	2	204
11月4日	120	0	0	0	12	34	5	6	177
11月5日	61	196	11	0	0	37	5	6	316
11月6日	55	142	35	7	15	10	4	3	271

舰载机在作战中的使用效率总体而言堪称优秀，尤其是和那些陆基对地攻击机相比。在整个"火枪手"行动中，皇家海军的战术战斗机数量占总数的1/3，但执行空袭和对地攻击任务的飞行架次数却占到2/3，这主要得益于航母凭借自身机动能力获得了更有利的起飞位置。不仅如此，有一部分目标甚至根本不在塞浦路斯基地的皇家空军"毒液"战斗机的作战半径之内，只有舰载机才能对付。尽管如此，如果航母特混舰队多配备一些飞行员的话，他们还可以干得更好。海军部的作战研究部门相信，飞行员的承受能力已经成了飞机利用效率的瓶颈，即便有些飞行员一度每天出击4次，也仍是如此。

第六章 苏伊士运河危机 183

△"火枪手"行动后锚泊在马耳他岛大港的"堡垒"号,此时舰上正在举行仪式,航母部队总司令检阅来自第804、810和895中队的32架"海鹰"战斗机,这些飞机排列整齐,机上的识别条纹对接在一起,十分好看。注意军舰上升起了"任务完成"信号旗。(作者私人收藏)

"火枪手"行动无疑是英法两国政府的一次失败,也揭示了英国陆军和皇家空军在快速组织机动兵力并将其投向热点区域的能力方面存在严重欠缺。但反过来,海军的航母打击部队,虽然装备的飞机远远不是最好的,但他们仍然展现出了很高的战备水平和承担广泛任务的能力。笔者在撰写本章的背景部分时就曾想过有哪些方面可以写进航母打击舰队的故事,最终得出结论,航母舰队在整个战争的所有方面都扮演着至关重要的角色。参加苏伊士运河作战的所有英军部队都从航空母舰的全面作战能力中获益匪浅。如果没有航母,其他各部队的任务就很难如此顺利地完成,甚至根本完成不了。

"老泼妇"行动

1956年11月6日午夜，双方停火，但英法联军还是控制着塞得港和苏伊士运河沿岸的阵地。"阿尔比翁"号继续停留在作战海域，每天夜间放出"天袭者"进行巡逻以确保不会有敌人危及锚泊在海岸外的支援船只，"海毒液"战斗机也弹满油足在飞行甲板上待命，以备不时之需。白天，"海鹰"战斗机继续在舰队上空进行防空巡逻，与地面的陆军联络组进行通信演习，随时准备为地面部队提供近距空中支援，并在埃及上空展示肌肉。11月29日，"阿尔比翁"号在连续出海31天后离开作战海域，返回马耳他进行检修。11月6日—29日期间，联合国大会围绕下一步行动展开辩论，最终决定向冲突区域派遣维和部队，防止当地在英法联军撤离后发生新的战乱。12月11日，"阿尔比翁"号再次起航，前往塞浦路斯海域与"鹰"号会合，准备支援"老泼妇"行动[49]，也就是联军从埃及撤退的行动。必要时，她们将为联军提供空中支援。此番前往东地中海期间，黑尔什姆勋爵，海军大臣兼第一海务大臣，约翰·朗造访了"阿尔比翁"号。12月23日，撤退完成，当地再无战事，"阿尔比翁"号也撤回马耳他进行改装。1956年圣诞节当天，这艘航母开进大港，皇家海军战后航母战史上的这一篇章落下了帷幕。

注释

1. Grove, *Vanguard to Trident*, pp 178 et seq.
2. Jackson, *Suez 1956*, pp 7 et seq.
3. Geoffrey Carter, *Crises do Happen–The Royal Navy and Operation Musketeer, Suez 1956* (Liskeard: Maritime Books, 2006), pp 2 et seq.
4. Jackson, *Suez 1956*, p 10.
5. 这种做法缺乏明显。不过早先埃及政府不顾英法两国对运河的所有权强行禁止以色列船只通过苏伊士运河时,英法两国政府也采取过温和得多的政策。
6. Department of Operational Research Report Number 34, *Carrier Operations in Support of Operation Musketeer* (London: Admiralty, 1959).
7. Hobbs, *British Aircraft Carriers*, p 245.
8. "阿罗芒什"号是前英国太平洋舰队航母"巨像"号。
9. "拉斐叶"号是前美国海军"朗利"号轻型航母。
10. Brian Cull, with David Nicolle and Shlomo Aloni, *Wings Over Suez: The First Authoritative Account of Air Operations during the Sinai and Suez Wars of 1956* (London: Grub Street, 1996), pp 96 et seq.
11. 以色列代表团包括达扬将军和戈尔达·梅厄夫人。
12. Cull et al., *Wings Over Suez*, pp 102 and 103.
13. 据说安东尼·艾登亲手摧毁了自己的人设,因此人们总觉得他对自己在事态滑向冲突的过程中扮演的角色感到很没有面子。
14. 笔者记得当时父亲驾车送自己上学,每次都能看到普利茅斯郊外克罗恩希尔的普拉默兵营里停满了涂成沙黄色的车辆,这些车辆的挡泥板上都写上了显眼的"H"字母。当时我们还听 BBC 广播里的新闻公报说,动武只是对埃及的最后选项。
15. 皇家空军基地分别是塞浦路斯的阿克罗蒂尼、尼科西亚和蒂姆布。由于阿克罗蒂尼机场刚刚在 1956 年进行了现代化改造和扩建,而蒂姆布原本只是个备降机场,需要延长跑道才能起落大型运输机,进攻部队的集结工作变得复杂了。
16. 塞浦路斯的三个基地是皇家空军的阿克罗蒂尼、尼科西亚和蒂姆布;马耳他的三个基地是皇家海军哈尔法航空站和皇家空军的卢卡和塔卡里机场。
17. 大队指挥官是杰出服务通令得主,皇家空军上校 L. M. 霍奇斯。
18. 显然,很多人都以为自己是要去协防约旦。
19. Cull et al., *Wings Over Suez*, pp 190 and 191.
20. 德海拉机场原先是英国皇家海军的航空站。
21. Carter, *Crises Do Happen*, pp 7 et seq.
22. 这一改进被所有"海鹰"中队采纳,其发明者、第 899 中队指挥官 A. B. B. 克拉克少校也为此获得了 60 英镑的赫伯特·洛特·冯德萨奖金。这个指示灯由座舱里的一个开关控制,各个中队给这盏灯起了千奇百怪的名称,比如"好玩灯"或者"蚊子灯"。
23. *Flight Deck* (Autumn 1956), p 63.
24. *Flight Deck* (Winter 1956), pp 3 et seq.
25. 1956 年可谓米德尔顿上尉的灾年,他这一年在驾驶"海鹰"时发生了三次重大事故。7 月 13 日,他的 WM916 号飞机在马耳他外海引擎失灵,他被迫跳伞。9 月 5 日,WM966 号机从"鹰"号弹射起飞时失火,他驾机在母舰前方的海面上迫降,本人被直升机救回。10 月 29 日,他驾驶的 XE441 号机刚刚加速到 80 节,弹射器就在一阵震颤之后失灵了,飞机在军舰前方迫降,随后军舰从他的头顶上压过,他的头盔还因为撞上了军舰底部而损坏,好在他还是被直升机救起。尽管遭此大难,米德尔顿上尉还是被判定适合在"火枪手"行动中执行飞行任务。

26. Cull et al., *Wings Over Suez*, pp 273 and 274.
27. 考虑到这座桥是由英国工程师设计的，而且对塞得港登陆作战十分重要，目标分析部门对未能正确判断桥梁的结构和未能给出最佳的攻击战术负有不可推卸的责任。
28. *Flight Deck* (Autumn 1956), p 42.
29. *Flight Deck* (Winter 1956), p 9.
30. 这项改造在航母上就能完成。
31. Ray Sturtivant, *The Squadrons of the Fleet Air Arm* [Tonbridge: Air Britain (Historians), 1984].
32. *Flight Deck* (Winter 1956), p 13.
33. 在和平时期，一名直升机飞行员平均每月飞行时间只有20小时。
34. *Flight Deck* (Winter 1956), p 15.
35. Raymond Blackman, *The World's Warships* (London: Macdonald, 1960), p 24.
36. *Jane's Fighting Ships*, 1961–62 edition, p 319.
37. Norman Friedman, *US Aircraft Carriers—An Illustrated Design History* (Annapolis: Naval Institute Press, 1983), p 360.
38. *Flight Deck* (Autumn 1956), p 22.
39. *Flight Deck* (Winter 1956), p 16.
40. 这一时期，固定翼飞机和旋翼机加油时用的都是和与加油站相似的普通加油设备。能快速加油的高压加油设备要到下一代飞机上才会出现。此时直升机和"天袭者"预警机使用活塞引擎，烧传统的航空汽油；新型喷气飞机和涡轮螺旋桨飞机则使用燃点更高、安全性更好的航空煤油。
41. ADM1-27051, *Operation Musketeer Carrier Operations*, Appendix 5, The use of helicopters to lift 45 Commando Royal Marines at the National Archives, Kew.
42. ADM116 6136 section 4, 395 (a) at the National Archives, Kew.
43. *Flight Deck* (Winter 1956), p 39.
44. Carter, *Crises do Happen*, pp 67 et seq.
45. 合1280米（1400码），一链约合183米（200码）。
46. 前英国海军江河级护卫舰"尼斯"号。
47. 苏伊士运河的时区是东二区，比格林尼治标准时间快2个小时。
48. Department of Operational Research Report Number 34, *Carrier Operations in Support of Operation Musketeer*.
49. *Flight Deck* (Spring 1957), pp 13 et seq.

第七章
新装备和新一轮国防评估

1958年，当"胜利"号完成改造，开出朴次茅斯船厂之时，皇家海军完全有理由宣称她是世界上最先进的航空母舰。虽然不如美国海军福莱斯特级超级航母那般庞大，但是足以搭载英国海军在役或在研的所有机型，包括相当数量的布莱克本"掠夺者"攻击机[1]。她还是英国海军第一艘装备了8°斜角甲板、蒸汽弹射器、助降镜、984型三坐标防空雷达，以及配套的综合显示系统（CDS）的航空母舰。另外，设计她的弹药库时就考虑到了搭载核武器的需要，这在英国航母中实属首次。航母上使用的核武器是907千克的"红胡子"核弹，计划由即将服役的"弯刀"与"海雌狐"挂载。她的弹药库和加工车间还可以满足使用导弹的需要，最初使用的导弹是德·哈维兰"火花"空对空导弹，由"海毒液"与"海雌狐"战斗机挂载。新的篇章由此开启。

△现代化改造后的"胜利"号，笔者1966年上舰服役时，她就是这样的状态。飞行甲板上的飞机包括几架"掠夺者"S2，1架"海雌狐"，1架"塘鹅"COD4和2架"旋风"HAR9，这型直升机一度在航母上执行搜救任务。（作者私人收藏）

航母作战室里的新型显示设备

1955年竣工的"皇家方舟"号航母是世界上第一艘在完工时就装备了蒸汽弹射器、助降镜，以及斜角甲板的航空母舰，这和那些在后来改装时才增加斜角甲板的航母有很大不同。不过"皇家方舟"号的先进性并不彻底。她的斜角甲板并不是最终版本，与舰体中轴线的夹角只有4.5°。舰上作战室与防空指挥室的敌情展示用的也是传统的雷达绘图方法：雷达绘图员从他们的平面位置显示器（PPI）上读出回波信号的信息，其他人根据绘图员报出的信息把目标位置标绘在一大块垂

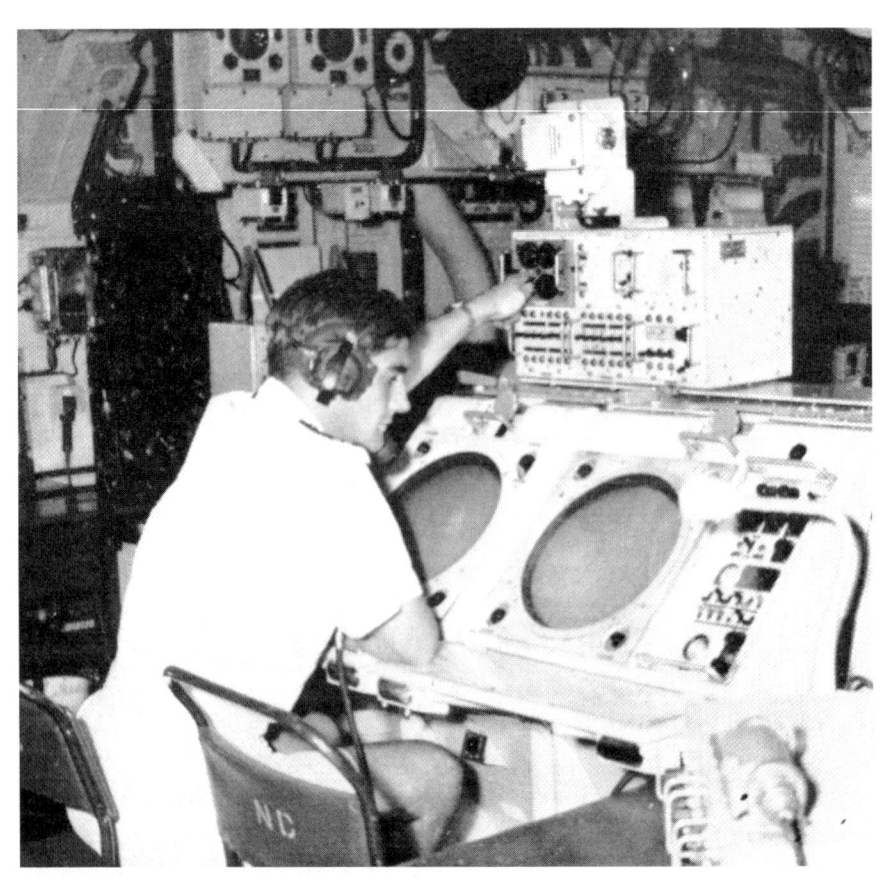

△ "胜利"号飞机引导室内引导官的座位，此时舰上已经配备了CDS（综合显示系统）。（作者私人收藏）

直的树脂玻璃绘图屏上，这样防空引导官、战斗机控制官和指挥组就可以看到了。为了不妨碍指挥人员观察绘图屏，绘图员必须在树脂玻璃屏幕背面绘图，并不断更新屏幕上敌机和友机的位置。绘图屏旁边是一块同样用树脂玻璃做的信息栏，关于己方攻击机群、防空战斗机队、雷达预警机的实时信息都写在上面，一同展示的还有那些身份不明或已经确定为敌机的目标信号的编号。和绘图屏一样，信息栏上的内容也要写在树脂玻璃背面以便指挥人员从正面观看，这就要求绘图员学会"反写"文字，本书作者在海军军官候补生时代就专门学习过这项技术，并且不知为什么一直到今天都还没有忘掉。当然这一套雷达信息显示技术比起英国太平洋舰队在二战中使用的技术还是领先了一代，PPI显示器普及之后，这一方法被称为"JW汇编"。雷达信息一部分来自982型雷达，这型雷达装有水平排列的草叉型天线阵列，可以准确测定162千米外目标的方位角，另一部分来自983型雷达，其天线形如垂直的半月，可以上下旋转，在同样距离上准确测定目标的高度信息。

"胜利"号上使用的综合显示系统（CDS）比"皇家方舟"号的又要好得多[2]。这一系统的核心是984型三坐标雷达，这台雷达装在舰岛前部，在对空天线阵列外加装了一个特有的"垃圾桶"形保护罩。引导官和战斗机控制官都有自己独立的控制台，各装有一台PPI显示器。舱壁上仍然悬挂有一块大型树脂玻璃空情绘图板，可以让所有人一抬头就能很方便地看到空中的形势。同时，正如讽刺者所言，这也可以让"反写"技艺传承下去。另一面舱壁上有一块醒目的电子显示屏，和火车站里显示车次和到站信息的显示屏类似，绘图员可以通过键盘把各批次目标的信息敲上去。装有CDS工作台的防空指挥室始终保持半黑暗状态，因为PPI显示器的亮度有限，在完全照明条件下很难看得清。PPI显示器的使用，在那个年代的战场信息管理方面不啻一场革命。所有接入CDS系统的操作员都可以使用屏幕左侧的一个开关面板来切换显示模式，总共有4种984雷达原图、增加了敌我识别标签的雷达原图、敌我识别系统显示屏，以及人工输入的电子显示屏。最后，系统用一台计算机取代了原来单纯的雷达显示屏，敌我识别信息和速度参考值也可以显示在屏幕上。例如：

读者可以把这里的小数点视为雷达屏幕上的回波信号亮点。左上角的数字是目标编号，右上角的是电子仓库编码（Electronic Store Number），在这个例子里，这一编码和目标编号相同。左下角的两位数字显示了目标的主要属性，其中前后两个数字的意义各不相同，这里的前数"2"表示这是一批暂时无人前去拦截的敌机，或者用口令来说就是"妖怪"，后数"4"则表示军舰的信号探测器发现这架敌机的雷达已经开机并处于攻击模式。右下角的数字则显示了目标的飞行高度，用口令来说就是"天使"，单位是"千英尺"，这个例子里的"30"就代表30000英尺，约合9150米。这样，引导官通过这个数据，一眼就可以判断出这是一架未被拦截的敌机，在9150米高度飞行，其武器系统已经锁定本舰，与本舰的距离则可以通过回波信号与PPI显示器圆心的距离来判断。这是一个需要紧急拦截的目标。为每个雷达信号赋予数字标识后，引导官就可以通过拨动开关来选择性查看自己关注的目标信息，比如只看左下角数字的前数：如果前数是2，那就是未被拦截的敌机，引导官可以指挥前数为6的"未分配任务的防空战斗机"前往拦截。如果敌机目标已经被分配了截击机，那么其前数就会变成3，而战斗机一旦被分配了任务，前数就会变成7。这种变化并非自动完成，引导官在下达截击指令时，需要把数字输入电脑，并确认变更生效。这些数字标注信息并非仅用于本舰，它还能通过一套被称为数字标绘传输系统（DPT）的设备在装备CDS系统的各艘航母之间传输，从20世纪60年代初期开始，郡级驱逐舰和战役级雷达哨舰也加入了DPT传输网络。系统还可以接收"天袭者"雷达预警机提供的重要信息，后来还加入了"塘鹅"AEW3型预警机，也就是本书作者曾经驾驶过的机型。预警机上的观察员会使用他们的AN/APS-20F雷达来引导本方机群的空袭和对空截击，并提早发现那些利用地球曲率在984雷达的超低空盲区隐蔽飞来的敌机。这些预警机也可以通过一套被称为"邮差"的数字传输系统将自己的雷达图像传输到对空指挥室的PPI显示器上。前出部署的驱逐哨舰也可以发回关于敌机来袭的早期预警，并且确认返航的己方攻击机群身后没有敌机尾随，俗称为"除虱子"。

984雷达是英军装备的第一型既能探测到320千米外的目标，又自带测高能力的雷达。这一型雷达通过架设在"垃圾桶"形天线前方的装置发出6道波束，在从海平面到18300米高度的空域内进行扫描，一旦收到回波，测高系统就会锁定回波所在波束的信息并测出高度。为实现这一能力，高仰角的5道波束各自拥有独立的阴极射线管（CRT），发射出的波束沿上下方向扫描，这样可以确保准确探知每个目标处于哪一个波束的扫描范围，并使得测高仪获取较为准确的高度数据。得益于性能良好的CRT，测高精度可达300米。之后，高度数据将由引导官输入计算机，进而展示在显示屏上。仰角最低的第6道波束是波长较长的早期预警雷达波，可以在320千米外发现海平面以上轰炸机大小的目标。

新一代飞机

新一代飞机中最早服役的是根据皇家海军N113D设计标准开发的超马林"弯刀"F1战斗机[3]。当这型飞机在1958年入役之时，N113D标准已经在10余年间经历了多个版本的演变，其中第一版甚至是在1947年制定的。那个时候，海军部还醉心于无起落架飞机＋柔性甲板的概念，后勤供应部为此发布了N9/47设计标准以满足海军对可以在橡胶甲板上降落的无起落架高性能战斗机的需要。为此，皇家海军选中了革命性的超马林505设计方案，这一方案装有2台罗尔斯·罗伊斯AJ-65轴流式喷气发动机[4]，采用平直翼及V形尾翼，尾翼翼面既充当方向舵，也用作升降舵，如此设计是为了让尾翼翼面远离喷气发动机喷出的气流。505设计方案最终没有变成现实，但是从它的两台大马力发动机、轻量结构和薄翼型来看，这一型飞机完全具备在水平飞行中超过音速的潜力，海平面最大飞行速度预期可达1.2马赫。

然而"勇士"号上进行的试验却揭示了柔性甲板概念的根本性缺陷：飞机降落后需要用吊车吊放到小车上才能转运，这就让两架飞机的降落间隔达到了不可接受的5分钟。于是设计标准进行了修改，要求在飞机上安装可收放式的前三点式起落架，这就意味着飞机需要全面重新设计，设计编号也改成了508型。起落架及其伺服机构导致飞机重量增加了15%，薄翼型也不得不换成厚翼型以容纳主起落架，这都使飞行阻力大大增加，508型机也因此失去了在平飞状态下超过音速的能力，不过厚翼型带来的低速时的较高升力系数改善了飞机的起落性能[5]。海军订购了3架508型机的原型机。第一架原型机VX133号于1951年8月在博斯康比镇的飞机与航空武器试验场试飞，之后又在1952年6月登上"鹰"号航母进行着舰试验。第二架原型机仍由超马林公司制造，设计进行了大幅改动，型号也被重新命名为529型，不过外形上和508型机相差不大。第三架原型机，VX138则完全是脱胎换骨。这架飞机采用了后掠翼、传统的水平尾翼和垂直尾翼，其中水平尾翼采用全动式设计。这一设计被重新命名为525型，并在1954年4月首飞。从一开始，英军就认为这种后掠翼飞机的着舰速度将会大幅度增加，超过海军部可接受的最大速度，但是超马林公司在这型飞机上采用了前缘襟翼设计并开发了一套吹气系统：从发动机气流中分出一股，于襟翼上方喷出，用以平滑附面层。这就是所谓的前缘吹气襟翼技术，可以将降落速度控制在海军部可接受的范围之内。XV138在1954年4月首飞，但此时还没有加装吹气襟翼，这一新设备直到1955年初才装机。不幸的是，还没等这套系统完成测试，原型机就坠毁了，严重延误了新飞机的研发计划。

此时，超马林公司已经被后勤供应部选中，以上述这一系列飞机为基础，根据N113D设计标准开发新型海军战斗机。皇家海军起初订购了2架N113D原型机，VX138号机坠毁后又追加了1架。其中第一架原型机WT854号在1956年1月首飞。新机的批量生产型号被超马林公司命名为544型，不过起初人们还是习惯于称之为N113型，直到1957年获得正式名称"弯刀"为止。在漫长的研发过程中，这一型飞机的定位从昼间战斗机逐步变成了攻击机，倒是最初设计的4门30毫米"阿登"航炮一直保留了下来。"弯刀"战斗机起源于二战后初期的一型概念设计，成型于人类彻底掌握超音速飞行的秘密之前，随着角色的演变，这架原本打算在对苏战争的"最危急时刻"力挽狂澜的先进战斗机也变成了受基本设计限制而略显过时的过渡性机型。虽然装备了2台大马力的"亚芳"发动机，但厚翼型带来的高阻力却使它未能在平飞中超过音速。之所以使用落后的厚翼型，一方面是为了容纳起落架，另一方面也是为了满足早先关于飞机能够不借助弹射器从航母甲板上自由起飞的过时要求。"弯刀"是皇家海军最后一型受到这一要求限制的飞机，而且它在整个服役生涯中只自由起飞过一次，燃油还装载得很少，这次自由起飞的目的仅仅是为了证明它能这么做而已。"弯刀"定位的剧变充分反映出，没有雷达的昼间战斗机已经无法再担负对空截击的重任了。假想一架"弯刀"战斗机离开巡逻阵位，以1000千米/时的速度前去截击一架以相同速度向本方舰队飞来的苏联轰炸机，两架飞机的距离每分钟可以缩短33千米，而飞行员却只能在18千米的距离之内目视看到目标，这意味着飞行员捕捉目标的时机只有区区30余秒，稍纵即逝。他还需要准确判断转弯时机，以便让自己的飞机飞到敌方轰炸机尾后230米处，这样才有机会用机上的前射航炮命中目标。然而这一时期的苏联轰炸机普遍安装了尾炮，这意味着"弯刀"战斗机同时也会受到苏军弹雨的洗礼。根据皇家海军战术学院的评估，这对飞行员而言是个巨大的难题，几乎无解。到了20世纪50年代后期，只有装备了雷达和空空导弹的战斗机才能依靠精密的雷达战术担负起舰队防空的重任。

虽然很多方面已经过时了，性能也已经无法胜任最初的任务，但"弯刀"仍然有着不可忽略的优点。它是皇家海军的第一种后掠翼战斗机，可以在小角度俯冲时超过音速，性能与前一代的"海鹰"相比大为提升[6]。它是英国第一种采用了跨音速面积率机身设计、装备吹气襟翼的飞机。更重要的是，它还是第一种可以携带战术核武器和空对地导弹的机型。机翼下方的四个外挂点，每个都能够挂载907千克重的武器、副油箱，甚至是软管式加油吊舱，这种加油吊舱可以令"弯刀"变身为空中加油机，从而大大增加其他攻击机的作战半径。不难理解，"弯刀"在机头处安装了受油管，可以接受空中加油。另一方面，"弯刀"虽然是皇家海军最后一型没有装备雷达的战斗机，但它还是为4门30毫米航炮配备了一台Mk2型测距仪，可以通过抬头显示器将准确的射击诸元展现在飞行员面前。"弯刀"的设计历经无数变更，那4门航炮却一直保留了下来，因为虽然需要逼近到距目标数百米处才能开火，但一旦打响，这些30毫米航炮对小型舰艇、无装甲车辆和飞机的打击将是毁灭性的。飞机的基本型头锥可以被拆下，换上一个装备由飞行员操控的F-95型摄像机的头锥，这为飞机提供了不错的照相侦察能力。"弯刀"唯一的服役型号是F1型。英国海军最初订购了100架，但最后24架的制造却因为攻击能力远胜于"弯刀"的"掠夺者"攻击机的出现而被取消。服役后，"弯刀"战斗机还进行了改装，可以挂载美制"响尾蛇"空对空导弹，以保证这些飞机具有一定的对空截击能力，在"海雌狐"战斗机难以应对苏军轰炸机群团级规模的昼间空袭时可以助其一臂之力。

△第800B小队一架执行空中加油任务的"弯刀"正在"鹰"号的腰部弹射器上准备起飞。右翼下内侧挂架上可以看到大型的加油吊舱。(作者私人收藏)

1957年8月，第一架"弯刀"F1交付驻扎福特海军航空站的第703X中队进行集中试飞。1958年6月，驻洛西莫斯航空站的第803中队成了第一支装备"弯刀"的作战部队。最后一支装备"弯刀"的是第800B小队，他们的任务是专门在"鹰"号航母上为"掠夺者"攻击机空中加油，这支小队在1966年解散。"弯刀"是飞行员的益友，却是机械师的噩梦，因为维护困难——这也是它试验机的出身和一轮接一轮不断修改带来的另一个恶果。很多零部件都很难找到、拆除和替换，机械师中流传着各种关于那些长臂细手指的机械师迟迟不能退役的传说，因为只有他们才能够得着那些零件。"弯刀"的燃油和液压油渗漏情况也很严重，舰员们在机库和飞行甲板上经常需要用接水盘甚至是垃圾桶来接一滴滴漏出来的油液。

"弯刀"F1战斗机全长16.84米，翼展11.33米，垂尾顶部高度5.28米，这意味着它距离英军航母的标准机库顶部仅有5厘米！因此这一型飞机进出机库时必须格外小心，以免撞上障碍物，每次都令人心惊胆战。飞机的最大起飞重量为15.51吨，由2台低空最大推力5.10吨的罗尔斯·罗伊斯"亚芳"202涡轮喷气发动机驱动，海平面最大速度为1185千米/时，合0.96马赫，9140米高度的最大速度为0.992马赫[7]。"弯刀"的作战半径根据外挂副油箱的容量而变化，在挂载1枚核弹并由另一架"弯刀"提供空中加油的时候，其作战半径可超过1100千米。它的爬升性能优异，从海平面爬升到13716米只需要6分钟，这比许多同期的超音速战斗机都要快。超马林还为"弯刀"开发了几种改进型，可惜都没有机会问世。这其中包括装备AI-23型对空截击雷达的562型机，以及装备"吉伦"发动机和费伦第"蓝鹦鹉"雷达的564型双座战术攻击机。这些机型各有优点，但随着"掠夺者"之类新一代攻击机的到来，这些改进型号的意义也就不存在了。除了试飞单位之外，"弯刀"最终装备了5支作战舰载机中队和1支训练中队[8]。

20世纪50年代末期服役的第二型战斗机也同样经历了漫长而繁复的开发过程。1946年，德·哈维兰公司提交了一套项目编号为DH110的先进战斗机设计方案，这一型号既可以用作全天候战斗机，也可以担任远程战斗攻击机，同时兼顾皇家海军和皇家空军的需要。与设计方案一同提出的还有一系列设计指标，包括装备30毫米航炮的舰载全天候战斗机N40/46，以及"去海军化"的皇家空军型F44/46。1949年，德·哈维兰公司首先得到了2架陆基型号原型机的订单，第一架原型机WG236号在1951年首飞。在1952年的范堡罗SBAC航展[9]上，由高速滚转和低空加速带来的共同应力导致飞机结构解体，这架飞机不幸坠毁，飞行员约翰·戴里和观察员托尼·理查德殒命，一同遇难的还有29名观众。第二架原型机一直试飞到1953年6月，直到皇家空军对它失去兴趣，转而采购格洛斯特"标枪"战斗机为止。

皇家海军对DH110方案也不太感兴趣，此时他们迫切需要的是一款能够替代"海黄蜂"的喷气式夜间战斗机，而皇家空军的"毒液"NF2型机也已经根据海军N107设计标准造出了海军型号。由此而来的"海毒液"FAW21/22型机在海军中一直用到1961年。虽然可以算是成功的机型，但"海毒液"仍然被视为一种过渡型号，因为它无法对付高速轰炸机的进攻，而人们当时认为苏联海军航空兵到20世纪50年代后期就会具备这种能力[10]。于是，1952年，海军部签发了代号为NA38的海军参谋部需求书，意在寻求可以替代"海毒液"的超音速夜间战斗机，这一需求书随后并入了后勤供应部的N131T设计标准。为此，德·哈维兰拿出了他们的DH116设计方案，这一方案装备一台带加力燃烧室的罗尔斯·罗伊斯"亚芳"RA-14发动机，在9140米高度上的最大速度可以达到1.01马赫，勉强超过了音速。飞机的最大重量将达到9.7吨，最初计划装备2门30毫米航炮和51毫米空对空火箭弹。其改进型号将能够装备"红牧师"和"蓝松鸦"（也就是后来的"火光"）空对空导弹。德·哈维兰的克里斯特彻奇工厂[11]还为这一型号飞机制造了一个木质模型，从模型上看，新型号的座舱与"海毒液"相似，但是"海毒液"的双尾撑结构被换成了传统的机身结构，机翼也换成了薄后掠翼型[12]。英国后勤供应部非正式地把这一型设计称为"超级毒液"，不过没有任何工厂接到过把它造出来的指示。

△第809中队的一架"海毒液"FAW21战斗机刚刚降落在"阿尔比翁"号上。各"海毒液"中队都会在他们飞机的翼尖油箱涂上不同的颜色和花纹以便区分。（作者私人收藏）

这一方案在1952年12月寿终正寝,当时德·哈维兰的执行官不得不尴尬地向海军部承认,自己现在的设计力量无力继续推进DH116项目,皇家海军的全天候战斗机因此变得遥遥无期。于是,后勤供应部不得不把目光转回到"海军化"的DH110上,因为这是眼下唯一基本就手可用的型号,若要立刻满足海军对新飞机的需求,就只有它了。这样,一款比"海毒液"更早的1946年设计方案,现在反而要在20世纪50年代末期替代"海毒液"。这样的选择自然不免显得荒谬,但更荒谬的是,早先的DH110方案还需要彻底重新设计才能满足海军部NA38设计标准中对舰载全天候战斗机的要求。原来的机体结构中只有10%可以沿用到后来的"海雌狐"FAW1战斗机上,因此这一方案给德·哈维兰设计部门带来的压力和DH116方案相差无几。无论如何,1954年2月,德·哈维兰接到了制造一架"半海军化"的DH110 Mk20X原型机的要求[13],之后又在1955年1月受命制造21架预生产型机和57架生产型FAW1型机。新型飞机上需要重新设计的部分包括液压驱动的折叠机翼、用以容纳AI-18雷达连同其液压驱动的大型扫描天线的雷达罩、5.1吨推力的"亚芳"208型发动机[14]的配套设备,以及适应大量新型设备的内部结构。例如,在最初的DH110上,发动机要从机身下方拆卸,但在"海雌狐"上就被改为从上方拆卸,以便利用航母机库顶上架设的台架。1957年,新机型被正式命名为"海雌狐",第一架生产型机在同年首飞。这是一架采用了双尾撑结构的大型飞机,飞行员的座舱略向左偏,观察员则布置在他右后方更低的位置上,观察员舱没有气泡式玻璃罩,只在机身上部有一个和机体齐平的舱盖,这个观察员舱也因此被戏称为"煤窑"。观察员舱只在右侧开有一个小窗,但这无可非议,因为舱内必须保持昏暗,否则便无法看清AI-18雷达的显示屏,而且这一型飞机原本就打算在恶劣天气或夜间使用,因此观察员能不能向窗外看也就无关紧要了[15]。要观察员在昼间格斗空战中发挥作用的想法则被否定,因为不值当为此去花费代价改造飞机,这一点已经在"海毒液"上被证明了。

在研发的过程中,最初计划中的航炮被取消,因为人们认为航炮对高速飞行的轰炸机无法发挥作用,这样"海雌狐"也就成了英军第一型在服役时就完全使用导弹作战的战斗机。和同时期的"弯刀"相同,"海雌狐"也是一锅新老技

△一架"海雌狐"FAW1战斗机在"皇家方舟"号上降落。(作者私人收藏)

术的大杂烩。它的机体已经稍显老态，但作战系统却是为最复杂的防空环境量身定制的。虽然使用了全天候战斗机（FAW）的编号，但由于雷达此时已经成了所有空战，哪怕是昼间良好天气下高空大规模截击作战的必需品，"海雌狐"实际上也成了那个时期英军航母上唯一可用的战斗机。"海雌狐"共制造了143架，其中67架从FAW1型升级为FAW2型，可以挂载4枚"红头"空空导弹，还在尾撑里加装了油箱。"红头"导弹最初被称为"火光"Mk4型，是一型红外制导空对空导弹，其导引头的敏感度很高，足以迎头攻击超音速目标，而不必要求载机先咬住目标尾后再让导弹捕捉敌机发动机喷出的高温尾流。所有"海雌狐"都可以在经过少量改动后挂载"红胡子"核弹、"小斗犬"空对面导弹、普通炸弹和51/76.2毫米火箭弹，以便在必要时协助"弯刀"和后来的"掠夺者"作战。其中76.2毫米火箭弹还有一种被称为"发光虫"的改型，使用照明弹头，可以在夜间照亮目标。1958年11月，专门负责"海雌狐"集中试飞的第700Y中队成立；1959年7月，第一支装备"海雌狐"的作战中队，第892中队成军，其时间比最

△ "鹰"号第849D小队的2架"塘鹅"AEW3雷达预警机,照片从第三架同型机上拍摄。"塘鹅"装有2台发动机,巡航状态下可以轮流关机以节约燃料。注意图中071号机左侧发动机关闭,后螺旋桨顺桨停转;072号机右侧发动机关闭,前螺旋桨顺桨停转。(作者私人收藏)

初的计划稍晚。两支中队都驻扎在耶维尔顿海军航空站。"海雌狐"很大,最大起飞重量达21.21吨,全长16.31米,翼展15.24米。在高峰时期,英国海军有4支作战中队和1支训练中队装备了"海雌狐"[16],这些中队在不出海的时候全部驻扎在耶维尔顿海军航空站。

现代化航母舰载机大队中还有一种机型,它不如战斗机那般耀眼,但重要性却毫不逊色,那就是费尔雷公司的"塘鹅"AEW3雷达预警机。"塘鹅"的反潜型AS1和教练型T2服役后,英国海军部要求费尔雷公司着手开发它的早期预警型号,以取代活塞引擎的道格拉斯"天袭者"预警机,同时为计划中的新机赋予了AEW3的编号。但事情很快遭遇了变数:"塘鹅"若不进行大范围的重新设计,是不能变成预警机的。预警型与反潜型"塘鹅"唯一可以通用的部件只有机翼外段，机身需要完全重新设计以容纳动力更强大的3875马力ASMD-8双马姆巴112发动机，机身下部前起落架舱后部还需要加装AN/APS-20F雷达及其天线。为了给机腹下方的雷达罩留出空间，飞机主起落架的支架要比其他型号长很多，这样飞机停在地面上时就会比其他型号的飞机高出来不少。和早先的其他型号不同，飞机的发动机排气管都被挪到了机翼前部，以防发动机喷出的高温废气吹过雷达罩使雷达过热。2名观察员肩并肩坐在机翼后缘上方的座舱里，通过2扇带有气泡型观察窗的舱门进出。各种电子设备装在观察员的头顶上，因此他们虽然都备有降落伞，但却不能使用弹射座椅。1名飞行员坐在飞机前上方位置很高的座舱里，他前方和侧面的视野都很好。飞行员原本可以装备弹射座椅，但在研发初期英军就决定让飞行员在逃生方式上与机上的观察员保持一致。"塘鹅"AEW3服役后又接受了一次改装，为飞行员加装了一套水下逃生座椅，飞机在水上迫降并开始下沉时，这套设备将借助压缩空气将飞行员推出座舱。飞行员可以拉动与普通弹射座椅类似的手柄来启动弹射，也可以选择在飞机下沉、座椅后部的水力开关被水淹没后自动弹射。不过从来没有人见到过关于迫降飞机使用这套系统的报道。

"塘鹅"AEW3装备的雷达是"天袭者"所用雷达的改进型号，根据许可证在英国本土制造，可以在远距离上发现舰船和飞机。机上两位观察员各有1台固定在地板上的5英寸PPI显示器，可以在雷达回波信号的基础上补充更多信息，以适应各自的任务需要。其中坐在左边的观察员级别较高，必要时可以直接控制另一名观察员的显示器。后期型号的雷达还增加了运动目标指示器（MTI），可以在海面杂波的背景干扰下捕捉到低空目标并显示在显示器上。紧急情况下，观察员舱两侧的舱门可以被炸掉，观察员可以背着降落伞爬出机舱。飞机平飞时的最低安全跳伞高度为250米，如果飞机在下坠，则安全跳伞高度还要更高。机上的通信设备包括2台UHF电台和1台远程HF电台，雷达罩后方有一个不大的"炸弹舱"，可以携带投放式的标示器和发烟浮标。1956年，英国海军下达了制造1架原型机（XJ440号）和43架生产型机的命令。原型机在1958年8月首飞，试飞员是彼得·特维斯，随后它又进行了空气动力学试验，最后在当年11月登上"半人马座"号航母进行甲板降落试验。1959年，3架生产型机登上"胜利"号航空母舰进行了模拟实战试验。1960年,"塘鹅"AEW3正式服役。1959年,AEW3型机的集中试飞单位第700G中队在库德罗斯海军航空站成立,但正式装备"塘鹅"AEW3的舰载机中队只有1支——第849中队,其陆地基地分设在库德罗斯、布罗迪和洛西莫斯。这个中队编有一支中队部小队,负责战术研究和训练,以及4支舰载小队,分别编为849A、849B、849C和849D,四个小队在实战中独立行动,各有自己的队长。最后一架生产型机XR433号在1963年6月交付部队,但随着英国海军航空母舰部队的衰落,"塘鹅"预警机小队的数量从1966年开始下降。本书作者所在的最后一支小队——第849B小队,一直服役到最后一艘能起降"塘鹅"的航母"皇家方舟"号退役,在1979年年初解散。"塘鹅"AEW3的最大起飞重量11.79吨[17],翼展16.56米,全长13.36米——包括了着舰尾钩伸出尾翼后方的长度。每一侧机翼下方都有1个外挂点,可以挂载1个454升副油箱,或者邮筒、"帕罗斯特"启动器,或者一个装有救生艇和其他救生物品、可以在执行搜救任务时投放给待救援人员的"G投放箱"[18]。"帕罗斯特"启动器是一个小型涡轮机,可以提供压缩空气辅助"塘鹅""海雌狐""弯刀""掠夺者"和"鬼怪"各机型启动发动机。这台设备被装在一个流线型的吊舱里,拥有可收放的轮子以便在飞行甲板上四处移动。收起轮子后,它就可以挂在"塘鹅"的挂架下飞往陆上基地,去启动因为各种原因而需要支援的飞机。"塘鹅"翼下的启动器和待启动的飞机之间通过一条导气管相连,当然这台设备也可以助力"塘鹅"载机自身的启动。

各种类型直升机的发展我们将在下一章论述。

NA32——"可负担"但却被取消的反潜机项目

二战结束后,苏联潜艇部队的快速扩张使得英国海军部开始寻求一种相对简单的反潜机,海军部认为这样的飞机会比较便宜,能够大量制造。这种飞机占用的甲板空间要尽量少,可以在护航航母上起降,且能在几乎任何一种天气下作战,其概念大致和1944—1945年时在商船航母(MAC)上使用"剑鱼"机相一致。当时海军部的优先发展机型是"塘鹅",这一型反潜机可以搜索捕捉敌方潜艇,同时携带多种武器予以打击。如此强悍的战机必然价格昂贵,但是任何试图降低飞机复杂性和造价的做法都会使其性能大幅下降。海军部里还有一些人担心这只"肥胖"的"塘鹅"会无法从1942年型轻型舰队航母上起降,但这完全是多虑,因为这一级航母的后6艘,也就是尊严级,可以起飞10.87吨重的飞机,接收9.07吨重的飞机,早期的几艘舰也都被改进到这一标准。而"塘鹅"AS4型机的最大起飞重量是9.80吨[19],就算把携带的武器弹药全部带回来,降落时也会减轻1.36吨,因此完全没有问题。实际上,澳大利亚海军的"塘鹅"在"墨尔本"号航母上使用了15年,"光荣"号在1953年还搭载了最大起飞重量11.34吨的"天袭者"AEW1型机[20]。20世纪50年代时,英国海军手中只剩下1艘护航航母还在使用,因此护卫船队的任务应当是要由轻型舰队航母来承担了,不过美国海军此时还在预备役中保留了几艘护航航母,英国海军部或许能够指望一旦开战可以从美军那里租借几艘[21]。

1951年,英国海军部关于轻型反潜机的思路变成了NA32设计标准,并进一步成为后勤供应部的M123设计标准,这是一种可以在除了最恶劣海况之外的任何气象条件下使用的简朴的设计方案。不过,由于英国海军的预备役舰队中并没有护航航母,主力反潜机"塘鹅"的产量也将完全满足所有现有航母的需要,因此NA32显然是一种用于在全面战争中应急的大量生产型号[22],然而,这也使它很容易成为围绕海军在全面战争中的作用展开的一系列国防政策辩论的牺牲品。英国人还指望这一型飞机能够外销创汇,卖给那些买不起更先进飞机的北约盟国,然而事实也无情地打了英国人的脸。

英国人为NA32选择的基础型号是肖特SB6。1952年,肖特公司收到了制造2架原型机的合同。这种飞机的外形怪模怪样,装有一台阿姆斯特朗-西德利"马姆巴"涡轮螺旋桨发动机。它的一个优点是双座座舱的位置高出机翼很多,这使得飞行员在甲板降落时拥有很好的视野。为了简化制造,SB6,也就是后来的"海鸥"装有固定式的后三点起落架,其实前三点起落架应该更合适,但是考虑到如果在机头布置前起落架,那么其支柱就会干扰发动机后部机身下方的雷达天线,于是只好选择后三点方案。然而后三点式起落架在海上迫降时很容易使飞机"拿大顶"[23],其危险性不言而喻。实际上"海鸥"从一开始就是一架难以驾驭的飞机,第一架原型机XA209号就在首次试飞中坠地重创,被送去大修。飞机的飞行控制系统也总是问题多多，设计团队为此进行了一系列改进，包括加装固定式前缘襟翼、在襟翼外段开槽，但都没能解决问题。第二架原型机安装了作战装备，于1955年在试验航母"堡垒"号上进行了着舰试验。

此时，英国海军部判断，反潜直升机才代表着航空反潜的未来，就连"塘鹅"这种被实践证明十分成功的机型，其产量也被削减了。在此情况下，人们很难想象英国海军部会青睐"海鸥"这样的机型，然而事实恰好相反。这可能是由于皇家空军海岸司令部开始对这型飞机感兴趣，有意将它作为远程"兰开斯特"与"沙克尔顿"巡逻机的补充。为了满足空军的需求，肖特公司开发了改进型"海鸥"MR2，取消了一些航母降落所需的设备，连折叠机翼的液压伺服机构都取消了，唯独留下了可折叠的机翼[24]。1955年2月，"海鸥"获得了60架的订单，包括30架海军型AS1和30架空军型MR2，其中海军型优先制造。海军部打算用这种飞机替代志愿预备役航空兵中队装备的"复仇者"飞机，为此他们还于1956年11月在洛西莫斯航空站为"海鸥"组建了专门的集中试飞单位。2架飞机在新的试验航母"勇士"号上进行了实战评估，飞了200个起落，其中有一部分是弹射起飞的。然而此时，皇家空军却在接收了4架"海鸥"后取消了其余的订单，这4架飞机中有3架改装成了海军的AS1型，其余1架在意大利、南斯拉夫、德国四处巡演，想要获得订单，结果一架也没有卖出去。这架飞机最后回到英国本土，在西登哈姆的一次飞行演示中坠毁，肖特公司的首席试飞员W. J. 伦西曼遇难[25]。1957年3月，在又一次国防辩论之后，皇家海军志愿预备役航空部队被裁撤，"海鸥"项目也随之终止。海军不再需要"海鸥"了，生产也随之结束。已经交付皇家海军的7架飞机被储存在洛西莫斯航空站，最后被拆解。另外11架已经造出来但还没来得及交付的飞机也以被拆解而告结束。纵观整个"海鸥"项目，最令人费解的是它居然拖了这么长时间，其中的原因笔者也一直没能搞清楚。

NA47——被取消的火箭战斗机

靠吞吐空气产生推力的传统涡轮喷气发动机有一个缺陷，那就是它的推力会随着周围空气密度的下降而成比例锐减[26]，这就意味着一般喷气发动机在13700米高度上的推力只有海平面的20%。这一缺陷严重制约了战斗机在高空作战时的最大速度、加速性能和承受高 G 机动的能力。然而，这却是预想中舰载战斗机拦截苏联轰炸机的主要高度。因此，在 20 世纪 50 年代初期，这一问题的解决方案在皇家海军中占有相当重的分量。此时，传统的水上飞机制造商桑德斯 - 罗公司正在寻找新的市场方向以替代日渐衰落的水上飞机，他们针对皇家海军的这一需求拿出了一套激进的混合动力战斗机方案：使用涡轮喷气发动机起飞、降落和低空飞行，使用火箭发动机获得短时间的超高爬升率和高空性能。在高空稀薄空气环境下，火箭燃烧室的外部压力更低，高温气体的喷射速度更快。空气越稀薄火箭发动机的推力就越大，它可以使飞机在高空从 0.8 马赫加速到 2 马赫所需的时间缩短 90%！正是由于火箭发动机的这一特性，火箭动力或混合动力战斗机可以对普通战斗机形成相当大的优势，其实用升限比普通飞机高得多，在极限高度上的敏捷性也要超过普通飞机 5 ~ 10 倍。当然，火箭的缺陷也很明显：它的燃料消耗量比喷气发动机大得多，而且氧化剂的选择也至关重要。皇家航空研究所认为最理想的火箭氧化剂就是液氧，因为它便宜而且容易制造。但液氧的缺点在于沸点只有零下 183℃，因此必须在起飞前几分钟注入飞机，同时液氧罐周围的其他系统都必须加热以防被冻结。而从航母运转的角度看，火箭飞机的另一个问题就是这些存储大量液氧的飞机一旦起火，就会极难扑灭。

莫里斯·布伦南是桑德斯 - 罗公司的副总设计师、混合动力战斗机项目的总工程师，他非常明白液氧带来的重重困难，因而选择用浓缩过氧化氢（HTP）充当氧化剂。恰好，德·哈维兰公司研发了一款"精灵"火箭发动机，用以在高温、高海拔环境下大幅提升"彗星"客机的起飞性能，这一发动机使用了精制的银质网格作为催化剂，促成氧化反应，向后高速喷射水蒸气和氧气的混合气体，从而产生推力。由于工作过程中不进行燃烧，人们常称其为"冷"火箭。"精灵"发动机随后升级成了"鬼怪"发动机，新一代发动机将航空煤油喷射到腐蚀性的高过氧化物氧化剂上，可以产生 4.54 吨推力，足以让混合动力战斗机在高空获得优秀的性能。飞机的低空飞行则要依靠一台德·哈维兰公司的"小吉伦"发动机，这台发动机在打开加力燃烧室时可以产生 6.35 吨推力。

这种"混合动力"的概念显然具有相当的吸引力，皇家空军根据 F124D 设计

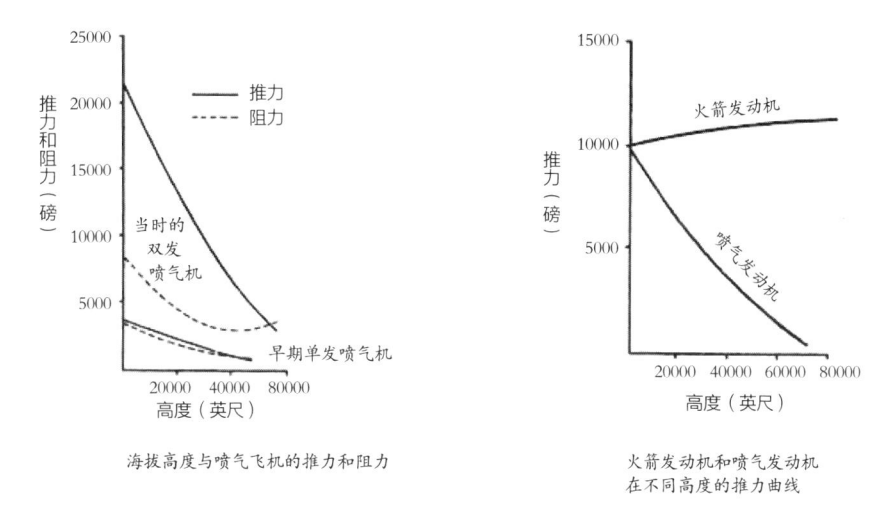

海拔高度与喷气飞机的推力和阻力

火箭发动机和喷气发动机在不同高度的推力曲线

△在喷气发动机推力下降的高空，火箭发动机的推力反而会有所增加。

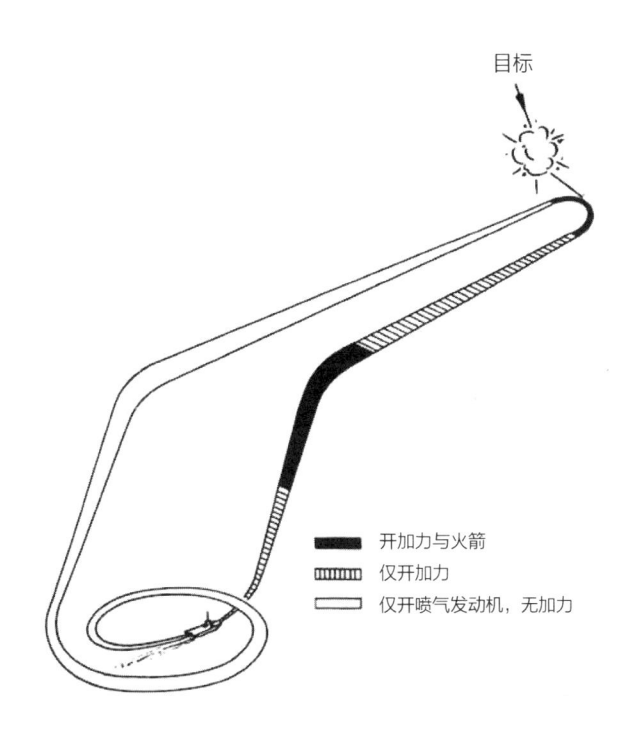

△桑德斯－罗公司SR-177战斗机的甲板起飞截击战术。

标准向桑德斯-罗公司订购了2架SR53原型机。然而如果真要投入实战,那么SR53所遵循的设计标准还有一个重要的缺陷:缺少一台对空截击雷达。在超音速空战中,截击机和目标机之间每3秒钟就会接近1.6千米,在高空飞行的飞行员根本不可能靠目视及时发现目标并进入攻击位置。桑德斯-罗从一开始就看到了这个问题,但空军参谋部却没能意识到这一点。SR53的成功试飞证明了混合动力概念的可行性,随后,桑德斯-罗拿出了一款装备雷达的更强大战斗机的设计方案,正是这款新设计吸引了英国海军部的注意。

负责这一项目的人是航空作战总监(DNAW)F. H. E. 霍普金斯上校(后来升任中将)、其副手艾沃斯上校(后来同样升任中将),以及皇家航空研究所下辖的皇家海军飞机研发中心总监路易斯·博丁顿。"掠夺者"攻击机的设计标准NA39正是出自这三人之手,他们认为这一项目比NA39更为重要。在他们的推动下,海军部发布了混合动力战斗机海军型的设计标准NA47。不久之后,空军参谋部也将其作为自己的设计标准OR337。英国军方认为这一新机型十分重要而且时间紧迫,不能再为招标而浪费时间了,于是海军型和空军型两个型号直接按照统一设计方案开工制造,只不过海军型采用了更结实的起落架,加装了尾钩。新飞机的后勤供应部编号为F177D,桑德斯-罗使用了后勤供应部的数字编号,混合战斗机的项目编号也就成了SR-177。1956年9月,桑德斯-罗接到了27架飞机的订单,其中原型机、海军型和空军型各9架。一个由一名皇家海军中校牵头的项目小组应运而生,并被授予了最高优先级。除了英国海空两军,联邦德国政府也对这一项目十分感兴趣,还专门派了一个小组来英国跟进项目进展。这样,SR-177就成了历史上第一型为多个不同用户设计制造,而各型号之间的差异又小之又小的战斗机。航空作战指挥中心能够充分发挥他们在海军部和分管作战需求的空军副参谋长处的影响力,让这两个需求一向南辕北辙的部门在这一型超音速多用途战斗机上达成几乎相同的设计指标,这实在是个不小的成就。皇家海军计划订购150架SR-177,皇家空军首批至少也要采购这个数,后续还会追加订购。德国空军计划采购600架以替代现有的F-84和F-86机队,德国海军也打算再购买至少100架以替代"海鹰"战斗机。新飞机也向美国空军和海军做了演示,美军当时还没有同类的飞机。

第七章 新装备和新一轮国防评估 207

△1957年桑德斯－罗公司制作的一架皇家海军型SR-177战斗机模型。这个模型的照片被公开给了媒体，那些知道自己看到的是什么东西的人立刻兴奋异常，因为模型上赫然挂着"火光"4/"红头"空空导弹的精确模型，而这种导弹此刻仍处于保密状态。(作者私人收藏)

  SR-177战斗机项目的规模之大，已经超出了桑德斯-罗公司独立操盘的能力范围，许多其他公司都被吸纳了进来。剑桥的马歇尔公司负责制造机翼，巴金顿的阿姆斯特朗公司惠特沃斯工厂负责总装，发动机的设计和制造都由德·哈维兰公司进行，各子系统的试装试飞则在英国各地遍地开花。最终设计定稿的方案里，飞机翼下的外挂点可以挂载包括核弹、普通炸弹、空对面火箭弹、副油箱在内的各种弹药和装备，每一侧翼尖挂架可以挂载1枚"红头"红外制导空对空导弹[27]。生产型机最大重量12.70吨，翼展只有9.14米，这就意味着舰载型也不需要折叠机翼。和同期其他战斗机那些复杂的机翼设计相比，SR-177的机翼设计十分简单，是个了不起的创造。风洞试验证明，这型飞机的低速性能非常好，很适合航母起降，而它在高空的最大飞行速度又达到了2.35马赫。飞机的喷气发动机是德·哈维兰的"小吉伦"PS50，开启加力时的最大推力为6.35吨；

火箭发动机是德·哈维兰的"幽灵"5A，能以4.54吨的最大推力工作7分钟。在同时使用2台发动机快速爬升并进行一次空战的情况下滞空时间为1.5小时，不过这只是个理论值，实际上的滞空时间还要取决于具体的燃料消耗速率。飞机的实用升限达2.04万米，当然动升限①会比这个高度还高出不少。它从弹射起飞到爬升至1.83万米只需要3分钟多一点，爬升到最大高度后还可以在66秒内从1.4马赫加速至2马赫。SR-177的优越性能甚至连皇家空军唯一一型英国自行设计制造的超音速战斗机——英国电气公司的"闪电"战斗机都难以媲美，据测算，SR-177可以在1.52万米高空一边进行8千米半径转弯，一边在70秒内从0.9马赫加速到1.6马赫，而公认的高性能战斗机"闪电"（唯一的缺陷是续航力较差）在相同高度的直线平飞条件下，要耗费200秒才能从0.9马赫加速至1.6马赫。在高空，"闪电"只要进行半径小于25千米的转弯，速度就会骤降。

早在设计过程中，设计人员就意识到SR-177的高过氧化物（HTP）存放槽可以被清理干净，改为容纳喷气发动机使用的航空煤油，从而使这一型飞机具有成为远程攻击机的潜力，武器则可以挂在外挂架上。飞机机身左侧装有一个精巧的可收放式空中加油管，机体结构也可以通过临时加装一些铝制固件而大幅加强。机翼有4根大梁，全都铆接在用DTD683合金②制造的机体框架的最厚处。正是这样的设计吸引了英国航空部（此时，原来专司飞机制造的后勤供应部已经改为"航空部"）的兴趣，他们罕见地在原型机试飞之前，就把SR-177战斗机的模型照片发布在了1957年10月18日的"飞行"杂志上。杂志的编辑部惊喜地看到模型的翼尖赫然挂着"红头"导弹，这可是当时空军部的"最高机密"。

此时，"鹰"号航母即将进行现代化改造，改装设计的核心是让她搭载12架NA39"掠夺者"攻击机、10架"海雌狐"战斗机、12架SR-177、14架"塘鹅"和2架搜救直升机。HTP必须装在格外洁净的容器里，为此，原先的前部114毫米火炮弹药库被拆除，换上了4个纯铝质HTP容器，为了将这些氧化剂送上飞行甲板，舰上还专门设置了纯铝管道[28]，加油人员也要穿上特制的橡胶防护服。

---

① 即飞机加速冲刺爬升时靠惯性可以达到的高度，比实用升限更高，但此时飞机已经难以机动。
② 英国开发的一型高强度铝合金。

为了开发精制 HTP 的方法，以及制作满足 HTP 存储所需的容器，英国人花费了数百万英镑。然而这一切最终都打了水漂。在本章稍后要介绍的又一次国防政策辩论中，新任国防大臣邓肯·桑迪斯武断地在 1957 年取消了 SR-177 空军型，虽然没有任何专业分析的支撑，但他还是顽固地认为，英国空军"不太可能"需要除了英国电气公司 P1B 飞机（也就是后来的"闪电"战斗机）或者 V 系列轰炸机[29]之外的任何其他有人驾驶飞机了，他们需要的只是导弹。海军型 SR-177 虽然暂时还能维持，但到了 1957 年 8 月，桑迪斯在没有和海军部沟通，甚至都没有告知海军部的情况下，就在视察澳大利亚南部乌梅拉的武器研究所时宣布取消海军型 SR-177。对此，德国海空两军也是一头雾水，搞不清楚到底发生了什么。他的这一举动让美国洛克希德公司的 F-104G "星战士"战斗机捡了便宜，它的产量惊人。同样采购了 F-104 战斗机的北约国家还有加拿大、意大利、比利时、荷兰和土耳其。海军部被激怒了，路易斯·博丁顿事后宣称，如果国防大臣一定要砍掉一项海军计划的话，那自己宁愿放弃 NA39，因为 SR-177 项目要重要得多。当然这一切并没有对外公布。

到 20 世纪 50 年代后期，飞机的复杂程度空前提高，从设计图板转化为生产制造的难度也大大增加，然而后勤供应部和后继的航空部却以每年大概 15 个新项目的速度征集新设计，这远远超过了英国工业所能承受的范围[30]，部队也不需要这么多机型。从 1948 年到 1958 年，英国人总共拿出了 121 个主要的飞机设计方案，其中 113 个在军方了解了价格与复杂性之后就被取消了[31]；这使得飞机项目的下马在政客和公众眼里都成了家常便饭，根本没什么大惊小怪的。我们已经无从知晓如果装备部队，SR-177 会有什么样的表现，但从各种信息来看它表现优异的可能性很大。其机体结构设计比同时期的其他大部分飞机都优秀很多，设计性能十分优异，即便 HTP 氧化剂会让人头疼很长时间，涡轮喷气发动机技术的快速进步也会使 SR-177 有足够的机会在更传统的攻击机岗位上大展拳脚。笔者和当时在航空作战指挥中心任职的一些军官谈到此事，他们大多认为桑迪斯之所以跑到澳大利亚去宣布取消 SR-177 项目，是因为他根本不敢当着第一海务大臣——蒙巴顿上将的面告诉他取消 SR-177 的事情。无论事实是否如此，当桑迪斯回到英国本土时，SR-177 大势已去，无可挽回。

空袭武器

空袭作战中的首要难题永远是缩小投弹偏差。一名普通飞行员驾驶一架普通飞机向目标投下一枚普通炸弹,落点距离目标会有多远呢?这个数值通常用"圆公算偏差"(CEP)这个指标来表示。空袭计划的制定者可以使用这个数据来测算摧毁一个特定目标所需出动的攻击机架次,实际上这个数量通常要超过一艘航母所能出动的飞机数,这时就需要组织多个攻击波。解决这个难题通常有两个思路,一是把炸弹威力做得更大,二是大大缩小CEP数值。"红胡子"采用的解决方案是第一种,"小斗犬"则选了第二种。不过普通的炸弹和火箭弹仍然有大量库存,它们不仅便宜,而且用起来没什么政治风险,因此还是在武器库里待了几十年。

"红胡子"

小型战术核武器的开发与可挂载战术核武器的第二代战斗攻击机进入皇家海军服役,几乎同时进行。这种武器的官方名称是"2000磅高爆炸弹Mk2-2"型,或者叫作"目标标示弹",这所有的称呼都只有一个目的:掩盖它的真实面目。这种炸弹实际上重794千克(1750磅),装有一个结构复杂的战斗部,其主要成分是武器级别的钚和铀235。1956年9月与10月,英国在澳大利亚的马拉林加先后进行了2次核试验,证明了"红胡子"炸弹的设计有效性。这种炸弹有2个型号:当量1.5万吨的Mk1型和威力更大的Mk2型。皇家空军采购了150枚这种战术核弹以装备他们的"堪培拉"轻型轰炸机的V系列中型轰炸机,皇家海军则得到了35枚这种炸弹。从1959年开始,英军每艘攻击型航母都装上了5枚这种核弹,率先装备的是"胜利"号航母,这些特殊炸弹被装在带有空调的特制炸弹舱里。从1961年开始,在"紧急情况下"放飞装有"红胡子"炸弹的"弯刀"攻击机的决策权被授予了航空指挥中心,但攻击机绝对不可以带着这种直径71厘米的炸弹着舰,因为在飞机钩住拦阻索停下来的过程中,挂在挂架上的大炸弹很可能撞到甲板[32],后果之恐怖可想而知。1963年,"胜利""竞技神""皇家方舟""半人马座"和"鹰"[33]等几艘航母获准自主决定何时放飞挂载Mk2型"红胡子"炸弹的"弯刀""海雌狐"和"掠夺者"。Mk2型炸弹采取了更多的安全设计,可以与低空投弹系统(详见后文)配合使用。"弯刀"和"海雌狐"可

第七章　新装备和新一轮国防评估　211

△一架挂载着惰性"红胡子"核弹模拟弹进行投放训练的"海雌狐"FAW1。注意炸弹底部距离地面仅有十几厘米，因此人们一直担心飞机挂弹降落存在的巨大危险——这可是一枚核弹。（作者私人收藏）

以在一侧机翼下方的挂架上挂装1枚"红胡子"，另一侧翼下则挂载一个重量相近的757升副油箱以平衡配重。飞机在进行低空投弹时将同时投下炸弹和已经耗空的副油箱，从而减轻重量、减少阻力，以期快速返航。"掠夺者"则将这种武器装在机腹弹舱里。

海军部要求开发"红胡子"炸弹的减速型用于低空轰炸，这一型号一度被命名为Mk3型，然而开发工作却一直没能启动——虽然"红胡子"理论上同时服务于海空两军，但海军在开发方面却没什么发言权，而皇家空军又一门心思研究高空轰炸，对炸弹的其他用法统统不感兴趣。

"红胡子"装有2个雷达引信，载机投放后由一个气压开关激活，以此缩短敌方雷达引信反制系统的反应时间。无论何种原因，一旦雷达引信未能成功引发空爆，备用的摩擦和触发引信就会在炸弹落地时将其引爆。"海雌狐"和"弯刀"战斗机都装有投放"红胡子"所需的电路和LABS计算机，其中"海雌狐"作为"弯刀"的补充，如果"弯刀"数量不够，就由"海雌狐"来填补空缺。通常情况下，每个中队里都会有4～5架飞机接受改装，可以挂载"红胡子"炸弹并执行低空轰炸任务。为了保持"随时能战"的战斗力，军械官和飞行人员都经常进行"红胡子"的模拟挂载和攻击训练。核弹攻击训练通常都在陆地上的皇家海军航空站进行，使用惰性炸弹模型。而真正的核炸弹从来没有从航母甲板上飞出去过。英国海军部一直将"红胡子"视为战术武器，主要用于以最小的攻击机架次摧毁前来破交的巡洋舰，或者先发制人摧毁敌人的港口和机场，以防那里的敌人舰队或飞机开出来妨碍盟军行动。但这种武器的战略价值也是显而易见的，载有核弹的英国海军攻击机可以从四面八方发动对苏联的打击，包括巴伦支海、北大西洋、地中海和远东，这样，具备核打击能力的航母打击舰队也成了英国核威慑的重要筹码，因为冷战的对手将无从知晓皇家海军的打击来自何方。然而，政客们对海军的这一能力却视而不见，反而把注意力集中在了那些基地位置人所共知，易被摧毁而且攻击航线仅有那么区区几条的三V轰炸机部队身上。

"小斗犬"

另一种提高CEP的方法是使用更精确的武器。"灵巧"武器并不是什么新主意，纳粹德国在二战期间就开发出不少早期的产品，英国驱逐舰"英格菲尔德"号就是1943年2月25日在安奇奥外海被德军Hs293A制导滑翔炸弹击沉的。1958年，美国方面根据美国海军的设计标准开发的AGM-12B"小斗犬"导弹成了一型实用而且经济上可承受的空地导弹，皇家海军和其他一些北约国家都引进了这一种导弹，不过令人意外的是皇家空军并没有引进。"小斗犬"导弹的开发源于战争期间，美国海军发现自己需要一种能够让载机在敌方小口径高炮的射程外投射，并能准确命中目标的炸弹[34]。当然，当时的技术还无法让载机在防空导弹射程外开火。"小斗犬"后来进行了改进，诸如AGM-12D等型号还可以换装核弹头，但皇家海军没有引进。和早先的导弹武器相比，皇家海军使用的"小斗犬"导弹可以像普通炮弹那样搬运、储存、使用，也不需要对载机的航电系统进行太大改造。这一型导弹弹重259千克，分成三部分：中间是127千克战斗部，由装在尾后的电子引信起爆；后部是发动机，根据制造年份不同，发动机可以是固体火箭发动机或者预先注入燃料的液体火箭发动机，发动机后部装有2个发光管以便飞行员跟踪飞行中的导弹，四面固定弹翼也装在弹体的这一部分；弹体前部是导引头、与导引头联动并由高压氮气瓶驱动的全动式弹翼、陀螺仪，以及用于提供电力的热电池[35]。热电池后来成了美国导弹设计中的标准配置，沿用多年。这一设备需要用一个电触发"爆竹"来激发热触媒，进而融化固态电解液、激活电池。

第七章 新装备和新一轮国防评估 213

△"竞技神"号第803中队一架"弯刀"F1在右翼内侧挂架上挂装了一枚"小斗犬"空对面导弹。(作者私人收藏)

"弯刀"可以挂载3枚"小斗犬","海雌狐"可以挂2枚。攻击目标时,飞行员首先要找到目标并保持目视接触,这在敌人火力下并非易事。一旦做到,他就可以驾机向目标俯冲并射出导弹——发射时对俯冲角和速度的要求并不严格[36]。完成简短的发射操作后,导弹发动机就会点火,飞行员很快就会看见导弹拖着长长的尾烟出现在下方的视野中。待浓烟消失,飞行员就知道导弹的火箭发动机燃烧完毕,他可以开始用视线制导导弹了。飞行员需要用右手大拇指操控导弹控制手柄,以保证导弹尾部发光管发出的亮光始终与目标重合,这意味着他在这段时间里只能用左手驾驶飞机,攻击机的飞行员必须习惯这种操作方式。导弹控制手柄和大多数人的想象一样,可以上下左右四个方向控制导弹航向,一旦看到导弹爆炸,飞行员就可以脱离攻击航线自由飞行了。导弹的实弹训练是十分昂贵的,因此美国人制造了专用的地面模拟器,以便让飞行员体验并"感受"控制手柄的操作和制导技术。一旦训练合格,飞行员就会被许可发射1枚实弹。和20世纪50年代后期美国海军的诸多其他导弹一样,"小斗犬"并不完美,但却足够结实可靠,并且比在20世纪50年代初期于苏伊士运河战争中使用的那些武器先进了许多。

炸弹

虽然英军仍然保留了227千克炸弹,但新一代飞机使用的主要是454千克中等磅级炸弹。这些炸弹中，炸药的重量大约占总重量的一半，其余重量都归钢质弹壳[37]。皇家海军使用的绝大部分炸弹，引信都装在弹尾，以防操作错误触发爆炸，这也使得炸弹可以在起飞前设定撞击到目标之后的爆炸时延，如此，炸弹便可以在钻进敌舰或地面坚固目标内部之后爆炸，从而造成最大的破坏。在对付小型舰艇、无装甲车辆和地面步兵时，炸弹也可以安装VT引信，使用小型无线电发射机来测定与地面的距离，并在预定高度空爆。而攻击机场的时候，这些炸弹的延迟起爆时间可以设得很长，最多24小时，这样投下的炸弹就可以持续爆炸，从而将试图修复机场损伤的敌方人员置于险境。

△一架"海雌狐"FAW1战斗机用左翼下挂载的火箭发射巢发射51毫米火箭弹。火箭巢内侧挂架上挂的是"火光"导弹实弹。（作者私人收藏）

火箭弹

新一代飞机仍然可以挂载使用多种不同弹头的老式76.2毫米火箭弹，而可以装在流线型火箭发射巢中挂在机翼挂架下的新型51毫米火箭也已经开始开发。这些火箭的射程比航炮更远，英军打算用它们来取代航炮在对空与对地攻击中的作用。新型火箭的研发进度要比预期慢，但还是从20世纪60年代初开始装备部队。

低空投弹系统

如果攻击机从高空飞向目标，它们很早就会被敌方雷达发现并遭到拦截。从20世纪50年代初期开始，皇家海军就在使用从低空接近目标的战术，这样攻击机就可以一直隐藏在敌方雷达的低空盲区内，直至最后一刻。然而此时如果使用传统的小角度俯冲方式投放核弹，攻击机连同飞行员一道必定会被核弹爆炸时的巨大火球吞没。皇家空军的高空轰炸战术虽然可以让轰炸机利用核弹下坠的时间脱离危险区，但却使其暴露在敌方的战斗机和防空导弹面前[38]。为此，英美两国海军都使用了被称为"阁楼"的上仰甩投战术，攻击机可以在距离目标一定距离外拉起飞机，将核弹以一定的精确度"甩"向目标，攻击机则利用炸弹抛物线飞行的时间掉头脱离。为了实现这一目标，皇家海军引入了低空投弹系统（LABS），内含一台模拟计算机，可以把相关信息输出到低空投弹指示器和弹药投射机构。飞行员可以选择两种攻击模式："正常"和"备用"。无论哪种模式，系统都会模拟高G筋斗。在正常攻击模式下，"弯刀"攻击机将在雷达预警机的引导下飞到距离目标舰数千米处的起始点（IP）并得到飞向目标的航向信息。如果是攻击陆地目标，那么飞行员就要事先选定一个显眼的地标作为起始点并标注在飞行地图上。一旦飞临起始点，飞行员就要按下按钮或扳机，开始根据系统指示，转入从起始点飞向目标的航线。之后，飞机将飞到更接近目标但仍有一段距离的拉起点（PUP），此时飞行员会根据低空投弹指示器的提示拉起机头进入筋斗机动。低空投弹系统会判断飞行员筋斗的半径和过载是否正确，如果没有问题，系统就会根据预先设定的投弹上仰角，在飞机翻筋斗的准确时机自动投出核弹。炸弹投出后，座舱里的显示器就会开始闪烁，飞机就可以脱离了。此时，飞行员的最佳选择是借助仪表完成180°筋斗，待机头指向脱离目标的方向时滚转机身加速脱离。飞行员应当集中精力根据仪表飞行而不是向机舱外观察，以免迷失方向。如果是实战，这还可以帮助飞行员免于因核弹爆炸产生的巨大光芒致盲。

"备用"攻击模式下，飞机将采用被皇家海军称为"越肩攻击"，或者被美国海军称为"傻瓜筋斗"的机动方式。如果没有雷达预警机能够指引攻击机飞向目标舰艇或地面上没有合适的起始点可用，那攻击机就只能采用这一模式了。这种时候飞行员要将低空投弹系统换到"备用"挡位，并直接将目标作为拉起点，从任意方向直接飞向目标。和上仰甩投时炸弹在筋斗的起始阶段投出不同，越肩攻击时炸弹将在筋斗进行至垂直状态时投出，垂直爬升后下落到正下方的目标头上。这种方式除了要求载机直接飞越目标从而带来更大的危险之外，还会使得载机的脱离时间变得更短，据说这个时间也是足够飞机脱离危险区的，而且攻击机的飞行员们也必须相信这个说法。谢天谢地，没有人真的这么干过。新来的攻击机飞行员要先到朴次茅斯港威尔岛"卓越"号（HMS Excellent）上的航空武器大队进行低空投弹系统专项训练，之后才能前往洛西莫斯海军航空站加入他们的中队。那些驾驶装有低空投弹系统的飞机的飞行员们还会经常练习这项技术以保持熟练。在制定攻击计划时，飞行员需要做许多工作，包括选择接近目标时的飞行高度和速度，选定从起始点到拉起点之间的时间，以及拉起飞机飞筋斗时的过载。他们将使用专门的表格来测算，并选定最佳的投弹角度。同时所有飞行员都必须每年进行一次仪表飞行考试以满足低空轰炸战术对这种飞行方式的高要求。

空对空武器

我们已经看到，航炮已经不适合执行高空高速截击任务了。为此，从1949年开始英军陆续开发了一系列空对空制导武器以便让战斗机在更远距离、以更灵活的战术攻击目标。费尔雷公司的"火闪"是其中的第一款，它的技术进步很有限，因此没有正式投产也没有装备部队。这型导弹以航炮测距雷达照射目标时的回波作为制导波束。弹体前部装有2台加速器，能令导弹在离开发射架时加速到2马赫[39]，之后靠滑翔飞向目标。这种导弹的射程不足1000米，战斗机还必须飞到目标正后方，并将目标保持在航炮瞄准镜的中央直至导弹命中，这就严重限制了飞机的机动。这种武器根本达不到"发射后不管"的要求，因此研发"火闪"所花费的成本也没有得到回报。但凡事总有头一回，这种导弹的开发至少让英国军队与军事工业对导弹技术有了最初的体验。

另一个无疾而终的项目是"红院长"雷达制导空对空导弹，这型导弹的研制时间晚于"火闪"，由维克斯公司开发，计划装备"海雌狐"战斗机。为了解决一系列问题，导弹及其飞控系统变得又大又重，导致海军参谋部很不情愿地于1956年退出了联合项目组[40]。当时美军F3H"恶魔"、F4H"鬼怪"Ⅱ战斗机装备的"麻雀"Ⅲ雷达制导导弹重量只有181千克，这充分显示了英国工业与世界顶尖水平的差距，而这背后，投资的缩减难辞其咎。不过英国人也不是一事无成，最终还是有一项海空军联合项目修成正果，随后投入量产并装备部队，这就是德·哈维兰的"蓝松鸦"导弹，最后发展成为"火光"空空导弹。

"火光"

德·哈维兰公司的"火光"红外制导空对空导弹真正做到了"发射后不管"。这型导弹重136千克，装有一台固体火箭发动机。它可以追踪喷气式飞机灼热的尾喷管，一旦锁定目标，就能在目标尾后20°锥角的范围内发射，导弹最大发射距离约为9千米，具体射程取决于目标尾喷管的热信号强度。和设计简单的美制导弹不同，"火光"导弹和载机航电系统的交互相当多，在运出弹药库后、装到战斗机上之前也需要进行一些检测。一套完整的"火光"导弹作战系统包括"海雌狐"FAW1战斗机上的AI-18雷达——负责发现目标并输入目标的距离、相对速度和方位信息，以及姿态参照系统——向导弹提供载机的机动情况，包括滚转角、俯仰角和航向[41]。载机还须安装导弹控制设备和飞行员攻击瞄准镜（PAS）以显示导弹瞄准标识，一旦导弹捕获射程内目标，系统就会发出信号。导弹控制系统能够向挂架上的"火光"导弹提供电力和高度信息，控制翼面所需的暖气和冷却电子设备所需的冷气，向PAS瞄准镜发出"允许发射"信号，以及提供导弹发射电流。控制系统里还设计了安全电路以防止导弹在捕获目标之前被射出去，同时确保载机两侧翼下的导弹能交替发射以免失去平衡（"海雌狐"战斗机可以挂载4枚导弹）。这么一段简述已经足够让我们看到这种武器的各个子系统

△照片质量很差，但很精彩。这是远程目标追踪摄像机捕捉到的"火光"导弹直接命中"金迪维克"无人驾驶靶机尾喷管的一瞬间，照片摄于澳大利亚乌梅拉武器试验场。（作者私人收藏）

是何等复杂与相互依赖，然而对飞行员来说这都不是问题，因为系统只是简单地告诉他应该在何时扣动发射扳机。

"火光"导弹的试射在澳大利亚乌梅拉的武器研究所进行，由一个海空军联合测试小组负责执行，其中有1名飞行员来自皇家海军。这种导弹的第一次模拟实战射击是由"胜利"号航母的舰载机执行的。1958年9月开赴地中海期间，"胜利"号上第893中队的3架"海毒液"FAW21战斗机加装了导弹发射系统，每侧翼下加装了一个挂架，一次可以挂载2枚"火光"导弹。他们的任务是获取导弹截击作战在接敌阶段的各项数据，并且制定导弹截击机在飞行和准备发射导弹时的各项操作标准，以此让"胜利"号航母形成导弹截击作战的战斗力。第893中队成了英国第一支实际装备空对空导弹的战斗机中队[42]。为此，舰上的导弹操作间被给予了最高的优先级。但问题仍然存在，有些试验性操作台完全没有经过验证，就连设在里-昂-索伦特海军航空站的航空电子学院都还没有装备这些设备。其结果便是所有的维修技工都没见过这些设备，大家只能边干边摸索。导弹也是航母起航之前才刚刚送上舰的，需要现场组装和检测。在航母离开英国本土3个星期后，第一枚导弹终于射了出去。

△ 马耳他外海"火光"导弹试射期间,一架第893中队的"海毒液"战斗机挂着"火光"导弹正准备从"胜利"号的右侧弹射器上起飞。(作者私人收藏)

  这支中队决定指定4名飞行员来驾驶这几架导弹载机以保障试飞报告的一致性。中队长E. V. H. 马努尔少校驾驶着装有2枚导弹的飞机进行了第一次带弹弹射起飞与拦阻降落。试飞组发现,挂上导弹之后,飞机"有些不适合飞特技",重心也有些许变化,需要配重补偿,不过其他方面并没有什么问题。导弹带来的额外重量使飞机降落时机内最大燃油量不能超过454千克,最好在181千克以下——在满载燃油(包括翼尖油箱)时,"海毒液"战斗机的最大载弹量为1.68吨[43]。试飞之初,飞机的飞行距离都受到限制,以余油足够飞到马耳他的哈尔法海军航空站为准。随着对挂弹飞机属性的日益熟悉,他们开始不再保留如此多的余油。试飞的第一阶段是适应性飞行,4名飞行员驾驶着挂载训练弹的飞机模拟"火光"导弹攻击的接敌阶段飞行,这些训练弹的大小、形状和实弹完全相同,但只装有制导系统。其他"海毒液"则扮演目标机，以不同高度、不同速度，在不同云层背景下飞行。这一阶段的测试基本成功，导弹的导引头能够在足够远的距离上捕捉到单台德·哈维兰"魔鬼"发动机发出的不算太强的红外辐射源，导弹在可以在预定的射击距离范围内"发射"。"火光"载机上的自动记录仪也记下了导弹发射时载机的空速、高度、获取目标所需时间与发射所需时间，这些数据都被提交给空战教官，用以指导其他飞行员作战。

到11月底，各项先期试验已经完成，实弹试射已是"万事俱备，只欠东风"。为此，英军动用了哈尔法海军航空站第728B小队的"萤火虫"U8和U9无人驾驶靶机来配合导弹试射。在正式射击前，"胜利"号的试验小分队组织了一系列模拟试射，"海毒液"试验机向有人驾驶的"萤火虫"进行了模拟攻击（但不发射），第849B小队的"天袭者"雷达预警机负责远距离监控整个试验。第728B小队引导官在哈尔法航空站控制着整个试验的进度，"萤火虫"靶机也都装上了用以模拟喷气机尾喷口的人工热源在3050米高度飞行[44]。不过靶机的低速度并不是什么好事，这让它比高速目标更难以截击——在整个截击过程中，"海毒液"都保持了0.7马赫的飞行速度。第一次实弹射击原计划于12月初进行，但却因天气不佳和靶机故障而推迟。最后，空空导弹首次试射的日子还是到来了。靶机起飞后在一架有人驾驶"萤火虫"的控制下飞到距离马耳他岛24千米处进入椭圆形航线，"海毒液"战斗机从"胜利"号弹射起飞后被引导到距离靶机19.3千米外的攻击发起位置。战斗机的观察员通过截击雷达捕捉到目标信号后，就会驾机飞到目标后方，目视看到遥控机和靶机；随后攻击机飞行员会要求遥控机飞离，确认自己面前是靶机之后，他就会飞进正确的射距范围并扣动扳机。系统会有一秒钟左右的延迟，让导弹正确锁定目标，之后发射电压接通，导弹射出。"海毒液"此时便可以返回，让导弹自行飞向目标。

"火光"导弹装有无线电近炸引信，这样即使只是近失也足以摧毁目标。为了节约靶机，这次实弹试射的导弹将爆炸弹头换成了镁闪光弹头，这样记录摄像机可以清楚看到导弹命中，对靶机造成的损害也可以降到最低。当然，如果导弹直接命中了靶机，那就免不了会将其炸毁了。攻击机接到过指示，要求脱离距离不能低于450米，以保证安全。"萤火虫"的翼尖和"海毒液"的机头都装有摄像机，这些摄像机能捕捉到导弹在有效攻击距离内的爆炸。如果靶机未被击落，遥控机就会把它带回哈尔法基地，地面上的一名遥控人员会接管靶机，控制它在跑道上降落。导弹试射期间，"胜利"号舰载机还与马耳他基地的其他军用飞机一起合练了高空截击的接敌机动。演习发现，像"堪培拉"这样的轰炸机在很远距离上就会被发现。总体上，这一整套截击作战体系是有效的，但稍显复杂。"海毒液"的试射证明导弹已经形成了战斗力，虽然"火光"导弹还没有经历从多个角度攻击大群或零星敌机的实战考验。但无论如何，对空战新时代的探索已经开启了。

1959年中期，负责"海雌狐"FAW1型机集中试飞的耶维尔顿航空站第700Y中队开始重视"火光"导弹。这一型战斗机不久后就会装备部队，但在它于1960年2月首次装备第892中队并随舰出海之前，还有一些维护和设计方面的问题需要解决。首先，导弹武器系统过度复杂，在"海雌狐"战斗机上的运转一直不太顺畅。由于子系统之间互相限制，捕获目标反而成了难得一见的事情。问题源头的查找也十分困难，由于每次都要对整个系统进行测试，这项工作不免旷日持久，甚至测试工具本身也问题频出。站在事后诸葛亮的角度来看，我们可以认为大部分问题都是技术人员对装备不熟悉，以及制造商提供的培训服务不合理造成的。但无论如何，如果不能采取切实有效的措施提高装备可靠性，第892中队就要赤手空拳地出海了。于是，海军航空作战指挥部做出决定，这支中队服役后将被一分为二，分别执行不同的任务，第700Y中队也并入第892中队。第892A小队将在1960年3月登上"皇家方舟"号，驾驶新机型出海积累使用经验，第892B小队则带着4架飞机、2个机组和30%的地勤维护技师继续留在耶维尔顿。

第892B小队的使命是探索"海雌狐"和"火光"这对组合到底能达到什么样的能力水平，并为此提出建议。值得一提的是，恰在此时，皇家加拿大海军装备美制F2H"女妖"战斗机和"响尾蛇"空空导弹的第870中队也来到了耶维尔顿，不得不说，英国皇家海军的飞行员们对"响尾蛇"的简单与有效印象深刻，加拿大飞行员们则为"火光"导弹的复杂和烦琐头痛不已。第892B小队开始试飞之前，他们的飞机在西登汉姆海军航空工厂进行了改装，好让飞行和导弹的操作变得更容易[45]。改进后的飞机从1960年初期开始升空，之后的训练科目都是经过精心设计的，以图找到飞机与武器的最佳适配和测试流程。他们拿出了更合理的勤务和维护实施计划，大大缩短了例行测试所需的时间，显著提升了飞机的出勤率。系统和勤务方面的不少技术问题也被找了出来并迅速解决。到1960年3月，飞机的出勤率已经足以让两个机组都能在一个月内飞行50个小时，甚至还出现了飞机等人的情况。为此，"海雌狐"训练部队甚至从第766中队借调了几个机组。航空作战指挥部对这样的进展自然是大为欢迎，但他们也指出，这样的成绩是由一个组织紧凑、目的明确的小部队取得的，新的作战中队还需要耗费相当的时间才能获得这样的经验和信心。武器系统仍然占用了"海雌狐"战斗机维护工作量的10%，虽然12架飞机10%的维护工作量意味着需要耗费不少工时，但这仍然是可以接受的——如果硬是不接受，那么皇家海军剩下的唯一选项就是采购美制"响尾蛇"导弹装备"海雌狐"战斗机，直到由"火光"4衍生而来的"红头"完成开发，装备"海雌狐"FAW2战斗机为止。1960年时，英国人还不打算大刀阔斧简化"火光"导弹系统。但是航空作战指挥部却意识到，如此完全自动化的系统使飞行员自由掌控的空间变得非常少，战斗中的灵活性也大为削弱，这让导弹的潜力无法得到充分发挥，在实战中对更快速敌机的机会射击[①]也将无法实现。灵活性的缺失还体现在"火光"导弹只能从敌机的尾后发起攻击，这不可避免地会让敌机持续接近本方舰队，甚至突破防空圈。"海雌狐"只是亚音速战斗机，这一点使它更加难以占据有利射击位置。举例来说，在迎头截击作战中，假如观察员发出转向指示的时间晚了5秒钟，截击机转向后就会处于导弹射程范围2.4千米之外，而如果敌机的速度更快，那"海雌狐"的截击也就无从进行了。

截击技术

装备"火光"导弹的"海雌狐"战斗机执行截击任务的主要方式是迎头接近目标，准确判断向目标转弯的时机，然后直接进入目标后方的导弹射击区域内。

[①] 条件合适时不等锁定就先把导弹打出去、希望导弹在飞行途中捕获目标的战术。

高度比目标低一些没关系，导弹向上方目标"仰攻"的能力很强，足以弥补不大的高度差。截击分为三个阶段：接敌、转弯和攻击。第一阶段由航母防空指挥部的引导官或者雷达预警机上的观察员负责，他要引导己方战斗机迎向目标，其准确度必须足以让战斗机上的观察员使用对空截击雷达发现目标。一旦战斗机上的观察员锁定目标，他就会发出"Judy"呼号并接管截击。如果是飞行员目视看到目标，他就要发出"Tally-Ho"呼号，但他仍然需要等候雷达锁定目标才能启动武器系统。战斗机引导官需要不断提供关于敌机高度、速度和航向的信息，因为敌机很少会直线平飞太长时间。一旦收到来自战斗机观察员的"Judy"呼号，战斗机引导官就会将战场控制权移交给观察员，之后缄口不言，直至机载观察员雷达失去目标，发出"需要支援"呼号为止。对观察员来说，准确判断转弯时机是一件十分困难的事情，因此在转弯过程中还需要进行方向修正。然而，如果要在极限高度作战，转弯本身已经十分困难，这时候再做调整就很成问题了。最后阶段，飞行员将接管截击，他将跟踪攻击瞄准镜上的目标指示光点，调整本机的高度和速度以进入敌机后方的导弹射击区，一旦"允许射击"指示灯亮起，他就可以扣动扳机。自然，战斗机飞行员、机载观察员、预警机观察员和舰上战斗机引导官必须经常进行合练，以保证截击机既不会被引导到敌机前方陷于被动，也不会飞到目标后方令人绝望的远处。如果己方截击机的高度不正确，飞行员就会完全找不到目标。上述这些听起来似乎没有什么特殊之处，但我们要知道，和皇家空军那些专职战斗机不同，"海雌狐"还承担着对地攻击、支援地面部队之类的其他重要任务。由于航母上能够搭载的第二代喷气战斗机数量有限，每一型飞机都必须尽可能地身兼多职。

为了确保在20世纪60年代末得到一种有效的导弹截击机，皇家海军还在继续推进"海雌狐"FAW2战斗机项目，这种新机型可以挂载"红头"导弹，能够迎头截击超音速目标。然而必须承认，英军对"对撞航线"这种迎头拦截技术的接受速度还是太慢了。其实20世纪50年代的英国国防工业如果努把力，还是可以完善这样一套截击系统的，然而仅靠皇家海军自身的财政预算是不够的，皇家空军又认为这种方式不可行，因此这种先进截击技术在英国落了空。实际上，英国人早就见识过了真正的迎头拦截：1952年开始，美国空军开始在全球各地部署F-86D战斗机,其中就包括英国肯特郡的马逊空军基地。这种单座战斗机装有截击雷达和火控计算机,它们可以引导飞机从任何角度直接迎向目标——包括迎头方向,随后在适当时机齐射空对空无制导火箭弹并引导飞行员脱离,从而实现迎头截击。

"响尾蛇"导弹

从1958年开始,各种更大、更复杂的舰载机陆续上舰,使得航母舰载航空大队的飞机数量开始下降。于是,航空作战指挥部开始寻求提升"弯刀"战斗机有限的截击能力以便在必要时协同"海雌狐"执行截击任务。"弯刀"装有4门30毫米"阿登"航炮,对空射击时最大有效射程720米。翼下挂架可以挂载51毫米火箭巢,其对空射程1100米,比航炮稍远一些。可见空空导弹还是需要的。"火光"导弹首先出局,因为"弯刀"不仅没有对空截击雷达,狭小的机体也容纳不下其武器系统所需的"暗室"。不过,美国海军的同类产品,AIM-9"响尾蛇"空空导弹却是个理想的选择,因此英国海军在1960年决定采购一批,以装备"弯刀"战斗机[46]。这种导弹由美国海军的中国湖海军武器测试中心设计,在美国海军的实际使用中已经证明了自己简单、可靠且有效,所需要的各种检测也属最低限度。它很容易组装,使用条件比普通炮弹复杂不了多少。和"火光"一样,"响尾蛇"也是一型被动红外制导导弹,不过性能稍差一点。导弹全长2.74米,重量仅有72.6千克。其核心是一台普通的美制127毫米火箭弹发动机,弹翼就装在发动机舱上,弹翼后方顶端装有"滚动式副翼",副翼顶端的滚轮可以随气流滚动,从而像陀螺一样降低导弹的滚转速率。发动机舱前方是一个11.34千克重的破片战斗部,有效杀伤半径约9米。战斗部由触发或近炸引信引爆,爆炸后弹体外壳被炸成无数细小的碎片,高速飞出击毁目标。如果没有命中目标,导弹就会在发射24秒后自毁。战斗部前方是制导与控制系统,包括一具陀螺稳定的导引头,一旦有红外热源进入视野,密布在点阵上的红外光敏元件就会发出信号,使导引头持续跟踪目标,并通过机电联动装置驱动装在导引头旁边的三角形舵面。这一系列机构动作的能源来自一个高压气瓶,高压空气除了驱动翼面,还被用于驱动一台涡轮发电机以为全弹提供电力。挂载"响尾蛇"导弹的发射架通过一个适配器挂到"弯刀"战斗机的标准翼下挂架上。发射架上有一个电源模块，可以接收载机供电以提供武器系统预热所需的电压；还有一个发射信号模块和信号放大器，可以将导引头捕捉到的目标信号投射到飞行员的显示设备上，并将"导弹捕获目标"的信号传递给飞行员。飞机原有的电路都可以继续使用，只不过在挂架的电路里加装了几个分线盒，地勤人员可以通过两个不同的插座来选择使用原有武器还是"响尾蛇"。这样，飞机加装"响尾蛇"导弹所需的改装也十分简单，很快就可以完成。

"弯刀"战斗机可以挂载2枚"响尾蛇"导弹，每侧翼下1枚。起飞前的导弹检测也很简单：飞行员依次打开2枚导弹开关，地勤人员在导弹前方点亮一支火炬，只要飞行员的耳机里能听到捕获目标的音响信号，检测就算完成。战斗机飞行时，导弹的导引头始终指向弹体中轴线的正前方，一旦飞行员打开某一枚导弹的开关，这枚导弹就会接受载机电力开始预热。通常情况下，执行截击任务的飞行员首先要目视找到敌机，通过机动进入敌机后方的导弹射击范围，并将瞄准镜上的十字线压住目标。这时候，武器系统就会向飞行员发出刺耳的提示音，表示导弹导引头已经捕捉到了热源信号，接下来飞行员要确认自己是否处于有效射程内，以及载机的机动过载是否满足导弹发射的要求，之后就可以扣动扳机了[47]。此时，导弹陀螺仪解锁，导引头开始锁定目标，高压气瓶输出机械力并驱动发电机输出电力，火箭发动机点火。"响尾蛇"导弹通过比例导航技术飞向目标，命中率相当好。"响尾蛇"的另一个好处就是飞行员可以很快学会使用这种导弹，因为这太简单了。听一堂课，再用没有发动机和战斗部但可以捕捉目标的训练弹上天试用几次就行了。飞行员并不需要进行实弹射击训练，但一般的一线作战中队还是会每年试射几枚实弹，一方面是为了保持飞行员的技术熟练度，另一方面也是为了确认各生产批次的导弹在弹药库存放一段时间后仍然可用。

又一次国防评估

1957年1月9日，安东尼·艾登因在苏伊士运河危机中滥用武力而引咎辞职，哈罗德·麦克米兰接掌首相大印，他任命邓肯·桑迪斯为国防大臣，并要他对英国国防政策进行全面的重新评估[48]。蒙巴顿将军立即要求海军参谋部拿出一份旨在保住一支强大航母打击舰队的报告材料——他们发现桑迪斯喜欢听那种能将事实和数据清楚而合乎逻辑地陈述出来的报告。另一个对海军部有利的事情是，麦克米兰也想要修复因艾登在中东的莽撞行动而受损的英美两国之间的"特殊关系"。把英国对北约盟军大西洋海上作战力量的贡献拿来说事是个保住航母舰队的好办法，对驻德陆空力量的裁撤也可以为军方保留舰队提供筹码。桑迪斯现在不像以往那样迷信核大战了，他开始相信在使用核武器之前打一段海上常规战争是可能的，核交火也许不再能决定战争的胜负，因此英国还是需要一支攻击力强悍的舰队来夺取制海权。将皇家海军的一部分资源从船队护航方面分出来，保持一支航母打击舰队和若干现代化的反潜猎杀大队，这种做法将会得到美国的支持，同时其成本也比像1945年以来那样在预备役中封存一支规模庞大而过时的护航舰队来得便宜。另一项可以写到海军参谋部报告材料里的有利事实是，航母特混舰队显然可以在局部战争和维和行动中用作机动空中力量，而核武器在这样的军事行动中毫无用武之地[49]。苏伊士运河的军事行动虽然在政治上一败涂地，但也确凿无疑地证明了这一点。海外基地已经靠不住了，作为苏伊士运河危机的直接后果，锡兰政府已经要求英国东印度部队撤出他们设在亭可马里的主要基地。在苏伊士危机之后，使用直升机航母搭载两栖突击部队的战术也快速发展起来，因为阿拉伯国家开始禁止英国军用飞机飞越其领空，这就使得驻扎在英国本土和塞浦路斯的那些机降步兵的运用范围受到了很大限制。

这一轮国防评估报告[50]有个特殊之处，就是桑迪斯本人亲自操刀，匆忙编写了相当大一部分，这部分内容主要还是源于他本人的固有观点，他的首席科学顾问弗雷德里克·布伦德利特爵士协助他完成了报告。蒙巴顿也向桑迪斯提交了报告材料，这份报告的主要负责人是第二海务大臣查尔斯·拉姆比爵士，此人后来继蒙巴顿之后升任第一海务大臣。讽刺的是，蒙巴顿最大的收获仅仅是让桑迪斯确信海军可以在局部战争或小规模冲突中发挥决定性作用，这种时候只要出动舰载机、两栖战部队及其护航舰艇就足以扑灭战火。桑迪斯评估报告的基调在1957年2月23日契克斯庄园①的部长周末会议上就定了下来，报告随后修订了几个版本并向各盟国，尤其是美国征求了意见，其终稿在3月28日提交内阁批准，1957年4月4日呈交英国议会。在这份报告中，获得最高优先级的任务是在北约核威慑力量中发挥作用以及抗击潜在敌人的进攻，其次则是保卫大英帝国的海外殖民地，以及保有实施有限海外军事行动的能力。

关于海军在全面战争中的角色，桑迪斯的说法是"并不确定"，但他承认"核战争可能无法快速决出胜负，如果出现这种情况，那么保卫大西洋航运线免遭潜艇攻击就会变得十分重要"[51]。虽然这一段叙述乍听来有些模棱两可，但接下来的段落却显示海军部已经向他极好地展现了海军参加小规模战争和维和行动的战例。在"制海权"一章中，桑迪斯报告指出，在和平时期，如果遭遇紧急事件或小规模战争，皇家海军及其编成下的皇家海军陆战队突击队可以快速投送兵力解决问题。与此相关的航母打击舰队也在报告中被重点提及："作为机动航空兵基地，航空母舰在现代战争条件下发挥的作用日益重要。"航母编队将成为未来皇家海军的主要组织方式。它们将包括航母，以及数量较少但装备精良的护航舰艇。庞大而老旧的英王乔治五世级战列舰和大部分巡洋舰将迅速被拆解，老式的装甲航母由于现代化改造成本太高，也将被拆解。最后一艘战列舰"前卫"号已经在1955年转入预备役，她将在1960年自行开进船厂以备拆毁。有限的资源将主要集中在大型航母身上，大部分1942年型轻型舰队航母将被拆除，这级航母中唯一一艘经过现代化改造，且准备在皇家海军中继续服役的成员——"勇士"号也被列入了待售名单。

报告指出，皇家海军需要在远东维持一支实力均衡的打击力量，其核心将是一支航母特混舰队，以及一支随时待命应急的强有力的两栖战部队。报告还特别强调，打有限战争所需的舰艇型号和全面战争完全一致。这反映出一个新的情况：苏联正在用现代化武器装备它的盟国，向印度尼西亚赠送斯维尔德洛夫级巡洋舰和高速导弹艇就是个活生生的例子。这意味着那些老式或者二线装

---

① 英国首相的非正式官邸。

备，即使是在低烈度战争中也将没有用武之地。这份报告当然免不了狠狠砍了海军几刀，不过和其他军种的遭遇比起来，这就算是轻的了。其中比较值得注意的是皇家海军志愿预备役航空中队的取消，这是全面裁撤预备役部队的一部分，这反映出当时的一种普遍观点：爆发全面战争时将不会有时间去进行全国总动员，也不需要这么做。它也意味着国防预备役体系的终结，这曾是皇家海军志愿预备役部队航空部门新兵的主要来源。虽然这种观点有些道理，但20世纪50年代初期那些较高强度的局部战争还是显示了对后备飞行人员的需求。在旷日持久的常规战争中，一线部队需要大量的补充和替补，因此更合适的做法是投入一部分宝贵资源去改组预备役部队，而不是取消它。英国人意识到这一点并重新建立新的皇家海军预备役部队航空部门时已是20世纪80年代了，这支力量主要由皇家海军退役空勤人员志愿组成，一旦需要，这些人就可以被动员起来补充或替换海军航空兵各现役中队的作战人员。海军遭受的另一项重大损失是前文介绍过的SR-177战斗攻击机的流产，桑迪斯在这一番评估之后武断地取消了这一项目。显然，他觉得此时仍然在研的"弯刀""海雌狐"和NA39"掠夺者"已经足够好了，足以让海军用到20世纪60年代中期下一次国防评估的时候。这样，英国就失去了一型不仅性能非常优越，而且出口前景非常广阔的飞机。毫无疑问，桑迪斯不应该取消这一项目，此外他取消项目的方法也是错误的。桑迪斯报告中还有一项内容，虽然当时看起来不起眼，但后来却给英国军队带来很大的困难。他要求海空两军未来共用同一型核攻击机[52]。此时海军的NA39攻击机已经快要试飞了，但空军参谋部却认为这种飞机不能满足皇家空军的需要，对它完全没有兴趣。他们要求开发一型更大、更复杂，拥有战略打击能力的飞机取而代之，这就是后来的TSR2。

这次评估过后，海军部发布了一份文件，阐述了他们的新作战条令，文件着重强调有限战争或者所谓"树丛交火"战争样式的重要性，指出航空母舰在这一类军事行动中的核心地位。文件还说明了攻击机、突击运输直升机和新一代两栖战舰艇之间的战术配合。这份条令由参谋长会议签发并提交给了桑迪斯，桑迪斯见此文件大喜，说"海军部的脑子开窍了"[53]。关于一部分细节的争论一直持续到当年秋季，最后还是作为王室成员的蒙巴顿拿出任何人都学不来的办法解决了问题：他邀请桑迪斯到他布罗德兰兹的别墅"度假"，席间桑迪斯同意了给布置在大西洋上的航母配备专门强化反潜战能力的舰载机大队的方案，蒙巴顿则投桃报李，同意海军总兵力不超过8.8万人。蒙巴顿原本以为这可能只是个空洞的表态，因为桑迪斯关于裁撤"塘鹅"反潜机部队，转而发展反潜直升机的决定已经生效，而且其执行需要好几年，到那时蒙巴顿可能早就退休走人了。然而他的"套路"还是生效了，因为后来再也没人提起裁撤"塘鹅"的提议。关于直升机与直升机母舰的发展，我们下一章再行详述。

蒙巴顿的另一项成就在于使桑迪斯同意对"堡垒"号进行改造，令她从原来的固定翼飞机母舰变身为突击队母舰。由于垂直包围战术在苏伊士运河一战中初露锋芒，这一改造计划得到了多个部门的热烈欢迎：财政部很高兴，因为改造所需的资金比新建一艘直升机航母要少得多；陆军部很高兴，因为他们也希望让自己的部队成为新一代两栖特混舰队的一部分；就连空军参谋部也一度很欢迎这一方案，因为这可以使他们不需要采购那么多的直升机和运输机，不过空军后来还是后悔了。皇家海军陆战队更是高兴地发现自己再一次成了作战计划的核心，尤其是在他们失去了战列舰、巡洋舰上大型舰载设备操作手和主炮组的传统岗位之后。第42皇家陆战队突击营在1959年进行了改编并登上了"堡垒"号，第41突击营也在1960年进行了改编。两艘新型登陆平台——船坞登陆舰的建造被列入了计划，她们将替代两栖战部队里那些老旧的坦克登陆舰和登陆艇。到1957年年末，蒙巴顿终于可以提笔给那位杰出的前任第一海务大臣，海军元帅查菲尔德勋爵写信："看起来邓肯·桑迪斯打算对我们客气一些，比对陆军和空军都要客气。"[54]此言基本属实，1957年的国防评估成了未来10年皇家海军打击部队作战理念的基石。

注释

1. Hobbs, *British Aircraft Carriers*, pp 268 et seq.
2. 关于 CDS 的这一描述来自笔者 1966 年在"胜利"号上当士官生时做的笔记。
3. 海军飞机项目编号后缀的字母用于标示验证机与生产型机。此处的 N113D 表示它是验证机（Development aircraft），之后的 N113P 则是生产型机（Production aircraft）。
4. AJ-65 型发动机后来发展成为大获成功的"亚芳"系列发动机。
5. Ray Williams, *Fly Navy—Aircraft of the Fleet Air Arm since 1945* (Shrewsbury: Airlife Publishing, 1989), pp 105 et seq.
6. Hobbs, *Aircraft of the Royal Navy Since 1945*, p 46.
7. Michael J. Doust, *Scimitar—From The Cockpit #2* (Ringshall: Ad Hoc Publications, 2006), p 6.
8. "弯刀"装备的 5 支作战中队分别是第 800、800B、803、804、807 中队，训练中队是第 736 中队。
9. SBAC 指英国飞机制造协会（Society of British Aircraft Constructors）。这一组织后来更名为英国航空航天制造协会。
10. "海毒液"最高飞行速度 480 节，比典型的中型轰炸机——维克斯公司的"勇士"轰炸机慢 50 节。
11. 1945 年之后德·哈维兰公司从宝速公司手中收购了这家工厂。
12. Tony Butler, *The de Havilland Sea Vixen* [Tonbridge: Air Britain (Historians), 2007], p 18.
13. 当时皇家海军和皇家空军都是联合采购同一型飞机，于是海军型号的编号数字就会更大。例如皇家空军使用"吸血鬼"FB5，皇家海军使用"海吸血鬼"F20。不过当空军明确表示对"雌狐"战斗机不感兴趣时，"海雌狐"的编号也就改成了 FAW1 而不是 FAW20。
14. Hobbs, *Aircraft of the Royal Navy since 1945*, p 20.
15. 当然，出于同样的原因，人们也可以认为既然飞机无须夜间出击，那么给"海毒液"之类战斗机上的观察员配备透明舱盖也是不必要的了。但飞机设计人员显然不这么认为。
16. "海雌狐"装备的四支作战中队是 890、892、893、899 中队，训练中队是第 766 中队。
17. AP101B-2803-15A. Pilot's Notes—Gannet AEW 3, May 1960 Edition, Amended to AL-14, Chapter 2, paragraph 3b.
18. 这个挂架上也可以挂载 454 千克惰性炸弹（即不装填炸药的模拟弹）。1976 年参加美国海军大西洋舰队实弹演习期间，"皇家方舟"号打算处理掉一批过期的惰性炸弹，而单靠"掠夺者"和"鬼怪"是用不完它们的。于是，笔者所在第 849B 小队志愿帮忙，在执行雷达预警巡逻任务时也携带这些惰性炸弹攻击皇家军辅船拖曳的浮靶解闷。虽然没有瞄准镜（把一块瓷片贴在风挡玻璃上用于瞄准），但笔者还是直接命中了一个靶标并将其完全摧毁。
19. AP 4487D-PN. Gannet AS 4 Pilot's Notes, May 1957 Edition, p 115.
20. Thetford, *British Naval Aircraft since 1912*, p 101.
21. 英国海军航母的所有详情都可以在本书作者的《英国航空母舰》一书中找到。
22. Norman Friedman, British Carrier Aviation (London: Conway Maritime Press, 1988,) pp 197, 198, 230, 281, 326 and 345.
23. 一名试飞员曾经告诉笔者，肖特公司考虑过在主起落架上加装一个爆炸螺栓，这样飞机若需要在海上迫降，就可以先把主起落架炸掉。但是这个思路并未继续发展，因为这个螺栓连同其安全设施的重量已经超过了起落架液压伸缩机构。这个说法或许并不准确，但却显示出英国人十分急于解决该型机基本设计中的这一缺陷。
24. 既然已经选择了固定起落架来降低复杂性和成本，那人们不禁要问，"海鸥"AS1 为什么还要装备电动机翼折叠机构呢？战时根据同样理念制造的那些飞机可都没有这一装备。
25. Williams, *Fly Navy*, p 103.
26. Bill Gunston, *Early Supersonic Fighters of the West* (Shepperton: Ian Allen, 1976), pp 47 et seq.

27. 迎头截击战术使战斗机可以从正面迎击目标而不必转到目标尾后，其好处不言而喻，而"火光"4导弹原本正是为SR-177战斗机的迎头截击而设计。这一型导弹后来更名为"红头"以与早期型号相区别。"红头"导弹后来装备了"海雌狐"FAW2。
28. Hobbs, *British Aircraft Carriers*, p 273.
29. *Defence—An Outline of Future Policy* (London: HMSO, April 1957).
30. Gunston, *Early Supersonic Fighters*, p 45.
31. 同上，第46页。
32. ADM1/27827 contained in the National Archives at Kew.
33. Richard Moore, *The Royal Navy and Nuclear Weapons* (London: Frank Cass Publishers, 2001), p 140.
34. William Green, *The World Guide to Combat Planes—Two* (London: Macdonald, 1966), p 13.
35. "小斗犬"导弹在飞行时会旋转，以降低命中散布。
36. *Flight Deck* (Summer 1961), p vii.
37. AP(N) 144—Naval Aircraft Handbook, 1958 Edition, p 237.
38. 这一时期，一架美军U-2间谍飞机被一枚苏联SA-2防空导弹击落，这意味着高空飞行在防空导弹面前毫无安全性可言。
39. 皇家航空研究所担心装在弹尾的传统加速器会在导弹后方产生一片离子云从而干扰雷达波束。但这种担心只是理论上的，实际上并未出现这种情况。
40. CB03164. *Progress of the Fleet Air Arm Summary #8* (London: Admiralty, June 1956), p 15.
41. *Flight Deck* (Autumn/Winter 1960), p xii.
42. *Flight Deck* (Winter 1958/59), p 14.
43. AP 4360D —PN. Pilot's Notes for the Sea Venom FAW 22, 1957 edition, p 8.
44. "萤火虫"其实并非理想的导弹靶机，但架不住数量充足，根本用不完。现在"塘鹅"也服役了，机上的大座舱给遥控靶机所需的设备和控制员提供了充足的空间。
45. *Flight Deck* (Autumn/Winter 1960), p xii.
46. *Flight Deck* (Summer 1961), p vi. 依笔者看来"海雌狐"更适合装备"响尾蛇"导弹，因为一架"海雌狐"可以挂载8枚导弹。
47. 后来的"响尾蛇"导弹愈加先进，使用非限制式导引头，能够随时搜索目标。飞行员可以通过抬头显示器上的小十字标记来了解导弹的导引头正看向何方，只要十字标记压住目标，那么无论本机机头指向哪里，飞行员都可以发射导弹。
48. 桑迪斯的背景很有意思。二战初期，他作为一名宪兵在地方部队的皇家炮兵第51高炮旅服役，参加过挪威战役。1941年时他在战斗中负伤，不得不拄拐。从那以后，他就一直在陆军顾问委员会的经济部门供职，他的岳父温斯顿·丘吉尔在那里给他安排了一个低级行政职位。1944年，他被任命为一个战时内阁委员会的主席，专门负责调查德国对V1和V2火箭的使用，并考虑应对之策。这一经历使他一生都对火箭和高技术武器十分着迷，对皇家空军的战斗机部队则始终不信任。1945年大选后，他失去了原来的职位，但在1950年又重新上岗。1946年，桑迪斯以地方部队中校军衔退役。虽然很多人不喜欢他，而且他对战争的理解也对他颇有制约，但还是不得不承认，他是英国历史上最有影响力的国防大臣之一。
49. Grove, *Vanguard to Trident*, pp 200 et seq.
50. *Defence—Outline of Future Policy* (Command 124), April 1957.
51. 同上，第24页。
52. 或许我们可以将这样一个项目理解成SR-177战斗机被取消的另一个原因。
53. P. Darby, *British Defence Policy East of Suez* (London: Oxford University Press, London, 1973), p 114.
54. Grove, *Vanguard to Trident*, p 213.

第八章
直升机与直升机母舰

1945年之后的10年里,皇家海军中直升机的数量日益增加,其任务也越来越多样。世界上最早的实用型直升机是美制西科斯基R-4直升机,它于1943年首飞,随后在美国东海岸外"邦克山"号油轮专门搭建的木质飞行甲板上进行了一系列着舰试验[1]。R-4的成功试飞促使美军建立了一个联合委员会来推动盟国海军中直升机的发展。英国皇家海军采购了67架R-4直升机,并将其命名为"食蚜虻"。1943年,一架搭载在美国商船"达吉斯坦"号上的英军R-4直升机在美国东北海岸外向人们展示了它在船队护航方面的潜力。驾驶这架直升机的是英国舰队航空兵第一名直升机飞行员,皇家海军志愿预备役飞行上尉A.布里斯托,

△"食蚜虻"HAR1,皇家海军第一种实用型直升机,图中这架直升机正被用小车推入水中,照片摄自波特兰海军基地。直升机没有安装轮式起落架,而是装备了浮筒,这使其在海面迫降时可以漂浮在水面上。(作者私人收藏)

搭载直升机的木质甲板长27.43米，宽12.19米。为防发动机故障导致坠海，直升机被装上了浮筒。R-4直升机全长14.61米，旋翼直径11.58米，因此可以轻松停放在飞行甲板上，只要稍加小心，直升机就可以横着降落在甲板上，如果打算让机头迎风，那么机头指向与船体横轴保持一定夹角也没问题。R-4直升机的最大起飞重量只有1.18吨，动力仅为一台245马力的富兰克林发动机，这显然无法让它做更多的事情，因此这型直升机的用途仅限于在船队近旁目视搜索水面航行的潜艇。但是这次试验至少证明了直升机无须依赖航母，只要在普通舰船上架设一小块飞行甲板就可以起降。英军随后在跨越大西洋的护航船队上搭载了2架R-4直升机，然而极端恶劣的天气却使它们的飞行大受限制。

1946年，江河级护卫舰"赫姆斯戴尔"号在舰尾加装了一小块飞行甲板，成功进行了一系列旨在验证直升机能否纳入小型舰艇武器系统的试验。这次的飞行员还是布里斯托上尉，不过这时他已经成为皇家海军终身制军官了。试验显示，虽然"食蚜虻"直升机只能搭载拿着望远镜的飞行员和观察员飞行不太长的一段时间，但未来一定会有更强有力的直升机，能够带着探测器和武器出击，这一结果令人兴奋。不过，当前就有很多事情等着直升机去做，包括战场搜救、在本土水域的船只之间转运人员等。20世纪40年代末期，皇家海军开始使用超马林"海獭"水上飞机执行搜救任务，因为这种飞机可以在大洋上降落救助落水机组，甚至有时候不用起飞也能直接把机组带回来。然而，英国人很快就在实战中发现美制西科斯基S-51直升机在执行这一任务时更加有效，因此英国海军和澳大利亚海军的航母都引进了几架以替代"海獭"。后来韦斯特兰公司引进技术，利用许可证在本土制造S-51直升机，其中的72架装备了皇家海军并命名为"蜻蜓"。"蜻蜓"直升机有一系列改进型号，HAR1型使用了混合材质螺旋桨叶，HAR3全面使用金属桨叶并采用了液压伺服飞控系统[2]。两种机型的发动机都是550马力的阿尔维斯·莱昂纳德50型，飞机全长11.53米，最大起飞重量2.66吨。

搜索与救援

实战证明，美国海军的S-51直升机可以飞到敌方战线后方，救起被击落的本方机组，并把他们安全送到本方控制的前进基地。1951年1月，英军的"蜻蜓"

直升机搜救小队首次随"不屈"号航母出海。到1953年，已经有洛西莫斯等15个英国海军航空站配备了"蜻蜓"直升机小队。英制直升机在皇家海军中的首次实战救援发生在1951年5月14日，当时"光荣"号航母的"蜻蜓"直升机救起了在航母近旁坠机的飞行员斯托克·麦克福尔逊。实际上舰载直升机小队的任务正是如此：白天在甲板周围盘旋，随时捞救在母舰近旁迫降的机组人员。但事情并不会总是这么平淡无奇，"光荣"号上的"蜻蜓"小队在实战中救起4名在母舰旁落水飞行员，还飞到对方战线后方救回了4名被击落的飞行员。HAR3型机上装有一个液压驱动的绞车，可以靠一根皮带配上吊钩或者绳网，在一名飞行员和一名绞车员的操作下救起2名落海的空勤人员。这在20世纪50年代初期还是足够完成任务的，但三座的"天袭者"服役之后，一次只能救2个人的"蜻蜓"显然已经不够用了。因此这型直升机只能算是过渡产品。除了搜救，直升机还被用于执行各种舰队勤务，第771中队还在战后最初的日子里编入了一支辖有7架"食

△洛西莫斯航空站站务小队的一架"蜻蜓"HAR3直升机；机上旋翼正在转动，两名机组成员正在和第三个人一同检查机上的绞车。（作者私人收藏）

蚜蚱"的小队。1947年5月，第771中队的直升机被全部移交给了重建的第705中队，这支中队后来成了英国海军所有直升机部队的源头，包括飞行员、其他机组成员和维护技师的培训。它的中队长还要负责对新型号直升机做出评估，并针对直升机的开发需求向航空作战指挥部提出意见[3]。1953年，专门负责研究直升机反潜的第706中队成立后，第705中队被剥离了一部分任务，之后便专注于人员训练和执行搜救任务。

第705中队的直升机在1953年2月荷兰水灾的救援中发挥了重要作用。1953年2月1日早06:30，皇家空军的马逊基地发出求援信号，谢佩岛东端有人在东海岸大水灾中被困，需要救援。07:40，两架直升机升空了，但他们赶到目的地时，被困人员已经被船接走了。然而，狂风和高潮位引发的巨浪带给荷兰的恶果显而易见，已经有多人丧生，还有10万民众亟待撤离[4]。荷兰政府很快请求英国派遣直升机协助救援，于是，2月2日上午09:40，4架"蜻蜓"直升机起飞前往荷兰的翁斯德雷赫特[5]。它们的第一个任务是将无线电员及其设备运往洪泛区里的关

△1953年，一架第705中队的"蜻蜓"直升机飞过被洪水淹没的荷兰村庄。（作者私人收藏）

键地点以反馈当地情况，因为当地所有其他的通信都中断了。直升机小队为此找到了一条航线，他们以翁斯德雷赫特作为前进基地，晚间在吉尔泽-雷吉过夜。直升机上所有的座椅和不必要的设备都被拆除，以便尽可能多地携带一次性救生筏，并将更多的无线电员运到指定位置。完成运送任务后，直升机小队便开始四处寻找受困人员。洪灾区域面积之辽阔令英军的机组人员深感震惊，更令他们郁闷的是，降落到明显需要帮助的村落时，他们和当地居民语言不通，无法交流。最后荷兰海军派出几位会说英语的年轻军官随直升机同行才解决了问题。他们教当地居民如何挂上吊索和登上直升机，还被用绞车索降到地面清理着陆场。如果直升机来不及在天黑前赶回村庄接走这些荷兰军官，他们还需要在受灾的村子里过夜。

1953年2月3日，又有5架第705中队的直升机从戈斯波特海军航空站赶来加入救援队伍。到当天结束时，这9架"蜻蜓"直升机已经飞行了63个小时，救出了200人。他们还在堤坝顶部、运河旁的防波堤、教堂院子之类的高处建立了不少着陆点。2月4日，直升机部队把更多的无线电员、无线电设备、食品和药品送进灾区，之后继续搜索和救援。英军安排了一架阿芙罗"安森"运输机在戈斯波特基地和救灾前线之间频繁往返，支援这些救灾直升机，第705中队的所有直升机都要通过"跨国海事"频道联络，这样在救助被困居民时他们就可以通过这个频道向外呼救。4日之前，皇家海军第705中队是唯一参与救援的直升机部队，但从这天起，来自美国、比利时的部队，英国海军其他部队，以及一支荷兰海军"蜻蜓"中队的直升机也加入了救援的行列。救援行动一直持续到2月7日，第705中队总共飞行了229个小时，救出734人、3条狗和1只猫。这场洪水大大削弱了荷兰的沿海堤坝，人们担心即将在2月15—16日到来的特高潮位可能再次引发洪灾，因此第705中队奉命继续留在荷兰，直至2月19日。3架被调走的直升机在2月14日返回第705中队，全中队也在这一天做好了行动准备。行动期间，第705中队运载了不少政府官员、堤坝工程师和医生，还荣幸地两次搭载朱莉安娜女王、一次搭载伯恩哈德亲王从空中视察灾区。

万幸，当时没有刮起西风，高潮位也没有像人们担心的那样带来新的灾害，救灾行动于是告一段落。由于在救灾行动中的优异表现，中队长H. R. 斯佩丁少校荣获员佐勋章，一名机组人员也获得了勋章嘉奖。有意思的是，第705中队参与救灾的10名飞行员中，有3人还没有完成直升机转换训练。留在英国本土的直升机也发挥了重要的作用。3架"蜻蜓"暂时移驻肯特郡的皇家空军西莫林基地，负责运输重要物资和高级官员。2月2日—16日期间，这3名留在本土的飞行员也飞了106个小时。

直升机反潜初体验

20世纪50年代初，轻型声呐在美国研制成功，直升机能够悬停在海面上空13～15米处吊放声呐入水，这同时引起了英美两国海军的兴趣[6]。S-51的后继型号，西科斯基S-55直升机能够在1名飞行员和1名声呐操作员的操纵下，凭借相对充足的燃油携载量在一定作战距离上执行声呐吊放任务，但这时不能携带武器。因此，美国海军建立了由2架直升机组成的猎杀组，一架搭载吊放式声呐，一架挂载武器在较近距离内出击。这种做法显然效率不高，航母需要搭载大量的直升机，而且两架直升机的角色难以互换。显然，挂载武器的"杀手"机可以比更复杂的"猎手"机更多。这种直升机的美国海军编号为HO4S，基本没有参加过实战，主要用于研究反潜战术和条令。第一型专用反潜直升机是贝尔61型，美国海军编号HSL-1，在1950年赢得了美国海军的设计竞标。这是一种纵列双旋翼直升机，由一台2400马力普拉特·惠特尼R-2800-50发动机驱动，最大起飞重量12.02吨，既能挂载空对面导弹，也可以搭载吊放声呐。HSL-1直升机的首架原型机在1953年3月首飞，但后续的开发工作遭遇了严重延误，直到1957年才正式装备第一支反潜直升机中队，HU-1。1953年，贝尔公司获得了制造78架HSL-1直升机的合同，但是到了1956年，随着更先进、更有效的直升机设计方案的出现，这型机只造出了50架就停产了[7]。贝尔61的原始设计受限于缺乏能够在夜晚和恶劣天气下飞行的飞控系统，潜力有限。因此英国海军部只在1953年订购了18架HSL-1用以评估，随后在1954年的国防政策调整中取消了这一订单。他们选择了一型英国产直升机来替代HSL-1的位置，那就是布里斯托尔191型机，这是民用173型直升机的共轴双旋翼改进型。191型直升机装有2台550马力阿尔维斯"莱昂纳德"发动机，全长16.81米，两个旋翼直径14.81米，最大起飞重量4.99

△来自波特兰航空站第737中队的一架"旋风"HAS7悬停在12.2米高度,将吊放声呐发声器放入水中。声呐的吊放深度可以在不同温层的海水中任意选择,跟踪潜艇时比水面舰艇上的声呐更加有效,这套系统被证明是反潜战装备的一次飞跃。直升机的上表面被涂成黄色,这一方面是为了安全,同时也便于友军确定直升机的位置,并结合声呐传回的目标方位、距离信息对其发动进攻。(作者私人收藏)

吨,可以同时携带声呐和一枚鱼雷或者深弹。191型后续还有两个发展型号——192和193型。192型直升机是皇家空军的运输直升机,使用涡轮发动机,最终在1961年交付空军,并命名为"望楼"。193型机在191型机的基础上做了少量修改,主要供加拿大海军使用。英国海军部在1956年4月订购了68架191型直升机,虽然一度有人担心这么多直升机能否与服务于固定翼飞机的航母甲板相适应,但订单还是下达了。不过,在1957年的国防政策调整中,191型直升机订单被取消了,加拿大型随后也被取消。英军的注意力转移到了美制西科斯基S-58直升机的英国型号上,这型直升机将会通过引进许可证的方式在英国本土制造,也就是韦斯特兰公司的"威塞克斯"直升机,我们将在下一章详细介绍。

虽然这些直升机计划都落了空，但皇家海军还是从1952年起就拥有了直升机反潜的实际经验，他们装备了15架西科斯基HO4S-1直升机，并为它们装备了通过国防互助计划资金从美国搞来的吊放式声呐。这些直升机被赋予了英国名称"旋风"，型号是HAS22型。1953年9月，英国海军在戈斯波特海军航空站重建了第706中队，专门负责评估这些直升机的反潜能力。除了在戈斯波特执行任务外，这支中队还登上过充当直升机航母的"英仙座"号，并且曾飞到艾格灵顿航空站与位于伦敦戴里的联合反潜学院进行联合演习。这些试验十分成功，第706中队也在1954年3月15日被改编为第845中队，身份从训练中队变成了一线作战中队。随后它在当年4月再次登上"英仙座"号，前往马耳他的哈尔法航空站，在那里与来自"半人马座""阿尔比翁"和"鹰"号航母的分队一起探索反潜战术。1955年10月，第845中队返回英国解散，但在11月又被重建以继续执行试验任务。如前一章节所述，第845中队在这次服役期间一度卸下声呐设备，登上"忒修斯"号航母，在短暂的苏伊士运河战斗中担负起了突击队机降作战的任务，这充分展现了舰载直升机部队的灵活性。1957年，这支中队换装韦斯特兰公司制造的"旋风"HAS7型直升机，登上"堡垒"号航母。这是英国海军的直升机中队第一次登上攻击型航母，成为航母舰载航空大队的一部分。这支直升机中队此时已经完全形成了战斗力，这次试验不再针对直升机本身，而是要了解直升机怎样才能与固定翼舰载机部队妥善融合。

由于更大、具备全天候作战能力的"威塞克斯"直升机正在研制之中，而早先几款打算装备一线部队的直升机型号又被取消，英国海军便采购了一批韦斯特兰"旋风"HAS7直升机作为过渡之用。这型直升机实际上是许可证生产的西科斯基S-55，只是将原来的700马力莱特R-1300-3"旋风"发动机换成了英制750马力阿尔维斯"莱昂纳德"发动机。直升机全长12.7米，旋翼直径16.15米，最大起飞重量3.54吨。"莱昂纳德"发动机成了这一型号直升机最大的麻烦，它起初只是一型普通的发动机，打算装在"海王子"之类固定翼飞机的翼下，装在直升机上时需要通过曲轴带动水平布置的旋翼。直升机的润滑系统也是据此设计的。然而在"旋风"直升机上，发动机被装在机体后下方，而旋翼主轴却在机体上方水平旋转，发动机和主轴通过主旋翼变速箱相连。这一设计使得润滑系统故障频发，HAS7也经常停飞等候改装，最长一次停飞从1959年4月一直持续到11月。

突击队机降

利用国防互助计划的预算，皇家海军在1952年获得了10架通用型S-55直升机，S-55被英军命名为"旋风"HAR21。当年十月，他们使用这批直升机在戈斯波特航空站重建了第848中队，这是皇家海军第一支作战直升机中队。他们随即登上"英仙座"号航母奔赴新加坡的森巴旺海军航空站。1953年1月抵达目的地后，他们便投入了与马来亚当地游击队的作战。这支部队还需要探索马来亚丛林的湿热气候对这一型直升机性能的影响。参战之前，直升机中队的人员要训练在茫茫无际的丛林上空利用河流、林间小道或其他地理标识物导航，飞行至指定地点。他们还和驻守当地的廓尔喀士兵进行了联合训练。出航时，机组成员都穿着草绿色的衬衫、长裤和丛林靴，每一个飞行员和观察员都要在右侧腰间带上一支装在枪套里的9毫米勃朗宁自动手枪，这样便不会妨碍飞行员操作座椅左侧的桨矩控制装置，座舱里还有一支"司登"冲锋枪以备不时之需。每个人的座位旁都有一个救生包，里面装着斗篷、丛林刀、足够24小时使用的口粮和饮水，以及急救包。直升机部队最初执行了几次撤运伤员的任务，之后便在"鹰"作战中首次大显身手：1月底，英军向马来亚柔佛州拉美士附近的一个大型敌军营地发动了进攻，一支特种空勤团（SAS）部队奉命开辟一片足以向其空投补给物资的空地。完成这项任务之后，一名实地考察人员发现这块空地足以供"旋风"直升机起降，于是第848中队的2架直升机飞来，把23名官兵和1.13吨物资接出了丛林，速度比步行快得多。在马来亚作战时，直升机需要频繁飞到前进基地，用15.14升油桶加油，这也就成了后来英军直升机部队的标准做法，因为油箱通常不会加满油，以尽可能多地装载人员和物资。直升机机组成员们很快成了丛林精确导航的行家里手，并开始承担起向指定村落投放传单的任务——如果使用固定翼飞机从高空投放，这些传单通常会被风吹走。一小队"旋风"直升机依托吉隆坡附近的前进基地展开行动，其余则驻扎在森巴旺基地，所有直升机都能熟练地将小股部队投放到指定地点，这些小部队既可以为搭乘远东空军"瓦莱塔"运输机伞降的伞兵大部队充当探路者，也可以奇袭驻扎在密林中的游击队。

△"旋风"直升机在执行突击运输任务时也很有效。图中可见数个5人陆战队小组奔向第848中队的"旋风"HAS7直升机，这些直升机都涂成沙漠黄色以在沙漠地区作战。照片摄于刚刚完成突击队母舰改造，正在进行试验的"堡垒"号。（作者私人收藏）

1953年2月底的"巴哈杜尔"行动中，英军出动了8架"旋风"直升机将75名廓尔喀士兵投送到了事先选定的着陆点，这个着陆点是由一名第848中队的飞行员搭乘陆军"南风"轻型飞机选定的[8]。第一架直升机向着陆点送去了中队的一名观察员，他要用烟雾来指示当地的风速和风向，并在地面上铺设反光板。3月，第848中队为第一场旅级规模的作战做出了重大贡献：当时4个营被投送到彭亨州西部，其中直升机部队飞了183架次，送去了650人和1.81吨弹药与装备。经此一战，直升机在快速部署部队方面的价值显露无遗，后来皇家海军直升机突击队（CHF）所使用的大部分战术都可以追溯到第848中队在马来亚的作战。为此，这支中队在1953年荣获博伊德奖杯。虽然环境恶劣，但"旋风"HAR21还是表现优异，证明自己是一型可靠的直升机，从来都不会令地面部队失望。所有直升机起初都装有美制AN/ARC5电台，但这些电台只有4个频道可用，还无法接入马来亚英军使用的一部分频道，因此它们很快就"下岗"了，被英制TR1394甚高频电台取代。此外，随着两栖战术的发展，直升机执行登陆突击部队与其他部队之间通信联络任务的能力也愈加受到重视。

直升机航母的发展

海军部一直饶有兴致地关注着反潜直升机的发展。在1955年10月的一次联席会议上，他们在讨论第五海务大臣（分管航空）提交的一份文件时表达了对这一新事物的认可。文件指出，直升机现在"已经确立了自己在反潜战中的地位，其

△皇家海军很快发现直升机用途很多。图中这架从护卫舰舰艏上方飞过的"旋风"HAS22直升机正将一名高级军官运往另一艘军舰。（作者私人收藏）

发展程度足以令我们认为它很可能彻底取代固定翼反潜机。"[9]虽然当时人们对固定翼飞机和直升机之间的协同能力还有些误解,但联席会议还是接受了这一观点,并同意从1957年开始逐步为5个反潜机中队换装直升机。同时会议还同意缩减"塘鹅"反潜机的生产数量,因为它的服役年限会比预期更短,既然如此,那还不如节约一些费用。反潜直升机中队的换装预计将于1960年完成,届时更强大、能够全天候作战的"威塞克斯"直升机将会到来。令人意外的是,尽管做出了这样的决定,可是"海鸥"简化版反潜飞机的研发却还是继续进行了2年。至于直升机研发失败,"塘鹅"恢复生产的可能性,大家认为虽然不是完全没有,但一定微乎其微。

美国海军将一部分老式的埃塞克斯级舰队航母改造成了反潜航母,英国海军也提出了类似的作战支援航母(CVS)概念,但却被否决了,因为现存的装甲舰队航母使用起来过于昂贵。1942年型轻型舰队航母的使用费用倒是不高,但人们普遍认为这些航母此时已大限将至[10]。由于资金紧张,英国海军不久前提出的关于在1958—1963年间再新建一艘舰队航母的计划也未能获批。这样,将反潜直升机部署在已有航母上就是顺理成章的了。海军参谋部的思路也与此不谋而合,他们认为航母的主要作用还是搭载攻击机和战斗机,而反潜装备只是航母的一种自卫武器。同一时期,美国、澳大利亚、加拿大和荷兰等国海军都选择了同时保留固定翼反潜机和反潜直升机,以此获得区域控制能力并增加反潜防御的纵深。而英军却无力装备专用支援航母以专司反潜。而且随着新一代攻击机体积的增加,现有航空母舰的飞行甲板已经不足以搭载其所需的所有机型了。因此,1960年之后的英国皇家海军无力再保留固定翼反潜机了。这样做带来的最大难题是,"旋风"直升机无法融入固定翼飞机的甲板运转流程。航母部队总监A. R. 佩德少将就对让直升机上航母的做法意见很大,他认为应该把直升机拒之门外,否则会严重妨碍航母搭载战斗机作战的能力。他的观点过于极端,联席会议并没有接受,但他们还是下令要求进行试验,检视这一问题并拿出解决方案。这个任务落在了1957年重建的第845中队身上,他们的"旋风"HAS7直升机登上了"堡垒"号航母,与"海鹰""海毒液"和"天袭者"共同组成了舰载机大队。总的来看,这次试验十分成功,"旋风"直升机的到来显著增加了航母作战的灵活性,这段历史下一章将详细介绍。其他航母也陆续采纳了将直升机与固定翼飞机混编的做法。最后一支"塘鹅"反潜机中队——搭载于"半人马座"号的第810中队,最终于1960年7月解散。虽然总的来看直升机上舰是成功的,但必须承认,"旋风"并不容易操作。旋翼转动时,它会占据很大一片甲板空间;而当直升机起飞或者飞近母舰时,旋翼掀起的强风将会给甲板上的操作员和其他人带来很大的危险。直升机的旋翼需要靠人工折叠,这在海上狂风大作时十分困难。直升机航母运作的测试耗费了不少时间,有时舰员们会把直升机放到升降机上降下去一部分,好让甲板人员比较容易地够到旋翼。不过,这些问题看起来难以解决,但只要有了熟练的运作组就可以妥善处理,并非绝症。

由于需要垂直起飞,加之每次出击都需要长时间悬停,直升机的机体结构要尽可能轻。为此,韦斯特兰公司改进了"旋风"直升机,将西科斯基S-55直升机原本使用的航空级铝质材料大面积更换为重量更轻的镁合金。然而不幸的是,镁合金很容易和海上的盐雾发生化学反应,变得更容易被腐蚀[11],维护人员需要经常检查腐蚀情况以免机体承力结构受损。HAS7直升机的动力不足以使其同时携带声呐和攻击武器,因此这型机通常会以双机"猎/杀组"的形式出击,其中一架直升机携带声呐,另一架挂载武器,武器通常是一枚Mk30型自导鱼雷,挂在机腹下的凹槽里。这型直升机最大的缺陷在于那台不太可靠的活塞式发动机。为了伺候这台发动机,航母上还要加装得到专门保护的油箱以容纳易挥发的航空汽油,而此时其他所有飞机都早已改为使用燃点更高的航空煤油了[12],包括被"旋风"替代的"塘鹅"。不过往好的方面看,吊放声呐已经被公认为是保护航母免遭突破水面舰艇反潜网并进入鱼雷射程内的敌方潜艇暗算的最佳装备。由于是在航母近旁作战,即使是"猎/杀"双机作战这种看起来很麻烦的战术也不会带来大问题了,因为一架在甲板待命或是在高威胁方向待机的"杀手"直升机,可以对反潜屏障中任何一架直升机发现的目标发动进攻。随着反潜直升机队的规模日益扩大,训练大量直升机飞行员成了个问题。不过,随着"塘鹅"机的飞行员和观察员被转训为直升机机组,以及短期兵役制飞行人员的数量越来越多,这一问题很快便不复存在。"旋风"HAS7直升机在一线作战中队仅仅服役了4年。但事实证明,这型直升机打下了皇家海军反潜直升机部队的基础,当更强有力的"威塞克斯"直升机在1961年装备部队时,一切早已准备妥当。

海军委员会为贯彻1957年国防评估而制定的政策后来被称为"88计划"[13],其目的在于逐步减少作战舰队中主要舰艇的数量,各型舰艇的数量将降至:

4艘航空母舰,搭载3支舰载机大队;
3艘巡洋舰;
49艘驱逐舰与护卫舰;
31艘潜艇。[14]

除此之外,英国海军还将保留一支两栖攻击舰队,包括2艘1943年型轻型舰队航母——"堡垒"号与"阿尔比翁"号,以及2艘计划中的船坞登陆舰(LPD)。那两艘轻型航母被认为已经不再适合作为固定翼飞机航母,因而将被改造成突击队母舰。值得注意的是,计划中并不包括专门的直升机母舰,无论是用已有的1942年型轻型航母改建还是新建,都没有。虽然起初遇到了一些麻烦,但将直升机编入3个舰载航空兵大队已经成了共识。这样,1959年的"88舰队"预算案中便没有了直升机航母的影子。此后英国的国防预算都在逐年紧缩,直到1964年之后才开始持续猛增。后来,随着新一代飞机及其武器系统、支撑系统的复杂化,英国海军中第一次有人提出可以将直升机全部转移到其他舰艇上,将三艘作战航母用作专门的攻击型航母(CVA),而不是通用航母。不过,英国政府同时也要求海军在远东舰队保留一艘随时可用的航母,其余两艘则轮番替换,并在必要时给予增援,这就意味着三艘航母必须统一舰载机大队的编组,以便灵活部署。这样,正如蒙巴顿所愿,桑迪斯关于为大西洋上的航母配备反潜机大队的想法很快便因不合实际而被放弃。然而,原本顺风顺水的混合舰载机大队方案却在1960年4月1日横生枝节。当时,英国海军的管制官,海军上将彼得·雷德爵士,和海军参谋部副参谋长L. G.德拉彻尔中将签发了一份备忘录[15],提出可以建造一种新型舰艇,专用于搭载全能型"威塞克斯"直升机,让航母可以全力使用"弯刀""海雌狐"和预警机型"塘鹅"。令人意外的是,到了这个时候，这份备忘录的第二章还有这样的内容："固定翼飞机和旋翼机不应当在同一个飞行甲板上同时使用，否则它们其中的某一方难免会在作战使用方面受到一些损失。"很显然，直升机不需要弹射起飞，不需要复杂的着舰和引导设施，因此被赶出航空母舰的只能是它。这份报告在许多方面犯了严重的错误。它没有提到"旋风"HAS7直升机已经取代了所有一线中队里的"塘鹅"AS4反潜机，并在"胜利""皇家方舟""阿尔比翁""堡垒"和"半人马座"这几艘航母的多用途航空大队里胜任愉快。作者也应当提出，如果直升机被撤出航母，那么腾出来的空间将足以搭载"塘鹅"反潜机，以提供直升机所做不到的远程反潜掩护，这也可以提高航母在夜间和不良天气下的作战能力。在1960年，英国海军手里的"塘鹅"反潜机是足够装备3支4机或6机反潜中队的[16]，但可用的"弯刀"、"海雌狐"连同其机组成员却不足以填满直升机撤走后留下的空间。最重要的是，备忘录未能考虑到直升机在反潜作战"最后一道防线"上发挥的至关重要的作用。它还没有考虑即将搭载直升机的军舰也需要如同航母那样配备复杂的航空设施和部门，这又是一笔开支。从一开始，"威塞克斯"就是一种复杂的直升机，需要复杂的飞行控制系统。后来的事实也清楚地表明，其后续机型只会越来越复杂。更令人费解的是，备忘录甚至没有提到应该在"堡垒"和"阿尔比翁"两艘突击队母舰上配备反潜直升机，而无论是从航母原本的能力还是从扩大其用途的角度考虑，这都是必不可少的。何况英国此时已经告知北约盟国，这两艘舰在改造为突击队母舰后将具备反潜能力。由此看来，这份报告实在是错漏百出，不过作者至少还知道，对一支正在按"88计划"裁军的海军来说，如果想要制造一型新舰，那么其他的军舰和项目就必须做出牺牲。

这份备忘录提出，直升机母舰应当是一型大型驱逐舰，造船总监还为此制作了一份附录，展示了两套拟用的设计方案。这两套方案都搭载8架"威塞克斯"直升机：若要时刻保持2架直升机的反潜屏障，那么8架直升机就是一个战术单元所需的最少数量。第一套方案排水量5900吨，装备一座双联装70倍径76.2毫米炮塔，2座"海猫"防空导弹发射架，以及一块飞行甲板。其每艘舰造价预计为1130万英镑。第二套方案排水量6200吨，计划装备"海狼"Mk2舰空导弹系统，预计造价1350万英镑——不过"海狼"导弹此时还在计议之中，连研发计划都还没有获批。由于直升机驱逐舰不在"88计划"之列，备忘录中还列出一份表格，证明如果能够将郡级导弹驱逐舰（DLG）7到10号舰的建造计划推迟2年，海军就可以为直升机母舰筹集到足够的预算并开始培训舰员。但备忘录却没有说假如2年后这4艘导弹驱逐舰还需要继续建造该怎么办。海军委员会在1960年4月7日的会议上[17]讨论了这份提案，直升机驱逐舰方案得到了海军副总参谋长的大力支持，他认为这一类型的军舰将极富作战灵活性，不仅能够脱离护卫舰的支援，在必要时甚至可以离开航母特混舰队独立作战。然而第一海务大臣卡灵顿勋爵却并不认可这一方案，他指出这一概念有几个致命弱点。首先海军很难获得额外的人力和预算建造这些计划外的舰艇，这就意味着若要采购直升机舰，就得砍掉其他一些已经获得海军委员会批准的项目。不仅如此，专为落实国防政策评估结论而建立的未来政策委员会，其焦点多集中在局部战争上，对于世界大战中的反潜战并不热心，这和英国新政府的政策是一致的。由此，他认为这种在局部战争中作用存疑的舰艇将很难在当前情况下获得预算。更要命的是，这可能会殃及皇家海军争取更新乃至保留固定翼飞机航母的努力。卡灵顿勋爵无疑是正确的。无论是管制官还是副总参谋长，先前对这份提案的连带影响都没有考虑清楚。至此，专用直升机母舰的方案被海军委员会理所当然地驳回了。但是事情却没有结束：当时海军上下都对大批裁撤那些既能够在海外分舰队担任旗舰，又可以在航母特混舰队中发扬重炮威力的巡洋舰懊悔不已，因此他们还是决定把直升机母舰方案提交给国防部，即便无法说服对方，也能以此为由争取更多的预算。他们还打算把直升机母舰的方案扩大到巡洋舰标准，并以此为由要求国防部在1960年的国防预算中增加对新增需求的考虑，至于会不会把这笔钱用于直升机母舰，反而不重要了。

1960年5月20日，海军委员会商议了正副参谋长二人提出的1334号备忘录，即关于如何让直升机母舰担负传统巡洋舰角色。这份未设期限的备忘录[18]花了相当大的篇幅来介绍直升机母舰建造计划的成本明细，并详述了5种不同的预算调整方案。虎级巡洋舰、"贝尔法斯特"号巡洋舰、郡级导弹驱逐舰07—10号舰，还有一批驱逐舰和护卫舰，都被考虑推迟建造或不加现代化改造就退出现役，以腾出预算用于建造5艘"直升机巡洋舰"。这份文件还提出了2套设计方案：第一

第八章　直升机与直升机母舰　249

套方案装备"海狼"和"海猫"导弹，不装备火炮，排水量8600吨，建造成本估算为1639万英镑——这一价格包含一个基数的导弹和物资，但不含8架"威塞克斯"直升机；第二套方案增加了一门114毫米 Mk6型舰炮，排水量增加到9100吨，预算也提高到1744万英镑。作为对比，文件还列举了同期其他海军舰艇的造价：1959年服役的传统巡洋舰"虎"号造价1310万英镑，导弹驱逐舰 DLG-01"德文郡"号造价1408万英镑[19]。这两型"直升机巡洋舰"都需要其他舰艇护航，而不

△直升机同样被用于轻型救援任务。图中一架"旋风"HAR3直升机正拖曳着"加文顿"号海岸扫雷艇。皇家海军一度考虑过使用直升机替代扫雷艇拖曳装有音响和磁力设备的小艇来引爆感应式水雷。这一概念在英国未能发展起来，但在美国海军那里却开花结果。（作者私人收藏）

能保护其他主力舰，且航速最多只有26节，这是4万轴马力蒸汽机组所能达到的最大速度了。海军委员会已经意识到这个速度是不够的，但鉴于难以获得提升动力所需的预算，他们也就接受了这个缺陷。这一妥协很令人费解，因为按照最初的计划，这些直升机母舰需要伴随航速可达28～30节的航母特混舰队行动，并负责搭载从航母舰载机大队中撤出来的直升机。两个直升机巡洋舰的设计方案都计划搭载8架"威塞克斯"直升机，并按照二级旗舰的标准配备相关设施。备忘录中提出了A—D四套预算调整方案，并列出了每一套方案所需的追加预算。这四套方案在短期内都可以节约预算，但在1966年之后就需要大幅增加开支，而这恰恰与航母升级换代、新一代护航舰艇替代战时遗留老舰所需的集中开支相冲突。

7月28日，直升机母舰的问题再次出现在海军委员会会议的议题中。副总参谋长继续坚持他的观点，认为这种舰艇无论在热战还是冷战中都是"有用的"[20]。同时，考虑到反潜直升机对航母舰上资源的占用，他认为专用的直升机母舰将提高航母舰载攻击机的作战效率——但他也承认，直升机母舰需要护航，这将导致海军需要更多的护航舰艇。然而，反对直升机母舰的声音依然坚定有力，大家都知道这一新型舰艇的建造计划很难过得了国防部和财政部两道关。操作直升机母舰的人手也是个大问题，现在就连那些已经列入"88计划"的舰艇的人手问题都还远远没有解决呢。卡灵顿勋爵这次又提出了新的话题，他说他不喜欢"直升机母舰"这个称呼，他还拿出了"护航巡洋舰"的提法，这一名词被海军委员会采纳并列入未来计划。最后，委员会得出最终结论：护航巡洋舰是"需要的"，造船总监要准备总体设计以备1961年提交审核。委员会还同意把这一概念提交给国防部，但他们没有表态自己是否会正式寻求建造这型舰艇的批准，这要等到对正在进行的初始设计结果进行讨论后再定。在此期间，护航巡洋舰被描述为"其价值体现在它丰富的作战用途上，搭载反潜直升机并不是它唯一的用途，甚至连主要用途都不是"。这样，在几个月的时间里，新型直升机母舰的概念就从仅仅能够搭载直升机、将航母从固定翼飞机—直升机混合大队的复杂操作中解脱出来的简单的直升机驱逐舰，演化成了能够独立作战的巡洋舰，搭载直升机只是其能力之一，而不再是军舰的主要用途。

这实际上是在1957年国防政策评估中被取消的1.8万吨级GW96A型巡洋舰项目的余烬重生。

在一系列国防评估中，海军委员会使出了九牛二虎之力才保住航空母舰，然而现在，航母上业已由攻击机、战斗机、直升机组成的平衡有效的航空大队却要依靠另一种昂贵的主力舰项目来维系，这就陷入了险境。护航巡洋舰除了会和新的航空母舰争夺有限的资金之外，还会削弱航空母舰载机大队的多用途性。由于缺少了反潜直升机，这些航母在敌人潜艇的攻击面前将会更加脆弱。如此，即便只是为了应对局部战争，未来航母特混舰队的成本也会大幅提高。因为它们不仅需要导弹驱逐舰、防空指挥驱逐舰、反潜护卫舰，还需要增加一艘护航巡洋舰。

好在隶属海军秘书处、负责协助海军作战参谋部工作的M1处意识到了这些问题。处长K.T.纳什提出，若处理不当，护航巡洋舰将对航母换代计划造成致命打击。秘书处的高层还警告海军委员会，他们的项目将遭到国防大臣和财政大臣的"尖锐质询"。在1960年之前，英国海军新一代航母的设计是传统的航空母舰（CV），搭载一支多用途航空大队，可以执行海军的多种作战任务，包括空中打击。而从那之后，她就成了攻击型航母（CVA），专注于搭载远程攻击机和战斗机。这种任务定位不仅过于狭窄，还与皇家空军轰炸机部队的任务重合，这使其在政治上更加难以获得认可。而且，新任国防大臣哈罗德·瓦金森已经开始对海军在20世纪60年代中后期爆发式的大规模造舰计划及其巨额预算产生警觉，而海军委员会本应预见到这一点——海军部最新计划所需的预算已经比1958年通过的"88计划"预算高出了2.5亿英镑。在1960年9月29日的会议上，瓦金森要求海军大臣对这一情况做出解释，当时第一海务大臣、管制官和海军副总参谋长都在场[21]。为此，他们讨论了新一代航母、核潜艇、两栖攻击舰、护卫舰、破冰巡逻船，以及护航巡洋舰的项目。值得注意的是，这些舰艇计划中，除了核潜艇外其他所有舰型都可以搭载直升机，这就削弱了专用直升机巡洋舰的价值。第一海务大臣指出，已经获批的计划包括10艘导弹驱逐舰（DLG），其中4艘已经订购，2艘正在审批。至于护航巡洋舰，如果在分析了参谋部需求后确定要实施，将会替代后四艘DLG。他还暗示需要从其他地方节约预算以获得护航巡洋舰所需的资金，不过这话没有明说。于是，国防大臣要海军部与国防部深入探讨护航巡洋舰项目，尽快拿出一份详细准确的成本计划表。反过来，卡灵顿勋爵也请求国防大臣提前敲定航母替代计划，他希望在1963年就下达首艘新型航母订单，以便将建造航母的成本更均匀地摊到计划中的各个年度，并降低后期各年份集中造舰的预算负担。此举好处多多，可国防部长还是拒绝了。虽然英国政府已经同意持续运转现存的航母舰队，但还没有完全同意在远期对现有航母进行替换。这也是SR-177战斗机项目被取消的原因之一：桑迪斯认为这是一项远期项目，其存续期超过了现有航母的寿命。卡灵顿还阐述了海军委员会的观点，即新一代航母需要配备新一代舰载机，他还首次提出海军打算与皇家空军联合研发这些飞机。然而政府显然还没有准备好批准新型航母的订单，此时海军委员会应该听从M1处的劝告（取消护航巡洋舰计划），但不幸的是他们没有这么做。

1960年秋，造船总监处腾出手来，开始根据已经确定的指标进行各种护航巡洋舰方案的预研。其主要精力放在了航速26节，航空设施与舰体设计深度融合，可搭载最多8架"威塞克斯"直升机的方案上。其中第6号设计方案舰体全长140米，排水量5900吨。9号方案装备了导弹，主要是防空导弹，由于英国尚未确定是否引进美国海军的"鞑靼人"防空导弹系统，这一方案打算采用"海狼"防空导弹。其中9C方案排水量6400吨，航速26节，可携带28枚导弹，有16枚拆散存放在备件库中，发射之前需要进行组装。这一方案的机库高5.03米，飞行甲板承重上限只有5.72吨，也就是"威塞克斯"HAS1直升机的最大起飞重量，这意味着她无法承受未来直升机的任何增重。根据未来需求委员会的提议，英国将会引进美制HSS-2"海王"直升机（英军最后采购这种直升机以替换"威塞克斯"），9C方案便随之升级成为9D方案，机库高度提高到5.64米，甲板承重提升至11.79吨。然而这再次意味着新舰在全寿命期间将无法承受更重的直升机。9E方案则代表着这一系列装备"海狼"导弹的直升机母舰的未来方向：她的上层建筑集中在右侧，形成一个岛型建筑以最大限度腾出飞行甲板，甲板左侧加装了一个突出部，使得可同时使用的直升机起降点达到了4个，吨位也增加到6730吨。6号与9号设计方案的着眼点在驱逐舰级别的直升机母舰，但随着海军委员会决定将这些舰艇升级为巡洋舰，他们又陆续开展了一系列新的研究。

这一系列新方案中最理想的是21号设计方案，其中21H.2A方案采取了与9E方案相似的岛型结构设计，同时为轮机舱和弹药库设置了装甲保护，岛型建筑后方安装了一座双联装114毫米Mk6舰炮炮塔，由MRS3火控雷达指挥，"海狼"导弹的存储量增加到了44枚，但待发弹仍然只有12枚。这一方案全长163.07米，排水量9500吨。21J.2方案增加了一座114毫米炮塔，排水量增加到9700吨；21K方案采取了类似导弹驱逐舰的设计，将"海狼"导弹发射架布置在舰艉，将舰炮布置在前方，这一方案显然更加复杂，排水量也相应增至9850吨。21L.2方案采用了和21J.2相同的武备，但是采用了更强大的6万轴马力主机，使航速提到到28.5节，吨位也提高到10250吨。上述所有方案的作战半径都是4500海里/20节[22]。

根据国防部关于尽快提交护航巡洋舰计划的要求，海军拿出了一系列文件以寻求解决新舰人员、预算问题的思路与方法，并试图将新舰融入已有的计划中。除了推迟DLG07到DLG10号舰的建造之外，他们还计划推迟已经进入查塔姆船厂的"敏捷"号巡洋舰的现代化改造、4艘大胆级驱逐舰的直流电路改装，并且削减护航舰队的规模，包括将5艘Ca级驱逐舰[23]和全部4艘豹级护卫舰转入预备役。3艘使用落后火炮系统的虎级巡洋舰在现代化的特混舰队中实在难有用武之地。但她们毕竟是1959年才刚刚服役的，从政治上看，承认她们过时实在是一件令人难堪的事情。因此海军计划将她们保留大约10年，之后再悄无声息地令其隐退。

在1960年10月20日的会议上，海军委员会决定到1967—1968年时保留5艘巡洋舰，包括3艘虎级巡洋舰和2艘护航巡洋舰。其中虎级巡洋舰里有2艘处于随时可参战的预备役状态[24]。"敏捷"号被拆解，"贝尔法斯特"号转入预备役，护航巡洋舰却还要再追加建造3艘。为了获得建造费用，不得不继续推迟DLG07—DLG10号舰的建造、将"大胆"号的现代化改造缩水为简单的改装，并且减少护卫舰的建造数量。这样，一套目的不明、用途狭窄，而且与海军最关键的航母替代计划不太相关的设计方案成了关注的焦点。这意味着，如果运气好的话，海军委员会将会受到关于是否不打算执行既定政策的"尖锐质询"，运气不好的话，航空大臣将会极力反对这种与空军中型轰炸机部队功能重叠的专用"攻击型航母"，进而导致海军的整个计划被政府否决。那些在1957年国防评估时费了很大力气才赢来的成果，很多都要被这么丢掉了。

海军航空组织和训练指挥部（DAOT）在1960年10月接到问询：如果从各艘在役航母上撤走8架"威塞克斯"直升机，每艘舰可以增加多少架攻击机或战斗机？DAOT给出的答复十分悲观，这也充分显示出海军参谋部的航空部门对护航巡洋舰这一新舰种不感兴趣[25]。在多年的实践之后，作为多用途舰载机大队一部分的反潜直升机在保护航母方面的作用已经人所共知。因此，他们给出的每艘航母可增加的攻击机或战斗机数量是这样的：

"鹰"号：增加1架

"胜利"号：增加3架

"皇家方舟"号：增加1架

"竞技神"号：增加2架

"半人马座"号：增加1架

令人颇为不解的是，"鹰"号和"皇家方舟"号有更大的双层机库，能够多装的飞机数量竟然比那些只有单层机库的小航母更少！这个问题一直没有得到合理的解释，只是后来有文件提到了一个"大拇指规则"[①]：装载10架"威塞克斯"直升机所需的机库面积和3架"掠夺者"差不多。为了操作撤走直升机换来的这些额外的固定翼飞机，皇家海军需要在航空部队编制人员中增加至少10个机组、80名维护技师，外加一部分备用人员。这意味着皇家海军每年需要培训更多的飞行员和观察员，从而给各训练中队带来更大的压力。为了满足作战中队和训练中队扩编的需要，海军还需要追加采购一批"掠夺者"和"海雌狐"。不仅如此，

[①] 意即实践中摸索出来的结论，没有具体的测算规则。

除了航母上已有的航空参谋和地勤部门之外，新的护航巡洋舰上还需要一批同样的航空部门人员！很显然，DAOT答复文件的编者是反对护航巡洋舰这一概念的，他在文件中把所有能找到的反对理由都列了上去。

1960年12月14日，M1处将护航巡洋舰的草案提交给海军委员会以征求意见[26]。草案开宗就指出，在海外基地数量减少的现状下，航母和巡洋舰的重要性与日俱增。但它忽略了一个事实，20世纪60年代中期的造舰高潮恰逢预算紧张，这种时候启动一个二等主力舰项目是极其困难的。文件继而写道，为了最大限度发挥航空母舰所谓的力量投送能力又不至于妨害舰队航空兵在反潜作战中的作用，护航巡洋舰将承接从航母舰载机大队中撤下来的直升机。护航巡洋舰还有一大额外的好处，就是可以继承传统巡洋舰的诸多优点。这些新舰大体上都是"10000吨左右"，具有巡洋舰级别的续航能力和自持力，装备已经在研的"海狼"导弹和可以执行岸轰任务的火炮，并能够搭载8架"威塞克斯"直升机。其舰员数量"大约600人"（不含航空人员），造价约2000万英镑。除了火炮外，这型舰艇并没有对海攻击手段，需要依靠航母舰载机来提供早期预警、区域监视、对海攻击和远程防空。另外，"海狼"导弹使用的是驾束制导方式，这意味着它只能提供一个火力通道：一旦提供制导的901雷达锁定了一个目标且射出了导弹，系统就无法再攻击其他的目标，直到第一个目标被击中为止。因此，虽然"海狼"导弹具备在有效射程内打击中高空敌机的能力，但它却无法应对团级规模的攻击机群，因此特混舰队还是要依靠舰载战斗机、导弹驱逐舰和装备"海猫"导弹的护航舰艇来实现多层次对空防御。

护航巡洋舰或许可以使航母甲板不再出现固定翼飞机和旋翼机共存的局面，从而让操作变得更容易一些。但是在1961年，英军航母上固定翼飞机和直升机两个部门的人员和甲板管理组已经能够熟练地利用固定翼飞机起降的间隙放飞和回收直升机了。随着更大型的第二代喷气式舰载机上舰，需要收放的固定翼飞机数量更少了，问题也更加淡化。何况即使是在航母无法迎风航行，需要清空甲板才能收放固定翼飞机的情况下，直升机也完全可以在甲板空闲的另一端起降，不会影响固定翼飞机。实际上，英军航母对固定翼飞机—直升机混合大队的运转早已炉火纯青。但不幸的是，护航巡洋舰的拥趸们并没有意识到这一点。正是出于这一原因，航空作战总监文森特·琼斯上校在答复M1处的草案时公开反对护航巡洋舰的概念[27]。他提醒参谋部，直升机母舰最初的目的在于搭载从航母舰载机大队中撤下来的直升机，为航母提供反潜掩护，使其能够专注于执行攻击任务。因此，即便只是为了应对局部战争，直升机母舰也必须是航母特混舰队的组成部分，然而造价接近新航母一半的护航巡洋舰自身也是个易受攻击的高价值目标，这样一来，那8架"威塞克斯"直升机需要保护的目标就不是一个，而是两个，其成功率不免大打折扣。8架这个数字是为了做到随时保持2架直升机在空中保护航母，若再增加一艘需要保护的护航巡洋舰，那就得大幅增加直升机的数量。护航巡洋舰的尺寸要变得更大以便起降和维护更多的直升机，否则无法为更庞大的特混舰队提供有效的反潜保护。航空作战总监认为直升机已经成为多用途航空大队不可或缺的组成部分，他写道，直升机使航母"拥有支援滩头部队的能力"，并且可以"在远离陆地基地的地方提供一支用途广泛的战术航空力量"。琼斯上校认为，如果能够引进美制HSS-2"海王"直升机作为"威塞克斯"的后继机型，那么这种能力还将继续增强。他还提出了另外两项有意思的建议：首先，护航巡洋舰可能搭载[28]垂直起降飞机，"如果这个项目能够开花结果的话"，这将是个有前途的发展方向；其次，她们可能具有有限的两栖作战能力。不过他也没有对这两条建议展开详述，例如直升机将突击队运送上岸后该如何支援他们。总的说来，航空作战总监认为护航巡洋舰的价值最多也只是理论上的，他建议最好先等新一代航空母舰获得批准后再考虑如何最有效地支援和护卫航母，而不是早早就建造这些昂贵但"或许并不能成为航母的有效补充"，甚至可能危及航母订购计划的军舰。这个建议非常好，事后看来，海军参谋部中有一些部门其实是想要一艘旗舰，他们希望这艘旗舰能够与航母等量齐观，而不要只是一艘护航舰。航空作战总监关于将护航巡洋舰一事推迟至新型航母计划获批后再作计议的建议得到了其他部门的支持。

战术与武器政策总监（DTWP）马泰尔上校在对M1处草案的回复中指出[29]，海军参谋部认可了1957年国防评估中的一项核心观念，即舰对空导弹将会从战斗机手中接过舰队防空的使命——事后看来，这一点在接下来几十年里都没能实现，但在1961年时人们都觉得这已经近在眼前了。由此，战术与武器政策总监相信，如果要为新型航母采购配合其作战的防空导弹舰艇，那就最好等着先看看航母是什么样的，然后再决定设计什么样军舰来与其协同。他还提出，既然防空和反潜看起来到20世纪60年代中期以后，都要由专门舰艇而不是航母本身来承担，那不如把两项能力集中到一艘战舰，也就是护航巡洋舰上。但他没有意识到，更合理的选项是，可以将这两项能力都集中到航母舰体上，这样就可以省下巡洋舰的建造成本和所需的舰员。他认为，如果海军接受了这一理念，护航巡洋舰的重点就将偏向防空而非反潜。而既然这一新舰型需要重新设计，之后可能还要安装"海狼"导弹的后继型号，CF299，也就是后来的"海标枪"防空导弹，那推迟项目就更有利了。他还指出，推迟护航巡洋舰计划将使导弹驱逐舰07—10号舰如期完工，以保证护航舰艇的数量达到要求。

出于各种原因，海军参谋部对护航巡洋舰项目不太热心，于是同意将其推迟。这一项目从一开始就没有一个清晰的目标，后来越来越多的目标被强加上去，硬生生把她变成了巡洋舰，还融合了诸多在国防评估中被取消的项目的特点。这实际上是一个倒退的概念，与对航母特混舰队在"草丛交火"，或者说局部战争中支援两栖作战的新要求背道而驰。海军委员会本应看到这一点并果断终止项目，向各部大臣明确表达自己将预算和人力控制在限额之内的决心，然而他们没有这么做。M1处试图把一团乱麻的护航巡洋舰概念理出个头绪，于是他们围绕新舰的基础能力向海军参谋部各负责部门提交了问卷[30]，以图摸清这一新型军舰到底要扮演何种角色，具备哪些能力。结果显示，他们的答案和预期的一样五花八门，但大家却众口一词地认为将反潜直升机撤出航母舰载机大队是个糟糕透顶的主意。而护航巡洋舰这个项目已经成了对航母替代计划的公开威胁。

海军航空作战总监坚信，新一代航空母舰必须能够搭载至少8架反潜直升机用以自卫。护航巡洋舰上搭载的任何直升机都只是对航母舰载机大队中直升机的额外补充，并且需要承担相应的费用。他重申了此前的观点：直升机在航母上占用的空间并不大，而令航母失去直升机的做法是很不明智的。在新型航母的设计中保留直升机，肯定不会使她庞大和昂贵到无法接受。言下之意，对特混舰队来说，建造护航巡洋舰只是个昂贵的负担。计划部总监阿什莫尔上校说明了巡洋舰对作战舰队的价值，包括能够在没有基地支援的情况下长期独立作战、提供指挥和控制，以及支持比自身更小的舰艇等。令人吃惊的是，他还提到巡洋舰可以把部队运送至冲突地区，但却没有说明部队上陆后应当怎样提供支援。这些论调在20世纪30年代还是合适的，但放在1961年就令人难以理解了。巡洋舰在海外基地的传统任务现在已经由护卫舰承担，这些护卫舰的航行能力已经不亚于传统巡洋舰，但所需人手和运转成本都要少很多。要说指挥和控制设施，航空母舰的设施比巡洋舰强太多，并且可以在三维空间里掌控战场。而巡洋舰的火力控制系统早已过时，她们的火炮对20世纪60年代后期来自苏联及其卫星国的空中打击完全无能为力。至于运送部队登陆，新型的突击队母舰搭载有直升机和登陆艇，既能输送部队上陆，也能支援其持续作战，无疑是向热点地区运送部队的最佳手段。计划部这一过时且考虑不周的说明不仅没有搞清新舰型与航母的区别，而且把她与新型两栖舰混为一谈。他关于巡洋舰续航力的说明尤其令人费解，例如，舰队航母"胜利"号的经济航程是20520千米/13节，轻型舰队航母在相同速度下航程是17390千米，而虎级巡洋舰的半姊妹舰（根据虎级最初方案建造而未作修改）"敏捷"号巡洋舰的经济航程只有11760千米/11节，20世纪60年代仍然在役的最大的巡洋舰"贝尔法斯特"号则是13779千米/13节。[31]

水下作战总监西蒙兹上校未能参加问卷调查，但他的副手格里夫斯中校参与了调研并在这一团乱麻中阐述了对护航巡洋舰潜力的看法。他提出应当建造两型巡洋舰，大型舰用于公海大洋上的舰队作战，小型舰更多地用于局部战争，或许还可以作为支援舰队的一部分。综合来看，他认为虽然护航巡洋舰有一些优点，但用来搭载少量反潜直升机时并不经济，其重要性也无法和大型航母相提并论。战术与武器政策总监同意航母必须继续搭载8架反潜直升机用以自卫的观点，因为随着核潜艇的发展，航母已经很难依靠机动规避来应对水下威胁了。不过令人意外的是，他认为突击队母舰将会是个短命的试验品，他还同意计划总监的老掉牙观点，即到20世纪70年代中期时巡洋舰可能会不得不扛起运载部队的任务。

根据这些答案，M1处拿出了一份草案，勾勒出了大家期待的护航巡洋舰的样子[32]。这种新型舰艇将要能够：在远离基地的情况下作战并应对"可能遇到或需要对付的所有情况"；对任务多样性的要求意味着她需要装备多种武器，包括直升机，并"能够在紧急情况下装运部队和物资"；需要高航速以在越洋作战时快速抵达目的地。作为一艘二级旗舰，这一概念已经与起初的"直升机母舰"相去甚远。她显然将要在远离航母的地方作战，并且能够充当后备旗舰。她将成为一种"用途多样，能够独立作战的舰艇，装备'海狼'导弹、一套火炮系统、9架'威塞克斯'直升机、全套通信设备，能够搭乘舰队司令及其参谋部，还拥有搭载相当数量的部队及其车辆和辎重的空间"。或许新舰还能搭载一小队垂直起降（VTOL）飞机。虽然人们尚不清楚这一能力意味着什么，但还是认为这会令她成为"极富潜力，在冷战和局部战争中作用重大的武器"。这样的新舰，其吨位大约为10500吨，乘员定额1043人。海军需要有3艘这样的舰艇处在随时可用的状态，这意味着他们需要订购4艘舰。最后还得增加第5艘以备长时间的大修和改装。但这里却有个问题，如此庞大的高价值舰艇，却完全没有水面作战能力。若离开航母特混舰队，她极易遭到苏联轰炸机团级规模的攻击。但这些问题却完全没有人提到。总而言之，这种护航巡洋舰走的是和总体国防政策完全不一样的路线，不久前的国防评估在她面前几乎形同无物。

有意思的是，M1处对护航巡洋舰的描述恰恰与法国海军的PH-57设计方案不谋而合，几乎完全一致，法国海军这一方案的名称是"croiser porte-helicopteres"（直升机巡洋舰）。这艘舰于1957年下水，1963年完工，起初被命名为"无畏"号，后来又转而从一艘退役的旧巡洋舰那里继承了"圣女贞德"的舰名。她拥有飞行甲板和机库，可以容纳8架西科斯基S-58直升机[33]，舰上装备1座双联装"马舒卡"防空导弹发射架，4门用于岸轰任务的100毫米火炮，排水量10000吨。40000轴马力的主机为军舰提供了26.5节的最大航速。舰员为1050人，另外舰上可以短期搭载一个700人的营及其轻型装备。并没有证据表明英国的护航巡洋舰和法国的PH-57之间有什么关联，但二者如此相似，令人实在难以相信这完全是巧合。意大利海军也从1958年开始建造直升机巡洋舰，但舰体较小，装备美制"小猎犬"防空导弹，只能搭载3～6架直升机，依直升机大小而定。

意大利的直升机巡洋舰更类似于英国的郡级导弹驱逐舰而非护航巡洋舰,只是搭载直升机数量不同而已。法意两国海军都未能拥有,也买不起英国海军在这一时期计划和立项的那种大型航母,这些直升机巡洋舰便成了试图在尽可能接近传统舰体的基础设计上加装最低限度航空设施的混合体。就连美国海军也考虑过让衣阿华级战列舰恢复现役、在艉部加装飞行甲板的可能性,但这一昂贵的计划最终没有付诸实施。

到1961年中期,护航巡洋舰的基本方案已经吸纳了被取消的1950年型巡洋舰的大部分武器和能力,当前的巡洋舰/驱逐舰项目也明显受到了法国PH-57方案的影响。根据新的标准,三艘虎级巡洋舰虽然刚刚入役不久但却已经过时,除了"宣示存在"之外,所有的作战用途都受到了质疑。虽然海军参谋部并不支持这一项目,但海军委员会还是决定继续推进。于是,一份方案在1961年5月被提交给了国防大臣,并在当年12月获得参谋长联席会议主席批准[34]。在获批的方案中,护航巡洋舰可以最大限度发挥反潜直升机的战斗力以作为大型航母上反潜直升机的补充,正是舰队防空导弹火网的重要组成部分,装有指挥设备,拥有巡洋舰的多用途性和长续航力。在参谋长联席会议的计划书"六十年代战略"[35]中,海军将拥有7艘巡洋舰。其中3艘虎级巡洋舰将被列入可随时参战的预备役,充当4艘新型护航巡洋舰的替补,新舰每服役一艘,就会有一艘虎级转入预备役。最早的护航巡洋舰远期预算计划出现在1962年的远期预算计划书里,打算在必要的设计工作完成后,于1966年7月下达订单,于1970年7月完成建造。然而这个计划很快就被迫修改。不久后的一套经济政策充分展示了这样一个项目可能受到的影响有多大:为了削减预定的1965/1966年度国防预算,英国政府决定将虎级巡洋舰直接处理掉而不是转为预备役——这样可以节约长期的改装和维护费用。到1962年年末,造船总监处的设计部门显然已经在沉重的设计负担下不堪重荷,于是护航巡洋舰的设计不得不推迟至少2年。这还只是个开头,1963年英国政府决定采购美制"北极星"潜射战略导弹系统,护航巡洋舰计划被再次推迟。白厅方面曾经认为英国政府会等到新一代航母和护航巡洋舰建成服役之后再采购"北极星"导弹,而到了那时,英国空军的V系列轰炸机及其挂载的美制"天弩"空射弹道导弹系统将成为英国独立核威慑能力的支柱并保持到20世纪70年代中期。然而随着美国政府最终决定取消"天弩"导弹计划,以及英国政府决定用自产"北极星"导弹核潜艇替代V系列轰炸机,一切都改变了。

过渡型解决方案

1963年,舰队需求委员会表达了对英国皇家海军无法在北约作战区域内部署足够反潜直升机的担忧,此时其他各国海军在反潜直升机的部署和使用方面都走在了英国的前面。由于英军3艘航母中的2艘都部署在远离北约主要交战区域的远东,现在他们面临的最大问题是,在前次国防评估要求削减航母数量之后,本土舰队和地中海舰队只剩下第三艘航母上的一支直升机中队可作训练之用。在海军委员会1963年10月18日签署的一份备忘录中,海军副总参谋长提出了几条关于增加舰载直升机数量的建议。他指出,在过去的8个月里,他至少收到过3份来自一线作战部队指挥官的关于增加直升机数量的提案,但由于直升机飞行员的招募和训练速度无法满足要求,皇家海军短期内难以扩大反潜部队的规模。突击队直升机部队的组建,以及在大量护卫舰、驱逐舰上搭载"黄蜂"和"威塞克斯"直升机小队的计划,已经使每年对新增直升机飞行员的需求大幅增加,若继续加码,所需成本将十分高昂,训练部门也将难以承受。第二个难题在于需要采购更多的直升机,包括那些用以替代"威塞克斯"HAS1的HAS3型机,由于无法通过削减其他开支来筹集资金,财政部很难在没有战争压力的情况下批准这笔费用——即便有了战争,他们也不一定会同意。然而那些支持护航巡洋舰项目的人,并没有考虑到这些不利因素。

虽然有种种限制,英国人还是拿出了四套方案以填补计划中1973年首艘护航巡洋舰入役之前的空白,分别是:建造新的专用直升机母舰;照着皇家军辅船队"恩加丁"号直升机训练船的样子造一艘直升机母舰;改造虎级巡洋舰使其能够搭载直升机;在突击队母舰上固定搭载反潜直升机。第一套方案很快就被否决了,因为就连护航巡洋舰的设计工作都已经排不上队,再专门造一艘直升机母舰更是天方夜谭,哪怕用民船标准设计都不行。第二套方案也行不通,因为"恩加丁"号原本只是一艘货轮，用途只是提供一块最便宜的可以出海的飞行甲板，如果要加入舰队，那她就需要大量的重新设计，这就落入了和第一套方案相同的窠臼。即便皇家海军暂时既没有足够的直升机也没有足够的机组，在现役巡洋舰和突击队母舰上搭载反潜直升机依然是比较理想的。突击队母舰拥有大型飞行甲板，舰内空间也足以容纳加工车间、弹药库和一支反潜部队的人员，但这种舰艇的部署难免会以远东的两栖作战为重心。这就意味着，如若第四个方案被采纳，纵使突击队母舰在搭载反潜直升机方面具有优势，英军在欧洲北约主要作战区域里的直升机数量也得不到什么提升。这样看来，可选择的过渡方案就只剩下了改造虎级巡洋舰，使其可以搭载4架反潜直升机了。由于护航巡洋舰的建造计划被推迟，这些虎级巡洋舰不得不继续服役并进行耗时良久的改装。海军将拆除她们的后部双联装152毫米炮塔，代之以一座机库和飞行甲板，改造费用也将从350万英镑增加到500万英镑。这样的方案只能算是一种悲催的妥协：军舰的火炮数量太少，无论是对海还是防空都不够用；直升机数量太少，无法维持不间断的直升机反潜屏障。另外，指挥和控制设施也比不过航空母舰。考虑到每艘虎级巡洋舰上都有885名官兵，这三艘舰对英国海军来说更像是一份负担，而不是什么资产。

改造虎级所需的设计工作量不大，一般认为在船厂里就能完成。三艘巡洋舰按计划将依次于1965、1966、1967年开工改造，并力争在1966、1967、1968年完工。海军委员会收到改造提案后，在1964年1月24日开会讨论，最终决定采纳[36]，其目的在于以并不算高的成本为苏伊士运河以西的各舰队提供一些直升机反潜能力。在委员会看来，财政部一定会立即同意这一改造，但事实并非如此。海军部受到了关于这些巡洋舰改造后的预期寿命的"尖锐质询"。她们的剩余寿命全都已经不足5年，仅有最新的"布莱克"号余寿尚算充足，可她在服役一年后就转入了预备役。财政部希望付出的改造费用能换取理想的回报，因此提出让军舰接受大规模改造以延寿8～9年。为此，海军部做出决定，将第一艘护航巡洋舰的建造再继续推迟2年，首舰的订购时间"大约在20世纪70年代中期"。虽然没有明说，但这实际上意味着如果真要建造护航巡洋舰的话，她们的作用就是接替虎级巡洋舰而不是与其并肩作战。已经退出现役的"布

第八章 直升机与直升机母舰 263

莱克"号将首先接受改造,"狮"号与"虎"号随后依次进厂。然而,财政部没有一次性划拨改造3艘舰所需的全部款项,资金是逐一划拨的。结果只有"布莱克"号与"虎"号接受了改造,且工期都长于预期,其中后者的改造成本甚至三倍于早先的估计。换言之,"虎"号巡洋舰的改造花费了计划中新型航母CVA-01所需资金的25%,但却只能搭载4架直升机,以及不怎么样的指挥、控制与通信设施。

△图中的"虎"号巡洋舰及其姊妹舰"布莱克"号都花了大代价加装机库和小型飞行甲板,最多能搭载4架反潜直升机。这架"海王"直升机正准备降落。虽然飞行甲板上画了2个圈,但这里的空间只够一次降落1架直升机。这两个圈只是二选一而已,直升机在后一个着陆点降落时,机库门前还能摆放一些东西。(作者私人收藏)

直升机母舰与航母更新项目之间的关系

可以肯定的是，海军委员会对直升机母舰/护航巡洋舰的追求给建造新一代航空母舰的计划带来了相当不利的影响，无论是直接的还是间接的。从直接影响来说，早期的概念探索要求将反潜直升机撤出航母舰载机大队，这意味着原本由1艘大型舰就可以解决的问题，现在需要用2艘大型舰才能应付。即便巡洋舰搭载的反潜直升机已经被定义为航母舰载机的补充，"护航巡洋舰"这个名词还是给人一种错误的暗示，似乎航母极易受到潜艇的攻击，所以需要花大价钱采购护航舰艇来保护她。而另一种解决方案，也就是航空作战总监的方案，将"海标枪"防空导弹和"伊卡拉"反潜导弹装到特混舰队中最容易招引攻击的舰艇，也就是航母上。这虽然会增加航母的造价，但却会节约下一整艘护航巡洋舰连同其所需人员的费用。

海军计划部对巡洋舰的热情实在令人难以理解。早在1955年，海军参谋部就否定了支援航母（CVS）的可行性，他们相信在大型攻击型航母旁布置这样一艘支援航母，代价太过高昂。1957年的国防评估又取消了一型导弹巡洋舰，因为她的作战价值有限，价格又太贵。然而，1960年之后，海军委员会仿佛倒退了一大步，想要建造一批能力更弱却更昂贵的巡洋舰。很难理解为什么没有人想到把1942年型轻型舰队航母"庄严"号利用起来。租借给皇家加拿大海军之

△坐失良机。图中是1952年时的"英仙座"号航母，她能够搭载大量"海王"这样的大型直升机，她和她的准姊妹舰"庄严"和"利维坦"远比巡洋舰改造舰更适合充当直升机母舰。当然，她需要加装全套的水下和水面绘图舱室，但这种改造的价格一定不会贵得离谱。（作者私人收藏）

后，她在1961年被列入处理名单，然而此时她的舰龄只有13年，直到1965年她才被拆解。事实上，即便不做任何结构改动，她在航程上也远远胜过任何一型自认为续航力出色的英国海军巡洋舰，另外还可以搭载多达30架"威塞克斯"直升机[37]。当然，"庄严"号的作战室和弹药库还是需要改装的，但其复杂性与虎级巡洋舰的改造工程比起来完全不值一提。在紧急情况下，她还是一艘比任何巡洋舰都有效的部队输送舰，她的姊妹舰"海洋"号与"忒修斯"号已经在苏伊士运河危机中证明了这一点。对笔者而言，对这些用途广泛的舰艇的"无视"是这一时期英国海军最大的谜题之一。

从间接影响上说，护航巡洋舰项目的存在使英国海军的新一代航母变成了一型攻击型航母，也就是北约军语里所谓的CVA。对那些对海军业务细节一知半解的政客们来说，这似乎意味着新型航母在核打击和其他领域的作用被削弱了。新型航母的前途因此毁于一旦。事实上，正如我们即将在下一章看到的那样，CVA-01将是英国海军建造的用途最多样的军舰。然而，海军委员会在经济紧张的情况下还将那么多精力耗费在护航巡洋舰上，强调她在独立作战中担任旗舰的潜力，政客们会有这种舰艇可以替代航母充当指挥舰并遂行水面、水下、空中三维作战的误解，也就可以理解了。护航巡洋舰当然做不到这一点，海军委员会一再强调这种舰艇"具备巡洋舰的优势"实在令人难以理解。航空母舰的作战能力可以充分满足各种烈度现代化战争的需要，这已经被无数事实证明。而巡洋舰作用的迅速衰落则可以从1955到1963年间各国海军巡洋舰数量锐减上清楚地看出来——缩减的速度比其他任何一种舰艇都要快。另一方面直升机母舰也不是航母的廉价替代品。看起来此时海军委员会没有充分意识到，1957年之后的大英帝国只能集中精力建造一型大型主力舰，而无论从哪方面来说，这一型主力舰只应该是新一代航空母舰。他们还抛弃了对仍具有多年寿命的平顶船体再利用的机会，改造老航母在财政部那里引起的反对无论如何也不会比改造半吊子的虎级更多，这么做还可以发挥这些价值远大于虎级的军舰的余热。

注释

1. Hobbs, *A Century of Carrier Aviation*, pp 241 et seq.
2. Thetford, *British Naval Aircraft since 1912*, p 328.
3. Sturtivant and Balance, *The Squadrons of the Fleet Air Arm*, p 26.
4. *Flight Deck* (Summer 1953), p 22.
5. 这次飞行历史意义非凡，它是直升机编队第一次飞越英吉利海峡。
6. Hobbs, *A Century of Carrier Aviation*, p 254.
7. Gordon Swanborough and Peter M Bowers, *United States Navy Aircraft since 1911* (London: Putnam, 1990), p 467.
8. *Flight Deck* (Autumn 1953), pp 20–3.
9. 5SL 2058 dated 27 August 1955, ADM1/25901–Naval Anti-Submarine Aircraft at the National Archives, Kew.
10. 1942年型轻型航母最初的设计要求是能够再打3年世界大战，当然她们并没有参战这么久。到1955年，她们的舰龄已达10年，有一部分参加了20世纪50年代初期的实战。但实际上，这一级舰中的最后一艘，巴西海军的"米纳斯·吉拉斯"号，也就是前皇家海军"可敬"号，一直服役到2001年10月。
11. 那些在海上迫降的"旋风"直升机很少被捞起来，因为它们的机体在海水里泡几天就会完蛋。舰队航空兵的官兵们盛传泡过水的"旋风"飞起来会咿咿响，就算用淡水冲洗过也没用。
12. "天袭者"使用的也是航空汽油，但到1960年这些飞机都被"塘鹅"AW3替代。
13. D（57）27文件规定："一支由最多数量军舰组成的实力均衡的海军，将由88000名英伦男儿来驾驭。"实际上1957—1958年间英国海军的兵力上限为12.15万人。
14. ADM1/27685 at the National Archives, Kew. 未包含预备役和用于护渔、试验或训练的舰艇。
15. Board Memorandum B.1325, ADM1/27685 at the National Archives, Kew.
16. 20世纪50年代末期英军额外训练了一批"塘鹅"飞行员。
17. Board Minutes, agenda item 5401–The Helicopter Ship, ADM1/27685 at the National Archives, Kew.
18. ADM1/27685 at the National Archives, Kew.
19. 这些驱逐舰可以在后部飞行甲板的机库里搭载1架"威塞克斯"直升机。
20. 但很显然他没有使用"十分重要"或者"至关重要"之类的词汇。
21. ADM1/27685 at the National Archives, Kew.
22. 同上。
23. 这些舰当时都进行了现代化改造以用作航母特混舰队的护卫舰。
24. 根据海军的统计，1955年到1961年间英国海军的巡洋舰数量从26艘下降到9艘，这还包括了那些预备役和正在改装的巡洋舰。而同期可用的驱逐舰/护卫舰数量则从52艘增加到54艘。
25. AOD/D.95/60 dated 10 October 1960, ADM1/27685 at the National Archives, Kew.
26. M1.288/8/60 dated 14 December 1960, ADM1/27685 at the National Archives, Kew.
27. DNAW D/151/60 dated 20 December 1960, ADM1/27685 at the National Archives, Kew.
28. 不是简单的运输，但也无法参加战斗。
29. TWP4548/60 dated 20 December 1960, ADM1/27685 at the National Archives, Kew.
30. M1/288/8/60 dated 20 January 1961, ADM1/27685 at the National Archives, Kew.
31. CB 01815B, Particulars of British Commonwealth War Vessels, April 1949 Edition.
32. Military Branch 1 AAP/MG/CCB.11 dated 8 March 1961, ADM1/27685 at the National Archives, Kew.
33. 韦斯特兰的"威塞克斯"直升机正是由这款西科斯基公司的设计方案发展而来的。
34. COS (61) 480 and COS (62) 3rd Meeting.
35. COS (62) 1.
36. Board Minute 5627(copy), ADM1/29053 at the National Archives, Kew.
37. 若能进行更大范围的改造，像姊妹舰"墨尔本"号那样安装蒸汽弹射器和改进型拦阻索，"庄严"号也能搭载"塘鹅"预警机，但这必定会大幅增加改造的成本。

第九章
东征西讨

如上一章所言,海军参谋部的有些高级幕僚难以理解皇家海军的新角色,反而对用巡洋舰统治庞大帝国的时代念念不忘。好在海军部里的作战部门和部署在全球各地的各个舰队无此念想。以航空母舰为核心的特混舰队已经体现出了自己的价值,它们可以吓阻冲突,在局部战争中投送力量,并且在和平时期执行常规海上任务。接下来,我们将通过几个例子来展示航母在各种突发情况下的快速反应能力,以及如何提供独一无二的完美应对措施。

黎巴嫩和约旦,1958

1956年,苏伊士运河危机的后遗症使中东陷入了动荡。随着英国统治地位的衰落,苏联阵营势力开始在此地活跃起来。美国试图根据1957年的"艾森豪威尔理论"来填补英国留下的真空,意图"保护地区稳定和政治独立",保护一些需要外力支援的国家"免遭东方阵营国家的武装侵略"[1]。1957年4月,约旦政府提出要向苏联寻求援助,国王侯赛因随即解散了政府,并在当地贝都因人势力的支持下向美国求援。为了"防止发生混乱,让莫斯科浑水摸鱼"[2],美国海军第六舰队开赴贝鲁特外海展示武力,美国政府也向侯赛因国王提供了1000万美元的援助,后者很快照单全收。1958年2月,中东形势进一步复杂化,埃及总统纳赛尔和叙利亚总统库阿特利宣布成立阿拉伯联合共和国(简称阿联,英文缩写UAR)。几天后,作为回应,约旦和伊拉克也联合成立了阿拉伯联邦,推举伊拉克国王费萨尔为首脑,不过费萨尔与侯赛因在各自领土内仍然保有主权。在纳赛尔眼里,这两位国王都是阿拉伯世界的叛徒。拥有相当数量的基督教人口的黎巴嫩虽然夹在两大联盟中间,却没有加入其中任何一个。黎巴嫩国内有着实力可观的反对派,他们指责查默恩总统拿了美国人的援助,并把这些美援和同期正源源不断涌入阿联的苏联援助物资相提并论。1958年5月13日,黎巴嫩外务大臣向美、英、法三国大使提出,希望一旦他的国家遭到进攻,三国能提供

△第897中队的两架"海鹰"战斗机在"鹰"号上空的低空待命位置盘旋,照片摄自第三架同型机。注意航母舰岛右侧海面上待命救援的"旋风"直升机。此时航母正准备放飞飞机,一架"海鹰"正滑向左侧弹射器,后方是一架飞行员已经入座的"海毒液"。起飞完成后,"鹰"号会调整航向,让斜角甲板正对迎风方向,这几架在空中盘旋的飞机就可以降落了。(作者私人收藏)

军事援助。为此,英国地中海舰队和美国第六舰队立即提高了戒备等级并开始向东地中海部署兵力。为了掩盖意图,英国宣称其海军两栖作战中队从马耳他向塞浦路斯的调动是北约"梅弗莱克斯堡"演习的一部分,"皇家方舟"号航空母舰及其特混舰队的调动也打着这一演习的幌子,概括来说就是"在演习的掩护下,以最高的保密等级把所有能派的部队都尽快派过去"[3]。在接下来的5个半月里(仅有7月初的几天例外),虽然军舰经常往来调动,但英国皇家海军始终在东地中海保持了一支航母特混舰队。后来,飘扬着航母部队总监A.N.C.宾雷中将将旗的"鹰"号航母接替了"皇家方舟"号,宾雷中将也被任命为这一地区英军作战部队的总指挥。

英美两国在东地中海的作战计划是围绕着黎巴嫩的正式要求——协助其抵御进攻而制订的,计划代号"蓝蝙蝠"。这项计划要求美国海军陆战队从海滩上陆,夺占贝鲁特机场,之后英军主力将从塞浦路斯空运至此。整个行动的空中支援由英美两国的航母舰载机提供。然而,1958年6月,联合国大会开会讨论了中东局势并得出共识，中东无须使用武力。不幸的是，英国海军航母部队总监相信了这一观点，并把"鹰"号航母派回马耳他进行维修。于是，当1958年7月14日危机爆发时，这艘至关重要的航母不在阵位上。这天，伊拉克一名叫卡西姆的旅长带着他的第19旅心狠手辣地刺杀了年轻的伊拉克国王费萨尔及其家人，包括前摄政王阿卜杜勒·艾拉赫，以及英属时代的独裁首相努里·阿桑·赛义德。随即他们宣布成立伊拉克共和国。剧变令人猝不及防。7月15日，黎巴嫩总统查默恩向美国请求紧急军事援助，艾森豪威尔总统同意派遣美军进驻"以保护美国侨民，他们的到来也将鼓励黎巴嫩政府保卫自己的主权和领土完整"[4]。7月16日，约旦国王侯赛因向英国驻安曼领事馆请求军事支援，英国政府也同意了。美国海军第六舰队很快在没有英军参与的情况下单枪匹马启动了旨在保卫黎巴嫩的"蓝蝙蝠"行动，不过根据之前伦敦和华盛顿达成的关于在干预国际危机时协调行动的共识，英军当然不会置身事外，随即派遣第16伞兵旅从塞浦路斯搭乘皇家空军的运输机飞往目的地。这支原计划在黎巴嫩机场着陆的英军空中机动部队，现在被运往约旦首都安曼，他们获得了一个新的行动代号——"坚韧"。不过和黎巴嫩不同，约旦在地中海上没有海岸线，因此英国人必须首先申请允许自己的飞机飞越中立区。

情势如此，"鹰"号航空母舰只好匆忙从马耳他起航，但她却跑不出最大航速，因为锅炉的维护才刚刚进行到一半，这使她直到第一批部队的空运完成后才抵达任务海域。反对大海军的人或许会说陆基战斗机可以不受这些限制，从英国本土直接飞到塞浦路斯的阿克罗蒂里基地，但他们忽略了舰载机的一项最根本的优势："鹰"号抵达战场时，一同到来的还有全套的维护人员、燃油、弹药和指挥体系，舰载机大队各个方面的战斗力都能得到充分发挥。她还可以得到皇家军辅船队充分的后勤保障；可以自由选择阵位，让舰载机从距离作战地域最近的地方起飞，并且避开恶劣天气；还能对临时出现的新威胁做出快速反应。塞浦路斯的陆基战斗机则完全享受不到这些好处，而且还要受到作战半径的限制，其使用范围和反应速度也将因此受到很大影响。

1958年7月17日，英军开始尝试向约旦空运部队，他们首先从塞浦路斯的尼科西亚飞往佩拉角，之后飞过美军两栖部队占领区，在以色列卢德镇上空向东转前往安曼。然而，当领头的飞机接近安曼时，他们却接到英国政府的通知，要他们掉头返航，因为从以色列上空飞越的许可还没有拿到。不过头5架飞机还是继续向前，把旅长皮尔森和他小规模的先遣队送到了约旦，其余飞机则带着部队返回了塞浦路斯。英国和以色列之间的外交谈判很快达成了一致，英军获准通过以色列领空。7月18日，空运恢复。同日，"鹰"号回到了塞浦路斯东南的行动海域。此时，这艘航母上搭载有第806中队（"海鹰"FGA6）、894中队（"海毒液"FAW22）、849A中队（"天袭者"AEW1）、814中队（"塘鹅"AS4），以及2架"旋风"搜救直升机[5]。就在7月18日日落前，装备"海鹰"FB5战斗轰炸机的第802中队飞来，落在了"鹰"号上，这支中队从英国本土起飞，途经法国第戎、意大利迪马雷、利比亚阿代姆和塞浦路斯的阿克罗蒂里，在36个小时的飞行后抵达"鹰"号，加入了她的舰载机大队。这艘航母活动水域的中心在以色列海法港外海90千米处，位于美国海军活动区域南面。

首个英军空运机群在美军两栖部队的地盘上空飞行时会得到美国海军防空巡逻战斗机的掩护，但靠近以色列之后便只能独自飞行了。为了不间断掩护空运机群，航母部队总司令的参谋长从"鹰"号飞到塞浦路斯英军联合指挥部开会。会上决定，皇家空军的战斗机将在塞浦路斯周边为运输机群提供昼间护航，"鹰"号的舰载战斗机则要从运输机进入美国海军防空区开始提供昼夜护航，直至机群飞入以色列领空。空运第16伞兵旅的行动持续了5天，"鹰"号的战斗机全程参与了对运输机的护航。昼间，2个"海鹰"双机编队在运输机航线附近巡逻，第三支编队则在"鹰"号以南90千米处，在在特混舰队与埃及海岸之间充当雷达哨舰的护卫舰"萨利斯伯里"号上空巡逻；夜间，舰队时刻保持一支"海毒液"双机编队执行防空巡逻，其位置既能保护运输机群，也能在必要时保卫特混舰队。"天袭者"预警机在"萨利斯伯里"号上空又搭建了一张居高临下的监视网，以图及时发现来袭的高速攻击艇，也就是所谓的"E"艇，以及从低空向舰队飞来的飞机。"塘鹅"机群在特混舰队周围137平方千米的区域内进行反潜巡逻，以防范驻阿尔巴尼亚的苏联潜艇的潜在威胁。在这关键性的5天里，"鹰"号的战斗机起飞了388架次，"塘鹅"和"天袭者"又另外执行了112架次的巡逻任务。不幸的是，这一时期的皇家空军运输机都没有装备敌我识别设备，友军在一直很拥挤的空域中很难准确辨明它们的身份。英军战斗机在行动期间对208架飞机进行了拦截和查证，结果发现其中121架都是盟军运输机，其余飞机中，7架是阿联的军用机、14架是阿联的民用飞机、7架是以色列军用飞机，另外59架则是各种各样正常执飞的民用飞机[6]。与此同时，从贝鲁特撤侨的美国运输机群也在这一空域飞行，其航线与英军运输机群平行，位置上更偏向内陆。"鹰"号的战斗机也为它们提供了护航，直到7月22日盟军的昼间空运结束为止。这一天，"鹰"号特混舰队也返回塞浦路斯海域补充休整，以备再战。

美军在黎巴嫩的作战行动规模更大，但也需要依赖直达前线的海运支援。美国陆军调动了驻扎在德国的2个营级战斗群，作为快速反应部队协防黎巴嫩，但是驻扎欧洲的美国空军运输机一次只能运输1个营，而且为了避开苏联阵营的控制区，这些飞机必须绕一个大圈才能抵达距离贝鲁特最近的美军基地——土耳其的阿达纳基地。美国空军中被指定支援"蓝蝙蝠"行动的战术战斗机和攻击机部队此时还驻扎在美国本土，他们也需要先飞越大西洋，再飞越欧洲才能抵达阿达纳。把这些空军部队的地勤维护人员、支援设备和弹药运到前线也需要大量的运输机。而此时，美国海军第六舰队拥有2艘攻击型航母、1艘反潜航母和3支两栖战中队，每个两栖战中队各搭载有一支1800人的美国海军陆战队营级登陆部队。其中一支两栖战中队恰好部署在塞浦路斯以南，距离贝鲁特只有12小时航程。危机爆发后，这支部队受命于7月15日15:00在贝鲁特登陆，而这恰恰就是艾森豪威尔总统公开宣布美军干预黎巴嫩事态的时间点。这支陆战队登陆部队由美国海军的11架FJ-4"狂怒"战斗机和AD-2攻击机提供空中支援。这些飞机从位于希腊外海的"埃塞克斯"号航母上起飞，在塞浦路斯的英军机场加油后，于准确时间飞临登陆滩头上空。美国海军陆战队登陆一小时后就控制了贝鲁特机场，其余2个陆战队营分别在7月16日与18日陆续乘飞机到达，在机场降落[7]。第四个陆战队营级登陆部队乘坐陆战队的飞机从美国本土赶来，7月18日在贝鲁特降落。美国陆军和空军部队从7月19日开始陆续抵达黎巴嫩，但是他们还要再等上几个星期才能形成战斗力，直到他们的车辆、弹药和物资通过海运送达。"埃塞克斯"号航空母舰始终为在黎巴嫩的部队提供空中支援，直到8月20日。7月18日，"萨拉托加"号也加入进来。其他航母从美国本土陆续赶来支

△ 1958年，"阿尔比翁"号驶出朴次茅斯开往地中海，舰上搭载着第42皇家陆战队突击营和一批车辆。（作者私人收藏）

援第六舰队，但这两艘舰则被指定参加在黎巴嫩的行动。盟军的迅速行动很快稳定了黎巴嫩和约旦的局势，阻止了战争的爆发。但也不得不承认，假如真的遭到攻击，这寥寥数支快速反应部队的日子也会相当难过。好在英美两军的航母特混舰队一直在东地中海游弋，直到10月危机结束、地面部队撤离为止。开赴约旦的英军第16伞兵旅只有轻型装备，而约旦陆军的装甲部队正在和政府闹兵变。因此，英军伞兵们唯一可以指望的就只有舰载机的近距空中支援了。地中海舰队总司令，海军上将查尔斯·拉姆比爵士在发给海军部的电报中就提到了此事："没人能比我们为在约旦的陆军部队提供更多的支援了。"[8]航空母舰的到来使盟军在东地中海获得了压倒性的军事存在，从海上为地面行动提供了卓有成效的掩护，堪称黎巴嫩、约旦盟军行动的基石。

对空运机群和盟军地面部队的掩护并非皇家海军新的有限战争战略在1958年的唯一体现。此时的中东，革命的怒火已在各地喷薄欲出，英军不得不使用军舰运载着皇家陆战队和其他部队四处奔波，在利比亚、波斯湾、阿拉伯半岛各地保卫英国和英联邦的利益。不少航空母舰就在这样的行动中展示了她们远距离运输部队及其车辆的能力[9]。1958年6月初，"阿尔比翁"号正在英国本土执勤，海军决定让她运载第42陆战队突击营前往地中海。她立刻卸下舰载机大队，开进朴次茅斯船厂，在飞行甲板上焊上了1000个固定环，以便将突击队的车辆系留在甲板上进行长途运输，她的舰载机大队离开母舰后直接飞到了马耳他的哈尔法海军航空站。将陆战队送到马耳他后，"阿尔比翁"号开进船厂，拆掉了那1000个固定环，之后重新搭载上了舰载机[10]。接下来，她一度接过"鹰"号的任务，之后便继续依计划前往远东舰队。她的姊妹舰，"堡垒"号在7月中旬时正驻扎在肯尼亚的蒙巴萨，她也做出了重大贡献。"堡垒"号出动舰载机空袭了阿曼的叛军，还将英国陆军一个营从肯尼亚运到亚丁。这个营之后从亚丁出发，开到了约旦的亚喀巴港。返回英国途中，她也接替了"鹰"号一段时间。虽然先后被"阿尔比翁"号和"堡垒"号接替，但"鹰"号还是在报告中提到：在离开英国本土后的95天里，她全天靠泊、入港和离港的总天数累计只有17天。在1958年的一系列危机中，3艘英国航母和3艘美国航母扮演了关键角色，她们阻止了暴动的蔓延，为中东带去了一段稳定期。这支舰队完成了既定任务，特别值得一提的是，无论是阿联还是其他的潜在敌对力量，都没有试图靠近她们，遑论阻止了。关于航母打击舰队在"坚韧"行动中的贡献，有两段评论不得不提。英国海军航母部队总监宾雷中将在他的战后报告中写道："我们有限的经费要用于保证航空母舰的维护和训练状态，确保她们在出现那些只有航母才能胜任的任务时能招之即来，这是最重要的。"[11]第一海务大臣蒙巴顿上将显然对他提出的有限战争战略的成功运用十分满意，他说："海军完全是机动、灵活、用途多样的。所以你看，它的能力永不过时且至关重要。"[12]

"堡垒"号与"梅里卡"大救援，1958

1958年上半年，"堡垒"号隶属于英国远东舰队，其舰载机大队编有第801中队（"海鹰"FGA6）、891中队（"海毒液"FAW22）、849D中队（"天袭者"AEW1）和845中队（"旋风"HAS7直升机）。其中第845中队是皇家海军首支编入多用途舰载机大队登上航母的反潜直升机中队。1958年8—9月间，"堡垒"号一直在亚丁湾水域待命，一旦波斯湾局势恶化或者出现其他新的危机，这艘航母可以随时参加战斗，她还忙里偷闲空袭了阿曼山区贾巴尔·埃克达尔的塔里布起义武装[13]。皇家空军一直在这一地区空袭敌对目标，并且为海军提供了有效的背景情报和当地地形信息。9月12日，"堡垒"号出动44架次舰载机，它们使用了装有近炸引信的227千克炸弹，效果非常好。

△"堡垒"号通过一根缆绳拖曳着受损的油轮"梅里卡"号，"奇切斯特"号护卫舰在一旁准备随时支援。航母甲板上停放着"海鹰""海毒液"和1架"旋风"HAS7直升机，直升机停在舰艏，已经做好起飞准备。这次任务表明，固定翼飞机和直升机混编的舰载机大队可以执行更多样的任务。（作者私人收藏）

然而，9月13日发生了一起意外，利比里亚油轮"梅里卡"号和法国油轮"费尔南德·吉拉贝尔"号在马西拉岛外海相撞，双双起火。显然，两艘油轮上弃船船员的生命安全正面临危险。"堡垒"号收回了早晨出击的攻击机后便掉头开向事故油轮。此时，事故现场周围的其他油轮已经救起了幸存者，其中许多人受了重伤，他们被用直升机运到"堡垒"号上进行初步医疗急救。许多人随后又被送往马西拉岛的皇家空军基地，然后是巴林。"堡垒"号上一名上尉带领的救援队搭乘直升机登上"梅里卡"号，随后直升机为他们运来了泡沫灭火器、水龙带和救援设备。在后续支援下，救援队扑灭了船上的大火。"堡垒"号拖带起了"梅里卡"号，护卫舰"美洲狮"号则用一根钢缆拖住"梅里卡"号的船尾以保持船体稳定。航母花了7天时间才将油轮拖带进马斯喀特港，第845中队的直升机每天都运送救援队登上油轮保障其安全，其中一支志愿小组清空了油轮的左侧锅炉。这个小组还为此被"堡垒"号舰长授予"荣誉司炉"勋章。直升机同样也把由"堡垒"号军官带领的救援队送上了"费尔南德·吉拉贝尔"号。大火扑灭后，这艘油轮由"洛西·基里斯波特"号拖带，在"圣布里德斯湾"号的支援下开进了卡拉奇港。"梅里卡"号安全入港后，"堡垒"号的舰载机大队又回过头来继续空袭塔里布起义武装，直到她后来穿过苏伊士运河，开往塞浦路斯周围接替"鹰"号为止。由于在这次救援行动中做出了突出的贡献，第845中队荣膺1958年度的博伊德奖杯。845中队的表现证明，直升机部队不仅可以与固定翼飞机协同作战，还可以为航空母舰的总体作战能力锦上添花。当年10月，"堡垒"号再次显示了自己多样化的能力。她把自己搭载的固定翼中队放飞到了马耳他的哈尔法海军航空站，令其自行飞回英国本土，随后搭载着第845中队的直升机，把"苏伊士运河以东"的材料和情报移交给了"阿尔比翁"号，后者刚刚完成在东地中海的任务，即将重返远东舰队，接替"堡垒"号的岗位。交接过后，"堡垒"号又搭载着完成了黎巴嫩作战任务的第42突击营及其车辆返回了英国本土。这是"堡垒"号最后一次作为攻击型航母执行任务。11月回到英国后，她开进朴次茅斯船厂，拆除了所有服务于固定翼飞机的装备，改造成为专门的突击队航母。[14]

科威特，1961

科威特是一个位于波斯湾西北端的独立小酋长国，其北部、西部边界与伊拉克相邻，南部边界与沙特阿拉伯的哈萨省相接。1899年之前，科威特都还是土耳其巴士拉省的一部分，但就在这一年，其统治者用一纸协议将科威特的外交权委托给了英国。1946年，科威特开始出产石油，于是艾哈迈迪港建设起了深水港湾和石油精炼厂。随着财富的增长和地位的提高，科威特酋长开始寻求摆脱英国统治。然而1958年伊拉克革命后，人们开始担心伊拉克总统卡塞姆可能会强行吞并科威特[15]。尽管如此，英国政府还是在1960年原则上同意从1961年6月19日起终止两国间原有的条约，正式归还科威特的外交权。从1958年开始，英国人就拟定了一套地区增援计划[16]，一旦有必要，英军将随时前来保护科威特免遭伊拉克的进攻。这套计划最终被命名为"优势"行动，并且根据英军可用部队的变化随时更新。1960年12月，干预计划进行了重大调整[17]，数量显著增加的皇家空军运输机被纳入考虑，皇家海军两栖战中队的驻地也从马耳他搬迁到了波斯湾的巴林。

英军的作战准备工作包括："攻击者"号坦克登陆舰随时搭载半个中队的"百人队长"坦克保持待命，其余坦克被运往科威特就地储备；炮兵装备储备在巴林，所有列入"优势"行动计划的部队都保持戒备，在接到命令后的4天内即可出发。第一艘突击队母舰"堡垒"号计划在1961年抵达中东，这被计划制定者视为一项强有力的增援，但是他们并未考虑将其列入"优势"计划中。

英国政府在终止1899年与科威特签订的条约时，也向科威特承诺，一旦后者提出请求，英国将出兵保护其免遭伊拉克进攻[18]。但是局势的恶化来得比所有人的预期都要快。1961年6月26日，伊拉克总统卡塞姆公然宣称科威特是伊拉克领土的一部分。6月28日晚，英国总参谋部命令列入"优势"行动计划的部队转入早期戒备状态。但由于此时还没有收到来自科威特的正式请求，英军迟迟未能正式下令启动增援计划，这一疏漏即将在危机来临的最初时刻带来混乱。关键性的"堡垒"号刚刚完成突击队母舰改造并重新入役，眼下正带着第42皇家陆战队突击营和第848中队（"旋风"HAS7直升机）待在卡拉奇。按原定计划，她即将在沙迦和马斯喀特进行演习并进行热带作战试验，之后前往科威特进行友好访问[19]。但是现在海军部命令她取消所有计划，直奔科威特[20]。驶出卡拉奇后，关于"优势"行动的详细说明开始一份接一份地涌向"堡垒"号。第42突击营的营长和作战参谋此时已经提前飞往巴林的英军联合指挥部商讨热带试验的事项去了，他们也接到了关于行动计划及需要他们去解决的问题的说明。仅仅几个小时内，地区参谋部就迅速认识到了"堡垒"号的价值，她在这次行动中的地位从"增援"变成了"先锋"。其他各支舰队也迅速行动起来。此时正带着护航驱逐舰从新加坡开往香港的"胜利"号航母奉命快速开赴海湾水域；正位于直布罗陀的"半人马座"号奉命取消访美计划，转而高速开往海湾。

1961年6月30日，科威特埃米尔正式请求英国保护。英国中东总司令，陆军中将查尔斯·哈灵顿爵士评估后认为，他至少需在7月2日拂晓前将2个步兵营、2个装甲兵中队和2支皇家空军的战斗攻击机中队部署到位。然而"优势"计划原本的安排却是在下达命令后花费4天时间将部队从英国本土和塞浦路斯空运到科威特。由于总参谋部未能及时下达命令，建立空中桥梁所需的跨国协调还没有开始，空运行动自然也就无法启动。要想通过空运将部队从西面迅速送到科威特，就需要英国外交部首先拿到让军用飞机飞越中立国的许可。空运航线有三条，但却无一例外要受此限制：最短的一条航线长6500千米，需要获得土耳其和伊朗的飞越许可；中间长度航线长9000千米，需要获得利比亚和苏丹同意；最长的航线长13000千米，需要飞越尼日利亚和刚果。由于没有接到启动"优势"行动的命令，这些飞越申请在6月30日时都还没有发出，正常情况下，这样的申请至少需要花费3天时间进行外交交涉。土耳其政府在6月30日当天就拒绝了英国的飞越申请，因此第一架英国飞机不得不从英国本土出发，途径利比亚和苏丹前往亚丁。这样，驻扎在塞浦路斯、原定参加行动的部队实际上已经被撤除在航线之外，无法参战。但皇家空军很快从远东空军中调拨飞机增援中东空军，皇家罗德西亚空军也及时提供了运输机，这一问题得到了部分化解。

当这一切正在进行之时，"堡垒"号突击队母舰于1961年7月1日01:00接近巴林外海的航标灯，随即放出2架直升机前往皇家空军的穆哈拉格基地，接回第42突击营营长和参谋。然而这两架直升机却不幸遇上了沙尘暴和狂风，只好返回母舰，两名突击队军官只能自己想办法前往科威特了。虽然巴林之行耽误了一些时间，但"堡垒"号还是高速开往科威特，并在7月1日中午前抵达未建成的科威特新机场以东20千米处的海面。就在第一波运送突击队的直升机群起飞前，第42突击营的营长和参谋被一架专门派去接他们的科威特直升机送到了母舰上。他们在出击前的最后时刻被告知，他们的陆战队突击营将在新机场着陆，而不是像之前无线电通知的那样部署到边境防御阵地上。7月1日下午，第848中队的直升机将第42皇家陆战队突击营送上了岸，此时距离科威特政府正式求援刚好过去了24小时。在第848中队执行任务时，西北方刮起了沙尘暴，漫天沙土中能见度甚至降到了1.6千米以下。科威特直升机带领着第一波英军直升机降落在新机场，事实证明，英军在母舰上收到的新机场的坐标位置根本就是错的。更麻烦的是，人们发现"堡垒"号上现有的科威特地图已经完全过时，现代科威特的各种导航地标都没有标出来[21]，英军还得向科威特政府索要官方地图。科威特新机场已经成型，跑道、滑行道和停机坪都已完工，但建筑物尚未建成，空中交通管制也无从实施。尽管如此，到当天傍晚时分，第42突击营已经全部上陆并做好了战斗准备。一旦需要，他们便能够保卫机场。第848中队的大部分飞行员都有沙漠飞行经验，但科威特45℃的高温天气却是他们前所未见的，遑论风暴掀起的经久不散的漫天黄沙。一支海军直升机管制小组随第一波直升机在机场降落，在随后的2天里，他们担负起了新机场航空管制的任务，直到7月3日皇家空军在新机场建立起空中交通管制团队为止。

△第848中队的"旋风"直升机将陆战队小组投送到科威特沙漠中。（作者私人收藏）

△ 第848中队设在科威特的一处前进作战基地。注意照片右侧的可空运的皇家陆战队"雪铁龙"2CV轻型越野车,这是唯一可以用"旋风"吊运的车辆。(作者私人收藏)

"堡垒"号方一抵达目的地,就迅速承担起了多项任务,包括组织防空和充当突击队直升机的作战指挥所及上陆突击队的后勤保障基地。英军进驻初期的航空任务都是由这艘航母执行的。虽然航母处于锚泊状态,但大风却使其全无甲板风不足之虞,所有飞机都可以重载起飞。不过空气中弥漫的沙尘使能见度成了大问题。把突击营和首批补给物资送上岸后,"堡垒"号迅速转移到科威特城外海的新阵位上。在那里,英国海军两栖作战中队正在卸载坦克和其他车辆,"堡垒"号也在"犀牛"号货船的帮助下彻夜为第42突击营卸载车辆、装备和补给品。皇家空军的一支战斗机联队从巴林飞到了科威特新机场,这支联队辖有第8和第208中队,装备"猎人"FGA9战斗机。随后,运输机为该联队运来了维护人员、支援装备和成批的弹药物资。新机场还迎来了其他诸多重要的援军,包括皇家空军第78和第152中队,这两支中队装备苏格兰航空的"双先锋"运输机,其任务是将补给品空运至前方地域。一同前来的还有英国陆军航空队的泰勒飞机公司"奥斯特"轻型飞机,这些飞机隶属旅司令部,可以在科威特杰赫拉城的轻型飞机跑道上起降。杰赫拉城南侧有一所警察局,驻科威特英军的司令部就设在那里,英国陆军第24旅将指挥部设在旁边,后来空中支援作战中心(ASOC)也依司令部而建。当皇家空军部队和司令部从巴林飞到科威特后，英军中东空军的运输机开始从亚丁向科威特空运部队。刚刚进驻科威特时，根据临时安排，第42突击营的前进航空管制组负责承接部队的空中支援请求，并呼叫新机场上的"猎人"战斗机中队参战。一旦升空，战斗机飞行员们要向"堡垒"号报到，纳入其管制之后再执行任务。防空截击作战则要由"堡垒"号的战斗机引导官统一调度。在短暂的磨合期之后，这一套方案运转顺利。登陆后第三天，皇家空军在新机场建起了空中交通管制团队，空中支援作战中心也开始正式运转，但"堡垒"号仍然是防空作战的核心。

现在，中东英军总司令需要在自己的权限之内，尽快向科威特派遣除第42突击营之外的第二支步兵部队。为此，冷溪近卫营的2个连奉命从巴林开赴科威特，第45皇家陆战队突击营和一个装甲汽车团的人员也接到命令，从亚丁出发前往科威特。然而到7月1日晚，"优势"计划所规定的所有兵力中，只有重装甲部队布置到位。这些主要是英国海军两栖战中队坦克登陆舰上和在科威特境内储存的预备坦克，以及2个恰巧在换班途中路过科威特的近卫龙骑兵中队的坦克。近卫龙骑兵部队在7月1日晚抵达目的地，从第42突击营手中接过了保卫机场的任务，第42突击营则在得到了来自"洛西·阿尔维"号护卫舰陆战队分队的加强后，开往科威特边境的穆特拉岭一线的防御阵地，与科威特军队并肩作战。直升机管制小组也在"堡垒"号航空副舰长的带领下从机场前移，与前进作战基地（FOB）一起继续支援第42突击营。所有直升机的行动都得到了精心的管控，飞行员们也要确保对同一区域里其他友军的行动完全知晓。考虑到这一地区经常刮沙尘暴，对友军行动的掌控成了作战中十分重要的一环。然而，当第42突击营回到舒瓦克兵营担任机动预备队之后，直升机管制小组和前进作战基地也随之后撤。这样，前线地带便失去了指挥直升机行动的能力。不得不说，直升机支援行动管理不合理，成了"优势"计划中的另一个"灰色地带"，也是对未来军事行动的教训。

"洛西·阿尔维"号护卫舰停泊在最佳位置，随时准备为陆上部队提供炮火支援，这也是危机开始阶段英军仅有的炮火支援。由于科威特没有军用雷达，所有的对空预警与战斗机引导都只能交由"堡垒"号来执行，为此航母的作战指挥室里展开了全日无休的空情绘图作业,尽管航母过于靠近陆地、无法覆盖全部空域,可是防空指挥仍然行之有效。皇家空军的"猎人"战斗机数量不足,无法保持不间断的CAP防空巡逻,因此只能在机场保持警戒,一旦发现可疑目标,便起飞前往查证。防空截击时,战斗机只能靠目视来发现目标,因为它们都是简单的昼间战斗机,没有对空截击雷达,对空武器也仅有30毫米机炮。由于"猎人"战斗机和飞临科威特的皇家空军运输机上都没有现代化的敌我识别设备,防空任务变得更加艰难。行动伊始,一台787型地面雷达就从巴林空运到了科威特的预设阵地上,然而当地却无人会用这台设备,直到雷达技师从英国本土匆匆赶到,这台雷达才最终于7月16日投入使用。这就让"堡垒"号上的960型对空预警雷达变得愈加重要。因此,为参与快速反应的特混舰队配备装有完善防空雷达的舰艇,也就成了英军从科威特行动中汲取的最重要经验。[22]

7月2日,"堡垒"号开进艾哈迈迪港,按计划,她将在那里加油。直到1961年7月12日,她每天白天都靠泊在科威特海岸边,夜间按照预定航线出海巡航,以减少遭到伊拉克巡逻快艇攻击的风险——英军已经知道伊拉克在阿拉伯河的基地里驻有巡逻快艇。在整个危机期间,"堡垒"号始终为陆战队提供直接后勤支援,并担当防空指挥和控制的中心。除了作为一个大型直升机基地之外,"堡垒"号还充当起了"油库""弹药库"和"物资堆栈",厕纸、带刺铁丝和换洗军服之类的杂项物资全都存放在她巨大的舰体中。第848中队的直升机只要花费个把小时就能把饮用水、新鲜面包和其他物资从"堡垒"号送到穆特拉岭的第42突击营手中,这与那些饱受后勤困难煎熬的陆军部队简直有天壤之别。由于时间紧迫,空运来此的陆军部队只能携带随身装备,这就意味着他们既缺少补给物资,也缺乏能够把补给物资运送到前线的车辆。若对"优势"行动第一阶段的情况进行仔细考察,就会发现,空运其实一点也不比海运快。

7月2日,第45陆战队突击营从亚丁搭乘飞机来到科威特,与他们一同飞来的还有一支轻骑兵部队,这些人将负责操作由"海鸥帝国"号坦克登陆舰从巴林运来的装甲汽车[23]。此时,土耳其政府已经改变了政策,转而允许英军运输机飞越其领空。然而,第一支英军空运部队——伞兵团第2营还是拖到7月2

日晚才从塞浦路斯动身。即便如此，空运行动还是变复杂了，因为前线急需的作战部队获得了最高的运输优先级，那些本应提前抵达目标地域"打开局面"的运输管理人员和技术人员反而被落在了后面。关键人员没有及时到位，这是英军未能及时启动"优势"计划的后果之一。空运也因此陷入了混乱，甚至出现了运输机到达目的地后掉头折返的情况。第2伞兵营的空运花了两晚才基本完成，而所有兵力运输到位则要等到7月5日，此时另一个来自肯尼亚的步兵营也集结完毕。7月7日，这个来自肯尼亚的步兵营来到穆特拉岭接替了第42陆战队突击营。7月9日，第二个同样来自肯尼亚的步兵营接替了第45突击营。7月2日还有一支重要的力量抵达科威特，那就是登陆指挥舰"梅恩"号[24]，她到达后靠泊在新科威特码头旁，承担起了各军种联合通讯与信号中继中心的角色。她的到来恰逢其时，因为英国陆军和空军在科威特都没有值得一提的通讯能力。"梅恩"号舰上搭载着皇家海军通信参谋部、皇家信号部队第601信号连，他们迅速在第317特混舰队（包括所有在波斯湾北部的英国军舰）、科威特新机场和预定执行"优势"任务的陆军第24旅之间建起了有效的通信网。实际上，"梅恩"号成了整个"优势"行动的通信中心，中东英军总司令在战后报告中对她的重要作用也是赞不绝口[25]。从7月2日起，皇家海军两栖作战中队的其他舰艇也发挥了重大作用，包括运送弹药和其他物资。"攻击者""棱堡"和"前哨"三艘舰还把装甲车从巴林的仓库里运到了科威特。7月2日，中东英军总司令和中东登陆部队总司令将指挥部从亚丁搬迁到了巴林，以便靠近交战地域就近指挥。

  通过在科威特的实践，英国人学会了怎样在一场干涉行动中最大限度地利用一艘突击队母舰。其中最重要的一点就是，需要在突击队母舰上装载一整套可卸载的直升机支撑设施，它们可以被运到陆地上的前进作战基地，从那里继续支援直升机作战。第848直升机中队就在这次行动中临时建立了一套机动加油站：他们在一辆雪铁龙2CV卡车上临时加装了油泵和燃油过滤器，还在帐篷里建起了临时厨房和洗浴设备。很明显，突击队母舰需要配备一支与二战时机动航空基地部队相似的小分队[26]。英国人还发现，值得给前线维护能力更多关注，这样一些小的技术故障便可以就地解决，从而保持尽可能多的飞机可用。第848

△图中的"胜利"号和"堡垒"号、"半人马座"号一起,组成了1961年英国成功保卫科威特的关键力量。舰上的"弯刀"和"海雌狐"战斗机、"塘鹅"雷达预警机,以及包括984型雷达、综合显示系统和通信系统在内的全套战场控制系统,组成了完整作战体系,这是伊拉克军队难以应付的。(作者私人收藏)

中队在陆地上待了5天后返回了母舰,此时英国陆空两军已经站稳了脚跟,第42突击营也因此回到母舰上。完成防御阵地的构筑后,"堡垒"号开始搭建休息设施,每次能够接待200名前线士兵来到舰上休息和放松,享受空调房和热水浴。舰员们在这项工作中展示出了对前线战士极大的善意,陆军也开始将"堡垒号巴特林"① 视为保持部队士气的关键因素[27]。

令皇家海军颇为头痛的一个问题是,海军人员没有时事报刊可看,尤其是海军航空兵。1956年苏伊士运河危机和马来亚应急作战时都是如此。为此,皇家海军在一部分舰艇上设立了出版机构。第848中队还奉命协助BBC新闻

---

① 巴特林是英国最著名的度假村之一。

284 决不，决不，决不放弃：英国航母折腾史：1945年以后

△波斯湾北部的科威特外海极其炎热。到底有多热？来看看这张当时的宣传照："胜利"号的舰员们居然能在飞行甲板上煎鸡蛋！可惜磨砂甲板太脏了，鸡蛋虽然煎得不错，但是不能吃。（作者私人收藏）

台在舰上为水兵们播放电影。另一件有趣的事情是，由于运输机在行动初期全部用来空运作战部队，联合空中作战指挥中心的一部分海军人员等不及了，干脆乘坐民用航班从英国直接飞到目的地。飞行十字勋章获得者，皇家海军少校 W. A. 托夫茨就乘上了一架在罗马、安曼和巴格达落地加油的航班！虽然他在巴格达耽搁了数个小时，还不得不让伊拉克人检查护照，但万幸的是没人来逮捕他。

7月9日，"胜利"号航空母舰带着护航舰队抵达科威特并立即接管了防空、对地支援和指挥第317特混舰队的任务。她搭载的舰载机大队辖第803中队（"弯刀"F1战斗机）、第892中队（"海雌狐"FAW1战斗机）、第849B 中队（"塘鹅"AEW3预警机）、第825中队（"旋风"HAS7直升机）[28]。坐镇"胜利"号的远东基地副总司令海军少将 J. B. 弗莱文，与航母的作战官在母舰路过新加坡时搭乘"塘鹅"

返回基地，听取关于科威特局势的简报并受领作战命令。他们乘机返回航母后，"胜利"号暂时停止了一切飞机收放，直至抵达海湾战区为止。7月9日，弗莱文少将搭乘另一架"塘鹅"飞赴巴林以获取最新情报。此时，情报显示，伊拉克军队在边境地区的行动看起来不再具有攻击性[29]，但人们仍然担心伊军可能会在7月15日伊拉克国庆日这天发动进攻。据此，这位副司令安排了第317特混舰队7月9日之后的任务，"胜利"号将按照连续4天执行飞行勤务，再安排2天进行补给维护的方式行动。不过即便是在补给维护期间，一旦伊拉克发动进攻，航母也要能在一小时内恢复航空兵作战。

此时的波斯湾天气炎热、海面风速不足，加上"胜利"号的弹射器比较短，"弯刀"战斗机无法满油起飞，且每次出击的时间无法超过40分钟，其中大部分都还是在低空飞行。不过由于距离部队行动区域很近，这一问题勉强能够接受。"弯刀"的主要对地攻击武器是51毫米火箭弹和30毫米"阿登"航炮。由于起飞重量限制，"弯刀"无法使用454千克重磅炸弹，不过这也没关系，反正英国政府本已禁止在反击作战中使用这种大威力武器。7月31日，在海上连续航行了36天的"胜利"号终于等来了接班的"半人马座"号航母。在简短的交接过后（包括两舰水兵在"半人马座"号甲板上举行的一场"运动会"），远东基地副司令将自己的将旗转移到了"半人马座"号上，"胜利"号则启程前往蒙巴萨港访问。访问之后，"胜利"号又开赴坦桑尼亚的桑给巴尔协助当地政府镇压民众暴动。第825中队的两架"旋风"直升机飞往陆上基地支援当地警察，第803中队的"弯刀"战斗机则应警察的请求从低空飞掠"造反"的村落威慑当地人。"半人马座"搭载的舰载机大队辖有第807中队（"弯刀"F1战斗机）、第893中队（"海雌狐"FAW1战斗机）、第849A中队（"塘鹅"AEW3预警机）和第824中队（"旋风"HAS7直升机）[30]，航母及其护航驱逐舰停留在科威特外海，随时准备执行空袭、防空、近距空中支援任务，并为地面部队提供海上炮火支援。8月15日，情况逐渐明朗，伊拉克入侵的威胁已经不存在了，英军开始逐步撤离。

中东英军总司令和远东基地副司令二位将领在报告中都提到需要改善通讯状况。作为第317特混舰队的旗舰，"胜利"号还没抵达波斯湾就承担起了80%的通信任务，舰上的通信部门只能疲于应对[31]。弗莱文将军留意到"优势"计划中的通信方案是用来解决小范围高密度通信需求的，但对旷日持久、事态相对简单的实际情况而言，这一方案过于复杂。7月28日，科威特英军简化了通信方案。根据"半人马座"号的统计，通过其舰桥无线电室转发的通信量日均仅有151条，而7月初"胜利"号的日均转发量高达352条。与运输炮兵的货轮、战争补给处那些坦克登陆舰之间的通讯也是困难重重，因为这些船只当时都没有配备密码解译设备。关于"优势"行动中的通信问题，中东英军总司令还专门编写了一份直白易懂的报告，指出了多军种联合通信机构与通用通信流程的缺失给陆地上的部队带来的严重后果。远东基地副司令也得出了相似的结论，承认行动初期无线电呼号和通信地址问题在各军种间引发混乱的同时，他提议在未来的行动中指定一名直接对联合指挥部负责的联合通信官。总体而言，"优势"行动成功吓阻了伊拉克对科威特的入侵，而在这种压制入侵意图使其免于升级为大规模战事的行动中，航空母舰和突击队母舰显然展示出了自己的关键作用。蒙巴顿及其参谋部在新国防政策中对局部战争的设想绝对是正确的，此时英国的政治家们都认识到了这一点。虽然报界对此的理解大部分是正确的，但误解仍然存在。科威特危机是对大英帝国运用其有限军事力量化解潜在局部战争或所谓"丛林冲突"的能力的绝佳检验。这样的突发危机以及应对危机的需求在数年之前就已经被预见到，行动预案也早已拟定出来，并会根据情况变化随时刷新。事实上，各种突发事件都没有超出最初预料的范围，而且总体上看，具体的行动计划也都能在最初的各个基本设定中找到依据。表面上看，用皇家空军的运输机运送部队是将军力快速投送至热点地区的快捷办法，但由于种种原因，实际上却并非如此。空运的组织本身就很容易陷入混乱，在科威特的行动中，启动令下达得不及时和申请军用运输机飞越中立国领空时的波折都使得行动初期问题成堆。更重要的是，当空运部队到达目的地时，他们其实是不适合参战的，他们只有随身携带的装备，没有后勤支援，并深受酷热天气与沙尘暴之害。皇家陆战队第42突击营的营长在战后报告中写道，他们"在最少7天时间里是唯一装备齐全的部队"[32]，而且"其他部队的指挥官对此都妒忌不已"。这里的关键原因在于"堡垒"号投送的第42突击营完全做好了战斗准备，母舰自身就可以运载所需的装备物资，自带后勤部门，而且还有突击直升机的支援。覆盖全球的广阔海洋意味着可以将一艘突击队母舰编入海军特混舰队投送到任何热点区域，而其他方式不可能如此便捷地投送陆空力量。"堡垒"号及其突击队在此次行动中做出了关键贡献，长远来看，英军对攻击型航母陆海制空能力的需要，以及持续开展军事行动的内在需求，使得突击队母舰和攻击型航母在任何一次类似的军事行动中都至关重要。若没有她们，一旦驻科威特英军在地面和空中陷入激烈对抗，"优势"就可能演变为一场灾难。

东非暴动，1964

1963年11月，桑给巴尔和肯尼亚脱离英国殖民统治，坦噶尼喀则在1961年就独立了。这三个新生的国家通过民主选举选出了政府，并投身于和平发展，他们规模不大的国防军都脱胎于前国王东非步兵团的各个营。然而，1964年1月12日，桑给巴尔的黑人发起了针对掌握着兴旺岛权力的阿拉伯人和亚裔的暴动，还杀死了不少人。英国驻当地的高级专员也被困在了寓所，伦敦方面已经联系不上他了。闻听此讯，中东英军总司令，陆军中将查尔斯·哈灵顿爵士立即下令采取行动保护英国侨民及其财产。为此，调查船"欧文"号与护卫舰"里尔"号奉命开赴桑给巴尔外海待命，中东舰队司令J.斯科特兰海军少将命令正锚泊于亚丁港外的"半人马座"号航母搭载驻亚丁第45皇家陆战队突击营的600人待命。由于附近没有码头可用，这艘航母只好停在海岸线外的海面上，用驳船把突击营的人员、24辆"陆虎"越野车和70吨弹药物资接运到舰上。她还额外载运了第5枪骑兵团16营的人员和5辆"白鼬"装甲车、数百桶车用汽油和皇家空军霍马克萨基地第26中队的2架"望楼"直升机。所有这一切都没有影响舰上原本搭载的舰载机大队，包括第892中队（"海雌狐"FAW2战斗机）、849B小队（"塘鹅"AEW3预警机）和815中队（"威塞克斯"HAS1直升机）[33]。仅仅13个小时内，"半人马座"号就完成了从接收命令，到接运人员车辆物资，再到拔锚起航的整个过程。1964年1月20日午夜，"半人马座"号航空母舰在驱逐舰"寒武纪"号的伴随下从亚丁港启程出发。当然问题还是有的，第45突击营此前一直在拉德凡山脉地区执行反暴乱任务，因此很久没有进行两栖作战，也没有接受两栖战训练了。

△ 1964年1月24日开赴东非途中的"半人马座"号。图中可见飞行甲板1区右侧停放着第5枪骑兵团第16中队的多辆"白鼬"装甲车和一辆"陆虎"越野车，左侧的弹射器需要时仍然可以弹射飞机。飞行甲板2区舰岛旁可以看到成箱的弹药和物资，第892中队的"海雌狐"FAW1战斗机都被系留在飞行甲板上以腾出机库供皇家陆战队第45突击营休息和整备武器。舰岛后方的飞行甲板3区停放有1架"塘鹅"AEW3，其后还有2架皇家空军的"望楼"直升机。（作者私人收藏）

　　突击营的物资被堆放在右舷舰岛前方的飞行甲板1号停机区上，车辆停放在1号停机区的最右边缘，左侧弹射器则被空出来，一旦有必要，它仍然可以弹射固定翼飞机升空。空军的"望楼"直升机体积太大且旋翼不能折叠，无法送下机库，因此只能停放在飞行甲板后端。"半人马座"号的大部分舰载机都被披上防雨罩停放在飞行甲板上，这样就可以把机库腾出来用作陆战队员的住舱，不过他们也可以到飞行甲板上来活动筋骨。航母上还拟定了一套被称为"沙丁鱼站"的计划，用于在需要时保证"海雌狐"和"塘鹅"的起降。这个计划一旦启动，陆战队、车辆和物资就会被全部送下机库，6架"威塞克斯"和2架"望楼"直升机将起飞并在母舰周围盘旋，固定翼飞机则可以正常起飞和降落，一旦有直升机发生故障无法起飞，它们就会被抛弃以免影响其他飞机起降[34]。走运的是，直到搭载的部队完成卸载，"半人马座"号也没有遇到需要起飞固定翼飞机的情况。航行途中，"半人马座"号上的"威塞克斯"直升机都被拆除了声呐，因为她们即将执行的是突击运输任务。这就体现了在通用舰载机大队中编入直升机的另一个好处[35]。

1964年1月20日，坦噶尼喀步兵团哗变，在达累斯萨拉姆城中发动叛乱并胁迫当地人加入[36]。两天后，乌干达士兵也发动叛乱，英军部队应乌干达政府的请求乘飞机进驻当地恢复秩序。在肯尼亚，总统肯尼亚塔请求英国政府让仍驻扎在本国的英军部队提供支援，这使得肯尼亚陆军第11营在1月24日也发动了叛乱。此时，在航行中的"半人马座"号上，舰长T. M. P. 圣乔·斯坦因纳上校和第45突击营营长T. M. P. 史蒂文斯中校组织了三个计划制定小组，其工作覆盖收集情报及制定进攻计划（包括后勤和通信计划）等各个方面。由于不知道所搭载的部队将要执行何种任务，他们便把精力集中在研究各种基础性问题，以及制定简单而灵活的流程上，以保证登陆部队可以搭乘"威塞克斯"直升机机降。到达达累斯萨拉姆后，"半人马座"号收到了来自中东英军总司令的指令，要求他们"在最短时间内解除坦噶尼喀陆军科里托兵营的武装"。1964年1月24日23:00，坦噶尼喀总统尼雷尔向英国政府请求军事支援。当天午夜，坦噶尼喀军队前总司令，旅长肖尔托·道格拉斯被小艇带到海上，向外界阐述了前一晚达累斯萨拉姆城内发生的叛乱、劫掠和屠杀。此时是1月25日01:00，英军必须快速采取措施以保护无辜平民的生命安全。斯坦因纳少校决意在5个小时后的拂晓时分夺取科里托兵营，同时，他将动用自己已经获得的无须请示伦敦而自主决策的授权，以免耽误作战。他的作战计划的关键在于速度、突然性，以及压倒性的力量展示[37]。陆战队员将在兵营旁边的一处运动场上着陆。如果必要，"寒武纪"号驱逐舰的舰炮将与攻击机一道支援陆战队作战。在这样的行动中，尽量减少叛军及其家属的伤亡是十分必要的，因此"寒武纪"号将向兵营北侧一处无人的空地展开牵制性炮击——海面上波涛起伏，前方又没有观察员来观察弹着点，完成这一任务并非易事。作战计划很简单，唯一需要形成文字的只有直升机的飞行计划。03:30，参战官兵被组织起来听取了任务简报。

1964年1月25日06:10，也就是英国接到支援请求的7个小时后，第815中队的"威塞克斯"直升机将第45突击营Z连的突击队员机降到了科里托兵营。起初守军还想抵抗，但随着一枚反坦克导弹打进警卫室，他们便投降了。许多人逃进了树丛，但直升机飞到他们上空，飞行员从座舱窗口伸出手枪向他们指了指，他们就被赶了回去。到11:00，"半人马座"号开进港口，用吊车将车辆和物资吊放到拖轮和驳船上。航母上的陆战队分队也被派遣上岸，这支部队立即奔赴547千米外的塔博拉，并在那里缴了叛军第2营的械。此时，"半人马座"号回到了海上，放出"海雌狐"战斗机飞越塔博拉上空，以在需要时展示英军的武力。在第892中队"海雌狐"战斗机的掩护下，皇家空军运输机将英军部队从肯尼亚运到纳津维亚城，在那里，其余的叛军都放下了武器。

一个令人开心的巧合是，1月26日恰好是澳大利亚国庆日，澳大利亚高级专员这天在达累斯萨拉姆举行了一场正式的接收仪式以纪念国庆并庆祝各条街道迅速恢复平静。"半人马座"号则组织自己的突击队兄弟敲锣打鼓地列队穿越城市返回母舰，这昭示了接收仪式的成功，也展示了航空母舰对陆上事件施加影响力的另一种方式。一天后，航母上的舰载机在城市上空进行了飞行表演。尼雷尔总统向英国求援后仅仅几个小时，叛乱就被平息下去，秩序得到恢复，政府的权威也重新建立。整个事件中仅有2名待在警卫室里的叛军被那枚反坦克导弹打死，英军无一人伤亡。"半人马座"和"寒武纪"号则在事态平息后返回远东舰队继续服役。

这次行动充分展示了航空母舰的潜力，即便一艘小型航母也能够有效化解一场规模有限的冲突，然而如果没有航空母舰快速而有创意的介入，事态就完全可能升级到不可控的程度。在这一章介绍的所有行动中，有几点很值得一提。首先，皇家海军利用舰队越洋投送陆地和空中力量的能力被证明行之有效，而且还确保了任务的成功完成。虽然邓肯·桑迪斯在1957年国防评估中对航母进行了各种攻击，但他对这一点的把握还是不错的，而且皇家海军也确实得到了适合执行这一类任务的装备。另一方面，军事空运的价值被证明远不如预期，它无法在需要时快速向热点地区投送部队，而且空运的部队既无法立即投入战斗，也得不到合乎要求的装备。他们仍然需要靠海运送去大量燃料、补给物资、

第九章 东征西讨 291

△从后方看"半人马座"号的飞行甲板,两架"望楼"直升机清晰可见。这两架直升机太大了,难以登上升降机,即使拆下旋翼也不行,而那些"威塞克斯"直升机则被尽量久地停放在机库里。(作者私人收藏)

292　决不，决不，决不放弃：英国航母折腾史：1945年以后

△正在放飞多种飞机的"堡垒"号。两台弹射器上各停放着1架"海毒液"，更多的"海毒液"和"海鹰"战斗机停放在舰体中部，后方则是一架"塘鹅"。（作者私人收藏）

车辆和弹药。可以想见，没有任何潜在敌国有能力阻止英国海军投送军力并维持其长期作战，至于空运，如果敌人真的愿意的话，他们还是能够进行有效阻挠的。而且从"半人马座"号在东非叛乱中的表现可以看出，一旦发生紧急情况需要快速应对时，攻击型航母不仅可以把英国的力量和意愿带到世界各地，还能将英国陆军和空军的力量迅速投送到目标区域，这是陆空两军靠自身力量做不到的。

注释

1. Naval Staff History, *Middle East Operations* (London: Ministry of Defence, 1968), p 2.
2. David Hobbs, *A Maritime Approach to Joint and Coalition Warfare* in David Stevens and John Reeve (eds), *Sea Power Ashore and in the Air* (Ultimo, New South Wales: Halstead Press, 2007), p 199.
3. Flag Officer Second-in-Command, Mediterranean Fleet, Vice Admiral Sir Robin Durnford-Slater, Report of Proceedings, May 1958.
4. Naval Staff History, p 6.
5. Hobbs, *British Aircraft Carriers*, p 180.
6. FOAC Report of Proceedings, 14 to 24 July 1958, MII/276/153/58 at the National Archives, Kew.
7. 美军的快速反应与苏伊士危机爆发时英军拖沓缓慢的部队集结形成了鲜明的对比。
8. Commander-in-Chief Mediterranean Report of Proceedings, MII/282/5/59 at the National Archives, Kew.
9. 就这项工作而言,护航巡洋舰根本达不到如此理想的效果。那些想用护航巡洋舰来解决1956年和1958年这类快速投送需要的人简直就是瞎了眼。他们只看到20世纪20年代和30年代时可以用巡洋舰来运兵,但却完全没有看到,当时的步兵营完全没有实现机械化。巡洋舰已经无法运载这一时期地面部队的装备和车辆了,只有专门的两栖舰艇和航母才做得到。
10. Hobbs, *British Aircraft Carriers*, p 245.
11. FOAC ROP MII/276/153/58.
12. Popham, *Into Wind*, p 240.
13. *Flight Deck* (Winter 1958/59), p 9.
14. Hobbs, *British Aircraft Carriers*, p 248.
15. Naval Staff History, *Middle East Operations—Kuwait 1961* (London: Ministry of Defence, 1968), pp 41 et seq.
16. RTP(AP) Number 7 in the National Archives at Kew.
17. COS(59)268.
18. Hobbs, *A Maritime Approach to Joint and Coalition Warfare*, p 204.
19. *Flight Deck* (Autumn 1961), p 2.
20. J. David Brown, Naval Historical Branch Study 1/97 (London: Ministry of Defence, 1997).
21. *Flight Deck* (Autumn 1961), pp 3 et seq.
22. 这都是从她担任攻击型航母时代留下来的遗产,这对特混舰队是很有用的。这一雷达发挥的重要作用很快就体现了出来。第二艘突击队母舰"阿尔比翁"号在改装时装上了更强大的965型对空搜索雷达。
23. 这些前皇家海军舰艇都由P&O有限公司的人员操作,归战争署调遣。这些舰艇被命名为各种"鸟类帝国"。
24. "梅恩"号原本是一艘江河级护卫舰,改造时加装了海军和陆军的通信设备,专门用于配合两栖战中队的行动。她的姊妹舰"瓦夫尼"号也进行了同类改造,但在1958年由于经济原因而被废弃。
25. FOME 356/ME 386/70 dated 15 September 1961 at the National Archives, Kew.
26. David Hobbs, *The British Pacific Fleet* (Barnsley: Seaforth Publishing, 2011), Chapter 5, pp108 et seq. 介绍了战时机动基地部队的背景和使用方式。
27. *Flight Deck* (Autumn 1961), p xiii.
28. Hobbs, *British Aircraft Carriers*, p 278.
29. Joint Intelligence Committee JIC(61) 53/10 in the National Archives at Kew.
30. Hobbs, *British Aircraft Carriers*, p 241.
31. HMS *Victorious* 130/5 dated 30 July 1961 in the National Archives at Kew.
32. Naval Staff History, *Middle East Operations*, p 58.
33. Hobbs, *British Aircraft Carriers*, p 242.
34. D. K. Hankinson, *HMS Centaur at Dar-es-Salaam*, US Naval Institute Proceedings (November 1969).

35. 不过这些反潜直升机的舱门还是保留了原来的亮黄色。这原本用于让这些直升机在悬停吊放声呐"球"进行反潜时更容易被己方海上巡逻机识别出来,但这对突击运输任务而言却不是什么好事。
36. "达累斯萨拉姆"的城市名称意为"和平天堂"。
37. 实际上这正是2003年多国部队在伊拉克采用的"打击 + 恐吓"战术的前身。

第十章
又一代新飞机

　　20世纪50年代末，英军航空母舰及其舰载航空大队已经成了一支强有力的打击力量，它们可以长距离快速机动，使用各种不同性能的飞机有效打击水下、水面、空中和深远内陆的目标。这些飞机还有很多其他用途，只是政客们不清楚而已。航母本身具备指挥和控制航空作战的能力，并能为飞机提供维护设施、武器、燃料和后勤支援。换言之，他们可以在到达目的地后立刻形成战斗力，无须等待人员和后勤"长尾"通过空运或海运送来。突击队母舰在航母的基础上更进了一步，她可以直接从海上向陆地投送一支精锐地面部队，为其提供突击运输和后勤支援，更重要的是，她从一开始就可以保障这支部队的持续作战，这些能力是当时的空运力量做不到的——除非能大幅度增加运输机和空军基地的数量。

　　在一些政客眼里，皇家海军这是打算抢皇家空军的饭碗了，然而这样的观点根本站不住脚。从一开始，皇家空军就是专注于陆基航空兵的传统角色，以轰炸机司令部为例，其任务主要是根据事先制订的计划，向固定目标发起远程空袭，他们的打击目标一般不会随时间推移而变化。轰炸机可以远程作战，但它们在目标上空停留的时间只有几分钟甚至几十秒。因此，一旦目标优先级调整或战场环境变化，轰炸机就很难有效反应。而海军航空兵则与之完全不同，它的发展一直是以根据不断变化的战场情报打击诸如军舰之类的运动目标为基础的。预先指定目标的作战样式对海军攻击机的用处不大，他们关注的是从尽量靠近潜在目标的地方起飞，这样攻击机可以对目标威胁程度的变化做出迅速反应，并尽可能久地在目标上空停留。这也正是海军航空兵在前文所述的苏伊士运河危机、中东和科威特危机中表现优异的原因。当时英国其他军种的飞机都做不到这些，也不会去做。海军航空兵并不打算和任何友军竞争，他们只是单纯地想要做好自己的任务。

　　1960年时，英国海军的攻击型航母拥有三项重要优势。首先是机动灵活。航母行动范围靠近作战区域，必要时能够主动机动选择天气晴好的起飞地点，能以相对较少的飞机向动态目标发起更多架次的进攻。[1]如果有必要,只要锁定其位置,航母就能同时攻击多个不同的运动目标。第二个优势是自带多军种联合特性。正如东非行动所显示的那样,航母可以搭载一支多军种,甚至是"全军种"联合部队抵达战区,包括地面部队及其车辆或者皇家空军的直升机,而这往往是将陆空军部队运抵目的地的唯一方式。第三个优势看起来不那么显眼,但却同样重要。外国政府并不总是支持英国及其盟友的行动,许多国家不允许英军使用其境内的基地打击第三国,或者不允许作战飞机和运输机飞越其领空。然而经验表明,当英国的航母特混舰队出现在周边海域时,无论这些国家同意与否,英国的任务都能照常进行,因此很多原本反对的国家反而会对英国开放领空[2]。如果陆基航空兵想要具备同样的能力,他们就要把飞机分散布置在多个不同的基地。在各个基地间运输人员、弹药、燃油、后勤物资和指挥设施绝非易事,这需要调用整个国家的大部分,甚至全部空运能力。

1960年,英国海军各舰载机中队装备的是"弯刀"F1、"海雌狐"FAW1、"塘鹅"AEW3和"旋风"HAS7。此时,新一代的舰载机已经研发成功,事实证明它们是1945年之后英国最成功的一批军用飞机。

布莱克本"掠夺者"

布莱克本"掠夺者"攻击机是根据海军部NA39设计标准开发的一型舰载低空远程攻击机,它幸运地躲过了邓肯·桑迪斯国防评估的砍刀,因为桑迪斯接受了海军的这一观点:空中打击是整个海军武器体系中的关键环节,无此海军将无法应对复杂的作战环境。在1960年之前,英国皇家空军一直不断投资改进中型轰炸机,提高V系列轰炸机的飞行高度,使其能够突破敌方空域。然而1960年5月1日,美军一架U-2高空侦察机在苏联的斯维尔德洛夫斯克上空被一枚SA-2"导线"地对空导弹(SAM)击落,情况骤然发生变化,在苏联的SAM导弹系统面前,高空飞行再也不能为飞行员提供安全感。从此,美国空军、英国皇家空军和其他国家空军纷纷开始进行低空作战训练,但是他们的飞机却并不适合执行这样的任务。皇家海军则完全无此担忧,那些有远见的海军参谋部成员早已根据20世纪50年代初期的实战经验制定出了NA39设计标准,要求攻击

第十章　又一代新飞机　297

△第801中队的1架"掠夺者"S1通过"皇家方舟"号的前部升降机降入机库，它的机头已经折向后方。这架
　飞机的涂装是典型的早期白色抗热辐射涂装。（作者私人收藏）

机能够超低空飞行，藏身于敌方雷达探测范围之下，而新机型原型机的首飞也已经过去2年了。现在看来，这些英国海军航空人的思想比其他西方国家的同僚们领先了数年，而根据他们的要求开发的飞机也成了同一代攻击机中的佼佼者[3]。布莱克本只是应邀参加NA39攻击机招标的厂家之一，这家公司有多年海军飞机制造经验，但它此前的最新产品，"火炬"战斗鱼雷机最多只能算很平庸的机型，许多飞行员对它的评价都很差。因此这型飞机后来被默默无闻的"飞龙"攻击机取代，而"飞龙"正是NA39要替代的机型。布莱克本的设计团队由B. P. 莱特带领，他们此前已经针对制造一型海军全天候战斗机的可能性进行了探索，只是那时还没有项目来支撑他们的研究。现在项目来了。研究了海军部对新型攻击机的需求后，布莱克本公司为这一新飞机项目赋予了B-103的编号，并着手为高难度的设计指标寻找最合适的解决方案。

这一时期，大部分设计单位都还沉醉于追求超音速性能，但是对NA39的设计需求来说，超音速飞行太过耗油，而且会导致飞机在陆地上空进行超低空飞行时难以跟随地形升降，同时还会恶化飞行时的震颤问题，致使机组成员难以忍受长时间飞行。很快人们就意识到，新飞机的设计必须根据明确规定的作战"窗口"进行优化，即在敌方雷达探测范围之下，最好是在距离水面或陆地60米以下的超低空接近目标。在这一高度上，若飞行速度超过1马赫，震颤就会令飞行员难以忍受，因此0.9马赫是个更理想的突破速度。此外，一旦在陆地上空的飞行高度低于30米，飞行员就很难忍住不拉起机头了。这些因素就成了NA39设计目标的极限。为保证航程，对发动机总推力没有太高的要求，能进行低空高亚音速飞行就可以了。为满足皇家海军现有航空母舰对飞机总体尺寸和最大起飞重量的限制，机体结构必须尽可能紧凑，翼展要尽量小，不过这一限制条件也有利于减小飞机在低空作战时受到的风向突变影响。基于以上的诸多考虑，布莱克本决定拿出一型体积相对较小、翼载荷较高、能高亚音速的飞机。按照传统观念，尾喷口偏转可以帮助飞机获得最大升力，但布莱克本公司发现，若能向整个机翼吹出平滑气流以防止低速时气流与翼面分离，那么较小的机翼可以比更大的传统机翼提供更多的升力[4]。同时，在机翼后部的全宽度上加装分裂式襟翼可以使升力比任何其他设计方案增加50%。吹气襟翼和下垂式副翼可以进一步增加升力，但却会大幅降低飞机的瞬时俯仰角速度，这就需要特别增加尾翼的控制力臂来加以补偿。最终，B-103方案采用了两套机翼吹气系统：水平尾翼布置在垂直尾翼顶端，装有前缘吹气系统；主机翼前缘也装有吹气系统，这一并解决了机翼的防冰问题，且不会对最大升力带来不利影响。设计团队后来通过进行"触地—起飞"测试确定了机翼最终的形状与尺寸，这一设计被证明十分适合超低空高速飞行。

新飞机装有2台发动机，在遭受战损或单台发动机故障的情况下具有更好的安全性，但其燃油消耗量却比单发设计方案高得多。B-103的绝大部分竞争对手都采用了"亚芳"或"蓝宝石"涡轮喷气发动机，这些发动机在低空的燃油消耗量很高。但是布莱克本公司当时作为霍克-西德利集团的成员，选用了重量更轻、经济性更好的德·哈维兰"小吉伦"发动机，这台发动机可以满足高速巡航的需要，经过改进后也能为全机各处的吹气设备提供足够的气流，缺点是推力不足，仅能勉强满足飞机起飞之需。不过海军还是接受了这一限制，因为短距起飞和降落的问题已经通过航母设计解决了。然而，如果飞机在失去一台发动机的情况下着陆失败，那么复飞就是不可能的了。此时一旦飞机没有钩住拦阻索，那就只能靠尼龙阻拦网强行制动了，不过一般认为这种可能性不大。新发现的面积率原理在这一型飞机的设计上得到了严格遵循，机翼后方的机身出现了一个特有的加粗段，这也为各种设备的安装提供了充足的空间。由于在航母上降落时两台发动机都要开足马力，设计人员将机身尾部设计成了一个大型蚌壳式减速板，打开后可以提供相当大的气动阻力。一旦需要拉起复飞，飞行员只需关闭减速板，推动节流阀，完成后续动作。机体结构格外坚固，其蒙皮由机轧铝板制成，机翼大梁和机身骨架则是精工锻造的。武器的挂载方式得到了格外关注，从内置弹舱投放炸弹的方案也经过了仔细研究。在检视了几种不同方案后，莱特及其设计小组设计了一套旋转门式的挂弹装置，旋转门外面与机腹齐平，内

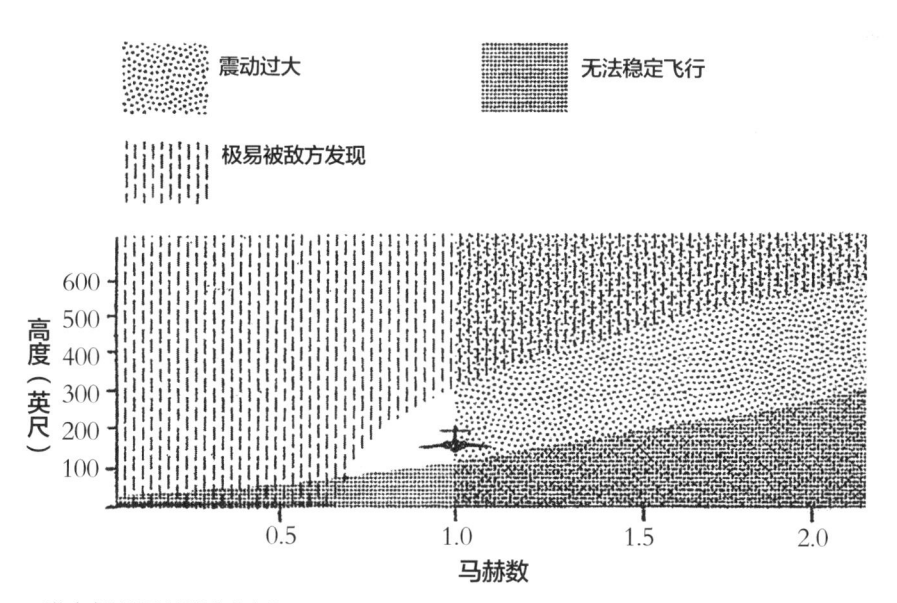

△ "掠夺者"的设计最佳性能参数。

面则是炸弹挂架。为了尽可能减少转动给飞机飞行带来的影响，旋转门在投弹前可以迅速旋转180°，将内面挂装的炸弹完全暴露在气流中，这样投弹时炸弹就不会像在传统内置弹舱中那样容易碰到弹舱内壁。旋转门很容易拆卸，只要卸下转轴，拔下液压插头就行了，因此炸弹挂架可以轻松换成装有照相机的侦察设备包或者与机体油路相连的远程副油箱。

飞机的电子设备包括一台装在机头处的费伦第公司"蓝鹦鹉"机载雷达，这台雷达可以实现地形跟踪、对地/对海搜索、区域预警、武器制导多项功能，

△武器秀！图中这架第736中队的"掠夺者"S2停放在洛西莫斯海军航空站，前方排列着自己可以挂载的武器。中央的大炸弹是"红胡子"核弹，两侧是454千克炸弹。后方右边是替换弹舱门的照相侦察套装，左边是弹舱油箱。其他的还有"小斗犬"导弹、"响尾蛇"导弹、加油吊舱、副油箱、51毫米火箭和"萤火虫"照明火箭。这还不够，后来"攻城槌"之类的新型武器也加入了这一行列。（作者私人收藏）

第十章　又一代新飞机　301

△ "鹰"号第800中队的一架"掠夺者"S2正在进行远投机动，投下8枚454千克炸弹。最后一枚炸弹还挂在右翼外侧挂架上未及投下，而弹舱门在投下前4枚炸弹后还没有关闭。（作者私人收藏）

它还是飞行员瞄准系统、自动驾驶系统、低空轰炸系统（LABS）综合航电体系的一部分。宽频导航传感器装在翼尖附近，机上的观察员可以借此探测到来自目标舰的雷达波并进行导航，通过判读雷达波的强度，观察员还可以适时提醒飞行员降低高度进入雷达探测范围的下方，防止被对手发现[5]。雷达和宽频导航仪的显示屏都布置在观察员座舱里，紧贴飞行员座椅背后。飞行员和观察员坐在一个彼此相通的透明座舱盖下，这比"海雌狐"战斗机拥挤的座舱设计进步了很多。飞行员和观察员各有一具马丁-贝克公司的Mk4MS弹射座椅，可以在零高度、零速度情况下弹射（也就是所谓的0—0弹射），即使座舱盖未能成功炸飞，座椅也能保证乘员安全穿破树脂玻璃座舱盖弹射出去。如果有必要，两台弹射座椅也都可以在水中弹射。为了给观察员提供一部分前向视野，飞行员的座椅没有布置在机身中轴线，而是左偏了5.1厘米，观察员座椅则右偏5.1厘米且位置稍高。观察员负责操纵武器，"掠夺者"可以携带从"红胡子"核弹、小斗犬导弹到51毫米火箭弹、454千克炸弹的所有型号弹药。在后续的改进中，它还增加了外挂AIM-9"响尾蛇"导弹的能力，获得了一些在敌方战斗机面前的自卫手段。

在"掠夺者"的开发过程中，罗尔斯-罗伊斯公司成功研发出了一型先进的涡轮风扇发动机，这就是大名鼎鼎的"斯贝"[7]。这台罗尔斯-罗伊斯自筹资金研发的发动机原本打算用于民用航空[6]。但是一个很偶然的机会，人们发现这款发动机完全适用于"掠夺者"攻击机，并能使它的载重量和作战半径都得到很大提升。当"掠夺者"S1型机开始加入现役时，装备"斯贝"发动机的S2型机的研发也进入了快车道。1955年7月，海军根据后勤供应部的M-148T设计标准订购了首批20架"掠夺者"原型机[8]。这意味着采购部门终于认识到，装备复杂航电和武器系统的现代化飞机，根本不可能靠区区几架手工打造的原型机完成试飞测评。这一成批量的订单使飞机得以按批量生产标准来制造，而且多个试飞科目也得以同时展开[9]。1958年4月30日，XK486号原型机如期首飞，海军部对新飞机的性能十分满意，立即"冻结"了设计方案，飞机的研发摆脱了设计方案反复变更和改版的拖累。最初的9架飞机是真正的原型机，布莱克本和德·哈维兰用这些飞机进行机体结构和发动机开发测试。后续制造的是预生产型机，装有全套子系统、折叠机翼和弹舱，用于实战试飞和检测。1960年1月，新型飞机在"胜利"号航母上进行了首次航母着舰试验。当年8月，新机型被正式命名为"掠夺者"，它的集中试飞单位也于1961年3月在洛西莫斯海军航空站建立，编为第700Z中队。首架"掠夺者"S2于1964年首飞，1965年4月，海军建立第700B中队作为它的集中试飞单位。最后一架生产型S2于1968年交付皇家海军。"掠夺者"装备了第736训练中队和4支一线中队——第800、801、803、809中队。它的产量并不大，这一方面反映出英国海军航母数量的下降，另一方面也体现了作战飞机的成本和复杂程度较之前代都有了大幅度增加。"掠夺者"S1型机难免在实用中显得动力不足，即便是弹射起飞，它的最大起飞重量也受到很大限制，尤其是在炎热的中东。这个问题在"鹰"号上得到了部分缓解，因为舰上搭载有专

第十章 又一代新飞机 303

△第809中队一架"掠夺者"S2从"皇家方舟"号舰舷弹射器起飞的一瞬。注意牵引绳已经从飞机上脱落。飞机右翼下吊挂的是"攻城槌"导弹的控制吊舱。（作者私人收藏）

门改造的"弯刀"加油机单位，也就是第800B小队，令"掠夺者"S1可以满载弹药和少量燃油起飞，升空后再行空中加油。"胜利"号空间比较小，无法搭载专门的加油机单位，她的"掠夺者"中队只好一边减少起飞时的油弹载量[10]，一边想办法把一部分"掠夺者"改装成加油机。为此，远东舰队司令一度大声疾呼，要求海军部尽快同意让攻击机以227千克炸弹取代454千克炸弹。1966年，S2型机服役，装备了"胜利"号的第801中队[11]，这一问题迎刃而解。"掠夺者"S2被证明是那一代攻击机中最优秀的作品。

韦斯特兰"威塞克斯"直升机

英国设计的第一型反潜直升机是纵列双旋翼的布里斯托尔191型。1956年4月，皇家海军订购了68架该型直升机，同时皇家加拿大海军也订购了相同数量的直升机，型号改为193型[12]。此时，自由动力涡轮驱动纵列双旋翼的技术还没有完成研发，这使得191型成了一种昂贵且技术极其复杂的直升机。虽然单个旋翼直径比较小，但它却有2个旋翼！191型机即便在折叠旋翼后，也比

"海王"直升机长9米，这未免太大了，在拥挤的航母甲板上转运困难。航母部队总司令在提出将直升机赶出攻击型航母时，脑子里想的可能就是191型直升机那庞大臃肿的体态。虽然191型直升机项目在1957年被取消，但他或许还是担心未来的直升机会越造越大。1957年之后，皇家海军经过分析研究，决定采购装备一台纳皮尔·加芝勒自由动力涡轮的西科斯基S-58直升机的改进型号。S-58直升机在美国海军中的编号为HSS-1，装有一台莱特R-1820星型活塞发动机，输出功率1525马力。从1955年开始，它就被美国海军和海军陆战队用作反潜直升机和突击运输直升机。和"旋风"一样，HSS-1载重量有限，因此只能结对行动，一架挂载声呐，另一架挂载武器。美国海军痛感需要一型能够同时执行这两项任务的直升机。因此从1957年12月开始，性能优异的"海王"直升机的研发被提上日程。

英国海军部则选择了一种过时的机体结构，配上一台新型发动机以满足自己对远程反潜的需求，这无疑过于保守，但考虑到这一机体的尺寸尚可接受，韦斯特兰公司已经证明自己有根据许可证生产西科斯基直升机的能力，以及英国在自由动力涡轮技术方面的进展，这一方案倒也无可厚非。后来成为韦斯特兰"威塞克斯"的新型直升机的研发始于1957年5月，当时英国与美国签署了许可证生产S-58直升机的协议，并且购买了一架S-58的机体——XL722号。这架直升机被实验性地装上了一台纳皮尔·加芝勒发动机，并成为英国后续机型研发的模板。韦斯特兰公司制造的第一架"威塞克斯"直升机于1958年6月首飞。虽然使用了成熟的机体，但研发速度仍然不快，因为除了使用新型发动机及其控制系统外，海军部还要求安装一套复杂的飞行控制系统。尽管耽搁了一些时间，"威塞克斯"服役后仍然是世界上第一款能够昼夜全天候使用吊放声呐作战的反潜直升机。不过这一桂冠并没有戴多久，1961年"威塞克斯"服役后仅仅几个月，美国海军就装备了能力更加全面的SH-3"海王"直升机。"威塞克斯"使用的加芝勒发动机可以输出1450轴马力，无论是体积还是重量都比美制S-58直升机上的莱特R-1820发动机小，这带来了很多好处。首先，直升机有了足够的动力满油满弹起飞，从而可以单机完成猎、杀两项任务；其次，较小的发动机使路易斯·纽马克公司的"黑匣子"飞控系统的更多部件被装进

△ "堡垒"号第845中队一架"威塞克斯"HU5直升机在婆罗洲丛林上空发射SS-11空对地导弹。(作者私人收藏)

机头,这样通过在机头加装一个大型检测面板就可以完成对飞控系统的检查。机上的主要探测设备是194型吊放声呐。机体很窄,可以在航母机库里密集摆放。但不幸的是,其机体蒙皮大量使用了镁铝合金,因此很容易受到海上盐雾的腐蚀。加芝勒涡轮引擎使用汽油作燃料,这样航母就不必为直升机专门装载额外的航空煤油了。但问题仍然存在,加芝勒发动机在启动时需要使用极其危险的航空硝酸异丙酯(AVPIN),这些物质不得不装在小罐里,放在飞行甲板外缘可以迅速抛弃的架子上,这样一旦有着火的危险,就可以把它们丢到海里。和早期那些安装活塞引擎的老式直升机相比,"威塞克斯"飞起来更安静,动力更充沛,作战能力更强。1960年时英国海军的直升机母舰/护航巡洋舰就是围绕这一型直升机来设计的。[13]

1960年6月,"威塞克斯"直升机的集中试飞单位第700H中队在库德罗斯海军航空站成立。一年后的1961年7月,首支"威塞克斯"实战部队第815航空中队成军,入驻"皇家方舟"号航母。这一新型直升机很快取代了反潜部队和突击运输部队中所有的"旋风"直升机,其中突击运输中队的"威塞克斯"都被拆除了声呐。"威塞克斯"HAS1总共制造了129架,装备第814、815、819、820、824、826和829中队执行反潜任务,装备第845、846、847和848中队执行突击运输任务,装备第700H、700V、706、707、737、771、772和781中队用于二线任务和训练。虽然原始设计算不上先进,但"威塞克斯"仍然是一型十分成功的直升机,足以胜任多种截然不同的任务。"威塞克斯"实际上是个跨军种联合项目,Mk2型机装备皇家空军用于部队运输,Mk4型则专门用于英国王室出行。

△"阿尔比翁"号第848中队一架"威塞克斯"HU5吊挂着皇家炮兵第29突击队轻炮团的一门105毫米轻型榴弹炮。"威塞克斯"比"旋风"进了一大步,可以轻松吊挂1.36吨的火炮、弹药和"陆虎"轻型越野车飞行相当远的距离。(作者私人收藏)

"威塞克斯"HAS1直升机服役后，其后续型号的开发并没有止步。其中HU5型是突击运输型，装备两台罗尔斯-罗伊斯"土神"发动机，替代了原有的一台纳皮尔·加芝勒发动机，在大部分情况下都能吊运1.36吨货物，或者用在机舱两侧排列的座椅搭载16名全副武装的陆战队员。这一型号制造了100架，从1966年起依次换装第845中队和其他突击运输中队，并一直服役到20世纪80年代初期。HAS3型是经过改进的反潜型，它不如其前辈那般成功。这型直升机只新造了3架，另外43架由HAS1型机改造而来。它的机背上加装了半球形雷达罩，内置一台对海/陆搜索雷达，可以有效覆盖侧后方，但受旋翼变速箱阻挡，无法探测正前方的目标。机上还换装了经过大幅改进的195型脉冲多普勒吊放声呐和改良型飞控系统，后者使飞机可以在昼夜任何气候下自动从一个悬停点跳跃到另一个悬停点并放下吊放声呐，一切都无须飞行员操作。加芝勒发动机有小幅度提升，动力提高到1600轴马力，但却无法补偿新增设备带来的重量。通常情况下HAS3型机的机内燃油可以满足90分钟飞行之需，但在中东的高温环境之下，这一数字基本上达不到。若要增加航程，它可以在1~2个武器挂架上挂载371升副油箱，但这样就无法像HAS1型那样挂载武器，同时执行猎、杀任务了。"威塞克斯"HAS3型机就是那种"什么都能干，什么都干不好"的万金油，因此仅仅在"鹰"号、"竞技神"号、2艘虎级巡洋舰和郡级驱逐舰上短暂服役了一段时间——郡级驱逐舰最初设计中的2门Mk10型反潜抛射炮后来被换成了机库和飞行甲板。虽然曾被寄予厚望，但HAS3型机的作战用途其实十分有限，因此很快就被一型经过英国改造的"海王"直升机取代。关于这一型直升机，我们将在稍后的章节中介绍。

寻找"塘鹅"AEW3预警机的替代型号

"塘鹅"AEW3预警机在服役之初就被视为一种过渡型号，其雷达的原型早在1944年就已装机首飞，开发潜力显然已经被挖掘殆尽。于是，海军部在20世纪60年代初发布了海军航空参谋部6166号需求文件，要求进行大范围考察，发掘一型远程舰载雷达预警机。值得一提的是，美国海军此时也提出了相似的远程舰载预警机概念，并最终演变成了E-2A"鹰眼"，这一型预警机

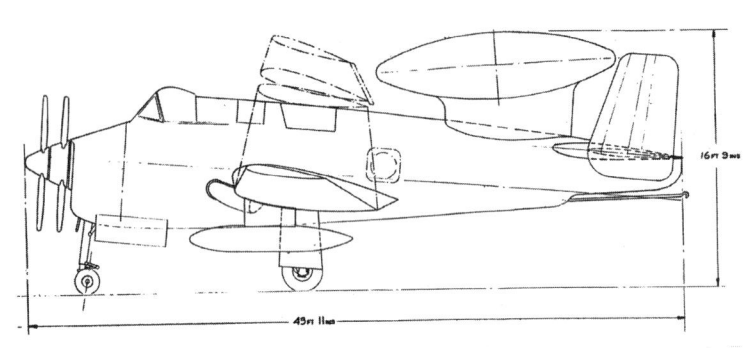

308 决不，决不，决不放弃：英国航母折腾史：1945年以后

△计划中"塘鹅"AEW7的侧视图，机身上方装有AN/APS-82雷达天线罩，垂尾也进行了重新设计。如果航母换代计划在1966年按计划进行，那么这一型雷达预警机有可能替代AEW3登上新型航母，它的价格是可以承受的。（作者私人收藏）

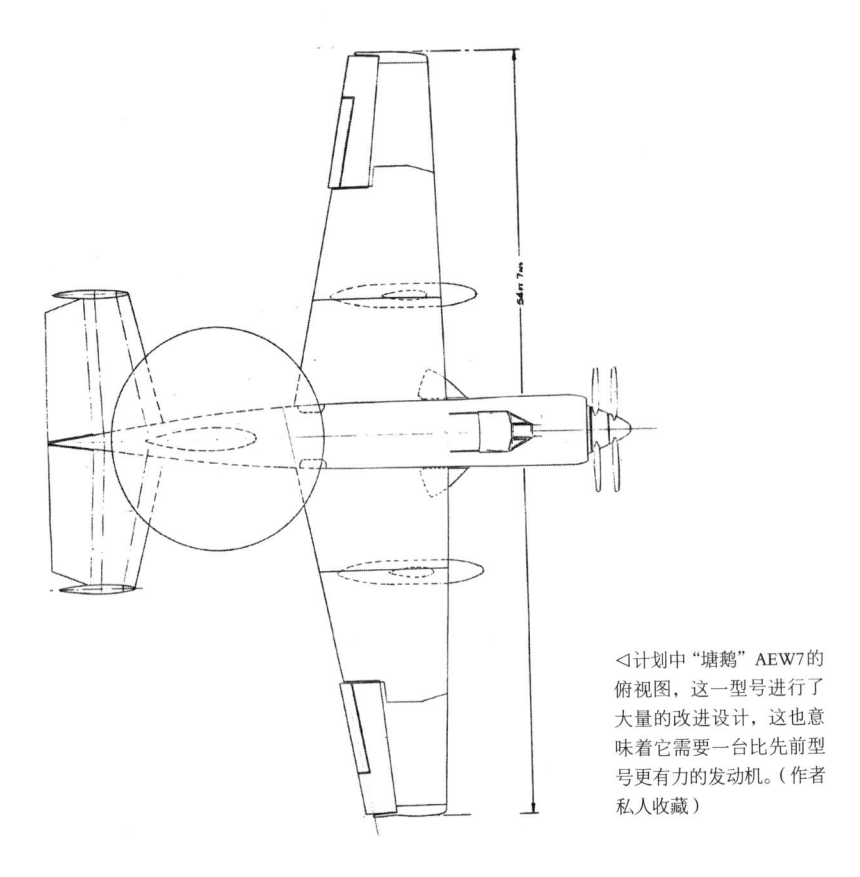

◁计划中"塘鹅"AEW7的俯视图，这一型号进行了大量的改进设计，这也意味着它需要一台比先前型号更有力的发动机。（作者私人收藏）

经过充分发展，直到2015年仍然在美国海军中服役且仍在生产。6166号需求文件一个可能的收获是一种新型调频终端连续波雷达（FMICW）以及用以搭载该雷达的全新机体[14]。但按照1965年的币值，这一新型预警机的研发经费为8000万英镑[15]。如果制造40架飞机，那么每架飞机的平均成本将达到320万英镑。此时皇家空军对雷达预警机没有兴趣[16]，这样的飞机也很难找到其他客户，甚至一个客户都找不到。这样的成本显然是国防部和财政部无法接受的，于是海军开始寻找便宜的替代方案。如果不是政府后来决定拆除航空母舰的话，那么最有可能成为现实的方案就是一种经过大范围重新设计的费尔雷"塘鹅"发展型，在机身上方加装旋转天线罩，内置一台AN/APS-82雷达。这台雷达原本是为美国海军1960年服役的E-1B"追踪者"预警机开发的。这显然又是一种保守的发展方案，但确实在AN/ASP-20雷达的基础上迈进了一步。最廉价的解决方案是重开"塘鹅"AEW3预警机的生产线，增加运动目标指示器，对雷达进行一些其他的小改进。如此若制造40架飞机，则每架飞机的成本仅需50万英镑。

寻求联合攻击战斗机方案

很多人都认为，海军部和空军部是被政治压力逼着才搞联合研发项目的，两个军种其实根本尿不到一个壶里。这种观点并不准确，实际上在20世纪50年代，成功的联合研发项目层出不穷。所有的机载核武器、常规武器、雷达和声呐浮标等传感设备，以及一批飞机项目，包括"黄蜂/海黄蜂""毒液/海毒液"，还有直升机如"蜻蜓""旋风"和"威塞克斯"，都是海空两军联合开发的。SR-177火箭战斗机也是个成功的联合项目，它兼顾了海空两军的众多需求，而且达成了很好的平衡，只可惜后来被邓肯·桑迪斯强行取消了。SR-177项目"最后挣扎"的过程与后来政客们关于需要联合攻击机的说法形成了很有趣的对照。如此前的章节所述，邓肯·桑迪斯是在访问澳大利亚乌梅拉时宣布取消SR-177项目的。此时，空军部手中已经有5架原型机接近完成，海空两军都表示需要这一新型飞机，德国也在一旁翘首以待。航空大臣想尽了一切办法想要挽救这个项目，之后发生的事情就相当"奇幻"了：国防部在财政部的支持下想要取消SR-177，航空部要保留它,同时大家还花了一部分钱来不让德国人知道英国人的内斗。最后,SR-177项目还是在1958年被掐灭了。海军部此时最想得到的就是SR-177战斗机,在他们眼里,"海雌狐"战斗机只是一个设计过时、发展潜力有限,抑或根本没有潜力的"第二选项"。海军还一度考虑要研发一型装备雷达的双座型"弯刀"战斗机,但是英国当局的政策却令这一计划陷入险境:开发新型"弯刀"的同时不允许废弃"海雌狐"项目,直到改进"弯刀"战斗机的计划确证可行,这使新型"弯刀"方案刚刚起步便胎死腹中[17]。从1958年起,英国海军开始着手寻求一种新型高性能攻击机,以期应对据信苏联正在开发的同类攻击机,但海军自己的经费是不足以开发这种新型飞机的,它需要一个伙伴。1960年9月卡灵顿勋爵造访国防大臣,商讨未来海军采购计划,他在众多探讨议题中着重说明了海空军联合研发一款新型攻击机及其武器和传感系统,以此装备下一代航母的重要性。他在后来的一封信[18]中重申了这一观点:"海军部将全力与空军部协调,力争共同勾画出新型飞机的需求框架,这样两个军种便可以共用同一个基本机型。"1961年5月1日,航空大臣彼得·桑尼克罗夫特在一份记录中写道:"关于皇家空军TSR2和皇家海军'掠夺者'后继机型的作战需求规划,很多工作已经启动,双方在定义需求时都努力试图使用同一种基本机型来满足各自的需求。"[19]哈罗德·瓦金森在6月1日对此作出答复,称他已告知国防政策研究委员会(DRPC)主席,自己"不打算偏离用一套开发计划满足两个军种需求的原有政策。"[20]他还提出,第一海务大臣、空军部秘书长还有他本人"都持此观点"。

1960年5月,第一海务大臣,海军上将查尔斯·拉姆比爵士突发严重心脏病,被迫退休。海军大臣卡灵顿勋爵立即要求海军副总参谋长,卡斯帕·约翰爵士接替其工作。拉姆比告诉自己的接班人约翰,他本已准备在1962年把工作交给他,但现在他的健康状况根本撑不到那时候。不幸,拉姆比在1960年8月29日辞世。卡斯帕·约翰是那一代军官中的佼佼者,也是第一位成为第一海务大臣的海军飞行员,但是他的知识和经验将在任期内的政治斗争中经受严峻的考验。此时,负责飞机制造的后勤供应部已经升级成为航空部,并对飞机的采购计划有了自己的观点。这个新部门希望看到两项英国自己的新发明成为现实,并且试图"迎合"两大军种的需求以获得政府的批准与拨款。不幸的是,此时的英国正在持续进行TSR2机型研发，根本没有足够的财力再开发两型未经验证的新技术装备。第一项新发明是喷口可偏转的布里斯托尔·西德利BS-53"飞马座"发动机，英国人打算用它装备霍克P1127原型机，使其能够垂直起降和悬停。当然，如果采用传统的滑跑起飞方式，其最大起飞重量可以更高。在狭窄地形上垂直降落则没什么问题，因为此时飞机的燃油已经消耗，重量已经减轻。这一能力的英文缩写是VTOL，即垂直起降（Vertical Take-Off and Landing），不过当人们意识到垂直起飞在实战中并不靠谱之后，这个缩写又变成了STOVL，即短距起飞/垂直降落（Short Take-Off and Vertical Landing）。航空部订购了几架P1127技术验证机，但情况很快变得复杂了，因为BS-53发动机是用美国的资金研发的，并且新成立的德国空军也对此很感兴趣，想要将这型验证机改进成一型近距离支援飞机。第二项发明是"可变几何形状机翼"，也就是常说的"可变后掠翼"，航空部希望能把这一技术应用在"掠夺者"和TSR2的后继机型上。这项技术比P1127技术验证机复杂得多，也昂贵得多。

1960年6月，航空部被迫接受了一种简单、廉价、短航程，也没那么精密的近距离支援飞机，以满足第345号作战需求文档提出的，原计划由TSR2承担的任务——TSR2过于昂贵，很难研发成功。这一替代机型可以是亚音速飞机，作战半径只需370千米，但要能从任何一处潜在战场周边的简单跑道上起降。参谋长联席会议一致认为，尚未首飞的P1127是最适合用来满足这一需求的原型机。[21]皇家空军随即采购了30架飞机，第一架原型机XP831号，在1960年10月实现了首次升空悬停，虽然离地只有几厘米；第二架原型机XP836号于1961年7月首次成功进行常规起降。新机型的开发随后进入了快速发展阶段。1961年11月29日，国防部专门举行会议来讨论其进展。会议由哈罗德·瓦金森主持，国防部首席科技顾问索利·祖科尔曼爵士和空军参谋长，空军元帅托马斯·帕克爵士参加。皇家海军未获邀参加。当时最紧迫的事情是决定是否同意美国方面提出的方案：如果英国与德国能够各出资购买6架P1127，那么美国也将出资购买6架。瓦金森开宗明义地指出："三国共担P1127的开发计划，能够确保BS53发动机的成功开发和使用，而且P1127现有型号或后续发展型（抑或二者兼有）看起来很有可能成为北约通用作战飞机。"[22]

之后，航空部长朱利安·阿姆利的发言改变了整个形势。他说，航空部将继续坚持为皇家空军采购最多30架飞机，"如果只有这样才能让德国空军采纳P1127的话"，但皇家空军"并不认为P1127是一型可以用来装备一线作战中队的飞机。它是亚音速飞机，无法在作战环境中生存"。[23]空军元帅帕克在此方面更甚一步，他提出，除了德国之外，没有任何欧洲国家会需要P1127，"它对任何作战任务都没有用处"。而且他觉得德国空军参谋部也和自己一样需要超音速飞机。他总结道："他们只有在命令不可违时才会装备P1127。"而且真到了那个时候，德国人会不会采购P1127还很难说。但祖科尔曼却相信，对P1127的进一步开发会促成超音速 VTOL 飞机的成功。同时，他还提出，美国人对这一型飞机感兴趣是由于他们想要在这一相对未知的领域内尽快获取经验。就这样，1960年时为满足第345号作战需求而提出的廉价近距支援飞机方案，突然变成了一型昂贵且复杂的超音速攻击机，但却没有人意识到这一点。

12月4日，就在这次会议的消息传到海军部当天，M1处处长 K. T. 纳什就意识到了这个问题。在当天下午写给第一海务大臣和海军参谋部的一页纸的简报[24]中，他写道："理应继续推进霍克-西德利的项目"，而且与美德两国共同推进项目的提议是"无法反驳的"。简报的第二段就是对项目竟然变成超音速近距支援飞机的严词控诉。纳什评论道："海军大臣看起来既不适宜也不应当在这份答复文件里支持航空部超音速近距支援飞机的方案。公正地说，航空部看起来否决了他们自己提出的 P1127方案。"据他了解，"参谋长联席会议从来没有提出过任何超音速近距支援飞机的作战需求"。他还提出，国防大臣这份会议纪要里有一个很明显的缺陷："国防政策研究委员会没有考虑到这个项目对国家研发资源的需求。"纳什还提醒第一海务大臣，航空部在争取 TSR2项目时，"他们的一举一动都让人相信，用于执行近距支援任务的飞机应当是相对便宜且简单的"。因此 P1127的性能是可以接受的。得到了 TSR2之后，"他们推翻了自己先前的观点，现在他们又说超音速是在20世纪60年代中期的战场上不可缺少的"。最后，他提出，应当支持 P1127的持续发展，而且"为皇家空军开发超音速近距支援飞机的方案不会被纳入考虑，除非能够打破财政部和国防政策研究委员会的阻挡"。

然而，此时推动超音速VTOL近距支援飞机的势头似乎不可阻挡，因为北约在当年12月发布了3号基本军事需求（NBMR），其中就提出需要这样的飞机。伦敦方面相当乐观地认为，赢得这个项目的机型将会吸引出口订单并成为北约标准装备。同期的NBMR4号需求中甚至提出需要一型垂直起降运输机，能够在战场附近的野地降落，而不仅仅是NBMR3号需求中的"在野战机场降落"。对这种垂直起降运输机，英国也有型号参与竞争，那就是阿姆斯特朗·惠特沃斯的681型机，它后来成了哈罗德·威尔金森政府削减国防预算的第一批牺牲品之一。1961年12月6日，英国内阁国防委员会在海军部大楼开会讨论瓦金森备忘录中关于继续发展P1127的事项。于是，已经上演过许多次的大争论再次开始，航空部长阿姆利表达了对P1127可能影响超音速近距支援飞机的担忧，空军部仍然同意为了促进出口而采购30架这型飞机，但认为它不具有任何作战价值[25]。大家都希望国防大臣继续与美国、西德谈判，促成三方共同采购18架验证机的事情。委员会也"注意到"国防大臣将会根据海军和空军的需求，固执地提出开发超音速近距支援飞机的提案。首相的观点也与此差不多。但是毫无疑问，空军参谋部为了给1957年时被取消的那些机型寻找后继型号的努力已经让政客们应接不暇。航空部的思路仍然是依托在德国、地中海、中东和远东的固定基地，部署麻雀虽小五脏俱全的小规模航空力量。而此时英国政府的防务政策却侧重于减少海外基地的数量、提升部队的机动性。空军参谋部的思路没有跟上政府政策的变化，而且，再一次，内阁中也没有人意识到这一点。

第二项发明，可变几何形状机翼，也令航空部大感兴趣。他们在1962年2月为造出2架技术验证机争取到了预算，分别为1000万英镑和1500万英镑。在1962年3月2日第一海务大臣签发的一份非正式会议纪要上[26]，纳什记录了财政部和M1处之间的一次协商：海空军联合参谋部将为变后掠翼战斗攻击机项目发布346/355号作战需求，航空部希望这型飞机能够首先替代"海雌狐"，其后续发展型号将在20世纪70年代中期替代"掠夺者"和TSR2。站在事后诸葛亮的角度来回看当时的那些档案是个很有意思的事，那些目睹了"海盗""海怒""海鹰"各机型战斗生涯的参谋军官们还习惯性地认为一型飞机的服役期都只有区区数年，认为1946—1956年期间那种航空技术的飞速迭代还会继续下去。346号作战

314 决不，决不，决不放弃：英国航母折腾史：1945年以后

需求从来没有如同超音速近距支援飞机项目那样成为众人瞩目的焦点，因此总是被TSR2项目的光芒掩盖。虽然TSR2本身预算超支、进度延迟，并且最终被取消了。而346号需求其实在一定程度上是要替代TSR2的。346号需求提出的性能指标极高，飞机的高空最大速度要超过2.5马赫，同时通过使用变后掠翼，其航母降落速度仅有80节（148千米/时）。飞机将具有全天候截击和攻击能力，执行攻击任务时可以挂载4.54吨弹药，作战半径高达2400千米。飞机从航母起飞时最大起飞重量为22.68吨[27]。维克斯公司和德·哈维兰公司都围绕这一概念设计出了一系列草案，这些方案即使是在50年后的今天看来也相当科幻。有些装有4台引擎，有些据说能够短距起飞垂直降落，但这些"纸面飞机"却真实地揭示了海空两军参谋部想要的联合攻击机是多么不切实际。国防部和财政部则对这个天方夜谭般的项目持保留意见。1964年哈罗德·威尔逊的工党政府选举上台后，TSR2显然成了他们的牺牲品[28]。

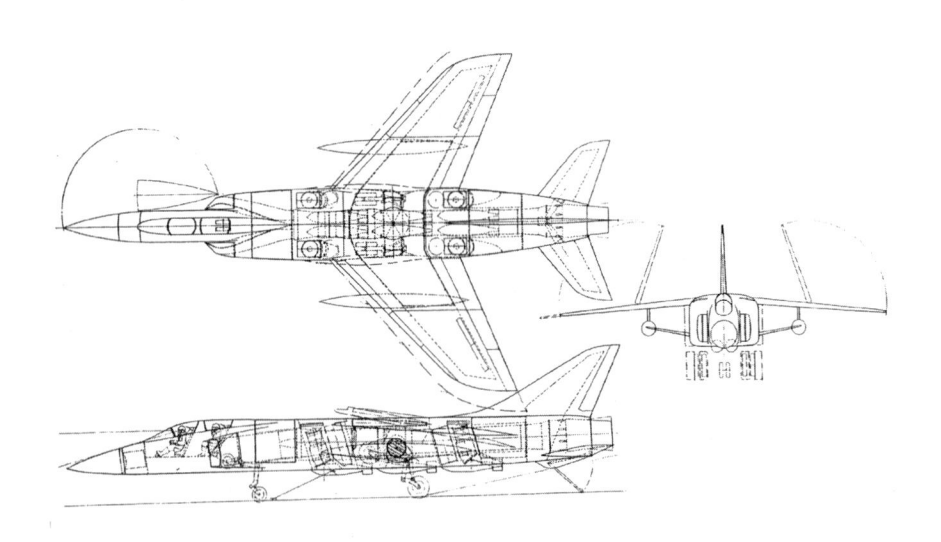

△满足AW406设计指标所需的多种飞机的设计思想都体现在了这架1961年的霍克-西德利P1152皇家海军战斗轰炸机设计草案上。机上装有弹射牵引绳挂点和着舰尾钩，一台用于常规飞行的带加力燃烧室的发动机和4台用于低速着舰的升力引擎。注意图中6枚半埋式挂载的454千克炸弹。（作者私人收藏）

霍克－西德利 P1154

1961年12月，英国海军发布了一份题为《未来航空母舰政策》的文件，旨在支持哈罗德·瓦金森的立场[29]。其中，蒙巴顿勋爵在新一代战斗攻击机联合设计方案的选型方面扮演了关键角色。他在文件中写道："应当努力按照 NBMR3 方案设定的路线制造一型具备超音速能力的通用战斗攻击机。这样一型飞机预计在1969—1970年装备部队。"他觉得新飞机的攻击能力将会严重不足，尤其是其作战半径仅有740千米。但另一方面，"它可以提供一型超音速舰载战斗机，而且时间上比其他方案都要早很多"。他没有解释为什么自己选择了 NBMR3 而不是 OR346 作为飞机发展的主线。但根据文件的总体观点判断，蒙巴顿认为前者将是一个短期、可负担、具有出口潜力的方案，而后者则是长期方案，可能很贵，而且无法出口。

NBMR3 方案是一型相对简单、坚固，能够超音速飞行的飞机，采用了正在逐步完善的垂直起降技术，能够从简陋的前线跑道上起落。它将是一型对地攻击机，在晴朗天气下也能兼任昼间战斗机，主要应用场合是北约预想的中欧地面战。计划制定者们希望这型飞机能够像直升机那样依托交战区域的前方基地作战，但他们却没有考虑到支撑战斗攻击机有效作战所需的大量后勤、指挥、控制和降落系统[30]，也忽略了前线机场所面临的普通火炮、火箭炮和空袭的威胁。除了军事方面的问题之外，新飞机还面临一个政治问题：北约自身是没有钱来购买中标 NBMR3 项目的飞机的，这需要各国自行决定是否采购，而英国的参与机型，从 P1127 发展而来的超音速型号 P1154，很可能会十分昂贵。新机型的竞争一直拖到1961年12月还没有结果。之后，北约只好宣布霍克－西德利 P1154 和法国达索公司的"幻影"3-5型双双中选[31]。然而这两型飞机却无一投入量产。P1154 和皇家海军的关系就是，这一项目的研发计划曾一度把海军逼到了墙角。TSR2 飞机的研发进度一拖再拖，成本也高得离谱。虽然它很可能成为一型杰出的飞机，但是英国政府提供的资金只够在超音速战斗攻击机和超音速近距支援飞机之间二选一。国防部和航空部再三权衡，最终选择了皇家空军认为不可或缺的超音速近距支援飞机。或许蒙巴顿已经嗅到了十分不利的政治氛围——虽然皇家海军这几年打了不少漂亮仗，但他们还是只能选择要么接受 P1154 的改良版，要么继续使用过时的"海雌狐"。由于英、美、西德三国同意共同购买18架P1127，1964年10月，三国联合试飞单位在诺福克的西雷纳姆基地成立。皇家海军没有受邀参加P1127试飞。但公平地说，已经手握强大的"掠夺者"攻击机的海军参谋部其实也不屑于测试这么一种看起来并不怎么样的飞机。然而美国海军却派出了一名飞行员参与其中。这一型三国联合开发的试验机被命名为"茶隼"。试飞证明，这种飞机在携带2枚454千克炸弹、短距离滑跑起飞时作战半径不足370千米；只要挂载了任何武器，或者加满了燃油，飞机就无法垂直起飞。机上没有雷达，没有航炮，没有导弹，仅有的导航设备就是"塔康"系统[32]。"茶隼"只能亚音速飞行，只能在昼间晴朗天气下作战。NBMR3方案的要求显然比这多得多。而已经表态要全力支持联合项目的海军委员会，也开始希望能争取一些妥协以满足自己的需要。

海空两军参谋部对新型飞机的要求都体现在了1963年制定的第356号海空军参谋部需求文件中[33]。这份文件包括三个部分。前言部分介绍了为什么这会是一个联合研发的项目。第一章勾勒了皇家空军的需求并指出为了在1968年"猎人"战斗机最终退役之前实现换代，部队必须接受与NBMR3方案十分相似的设计[34]。第二章则主要介绍了皇家海军需求AW406号文件,这份文件于1962年发布，声称OR346或者P1154/NBMR3中任意一型都可以，就看谁的进度更快。海空两军的参谋部还一直关注着情报部门发出的关于20世纪70年代超音速轰炸机威胁的警告，不仅有轰炸机，还有发射后不管的导弹。1963年6月5日，他们向参谋长联席会议计划委员会提交了一份简报[35]，从更大的视野检视了防空问题，包括英国本土防空、北约在欧洲大陆(包括柏林)的作战、全球各地的英军基地，以及英国海军的防空需求。皇家海军对P1154的需求同时出现在了356号需求文件和提交给参联会的简报中。皇家海军需要的是一型能够全天候在1.98万米高空截击以2.5马赫速度来袭目标的战斗机，它要能够进一步改进，直到能截击2.44万米高空的3马赫目标，这是其服役生涯中可能遇到的威胁。同时它还必须具有"适当的"机动性，以在敌方电磁干扰环境下对付低空的高速和低速目标。使用具备大高度差上射或下射能力的空空导弹摧毁高空或低空目标的打法也是"可以接受的"。如果合适的导弹，例如GDA 103(T)，没能在1970年研制成功，那么新飞

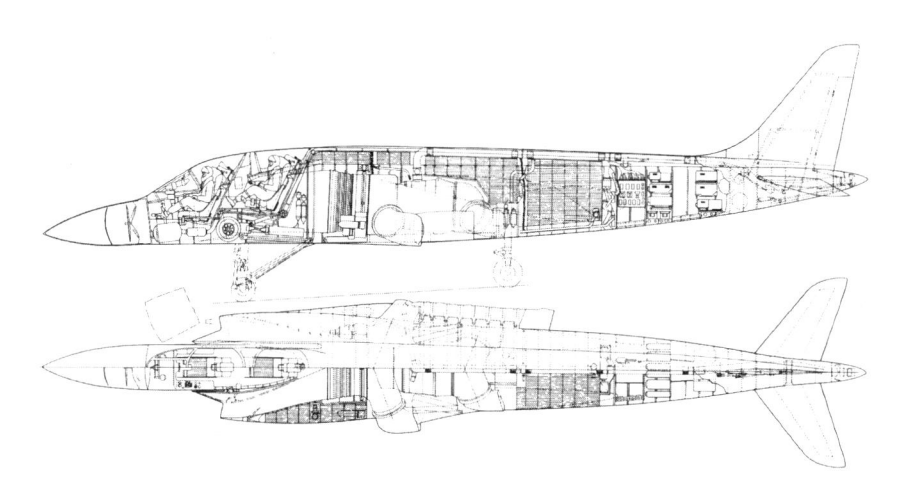

△这份草图揭示了1963年时海军型P1154的模样。注意飞机尾部的电子设备舱，之所以布置在这里是为了平衡机头处雷达天线和2名机组成员的重量。诸如燃油和武器之类的消耗品都布置在飞机重心周围，以便在垂直降落前悬停。（作者私人收藏）

机就将过渡性地装备4枚"红头"红外制导空空导弹，能够进行2轮攻击，每次攻击发射2枚导弹，杀伤概率可达90%。新战斗机携带的燃油足以使其在距离母舰185千米的巡逻位置上盘旋2.5小时，并在盘旋时间耗尽前进行5分钟的截击作战。同时根据预设作战条件，接敌的最后185千米冲刺距离要在150米高度以下以0.92马赫速度飞行，这样的燃油携载量与作战半径对战斗机所要执行的任务来说已经够用了，所以海军参谋部也就接受了。飞机的最大载弹量为1.81吨，机上有必要搭乘2名乘员，这样才能最大限度发挥基于脉冲多普勒雷达和导弹控制计算机的综合武器系统的能力。一套用于在甲板上维护飞机时使用的自动检测设备也很重要。海军参谋部认为新飞机并不需要垂直起降能力——航母上有蒸汽弹射器和着舰拦阻索呢，但如果空军坚持需要，海军也能接受。新飞机在弹射起飞时将通过装在前起落架上的牵引杆与弹射滑块相连，这和美国海军下一代舰载机上的设计不谋而合。

这显然是一架远比NBMR3方案先进得多的飞机，空军参谋部现在对其青眼有加。但令人意外的是，曾经很努力地想要获得更先进版本P1127的航空部，现在却开始拖后腿，阻挠任何对P1154基本型号的修改。但这并非没有道理。人们可能会很同情拉尔夫·胡珀带领的霍克公司设计组，他们一直很拼命地想要制造出一架符合NBMR3要求的简单攻击机。这些人从英国政府那里拿到的预算从来都不够用，许多改进设计都是靠着股东自筹资金完成的，每一次都只能撑几个月。现在他们又接到了根本不切实际的政治任务，海军参谋部不得不对已有设计进行"改进"，包括增加第二个乘员、增加一吨重的电子设备，其飞行包线也超过了设计中机体所能承受的范围。海军参谋部也很可怜，他们想尽办法要买到一架能够对付严重威胁的战斗机，而这种威胁在参联会和国防部的设想中要到20世纪70年代中期才会出现。1962年4月，海军航空作战总监派出了一个调研小组，在官佐勋章、杰出服务十字勋章、航空十字勋章得主，E.M.布朗上校的带领下造访了霍克公司的P1154项目室，探讨NBMR3项目是否适合作为"海雌狐"的后继型号。布朗上校了解到，虽然P1154的重量将会比较轻，足以在现有的航母上使用，但总体情况仍然不乐观[36]。而当时仍被视为备选方案的OR346项目，只能在新一代航母上使用，这就使"鹰""竞技神"和"皇家方舟"三舰不得不带着"海雌狐"战斗机"走进七十年代"了。拉尔夫·胡珀指出，海军提出的需求意味着新飞机的重量至少比NBMR3项目方案的最大重量增加907千克，这样其武器载荷就成问题了。为了满足防空巡逻任务的需要，飞机的燃油携带量<u>至少要增加50%</u>[37]，当然这可以通过外挂副油箱来解决。但问题不止于此：巡航飞行可能需要更大的机翼，同时这也可以容纳更多的燃油、挂载更多导弹。最大的难题在于，垂直降落时，机头承载的2名乘员和1台雷达的重量很难平衡。胡珀相信，若要满足海军的需求，那么P1154项目方案的70%都需要重新设计。考虑到新飞机的产量可能会很少，这样的改动量就算是很大了。他还格外强调，"海雌狐"和"弯刀"战斗机的总产量分别只有120架和80架[38]，由此推算，复杂得多的新机型的产量可能为50~70架。胡珀的结论是，除非海军参谋部能够大幅放宽他们的要求，否则没法将现有的低空、陆基、垂直起降对地攻击机改造成一架高空、舰载，兼具巡逻与截击能力的新型战机。

那么现在问题来了，如果布朗上校在两个小时的讨论后能够看到这些问题，那么为什么哈罗德·瓦金森和朱利安·阿姆利看不到？他们可是对国防和航空工业负总责的政治领袖。实际上,制造海空军通用高速喷气飞机的想法是根本不可能实现的。对空截击和对海/陆攻击这两项任务所需要的性能原本就不相同,这在政府为通用机型而选择的机体和发动机上更是无法调和。一次次的尝试只能是白费钱。关于在1963年英国为了寻找一型海空军通用设计进行的尝试,可以写出一章又一章,然而每一轮研究下来,海军参谋部对新机型截击能力的期望值就会下降一些,一直降到比最初考虑的基本要求还要低。笔者在此选择两份文件来说明 P1154 的失败[39]。当然,具有相同作用的文件远不止这两份。首先[40],索利·祖科尔曼爵士对1963年7月10日海空军参谋部通过的性能参数和10月初航空部实际拿出的性能指标进行了对比,结果如下:防空巡逻时的滞空时间(装备多普勒雷达的型号)从1.57小时下降到1.3小时;最大速度从1.86马赫下降到1.65马赫;挂载907千克炸弹时的攻击半径从1000千米下降到796千米,挂载1814千克炸弹时则从833千米下降到611千米。根据这份对比材料,K. T. 纳什向海军委员会成员提交了一份项目总结,其中包含一份8页纸的附录[41]。他在开篇提到,AW406方案是海军参谋部依照海军参谋长的指示,基于NBMR3方案,为制造一型跨军种通用飞机而制定的。这里的关键词是"基于",因为这意味着海军需要在OR346作战需求勾画出的完整需求与NBMR方案的基本指标之间做出妥协。也就是说,NBMR3方案必须做出一些调整,以满足皇家海军关于寻找一型可负担且性能良好的"海雌狐"替代机型的要求。调整内容如下:

(a)接受单引擎布局。这是个不易接受的选择,因为根据作战环境和事故统计来看,双引擎飞机的安全性必然更好。

(b)接受垂直起降能力。海军并不需要这项能力,因为航母上的弹射器和拦阻设备本身就是最有效的短距起降系统。而若要实现垂直起降,飞机就会在有效载荷和造价方面付出很大的代价。

(c)牺牲作为战斗机的作战能力,缩短防空巡逻时的滞空时间,雷达探测距离从167千米降到111千米。

(d)牺牲作为攻击机的攻击力,作战半径缩短。

△霍克-西德利集团1963年制作的一架P1154飞机模型。注意其自行车式起落架，以及前起落架支柱上的美式风格弹射牵引杆。（作者私人收藏）

  这些都是致命的问题，但后面的章节里还有更多要命问题要说。其中就包括，航空部在7月达成共识之后才发现高空截击机的机动性能会下降到危险的程度，战斗机的自行车式起落架在着舰时的可靠性也饱受质疑[42]。纳什在简报末尾写道："皇家海军迫不及待想要参与到通用飞机项目之中，但现在很明显，P1154不能解决问题。因此我们觉得，通用飞机还是要做，但需要另寻他途。"P1154项目虽然未能修成正果，但依然给英国海空军留下了一些遗产。首先是名称，皇家空军型的P1154被命名为"鹞"式，皇家海军型则是"海鹞"，这两个名称后来都被用到了P1127的生产型机上，我们将在后续章节中详述。第二个遗产虽然没什么后续影响，却也值得一提。1957年国防评估后大量飞机项目被砍，罗尔斯-罗伊斯公司的处境一下子尴尬了：没有任何高速喷气机项目使用他们的发动机，"掠夺者"、P1154和TSR2使用的都是德·哈维兰和布里斯托尔·西德利公司设计的发动机。为此，罗尔斯-罗伊斯向航空部施加了相当大的压力以图改变现状，他们甚至拿出了一套装备两台"斯贝"发动机的P1154方案，还在机上装了交叉布置的喷气导管，这样即便一台发动机故障，飞行员也能在短距降落时控制飞机。但是即便是政客也能看出这种大机翼、双引擎、双座的飞机与追求简单的NBMR3方案根本扯不上关系，这个方案也就到此为止，未再前进一步。

虽然 P1154 项目显然已经完蛋，但海军副总参谋长 F. H. E. 霍普金斯将军还是警告海军委员会的同僚们，政府对联合开发项目十分热忱，大家还得小心行事。当时海军作战研究部门发布了一份报告，其中对战斗机要达到怎样的性能（包括速度和加速性能）才能对超音速突破的来袭敌机具有足够高的杀伤率提出了疑问。在评论完这份报告后[43]，霍普金斯告诫同僚们，皇家海军显然已经被困在联合战斗机项目里了，除非新战斗机的性能与"海雌狐"相比实在没什么提升，否则海军就不要去反对这一项目，尤其不要试图"搅局"，在航母换代计划本已命悬一线的时候，搅局并不是个好主意。讨论过后，海军委员会得出结论，现在最好的办法是说服空军参谋长，让他相信 P1154 执行不了任何任务，因此两个军种应当同时停止该项目的发展。但是考虑到"猎人"战斗机急需替换，空军参谋部对取消 P1154 的态度并不热情，而且皇家空军内部也正对近距支援飞机应当简单还是复杂、是超音速还是亚音速举棋不定。最后，海军单方面宣布退出 P1154 项目，该项目最终于 1964 年 2 月寿终正寝。

工程领域有一句格言："功能决定形式。"今天看来，P1154 项目最根本的问题在于，它的形式与其功能完全不沾边，它还体现了哈罗德·瓦金森和朱利安·阿姆利的不专业：他们在项目初期拒绝接受真实情况，而且从来没有认真检视过部队需求。据说霍克公司著名的总设计师悉尼·卡姆曾经这样说过："没有任何垂直起降飞机能赢得出口订单，除非它的性能可以达到麦克唐纳'鬼怪'Ⅱ的水准。"如果他真的这么说过，那么他是对的。

麦克唐纳"鬼怪"Ⅱ战斗机

当霍克 - 西德利公司还在政府强推的 P1154 项目中艰难跋涉时，美国海军已经成功研发并装备了"鬼怪"战斗机，它的开发背景与英国飞机相比，不啻天壤之别。1939 年 7 月，詹姆斯·S. 麦克唐纳在美国密苏里州的圣路易斯市创办了自己的飞机制造公司，当时只有一个小办公间，一名秘书。在二战的刺激下，他逐步拉起了一支独具天赋的团队，这支队伍最终成了设计与制造喷气式飞机的行家里手，他们后来获得了美国海军的合同，制造出了世界上第一种从一开始就作为舰载机设计的喷气式战斗机。新机型在 1945 年 1 月首飞，后来发展成了

FH-1"鬼怪"战斗机。这种飞机算是研发成功了，但没有服役，因为动力更强劲的后继机型，F2H"女妖"在1947年就首飞成功了。"女妖"最终成功量产，制造了895架，在美国海军和皇家加拿大海军里一直服役到20世纪60年代。"女妖"的后继型号F3H"恶魔"在1951年首飞，后来成了世界上第一种装备空空导弹的战斗机。当F-101"巫毒"战斗机在1954年进入美国空军服役之时，麦克唐纳公司在设计超音速战斗机方面的声望已经无可匹敌。正因为如此，当钱斯·沃特公司赢得了为美国海军制造超音速昼间战斗机，也就是后来的F8U"十字军战士"的合同时，麦克唐纳的失望不难想象。此时他们完全可以开展多元化经营，设计多种类型的飞机，但麦克唐纳还是勇敢地坚持了自己的选择，自担风险投入了"全能型"战斗机的研发，即便此时美国军队没有提出任何这一方面的需求。

1954年，"全能型"战斗机项目被命名为"鬼怪"Ⅱ。为了游说海军，他们制造了一架木质模型以便展示新飞机是什么样的。模型虽然没有内部结构，但还是展示出了一架双引擎、单座、装备雷达的战斗攻击机的模样，它装备4门20毫米航炮，拥有11个外挂点。这型飞机可以携带美国海军武器库里的每一种武器，发动机是两台莱特公司的J65，也就是根据许可证生产的英国阿姆斯特朗-西德利公司"天蓝"发动机，这令飞机的高空速度达到1.5马赫。这台木质模型给人的印象如此之深，美国海军随即在1954年11月订购了2架技术验证机。此时它们的身份是攻击机，最初的海军编号是AH-1，原先的J65发动机换成了通用电气公司的J79涡轮喷气发动机。然而这还不能算是正式需求。但是在1955年，情况变了。当时美国海军总长（CNO，又译为"作战部长"）和航空局各部门的军官们造访了圣路易斯市，在一次持续了不足一个小时的会议之后，新型战斗攻击机项目就得到了它急需的高层关注。现在，新飞机的身份变成了舰队防空战斗机，能够在距离母舰463千米处执行2个小时的战斗巡逻，装备雷达制导和红外制导空空导弹，但不装航炮。飞机要增加第二名乘员，也就是所谓的雷达截击官（RIO），负责操作先进的雷达并分担飞行员的工作负担。使用J79发动机的方案再次得到了确认。翼下外挂点均得以保留，这就使得新飞机的攻击能力极其强悍，甚至比专门设计的攻击机还强。这一新型飞机的编号被改为F4H。1955年5月，海军下达了原型机订单。1955年7月，新机型的生产规格通过审核，此时距离那场一小时会议仅仅过去几个星期。考虑到新机型设计的复杂性,这是一项了不起的成就。1958年5月,第一架XF4H-1原型机在加利福尼亚州爱德华兹空军基地首飞成功。得到官方认可后,"鬼怪"战斗机开始进入正式的采购流程。美国海军仍然采用了竞争性招标的方式,竞争对手是钱斯·沃特公司,这一方面是为了在F4H战斗机万一失败时还能保底,另一方面也是为了检视相同的设计需求下能否有另一种技术解决方案。其竞争型号便是XF8U-3"十字军战士"Ⅲ型,武器装备与作战半径均逊色于F4H。美国海军的初步评估确认了"鬼怪"的优势,这也显示了20世纪50年代美国飞机工业的实力:XF8U-3这样优秀的设计方案居然被驳回,连投产的机会都没有。1958年12月,美国海军订购了23架原型机和24架生产型"鬼怪"。在试飞过程中,海军发现这型飞机的性能竟然如此

△一张近距离拍摄的照片,这架皇家海军的试验型"鬼怪"飞过"鹰"号的舰艉。注意飞机的着舰尾钩没有放下,这意味着飞机并非打算降落,而是要进行"一触即起"训练。(作者私人收藏)

优异，于是决定用生产型机进行一系列破纪录飞行。被"鬼怪"战斗机打破的世界纪录包括：绝对飞行高度纪录、爬升到各个高度所用时间纪录、500千米和100千米闭环飞行速度纪录、低空绝对飞行速度纪录。打破这些纪录的大部分都是标准的"鬼怪"，只有一个例外：打破绝对飞行速度纪录的那架飞机在进气压缩机前方加装了注水系统，以便给进气口吸入的空气降温。1960年，第一架达到作战标准的"鬼怪"交付美国海军 VF101"死神"中队。

1961年，美国空军也忍不住开始关注 F4H 战斗机了，他们用 F4H 与自己手中的各型飞机进行了一系列对比测评，结果发现 F4H 比其他飞机更适合担任截击机，同时载弹量也超过空军的任何一型战术飞机。它明显具有改装为战术侦察机的潜力，勤务性也比参与对比测评的任何其他飞机都要好——这里勤务性是通过每飞行小时所需的地勤维护工时数来体现的。于是，美国空军决定采购"鬼怪"战斗机作为战术空军司令部（TAC）的主力装备。美国空军起初给"鬼怪"赋予了空军编号 F-110A[44]，但随着1962年美军建立标准化部门并开始统一各军种的编号体系，美国全部三个使用"鬼怪"战斗机的军种便都采用了 F-4 的编号：较早服役的美国海军和海军陆战队型号分别编为 F-4A 和 F-4B，第一种美国空军型编为 F-4C。C 型机只在 B 型机基础上做了少量修改。"鬼怪"战斗机令人振奋的优异性能使它的外销根本不成问题，这正是英国皇家海军想要用来替换"海雌狐"的机型。于是整个1963年，海军部都在拼命鼓动政府购买"鬼怪"。最终英国政府在1964年松了口，同意取消海军型 P1154[45]，从麦克唐纳公司直接采购140架"鬼怪"，其首批60架飞机的总价格是4500万英镑。1964年，美国海军出资开发了"鬼怪"的改进型——F-4J，皇家海军也顺理成章地采购了这一型号——直接购买"货架产品"，最大限度节约研发经费。然而即便是这么个极其简单的逻辑在英国推行也困难重重。那个取消了国产飞机项目还打压航空工业的英国政府，现在又跳出来坚持要求让英国公司参与"鬼怪"项目。于是罗尔斯-罗伊斯在1962年向美军提出了一套装备"斯贝"发动机的 F-4 战斗机方案，结果被麦克唐纳驳回，因为换发动机带来的这点理论优势根本弥补不了在价格和结构复杂性方面的损失。不过现在罗尔斯-罗伊斯公司已经说服英国航空部，使其相信"斯贝"发动机能让"鬼怪"拥有更强劲的动力，以便在英国航母较小的飞行甲板上起飞。就这样，新设计的带加力燃烧室的"斯贝"虽然从没有进行过测试，也没经过试飞，但还是被指定给了英国版的"鬼怪"，也就是美国官方编号中的F-4K。美国海军出资，西屋公司专为F-4J战斗机研发的AN/AWG-10脉冲多普勒雷达通过许可证授权的方式交由英国费伦第公司制造，编号为AN/AWG-11。座舱内的电子设备也大部分是由英国制造的。飞机的外翼段由肖特公司的贝尔法斯特工厂制造，后机身和水平尾翼由普雷斯顿的英国飞机公司制造。总体上，大约有一半的机内部件和机体结构是在英国制造的，但这所有部件都要运到美国的圣路易斯去组装，这让F-4K原本已经比F-4J高的价格更加高企[46]。"斯贝"发动机比美国的J-79发动机更重、更宽，但稍短些，安装这一发动机意味着飞机的整个后机身都要重新设计。而这一修型大大增加了飞机的阻力，致使飞机的整体性能逊色于F-4J。安装"斯贝"发动机需要将飞机的进气口加大20%以获得更大量的空气，这让飞行阻力进一步增加[47]。虽然标准型"斯贝"101涡轮风扇发动机在"掠夺者"S2上大获成功，但罗尔斯-罗伊斯还是发现研发一型带加力燃烧室的可靠发动机是极其困难的，英军"鬼怪"的进度因此被拖延，成本也随之增加了。飞机在着舰失败复飞时需要迅速打开加力燃烧室，但这已经被证明是十分困难的。因此，在F-4K战斗机上舰之前，罗尔斯-罗伊斯必须把装有快速点火装置的"斯贝"203型发动机造出来。这些被命名为"鬼怪"FG1的英军战斗机即便是在发动机使用时长只有20个小时的情况下，也频频出现各种故障[48]。

△ "皇家方舟"号第892中队的一架"鬼怪"FG1发射AIM-9"响尾蛇"空空导弹。（作者私人收藏）

除了发动机之外，皇家海军的"鬼怪"还有诸多其他独特之处。"斯贝"发动机的尾喷口比 J-79 更靠近机体蒙皮，尾流温度也更高，因此后机身大量使用了钛金属以防被融化——这真的不是不可能的。美国海军版 F-4J 前起落架支柱长 0.51 米，这样可以使飞机在弹射起飞时略微上仰，能够获得更多的升力。为了改善在长度更短的英国航母弹射器上的起飞性能，F-4K 直接把前起落架支柱的长度翻了一倍，达到 1.02 米，这让飞机的起飞速度降低了 18.5 千米/时。和"掠夺者"一样，英军版"鬼怪"也安装了吹气襟翼和下垂式副翼，但其水平尾翼前缘加装了导流条以调整滑过平尾的气流，从而改善了控制。所有这一切改动设计都增加了机体重量，因此英国版"鬼怪"的起落架比其他任何型号都要粗壮，尾钩也比美国海军的型号更坚固。这一系列改动设计都是英国的特殊要求，因此全都体现在了"鬼怪" FG1 的单机成本上。1968 年，其价格比标准型 F-4J 贵了一倍还不止。之所以付出如此代价也要使用"斯贝"发动机，起初的一个理由是为了让这型飞机在甲板较小的英国航母上起降，但后续的测算显示，即使是装备了"斯贝"发动机，"鬼怪"还是无法在"竞技神"号航母上使用。更尴尬的是，英美两国海军在演习中经常演练"互相降落"，此时美国海军的标准型 F-4J 完全可以在"皇家方舟"和"鹰"号上起飞、降落，没有遇到任何问题。无论如何，在承受了额外的经费开支和时间拖延之后，皇家海军最后还是得到了"海雌狐"的替代机型，只是价格原本不需要这么贵，性能也比美国海军型号差，优点仅仅是续航时间稍有提升而已。

皇家海军起初计划装备 5 支"鬼怪" FG1 中队，以 1:1 比例替换"海雌狐"，但是 1966 年英国政府决定取消 CVA-01 航母计划，随后又决定裁撤航母部队，"鬼怪"的装备数量随之锐减。英军采购"鬼怪"战斗机的数量下降至 52 架，其中 28 架又交给了皇家空军，这样皇家海军拿到手的"鬼怪"只剩下了 24 架。虽然研制与采购经历了九九八十一难，但"鬼怪"仍然不失为一型成功的战斗机，而且和前辈机型相比向前迈进了一大步。必须承认，"鬼怪" FG1 战斗机虽然没有达到 AW406 方案的超高要求，但是既然情报部门预测的苏联超音速轰炸机并没有真的出现，那这就不是什么问题了。1968 年 4 月 25 日，第一架"鬼怪"战斗机运抵皇家海军耶维尔顿航空站的战斗机学校，考虑到不得不做大量的设计修改，这一英国版"鬼怪"堪称麦克唐纳的一项了不起的成就。1969 年 10 月，第 892 中队

△ "鬼怪" FG1战斗机可以挂载的一部分武器，注意这只是一部分，远非全部。图中可见"麻雀"和"响尾蛇"空空导弹，340千克炸弹和51毫米火箭弹。这架"鬼怪"属于耶维尔顿海军航空站的第767中队。（作者私人收藏）

完成训练服役时，他们的母舰"皇家方舟"号还在船厂接受现代化改装，于是这支中队进驻在地中海服役的美军航母"萨拉托加"号，总共待了一个星期[49]。这充分展示了英美两国海军并肩作战的能力。在整个F-4K项目中，美国海军提供了很多帮助，一批飞行员和观察员被送到美国，在美国海军的"鬼怪"战斗机上积累经验。50年后的今天，这一幕在新一代的皇家海军身上再次上演。

最终，"鬼怪"战斗机装备了皇家海军的3支航空中队：集中试飞单位第700P中队、耶维尔顿航空站的训练中队第767中队，以及搭载在改建后的"皇家方舟"号上的第892中队。第892中队在1969年3月建立，他们在自己飞机的垂尾上画了一个巨大的"Ω"，这是希腊文最后一个字母，因为他们觉得自己会是皇家海军建立的最后一个战斗机中队。这支中队一直在"皇家方舟"号上服役，直到1978年退役为止，他们的"鬼怪"战斗机常常于北约演习期间在大西洋和地中海上空拦截苏联海军的轰炸机，并且成了各种摄影照片的主角。这一型战斗机能够携带

4枚雷达制导的"麻雀"空空导弹和4枚红外制导的"响尾蛇"空空导弹,以及各种对海对地攻击武器,比其他任何型号的战斗机都有优势。防空巡逻任务中,"鬼怪"在返航装弹之前可以攻击更多的目标;空袭任务中,它在面临敌方激烈抵抗时既能自卫也能保护"掠夺者"。"鬼怪"FG1经过改进后可以挂载WE177型战术核弹和"小斗犬"空地导弹。夜间作战时,它可以携带"天兔"照明弹,一旦照亮目标,就可以用火箭弹和炸弹实施攻击。毫无疑问,"鬼怪"是皇家海军航空兵在第一个百年里用过的最优秀的战斗机。有意思的是,围绕"鬼怪"战斗机采购的反复争论使皇家空军对这种飞机产生了浓厚的兴趣,他们正好需要一型飞机来替换战术飞机中队中过时的"猎人"战斗机和"堪培拉"轻型轰炸机。转眼间,原本醉心于简单的NBMR3方案的英军战斗机/对地攻击机部队就被"鬼怪"最新锐的设计深深吸引了。当P1154最终在1965年下马之后,皇家空军立即获准采购与F-4K相似的装备"斯贝"发动机的F-4,但不需要那些航母起降装备。这一型"鬼怪"被赋予F-4M的编号,从1968年起陆续抵达英国。就这样,皇家海军和皇家空军还是用上了通用的战斗攻击机,这型飞机不仅满足了两个军种的需要,而且在服役中表现出色。而英国政客们起初顽固地坚持完全不适宜的设计方案,且对航空工业的能力一无所知,这着实是一个悲剧。航空部在P1154这出闹剧中扮演的不光彩角色令其失去了政府的信任,而且再也没有恢复过来[50]。

经验和教训

海军在这段时期如此困难,其根本原因在于,自从1957年国防评估之后,英国政府在全盘防务思路中就将皇家空军视为航空经验最丰富的部门,并在航空事务中唯空军马首是瞻。但不幸的是,对另两个军种来说,事实并非如此,这一严重失误使英国海军和陆军的发展受到了严重妨碍,甚至难以完成各届英国政府希望他们完成的任务[51]。空军参谋部此时仍然走着原来条块分割的老路,他们在航空事业方面严重缺乏整体视角,他们总是陷在"事情以前是怎么做"的泥淖里,很难学会思考"事情可以怎么做"。海军采购"鬼怪"战斗机后,空军参谋部意识到这才是更理想的飞机。他们这才重新理性起来,但却为时已晚,他们最初应当选择的目标再也没有机会实现了。1962年4月,拉尔夫·胡珀已经找到了问题的关键所在，他意识到皇家海军区区50～70架的采购量根本不足以摊平设计和开发一型飞机的成本。海军真正需要的是一个能够共同增加飞机产量从而共担风险和成本的合作伙伴。这在桑德斯-罗的SR-177战斗机上几乎就要成为现实，因为皇家空军战斗机部队将这型飞机视为专用截击机，这刚好满足了他们有限的需求。韦斯特兰的"威塞克斯"直升机和一系列机载武器的研发则理想地实现了这一目标。但在霍克-西德利的P1154项目上，这却完全失败了，因为皇家空军的昼间战斗机/对地攻击机部队只是一心想要简单地替换"猎人"战斗机，空军参谋部也乐得跟着政客们的指示，少量采购一部分飞机，为航空工业争取出口订单。而皇家海军想要的，则是一型完全达到AW406标准的性能优异的多用途战斗机——这项标准也是获得了参谋长联席会议同意的。美国海军很精明地抓住了机会，从麦克唐纳公司采购到这样一型优秀的战斗机，而皇家海军却再无1957年之后那般独立自主开发飞机之幸。皇家海军能造出"掠夺者"攻击机真的非常幸运，假如海军部没有为了保证在最后期限前完成项目而"冻结"设计方案，那么这型飞机很可能被一知半解的政客们取消。假如白厅或者英国军队的眼光能够更

△一架"鬼怪"从"皇家方舟"号上弹射起飞的一瞬。注意旁边执行待命救援任务的"威塞克斯"HAR1直升机。（作者私人收藏）

敏锐一些的话，他们就能以比"斯贝"发动机版"鬼怪"便宜得多的价格拿到F-4J战斗机。航空参谋部的表现则更糟糕，即便政府已经要他们与海军合作，他们还是顽固地死盯着自己的近距支援飞机需求不放。对英国海军来说，这样的事既不是第一次，也不是最后一次。早在二战期间，发现自己搞不到所需舰载机的皇家海军同样转向了美国海军，并且找到了一个既愿意伸出援手又有足够能力的伙伴。

另一个教训是，航空部过分专注于自己的开发项目，没有听取各军种的意见，也没有对军种的航空作战给出意见。这个部门从飞机制造部到后勤供应部一路走来，它的任务应当是提供满足作战需要的飞机，而不是沉迷于靠制造飞机来验证新技术，或者争取出口订单。另一方面，蒙巴顿将军关于可以通过NBMR3需求快速获得舰载超音速战斗机的建议，也带来了不利的后果。事后看来，不得不说，这一观点也是欠考虑的。海军参谋部一直致力于运用打击舰队来应对局部战争，并成功争取了政府对攻击型航母、突击队母舰及其支援舰队的认可，做得十分出色，但政府层面关于装备替代的恶斗却拖住了海军参谋部的手脚。

△第892中队的一架"鬼怪"正准备从"皇家方舟"号的舯部弹射器上弹射起飞，机头处1米长的前起落架支柱已经伸展开了。注意图中飞机后方的液冷式喷气尾流偏流板。飞行甲板军官已经举起信号旗，准备发令起飞。（作者私人收藏）

注释

1. 当然，不可否认，必要时也会用于打击固定目标。
2. 在此必须感谢我的好友诺曼·弗里德曼指出了这一点，他在 Journal of the Australian Naval Institute(Autumn 2014) 期刊上发表的一篇文章的标题激发了笔者的这一思路。
3. The Technical Editor, *Buccaneer—An Outstanding Strike Aeroplane*, Flight International (4 April 1963).
4. NACA（也就是后来的美国航空航天局 NASA）的约翰·D. 阿蒂内罗首创了吹气襟翼的概念：将发动机内的超音速高压气流减速后引流至机翼上方吹出，可以提升机翼的升力系数。在英国，国家物理实验室的约翰·威廉姆斯博士和海军部的路易斯·博丁顿吸取并进一步发展了这一设计。
5. 被动接收设备能够在本机在对方雷达照射下的回波强大到足以暴露自身之前，抢先发现对方的雷达。
6. "斯贝"发动机的另一个主要用户是德·哈维兰"三叉戟"客机。
7. 罗尔斯—罗伊斯公司的所有喷气发动机都是用英国的河流命名的。
8. Hobbs, *Aircraft of the Royal Navy since 1945*, p 6.
9. Williams, *Fly Navy*, p 131.
10. Correspondence between the Staff of the Commander Far East Feet and the Admiralty, 1963. 本书作者藏有其副本。
11. 笔者曾在这艘舰上当过士官生。
12. 这一联合项目中最终服役的只有192型直升机，发展成为"望楼"运兵直升机，装备皇家空军。
13. 法国海军采购了西科斯基 S-58 直升机的基础型号并装备了"圣女贞德"号直升机巡洋舰。
14. 这一型飞机的外观很像圆滚滚的美制 S-3 "维京"，装有与之相似的小后掠角机翼，两侧翼下各挂有一个涡轮风扇发动机短舱。
15. 作为对比，当时 CVA-01 航母的预期造价只有 6000 万英镑。
16. 虽然这种雷达的发展型号被选中装上了后来被取消的"猎迷"AEW3 预警机项目的原型机。
17. Eric Morgan and John Stevens, *The Scimitar File* [Tunbridge Wells: Air Britain (Historians), 2000], p 210.
18. Loose Minute from First Lord to Minister of Defence, Copy to DCNS dated 12 May 1961. 海军历史处档案室和本书作者藏有其副本。
19. Loose Minute dated 1 May 1961. 资料来自海军部图书馆，本书作者藏有其副本。
20. Loose Minute dated 1 June 1961. 资料来自海军部图书馆，本书作者藏有其副本。
21. COS (60) 168 at the National Archives. 海军部图书馆藏有其副本。
22. Ministry of Defence Letter MM: 67/61 dated 4 December 1961. 海军部图书馆藏有其副本。
23. 同上，第2页。
24. Loose Minute from Head of Military Branch 1 to First Lord dated 4 December 1961, copy to 1SL, other Board Members and relevant Staff Divisions. 海军部图书馆藏有该书副本。
25. Cabinet Defence Committee Meeting held on 6 December 1961, D(61) 17th Meeting, Minutes dated 7 December 1961. 海军部图书馆藏有其副本。
26. Loose Minute from Head of Military Branch 1 to 1SL and Heads of Naval Staff Divisions dated 2 March 1962. 海军部图书馆藏有其副本。
27. 只比"掠夺者"S1型机重2.27吨。
28. David Hobbs, Naval Historical Branch Study 62/4 Paper 62/4 (3) (97) (London: Ministry of Defence, October 1997), p 13.
29. 同上。
30. 当皇家空军在1969年最终用"鹞"式机中队在德国境内的野战机场作战时，每一支由12架飞机组成的中队都需要超过200辆越野车提供支援。这些车辆的行动极易被敌方侦察到，因此很容易受到打击。
31. "幻影"3-5装有推力发动机和升力发动机，其中后者由罗尔斯-罗伊斯公司研制。

32. 这是一种战术空中导航设备，可以提供飞机与海平面内任意一个选定的导航台之间的相对方位与距离。皇家海军所有的战斗机和雷达预警机都装有"塔康"设备，所有的航母都装有导航台。
33. 其草案见于NAD202/62系列文件中，海军部图书馆藏有其副本。
34. NHB Study 62/4 Paper 62/4 (3) (97) pp 15 et seq.
35. JP.53/63 (Final) dated 5 June 1963. 海军部图书馆藏有其副本。
36. Hawker Design Office memorandum by Ralph Hooper, Project Office RSH/EJP dated 4 April 1962. 本书作者藏有其副本。
37. 原文即有此下划线。
38. 他是这么说的，但两型机的实际产量包括原型机在内分别为149架和81架。
39. ADM 1/27966, *Future Naval Aircraft* in the National Archives at Kew.
40. P1154-Meeting in the Ministry of Defence on 4 October 1963, No 7/63, dated 4 October 1963 and signed by Sir Solly Zuckerman CB.
41. *Assessment of the P1154 vis a vis Joint Staff requirement AW 406/OR 356 Annex A*, distributed by Military Branch 1, Admiralty, undated.
42. 后来"海鸥"还是采用了相似的自行车式起落架，这种设计在舰载机上是可行的。
43. In a Loose Minute, NAD 202/62, dated 7 May 1963. 海军部图书馆藏有其副本。
44. 政客们未能认识到海空两军在飞机设计方面的差异，而且，虽然F4H-2和F-110A实际上是同一种飞机，议会里还是为了两种飞机谁更好而吵得不可开交。"鬼怪"Ⅱ实际上成了英国引进美式海空军联合飞机研制体系的催化剂。
45. 基于NBMR3标准的皇家空军型号继续研制了一年，最终还是沦为新工党政府第一轮国防预算缩减的牺牲品。由于没有人分担开支，这种采用全新机体、配备全新发动机、用于革命性新战术的新设计，和常规飞机比起来还是太昂贵了。
46. 所有出口型的"鬼怪"战斗机都在美国圣路易斯完成总装，只有出口给日本航空自卫队的飞机除外，日本的"鬼怪"都是由三菱公司总装的。三菱共组装了138架"鬼怪"，包括1981年5月交付的最后型号。
47. Bill Gunston, *F-4 Phantom-Modern Combat Aircraft 1* (Shepperton: Ian Allan, 1977), pp 53 et seq.
48. 这些评论来自前皇家海军"鬼怪"战斗机的机组人员。
49. Sturtivant, *The Squadrons of the Fleet Air Arm* (Tonbridge: Air Britain (Historians), 1984), p 381.
50. 航空部最后一个主要的政府推动项目是英法联合超音速客机"协和"号。设计制造这型飞机的目的在于展示英法拥有航空部所认为的下一代客运航空特有的能力。其设计并无任何航空公司的需求作为依据，因此虽然技术上堪称卓越，但没有任何一家航空公司想要这架飞机。在波音747"巨无霸"的衬托之下，"协和"完全成了商业上的灾难。
51. 英国人有个习惯，用一个词来指代一个概念，例如将"英国政府"称为"白厅"。但在这里，政客们误将"RAF"（皇家空军）当成了"英国军用航空"的代名词。

第十一章
婆罗洲丛林的奇幻之旅

20世纪50年代后期起，英国皇家海军开始变更航空母舰和其他军舰服役和部署的方式。此前，军舰上的水兵们在行政上都隶属德文波特、朴次茅斯和查塔姆三个港口的港务部门；舰队航空兵的技术人员都首先隶属戈斯波特附近里-昂-索伦特海军航空站的舰队航空兵兵营，再从那里被分配到各舰。这套系统久经考验，但却存在浪费。因为每个兵营都必须保留一定数量的人员和训练设施，以确保各专业都有后备人员可用。军舰在服役期间会被分配至指定的舰队，每次大约两年。此时军舰将与舰队主基地内的其他军舰共同行动，马耳他和新加坡就是这样的基地。每一段服役期结束后，军舰将会返回英国母港接受改装，舰员也将回到兵营接受例行训练、能力提升和重新分配。军舰改装完成后，一支全新的舰员组将登上军舰，重新形成作战能力。海军航空兵中队的管理方式也与此差不多，每个中队都被指定给一艘航母，当这艘航母返厂改装时，航空兵中队也会随之暂时退役。

但是在前文所述的一系列国防评估之后，英国海军必须找到更经济的人力运用方法，打击舰队的运作也要采用效率更高的方式。变化便随之而来。第一个主要的变化在于军舰的服役方式。此前，英国航母在每两次改装维修之间的服役期里，通常只在本土舰队、地中海舰队、远东舰队三大舰队之一服役。但随着航母数量的减少，以及英国政府在获准独立的殖民地越来越多的大势之下，要求海军在远东随时保持有一艘航母可用以维持地区稳定，皇家海军的航母使用计划将不得不更加紧凑。一艘航母典型的服役过程是这样的：在英国本土入役并完成战备检查（ORI），之后参加北约演习，再前往远东服役大约9个月，被下一艘航母接替后，前往苏伊士运河以西执勤直至下一轮返厂改装。远东英军航母的交接通常在亚丁港进行。这一新模式的好处在于，舰员和航空中队人员无须离开本土太长时间就可以熟悉全球所有可能的作战海域，毕竟大英帝国需要的是在特定地区具备军事能力，而不是要求某一艘军舰在那里待多久。但是从联合作战的角度看，其他两个军种却很难理解这种新方法。英国陆军和空军都在各个要隘建有固定的军事基地，由小规模部队驻守，这些要隘包括直布罗陀、马耳他、亚丁、巴林、新加坡和其他东亚重地。每个基地都有一支小规模的陆军和皇家空军部队"奉命"长期守备，有时还会得到一支由扫雷舰或巡逻艇组成的艇队的支援。每隔几个月就会有一支航母特混舰队造访各个基地，并与当地驻军联合演训，但当地驻军的指挥官还是普遍担心一旦基地遭受威胁，这些航母未必能及时赶到。不过这种精神负担也是没办法的事情，除非令强大兵力长期固定驻守基地，否则根本无解。但这显然是不可能的，英国政府的新政策就是发扬部队机动性，降低对固定基地的依赖。值得一提的是，即便到了21世纪的第二个十年，在英国陆军和空军的高级将领身上仍然能够看到关于加强驻地兵力的想法，这很令人吃惊。冷战结束后，英国本应裁撤部队以节约经费享受"和平红利"，但英军部队还是在德国继续驻扎了几十年，这实在令笔者费解。

军舰舰员管理方式上的变革随后不久也开始了，原本由各港口负责的人员储备和分派，改为由海军分派指挥部（CND）集中负责，该指挥部设在黑斯尔米尔[1]，他们要确保每一艘军舰服役时都有足够的经过充分训练的人员可用。由于需求消失，德文波特和查塔姆的独立海军学院被关闭，只留下朴次茅斯周围的炮术、鱼雷、雷达绘图与引导，以及通讯训练设施继续运行。随着人员集中分派的施行，20世纪60年代初，一项新的变革——"分批分派"——得以实施。之前，海军舰艇每次服役时间都很短，通常每服役2年就会退役进行改装，人员全部被抽走。完成改装后再重新服役并重新编配人员。现在，军舰改为长时间服役，进行小规模改装时不必退役，这样，军舰退役时不会把船员组全部抽走，改为每隔几个月调换一部分人员，每次调换的人数不会超过总人数的1/3。很快就出现了批评的声音，有人指出这样做会让军舰上始终有一部分人无法熟练掌握技能，整体战斗力也无法达到高峰。但这些人却不得不承认，此举也有好处：不必在军舰每次重新服役时都编配全新的舰员组从零开始。由于大部分舰员保持不变，每次新来的舰员都能很快融入原有的团队，从而更快更有效地"进入状态"。总体而言，这一系统运转良好。为了通盘安排航空母舰的行动，确保她们随时达到作战标准，并能够在合适的时间抵达需要的地点，由单一的参谋部来集中管理是必须的。于是，原本各个舰队的"航空兵司令"被一个"航空母舰部队司令"取代，新司令的总部设在朴次茅斯城外的索思威克堡。总部内设有一个常备参谋班子，他们会根据政府和海军部的要求拿出航母部队的相关计划。航母部队司令本人则会在必要时直接登上航母指挥作战或者亲自指导战备检查。为了保证源源不断获得训练有素的舰载机飞行员，为那些完成改装重回部队的航母提供能够作战的舰载机中队，航母部队司令部与耶维尔顿皇家海军航空站海军飞行训练司令部的交流也是不可或缺的。这套新系统在工作中表现良好，不过1960年之后2艘专用突击队母舰的横空出世使他们的计划工作量大增，因为远东舰队需要随时保持有一艘突击队母舰可用，皇家海军陆战队司令（CGRM）的参谋部也要保证每一艘在役的突击队母舰都配备有一支完整的突击队及全套支援武器。和普通航母不同，突击队母舰不负责北约的两栖作战，因此这两艘舰只需要围绕着远东方向轮番上阵，确保那里随时有一艘可用。对这些努力和突击队母舰能力的考验，很快就会到来。

"阿尔比翁"号

1962年8月1日，英国海军第二艘突击队母舰"阿尔比翁"号在朴次茅斯海军基地加入现役，入役仪式还特地请来了爱丁堡公爵、菲利普亲王殿下。8月7日，这艘母舰搭载着第845中队（"威塞克斯"HAS1）和第846中队（"旋风"HAS7）开始了自己新一轮战斗生涯。这两个中队的直升机都涂上了沙黄色迷彩，由于主要执行突击队运输任务，机上的声呐都被拆除。1962年11月3日，"阿尔比翁"号带着自己的直升机中队和皇家海军陆战队第41突击营启程开赴远东。途中，她还抽空和驻利比亚胡姆斯的英国守军进行了代号为"沙蝇"的联合演习。在演习中，舰载的第846中队离开母舰，进行了依托岸上前进基地作战的训练。第845中队则进行了诺德公司SS11有线制导反坦克导弹的实弹射击，同时加装了固定机枪和舱门机枪以压制敌方防御火力，经此改造，这些直升机都达到了实战标准。穿过苏伊士运河抵达亚丁后，"阿尔比翁"号接替"堡垒"号担任驻亚丁突击队母舰[2]，舰上的第41突击营也换成了在此久战的第40突击营，同时航母还接收了数吨的作战物资和弹药。完成交接之后，"堡垒"号便返回英国本土过圣诞假期去了，"阿尔比翁"号则开往蒙巴萨以北约100千米处参加另一场代号为"先手"的演习。由于第40突击营此前没有直升机机降突击的经验，他们便在此进行了密集训练，以达到作战标准。第846中队再次离舰，前往马林迪港西北22千米的一处前进基地，为"威塞克斯"直升机中队充当"探路者"，同时执行战术空运和侦察任务。演习结束后，"阿尔比翁"号依计划访问了蒙巴萨港，1962年12月5日，她结束访问，开赴新加坡。

文莱叛乱，1962

1957年，马来亚脱离英国统治独立。1961年，马来亚总理东古·阿卜杜勒·拉赫曼提出，马来亚、新加坡[3]、北婆罗洲、文莱和沙捞越可以共同组建经济和政治联邦马来西亚。但是印度尼西亚总统苏加诺却一直对这片区域垂涎三尺，想要将它们并入印度尼西亚联邦，因此一直在资助那些反对成立马来西亚的组织。1962年12月8日，得到印度尼西亚支持，拥有4000人兵力的北加里曼丹国民军（NKNA）在亚辛·阿芬迪的带领下，在文莱[4]发动叛乱。叛军在沙捞越的林梦抓住了英国总督和他的幕僚，攻击了文莱的苏丹宫和都东、赛利亚、邦阿等人口密集地，以及几处油田。闻讯，这一地区的英军指挥官沃尔特·沃克尔少将立即做出反应，派出一支廓尔喀部队从新加坡飞赴文莱城迎战NKNA，以1名军官阵亡，7名廓尔喀士兵受伤的代价抓获了800名俘虏。新加坡的第3指挥部突击旅也做出反应，令第42突击营L连飞往文莱，这支部队在指挥官杰里米·摩尔陆战队上校带领下于12月10日抵达目的地，随后奉命溯河而上前去解救林梦的英国人质。来自驻新加坡第6扫雷艇中队的两艘扫雷艇，"菲斯克尔顿"号和"乔顿"号在杰里米·布莱克海军少校的指挥下为突击队带来了两条用于送他们沿河而上的平底驳船。12月13日破晓时分，他们从河面和主要街道两个方向同时进攻NKNA的占领地，成功救出了所有人质，为此有5名陆战队员战死，7人受伤。在战斗中，他们击毙了35名NKNA士兵，击伤、俘虏无数。其他方面的英军部队也很快行动起来。驱逐舰"骑士"号从新加坡接上女王高地步兵团，把他们快速运送到纳闽岛，高地步兵们随后控制了赛利亚。扫雷舰"威尔基斯顿"号和"伍拉斯顿"号在"伍德布里奇港"号的支援下前往沙捞越的古晋港展示武力，皇家军辅船队的"金滩突击队"号与"海浪主权"号也前往纳闽执行同样任务。第42突击营的其余部队解放了邦纳，但不幸的是，他们到达时已经有6名人质被叛军砍掉了脑袋。"虎"号巡洋舰向冲突地区运来了一个营的"皇家绿夹克"[①]，其他援军也很快乘坐运输舰"警报"号赶来。

1962年12月9日，"阿尔比翁"号奉命加快速度，全速奔赴新加坡。她在12月13日16:30抵达目的地后立刻开始加油、补给物资和弹药。在那里，她接上了第3司令部突击旅，卸下了在文莱暂时没什么任务的第29突击团。她于当晚21:30完成补给，随后带着部队离港，次日下午抵达古晋港外海[5]并空运第40突击营上岸。"阿尔比翁"号自带的4艘突击登陆艇立即开始运输物资、车辆和弹药上岸。"警报"号和一众当地人的小型船只也被组织起来协助运输。在接下来的三周里，"阿尔比翁"号沿着北婆罗洲沿岸来回飞奔，使用舰上搭载的直升机为岸上部队提供敌情侦察、战术空运、食品物资和弹药补充等帮助。直升机中队的维护人员也在舰上航空工程部门（AED）的协助下夜以继日地勤奋工作，保证直升机处于可参战状态。1962年12月15日，第846中队的全部6架"旋风"直升机离舰进驻文莱陆上基地。舰上的登陆艇部队，皇家海军第9突击登陆中队也被用于沿河而上运输物资和弹药及支持内陆作战。第845中队的"威塞克斯"直升机则载着突击队员、廓尔喀士兵和其他部队四处寻歼NKNA。

第845和846中队空运了从陆战队突击队到廓尔喀士兵的各种类型部队，其中后者此前大多没有机降作战经验，必须快速学会机降，虽然他们都是受过训的军人，但技术、战术和安全等相关事项的告知依然马虎不得。直升机空运上岸的物资五花八门，从燃油到食品，从子弹到啤酒应有尽有。大量被俘的叛军也被直升机送回母舰，其中还有一些死者和需要救治的伤员，有不少伤员在舰上的医护室就接受了治疗。有15名叛军在一架"旋风"直升机从头顶飞过时举起了双手，这可是直升机飞行员从来没有训练过的科目，于是他降落下来，缴了这伙叛军的械，用直升机把他们运回母舰等候发落。有两架"旋风"直升机在陆

---

① 英国陆军的荣誉称号，源自近代战争中的来复枪轻步兵。

上作战时受了伤，其中一架在开阔地降落时尾桨撞树，另一架引擎发生故障后在一块稻田里迫降。这两架直升机都被拆除了不必要的装备，然后由皇家空军第66中队的"望楼"直升机吊运了回去，先运到文莱机场，之后回到"阿尔比翁"号。圣诞节时，第845中队的"威塞克斯"直升机还为岸上的突击队和第846中队送去了圣诞晚餐。另外舰上还烤出了一批圣诞蛋糕，分发给了在岸上的所有英军部队。1963年1月5日，"阿尔比翁"号迎回了第846中队和第40突击营，同时将第845中队的6架"威塞克斯"派到纳闽基地。1月8日，母舰驶离婆罗洲海岸，返回新加坡船厂进行短期维护。

到1962年12月底，编成搜索打击小组分散作战的海军陆战队和其他英军部队总共击毙了40名NKNA叛军，俘虏了3500人。"阿尔比翁"号的直升机和随后赶来增援的皇家空军陆基直升机被证明是战斗成功的关键，它们为地面部队提供了侦察、战术机动性和火力，母舰本身是另一个关键，地面部队的后勤支援基本就靠她了。突击队母舰这一舰种由"海洋"号和"忒修斯"号在苏伊士运河冲突中开创先河。而作为继承者，"阿尔比翁"号和科威特行动中的姊妹舰"堡垒"号都比前辈更加强大，她们是英国快速反应部队的关键组成部分。到1963年4月，大部分叛军都被找到并抓住，他们的头领阿芬迪也于5月18日在林梦附近的一个隐蔽处被发现。阿芬迪的被俘彻底结束了这场叛乱，这场战斗也充分显示了英国新的海上打击舰队在通过海路快速投送部队时是多么有效。

印度尼西亚对峙，1963—1966

1957年1月，英国政府在英国—马来亚防御条约上签字，承诺继续为这个前殖民地提供国防服务[6]。英国的承诺一直履行到1963年。此时，印度尼西亚反对建立马来西亚联邦的态度已经很明朗了——马来西亚联邦将包括马来亚和婆罗洲的各个前英属区域。1962年10月，苏联将斯维尔德洛夫级巡洋舰"奥尔忠尼启则"号移交给印尼，本已紧张的态势进一步恶化。这艘巡洋舰被印尼更名为"伊里安"号，印尼海军副总参谋长也开始自信满满地谈论获得第二艘巡洋舰，并借由苏联船厂将第三艘巡洋舰改造成航空母舰的前景[7]。后续的巡洋舰移交自然没有成为现实，但苏联还是将2艘里加级护卫舰和"伊里安"号一起送到了印尼海军手中。同时，印尼还于1959年从波兰购买了5艘斯科伊级驱逐舰和6艘W级潜艇。印尼海军航空兵原先有一个中队，装备"塘鹅"AS4反潜攻击机，但是一旦和英国发生冲突，这个中队便休想再搞到配件和技术支持了。和海军不同，印尼空军重新装备了大量苏制飞机，包括米格-17、19和21战斗机，伊尔-28和图-16轰炸机，以及一批运输机和直升机，这些飞机都是苏联半卖半送交给印尼的。不过既然是半卖半送，自然不会有备用零部件，人员训练也只保持在最低水平。结果，很多飞机都不得不充当零备件提供者，状况达到作战标准的飞机没几架[8]。印尼空军的问题还不止于此，诸如前北美公司P-51D"野马"战斗机和B-26"入侵者"轰炸机之类的老飞机，维护起来更加困难，各个基地之间也相距遥远，难以相互支援。

1963年1月20日，当伦敦和吉隆坡方面开始着手正式成立马来西亚联邦时，印度尼西亚政府宣布对新国家采取"对抗"政策[9]。正当英军部队结束文莱平叛之时，印尼正规军开始向北婆罗洲的沙捞越和沙巴州发动进攻。联合国在沙捞越和沙巴组织投票耗费了一些时间，投票完成后，马来西亚联邦于1963年9月16日正式建国，新国家采用君主立宪政体，最高领导人被称为国家元首。此时，"阿尔比翁"号一直在婆罗洲外海巡弋，为英军部队充当后勤基地，轮流接运皇家陆战队第40和42突击营奔赴前线，同时将廓尔喀步兵第10团第2营运往婆罗洲。虽然包括特种空勤团（SAS）在内的其他部队也参加了战斗，但皇家陆战队和廓尔喀部队还是承担了两国边界丛林中的大部分战斗任务，"阿尔比翁"号的2支直升机中队则赋予了他们敌人不具备的机动能力。边界的对峙偶尔也会引发一些突发事件，例如1963年4月，印尼军队进攻了沙捞越州首府帝比都，几名警察在警局内战死；当年6月，印尼军队突袭了一个边境哨所，5名廓尔喀士兵战死。但总体来说，对峙是一场由渗透、巡逻和伏击组成的战争。为了防止隔海相望的新加坡和马来半岛遭受威胁，英军建立了多层次的海上防御体系，由扫雷舰和内河舰艇组成，大型军舰负责支援。英国远东舰队也得到增援，以阻止印尼海军对马来西亚和英军基地发动两栖进攻的任何企图。1963年，英国海军甚至一度令"皇家方舟""竞技神"和"半人马座"三艘航母齐聚远东。英联邦各国还组织了代号为"喷气"和"舰队战斗"的大规模联合海上军演。其间，皇家澳大利亚海军的"墨尔本"号航母也加入到了英国航母打击舰队的阵容中来，而"舰队战斗演习63"则是英联邦国家海军自20世纪50年代初期以来最大规模的一次集结。这一系列动作让印尼海军在对峙中未能发挥任何真正的作用。马来西亚建国后，一些印度尼西亚人攻击了雅加达的英国公民，当地英国大使馆也被焚毁[10]。作为回应，西方对印尼的援助被叫停，苏加诺总统也转向东方阵营寻求支持。在漫长的战斗中，第845和846中队轮流安排直升机和空勤人员前往诗巫市和南加盖特市休整。到1963年6月，这两支中队已经战斗出击3500架次。印尼军队向马来西亚的进攻主要通过海上和空中进行，那些海上的进攻无一例外都被英军发现、拦截并击退，那些被空投到马来西亚的印尼伞兵也常常被包围、俘虏和关押。英国陆军将领沃克尔被任命为婆罗洲联合作战总指挥，通常情况下他可以直接指挥2个海军直升机中队和6艘扫雷艇。沃克尔提出，随着敌人进攻的升级，婆罗洲英军需要增援。于是，"阿尔比翁"号展示出了另一方面的专长：她迅速开往北非的托布鲁克，接起皇家空军的"望楼"和"旋风"直升机，迅速将它们运到新加坡，在那里做好了参战准备。这是皇家空军要依靠航空母舰才能及时抵达战区的又一个例子。当"阿尔比翁"号在新加坡海军基地卸载空军直升机时，印尼军队向沙捞越的爪夷发动了进攻。母舰立即起航。爪夷刚进入飞行半径，第845中队的"威塞克斯"直升机就立即起飞，将廓尔喀部队送到了那里。他们完全打了印尼军队一个措手不及。在接下来的战斗中，超过40名敌军被击毙，其余全部投降。驻扎陆上基地的第346中队的"旋风"直升机也表现不俗，他们搭载廓尔喀部队发动突击，击退了印尼军对成邦江的进攻。到当年11月，第846中队6架"旋风"在婆罗洲的战斗出击次数达到了惊人的3184架次。1964年年初，"堡垒"号接替了"阿尔比翁"号在远东舰队的任务，但后者的一部分直升机被留在了战区。

龙目海峡

1964年9月，"胜利"号航母在驱逐舰"卡文迪许"号和"恺撒"号的护航下访问了澳大利亚西部。既然来了，远东舰队司令就打算充分利用她，他计划再向外界展示一次英国解决问题的能力，让"胜利"号一行穿越印尼巴厘岛以东狭窄的龙目海峡返回新加坡。此举意在收一石二鸟之效，一是告诉世人这叫"无害通过权"，二是显示皇家海军有充分的自信，完全不将印尼海空军的威胁放在眼里。通过海峡之前，导弹驱逐舰"汉普郡"号与护卫舰"迪多"号、"贝里克郡"号加入了"胜利"号特混舰队。9月12日通过海峡时，各舰都做好了战斗准备，各作战岗位值守到位，炮弹上膛。印尼海军宣布要在海峡里组织军事演习，试图阻止英军穿越海峡，但是"胜利"号及其护航舰仍然平安通过。航行途中，一艘水面航行状态的印尼潜艇出现在了英军舰队近旁。炮手们都得到指示，一旦这艘潜艇有任何敌对意图就立即开火，但印尼人很得体地与英军确认身份，然后祝英军"一路愉快"。英军舰队在这次航行中展示了自己对印尼海军舰队的压倒性优势，由此断绝了对手升级冲突的念想。1964年年底，印度尼西亚在婆罗洲的马来西亚边境上集结了大约22000人。但是沃克尔将军已经获得政府授权，可以越过边境发动进攻，"狠狠打击"敌人。结果，印尼军完全被英军打了个措手不及，在吃了一连串败仗后不得不缩小军事行动的规模。虽然对峙一直持续到1966年才结束，但英军的胜利却从来没有人怀疑过。得益于强有力的打击舰队，英军完全压制了对手，这场冲突没有升级成全面战争。同时，得益于英军突击队母舰提供的机动能力与后勤支援，参战的英军皇家陆战队和其他部队的规模也保持在较低的水平。在对峙结束后英国众院的一次演讲中，国防大臣丹尼斯·希利说，这次胜利理应作为"人类历史上使用军事力量最为有效的战例之一"而永载史册。[11]

第846直升机中队在婆罗洲

1962年12月15日，第846中队飞离母舰，进驻古晋市。在接下来一年的大部分时间里，他们都待在婆罗洲，只是有时会撤回新加坡的森巴旺海军航空站休整。期间，这个中队的驻地变化情况如下：

    1962年12月15日 进驻古晋

    1963年1月5日 返回"阿尔比翁"号

    1963年1月10日 进驻森巴旺基地

1963年2月1日 返回"阿尔比翁"号

1963年2月7日 进驻纳闽

1963年2月20日 返回"阿尔比翁"号

1963年3月19日 进驻文莱机场

1963年4月1日 进驻古晋

1963年5月18日 进驻森巴旺基地

1963年6月1日 进驻古晋

1963年6月30日 返回"阿尔比翁"号

1963年8月19日 进驻古晋

1963年11月10日 返回"阿尔比翁"号

1963年12月22日 进驻启德

1964年1月12日 进驻斗湖

1964年10月12日 返回"堡垒"号

1964年10月19日 返回森巴旺基地，部队解散[12]

第846中队的婆罗洲之旅可谓波折不断，在密林上空驾驶一型只有一台活塞引擎的过时直升机绝不是什么惬意的事，何况还有敌人虎视眈眈。有一次，资深飞行员P.J.威廉姆斯少校和僚机D.M.卡尔上尉在泰波伊镇和帝比都之间执行例行物资运输任务时遭遇了3架印尼飞机。一架B-25"米切尔"轰炸机从直升机上空300米高处飞过，2架P-51"野马"战斗机向丛林进行了一连串俯冲。当英军直升机从隘口中飞出时，印尼飞行员看见了他们，随即退回了本国国境以内。"旋风"直升机的气瓶式启动器因可靠性差而臭名昭著，而且需要经常更换。有一支分队曾经三次靠手摇才发动了直升机——就像二战时发动老式的"剑鱼"飞机那样。那个资深飞行员威廉姆斯少校还遇到过一次事故，他的直升机在索降廓尔喀巡逻队进入一处山岭顶上的伏击阵地时突然遭遇发动机停车。直升机立刻摔到地上向坡下滚去。万幸，一根树桩托住了机身上的引擎基座，这才没让他们滚下深谷[13]。此时附近还有一架正在索降廓尔喀部队的直升机，威廉姆斯少校跑过去，顺着绳索爬上了那架直升机的机舱，大摇大摆地飞回了基地，随后

第十一章　婆罗洲丛林的奇幻之旅　343

△远东舰队的"阿尔比翁"号，甲板上停放着第845中队的"威塞克斯"HAS1和第846中队的"旋风"HAS7。甲板后方停放的是突击队的车辆。注意舰体左后方的吊艇柱上吊挂着2艘车辆人员登陆艇。右舷外还吊挂有2艘相同的登陆艇。（作者私人收藏）

开始组织救回自己的直升机。第二天，一支维护小组乘坐直升机，索降到坠毁直升机处，拆下了机上可拆卸的零件——诸如旋翼桨毂之类，让其他"旋风"直升机带回去。皇家空军第66中队的"望楼"直升机则把已经足够轻的"旋风"机体吊运回恩济里里基地，第846中队的机械师们只花了70个小时就把它修复了。第846中队多次执行医疗救护任务，把急诊病人抢运到古晋医院，以此帮助那些坚决抵抗印度尼西亚入侵的当地人。被救援的人中还有不少是孕妇。这一"收买人心"的举动也在对峙行动中发挥了独特的作用。最后，第846中队在婆罗洲的任务被移交给了皇家空军的一支"旋风"部队。

皇家海军南加盖特航空站

皇家海军的南加盖特前进基地位于盖特河与巴勒河交汇处,从加帛市溯河而上65千米即可到达。每天,充足的物资和燃油都会通过当地人的长船送到这里。廓尔喀工兵和第845直升机中队的人员砍倒了树木。直升机从这里起飞,其执行任务的范围可以覆盖整个沙捞越南部的东半部,西半部的飞行任务则要依靠诗巫市的民用机场来执行。中队的官兵们住在用竹子搭建,架上聂帕桐屋顶的长条棚子里,就和当地伊班人住的房子一样,但这种简陋的屋子住起来却出人意料的舒服。基地建立之初,烧饭都要用木柴,洗衣洗澡要到河里去,但廓尔喀工兵们一直在想方设法改善基地环境,最终建起了淋浴室和半永久的野战厨房。条件变好的基地开始自吹为"港湾假日酒店",还自称是"婆罗洲唯一官方指定酒店"[14],每晚这里都会形成热闹的集市,里面挤满了第845中队、廓尔喀部队的官兵和当地的伊班人。这三类人在集市上很好认,直升机部队官兵们晚上喜欢穿马来风格的围裙,伊班人都穿大裤衩,廓尔喀人没什么特殊的服饰,但身上一定没有文身。现在我们知道,南加盖特是通电的,这当然是来自当地亲英的伊班族酋长天猛公朱加的发电机。有了电,基地里就经常放电影,还有不少是最新的片子[15],电影的胶片自然是远东舰队为了鼓舞士气分发给各部队的。007系列电影《来自苏联的爱情》的远东首映式,就是于1963年平安夜在"港湾假日酒店"举行的,一大堆水兵、伊班人和廓尔喀人当然高兴得不得了。南加盖特基地起初只被视为一个临时基地,但随着对峙日趋长期化,这里的设施也越来越完善。每一个在南加盖特基地待过的人,在回忆这段经历时都会恋恋不舍,而且充满了完美完成任务的自豪感。

第845中队在婆罗洲

当文莱叛乱结束,"阿尔比翁"号返回新加坡时,第845中队的一半直升机被留在了婆罗洲。在那里,英军学会了怎样运用突击队直升机中队,这些知识直到21世纪的第二个十年仍具有不可替代的作用。幸运的是,1962年4月重建第845中队时,人们就考虑到这支中队很可能会派出部分兵力到远离母舰的岸上独立作战——现在它成了运输直升机中队。这支部队的作战计划都是以四机小队作为基础的，因为英军认为，少于4架直升机的分队无法长期独立作战，而增加直升机数量则很简单[16]。在部队组织上，每一个四机小队都被视为一个独立的小型中队，拥有自己的各专业高级技工、作战官、生活与技术物资主管，还有监察官。每个小队都由一名直属于队长的技术军官统一负责飞机维护、物资管理和各方面技工的工作。既然这些小队从一开始就要自己照顾自己，那它自然编有厨师、护士、文书、摄影师和负责挪动飞机及驾驶车辆的操作员。中队全体人员都接受了轻武器射击训练，以便能够抵挡小规模的攻击，保卫前进基地，不过直升机基地近旁通常都会布置一支步兵部队以对付具有一定实力的敌人的越境攻击。令人意外的是，在1963—1964年间，中队里一直没有负责机舱调度的专门人员，于是飞行员们只能自己学着把活干了，照顾机舱里的部队、乘客和物资。英军很快意识到了这一疏忽，于是建立了专门的机舱调度部门。

△从空中拍摄的婆罗洲南加盖特前进基地，第845中队的3架"威塞克斯"HAS1停放在停机坪上，第四架"威塞克斯"正沿河流飞到基地上空，准备在空余的停机坪上降落。可以看到遍地都是被砍倒的树木，这些都是廓尔喀工兵为保证直升机安全起落而砍伐的。（作者私人收藏）

△南加盖特基地第845中队的"威塞克斯"HAS1。注意每个停机坪旁都堆放着多个油桶，这是为了迅速给降落的飞机加油，令其能迅速起飞。可以看到这条河的大小。每天都会有驳船把装满的油桶送到基地来。（作者私人收藏）

　　理论上讲，每一个小队都应当备有一整套充足的零件和装备，但这从来都不可能做到，因为无论是岸上基地还是舰上都放不下那么多东西。这样，前出分队和母舰之间就必须保持联络畅通。一旦分队有飞机故障无法升空需要维修，母舰就可以及时把替换零部件送上去。总的来说，得益于对已有物资熟练且合理的使用，以及精细的计划和对"威塞克斯"直升机全系统的熟悉，前出分队的直升机可用率很少跌破80%，常常还会高出许多。英军的直升机都部署在诗巫这样的大型基地和南加盖特这样的前进基地里，为此，皇家海军建立了一套灵活且运转良好的勤务体系。每一架直升机从大型基地飞往前进基地后的7天内都不再承担任何勤务任务，同时会有另一架直升机从前进基地返回大型基地。在没有特殊情况的时候，这样的轮换都会在一天内完成，这带来一项好处——飞往前进基地的直升机早上起飞出发，返回的直升机在傍晚返回，这两架直升机就成了两个基地之间的"空中巴士",这在作战时是很有用的。在岸上作战的18个月里,第845中队没有一次没能按计划起飞。如果直升机遇到例行维护无法解决的问题,中队飞行员们会尽一切可能把它飞回后方基地,如果问题严重到令直升机无法起飞,后方基地就会向前进基地派出维修组,这个小组会包含维修这架直升机所需的所有人,久病成良医的飞行员们也逐步学会了怎样协助机械师做各种各样的事情。

飞机维护工作中最难对付的或许当属更换发动机燃油指示器,这通常都要送回生产厂家,拿到无尘车间里去操作。但在婆罗洲,地勤人员只能在"威塞克斯"的前机身上挂一个降落伞凑合了事,这每次都令机械师们汗流浃背。每一个燃油接头破损时,机械师都会拆除破损的半边,把剩下的半边用旧塑料袋包起来。接下来把新零件装回去的过程十分耗时,因为需要极其谨慎,绝对不能有塑料袋、沙子和汗水进到零件里。换完零件后发动机要进行全马力测试,通常情况下这要把直升机捆绑在固定台座上才行,不然飞机就会飞起来,但1964—1965年,婆罗洲根本找不到这样的固定台座。不过不用担心,自有天才手笔,英国人的解决办法是把机舱里塞满海军、伊班人和廓尔喀人,飞机超重飞不起来,自然就没问题了。飞行员在测试时会很小心地一点点加大引擎功率,防止地面共振影响测试。从发动机转速指针开始有读数起,机械师就会绘制飞机的功率线图,等线图画完,发动机能达到的最大功率也就差不多能看出来了。之后,机舱里的"人肉配重"就会下机。得到坐在身旁的机械师确认后,飞行员将驾机起飞并在空中悬停。如果没有问题,飞行员就要进行试飞,开足马力爬高。若这时系统仍然运转良好,那飞机通常就没什么大问题了,最多再做一些小调整就可以列为"可用"状态了。

1964年中期,第845中队背靠新加坡基地的支撑,在婆罗洲部署了2个小队总共8架直升机,其任务范围覆盖6.47万平方千米的丛林。这些"威塞克斯"直升机还担当起了舰队航空兵的"拳头",发射SS11有线制导空对地导弹攻击敌方阵地,用装在特制武器吊舱里的12.7毫米前射机枪扫射敌人。为了支援作战,婆罗洲的直升机部队总共执行了差不多800万人×千米的运输里程。当"堡垒"号母舰带着中队的其余部分和6架全新的"威塞克斯"直升机加入远东舰队时,在前线苦战的飞行员们终于可以松一口气了。这意味着他们可以在不影响婆罗洲作战的情况下分出部分兵力参加代号"丽塔"的东盟国家演习。下面这份小队调动记录可以让我们更好地理解第845中队的东南亚之旅：

  1962年11月2日 "阿尔比翁"号

  1962年12月14日 古晋

  1963年1月7日 "阿尔比翁"号

  1963年1月10日 建立森巴旺小队，直至1963年2月12日

  1963年2月12日 全队开赴森巴旺

  1963年4月9日 建立古晋小队，直至1963年7月27日

  1963年4月17日 "阿尔比翁"号

  1963年8月18日 建立纳闽小队，直至1963年9月30日

  1963年8月19日 建立诗巫小队，直至1963年9月8日

  1963年9月26日 建立诗巫小队，直至1965年6月23日

  1963年9月30日 建立古晋小队，直至1963年12月15日

  1963年10月1日 建立美拉牙小队，直至1963年11月1日

  1963年11月1日 建立南加盖特小队，直至1965年6月23日

  1964年1月29日 "阿尔比翁"号

  1964年3月10日 建立Semangyang小队，直至1964年6月4日

  1965年6月23日 "堡垒"号

  1965年9月3日 英国本土库德罗斯海军航空站

突击队母舰的更多任务细节

  参与婆罗洲对峙的所有英联邦国家部队，其最大的靠山无疑是皇家海军的航母特混舰队。若有必要，这支舰队完全有能力摧毁印尼的舰队和岸基航空兵。幸运的是，这种"必要"一直没有发生。但皇家海军打击舰队的另一支新锐力量，突击队母舰及其直升机部队，却在这一战事中倾尽全力。从1964年5月起，专门设计用于突击队运输的双引擎"威塞克斯"HU5直升机开始替代"威

塞克斯"HAS1和"旋风"HAS7。事实证明，这一型直升机十分适合这一任务。1961年的科威特危机与地中海、中东和远东的一系列演习都显示，搭配有一支陆战队突击营的突击队母舰在两栖突击中十分有效，而与印尼的对峙则展现出这一类型军舰更广泛的用途。正如我们在之前的章节里看到的那样，海军参谋部里的一部分人未能理解1957年之后世界形势的变化对一支能够扑灭"丛林冲突"式战争的舰队提出的真正需求，他们高估了传统战舰的价值，却低估了两栖直升机母舰的作用。这其中一部分原因可能在于他们认为殖民时代的结束对英国的影响无非是诸如马来西亚这类新兴国家独立而已。但实际上，英国很快发现自己根本不可能置身事外，对这些新兴盟国负有的责任使其仍然需要一支能够实施快速干预的军事力量，在相当长的一段时间里继续应对那些危及英国自身、盟国和英联邦国家安全的事件。这一段时间很长，直至本书成文的2015年仍未结束。

1965年时，突击队直升机中队是一个很大的单位，编有4个小队。任何时候都有2个小队在婆罗洲参加对峙，其余小队则待在母舰上，用于其他两栖行动和演习。各个小队之间经常轮换，这样所有的飞行员都能时时习惯两栖突击任务，同时共享在诗巫和南加盖特的实战经验[17]。对所有参与其中的军队而言，丛林战都是一件极其困难的事情，所有在婆罗洲执行任务的部队平均三个月左右就会被新的部队接替。一线步兵部队最担心的事情就是一旦突击队母舰被调走，他们的后勤将会供应不上。于是，客串"送货郎"就成了突击队母舰的重要工作，虽然这意味着母舰常常要和自己派出去的直升机分队相距甚远。把婆罗洲对峙中突击队母舰的作用与20世纪50年代初期实战中"独角兽"号的任务做对比，是一件十分有意思的事。虽然两者任务不同，但都很重要，这充分表明在局部战争中大甲板"支援舰"是舰队十分重要的组成部分，英军本应更早认识到这一点。实战证明，突击队母舰上的2支"威塞克斯"HU5直升机小队可以在一天内将一个营的部队连同其装备一同送上前线，同时把原来的部队运出来。从婆罗洲到新加坡的航运班次不多，这反而使得那些即将被撤出或调入的部队得到更多的时间来进行必要的集结、准备和休整。

突击队母舰另一项令人始料未及的活计是帮陆军和空军运送轻型飞机。陆军航空队的德·哈维兰"海狸"和皇家空军手中苏格兰飞机公司的"先锋"两种轻型飞机都在边境的丛林上空四处飞翔，英国陆军的工兵为它们建造了简易起降场供其起落。这些飞机经常需要被送回新加坡基地维护，替换飞机则会从新加坡运来。通常情况下这需要把飞机拆解、装箱，再装上货船来回运输，但实际上在婆罗洲根本不用这么复杂。英国陆空两军的飞行员们只要稍加训练，就可以驾驶这些轻型飞机在突击队母舰上起降，这将大大简化飞机运输的程序，远东地区也就不需要那么多备用飞机了。还有一项功能是支援步兵营。起初人们认为只有陆战队突击营才能有效依托突击队母舰作战，但婆罗洲的战事显示，在这样的低烈度战斗中，英联邦国家的任何一个步兵营都可以有效背地靠突击队母舰作战。不仅如此，"阿尔比翁"号的实战经验还表明，哪怕是连会说英语的人都没几个的马来西亚营，在训练几天后都可以获得令人满意的上舰作战能力[18]。突击队母舰的行动都是经过认真思量的，她们会根据计划在婆罗洲海岸外巡航，接应驻陆上基地的直升机小队的轮替，并把物资和补给送到诗巫基地，由此实现部队、车辆和直升机的输送。除了"威塞克斯"直升机，突击队母舰还能使用登陆艇和驳船转运人员、装备和车辆，这些车辆中不仅有3吨卡车，还有轻型装甲车。诸如食物、弹药、燃油和饮用水之类的军用物资都可以用直升机成批地运到前线。突击队母舰实际上成了可以支援各处前线的移动基地，她巨大的空调舱室为前线战士提供了伤员撤运、医疗救护、洗衣等服务，同时还是舒适的工作间和休息娱乐空间，还有很多其他在岸上找不到的设施，不胜枚举。

　　虽然大部分精力都用在了支援岸上作战方面，突击队母舰仍然能够有力支援海岸外的海军特混舰队，舰上的直升机仍然是合格的中型鱼雷反潜直升机，还可以使用SS-11导弹打击来袭的敌方快艇。和科威特行动时一样，突击队母舰承担的对空引导和特遣队指挥任务在很长一段时间里都是三军联合作战不可或缺的。1965年年末，"阿尔比翁"号的指挥班子意识到本舰的许多工作事项都具有三军联合的特点，全体舰员都要能够理解其他军种所面对的问题，并且知道如何预见并解决问题。如果硬要给突击队母舰的概念再做一个评价的话，他们认为，在所有军舰都在做"兼职"的和平时期，再也没有别的军舰能像突击队母舰这样频繁地做自己的本职工作了。

第十一章　婆罗洲丛林的奇幻之旅　351

△摆拍的宣传照，第845中队一架"威塞克斯"HAS1在"阿尔比翁"号上空飞过。航母甲板上还停放着其他的"威塞克斯"和"旋风"直升机。20世纪60年代初期这两种直升机都涂成沙漠黄色，中队里不同飞机用单个字母而非数字来区分。直到21世纪，英国的突击直升机部队都还沿用这一做法。（作者私人收藏）

352　决不，决不，决不放弃：英国航母折腾史：1945年以后

△婆罗洲行动期间，"堡垒"号用左舷起重器支起输油管，为"伍拉斯顿"号近岸扫雷艇提供补给。甲板上排列着第846中队的"旋风"直升机。（作者私人收藏）

"威塞克斯"HU5直升机

和HAS1型不同，"威塞克斯"HU5型直升机装备2台各1320轴马力的罗尔斯-罗伊斯"土神"自由动力涡轮机和一套改进版变速箱，最大起飞重量提高到6.17吨。这一型"威塞克斯"最多可以搭乘16名全副武装的陆战队员，根据机上的燃油情况和周围环境，最多可吊挂1.36吨的装备。它的原型机XS241号于1963年5月首飞，其集中试飞单位——第700V中队于当年12月在库德罗斯海军航空站组建。1964年5月，第848中队重建后便装备了该型直升机。第845中队从1966年1月起也换装了"威塞克斯"HU5。此外，还有2支一线作战中队装备了这型直升机，分别是第846中队（1968年7月起）和第847中队（1969年3月起）。

"堡垒"号在对峙期间的战绩

1964年年初，"堡垒"号突击队母舰加入英国远东舰队，接替了久战兵疲的"阿尔比翁"号。她的任务是为在印马边境的婆罗洲丛林中支援地面部队作战的直升机分队提供主要支持，同时搭载皇家陆战队突击营，保持在面对突发事件时迅速发动两栖突击的能力。到1965年9月，这艘舰已经在远东待了18个月，航行里程15.5万千米。其舰载直升机在任务期间累计飞行11905小时，起落8546架次，运输19992人次，吊运车辆1872辆次。为了执行岸上、舰载两方面任务，第845中队向婆罗洲陆上基地派出了7架"威塞克斯"、2架"旋风"和1架"席勒"轻型直升机[19]，同时在舰上保留了9架"威塞克斯"和2架"席勒"[20]。驻婆罗洲的7架"威塞克斯"要负责沙捞越第二区和第三区的作战，其面积和整个苏格兰大致相当，他们依托诗巫的主基地和南加盖特的前进基地，月均飞行时数达到了350小时。1965年3月初，"堡垒"号的多才多艺得到了一次展现机会。当时，她运载了皇家空军的12架"旋风"直升机、2架"先锋"轻型飞机，陆军航空兵的4架H-13"苏族"直升机和皇家工兵用于在丛林中建造简易机场的一套设备，包括一辆压路机和一台碎石机，把它们送到了婆罗洲的多个不同地点。当月晚些时候，"堡垒"号还与"胜利""鹰""墨尔本"三艘航母一起参加了影响甚大的英联邦联合军演"舰队战斗演习65"。第845中队的一个分队在南加盖特基地待了超过2年，

△ 参加"舰队战斗演习65"的航母纵队,摄于"鹰"号。舰艉后方依次是"堡垒"号、澳大利亚"墨尔本"号和英国"胜利"号。近处飞行甲板上停放的飞机是第899中队的一架"海雌狐"FAW2,第800B中队的几架"弯刀"F1和第820中队的一架"威塞克斯"HAS1。(作者私人收藏)

直到1965年6月23日被第848中队接替为止。第845中队也因为在保卫马来西亚行动中的卓越表现荣膺1964年度的博伊德奖杯。但更令中队官兵们感动的是他们与当地伊班人结下了深厚情谊,当地人给他们送来了家纺的布料、机织的毯子、装饰得很漂亮的帕兰刀①,以及用木头精心雕刻的犀鸟。住在长条屋里的伊班人还捐款为那些在保卫祖国免遭侵略的战斗中牺牲的英国海军官兵修建了永久的纪念碑。毫不夸张地说,英国海军直升机部队在当地深得人心,这为英军对峙行动的胜利做出了重要的贡献。

---

① 马来西亚当地的带鞘砍刀。

第848中队在婆罗洲

第848中队在诗巫和南加盖特的岸上基地一直待到1965年9月、皇家空军第110中队的直升机前来接替他们为止。随后第848中队移驻纳闽,直至1966年对峙结束。"威塞克斯"HU5直升机更大载重量和双发动机带来的更高可靠性在丛

△ "阿尔比翁"号第848中队"G"分队一架"威塞克斯"HU5将一队廓尔喀巡逻队机降在皇家工程兵修筑的一处山顶降落平台后重新起飞。(作者私人收藏)

林作战中都是十分重要的。英军在丛林战中逐步发展出了双机或三机战术模式，2～3架"威塞克斯"结伴从南加盖特或诗巫起飞，飞到丛林中预先开辟的圆形空地，投下物资和无线电设备，对指定区域拍照，或者运来兵员替换地面上的巡逻队。HU5型机更大的载重量使得第848中队每一个架次都可以执行先前"威塞克斯"Ⅰ型机要两个或更多架次才能完成的任务。当他们离开南加盖特的时候，所有人都很难过，因为"任何在那里工作过的人，无论时间多短，都会深深爱上那个地方"[21]。大家都感到自己在艰苦的条件下漂亮地完成了一项重要的使命，他们与自己保卫的当地人民之间建立的深厚感情尤其值得一提。婆罗洲的行动不仅仅是英军压制地区冲突的早期成功实践之一，它还成了评价其他战役是否成功的准绳。

△第848中队"Q"分队一架"威塞克斯"HU5从南加盖特三号停机坪上起飞。这架直升机的主起落架支柱上装有武器挂架，但并未挂载任何武器。（作者私人收藏）

1965年年底，情况已经明朗，印度尼西亚阻止新国家马来西亚成立的目的已经无望实现，但战斗还是拖到了1966年。当年3月，廓尔喀营的一部分兵力在沙捞越伏击了一支印尼军队，俘虏37人，己方无一伤亡。随后冲突规模逐渐缩小，直到1966年8月11日，印尼与马来西亚在经过数月的谈判之后于泰国曼谷签订和平协议，战事彻底结束[22]。通过持续而有效的武力震慑与迅雷不及掩耳的短促出击，英军保住了马来西亚的独立，这些战斗也显示出直升机在困难地形上赋予小部队高度机动性的重大价值。和先前的战争一样，婆罗洲战事为英军留下了一批技艺精湛的官兵，他们可以熟练使用手头装备，有条不紊地在全球各地迅速出手，阻止侵略和应对灾害。突击运输直升机中队也成了皇家海军打击舰队的重要组成部分，即便到了21世纪的第二个十年，这些直升机中队仍然被人们称为"丛林魔鬼"，这是他们数十年前在婆罗洲那一轮行动的纪念。第848中队在婆罗洲的历程如下：

1965年3月12日	"阿尔比翁"号
1965年4月28日	进驻森巴旺基地
1965年5月23日	派遣分队至诗巫，直至1965年9月18日
	派遣分队至南加盖特，直至1965年9月15日
1965年7月12日	派遣分队至巴里奥，直至1966年8月5日
1965年9月20日	移驻纳闽，至1966年8月5日

注释

1. 总部设在这里是为了避嫌，防止外界认为其对先前的某个港口有偏爱。
2. *Flight Deck* (Winter 1962/3), p 17.
3. 1965年，新加坡脱离马来西亚联邦，成为英联邦里的一个独立国家。
4. John Roberts, *Safeguarding the Nation – The Story of the Modern Royal Navy* (Barnsley: Seaforth Publishing, 2009), p 48.
5. *Flight Deck* (Winter 1962/3), p 22.
6. Grove, *Vanguard to Trident*, pp 245 et seq.
7. *Jane's Fighting Ships*, 1964–5 Edition, p 126.
8. William Green and Dennis Punnet, *Macdonald World Air Power Guide* (London: Macdonald, 1963), p 13.
9. Roberts, *Safeguarding the Nation*, pp 49 et seq.
10. 同上，第50页。
11. 引自丹尼斯·希利1967年11月27日在英国下院的演讲，文字见于《英国议会事录》。
12. Sturtivant and Ballance, *The Squadrons of the Fleet Air Arm*, p 268.
13. *Flight Deck* (Winter 1963/4), p ii.
14. *Flight Deck* (Summer 1964), p 23.
15. 著名的蒙巴顿将军利用自己的影响力，总能搞到最新的片子并发给海军各舰队。能在军舰上和前线看到最新的电影，这可是个稀罕事。但遗憾的是，随着DVD和在线影视的普及，任何人都能随时随地看到任何电影，蒙巴顿给皇家海军官兵们带来的这一大福利也就慢慢被人淡忘了。
16. *Flight Deck* #3 (1965), pp viii et seq.
17. *Flight Deck* #4 (1965), p 26.
18. 然而若要应对复杂的激烈战事，还是只能依靠皇家海军陆战队。
19. "席勒"是一型轻型直升机，最大起飞重量只有1.13吨，主要用于为上陆作战的皇家陆战队提供战场侦察。这些直升机的任务后来移交给了第3突击旅航空中队和第847舰载直升机中队。
20. *Flight Deck* #4 (1965), p 41.
21. *Flight Deck* #1 (1966), p 23.
22. Robert Jackson, *The Malayan Emergency & Indonesian Confrontation – The Commonwealth's Wars 1948–1966* (Barnsley: Pen & Sword Military, 2011), p 139.

第十二章
英国核威慑与海军部的终结

  20世纪50年代的各届英国政府都将核威慑视为国防政策的基石，至于如何才能最有效、最经济地实现核威慑，英国的政策制定者们却摸索了十余年。起初，英国政府一边维持相当强大的常规武装一边投资发展核武器，但是随着热核武器的发展，东西方两大阵营间几乎不再可能爆发常规战争，于是所有非核军力都被大幅度裁撤。到20世纪50年代末期，英国很显然已经无法再同时负担有实力的核武装与遍布全球各基地的大规模常规部队了。于是，他们选择将主要财力投向核武器及其投送能力。此举并不明智，皇家海军打击舰队和其他主要常规武力很快就会因此受到沉重打击。本章，笔者将对英国核威慑力量的发展过程做一个简单的介绍。这样，我们就可以看到英国投资发展各种核投送能力的决策与航母打击舰队及其卓有成效的实战之间的鲜明反比。英国皇家空军原本想要打造一种全新的战争模式，即不再需要陆海两军，单独依靠空军就能赢得战争的胜利。但令人伤感的是，英国政府最终做出了不再发展有人驾驶轰炸机的决定，这敲碎了空军的梦想，使得他们不得不转而为证明自己的存在价值而努力。从那以后，白厅里关于英国应当采用何种形式的核常防卫力量的无谓争论一直持续到了今天。在这一争论的高峰时期，原本独立的海军部被划归重新组织的国防部的管辖，这一变化给海军问题的讨论方式带来了剧变。

英国的核威慑

  伦敦是世界上第一座体验过巡航导弹和弹道导弹打击的城市，这些导弹指的是1944—1945年间纳粹德国的V-1和V-2导弹。虽然有着对新战争形态的直观经验，但英国在制定核投送系统的第一份计划时却缺乏想象力，其贫弱程度令人吃惊。后来撰写了海上战争正史的皇家海军上校 S. W. 罗斯基尔作为英国海军代表目睹了1946年美国的比基尼岛核试验，这一幕深深震撼了他。在后来的报告中，他提出，如果一艘"看起来人畜无害"的商船进入英国某个主要港口引爆一枚核弹，英国就会遭受重创。1952年，英国在蒙特·比洛岛外的"普利姆"号护卫舰上引爆了第一枚原子弹，这也折射出英国人确实在考虑将舰船作为核武器的投送工具[1]。此时，皇家空军在英国本土的各个基地拥有大量的常规轰炸机，对那些又大又重的第一代实战型核武器而言，这些轰炸机才是最理想的投放工具。20世纪40年代后期，英国空军与多家公司签订了新一代轰炸机的设计合同，这在当时被视为极富前瞻性的举措，但是在这些轰炸机漫长的开发历程中，人们又发现这一做法似乎也没多少前瞻性。所有这些轰炸机方案都是根据B35/46设计标准开发的，也就是说，新轰炸机的速度和作战高度都要达到阿弗罗"林肯"机的两倍，"林肯"是二战时著名的"兰开斯特"轰炸机的放大型。最后英国空军得到了三套设计方案。其复杂程度各不相同，英国空军起初打算对三种设计的原型机进行对比试飞，再择其最优者下达批量生产合同。然而，这三种机型后来都投入了批量生产，而且全都装备了皇家空军轰炸机司令部，此举令英国空军多花了不少钱。虽然1954年11月5日，后勤供应部的一份备忘录指出，预计到1960年时苏联的防空能力将获得长足进步，届时任何使用自由落体炸弹对苏联目标进行高空水平轰炸的战术都将危险到无法实现，但英国政府还是花了相当一笔费用来提升这三种轰炸机的作战高度。这三型轰炸机的名称都以字母"V"开头，因此它们都被统称为"V"系列轰炸机[2]。这其中最早服役的是1954年装备部队的维克斯公司"勇士"轰炸机，它的最大飞行速度为0.84马赫，实用升限17000米，携带一枚核弹时的航程刚刚超过3200千米。基础型号"勇士"B1型机制造了104架，此外还有两个衍生型号，分别是照相侦察机和空中加油机，这也是皇家空军装备的第一型空中加油机。有趣的是，看到当时皇家海军正致力于开发在敌方雷达探测范围以下飞行的低空攻击战术（这一思路发展成了"掠夺者"攻击机），维克斯公司自筹资金开发了"勇士"B2型轰炸机，它装备了重新设计以适应低空飞行的机翼。虽然这一机型成功试飞，但轰炸机司令部却并不看好它的价值，因此也没有下达生产订单[3]。

第二型根据B35/46标准设计的中型轰炸机是拥有52°固定后掠角大型三角翼的阿弗罗"火神"。这在当时无疑是一款革新性的飞机。但在英国航空工业大

△停放在皇家空军盖顿基地的"勇士"B1轰炸机群。与被其替代的"华盛顿""林肯"和"兰开斯特"轰炸机相比,这些飞机飞得更快更高,但是武器系统的改进不大。(作者私人收藏)

衰落的背景之下,其研发进度很慢,因此生产订单直到1952年才下达。试飞发现,在高空极限速度飞行时,一旦遇到加速度,"火神"轰炸机的大型三角翼就会发生振动,进而导致金属疲劳。因此机翼被重新设计,内半侧机翼的前缘后掠角降低了10°,外半段再逐步加大。首架生产型"火神"于1955年首飞,第一支装备"火神"B1的作战中队于1957年成立。这种中型轰炸机可挂载1枚自由落体核弹或至多21枚454千克炸弹,在15240米高空的最大飞行速度为0.92马赫,作战半径2700千米。随后英国人继续提升该机的高空性能,研发出了B2型机,于1957年首飞。这一型号装备了动力更强的布里斯托尔·西德利"奥林巴斯"发动机,并且重新设计了机翼,最大升限达到19800米,最大速度为0.97马赫。第一支装备"火神"B2的部队于1960年形成作战能力。

最后服役的"V"系列轰炸机是汉德利·佩季公司的"胜利者"。它是三型"V"系列轰炸机中最先进的一种,拥有独一无二的翼身融合设计,处于临界马赫数时气流可以沿着小角度后掠翼持续而稳定地从翼根流到翼尖。但业界普遍怀疑汉德利·佩季公司没有能力将这一新锐的设计方案开发出来。"胜利者"原型机于1952年下半年首飞成功，但随后却在1954年由于构件疲劳而坠毁，当时飞机的垂直尾翼在低空转弯时断裂。第一支装备"胜利者"B1轰炸机的作战中队在1958年形成战斗力，不过和"火神"一样，英国空军花了不少钱来提升它的高空性能。于是"胜利者"B2应运而生，它装备动力更强大的罗尔斯-罗伊斯"康威"发动机，增大了机翼面积，实用升限达到18300米，但是这一型号迟至1962年才服役，此时它的整个设计已经过时了。该机在18300米最大升限上的最高速度为0.95马赫，作战半径超过3200千米。与"勇士"一样，"胜利者"除了轰炸机型外也制造了照相侦察型和空中加油型。它的常规作战能力比"火神"更强，不挂载核弹时可挂载至多35枚454千克炸弹。从轰炸机部队退役后，一部分"胜利者"被改造成了空中加油型，并在皇家空军中一直服役到20世纪90年代。

△一架准备降落的"胜利者"B2轰炸机，弹舱里挂着一枚"蓝钢"导弹。注意，飞机起落架放下时，导弹下部单翼向左折叠以保证距离地面有足够空间。虽然有这样的设计，但这种导弹仍然不算好用。（作者私人收藏）

1964年，皇家空军最终确认，对苏联进行高空水平轰炸的战术已不再可行，于是"V"系列轰炸机便转而进行低空突破战术训练，这些轰炸机原本并非为此设计。当皇家空军核威慑的任务完全由"火神"和"胜利者"来承担之后，"勇士"轰炸机在北约中的任务变成了低空战术轰炸机。但是在1965年，多架"勇士"轰炸机的机翼大梁上出现了金属疲劳裂纹，于是整个"勇士"机队完全停飞，飞机也被拆解。转向低空突破战术的一个最直观的体现就是"火神"和"胜利者"涂装的变化。这两型轰炸机之前通体都是反光性好的亮光白色，这可以降低核爆光辐射对飞机的冲击，现在飞机的上表面都改成了有光泽的灰绿双色迷彩，为的是让从上空飞过的敌方战斗机飞行员在俯视时无法轻易目视发现它们，不过机体下表面仍然是白色的。

"蓝钢"导弹

为了让V系列轰炸机部队在1960年之后仍具有突破苏联防空网的机会，空军参谋部在1954年发布了OR1132作战需求，想要开发一型能够携带核弹头、从轰炸机发射攻击预定目标的超音速导弹，从而使轰炸机不必进入敌方的防空火力范围[4]。后勤供应部委托阿弗罗公司来设计这型导弹（虽然阿弗罗此前并没有这方面的经验），并将项目命名为"蓝钢"，这一名称一直沿用到了导弹服役之后。导弹装备一台阿姆斯特朗-西德利的"大嗓门"液体燃料火箭发动机[5]，射程240千米。弹上装有一台艾略特兄弟公司研制的陀螺惯性导航系统，其导航精度比载机上的导航系统好得多，机上的领航员可以利用半埋在机身里的导弹上的导航设备来引导飞机到达指定投放位置。液体燃料火箭发动机在导弹服役后成了一个麻烦，因为液体燃料必须在飞机起飞前由身穿特制防护服的工作人员在尽可能短的时间里人工充入弹体，而整个发射前的准备工作需要耗费7个小时，这意味着"蓝钢"导弹根本不可能是一种快速反应武器。很显然，这一准备工作必须在飞机起飞前完成。不仅如此，那些需要进入"4分钟待命"状态的值班飞机所挂载的导弹也需要提前灌注燃料。另外，飞机结束待命降落后，导弹的液体燃料还得放出来，接着还要对导弹进行全面检查。这个过程如此烦琐，你根本不能把它理解为"一枚弹药"。研发初期，后勤供应部暂时无法确定导弹是否

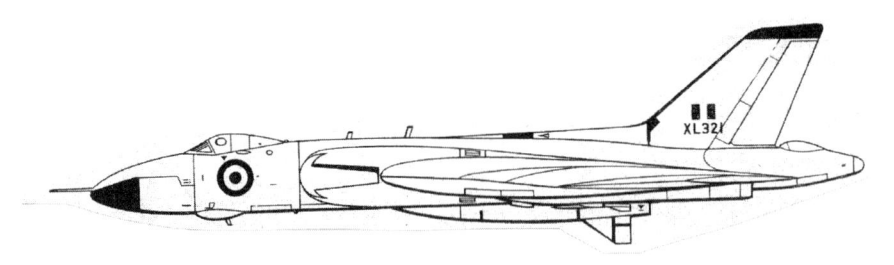

△线图，挂载"蓝钢"Mk1导弹的"火神"B2轰炸机。（作者私人收藏）

要安装现有的"橙先驱"或者"绿竹"核弹头，他们只是要求导弹能够容纳直径1.14米的球形"绿竹"内爆式核弹头[6]。但随着英美两国核武器联合研发项目的推进，"蓝钢"导弹最终确定装备110万吨当量的"红雪"核弹头，也就是英国版的美制W-28热核弹头。为了加快"蓝钢"的服役，从1960年开始，英军开始把试验弹空运到澳大利亚的乌梅拉武器试验场，装到V系列轰炸机上进行试射。至此，英国政府认为"蓝钢"算是入役了。他们特地叫停了可靠性更高的Mk2型弹的开发以全力保障Mk1型弹的生产。但实际上，"蓝钢"还是多花费了足足3年，直到1963年2月才装备部队。即便是到了这时，英国空军也只有48架"火神"和"胜利者"轰炸机经过改造，能够在新的弹舱里挂载"蓝钢"。这就意味着若真要参战，大部分V系列轰炸机只能使用自由落体炸弹。

导弹上的"大嗓门"火箭发动机是一种两级火箭，发射后，第一级火箭将提供10.89吨的推力，推动导弹以1.5马赫的速度沿预定航线飞行。接近目标后，第二级火箭点火，以2.72吨的推力让导弹在短时间内达到3马赫。飞到目标位置后，火箭关机，导弹下降到预定高度，"红雪"核弹头空爆。"蓝钢"导弹服役后不到一年，皇家空军轰炸机司令部的战术就从高空轰炸改为低空突破，于是导弹也经受了一系列匆忙的改造，以便在300米的超低空发射。1969年，"蓝钢"最后一次挂载在轰炸机上起飞升空。1970年，它正式退役。据信，1966年时轰炸机司令部的一份报告批评了"蓝钢"的可靠性并警告说，如果真的发射出去，那么很多导弹会哑火。

英美协作

随着"勇士"轰炸机在1955年服役和英国在热核技术方面的进步,美国终于同意在核武器的研发、存储和使用方面与英国开展更紧密的合作。1955年9月,美国空军参谋长纳特汉·F. 特文宁将军受命与英军对应岗位的皇家空军元帅威廉·迪克逊爵士[7]举行会议,这次会议成果丰硕。会后,美国国防部长查尔斯·威尔逊授权美国空军在爆发大战时用美制原子弹武装英国皇家空军,同时美国战略空军司令部(SAC)将和皇家空军轰炸机司令部共同商定核打击计划。结果轰炸机司令部和美国战略空军参谋部共同拿出了一份联合战争计划,"充分考虑了皇家空军领先于从美国本土出发的美军战略轰炸机部队主力几个小时,第一波抵达目标上空的能力"[8]。按照最初的计划——当然这份计划后来每年都要重新评估和修订——英军轰炸机司令部被指派了106个攻击目标。但这里有个很大的问题:两国政府都不允许本国空军向对方公开自己将对各个目标使用何种武器。这就极大限制了双方的协作,并且不可避免地带来工作重复和资源浪费。值得一提的是,这一协作经受住了1956年苏伊士危机中英美关系紧张的考验,一直持续到1968年英国轰炸机部队放弃核打击任务为止。英美核武合作还有另一个方面,也就是美国所称的"E"项目,这一项目旨在向英国的"勇士"和"堪培拉"战术轰炸机提供美制核弹。驻扎在马尔哈姆、瓦丁顿和霍宁顿的"勇士"轰炸机中队将装备Mk5型核弹,轰炸机司令部和驻德皇家空军的"堪培拉"轰炸机将装备Mk7型核弹[9]。这项计划在轰炸机司令部中一直延续到1963年,在驻德皇家空军中则延续到1969年。这些核弹平时必须由美国政府直属的管理机构保管,但皇家空军却无法将所有轰炸机都部署到美国人的地盘上去。这一限制在1962年10月的古巴导弹危机期间表现得格外尖锐。当时英国空军希望令驻扎在马尔哈姆并交由驻欧战略空军指挥的3支"勇士"轰炸机中队挂上核弹分散部署,而按照核弹保管规则,这是不可能的。美国人很快也发现美国空军并没有足够的管理军官来控制如此大量的核武器[10]。于是,驻欧美国空军总司令干脆同意将这些核弹移交给马尔哈姆基地的英军司令保管。此举无疑彰显了英美两国空军之间毫无保留的信任,而这种信任还在与日俱增。

△1960年2月，皇家空军菲尔特维尔基地第77中队的一枚"雷神"中程弹道导弹起竖进入待发射状态。图中右侧可看到导弹掩体的一部分，此时它已沿轨道推离导弹，为导弹灌注燃料和液氧的管道已经通过导弹左侧的结构接入弹体。弹体下部的发射臂会承载导弹的重量，直到它完全竖起为止。（作者私人收藏）

"雷神"中程弹道导弹

英美两国还有另一个重大合作项目，也就是后来所谓的"艾米丽"计划：美国总统德怀特·D.艾森豪威尔和英国首相哈罗德·麦克米兰在1957年3月的百慕大会议上达成共识，美国政府同意向英国"租借"60枚道格拉斯公司的"雷神"中程弹道导弹（IRBM）。这些导弹的专用辅助设备和人员训练将由美国免费提供，但发射设施和负责操作这些导弹的部队则由皇家空军轰炸机司令部负责。为此，英军重新启用了20个基地——这些都曾是二战期间的轰炸机基地，将其整饬一新，并各建造了3套导弹发射架。"雷神"导弹部队被编为轰炸机司令部第三大队，20个发射基地集中在4个区域，每个区域都有1个主基地[11]和4个外围基地[12]。每个基地里负责发射3枚导弹的部队被编为一支中队，其编号则沿袭自二战期间驻扎在同一基地的轰炸机中队。古巴导弹危机期间，英军所有60枚导弹中的59枚都做好了战斗准备。

"雷神"导弹是由道格拉斯公司为美国空军设计制造的，射程2400千米，属于中程弹道导弹。发射架起竖时弹体高19.8米，圆柱体弹体直径2.74米。导弹充满燃料时全重49.8吨，由一台达因公司的LR/9-NA-9液体燃料火箭发动机驱动，发射推力达68吨。发动机燃烧时间为165秒，弹道顶点高度可达480千米。导弹的战斗部是一枚W-49氢弹，装在圆头的Mk2型再入舱里。战斗部重1吨，爆炸当量为1.4千吨①。试射显示，"雷神"系统相当可靠，弹头落点与预设目标的圆公算偏差仅有800米多一点。虽然这些导弹都涂着英国空军的同心圆机徽，由皇家空军官兵操作，但其战斗部却要由美军保管。未经英美两国政府同时批准，这些导弹不能安装战斗部，更不能发射[13]。1959年1月，首批"雷神"导弹中队——第77、97、98和144中队在四个主基地宣布形成战斗力，其余16支中队在1959年7—12月间陆续完成战备。1959年4月到1962年6月，皇家空军的导弹部队总共在美国的范登堡空军基地进行了21次"雷神"发射训练，蒙巴顿勋爵及夫人参观了1959年10月6日进行的代号为"出境游"的发射演习，而另一次代号为"查坦宗族"②的演习则第一次使用了从英国运回美国的导弹。

---

① 原文如此，实际应为50万吨。
② 中世纪时苏格兰的一个名门望族。

"雷神"最大的弱点在于那台以煤油作燃料、以液氧作氧化剂的液体火箭发动机。平时，这些导弹都水平存放在装在轨道滑车上的加固包装筒里，每一枚导弹的推进剂都存放在发射架近旁的存储罐里，不过液氧在常温下会沸腾，只能装在密封容器里。一旦拉响警报，加固包装筒就会沿着轨道被拉出来，导弹则装在发射架上起竖[14]。导弹完成检测后，其推进剂箱里就会被注入液氧和煤油，其中前者要等按下发射钮后才会解封注入。在这个过程中一旦遭到突袭，导弹及其发射架就会十分脆弱。由于英国部署在法林戴尔斯的弹道导弹早期预警雷达只能提供4分钟的预警时间[15]，英国人根本不能指望用"雷神"导弹来反击苏联人先发制人的打击。不过，英国还是要想方设法保证能有一部分导弹在那个时候的一片混乱中打出去。为了能够及时反应，英军每天都会令一小部分导弹保持燃料灌注完成、随时可发射的状态。即便数量不多，这些导弹的威慑作用也比那些过时的V系列轰炸机和它们的自由落体炸弹强得多。根据英美两国原先的计划，"雷神"导弹将在英军中服役至1968年，之后由英国自行研制的中程弹道导弹（MRBM）替代。但是当英国的替代型号被取消后，英国政府转而决定采购美制"北极星"潜射弹道导弹系统。至此，"雷神"导弹也就没有继续保留在部队里的必要了，因为反应速度过慢，这种导弹已经过时了。1963年，"雷神"导弹从英军中退役，被归还给美国，在美国的太空计划里继续发挥余热。

"蓝条纹"导弹

二战后，英国国内具有重大影响力的国防研究政策委员会（DRPC）研究了德国火箭科学家的杰作，得出结论：英国也应当研制弹道导弹系统以作为核威慑能力的主要载具。有趣的是，他们也同时提议开发一型反弹道导弹系统，但是这一项目在20世纪50年代后期被终止，因为英军当时相信，弹道导弹一旦发射出去，就会对任何防御方法免疫，而且，研制反弹道导弹所需的费用也是英国无法独立承担的。虽然当时英国人希望让本国企业来制造这些导弹，但英美合作从一开始就被确定为整个项目的基调。时任后勤供应大臣邓肯·桑迪斯在1954年与美国的相关应部门签署了一份协议，两国将共同制造反弹道导弹并共享相关技术。桑迪斯对导弹很感兴趣，他一定是将这一项目当作了自己最大的政绩。最后，

△在澳大利亚乌梅拉武器试验场，一枚"蓝条纹"原型弹正在操作台上起竖至垂直状态以进行燃料灌注和发射前准备。通过照片左侧站立的人与导弹的对比，可以对导弹的高度有直观的感受。（作者私人收藏）

这一项目在美国演变成了"宇宙神"洲际弹道导弹，在英国则成了德·哈维兰"蓝条纹"中程弹道导弹。

1955年，航空部发布了1139号作战需求（OR1139），即需要一型射程3200千米，可运载一枚氢弹头的弹道导弹。设计与制造这一导弹的合同被授予了德·哈维兰公司。1957年，弹头尺寸确定之后，设计工作就开始了。弹头用的是"橙先驱"，TNT当量72万吨。1957年在圣诞岛进行的代号为"格斗"的一系列核试验正是为了测试这型氢弹。此时，德·哈维兰发动机公司已经与美制"宇宙神"导弹的制造商通用动力公司签署了许可证生产协议，这样就可以使用与"宇宙神"导弹相同的技术来制造英国自己的导弹主体结构，尤其是直接将两个薄壁燃料罐组合成金属蒙皮弹体的箭体/推进剂罐同体结构[16]。同时罗尔斯-罗伊斯公司也获得了"宇宙神"上S3火箭发动机的生产许可证，英国版本对其设计进行了优化以节约重量，并将其生产型命名为RZ-1。"蓝条纹"导弹将使用2台改进型RZ-2火箭发动机。"橙先驱"弹头重907千克，要想从英国本土的基地将如此重量的战斗部发射到苏联，甚至是中东，就必须使用液体推进剂，因为当时固体燃料技术的发展程度还无法满足中程弹道导弹对推力的需求。和"雷神"一样，"蓝条纹"的发动机使用的也是煤油和液氧，这就意味着它将面临和"雷神"相似的问题：就算煤油可以比较长时间地储存在弹体内，液氧也绝对不行[17]，过低的存储温度会在短短几个小时内彻底冻坏整个导弹。液氧只能存储在特制的容器内，放在发射阵地近旁，以便在需要时迅速注入弹体。但是到了开战时再把液氧注入弹体也不太靠得住，这一方面是因为灌注过程太慢，同时由柴油发电机驱动的电泵在核战争开始时那毁灭性的几分钟里也很不可靠。为解决液氧的问题，德·哈维兰提出了一个令人印象深刻的解决方案：在发射架旁加装一个防震真空罐，其中容纳120吨液氧。——这些液氧在常温下会缓慢蒸发，但这没有关系，只要把蒸发出去的氧气重新液化补充进来就行了。一旦接到开火指令，65吨液氧就会在高压氮气的推动下，于短短3.5分钟之内灌入导弹，这些高压氮气被永久性存放在导弹旁的高压气瓶里。完成整备之后，"蓝条纹"的薄壁燃料罐里会存有27吨煤油，罐体承受的压力将在灌入液氧时得到平衡，而给液氧加压的高压氮气在释放时会带来安全问题，这是必须加以解决的。不过德·哈维兰公司在原型弹上就显示出自己能够解决这一问题，使用相同技术的美国空军"宇宙神""巨人"等洲际弹道导弹直到20世纪80年代还运转良好。

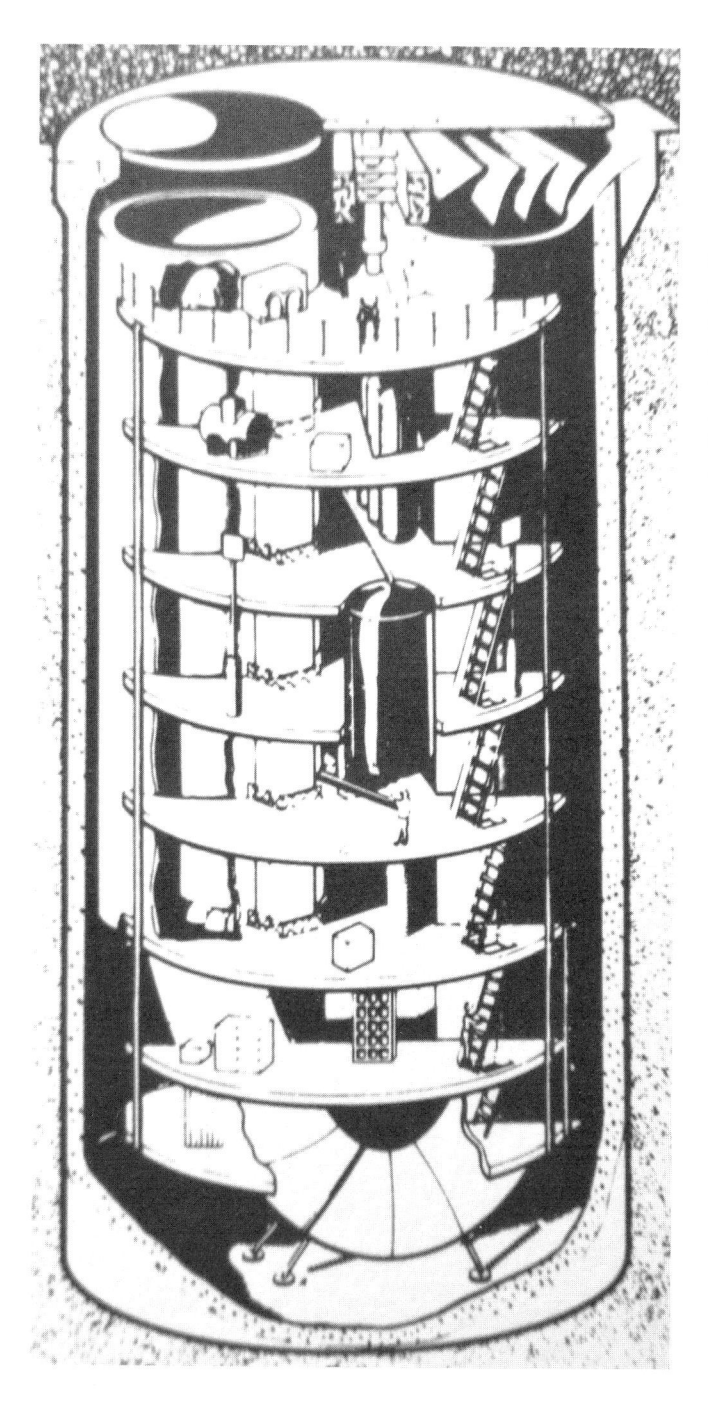

第十二章　英国核威慑与海军部的终结　371

◁专为"蓝条纹"设计的 K-11 加固发射井。顶部是圆形装甲井盖。发射井底的 U 型管可以将导弹发射时喷出的高温废气通过发射井右侧的管道和右上方的喇叭形出口引向天空。发射井里存储有足以充满导弹的液氧，在中央的存储罐里还有相当多的备用液氧。井里还配有发电机和宿舍以备发射组成员在高度警戒时使用。（作者私人收藏）

英国皇家空军清楚地知道，"雷神"导弹最大的弱点其实是它的发射装置暴露在地面之上，因此"蓝条纹"导弹从一开始就准备部署在地下发射井里。根据1957年时的一份评估，如果将"蓝条纹"导弹部署在60个加固发射井里[18]，那么就会有相当数量的导弹在苏联的首轮核打击下幸存，从而保留可观的"二次核反击"能力。德·哈维兰对液氧快速灌注系统充满信心，他们认为一定有一部分导弹能在4分钟弹道导弹早期预警的时限之前发射出去。如此，苏联显然无法把加固掩体内的"蓝条纹"导弹全数压制。导弹采用K-11发射井，其中包含一个八角形截面的发射管，直径3.05米，高27.43米。发射管旁装有一个钢制升降平台，可在地面和导弹底部之间升降，以便对导弹进行检测和维护。发射井内壁镶满消音板材，以吸收导弹发射时的巨大噪声。导弹底部设有导流通道，或者说U型管，火箭发动机喷出的强大尾焰将被强制导入向上的垂直通道，从地面喷出。发射管的一侧装有液氧和煤油存储罐，以及用于将液氧灌入弹体的高压氮气瓶。在它们上方是六层楼的装备室、发电机室、仓库和宿舍，还有一间厨房，一旦进入高戒备等级，导弹发射组的成员们都要住进这里[19]。发射井内还拥有12.7毫米的钢制内衬，用以保护井内设备免遭核爆炸引发的强电磁脉冲的影响。直到发射之前最后几秒，整个发射井顶上都盖着一块750吨重的混凝土井盖，它可以沿着滑轨滑动到锁定位置。发射井上还有高压水枪，由井内的水罐供水，用于在打开井盖前清除井盖周围的废墟杂物，以免妨碍发射。设计者的考虑可谓相当周全。

一旦发射命令下达，那些高戒备等级的发射井里的人员就会立即将液氧灌注进弹体。目标是早就选好的，这没问题，但是弹上的陀螺需要启动并稳定，这项工作耗时大约1分钟。发射井被设计得十分坚固，只有被300万吨以上当量的核弹头直接命中才会损毁，因此大部分发射井都有很大的概率挺过苏联对英国的首轮打击。5分钟之内，"蓝条纹"导弹就能做好战斗准备，发射井防爆掩体内的导弹操作人员将会给导弹点火。此时，井盖解锁，随后沿着轨道打开，17秒后导弹就在奔向目标的路上了。两台火箭发动机会持续燃烧4分钟，导弹将在20分钟内抵达目标。火箭发动机工作期间，弹上的艾略特惯性导航系统会不断将导弹的位置和速度与事先设定的数据进行对比，并向两台万向火箭发动机发出指令，对弹道进行修正。在弹道顶点，"蓝条纹"的高度将达到800千米。火箭燃尽后，再入弹头将与火箭分离，箭体坠入大气层并摩擦烧毁。弹头上也装有多个小型火箭发动机，这些发动机被称作"邦卡"（bonker），十分奇怪。制导系统在进行最后一次弹道调整时就会指示不同的"邦卡"是否点火，以获得最精确的末段速度。几秒钟后，一圈小"爆竹"将会点火，赋予弹头再入大气层时的最佳角度，同时驱动弹头旋转从而获得准确性和稳定性。弹头装有热护罩，使其免于在坠向目标时烧毁。[20]最后，引信将在指定目标上空高处引爆"橙先锋"氢弹。

围绕"蓝条纹"导弹的一系列发射试验在澳大利亚乌梅拉武器试验场进行。试验弹装有惰性弹头，弹着区设在澳大利亚西北海岸外布鲁姆南部的达尔加诺，试验经费由英国与澳大利亚两国政府共担[21]。然而到了1959年，英国政府开始对"蓝条纹"项目飙升的成本警觉起来。仅仅一座K-11发射井的价格就达到250万英镑，建造60个发射井就要1.5亿英镑。导弹和弹头的研发费用、批量生产型的制造费用，更是一笔天文数字。桑迪斯对此十分清醒，他指出，任何"土生土长"的英国独立威慑能力，都需要"贴上5亿英镑甚至更高的标价"[22]。1959年，英国政府建立了一个调研小组，对英澳两国已经投入了不少资金的"蓝条纹"项目进行调查并提出建议。他们的调查重点直指最致命的核心问题：导弹能不能在苏联先发制人的全力打击摧毁所有发射井之前打出去？如果答案是"Yes"，那么苏联会不会把一部分核力量专门用于摧毁英国的核武器？或许这个调查组里挤满了"蓝条纹"的对头们，因为他们的报告完全聚焦在其固定阵地的脆弱性上，并且得出结论，导弹很难在4分钟的预警时间内发射出去。但值得注意的是，他们还认为一部分有人驾驶的V系列轰炸机能够在接到警报后4分钟内升空，从而从首轮打击中幸存。这个所谓的调研小组或许并不知道苏联的首波核打击能够摧毁多少个发射井，因此他们理解中的"预警时间"与实际情况完全驴唇不对马嘴。弹道导弹完全可以凭借发射井获得理想的二次反击能力。他们竟然以为散布在大约20个机场上，对空爆核武器毫无防护的轰炸机会比要60枚核弹直接命中才能摧毁的弹道导弹更易于生存，这实在是可笑之至。但这伙人还是令英国政府相信，弹道导弹项目应该被取消。那么，澳大利亚那边怎么办？人家也是花了钱的。最后，居然是第一海务大臣、海军上将查尔斯·拉姆比爵士在1960年3月访问澳大利亚，亲口告诉罗伯特·门吉斯爵士弹道导弹项目被英国政府取消的事情[23]。

导弹项目结束后，英国政府又启动了另一个被视为"终极威慑"的昂贵项目，但却全然没有考虑其总运营成本，也没有考虑它是否能够达到英国政府的战略目标。轰炸机司令部总是表现得对固定发射阵地的弹道导弹不感兴趣，而十分乐于在可预见的将来继续保持有人驾驶轰炸机部队。他们希望能够像美国空军那样采取空中威慑飞行的做法，也就是令B-52轰炸机挂载着事先选定目标的导弹轮番接力升空，保持不间断空中警戒。他们认为这种做法是很难被拦截的，一旦接到命令，这些留空的轰炸机就能立即飞向目标，进入导弹射程后便可发射导弹。可以想见，这一做法所需的费用必定相当高昂。

"天弩"空射弹道导弹

1159号作战需求提出要开发一型空射远程防区外攻击导弹以取代"蓝钢"Mk1，保障轰炸机司令部的不间断空中警戒。阿弗罗公司赢得了新型导弹的设计合同，他们拿出了一套使用冲压喷气发动机的"蓝钢"Mk2方案，设计指标包括在2.13万米高度飞行，速度3马赫，射程1287千米。1959年，由于新型导弹的开发成本飙升引发政府警觉，这一项目被取消，但这也使得阿弗罗得以集中精力解决"蓝钢"Mk1上的问题，并使其尽快服役。此时，哈罗德·瓦金森从邓肯·桑迪斯手中接过国防大臣大印。他不像前任那样痴迷导弹，但却同样热衷于英美合作，尤其是那些能在新武器研发中为英国节约一大笔费用的合作项目。1960年2月，美国政府决定启动新的空射弹道导弹（ALBM）项目，导弹从飞机上发射，射程1600千米。这一概念完美地匹配了英美两国空军的不间断空中警戒战术，不久之后"蓝条纹"导弹项目的取消恐怕与此也不是全无干系。1960年5月，英美两国政府达成意向，英国将从美国购买100枚"天弩"导弹，英军初期可以对"火神"B2轰炸机进行线路改造[24]，在其两侧翼下挂架各挂载1枚。轰炸机司令部还希望随后能得到一型可一次携带至多6枚"天弩"的新型轰炸机。为此，霍克-西德利公司和英国飞机制造公司展开了激烈的竞争，前者拿出了放大版的"火神"，后者则以VC-10运输机为基础设计出了导弹载机。第一架"火神"

△ 一张不太清楚但很有意思的照片，记录了1962年4月一架 B-52G 轰炸机首次试射"天弩"空射弹道导弹的情景。照片由一架护航飞机用跟踪照相机拍摄。(作者私人收藏)

轰炸机的改造进度很快，1961年12月，它挂载一枚未装弹头的"天弩"在苏格兰的西佛罗试验场进行了试射。

WS138A"天弩"空射弹道导弹十分特殊[25]，它装有两级固体燃料火箭，可以空中发射，能准确命中距离载机发射位置远达1600千米的目标。1959年5月，道格拉斯公司获得了新型导弹的设计研究合同，1960年2月它又赢得了开发合同。通用动力公司喷气实验室设计了导弹的动力系统，通用电气公司提供了返回舱，北电公司则开发了制导系统。导弹的导航系统使用了一台星空观测仪，将观测到的数据与惯性平台数据进行对比，并据此修正弹道。然而和所有先进武器系统一样，"天弩"在研发过程中也碰上了事先没有预料到的问题，其推进系统和制导系统在初期的试射中都遭遇失败：1962年4月，首次实弹射击由于二级火箭未能点火而半途而废；当年6月，二级火箭烧尽抛弃后一级火箭又未能点火成功；8月，第三枚实弹偏离了航线，不得不自毁。接下来的两次实弹试射也都失败了，这大大增加了项目的成本，也拖延了时间。美国肯尼迪政府接替艾森豪威尔政府后，新任国防部长、前福特汽车公司 CEO 罗伯特·S. 麦克纳马拉开始宣扬他在武器系统开发中的"成本效益"理念。他决定，美国军队只需要已经形成作战能力的陆基"民兵"和潜射"北极星"弹道导弹。至于"天弩"，这一项目高企的成本和接二连三的试射失败给了麦克纳马拉充足的理由说服总统将其取消。肯尼迪只是从美国自己的角度来看待"天弩"，1962年12月，他在完全没有与英国协商的情况下同意取消这一空射导弹项目。毫无意外，伦敦方面立即骂声一片，这让肯尼迪吓了一大跳。他的第一反应是把"天弩"整个交给英国，虽然美国公司已经干了一半的工作还得接着由美国公司来完成。但是，毕竟英国只需要100枚导弹，还要开发新型轰炸机来搭载它，这个代价看起来太过高昂了。肯尼迪的这一提议自然被英国拒绝。为此，12月11日，麦克纳马拉飞赴伦敦，与英国政府商谈此事。他提出，作为补偿，美国可以以优惠条件向英国提供"北极星"导弹，但是英国方面仍然有许多人钟情于轰炸机/导弹的组合[26]。蒙巴顿将军自然一直对"北极星"导弹青眼有加，但是海军委员会却希望在于20世纪70年代中期获得"天弩"导弹后再行采购"北极星"，好让皇家海军有时间把新型航母建造出来。麦克纳马拉的伦敦之行未能解决问题，但是双方也达成了一致，英国首相麦克米兰和美国总统肯尼迪一周后将在巴拿马群岛的拿骚会谈以解决当下的危机。

"北极星"潜射弹道导弹——美国海军篇

德国人很早就意识到了从移动载具而非固定阵地上发射V系列飞弹的好处。1945年，他们试验性地从U艇上发射了V-1飞弹。从船上发射液体燃料的V-2火箭难度太大，因而也就没有尝试。美国海军在德国成果的基础上启动了"天狮星"1和2计划，对V-1飞弹的技术进行改进，制造出了能够在航母甲板或者潜艇上用特制的发射架发射的巡航导弹。1955年11月，美国海军成立了一个专项办公室，探究从下潜状态的潜艇上发射弹道导弹的可行性。他们起初考虑将潜射导弹与美国陆军的液体燃料中程弹道导弹合并研发，但是后来发现，陆军的中程弹道导弹重达45.4吨，又以液氧和煤油为推进剂，这根本不可能装到潜艇上，而当时用固体燃料取代液体燃料的尝试又使得导弹的体积和重量大大增加。

第十二章　英国核威慑与海军部的终结　377

△ 1960年7月20日，"北极星"潜射弹道导弹首次从水下潜艇上发射成功。发射这枚导弹的是美国海军"乔治·华盛顿"号弹道导弹核潜艇，美国海军第一级服役的弹道导弹核潜艇首艇。（作者私人收藏）

　　1956年9月，期待已久的技术突破终于出现了[27]。当时，美国原子能委员会成功地大幅压缩了核弹头的体积和重量。因此制造一枚重量不超过13.6吨的中程弹道导弹成为可能。开发一型实战型潜射导弹的工作从1957年开始，起初人们估计这型导弹要迟至1964年年底才能装备部队，但是随着这一武器的潜力为公众认可，以及技术困难被逐一解决，资金开始源源不断地涌向项目组，美国海军欣喜地发现自己在1961年年底就能造出9艘实战型弹道导弹潜艇了。这型潜射弹道导弹被命名为"北极星"。"北极星"项目的确切花销由于保密而无从获知，但据信超过了10亿美元——这是1958年的币值。毫无意外，美国空军对潜射导弹项目表示强烈反对。在他们眼中，战略空军司令部才是包打天下的，正是战略空军司令部的成立才使得原先的美国陆军航空队在1947年变成了独立的美国空军。但是正如我们在前面看到的，美国政府更倾向于"北极星"导弹而非空军的"天弩"，而且他们还在不久后的1962年取消了后者。

"北极星"项目要解决跨越多个学科的多个重大问题，才能达到设计目标。除了"北极星"导弹自身的总体结构设计和火箭发动机之外，项目团队还要通盘考虑弹道导弹潜艇、导弹火控系统、导航系统，以及将导弹从水下射出海面所需装备的设计、开发和制造。潜艇的代号是SSBN，采用核动力，她将在最新型攻击型核潜艇的基础上加以放大，以便在指挥塔围壳后方的垂直发射筒里装载16枚"北极星"导弹。因此，耐压艇体的直径不能低于9.14米。最初的乔治·华盛顿级弹道导弹核潜艇采用了水滴形艇体设计，全长115.82米，水下排水量6700吨。第二型潜艇伊森·艾伦级全长124.97米，排水量8600吨。1958年6月，美国政府下达了首艘弹道导弹核潜艇"乔治·华盛顿"号的建造订单。潜艇于一年后下水，1960年服役。1960年7月20日，她在美国佛罗里达州卡纳维拉尔角外海55千米处27.43米的水下连续试射了2枚"北极星"导弹，2枚模拟战斗部都准确击中了2000千米外波多黎各以北大西洋导弹靶场中的预定溅落水域。火箭发动机在潜艇发射管内直接点火很不安全，因此美国人先使用压缩空气将导弹推出水面，之后再让火箭点火。美国人用模型和全尺寸模拟弹进行了大量试验，证明这一套系统在大部分海况下都可以使用。导弹在刚刚推出发射管的一小段时间里完全不受控制，因为此时它还在水中。设计团队只能寄希望于这段时间很短，不会带来什么不利影响，好在事实确实如此。导弹冲出水面后，主发动机点火，此时，火箭喷口由伺服电机驱动，受自动飞行和惯性导航系统双重控制的一套装置会通过引导火箭喷流偏向来控制导弹的飞行。

弹道导弹核潜艇在发射前始终处于水下巡航状态，无法通过无线电定向或者观测星空的方法来确定自己的位置，因此艇上装有一套惯性导航平台：在陀螺控制的稳定平台上安装高敏感度的加速度计，以此引导潜艇不断修正航线，到达准确的导弹发射阵位。一旦发射，导弹必须能够自行纠正弹道。导弹被推出发射筒时要以10G的加速度加速到160千米/小时，之后穿过海水时不断减速，冲出海面后在两级火箭发动机的助推下再次加速至9600千米/时的高速。在这样的复杂环境中，各种震动、偏向无法避免，纠正弹道是必不可少的。制导系统是导弹设计中最困难的部分之一，它的可靠性和精度代表了20世纪60年代最顶尖的工业水准。导弹的飞行高度和弹道轨迹都是靠喷口偏向来控制的。除此之外唯一的主要变量就剩下速度了。随着燃料的消耗，导弹的飞行速度快速提高。弹上装有轴向加速度测量仪，用以测速。达到所需的飞行速度后，火箭发动机关机，战斗部根据预设航线飞向预定目标。助推飞行阶段结束后，弹头将按照抛物线弹道飞行，直至弹道末段再次进入大气层。空气摩擦将使得弹头温度激增，可达4000℃，弹头会被烧得红热发光。因此，核弹头和引爆装置外都有一层有机隔热材料保护。

"北极星"导弹使美国获得了一种可以在四海大洋上巡弋的机动核威慑能力。苏联很难发现搭载核导弹的弹道导弹核潜艇，也必定不可能赶在这些核潜艇开火之前将她们悉数消灭。这些导弹本身也十分可靠，可以大量装在弹道导弹核潜艇上保持戒备状态，彼此间相隔数千千米，在大洋上巡游。美国海军为每一艘潜艇配备了两组乘员，这样潜艇就可以把尽可能多的时间用在出海航行上而不必常常回港休整。我们必须要看到，在第一型弹道导弹核潜艇上，一组乘员只有20名军官和100名水兵，后续的型号还要少一些。这样，虽然潜艇和导弹价格昂贵，但由于需要的人员很少，这一套系统的运行成本比战略空军司令部那庞大的轰炸机群要低得多。"北极星"导弹使美军具有了不受预警时间或反应时间影响的核威慑能力，它们很难被潜在敌人拦截或打击，天然具有在核大战的首轮交火后进行第二次甚至第三次核打击的能力。其设计周全，技术上不仅先进，而且实用。

"北极星"——英国海军篇

早在1955年刚刚出任第一海务大臣时，蒙巴顿上将就察觉到美国海军对潜射弹道导弹的兴趣，当时美国海军中与他位置相同的海军总长阿利·伯克上将

△ "复仇"号,英国皇家海军决心级弹道导弹核潜艇的最后一艘。她和她的姊妹舰共进行了229次巡航,直至1996年。(作者私人收藏)

把关于这一项目的事情告诉了他。得益于蒙巴顿和美国海军的密切关系,皇家海军迅速赶上了核动力潜艇的世界潮流。他与美国海军核项目主任里科沃将军达成协议,在英国首艘核潜艇"无畏"号上使用美制核反应堆,这使得潜艇的竣工时间比使用英制核反应堆的方案提前了足足3年。1958年,蒙巴顿和美国人谈妥,派遣2名英国海军军官加入到华盛顿的"北极星"专项办公室,这样他就可以随时充分了解这一项目的进展。据说蒙巴顿本人并不支持英国建设独立的核威慑能力,但他也认为,如果政府真要搞独立核威慑,那就应当由海军来负责。在与蒙巴顿的会谈中,阿利·伯克毫不隐瞒自己的观点,他认为"天弩"导弹"如果能进行足够的研究和开发的话,那么它在技术上将是可行的,但它终究是一个非常昂贵而且脆弱的系统"[28]。这也给英国人提了个醒,1960年7月,就在"蓝条纹"导弹项目取消后不久,海军委员会就通知管制官迈克尔·李·法努少将对皇家海军引进"北极星"导弹的前景进行评估,以备"天弩"项目失败时有备选方案。因此,当1962年11月"天弩"取消危机到来之时,他已经做好了万全准备。

在1962年11月11日的伦敦会议上,麦克纳马拉向英国人提出了3套方案。我们已经知道,第一个方案,也就是将"天弩"项目交由英国人独自完成,由于英国负担不起被拒绝了。第二个方案是向英国提供一批AGM-28B"大猎犬"导弹。这种导弹采用惯性制导,飞行速度2马赫,最大射程1110千米,由1台3.4吨推力的普拉特-惠特尼J52喷气发动机推动。导弹全重4.35吨,主要吊挂在B-52轰炸机的翼下挂架上。这种导弹装备一个小型热核弹头,其主要任务是压制苏联防空阵地,使其他轰炸机得以攻击价值更高的目标。这种导弹对英军最大的价值也不过是将已经过时的V系列轰炸机的使用年限延长几年而已,但它的维护成本却很高,而且弹上使用美制核弹头,这意味着它根本不能令英国获得可靠且独立的核威慑能力。因此,"大猎犬"导弹方案也和移交"天弩"的方案一样在第一时间被英国人拒绝了。第三个方案是由美国向英国提供可以安装英制核弹头的"民兵"或者"北极星"导弹,这也成了1962年12月16—19日麦克米兰和肯尼迪及其幕僚团队在拿骚会面时的主要议题。

这次会谈的具体细节外界不得而知,但英国由此选择了"北极星"却是确凿无疑的。英国参加谈判的团队有:国防大臣彼得·桑尼克罗夫特——人们都知道他倾向于靠轰炸机司令部配合某型导弹来解决问题;国防部首席科技顾问索利·祖科尔曼爵士;李·法努将军——他应该比英国团队里的其他任何人都更了解"北极星"项目;以及皇家空军代表、空军副总参谋长、空军少将克里斯托弗·哈特利。麦克米兰首相本人此时应该也已经知道了"北极星"的好处,与受制于英国狭小国土面积,以及在于何处建设发射井的问题上存在政治纷争的"民兵"导弹相比,他显然更倾向于前者。英国代表团内部难免也会有不一样的声音。在第一天的会谈过后,英国内阁接到指示,要他们围绕皇家海军引进"北极星"导弹可能带来的影响进行探讨,并向仍在拿骚的首相提出建议。正在海军部计划处任职的海军上校约翰·摩尔在当天15:00接到命令,要他围绕这一问题起草一份文件,第二天上午09:00提交给第一海务大臣卡灵顿勋爵。他被告知可以首先列出一份需要分析的议题列表,需要时可以使用普通电话向任何人咨询[29]。在拟定这份文件的过程中,潜艇部队总司令鲁弗斯·马肯齐少将[30]和造船总监阿尔弗雷德·西姆斯爵士都给予了摩尔很大的帮助。一同参加文稿编写的还有他办公室里的一名高级公务员和值班打字员。第二天凌晨3:00，第一版初稿成稿。摩尔在09:00最后时限之时把他厚达27页的说明文件送给了坐在办公室里的第一海务大臣。此时，第一海务大臣和海军委员会的其他成员——当然除了随首相前往拿骚的管制官——都已经在那里等着了，他们共同启动了英国皇家海军在20世纪和平时期最大的一个项目。09:45，卡灵顿勋爵和第一海务大臣起身离开办公室，前往内阁宣讲关于支持采购"北极星"导弹的决定。这份决定随后被传递给了首相。1962年12月19日，在离开拿骚返回之前，麦克米兰首相和美国总统肯尼迪签订了这一历史性的协议。

签订协议之后必然是大量的详细计划。1963年2月，英国政府宣布，英国海军第一艘弹道导弹核潜艇（SSBN）将在1968年投入战斗巡逻，同时还下达了5艘7000吨级，可各携带16枚"北极星"A3弹道导弹的核动力潜艇的订单。不过第5艘潜艇在1965年2月的经济评估后取消——此时该艇所需的一部分钢材已经下达订单了。"决心"号和"反击"号两艘核潜艇在当时英国最顶尖的船厂，巴罗因弗内斯的维克斯-阿姆斯特朗船厂建造，前者在1964年2月动工，后者在1965年3月动工。另两艘潜艇，"声望"和"复仇"，则在伯肯黑德的卡梅尔·拉尔德公司建造。"声望"号在1964年6月动工，"复仇"号则在1965年5月动工。这些潜艇全长129.54米，水下排水量7500吨。"北极星"A3导弹远达4600千米的射程使潜航中的潜艇可以打击苏联境内的任何目标。在采购导弹的过程中，美国海军给予了英国海军很大的帮助。除了帮助其训练人员以便迅速扩大潜艇部队外，英军所有弹道导弹核潜艇的试射和实弹训练都是在美国海军的靶场进行的。"北极星"导弹本身是原装进口的，但战斗却是英国自行设计和制造的。皇家海军也沿袭了美国海军的做法，为每一艘潜艇配备两组艇员，以保证潜艇能将大部分时间用于海上执勤，大约每3个月轮班一次。这一级核潜艇首艇"决心"号在1967年6月开始试航，她实现了英国政府在1968年开启弹道导弹核潜艇战备巡逻的目标。最后一艘艇"复仇"在1969年12月服役[31]。据信，英国皇家海军手中约有70枚"北极星"导弹，可保证随时有大约50枚核弹头处于战备值班状态[32]。当英国决定引进更新型的美制"三叉戟"潜射弹道导弹系统后，决心级退出现役，由4艘前卫级弹道导弹核潜艇取而代之。第一艘退役的决心级是"复仇"号，时间是1992年；最后一艘"声望"号则在1996年退役[33]。1968年到1996年间的任何时间点，都至少有1艘英国弹道导弹核潜艇在大洋的某处执行战备巡逻任务，显然没有人知道她们具体在哪里。一旦英国遭到核攻击，她们就会立即遵令向对手喷出复仇之火。

"三叉戟"潜射弹道导弹

随着"北极星"逐步年迈，英国人要为它寻找继承人了。很自然，英国政府在1980年7月选定了同样来自美国海军的"三叉戟"潜射弹道导弹系统。英国起初选择的是"三叉戟"C4导弹，1982年又改成了"三叉戟"D5型。这些导弹的弹体是美国海军提供的，维护时也要送回美国海军与同型弹一起维护以节约使

△ "机敏"号，皇家海军四艘前卫级弹道导弹核潜艇之一。（作者私人收藏）

用成本，但导弹的战斗部却是英国自行设计和制造的。D5使用三级固体燃料火箭，射程13890千米，可以运载最多8枚独立的热核弹头。如此远的射程令载有16枚导弹的前卫级核潜艇可以在广阔的海域里隐蔽待机。英国海军共建造了4艘前卫级，分别是"前卫""胜利""机敏"和"报复"，全部由巴罗因弗内斯的维克斯船厂建造。首艇在1993年竣工，1994年首次试射导弹，1995年首次执行战备巡逻。[34] "三叉戟"D5是一型很新的系统，美国海军自己也直到1990年才装备。和上次一样，美国海军再次给予英国海军很大的帮助，使这一导弹系统快速形成战斗力。直到2015年，"三叉戟"导弹仍在皇家海军中服役，英国政府也愈加确信地讨论继续用"三叉戟"导弹装备下一代弹道导弹核潜艇的事情。经历了思路不清、代价高昂的起始阶段之后，英国的独立核威慑能力在1968年之后终于凭借潜射弹道导弹稳定了下来。如果这种威慑仍有必要继续下去，那么潜射导弹仍然是最有效的实现方式。

海军部的终结

英国海军部作为一个国家部门，在本书所涉的历史跨度开始时就已经存在了几个世纪。从1726年起，这个部门就一直占据着白厅的一间固定办公室，多年来从未变过。海军部的首脑是海军大臣，一旦海军总司令职位空缺，海军大臣就会代行其职权。这种情况并不少见，1837年到1964年之间就一直如此。1832年，海军署和仓储委员会的职能也被并入了海军部，但是这个部门的核心职责一直未变，其中包括舰队的行政管理与战略指挥、新舰的建造，以及海军军官的任命和晋升。海军大臣是英国内阁成员，也是海军部的行政长官，是海军部在政府中的代言人。第一海务大臣是皇家海军军事上的真正总指挥。1904年费舍尔海军上将明确定义了这个岗位的职责，就是负责海军的作战和行政事务。其他海务大臣都是第一海务大臣的助手。1939年时，第二海务大臣负责人事；第三海务大臣，也就是传统意义上的"管制官"，负责舰艇和武器的采购；第四海务大臣负责仓储和运输；第五海务大臣负责海军航空事务。上述各海务大臣和一名海军参谋部代理参谋长、一名副参谋长、一名助理参谋长和在重要行政岗位上任职的几位文职官员，共同组成了海军委员会。

1880年成立的海军情报处（NID）负责将其他国家军舰的性能情报提供给第一海务大臣。1902年成立了航运处，负责为保卫英国广大的海运线提出指导方案[35]。1904年，海峡舰队司令、海军上将贝尔斯福德勋爵抱怨海军部的作战计划做得不好[36]，接下来的一番争论传到了艾斯奎斯首相耳朵里，于是他下令进行问询。1909年，问询组提议海军部建立作战参谋部和海军动员处，接管海军情报处和航运处的作战计划职能，并逐步取代航运处。两年后的第二次摩洛哥危机将英德两国拉到了开战的边缘，这时人们发现第一海务大臣根本没有为这样的突发状况做好预案。这大部分是因为他过度自信，认为作战计划是他自己的权力范围，不希望情报部和动员部在这方面多嘴多舌。这种情况显然不能再维持下去了，于是艾斯奎斯任命温斯顿·丘吉尔为海军大臣，明确要求他创建海军作战参谋部并确保这个部门能正常发挥作用。丘吉尔很快意识到需要建立三个参谋分部，第一个分部负责获取情报，第二个负责制定政策，第三个则负责执行。他还设立了直属于第一海务大臣的作战参谋长一职，同时重建了作战处。在第一次世界大战的头两年里，英国海军部就是这样的组织结构，但是它的潜力却从来没有得到充分发挥。

1916年杰利科海军上将接任第一海务大臣后，情况发生了一些变化：作战参谋部改称为海军参谋部，杰利科本人则身兼第一海务大臣和海军参谋长（CNS）两职。海军委员会仍然全盘负责皇家海军，海军参谋长本人则要在海军大臣的直接指导下负责作战，因此他有权下达与舰队相关的作战命令并调动舰船。1918年，海军参谋部在舰队作战方面的职能被大大强化，服务职能则相对弱化，同时，参谋军官的专业训练也受到了格外重视。一战结束后，海军部和海军参谋部的规模都缩小了。但是到1923年，后者已经演变成了由专业海军军官组成的，负责舰队作战指挥的专业组织。海军参谋部的组织是分专业划设的，这一方式延续了40年，期间仅做了细微调整。直到1997年，国防部的组织架构中仍能看到当年海军参谋部的影子。参谋部下辖作战处、计划处、海军情报处、航运处、炮术处、鱼雷处和海军航空处。海军部一直以来都有一套保存文献资料的完备体系，其文件一直被妥善保管到1964年被降格之前，海量文献以缩微胶卷的形式存放在伦敦郊区基尤镇的国家档案馆里。但不幸的是，吸纳了海军部的国防部并没有这样的体系，而且皇家海军在国防部整合后也没怎么参与文件筛选事宜。于是，由于文件库房紧张，海军的历史文件遭到了毁灭性的损失。1964年之后，留下来的文件已经不足以对海军参谋部的发展沿革进行全面探究了。

二战中，海军参谋部的规模再次扩大，但组织结构并未发生明显变化。1940年6月，它在跨军种联合指挥部的组建中扮演了相当重要的角色。战时还新成立了诸如经济战处和出版处这样的新处室，但是当1945年战争结束、海军参谋部再次缩编以管理和平时期的舰队时，这些处室又都被取消了。1945—1964年期间，海军委员会不仅要妥善应对日新月异的技术发展带来的快速变革、距离英国本土千里之遥的一系列小规模冲突，以及可能诱发核大战的突发危机，同时还要对付那一连串考虑欠周的国防评估给皇家海军的生存带来的影响。——这些评估对国防事务的考虑有失全面，而且从来没能真正理解海军在维护国家利益上发挥的广泛作用。

蒙巴顿将军在二战中负责联合作战，考虑到这一背景，人们普遍认为他更倾向于在各军种之间建立紧密联系[37]。1963年，蒙巴顿在任国防部总参谋长期间做出了一个决定：将海军部、战争署①、空军部中各单一军种的参谋部合并起来。这一决定于1964年4月1日生效，英国女王陛下亲自担任海军总司令，这样也就不需要海军大臣来兼任这个职务了[38]。海军大臣的叫法从"First Lord"改成了"Navy Minister"（直译分别是"第一勋爵"和"海军部长"），并且退出了内阁。各军种的参谋部都并入已有的总参谋部；原来的联合计划参谋现在成了国防计划参谋；新设立国防作战参谋一职，以将关于军事政策的决议和命令提交给联合总司令。联合总司令这一职位此时刚刚设立，不久之后，随着英军撤出远东和中东的基地，这个短命职位也就寿终正寝了。海军参谋长所属的国防作战执行处（Defence Operations Executive）负责监督国防作战参谋部的工作，包括国防作战参谋部下属的海军作战与航运指挥部。随着诸如K. T. 纳什这样高水平的文职官员纷纷前往其他政府部门寻求"职业发展机会"，这一套新参谋部体系的专业性

---

① 相当于陆军部。

逐渐下降。过去由各军种负责的项目，现在需要交给国防部来统一负责了，但是那些陆军和空军的参谋军官们并不总是能理解海军提案的重要性。1989年[①]，冷战戛然而止，英国政府也展开了关于"何去何从"的国防评估。但实际上，他们给出的选择只有一个：大幅削减常规军力的规模，包括海军。英国政府也知道，苏联解体带来的动荡很可能需要英军前往干预，而且有时候英军需要做的不仅仅是维和，而是参战。对此，计划处的海军参谋军官们都做好了准备，并对海军在这样的战事中能够扮演的角色，以及只有依靠海上力量才能解决的问题了如指掌。

"选项"之后便是国防部高层的"前景"研究，这一研究使得先前为数不多的几个参谋处室被重新整合成了一系列新的国防指挥部，这就进一步斩断了它们与前海军部的关联，这一过程至今还在持续。现在人们经常能看到陆军军官高谈阔论对新型防空驱逐舰的需求，或者皇家空军军官谈论航空中队登上航母之前所需的飞行员训练。但不幸的是，这些人都不是这些领域的专家，他们或许只是管理能力比较强而已。再往前看，本书中提到的1982年南大西洋战争、1991年海湾战争、20世纪90年代在南斯拉夫的作战行动，无一不是国家级的各军种联合作战，但是具体到联合指挥部层面的指挥，都是由总参谋部指定的来自某一军种的总司令负责。既然未来的战事可能都是这个样子，英国政府决定把各种指挥机构集中成一个永久性的指挥中心，联合指挥官可以在这里直接指挥作战。1996年4月，国家级的常设联合指挥部（PJHQ）在诺斯伍德成立，内设联合参谋部，一旦开始准备作战，这个参谋班子就会得到加强。这个主指挥部负责每一次军事行动的战略指导，因为总参谋长也在指挥部工作，所以他们同时还负责调派部队以保证实现政治目标。因此，在爆发危机时，海军参谋部无法再参与对皇家海军舰队的作战指挥了。1985年，先前"M"部门的遗存被重新命名为"部门（海军参谋）"[Sec(NS)]，其作用也被进一步边缘化，连提案权都没有了。

---

① 原文如此，实际应为1991年。

早在1911年，英国政府就意识到海军委员会需要一个由海上经验丰富、精通海军业务的军官组成的参谋班子来支持其舰队作战指挥职能。到了2000年，指挥海军作战和规划舰队构成、装备的工作，则和海军战略政策制定的事项一同被移交给了总参谋部，第一海务大臣/海军参谋长和寥寥几个参谋军官现在只负责少量专深的海军事务，其中包括管理海军舰队以确保联合主指挥部有舰队可以指挥，以及在需要时提供专业建议。有意思的是，美国并不是这样组织军队的。在美国，五角大楼的作用和英国国防部相同，但美国海军却是一个独立的军种，文职的海军部长（Sec NAV）是其行政首脑，海军总长（CNO）负责管理舰队行动。虽然越来越多的军舰被交给联合指挥部用于在诸如非洲周边之类的地区执行任务，但美军这套系统却将军队里的各种知识集中在了需要它们的地方。以作者看来，这是更好的方式。英国政府对联合指挥的优势情有独钟，但这种喜好并非总能得到事实的支持，而且这一体系经常需要花费很大力气才能找到所需的专业人士。指挥中心的人员是遵照"按人员比例"原则在各军种中分配的，这就不可避免地让陆军和空军的办公室官僚在其中占了大多数，但这些人并不是理解未来作战所需军舰种类，以及决定如何最大限度利用现有军舰的最佳人选。

注释

1. 之所以选择"普利姆"号,很大程度上是因为她的舰体状况良好,能够运载核弹的各部件从英国本土安全开到澳大利亚。英国的第一枚核弹太大,轰炸机无法携载。
2. 这也是皇家空军轰炸机命名方式的一次变革,此前英国的大型、重型轰炸机都使用城市的名字命名——兰开斯特、哈利法克斯、斯特林、堪培拉等。
3. Green, *The World's Fighting Planes*, p 125.
4. John Baylis, Ambiguity and Deterrence, *British Nuclear Strategy 1945-64* (Oxford: Clarendon Press, 1995).
5. 该火箭发动机使用过氧化氢和煤油作为推进剂,与 P-177 火箭战斗机使用的阿姆斯特朗-西德利"幽灵"发动机相似。
6. C. Gibson and T. Buttler, *British Secret Projects–Hypersonics, Ramjets and Missiles* (Leicester: Midland Publishing, 2007).
7. 威廉·迪克逊曾经是皇家海军航空兵飞行员,参与过早期的航母甲板降落试验。
8. H. Wynne, *RAF Nuclear Deterrent Forces* (London: HMSO, 1994), p 275.
9. Group Captain Chris Finn and Paul Berg. *Anglo-American Strategic Air Power Co-operation in the Cold War Era and Beyond, The Royal Air Force Air Power Review*, Volume 7 Number 4 (Shrivenham Joint Doctrine & Concepts Centre, Winter 2004).
10. 同上,第 49 页。
11. 这四个主基地分别是菲尔特维尔、赫姆斯维尔、德里菲尔德和北拉芬汉姆皇家空军基地。
12. 菲尔特维尔基地的外围基地分别设于谢波德格罗夫、图登哈姆、梅帕尔和北皮肯汉姆。赫姆斯维尔基地的外围基地设在鲁福德马格纳、巴德尼、科尔比格兰杰和凯斯特。德里菲尔德基地的外围基地设在福尔萨顿、卡纳比、卡特弗斯和贝璺。北拉芬汉姆基地的外围基地设在波尔布鲁克、福尔全汉姆、哈灵顿和梅尔顿莫布雷。这些基地散布在英格兰的多个郡县,从萨福克到林肯郡再到约克郡,其相距遥远以防遭到突袭。但是苏格兰、威尔士和北爱尔兰都没有部署这样的基地。
13. Kenneth Cross, *Bomber Command's Thor Missile Force, The RUSI Journal*, Volume 108, Issue 630 (May 1963), pp 131 et seq.
14. "雷神"导弹的空重仅有3.12吨,但是灌入全部燃料和液氧之后,其发射全重将达到49.8吨。
15. 这套雷达系统是英美协作项目的另一个组成部分,它本身也是美国远程早期预警链的一部分,由美国出资建造,但是由皇家空军操作。
16. Peter Morton, *Fire Across the Desert–Woomera and the Anglo-Australian Joint Project 1946-1980* (Canberra: Australian Government Publishing Service, 1989), pp 436 et seq.
17. "蓝条纹"导弹的燃料罐由不足半毫米厚的不锈钢板焊接成圆筒形。罐体在空置时十分脆弱,需要充满氮气以防在重力作用下自然垮塌。这和要给车辆的轮胎充气是一个道理。
18. 英国最初将其称为"地下发射装置"(underground launchers)、"发射井"(silo)这个名词是从美国那里学来的。
19. DEFE7/1392 at the National Archives, Kew.
20. 这套热护罩经过了"黑骑士"火箭的测试,表现良好。
21. 澳大利亚总督罗伯特·门吉斯爵士让澳大利亚如此深度参与"蓝条纹"项目的原因尚不清楚。他一定是相信英联邦国家之间的在防务上的合作应更加紧密,而非如后来实际呈现的那般松散。而且毫无疑问,他相信他的国家能够通过参与"蓝条纹"项目获得相当的技术能力。
22. Morton, *Fire Across the Desert*, p 444.
23. "蓝条纹"导弹最终还是在欧洲航天发射研究组织的第一阶段卫星发射系统中找到了自己的用武之地,乌梅拉试验场也被用来进行试射。
24. "胜利者"轰炸机的机翼距离地面高度太低,不足以容纳"天弩"导弹及其挂架。

25. Derek Wood, *Project Cancelled—A Searching Criticism of the Abandonment of Britain's Advanced Aircraft Projects* (London: Macdonald & Jane's, 1975), p 144.
26. 同上，第148页。
27. Commander H. B. Grant AFRAeS, AMIMarE, RN, *Polaris, Flight Deck* (Spring 1961), p vii.
28. Captain J. E. Moore RN, *The Impact of Polaris—The originsof Britain's seaborne nuclear deterrent* (Huddersfield: Richard Netherwood Limited, 1999), pp 14 et seq.
29. 同上，第18页。
30. 马肯齐后来成了"北极星"导弹项目的总执行官，推动项目按时按预算完成。
31. V. B. Blackman, *Jane's Fighting Ships*, 1972—73 Edition (London: Jane's Yearbooks, 1972), p 341.
32. Captain Richard Sharpe RN, *Jane's Fighting Ships*, 1995—96 Edition(Coulsden: Jane's Information Group, 1995), p 759.
33. 同上。
34. 同上，第758页。
35. 关于海军组织架构的这段简介取自1930年海军历史处编写的一本专注。笔者1997年在海军历史处供职时对这一段历史进行过研究。
36. 作为一名前海务大臣，他本人对此也是负有部分责任的。
37. 笔者与皇家加拿大海军人员接触时，他们都误认为1965年加拿大联合武装部队的成立源于蒙巴顿的提议。但实际上蒙巴顿的这个提议并未被英国政府采纳。
38. 2013年，海军总司令一职转给了英国王室菲利普亲王，即爱丁堡公爵。

第十三章
CVA-01取消了

英国政府关于引进"北极星"导弹作为国家核威慑支柱的决定影响深远，波及整个军队和工业。对皇家海军来说，此举开启了一个极其复杂的项目，这也是英国在和平时期最大的国防项目，项目最终以4艘弹道导弹核潜艇中的首艇按计划在1968年首次执行战斗巡逻为标志成功完成。值得一提的是，这个项目向皇家海军输送了核潜艇、导弹、核弹头，以及在法斯兰和库尔波特的全套支撑设施，这些都是按预定时间、在预算成本之内完成的。潜艇部队还进行了大规模的扩编，组建了8个艇员组及其所需的服务部门，美国海军为英军提供了大量的帮助。同期，英军还采购了美制"鬼怪"战斗机以替代"海雌狐"，美国也大方地向英国提供了皇家海军人员换装新机型所需的各种设施。这两个采购项目使两国海军走得更近，也使得英国得以继续维持世界级海军强国的地位。

皇家空军眼中的"北极星"可就完全是另一个样子了。英国的政客们在1918年成立了皇家空军，专司战略轰炸，这在当时是一种全新的战争样式，按设想，这种打法与陆海两军的行动完全相互独立，自然也不受其控制。轰炸机司令部是皇家空军作战样式的核心，也是心理上的核心，但是采用海基核威慑的决策一夜之间让轰炸机陷入了尴尬境地，一旦弹道导弹核潜艇准备就绪，轰炸机就变得无关紧要了。从1957年开始，皇家空军战斗机司令部的规模就开始逐年缩减，因为人们认为战斗机无法保护英伦三岛免遭导弹攻击。英国电气公司的"闪电"战斗机服役时，英军认为这将会是自己最后一型有人驾驶的战斗机，其任务只是在万一遭到苏联有人驾驶飞机的突袭时让轰炸机司令部的机场尽可能多撑一段时间，好让一部分轰炸机在接警后来得及升空反击。此外，战斗机司令部承担的北约防空任务并不重，而且还面临被防空导弹替代的前景。1957年之后，皇家空军参与驻德北约第2联合战术航空队（2ATAF）的兵力大幅减少，但现在，皇家空军开始非常重视这一任务了，否则失去核威慑职责一事就可能成为独立空军理论的"死刑判决书"。为此，"堪培拉"轰炸机的替代型号，TSR2，在皇家空军眼里的地位日益重要[1]，这也成了其最重要的飞机开发项目。1963年，皇家空军的高级将领们预见到了一个十分现实的危险：他们的军种在下一轮国防评估时可能就会陷于被解散的边缘。空军手中仅存的战斗攻击机将被移交给舰队航空兵，近距支援飞机和运输机则会交给在新成立的陆军航空队编制下重建的皇家飞行团①。在P1154和变后掠翼战斗攻击机之类未来飞机的开发项目中，政客们提议皇家空军在性能指标方面做一些妥协，使其能够满足皇家海军的需求，能够在航母上起降，但这更进一步加深了空军的忧虑，于是他们用尽各种手段来坚持自己的特殊需求，目的就是让飞机无法登上航母。但实际上，大部分政府官员都认为皇家空军是最懂飞行的人，这一短视且代价高昂的偏见也从未得到改观，其结果只能是让英国的国防能力深受其害。

CVA-01的背景，未能开工的"伊丽莎白女王"号

20世纪50年代，海军部提交了一连串新型航母的设计方案，但英国政府并没有批准任何一型航母的建造。然而，对新一代航母的需求从来没有被正式取消，在英国政府的远期开支计划里始终保留着4艘名称怪异的"导弹航空母舰"。但是必须说明，航母的建造计划拖得越久，需要一次性替代的老旧航母就越多，短期内的总开支就会愈加惊人。理论上讲最好的办法是每隔5~10年就订购一艘新航母，这样其研发和建造成本就会比较均匀地分摊到各个年度。美国海军就是这么做的，后来英国政府在核潜艇的建造上也采取了这样的方针。1958年，海军建造总监向海军委员会报告，即便考虑到当前正在进行的航母现代化改造，现有航母舰队的寿命也已所剩无几，必须及时建造新航母来补充乃至最终替代这些老舰。虽然从1944年起航母就越造越大，但海军参谋部此时仍然搞不清到底应该建造数量更多的较小型航母，还是少数几艘大型航母。于是，1960年1月，舰队需求委员会（FRC）奉命对此问题进行调研并提出建议[2]。他们提出了一大堆设计方案，都用数字做的标识，经过层层筛选，最后提交到

---

① 英国空军的始祖，相当于早期的陆军航空兵。

海军委员会面前的只有6套方案。其中最小的方案是第27号，排水量42000吨，搭载27架"掠夺者"或"海雌狐"大小的飞机，装备"海猫"导弹作为自卫武器。其他还有48000吨的23D和23E方案、50000吨的29号方案、55000吨的24号方案和68000吨的30号方案。这些大型设计方案都装备美制"鞑靼人"导弹系统，能够搭载比小型的27号方案多得多的飞机，可以在更恶劣的天气和海况下作战。成本估算如下：4艘27号方案航母所需费用约为1.8亿英镑，4艘24号方案航母则需要2.4亿英镑[3]。无论哪种方案，这笔费用都需要分摊至多个年度。大型航母在经济上更划算。根据测算，24号方案将能够搭载49架飞机，而27号只能搭载27架，将载机数和建造费用进行对比就能看出，24号方案每搭载一架飞机出海的成本为120万英镑，27号方案则需要160万英镑。建造航母的决定需要由国防部做出并提交内阁批准，毫无疑问，如果海军要建造大型航母，那么他们就要说服这两个部门：大型舰虽然价格更高，但却是划算的。海军委员会觉得，大型航母带来的费用增加并不多，但却能大幅提高战斗力，所以这一定不是问题。

1961年1月，海军委员会决定，新型航母至少要有48000吨，以便搭载新一代乃至其后一代舰载机。由此，舰船指标委员会奉命拿出一份详细的参谋部需求，这份需求将对此前的多个设计方案进行整合，形成一个新的方案，新方案起初被编为35号方案。委员会被告知，第一艘航母的设计草案将在1962年后期进行审批，船体和主机的预订单将在1963年下达。建造图纸要由最好的船厂在1965年完成绘制，新航母所需的钢材也要在同年开始切割。新舰将在1967年下水，1970年开始试航，最终在1971年形成战斗力。20世纪50年代的设计方案中，新舰被视为多用途航母，可以搭载固定翼飞机和直升机广泛执行各种舰队任务。但35号设计方案却有一个显著的变化：海军委员会决定，新型航母的首要任务就是进攻，因此航母设计的一切都要围绕同一个核心，即为那些能用核武器或常规武器攻击舰船和陆地目标的固定翼飞机服务。因此，新航母根据北约武器编码规则被赋予编号CVA，即攻击型航母，而不是多用途航母的CV或者反潜支援航母的CVS。新航母的建设项目也从此被称为CVA-01，同级别的后续各舰也依次命名为CVA-02、03和04。进攻作战自然是适宜由航母执行的任务，但是如此体量的大型军舰所能

△ 1963年第一幅登载在媒体上的CVA-01想象图。图中展现了最初的8°斜角甲板设计和标志垂直降落点的圆圈。图中的固定翼飞机大概是P1154。（作者私人收藏）

完美胜任的任务远远不止进攻一种。舰载战斗机不仅可以为攻击机护航，也可以在大范围的海面和陆地上空执行防空任务；舰载雷达预警机可以在远距离上搜索敌方空中和海面、地面目标，并引导战斗机和攻击机前往打击。更严重的是，海军委员会明明已经认识到舰载反潜直升机可以大大提升舰载机大队的战斗力，同时也是航母特混舰队近距离反潜自卫中的关键角色，但他们还是对"护航巡洋舰"的概念抓紧不放，这着实令人费解。事后看来，新航母的设计其实是体现了多用途要求的，海军委员会或许只是想要让她获得CVA的编号，以向美国海军和北约展示自己的新航母有能力加入北约进攻舰队，与美国海军的新型"超级航母"福莱斯特级并肩作战。从国家的角度看，皇家海军需要展示出自己拥有执掌北约第二打击大队指挥权所需的实力和专业技能，这很重要，CVA的编号也是达成这一目标的手段之一。但不幸的是，英国的政客们根本没有意识到这一点，那些人看到这个编号，就想当然地认为这些航母唯一的任务就是核打击[4]。

在设计过程中，参谋部逐步倾向于将新舰定案为与现代化改造后的"鹰"号相当的50000吨级航母，但是要通过更现代化、更有效的舰体设计，使其获得大幅改进。英国海军还要求进行一系列深入研究，将35号设计方案与7.59万吨的美国海军"福莱斯特"号航母、3.1万吨的法国海军"福煦"号航母进行对比分析，这两型航母分别代表了新航母设计的两个极端选项。其中前者被认为太大，英国现有的基础设施难以支撑其运转，同时建造成本也过于昂贵；后者也不行，因为如果她真的按计划搭载30架飞机，那么连能否保证稳定性都会存疑。接下来，5套经过精选的方案被呈交给海军委员会，分别是：50号方案，排水量50000吨；52号方案，排水量52000吨；53号方案，53000吨；55号方案，排水量55000吨；以此类推，58号方案排水量58000吨。1962年4月，英国海军吸取上述各个设计方案的优点设计出了一套草案，海军委员会对它进行了详细考察。这艘航母水线长271.3米，包括斜角甲板突出部在内全宽53.9米，排水量50000吨。之后，海军委员会要求设计部门迅速研究是否可以将吨位提高至60000吨，是否可以使用商船码头维护新型航母，以及将新航母与现代化改造后的"鹰"号进行对比。但研究结果却显示，这种更大的航母的建造成本将会超过内阁的心理预期；在民用码头改装的成本也很高，因为全英国只有皇家船厂一家拥有维护诸如雷达、电子设备之类高技术装备所需的设施，不过在民用码头停泊还是没问题的。与"鹰"号对比的结果则如人们所期待的那样，根据更多更丰富的喷气式飞机使用经验而设计的新型航母，使用起来不仅更有效，而且更经济，即便是和经过现代化改造后的老舰相比也是一样。研究指出，"鹰"号基本设计的潜力已经挖掘殆尽，而新的设计方案则为全寿命周期内的改进提供了充足的空间。

这一系列研究使得英国人确信，53号方案达到了各方面性能的最佳平衡，于是海军委员会要求造船总监阿尔弗雷德·西姆斯爵士以此为基础提供一套成熟的设计，用以替代现役的"胜利"号。首舰的造价预计为5500～6000万英镑，海军委员会认为这就是新航母造价的上限了，即使在细节设计和建造中需要变更方案或者增加新的内容，价格也不允许超出这个数值。53号方案的舰载机大队编有36架战斗机和攻击机、4架预警机、6架反潜直升机和2架搜救直升机。在整个20世纪50年代和60年代进行的众多研究都指向一个共同的结论：53000吨是性价比最高的航母吨位，但这也意味着，如果航母要想在整个寿命周期内都能有效执行任务，那么这个预算就是所需的最低限，而不是最大值。早先的光辉级航母就充分展示了如果一艘航母在设计时给新技术预留的冗余太小会造成什么样的后果。然而，不祥之兆出现了：卡灵顿勋爵——海军大臣，新航母方案正是要经由他提交给国防部，进而呈报内阁——偏偏在这时提出了异议。听取了关于53号方案的报告之后，他提出要委员会再次考察可搭载21架飞机的40000吨航母设计方案。很明显，他对大型航母在性价比方面的优势并没有什么认识。在整个1962年里，他一直都对海军委员会成员们的专业意见言听计从，但偏偏这次他没有。不幸的是，在他的意识里，吨位是影响军舰造价的主要因素，然而实际上到了20世纪60年代，无论吨位如何，大型主力舰都需要安装复杂而且昂贵的电子设备、传感器和指挥设施，这也对军舰造价造成了重大影响。他的军人幕僚们没能把这至关重要的信息准确传达给他，而卡灵顿勋爵有些过于简单的理解也绝非他一人独有，很多政客们也是这么想的。正是这些人，在对这一关键性军舰的价值一知半解，并且连建造成本真正花在哪些地方都不知道的情况下就终止了这一项目。

直到1963年年初，英国的远期开支计划里还留着4艘新航母，但是随着采购4艘弹道导弹核潜艇和"北极星"导弹作为国家核威慑骨干这一方案的确定，开支计划不可避免地要重新调整，新航母的数量也随之降到了3艘。1963年7月，海军委员会批准了新型航母的设计草案，英国内阁也同意启动新一级航母首舰的开发工作。但是，由于航空母舰部队的总规模从4艘下降到了3艘，国防部也告知海军部，新航母首舰要取代"胜利"和"皇家方舟"两艘航母。开发和设计工作获得了160万英镑的拨款，但是当具体款项敲定，即将实际划拨时，财政部又试图阻拦，这就白白浪费了许多时间，而且导致了未来更多的无效开支。影响设计进度的还远不止这一件事，位于巴思的海军部舰船处设计团队人手不足，无法全面推进 CVA-01 的设计，这个部门当前最优先的任务是保障弹道导弹核潜艇在1968年之前建成服役。这些核潜艇需要带着16枚"北极星"导弹长期巡逻，必要时把它们发射出去，政客们从来都毫不犹豫地相信这些核潜艇是最佳设计，或许只是因为她们与已经经过验证的美国海军同类舰艇十分相似而已。这些潜艇的吨位比英国海军之前建造过的任何潜艇都要大，但却从来没有人跑来问海军部，这些潜艇能否造得小一些以节约成本同时保持性能不变。大概这就是英国政府对核威慑能力所持的"钱不是问题"态度，航空母舰的重要性并不亚于核潜艇，但不幸的是，政客们对航母设计的理解却从来没有达到过核潜艇的水平。

1963年时，没有任何一家英国船厂拥有大到足以建造新航母的设施，因此建设工程还需要开挖航母栖装专用的泊位、对船坞里的下水滑道进行加长加宽。不仅如此，绘图员数量也不够，不足以及时画出航母所需的巨量施工图。同时，即便是约翰·布朗和法尔菲尔德两大船厂的设计团队联合起来，电气专家还是不够用。尽管如此，这些问题都是可以克服的，项目也还是可以继续推进，只是速度比之前预期的要慢一些而已。从技术上看，这艘新舰体现了之前数年的研究成果与深思熟虑。这艘舰被认为太大，不适合采用双轴推进，于是选择了三轴推进，这也使军舰获得了足够的冗余以应对可能的战损，军舰远程航行时还可以关闭一套动力机组以进行检修，同时保持高速航行。舰上的蒸汽机是皇家海军所有同类设备中最先进的，可以承受68个大气压、538℃的高压和高温。发电机的输出功率高达20200千瓦，作为对比，改进后"鹰"号的发电机只有8250千瓦，这一巨大差别一方面证明了改造老式军舰受到的限制，另一方面也体现了那个时代电气化水平的突飞猛进。CVA-01拥有一套革命性的锅炉排烟系统，烟气通过2座"桅杆+烟囱"，也就是被称为"烟桅"（Mack）的结构送到舰岛位置，继而通过设在烟桅右侧的涡流发生器引出右侧舷外，从而远离飞行甲板。这一套系统在风洞模型试验中表现良好。岛型建筑的主体结构实际上分成两部分，前后各装有一套烟桅，连通至各自的锅炉舱。两部分舰岛之间的空间也被顶部结构和侧面的卷闸门连接了起来，用作甲板牵引车和其他设备的"车库"，卷闸门可以根据需要选择开与闭。"车库"的顶部是办公室与待命室，它将两部分舰岛连接到了一起，这使得两个舰岛看起来就像一个，而且只比美国海军航母的舰岛稍大一点。雷达和"塔康"导航设备的天线装在烟桅的顶部。新舰的远程搜索雷达计划使用英荷两国联合研制的988型三坐标阵列天线雷达，其天线装在前部烟桅顶上造型独特的圆形雷达罩里。但是随着荷兰决定放弃采购英制"海

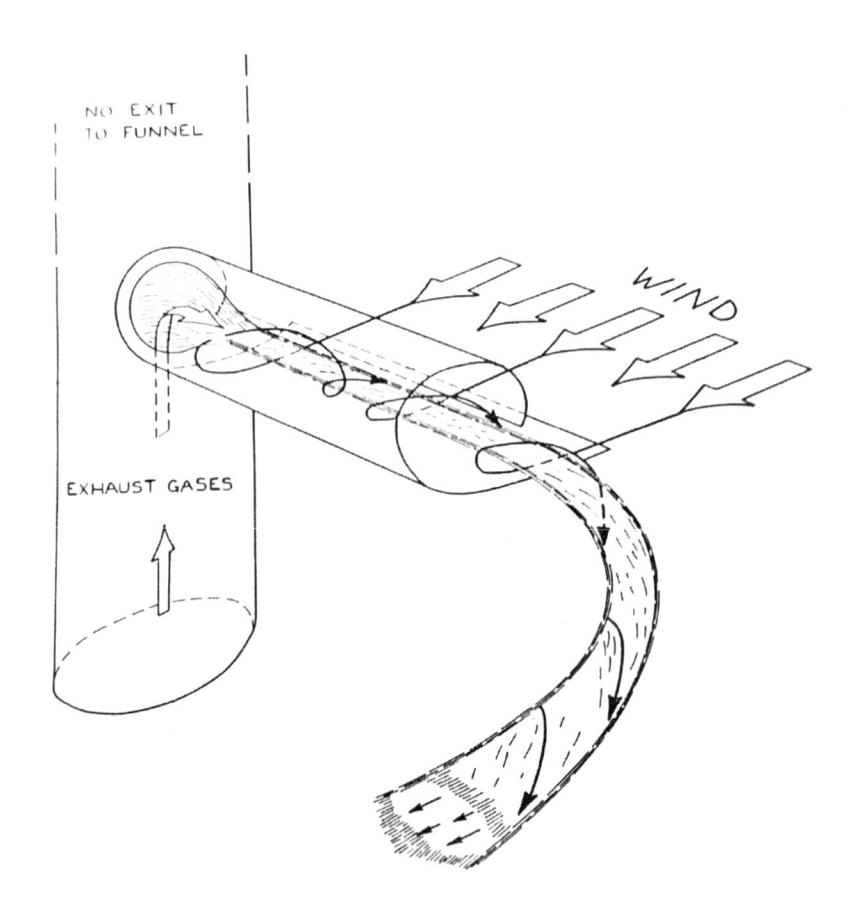

THIS ILLUSTRATES THE PRINCIPLE OF A HORIZONTALLY MOUNTED CYCLONE GENERATOR AS SUGGESTED FOR A SHIP'S INSTALLATION. FOR CLARITY THE DEVICE HAS BEEN SHOWN TRANSPARENT.

△当时的一张草图显示了用涡流发生器把废气引出"烟桅"的理念,这一设计被CVA-01采用。(作者私人收藏)

标枪"防空导弹系统,这一雷达项目被取消了,如此,假如CVA-01真的建成,那么她很可能装备一台改进型984雷达,其改进主要是将原来的真空管升级成了晶体管。英军还做出决定,CVA-01这样的大型航母无论在什么样的特混舰队里,都一定会是价值最高的目标,因此舰上必须安装自卫武器,不能把身家性命完全交给护航舰。事实证明,这些自卫武器将成为航母造价的最重要影响因素之一。最初的设计方案里包括CF-299区域防空导弹系统,也就是后来的"海标枪",以及澳大利亚研制的"伊卡拉"反潜导弹系统。这两型导弹都需要为不同型号的军舰量身定制发射架、导弹转运系统和需要占用较大舰体空间的弹药库。若能取消这两型导弹,节约成本的效果必然远远大于降低吨位,因为和现代化的导弹系统相比,钢板和焊接根本不值什么钱,但是那些政客们不明白这一点,也没人认真地告诉他们。"海标枪"导弹发射架与后来装在82型、42型导弹驱逐舰上的型号相似,但其装填系统却比较复杂,导弹需要先装在"运输箱"里抬高至发射臂位置,再装填到放平的发射臂上,而运输箱本身则是通过弹药库后部的转运设施装入导弹的。这样一套系统的开发肯定不会便宜。最初的设计方案里并没有安装装甲,只是装有一套NCRE开发的全新而有效的水下鱼雷防护体系。但是随着设计与研发的推进,第53号/CVA-01设计方案最终还是加装了76.2毫米飞行甲板装甲、76.2毫米机库侧壁装甲。在弹药库周围还加装了38.1毫米的舱壁,以及大量用于"弹片防护"的钢质舱壁。这些装甲防护让原本53000吨的航母额外增加了1000吨重量,但是英国人仍然宣称53000吨是新型航母"在标准作战状况下"的排水量,也就是消耗了一部分燃料和弹药后的排水量。皇家海军还将为新航母开发一套全新的3.3千伏输电系统,使用降压变压器为用电设备供电。

CVA-01航空设施的设计十分精心,其舰体和飞行甲板在许多方面都比美国海军的尼米兹级航母更加高效。大型单一机库的右后方设有一个开口,可以通过这个开口将飞机送到一小块尾甲板上进行发动机试车和系统调试,不需要把它们挪到飞行甲板上去。舰上装有2台飞机升降机,其中前部升降机装在舰体内,但位置在中心线右侧,这样便不会与飞行甲板的降落区域冲突。为了节约重量,升降机使用了装在平台下部的新型剪刀式升降系统,这就不需要像老式的升降机那样,用链条悬挂升降平台并在链条对侧加装配重。这种升降机是为数不多的被皇家海军沿用到其他舰艇上的新设计之一，"无敌"号轻型航母的两舷就各装有一台与此类似的升降机。但这些升降机在使用中麻烦不断，还需要花费相当多的时间、资金和研发力量才能让它们变得更可靠。右舷后方的舷外升降机则使用了传统的链条悬吊方式。两台升降机的最大承载重量都是34吨。舰岛被布置在了舰体主结构边缘，在舷外留下了一条被大兵们称为"阿拉斯加高速公路"的走廊供飞机滑行，这就与飞行甲板形成了一个环形飞机流转通路，通过这里，飞机既可以被后送到后部的舷外升降机降到机库，也可以被向前送到舰艏弹射器。在最初的几套设计方案中，航母左舷设有一个大型突出部，其上布置了倾斜角8°的斜角甲板，但是到了1962年，舰队工作研究组提出，可以将这个突出部向前后两个方向延伸，这样就可以将整个降落甲板左移，形成与舰体中轴线夹角仅有3°的"平行"降落甲板。如此小的斜角是为了确保那些未能钩住拦阻索的飞机在复飞时不会撞上飞行甲板1区，即前部停机区里的飞机。实际上，这一设计将整个飞行甲板分割成了2条平行地带，右侧的停机区面积由此增加了15%，左侧也形成了无障碍的降落区。它也令低能见度条件下的飞机回收变得更容易一些，因为此时飞机可以根据航母上着舰引导雷达的指挥从航母正后方进入降落航线，无需太大的偏转角。平行甲板的另一个好处就是可以使降落区前移，从而使拦阻索的位置更接近航母舰体的纵摇中心，让恶劣海况

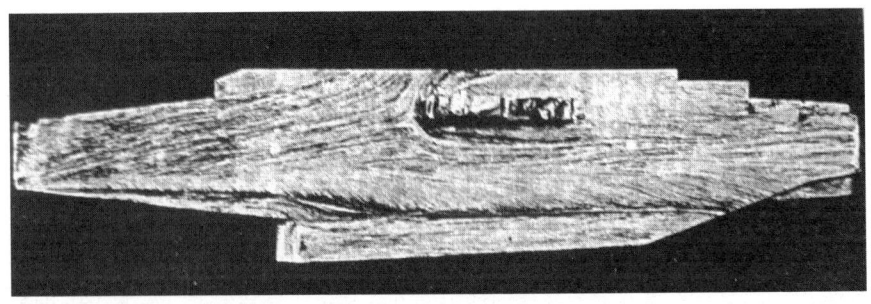

△用于风洞测试的CVA-01木质模型，这一测试旨在评估甲板气流的影响。这张摄影机拍摄的不太清楚的照片显示了原计划中8°斜角甲板上的气流流向。（作者私人收藏）

△被航空作战总监用于展示3°"平行甲板"好处的CVA-01木质模型。(作者私人收藏)

下的飞机着舰更轻松些。这里又体现了53000吨大型航母的一个好处：舰体长度达到305米，与那些更小、更短的方案相比，其纵摇幅度更低。按照美国海军所谓"作战弹性甲板"的方式同时放飞和回收飞机是完全可行的，只是如果同一批起飞或回收飞机的数量比较多的话，停机区的面积就会不够用了。最后，飞行甲板的强度可以承载重31.75吨的飞机。

隐藏在这一套飞行甲板设计与计划中48架舰载机大队方案背后的用意就是，机库里可以停放全大队的2/3，飞行甲板上也能停放2/3，多出来1/3。这多出来的空间意味着航母在必要时可以再加强一支舰载机中队，正如1968年第803中队（掠夺者攻击机）在印度洋上的"竞技神"号航母上成功演示的那样。皇家海军也期待新航母的这一能力能用来搭载皇家空军的航空中队，从而使其具备向前线输送增援的能力，尤其是在远东。他们随后又提出了利用海空两军共用的霍克P1154、"掠夺者"和"鬼怪"三型飞机组建联合部队的设想。但皇家空军根本不搭理海军这一套，他们压根不打算让自己的飞机在联合司令部的指挥下从海上起飞作战。这就很神奇了。政客们对联合作战满怀激情，还成立了多军种联合的国防部，但却从来没人想到要去问问空军为什么会这么想。这是皇家空军的一个负面例子，也证明了政客们关于"皇家空军是最精通航空的部门"的设想是多么地错误。言归正传，新型航母上所有的方面都经过了仔细研究，必要时还搭建模型加以验证，其中就包括那个菱形的飞行管制中心，或者简称为"Flyco"，它为飞行管制人员提供了前所未有的极佳视野，可以充分观察飞行甲板，以及那些需要目视确认或者正在进场的飞机。飞机夜间起降时使用的灯光和飞行甲板泛光照明系统是全新的设计，这套系统最终被装在了现代化改造后的"皇家方舟"号上。两台蒸汽弹射器的加速距离为76.2米，可以将25吨重的飞机加速至115节，和先前英国航母上那些加速距离比较短的蒸汽弹射器相比，新型弹射器更长的加速距离使得飞机承受的加速度更加平滑。根据"胜利"号与"竞技神"号的实用经验，装在弹射器后方的"待弹射飞机排列装置"（CALE）并不必要，因此CVA-01放弃了这一设备，但同时新舰也计划在弹射器后方设计一套新型水冷式喷气偏流板，以保护弹射器后方的飞机免受起飞飞机打开加力时喷出的高温高速尾流的伤害。这一套设备后来也投入了实用，"皇家方舟"号在进行现代化改造时加装了2块这样的偏流板。右侧舰艏的弹射器负责弹射停在飞行甲板右半边的飞机，左侧中部的弹射器负责弹射左半边的飞机。在进行弹性同时起降时，停放在飞行甲板3区的飞机可以通过舰岛外侧的"阿拉斯加高速公路"滑行到舰艏弹射起飞，同时在斜角甲板上降落的飞机则迅速滑至飞行甲板2区以腾出降落跑道。在这样的航空作业中，两台升降机都可以使用，既能把不用的飞机送下机库，也可以把完成整备的飞机从机库里送到飞行甲板上。降落区装有4根拦阻索，全部都是新的直接作用式设计，每根都能制动重18.14吨、降落速度112节的飞机。投影式助降镜装在从平行甲板左舷外伸出的一个耳台上，另有一台标有仰角数据、用于观察飞机降落航线的望远镜装在右舷舰岛的后部。作战室和航空指挥室布置在第5层甲板上，通过一台电梯与舰

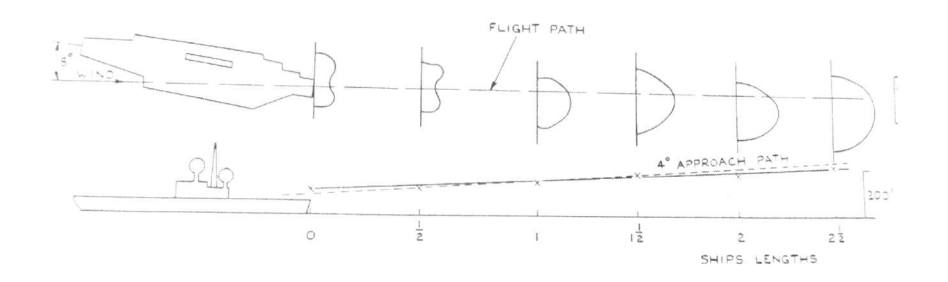

△广泛的风洞测试得出了结论。这张图展示了斜角甲板下风区飞机降落航线上的紊流。(作者私人收藏)

桥相连,这样舰长、高级航空和作战幕僚在需要时能够在两个舱室间快速转移。CVA-01搭载的小艇数量比之前的英国航母都要少,它们都存放在飞行甲板后部小型尾甲板上、"海标枪"导弹发射架右侧,可以由布置在侧舷升降机与小艇甲板之间的起重机吊放到海面上。这台起重机还可以吊起在海上迫降但仍然漂浮的直升机,最大起吊重量为18.14吨。侧舷升降机同时还用于在海上补给时接受干货,此时,升降机要降到低位,吊运物资的绳索则固定在其上方飞行甲板侧面的支撑点上。接收到的物资先是直接放进机库,再借助机械装置和专用的货梯运送到各自的仓库里,基本不用使用人力。舰上装有4台通向飞行甲板和机库的炸弹升降机,它们可以运输海军武器库中的任何一种机载弹药,包括核弹、空对面导弹、鱼雷、深水炸弹,等等。

  CVA-01的设计工作于1966年1月27日完成并通过了海军委员会的批准,委员会还热情地祝贺了造船总监的设计团队在艰难的情况下取得了了不起的成就。虽然财政部一再拖延海军的款项,但海军委员会还是为新航母的分期建设预付了350万英镑,其中主要是采购主机的费用。同时新舰的详细建造计划也已经备妥,准备发往各船厂进行招标。经过英国王室的同意,CVA-01被命名为"伊丽莎白女王"号,不过海军委员会暂时不打算公开这一舰名,他们想要等到航母订

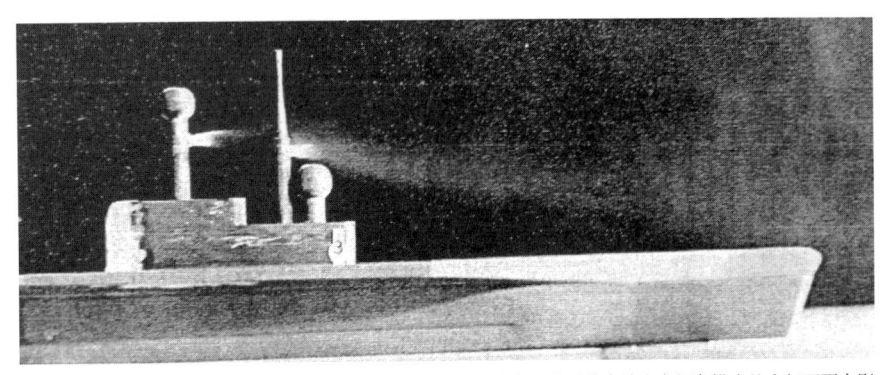

△另一张早期CVA-01风洞模型的侧视图，这个模型显示涡流发生器可以有效吹离烟囱排出的废气而不会影响飞机降落。（作者私人收藏）

单正式下达后再将其公之于众。CVA-02将获得"爱丁堡公爵"号的舰名，据说这还是女王亲自要求的，CVA-03则命名为"威尔士亲王"号。

白厅论战

1961年，海军部围绕新一代航母开展一系列工作时，哈罗德·麦克米兰首相也对国防政治环境判断进行了修订，发布了新的指导意见[5]。其要点如下：

> 英国将无法长期依赖已属于独立国家的军事基地或设施，即便是英联邦国家的也不行，因为有些行动与所在国的意愿并不一致。到1970年时，英军仍可指望直布罗陀、马耳他、亚丁、甘岛（阿杜环礁）、塞舌尔和巴林的基地，但利比亚、塞浦路斯、肯尼亚和马来西亚基地的使用将会受到越来越多的限制。
>
> 为空运部队申请领空飞越权将会越来越困难。
>
> 英国在西方阵营的战略核威慑中仍将持续独立发挥作用。
>
> 英国独立进行的干涉行动将不会超过旅级规模，同时预计这种干涉只能在部队登陆时不会遭到大规模抵抗的前提下进行。在面对强烈抵抗时，干涉行动需要进行大规模突击，而这只有在与盟国联合作战时才能实现。

与此同时，北约的防卫策略也从"核阻击"转变成了"灵活反应"，更加重视常规军力在对苏开战时的作用。新的指导意见和北约新防卫策略对航母打击舰队是有利的，第一海务大臣、海军上将查尔斯·拉姆比爵士就认为，当英军撤离海外基地之后，若要向世界各地尤其是苏伊士运河以东投送空中力量维护英国的全球利益，唯一的有效途径就是派遣航母舰载机。他还提出，航母不仅仅可以作为舰队主力舰执行海军任务，她们还能作为浮动基地支持两栖联合部队作战。他相信航母就是天然的联合作战平台，既能搭载皇家海军的飞机，也能搭载皇家空军的飞机。提出这个方案后不久，拉姆比将军就因病被迫退休。继任者海军上将卡斯帕·约翰爵士是皇家海军第一个飞行员出身的第一海务大臣，他继承了拉姆比的思路，下令对这一做法的可行性进行调研。但并不是所有海军委员会成员都无条件地支持新一代航空母舰。海军副参谋长、海军中将瓦里尔·贝格爵士就根据他1958—1960年期间担任远东舰队副司令的经验，质疑航母的价值。"阿尔比翁"号和"半人马座"号先后担任过他的旗舰，两舰当时装备的舰载机都是过时的"海鹰""海毒液""天袭者"和"旋风"。他承认，皇家海军若要持续支持两栖作战和地面部队上岸作战，航母是无可替代的，但是若要执行打击任务，那么潜射导弹就是更有效且更经济的选择。他还认为防空问题可以通过建立全潜艇舰队来彻底解决。如此天真的建议自然被他的委员会同僚们一口回绝，因为当时根本没有一型进攻型导弹能够从下潜状态的潜艇上发射，而且，真要开发这样一套打击体系，价格也未必便宜。若真要建立一支全潜艇舰队，这些潜艇必然是核动力的，其成本会更加昂贵，但这样的舰队在诸多重要方面的能力都无法和多型常规水面舰艇组成的航母特混舰队相提并论。贝格观点的致命缺陷，以及保留航母支援岸上作战（尤其是在苏伊士运河以东）的刚需，使得他的观点完全出局。

如前所述，海军大臣卡灵顿勋爵提出要海军委员会对比53号方案更小的40000吨级航母进行进一步研究。他还提出，要研究以P1127为原型的垂直/短距起降飞机能否成为主力舰载机。但第一海务大臣明确指出，根据原型机试飞的情况来看，这一类飞机的作战半径和有效载荷都比"海鹰"FGA6逊色很多，和"掠夺者""鬼怪"相比，这种飞机很难担负起全球力量投送之责[6]。最终，卡灵顿还是听从了海军委员会的多数意见，但他仍然坚持要将CVA-01的方案通过国防部长呈交内阁，尽可能广泛地满足各个军种的需求，而不要单纯将其视为海军的武器。此时，英国经济持续低迷，国防部也一直承受着财政部要求削减防务预算的沉重压力，但政府其他部门，譬如外交部，都坚持拒绝任何预算削减。为了保护航母计划所需的经费，海军委员会提出了削减其他方面造舰预算的替代方案，但是在1962年秋季，这艘航母仍然是英国最为昂贵的单一项目，因此她在白厅的激辩中成为众矢之的。为了争取更多的支持，英军总参谋长蒙巴顿勋爵要空军参谋长、皇家空军元帅托马斯·帕克爵士围绕航母议题提交一份文件，请求更新现有的航母舰队。无论蒙巴顿此举是想让帕克支持海空两军飞机联合上舰作战，还是想要在其他方面为联合作战铺平道路，他的干预都带来了不幸的后果。这给了帕克一个机会，他在文件中提出未经检验的理论，而这一理论完全可以被视为对海军充满党争意味的、毫无道理的敌视。对那些只想着省钱却从不考虑事实和后果的政客们而言，帕克的提案倒是真的值得一看。

空军参谋长的文件和"岛屿战略"

帕克留意到，武器装备尤其是飞机的价格增速超过了国防预算的增长，而武器系统耗费的预算与其需要达成的效果也愈加不成比例，如此，海空两军在飞机方面的重复开发便会是难以承受的。在一场理性化的辩论中，任何军种的教条化的观点都难免会打自己的脸，帕克就是个例子，既然已经意识到不应重复开发，那么空军为什么要在海军的"掠夺者"已经研制成功并装备部队后还要继续研制TSR2？或许可以说TSR2的性能比"掠夺者"好，但这仍然解释不了重复开发的问题。这显然体现了空军的私心，但是如此浅显的问题，却从没有见到任何一个政客提出来过。帕克还宣称，打击舰队的核威慑能力会受到弹头威力、攻击距离和部署速度的限制。这个说法就更奇怪了，它完全没有考虑到海军舰队对攻击目标选取的影响力，也没有考虑海军在与美军联合行动时以及在北约、中央条约组织、东南亚条约组织中发挥的作用。他还没有意识到舰载攻击机可以在轰炸机的作战半径之外打击目标，前任空军参谋长是认可海军这一能力的，同时，在先发制人的打击面前，航空母舰的生存能力显然要比轰炸机司令部常用的20来个机场要高——要想打击航母舰队，苏联人首先得找到她们，但是正如海岸司令部能告诉帕克的那样，这在1962年根本就是无法保证的事情。

文件中还提出了一连串实际上根本不值一驳的谬论。譬如他说，在传统的保护海运线和支援登陆作战的任务中，航母所能提供的飞机数量不足，无法达成理想效果。但他没有说的是，航母上的舰载机极可能是唯一能够出现在危机地域的英国飞机，何况，航母可以靠前部署，让尽可能多的飞机出现在战场上空，航母可以为返航的飞机快速加油装弹，再换上一名刚刚受领任务的新锐飞行员，然后立即再次出击。他也没有说，20世纪50年代初期和苏伊士运河两次实战的事实都和他说的完全背道而驰。当然，文件也没有说明，飞机通过空中加油而在极限航程上作战需要大量的加油机，而皇家空军并没有这么多加油机，上文所述的海军的其他优点，空军也没有。帕克声称航母是脆弱的，这根本就是睁眼说瞎话，更何况二战中皇家空军有大量的机场被敌军攻陷，然后反过来用于对付英国及其盟友，譬如在法国、北非、马来亚和东印度群岛。文件还炮制了一些不那么重要但也完全经不起检验的论调。其中一个奇怪的论调就是航母的部署速度和飞机比起来太慢。这完全忽略了一个要点：虽然军用飞机可以快速飞到盟国的机场上，但它们要等到运输机运来维护设备和地勤人员，海运运来大量补给物资和燃油后才能发挥作用，而这只有在英国掌握制海权的情况下才能实现。还有，如果皇家空军的运输机都拿来运送飞机所需的维护、空管和行政人员了，那么谁来运输部队呢？如何才能在危机地域建立并持续保障一支脚踏实地的作战部队呢？航母就不一样了，她自带地勤维护、航空管制和战斗机引导设施，她抵达作战区域的那一刻起，大量的燃油和弹药就已经同步到位。如果需要持续作战，那么航母舰队背后还有皇家军辅船队可以提供后勤保障。看完帕克的文件，人们会忍不住惊讶于一个高级将领竟然会做出如此天真而充满偏见的论述，以及国防部里的人竟然会相信这份文件，还把它作为讨论的基础。文件最后还给出了一个武断的论点：1970年之后在欧洲以外有效作战的关键因素在于能够将一个步兵旅空运到热点地区并进行空中补给。他声称，空军可以将这样一个步兵旅投送到距离主要基地1600千米外，并支持其1个月的作战而无须任何海上支援。但是如何持续输送大量燃油和弹药呢？他没有说。他也没有打算去解释在这样一个几乎肯定是多军种联合的行动中，皇家空军的理论该如何去和另外两个军种的行动相结合。英国政府热衷于推动联合作战以节约开支，但由于种种原因，他们非但没意识到帕克文件中饱含着空军自己的偏见，还认为这一纸荒唐言能够做出什么实质性的贡献。

除了空军参谋长的文件，空军参谋部还在1962年10月炮制了一套更不切实际的文档，提出了所谓的"岛屿战略"。这个战略简言之就是选择一批岛屿建立军事基地，全球任何发生危机的地方，到最近的岛屿基地的距离都不会超过1600千米，这样就可以将干涉部队从这些岛屿上空运至目的地了。且不论这一策略与英国政府大力削减海外基地以节约开支的政策相悖，它还计划使用计议中的OR351短距起降运输机空运部队，由P1154垂直/短距起降战斗机提供掩护。这OR351运输机从来就没有走出过需求规划阶段，空军参谋部根本不可能知道研制与生产这种飞机要花多少钱，这时候就迫不及待地声称可以用它来节约经费，坦率地说，这十分可笑。就算这两型飞机最终都能顺利服役，这份战略文件也没有说明飞机返航所需的大量燃油要如何运到这些岛屿上。和这一时期帕克的空军参谋部提出的众多理论一样，这个"岛屿战略"走的还是他们的老路：先想出一个需求，假设它能奏效，然后就提上去挑战已经被总参谋部认可的联合作战条令。空军参谋部选择新建基地的岛屿是阿尔达布拉、马西拉、可可群岛，同时还要扩建马来西亚北海镇、澳大利亚达尔文港、菲律宾马尼拉的基地，以及在南大西洋的阿松森岛、印度洋的甘岛建立补给站。甘岛此时已经被皇家空军建设成飞机加油站了，主要用途是让那些飞往远东的飞机在此地落脚加油，岛上的大量燃油库存都是靠皇家军辅船队的油轮送上去的。当然，皇家空军理所当然地认为皇家海军可以保护大批燃油和其他物资安全地远渡重洋抵达甘岛，而皇家空军自己一定是做不到的。这一战略的根本缺陷在于三个方面：首先，这些岛屿并不全都是英国属地，如果爆发危机时其所在国不同意英军的行动，那么这些基地就无法使用。例如，1956年苏伊士运河危机时，澳大利亚就不同意英法联军对埃及的干涉,这次事件之后,斯里兰卡也要求英国皇家海军离开亭可马里的基地。第二,文件中没有提到的是,这种基地的建设成本必定极其高昂,基地需要能够起降所有型号的飞机,存储大量的燃油、弹药和零部件,以及为按战时编制在基地里工作的男男女女、飞行员和地勤人员、待命参战的步兵旅提供生活设施,其施工规模可想而知。若要有效发挥作用,这些基地必须随时存放足够的后勤物资,保证各种类型的飞机来到基地后就能立即投入战斗,就像航母所做的那样。此外,陆军旅级战斗群在基地停留以及按空军声称的那样在1600千米外独立作战1个月,这也需要大量的后勤支援,还要保证在开战时能立刻到位。存储如此大量的物资也很费钱,而战略文件也没有指出这些预算从何而来。第三个同等重要的问题是岛屿基地的防御。平时这些基地只有一些看护和维修人员,在战争爆发之后、战时人员到位之前,这些基地在苏联特种部队面前完全等同于不设防,苏联可以轻易夺取它们,然后掉过头来对付英国。不仅如此,英国该如何保护自己在马尼拉的资产?别忘了空军参谋部曾经坚持反对给P1154战斗机安装对空雷达和导弹,坚持认为这种飞机只要能在昼间晴朗天气下执行战斗机的任务就可以了。若是没有其他型号战斗机的支援,空军怎样才能用这种战斗机来防守岛屿基地的1600千米半径区域?毫无疑问,他们需要一艘航母及其特混舰队来保卫岛屿基地本身,保卫维持基地和被视为整个作战行动目标的旅级战斗群登陆地域所需的大量运输船只。照这个思路推导下去,任何明眼人都能看出,空军参谋部最该做的事情就是大声疾呼需要更新型的航空母舰。值得一提的是,二战中规模最大的海战之一,中途岛战役,就是为了保卫岛屿基地打响的,这场战役中美军动用了太平洋舰队的全部力量,包括多艘航母来实现这一目标。实际上,帕克及其参谋部的这一战略恰恰暴露了皇家空军的软肋,而非强项。

空军参谋部的文件和"岛屿战略"提案忽略了大部分大英帝国在二战和战后那些动荡岁月中花费了高昂代价才取得的经验。第一海务大臣卡斯帕·约翰爵士立即提出反对意见,海军的观点完全来自实践经验而非理论,反驳的要点如下:

首先，空运行动会因第三国拒绝提供领土飞越权而受到延误，最近的科威特危机就是这个缺陷活生生的例子。

其次，重型装备和装甲车辆无法空运，而且运输整个旅级战斗群需要皇家空军在短时间内大量增加十分昂贵的运输机，若要采用OR351短距起降设计，那么成本将更加高昂。

第三，相关统计显示，航空母舰的生存能力远比帕克臆想的更高。

第一海务大臣还继续指出，搭乘军舰的两栖突击部队可以提前布置到潜在目标地域的海平线之外并停留较长时间。一旦爆发冲突，即便空运受政治因素影响而被延迟，海上部队仍能继续发动进攻；若事态平息，则特混舰队可以悄悄离开，无人知晓。显而易见，建立一个"空中桥头堡"将更加困难，而这一困难给政府带来的尴尬也会愈来愈多。鉴于成本高昂、可行性差，以及解决不了补给船队所需的至关重要的制海权问题，"岛屿战略"遭到了否决。帕克还想要表达的一个观点是，航空母舰及其舰载机的存在"也无法让皇家空军裁减哪怕是1架作战飞机"。卡斯帕·约翰则指出，"北极星"弹道导弹核潜艇部队的成立，意味着无论是舰载机还是陆基飞机都将不再需要进行核攻击了。如此，轰炸机和战斗机司令部都有大量的飞机可以被裁撤——如果不是直接裁撤这两个司令部

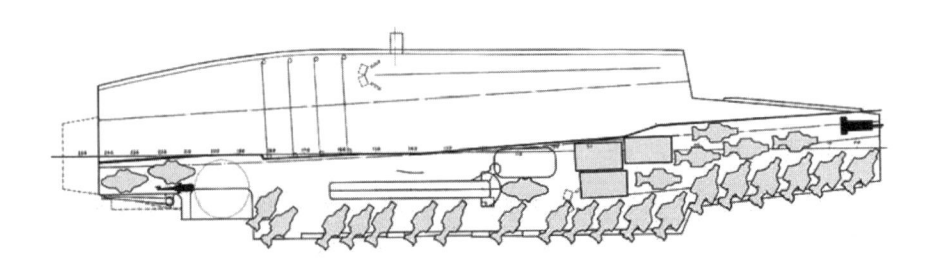

△这张1965年绘制的CVA-01飞行甲板示意图显示出她在保持降落区可回收飞机、舯部弹射器可放飞飞机的情况下可以停放多少飞机。中前部的三个矩形灰色块标示的是停放"塘鹅"AEW3后继型号所需的面积，可能就是前一章节所述的"塘鹅"AEW7。舰艉的黑色物体是大型起重机。注意，此时飞行甲板2区实际上能停放更多飞机。（作者私人收藏）

的话。此语戳中了皇家空军的要害。他们感到必须要为自己的生存而战了，于是他们决定退出由皇家海军提议并得到参谋长联席会议和英国政府认可的联合作战体系，继续为独立作战而努力。

空军参谋部的文件基本忽略了航空母舰在皇家海军一项最重要任务中的突出作用，那就是保卫航运、贸易和英国的全球利益。在卡斯帕·约翰的回应中，这一重要任务有所提及但没有作为重点，这也许是因为海军参谋部早已视其为天经地义。不过他还是提出，若没有舰载固定翼飞机，海军将无法执行监视或侦察任务，进而难以有效进行反水面舰艇作战和防御敌方空袭。海空两军的一大差异在于，皇家空军在没有任何证据或事实支撑的情况下就宣称陆基飞机可以在任何地方执行任何任务，而皇家海军知道自己的舰载机从来没有执行过所有的空中任务，因此也就没有如此宣称。那些长期在陆地上行动的航空兵部队显然更适合交给空军，例如驻扎在德国和新加坡、巴林等主要基地的战术航空兵，它们的基地并不需要机动性。皇家空军隐瞒了自己所需要的诸多成本，而海军更新航母的成本却都在明处，这让空军的方案在政客们眼里大占上风，若进行理性的质询，空军的这些成本都可以被挖出来，然而并没有这样的质询。不幸的是，随着论战的白热化，双方都钻进了牛角尖，忽略了航空母舰广泛的能力，反而在与陆基飞机个别方面的对比中越陷越深。自从查尔斯·拉姆比爵士在1961年提出要求以来，海军已经对航母需求方案进行了调整，以尽可能发挥在跨军种联合干预行动中的作用，并寻求与空军密切合作。为了将联合作战的理论变成现实，大量原始的构想都被投入了认真的考察[7]，最后集中体现在由先后担任过航母部队司令的斯米顿、霍普金斯两位将军于1961年11月15日提交给第一海务大臣的报告中。他们二人达成了共识：在海空军通用飞机完成研制并装备部队之前，皇家空军加入舰载航空力量的唯一途径只能是组建装备"海雌狐""掠夺者"之类的海军飞机、由皇家空军驾驶和维护的航空大队或独立中队，与皇家海军各中队并肩作战。这难免会给部队的行政管理带来很大的困难，但若真想这么干，也不是不可能。当然，这些空军舰载机部队完全可以上陆作战。但是既然这些中队在搭载于航母上时要接受海军指挥，那么这个提案难免不受空军部待见。

1961年年末时，海空军通用战斗攻击机前景黯淡。先前海空军联合开发的桑德斯-罗 SR-177战斗攻击机虽然前景光明，但却在1958年被邓肯·桑迪斯抹杀了，同时，如前所述，出于政治原因让P1154这一个机型承担多种互不相通的任务的做法也被证明是失败的。"掠夺者"是这一时期海军得到的唯一一种新型飞机，虽然这型飞机远比老旧的"堪培拉"轰炸机更优秀，但是皇家空军始终不肯考虑采购一批用用看，而是继续倾全力于TSR2的研发。"掠夺者"在陆地上作战与在航母上作战一样轻松[8]，但TSR2则完全没有改造出"海军型"的可能[9]。无论如何，站在1961年来看，这两型飞机服役期再短也不可能在20世纪70年代中期被替换。海军倒是很希望能在20世纪70年代初拿到一型超音速全天候截击机以替代"海雌狐"，并为此发布了OR346号作战需求，但空军能不能屈尊参与到这个项目里却很成问题。新成立的霍克-西德利集团[10]受政府对联合飞机兴趣的吸引，组建了一个先进项目团队（APG）来研究这一概念。他们向海军参谋部和总参谋部宣讲了关于用一型飞机替代"掠夺者""海雌狐"和TSR2三型飞机的前景，但却"很快发现海空两个军种的需求根本无法调和。TSR2的后继机型太大，而且研制时间太晚，无法满足海军；而海军对战斗机的要求则太紧急，而且可能对空军来说有些简单"。更糟糕的是，当海军参谋部的需求已经人所共知且被明确说明之时，空军参谋部却还没有认真考虑TSR2后继机型的问题，也不打算讨论其细节。

在围绕航母换代计划与海空两军参谋部交流了意见之后，蒙巴顿要求空军参谋长根据各军种参谋长一致同意的任务定位确定航空母舰的类型，这些任务定位包括为海上投送陆军重装部队提供掩护，以及在面对较弱抵抗时为远征军地面部队提供近距空中支援。帕克认为垂直起降近距支援/战斗机将适于执行这样的任务，而且皇家海军和皇家空军都可以装备。他概念中的垂直起降飞机正是霍克-西德利的P1154。他说这种飞机"需要"具有截击能力，但这并不准确，这型飞机的设计需求只是在不影响主要能力的基础上"希望"具有截击能力。然而我们还是可以看出，他的提议让蒙巴顿认为这种飞机可以海空通用，并能作为一型超音速战斗机在适当时间替代"海雌狐"。正如人们常说的，魔鬼藏在细节里。有趣的是，帕克提出，这种垂直起降飞机应当被用在"突击队型母舰"上，他还用了一套在国防部内赢得了罕见的一致赞同的说辞:"然而从作战的灵活性和经济性上讲,这一型飞机既不应当也不需要与舰队长期绑在一起。"这根本就不像是1937年英斯卡奖得主说出来的话,这充分显示了帕克对舰载机飞行员掌握上舰作战技能所需的训练和能力一无所知。他接下来又把海军参谋部考虑失当的护航巡洋舰概念拿出来帮着推销他的空军部理念,即随着陆基轰炸机的航程越来越远,作战将不再需要攻击机从航母上起飞发起进攻,如此,航母也就不再是必要的了。否定了舰载远程攻击机的作用之后[11],突击队母舰就应当被腾出来搭载一定数量的垂直起降近距支援飞机,突击部队及其战术直升机则要被赶到新的船坞登陆舰和护航巡洋舰上。至于至关重要的反潜直升机要去哪里的问题,他只字未提。

实际上,帕克提出的是一种"双用途航母",鉴于此人一直以来顽固反对航空母舰,他最终的提案倒算是相当大方了。他提出用一型40000吨级舰替代现有的舰队航母和突击队母舰,新舰将搭载24架短距/垂直起降攻击机和4架雷达预警机,他甚至同意在航母上安装弹射器和拦阻索,一方面满足雷达预警机的需要,另一方面也便于与盟国海军的航空母舰进行"互降"。方案中没有提到反潜直升机,但根据航母的吨位,搭载一支6机中队一定是没问题的。不过,空军参谋长的提案没说明这40000吨到底是标准排水量还是满载排水量,后者是指满载燃油、作战物资和飞机时的重量,这或许是因为空军参谋部根本搞不清这二者有什么区别。不过既然通常情况下说吨位指的都是标准排水量,那么提案中的这艘双用途航母,或者说是 CV 而非 CVA,就将是一艘比较强大的军舰,与经过现代化改造后的"鹰"号十分相近,后者标准排水量43000吨,满载排水量50786吨。"竞技神"号要小一些,标准排水量只有23900吨,搭载一支规模比较小但仍然具有战斗力的舰载机大队,装备"弯刀""海雌狐""塘鹅"和"威塞克斯",但是在其寿命期内不再有改进的空间了。有意思的是,卡灵顿勋爵也看中了40000吨级的设计方案,我们很想知道到底是什么事情让他选择了这个数字,但这已无文件可考。现在看来,空军参谋部的航母提案让英国错过了那个摇摆不定的时代里最大的机会。海军参谋部错失了通向光明未来的大好机会,而原因却是空军参谋部没有意识到舰队航母的战斗力源自其基本设计和装备,而不是任何时候的某一型舰载机。即便新型航母的吨位只有40000吨,就算没有远程攻击机,她也仍然有潜力成为攻击型航母,虽然这不可避免地令英国失去了在北约内与美国海军并驾齐驱的机会,但只要新航母能够服役,一切也还有的谈,毕竟空军参谋部想要消灭的是海军的核武攻击机,而不是航母本身,他们也知道航母在搭载多用途战术航空大队时还是能发挥很大作用的。

现在,下一代航母的吨位在一轮接一轮的争论中下降了13000吨,省下来的大部分都是钢材,因为无论大小航母,有效执行任务所需的传感器和指挥设施都是一样的。工作间、弹药库和机组都随着吨位的下降而有所变化,取消了"海标枪"防空导弹和"伊卡拉"反潜导弹则节约下了一大笔成本,母舰的防空便只能交给防空战斗机,反潜则完全靠护航舰的层层防卫了。1961年时钢材的平均价格是每吨100英镑,吨位的下降便直接令材料成本下降了130万英镑,建造费用也得以缩减。这个数字并不大,但却能够让围绕航母的争议继续向两头发酵。在53号设计方案中,海军委员会已经选定了性价比最高、单架舰载机所需的舰体建造成本最低的方案,其全寿命周期内的改进空间也很大。小船体航母的性价比更低,但建设花费却少得多,尤其是取消了舰载导弹之后。如果内阁、财政部和参谋长联席会议很不愿多花建设经费的话,那么40000吨级的航母就是一个很值得认真对待的富有吸引力的方案。多花钱买好货固然好,但前提是国家要能够支付得起,而越来越多的英国政客都认为支付不起,尤其是在已经有了"北极星"项目之后。但是海军委员会却死板地抱紧性价比更高的大型航母方案不放,结果其过高的"标价"使海军的新航母计划遭到了致命一击。

海军参谋部的幕僚们奉命对空军发布的文件进行分析,这些文件拼命反对海军远程打击能力,并且对"掠夺者"远高于TSR2的性价比忧心忡忡[12]。他们还质疑空军参谋部声称的关于远程轰炸机能在任何远征作战开始之前将敌方的航空兵力摧毁于地面的说法,并重新提出了对高性能战斗机的需求。他们指出,NBMR3方案的空对空作战能力并不强,当然他们也同意,这种飞机可以"根据需要任意从航母或者岸上基地起飞作战"[13]。他们还正确地指出,垂直/短距起降飞机由于"在任何情况下都会把大量时间浪费在母舰上",因而不适合长期随舰队作战的观点是"不完善"的。他们认为,40000吨级航母作为突击队母舰太大了，更适合被定位为"近距支援母舰"[14]。海军参谋部从空军参谋部10页纸的文件中挑出了65处错误，但是第一海务大臣在1961年12月提交给蒙巴顿的答复中却没有对此详加描述，也没有对空军参谋长关于陆基航空兵的文件做出批评，他只是重申了航母打击舰队的战略价值，以及其角色定位。答复文件对航母的定位略显保守，仅仅是"在岸基飞机无法企及的地点和时间，为陆地和海上力量提供空中支援，无论是部分支援还是全面支援"[15]。他没有说出来的是，不仅仅是空袭，海军的所有方面都已经离不开航空兵，若没有舰载机，皇家海军可能会连一支三流的海军都对付不了。第一海务大臣认识到了限制未来航母大小的三个因素：造价与搭载飞机数量的比例、舰队各方面能力的开支平衡，以及现有干船坞的实际尺寸。考虑到这些因素，他也同意建造与"鹰"号吨位相当的航母。

提出解决方案

空军参谋长和第一海务大臣提交的报告分歧明显，于是蒙巴顿要求总参谋长（CGS）、陆军元帅弗朗西斯·费斯汀爵士拿出一个解决方案。他是1956年苏伊士作战时的英军总指挥，对一支远征部队能够从航母和陆基战术航空兵那里得到什么样的支援完全心知肚明。充分听取了海空两军参谋部的意见之后，费斯汀元帅提交了2份文件，一份主要阐述20世纪60年代后续年份的情况，另一份则针对20世纪70年代。在第一份文件中，他表示在未来10年里现有的航母舰队足可以满足任何可能出现的需求，至于20世纪70年代之后，他坚定地指出，在陆基飞机和航母舰载机之间选边站是既不必要也不适宜的，因为这两者都是不可或缺的[16]。关于20世纪60年代，他写道："任何战术航空力量的海外部署都必须充分利用航空母舰的灵活性、机动性和不依赖岸基基地的特性。"针对可能在苏伊士运河以东进行的旅级作战行动，他提出4支攻击机或轻型轰炸机中队便足以满足需要，两艘航母可以各搭载一支攻击机中队部署在战区附近，另2支舰载攻击机中队可以部署在远东战区两端的亚丁或者新加坡，随时增援航母上的舰载机中队，并与其进行轮换以保证能熟练地上舰作战。每艘航母还能再搭载一支舰载战斗机中队。至于无法上舰的高性能飞机，只要有2支全天候战斗机中队保卫两个主要基地就可以了。他认为如此布局的主要好处在于可以裁撤3支皇家空军中队以及第4支中队的一部分，连同其行政管理人员和后勤人员[17]。不仅如此，航母的核攻击能力可以使英国在东南亚条约组织内赢得尊重，同时又可以避免因在当地存放核武给英国和所在国政府带来尴尬[18]。费斯汀认为，将皇家海军和皇家空军对同类型飞机的需求人为拆分开来，并导致出现"掠夺者"和TSR2两型截然不同的攻击机，是一件"不幸"的事，他虽然同意20世纪70年代的北约战区需要技术上更先进的TSR2，但也认为苏伊士运河以东的战场并不需要如此高性能的飞机，因此他提出可以将"掠夺者"作为海空两军的通用机型并减少TSR2的采购数量[19]。这可以节省一大笔钱，因为当时制造1架TSR2的成本可以制造3架"掠夺者"[20]。从长远来看，他希望将来能开发出一种飞机同时取代TSR2和"掠夺者"，不过他也知道现在想要准确预测20世纪70年代末期任何领域的战场需求都为时尚早。

至于航空母舰本身，费斯汀明确表示自己不同意空军参谋长关于突击队母舰的论点。他强调，"可以明确的是，一艘突击队母舰无法通过改造而再去令人满意地搭载现代化固定翼飞机执行近距支援或空袭任务。无论如何我们都需要一艘与突击队母舰完全不同的航空母舰，这一点必须搞清楚"[21]。有个很值得一提的情况，本书作者在研究海军参谋部史料时（本章的不少内容正是由此而来）找不到多少海军参谋部对费斯汀的回应，这可能是由于他最后的结论与海军部的观点十分相近，因此也就没什么好说的了。空军部的反应也很难说得清，但费斯汀元帅研究报告的影响却是毋庸置疑的。消化了报告内容后，蒙巴顿立即召集参谋长联席会议讨论其方案。1961年12月20日，他把联席会议的结果纪要提交给了国防大臣哈罗德·瓦金森。蒙巴顿的评述本已值得花费大量篇幅进行引述[22]，一名负责准备文件供海军部内传阅的不知名参谋军官还给重点部分加了下划线，更加突出了值得关注之处。在这份文件里，蒙巴顿勋爵告诉国防大臣：

1. 我们一致认为，在未来20年左右的时间里，我们完全无法确定能否继续指望海外固定基地，这一时期我们可能会面临在英国和澳大利亚之间没有陆地基地的问题，因此，能够发挥浮动机场作用的航空母舰就是必需的，英国的空中力量可以依托航母开展行动，无须考虑这些空中力量是来自皇家空军还是舰队航空兵。我们也一致认为将突击队母舰和航空母舰两种职能集中于一艘军舰的方案是不现实的。

2. 我们认为，航母不仅应当为自身和大洋上的舰队提供防空，还应该运用其飞机满足陆军对空中支援的需要，以及执行战术空袭和侦察任务。

3. 很难准确预见到未来航母将必须搭载何种类型的飞机，搭载多少数量，但是飞机发展的总体趋势是变得更大、更重。有鉴于此，同时也由于航母换代计划将要落实，我们认为只有在现有船坞设施允许的范围内建造具有最大应用灵活性和最大载机能力的航母才是上策。这意味着新一代航母的尺寸应当与现有的皇家方舟级相近。

4. 我们也考虑了应当对未来飞机采取的政策并一致认为，我们的目标是尽快提供舰队航空兵和皇家空军通用的，用作战斗机、对地支援飞机、攻击机和侦察机的机型。如果需要皇家空军的飞行员同时具备在陆地和浮动基地起落的能力，那其驾驶的飞机就必须能够垂直起降，至少要能超短距起降，否则就必须对这批飞行员进行航母起降的培训并保持不断训练。

5. 我们认为最重要的举措是尝试制定一套通用飞机的联合作战需求，以替代TSR2的后继机型（OR354作战需求）和"掠夺者"的后继机型（OR346作战需求）。如果有可能，这型飞机应当兼具战斗机、近距支援飞机、攻击机和侦察机的能力[23]。若这样的飞机被证明不现实，则我们将会致力于制定两型通用飞机的作战需求，其中一型是战斗机兼近距支援飞机，另一型是攻击机兼侦察机。我们计划在1975—1977年期间完成新型飞机的制造。

6. 在此之前以及作为达到目标的第一阶段步骤，我们将努力在北约NBMR3基础上制造一型兼具战斗机、对地支援飞机能力的超音速飞机。这型飞机可能会在1969—1970年期间交付部队。这型飞机将具有决定性优势，但是其攻击能力，尤其是作战半径将会受到限制（仅有740千米），不过这也将比其他方案更早获得舰载超音速战斗机。[24]

于是，参谋长联席会议在1962年达成共识，航母换代计划不可或缺，而且应当采用性价比最高的方案。瓦金森和卡灵顿拿着总参谋部的会议纪要足足犹豫了一个月，才向英国内阁国防委员会提交了他们自己的联合备忘录，提出了要在1970年获得新一代航母以替代"胜利"号的主张。他们提出，关于航母设计方案的研究应当立即着手进行，并要为其连续提供预算，在接下来3年里，对"未来航母"的研究将需要至多160万英镑。他们说："情况已经很清楚，这艘舰将不再是传统的舰队航母那样的为了全球作战而设计的主力舰。她将被设计成一艘能够起降皇家海军或皇家空军飞机的浮动机场。参谋长联席会议还一致同意，我们应当致力于尽快拿出海空军通用的战斗机、近距支援飞机、攻击机和侦察机。"至此，建造一艘新型航母的事情已经获得了普遍认可，但是分歧仍然存在，下一轮争论将围绕通用飞机的设计与开发展开。根据总参谋长的建议，哈罗德·瓦金森拿出了P1154和其他一系列海空两军争执不休的飞机方案进行讨论，对此前一章已经做了详述。最终，皇家海军选择了麦克唐纳F-4H"鬼怪"Ⅱ战斗机，他们告诉内阁这是P1154项目最没有风险、最便宜的替代品。皇家空军随后也做了相同的选择。

取消CVA-01

1963年夏休之前，桑尼克罗夫特爵士就宣称，内阁已经决定为皇家海军订购一艘新型航母以替代"胜利"和"皇家方舟"两舰。而"鹰"与"竞技神"两舰，经过改装后其寿命将延长到1980年左右。[25]这样，英国海军将建立一支拥有3艘主力舰的航母部队，足以"确保舰队航空兵直至1980年之前都可以胜任其任务"[26]。桑尼克罗夫特还声称，经过竞标之后，新航母的订单将在1965年下达，其详细设计工作将随后展开。放出这些乐观消息之后仅仅几个星期，海军上将戴维·卢斯爵士就接替卡斯帕·约翰爵士就任第一海务大臣。虽然看起来已经扫清了障碍，但这个项目还是在日复一日的争论与分歧中蹒跚而行。1964年1月3日，卢斯不得不向蒙巴顿写信声讨财政部的态度[27]。他在信中如此写道：

自从去年7月内阁决定建造一艘新型航母以来，我们（指国防部和海军部）就一直在与财政部协商，希望能够下达一些额外的研究和设计合同，没有这些工作我们将无法继续完成政府的决议。我们也希望能获批一些长期的分期预算项目，当然这不是很着急。在双方的讨论中，我们做了很大让步，我们甚至同意眼下仅仅先启动9个开发与设计合同，总金额不过60万英镑，后续的合同与分期项目放到明年4月再说。双方经办人员已经达成了这样的一揽子方案，但是财政部长连这点需求都不批准。国防大臣在本周三与财政部秘书长进行了最后一次商谈，之后他决定不再忍受任何拖延，随后将此事报告给了首相，将其提交内阁议定。

其结果是，海军得到了一些资金，但设计工作还是被推迟，新航母的竞标也没法在1966年之前实施了。

1964年10月，哈罗德·威尔逊在大选中以微弱优势当选英国首相，他随即发起了一系列全面的国防评估，旨在将1969/1970财年的国防预算压缩到20亿英镑以内。既然很多关于部队换装的争议的焦点都落在了为苏伊士运河以东的远征行动提供空中力量上，政府便组织了一个研究小组来调研海上作战对固定翼

△ CVA-01最终设计方案的艺术画。笔者在撰写本书时就把这幅画挂载案头。注意两座烟柁右侧伸出的涡流发生器以及舰岛后方即将进入"阿拉斯加高速公路"的"鬼怪"飞机。（作者私人收藏）

飞机的需求,尤其是航空母舰和陆基飞机的经济性。当这项调研还在启动阶段时,皇家空军丢掉了一系列重要的飞机研发项目,包括TSR2、P1154和HS681短距起飞垂直降落运输机。他们现在不得不把所有希望都寄托在获得美制F-111A战斗轰炸机上,据信这型飞机具有优异的远程低空轰炸能力。1965年6月,在契科斯庄园举行了一次会议[28],旨在减少对国防的资源投入以削减预算。对皇家海军来说,其后果便是不得不减少在地中海的活动,撤出加勒比海、南大西洋和亚丁,减少海湾地区的兵力,以及在远东地区的冲突结束后全面降低那里的干涉能力和资源投入。水面舰队的规模将会缩减20%,但是此时保留攻击型航母部队还是没问题的。1965年8月,海外防务委员会接到任务,要他们"对陆基和舰载航空兵之间的选择进行考察",这个任务的悲剧性一眼便知,这二者看来是要去一个留一个了。后来的事情证明,为了迎合政府的口味,事实真的如此。国防大臣丹尼斯·希利要求进行进一步评估,第一海务大臣和空军参谋长都发出了自己的声音,内容都还是老一套,但是第一海务大臣却告诉大家,失去航空母舰将对海军的能力造成毁灭性打击。

1965年9月,国防部首席科学顾问索利·祖科尔曼爵士编写了一份公平公正到令人耳目一新的文件[29]。在文件中,他对皇家空军完全没有经过检验的主张表示了深刻的担忧,同时指出,即便政府认为自己负担不起航空母舰,他们也休想指望给空军多买几架飞机就能拥有航母的能力。于是财政部秘书长要求启动进一步的研究,而且偷梁换柱地提出英国军队只要能够在远东维持和平就够了,所有的局部战争英国都会与盟国共同参加,而现存的基地英军也将不再久留。在远东方面,美国海军正寻求向英国伸出援手,将"香格里拉"号航空母舰提供给英军使用。但第一海务大臣认为这种支援只能算是权宜之计,根本不是什么解决办法,再加上美军航母比皇家海军的任何一艘航母都更老旧,而且指挥控制体系难以兼容,英国人只好婉拒了美国海军的援助。在如此艰难的时局之下,海军部长[30]克里斯托弗·梅修和第一海务大臣始终力挺CVA-01项目,虽然此时看来她已经无可避免地要糅杂诸多相互矛盾的要求,而这些要求几乎全部都是自以为是、考虑欠周且完全不靠谱的。1月26日,国防大臣希利出访英联邦国家和同盟国,就当前英国这种态度下的国防评估可能带来的后果向盟国发出预警。他的路线包括华盛顿、堪培拉、新加坡、吉隆坡和巴林。2月7日，希利主持了国防部海军委员会会议，向他们解释了取消建造CVA-01的原因——一部分是财政原因，一部分是作战需求原因，而后者完全是他的误读。他还阐述了他的个人观点：就过去十年间出现的作战样式来说，航母是有用的，但并不十分重要。这真是天大的冤枉，他完全忽略了皇家海军的舰载机在远东、苏伊士、约旦和黎巴嫩、科威特危机中扮演的重要角色，以及在与印度尼西亚的对峙中发挥的关键作用。如果这还不够糟糕，那么他的结束语就足以让事情坏透，他说他很难找到在哪个场景下航母是不可或缺的。但是在他发起的多如牛毛的研究中，确定是有这么一项的：有一份文件特别指出陆基航空兵无法为防守马尔维纳斯群岛①的部队提供空中掩护。但是他一直以来缺乏理解力，所以拒绝了这个观点。1966年2月14日，英国内阁正式决定终止CVA-01的建造项目，同时批准国防部关于采购65架F-111A战斗轰炸机的提议。

接下来，海军部长梅修于2月19日辞职，第一海务大臣、海军上将戴维·卢斯爵士在2月22日辞职，他是第一个辞职时公开说明了真正原因的第一海务大臣。前者的继任者是J. P. W. 马拉留，后者则是海军上将瓦里尔·贝格爵士，这个人从来都不是航母的支持者。在《从前卫到三叉戟》一书中，埃里克·格罗夫将放弃CVA-01的决定说成是"或许是整个战后时代里皇家海军遭到的最创巨痛深的打击"[31]。无论这样的描述到位与否，笔者本人都还能清楚地记得自己和同僚们在获知这一决定之后受到的沉重打击。在那之前，即便人们说皇家海军已经不再是世界上最庞大的海军了，政府还是会确保他们能够拥有最好的装备，但在1966年2月之后，这一切都已不复存在。

实际上1966年国防评估[32]本身就十分草率，文字编辑也很差。国防评估文件的第一部分就说："经验和研究显示，航空母舰和舰载飞机只在一种作战场景中是不可或缺的，那就是在陆基空中掩护的范围外，在复杂敌情下进行登陆或撤退。基于现实，我们必须认识到，若没有盟友支援，我们将无法在20世纪70

---

① 即"马岛"，原书中称为"福克兰群岛"。

年代再进行这样的作战——就算我们能够支付得起大规模航母部队也不行。"笔者将在下一章里再次提及这个怯懦的说法。反过来，在题为"皇家海军多用途作战力量"的第二章中[33]，它又说道："在对海上和岸上的敌人发动进攻时，航空母舰是舰队中最重要的组成部分，同时航母还可以对海上力量的防卫做出巨大贡献。它也可以[34]在需要夺取和保持区域制空权，以及地面部队需要支援进攻的行动中扮演重要角色。"这两个相互矛盾的说法绝对不会是一份理性的评估报告中应当出现的，这也显示了大扩编之后的国防部在其第一年的工作中是多么不靠谱。后一部分可能是在2月14日之前写的，反映了海军的主张，其文风严谨，从不会根据未经检验的理论来夸大其词。英国内阁关于取消CVA-01的决定主要还是缘于愈演愈烈的财政危机，正是这场危机最终导致了英镑贬值。国防部长在提出可以用陆基飞机来满足国家需要时，实际上接受了皇家空军基于自己未经证实的理论提出的意见，认为这会是个更便宜的替代方案，但实际上他应该再多了解一些事情才对。1982年，他们的继任者终于发现了空军理论的缺陷，而此时，英国军队已经不得不在没有盟军参战、远离陆基飞机作战半径的地方直面敌人抵抗发动登陆战。

1966年之后，英国经济持续下滑，由于没有商船订单，英国政府关于不再建造新一代航母的决定实际上相当于给上克莱德船厂判了死刑，这个船厂本来还指望靠这个项目维持生存并改进造船设备呢。1970年，哈罗德·威尔逊政府花了更多的资金试图"重振"造船工业但却没收到成效，早知如此，何必当初？或许建造一艘新型航母的直接效果只能是推迟几家船厂倒闭，但至少纳税人可以从中得到许多对其后续生意至关重要的能力。1968年，更多的项目裁撤已经势在必行，英国宣布将从1971年起撤离远东，集中力量专守北约作战区域。被空军用作反对航母的关键因素的F-111A最终也被取消了，皇家空军只得接受一小批新造的"掠夺者"以替代"堪培拉"轰炸机。随着航空母舰部队的衰落，空军又从海军手中接过了许多同型机。这型飞机在空军中也被证明十分有效，而且广受机组人员欢迎。到20世纪80年代，皇家空军发现自己手中的主力战术飞机只有两种——"鬼怪"和"掠夺者"，它们都是按照海军的需求来设计的，而且都曾是空军参谋部的眼中钉。

注释

1. TSR 的含义是战术打击与侦察（Tactical Strike and Reconnaissance），从1951年起，这些任务就是由已经过时的"堪培拉"轰炸机来执行的。虽然没有名分，但"堪培拉"就是真正的TSR1。
2. Hobbs, *British Aircraft Carriers*, pp289 et seq. 该书介绍了所有英国航空母舰的设计、开发和服役历程。
3. 有趣的是，1959年时用于保护"蓝条纹"导弹的6座发射井估算造价为1.5亿英镑。这还仅仅是发射井本身的价格，没有包括导弹的研发和制造、核弹头，以及服务与维护导弹和发射井的大量各种基础设施的造价。虽然航母常常被批评为"大面额"项目，但实际上她所需的费用与同时代的其他武器装备相比并不夸张。
4. "航空母舰"这个概念其实相当宽泛，无论是1951年时能搭载由最多100架各型飞机组成的混合航空大队的"鹰"号，还是1943年时只能搭载4架"剑鱼"机执行船队护航任务的商船航母"麦克安德鲁帝国"号，都是航空母舰。
5. 本章的这一段文字是基于海军历史处1/97(D/NHB/9/8/61)号研究文件的内容编写的，笔者也曾参与这一文件的撰写。海军历史处与作者本人藏有该文件副本。
6. 必须指出的是，从P1127发展而来并在1982年南大西洋战争中表现卓越的"海鹞"FRS1，已经获得了随后20年的发展成果。机上装备了雷达和空空导弹，而在P1127开始研发时，这些装备压根都没有被纳入考虑。
7. 本章的这一段文字源于海军历史处62/7(94)号研究文件，这份文件由海军历史处主任J. D. 布朗于1997年1月编发，笔者曾协助其编写这一文件。
8. 南非空军采购了16架"掠夺者"，这些飞机在南非陆基机场上的运用十分成功。
9. TSR2原型机全长27.1米，最大起飞重量43.5吨。其作战半径远达1850千米，约为"掠夺者"的2倍，凭经验判断，TSR2的载油量也应当是"掠夺者"的2倍。
10. 这一集团由前霍克、德·哈维兰和布莱克本三家公司联合而成。
11. 也就是"CVA"中的那个"A"。
12. 但请记住，当初NA39标准提出的"掠夺者"的设计任务是对付执行破交任务的苏联海军斯维尔德洛夫级巡洋舰，而非充当陆地战场上的大纵深攻击机。不过考虑到为了执行第一项任务所具备的性能，"掠夺者"在执行第二项任务时也会表现出色。
13. NHB Study 62/7(94) p 3.
14. 海军部里的人将航母俗称为"收费船"。
15. NHB Study 62/7(94), p 3.
16. 同上，第4页。
17. 这一分析有力地回击了空军参谋长关于即使有了海军航母打击舰队也不能裁撤任何一点空军一线兵力的论点。
18. 当然，皇家海军后来也逐步意识到，随着国际社会对核武器警惕性的日益提高，自身的核能力将使其能够访问的港口大幅减少。
19. 这也会进一步推高TSR2飞机的造价。
20. 1961年时每一架"掠夺者"的价格是62万英镑。
21. NHB Study 62/7(94), p 5.
22. D(62)6 dated 26 January 1962 at the National Archives, Kew.
23. 值得注意的是，1961年装备美国海军的麦克唐纳F-4"鬼怪"战斗机已经十分接近这一要求，而开发能达到要求的垂直/短距起降飞机则超出了英国的工业能力。
24. 这句话的表达其实并不准确。他们想要表达的意思是，740千米的短作战半径固然是个问题，但P1154的提前服役才是真正的问题。和这一艰难岁月里的众多提案一样，这些提案也是在事实未明，研制这样一型飞机会遇到的困难也还没有搞清楚的情况下草率提出的。
25. 届时"鹰"号的舰龄将达到30年，"竞技神"号也将达到20年。美国海军航母的服役期比这要长久得多。

26. Hansard, 30 July 1963 Edition, p 237.
27. Loose Minute 133/64, 1SL to CDS dated 3 January 1964 , ADM205 at the National Archives, Kew. 本书作者藏有该备忘录的副本。
28. Naval Historical Branch Study 1/97 dated 28 January 1997, p 13.
29. 同上，第15页等。
30. 随着1964年4月1日国防部的大扩张，这个平淡无奇的称谓取代了历史悠久的"海军大臣"一词，也令其失去了在内阁中的席位。
31. Grove, *Vanguard to Trident*, p 277.
32. Statement on the Defence estimates 1966, Part Ⅰ, Command 2901 (London: HMSO, February 1966), p 10.
33. Statement on the Defence estimates 1966, Part Ⅱ, Command 2902 (London: HMSO, February 1966), p 27.
34. 此处下划线为本书作者标注。

第十四章
航空母舰部队的衰落

在1953年"激进"国防评估时,时任第一海务大臣、海军元帅罗德里克·麦克戈雷格爵士在提交海军提案时就说过:"皇家海军失去舰队航母,将会带来灾难性后果,即便这是出于战略需要。"他强调了一个事实:"在世界其他国家眼里,这意味着我们被踢出了海军强国的行列。"他要求执行评估的部门"脑子里时刻要记住这对海军士气和信心的影响,海军部里所有人都如此认为。"[1]此后,虽然有一部分人显然没有意识到自己对各类巡洋舰的主张实际上会对航母这一核心命题有所削弱,但总的来说,整个海军部还是围绕着争取保留航母的目标拧成了一股绳。1963年8月,戴维·卢斯爵士在写给各高级指挥人员的一封信中勾勒出了海军委员会的总体思路[2],他提出,航母和相关的舰队航空兵必须一直是舰队的组成部分。他首先向13名收信人解释道,事实证明想让白厅的人随时跟上最新的思路是不可能的,因为"技术进步的节奏如此之快,战斗条令和范围的变化十分剧烈而频繁,我们所有的文件可能刚刚发出就已过时,而我们却没有意识到。"当政府宣布将要建造一艘新型航母时,他又提出海军部的主张需要进一步强化。这封信件包含了几个附件,重点强调,如果国家和皇家海军想要满足对海外陆军进行支援的需求,以及"如果皇家海军需要去保护我们广泛的海上权益"的话,海军就必须拥有航母。戴维·卢斯爵士在CVA-01被取消后辞职的举动令他声名鹊起,而考虑到这一变故对皇家海军长期计划的打击,有人认为整个海军委员会都应当跟随他一起辞职。

寻找航母的替代品

第一海务大臣1963年这封信的一个附件检视了未来海军不装备航母的可能性,其内容在今天看来格外有意义。研究组意识到,如此剧变意味着英国要冒险放弃一个自己远优于所有潜在敌国的领域。英国在固定翼海军航空兵方面始终是世界潮流的引领者,即便规模已经被美国海军超越,但它还是赢得了美国同行一直以来的敬意[3]。这份附件着重指出，为了能有机会与苏联海军或是由苏联武器装备起来的卫星国海军对抗，失去航母的皇家海军需要花费大量资金以快速发展超远程面对面制导武器（SSGW）与面对空制导武器（SAGW）。而如果没有能为其指示海平线外目标的预警机，这两型导弹都无法有效发挥作用。实际上皇家海军现役或打算建造的任何军舰都装不上这些导弹，为了使用这些导弹，海军需要一种新型"战列巡洋舰"，她将装备先进的传感器及指挥和通信设施。这种军舰将十分昂贵，但却远不如航空母舰那般用途多样。即便由于政治原因不得不放弃固定翼飞机，如何运用大量舰载直升机遂行反潜、突击运输，以及可能的雷达预警任务仍然是个问题。附件最后提出，航母的角色[4]"首先是进攻，只要政治环境允许，航母除了摧毁一切来袭之敌以外，还应当优先用于摧毁敌人的空中、海面、地面与水下力量，以及机场和基地等设施。"而如果没有航母，这一切都不再可能。文件没有提到"北极星"导弹，但是它们与配套的弹道导弹核潜艇服役后只能用于攻击盟军打击计划中所列的静态目标，这些目标不会移动。弹道导弹不可能像战斗轰炸机扔下的炸弹那样，可以攻击战术目标。

△1969年7月11日，当"胜利"号最后一次启航时，她的老舰长，高级巴思勋爵、杰出服务十字勋章得主、海军中将理查德·加夫林爵士向自己的老伙计致敬。加夫林中将坐在同样曾与"胜利"号并肩作战的"剑鱼"鱼雷机后座。这架编号为LS326的"剑鱼"是世界上最后一架能飞的"剑鱼"了。（作者私人收藏）

众多因素使得CVA-01的取消远比1951年以来其他新航母建造项目的推迟或取消更具有灾难性。之前的项目取消都没有使皇家海军失去航母打击能力，因为二战后期的应急造舰计划仍遗留了一部分新型航母在建，虽然这些航母在设计上不算完美，但也足以胜任，同时皇家海军还可以通过现代化改造保证一些老旧航母继续可用。但是到了1963年，这些都没有了。毫无疑问，海军部夸大了航母换代计划的紧迫性以推动新舰建造，但这也使他们在1966年2月之后想要延长老舰服役期限时很难找到说辞。更糟糕的是，当1964年4月国防部开始统管三军之后，海军参谋部便不再是讨论新项目时的焦点，他们现在只是大的国防参谋部中的一小部分，而反对航母的那些老一套观点却涛声依旧。新任第一海务大臣瓦里尔·贝格爵士上任后不久就证明他自己是一个问题，而不是解决方案。要知道他从来都不是航母的支持者，现在他又组织了一个"未来舰队工作组"（FFWP），目的在于调查当现有航母在20世纪70年代中期基本到寿之后建立一支无航母的舰队的可能性，这无异于在海军的伤口上撒了一把盐。现存的计划文件显示[5]，"胜利"号将在1971年退役，"鹰"号将在1972—1973年间进行大规模改装并继续服役，"竞技神"号将继续服役，"皇家方舟"号则要在1972年年底退役。为了替代原本将于1972年（X计划）或1973年（Y计划）开始作战执勤的CVA-01，他们还制定了多种不同的设想。他们想要消灭的不仅仅是CVA-01，制定这个计划时，他们还要丢掉仅有12年舰龄的"半人马座"号。皇家海军打击舰队现在面对的是一群难以战胜的敌人，包括一个看起来对过去21年来的海军发展视若无物的第一海务大臣、一个对海军完全没有任何实际了解的国防大臣，以及一个宁愿去毁灭世界也要保卫陆基轰炸机部队独立性的空军参谋部。幸运的是，皇家海军里还有一批像李·法努和霍普金斯这样的人，他们知道什么样的政策是正确的，而且会去奋力争取。

未来舰队工作组立即就发现自己根本不可能完成任务，其原因与1963年第一海务大臣文件里的分析完全一致：既然政府由于财政上负担不起而取消了CVA-01，那么它就更不可能拿得出比造航母多得多的钱来满足对新型远程面对面、面对空导弹，以及用于搭载这些导弹的新型"战列巡洋舰"的急需。没有了雷达预警机，这两类导弹都只能用来在视距内作战，这样，在对付利用雷达低空盲区低飞突入的敌机时，预警时间就会非常短，皇家海军自己的"掠夺者"攻击机就能完美地运用这一战术来打击缺乏己方空中掩护的苏联巡洋舰[6]。没有了战斗机，舰队将无法对付在防空导弹射程外跟踪自己的敌方侦察机，也无法在装备导弹的敌方攻击机开火之前将其击落，而苏联及其卫星国都装备了这样的飞机。没有了固定翼飞机，皇家海军的打击范围将无法超过小型舰载直升机的作战半径，而这些直升机在装备导弹的敌舰面前将会不堪一击。

1966年3月被要求就未来舰队中保持一定形式舰载航空力量的重要性提出意见时，海军航空作战指挥部（DNAW）拿出了一套和当初用来支持CVA-01的主张截然不同的说法[7]。航母计划取消几天后，该部副总监 R. D. 莱戈上校写道："航空技术的发展，使得未来的飞机即使降低重量和复杂性，也能够满足部队的任何需求。"[8]在同一文件中，莱戈还声称，雷达预警机是最重要的舰载机型，并且尽管海军航空作战指挥部此前曾反对采购霍克 P1154 垂直/短距起降战斗攻击机，但现在看来这一类飞机将"有潜力从普通军舰上起落执行任务，而无须航空母舰"。不仅仅是莱戈，CVA-01 被取消带来的心理创伤和第一海务大臣的消极态度意味着国防参谋部里的海军人员已经不可能再重启建造航母的议题了，他们只好竭尽全力争取一切可能搞得到的东西，哪怕只是一艘装备垂直/短距起降飞机的小型军舰。1966 年，造船总监处的弹道导弹核潜艇项目接近完成，福克斯黑尔方面终于可以进行新的初始设计了。未来舰队工作组收集了各方需求后提交了几份新的军舰设计方案，每个方案都融合了多种角色，以图在现有远期开支计划的预算范围内向海军提供所需的战舰。所有的方案都被粗略地称为巡洋舰，并按照巡洋舰的标准做了介绍。

"突击队巡洋舰"的初始设计

早在1966年3月11日，皇家海军的战术与武器政策总监就在一份文件[9]中提出了"突击队巡洋舰"的概念。此时，英国国防部批准的远期预算计划中还有4艘护航巡洋舰和2艘用于换代的突击队母舰，人们意识到如果把这两型军舰合二为一，海军就将拥有6艘既能搭载突击队及其突击直升机，又能搭载反潜、预警和导弹攻击直升机混编航空大队（可能是"海王"直升机）的军舰了。与此同时，英国海军也开始第一次认真考虑在军舰上搭载能以1:1比例替换直升机的垂直/短距起降飞机的可能性。1966年5月，未来舰队工作组开始着手研究让6艘突击队/护航巡洋舰"自带空袭和侦察能力"的设想，也就是令其各搭载6架P1127"茶隼"发展型。同样，旨在评估将预警雷达装载到诸如"海王"甚至是刚刚装备美国陆军的"支奴干"直升机上的可行性的工作也得到了资金支持。1966年3月底，参谋部门便匆匆赶制出一份突击队巡洋舰的设计目标，4月，其初始设计就提交给了未来舰队工作组。人们发现，若要搭载和支持哪怕是最低限度的垂直/短距起降战斗攻击机作战，军舰的吨位也会大大超过预期中的护航巡洋舰。第一套设计草案排水量15000吨，装有一块面积不大的传统布局飞行甲板，机库设在右舷的大型舰岛内，可容纳6架"海王"直升机或者4架P1127"茶隼"战斗机和2架搜救直升机。将机库布置在舰岛内的方案限制了搭载飞机的数量，但也让飞行甲板下方的大量空间得以用来容纳多达600名突击队员。人们很快意识到了这一方案的问题：除了太小之外，其航空设施的布置也很不实用。如果机库门打开，甲板上肆虐的喷气发动机尾流和直升机旋翼的下洗气流就会令机库内的工作变得极其困难。从某些方面看，这一方案很像缩小版的CVA-01，只是舰岛由于容纳了机库而变得格外庞大。和被取消的航母一样，这一方案也装有一个大型半球形雷达罩以容纳988型"魔法扫帚"雷达，而这一型雷达很快也下马了。舰体后部和舰岛后上方分别装有一座"海标枪"区域防空导弹和"海狼"近距防空导弹发射架，舰岛前方装有1门114毫米Mk8舰炮。飞行甲板全长196.6米[10]，位于舰岛位置的甲板最宽处宽度为30.5米。除了复杂的雷达和武器系统外，舰上还装有182、184和185型声呐。取自CVA-01的60000马力蒸汽机组使得军舰在6个月不入坞维修的情况下仍能达到28节航速。设计方案还具备二级旗舰所需的各种能力。根据1966年的物价，其造价估算为3000万英镑，约合CVA-01的一半。

这样一套设计方案给了未来舰队工作组很大的触动，在如此小的舰体上，如此多的功能是不可能在如此短的时间内都能兼顾到的。这艘舰若被用作突击队母舰，那她搭载的直升机数量太少，而且还无法搭载登陆艇，也没有突击队支援设施[11]，而那些将要被她替代的由老式轻型舰队航母改造成的突击队母舰在这些方面都很完善，这就令其毫无优势可言，陷入了尴尬境地。若搭载垂直/短距起降飞机作战，则相对于少得可怜的载机量，成本实在高得吓人。导弹和火炮武备看起来和驱逐舰差不多，但问题是除了可以搭载反潜直升机外，舰上完全没有任何反潜武器。而在执行突击队母舰或搭载战斗机作战的任务时，这种舰艇就完全丧失了反潜能力，还需要其他水面舰艇为她护航。这一设计草案显示，其概念的创造者其实并不真的知道自己想要的到底是什么，如果这些突击队巡洋舰真的被造出来，那么她们的能力完全不足以值回高昂的成本。贝格对航母的消极态度令因CVA-01被取消而备受打击的皇家海军雪上加霜，他坚持认为，航母这种东西已经发展得太大太贵，"只有美国才能负担得起"。但是偌大的国防部中却没有一个人告诉他，3艘总造价9000万英镑的突击队/护航巡洋舰加在一起，作战能力也远远无法和1艘造价6000万英镑的CVA-01相提并论。

对最初的突击队巡洋舰设计草案进行研究之后，未来舰队工作组要求继续推进此事项，拿出一套能够克服诸多显著缺陷的设计方案来。新设计需求中最

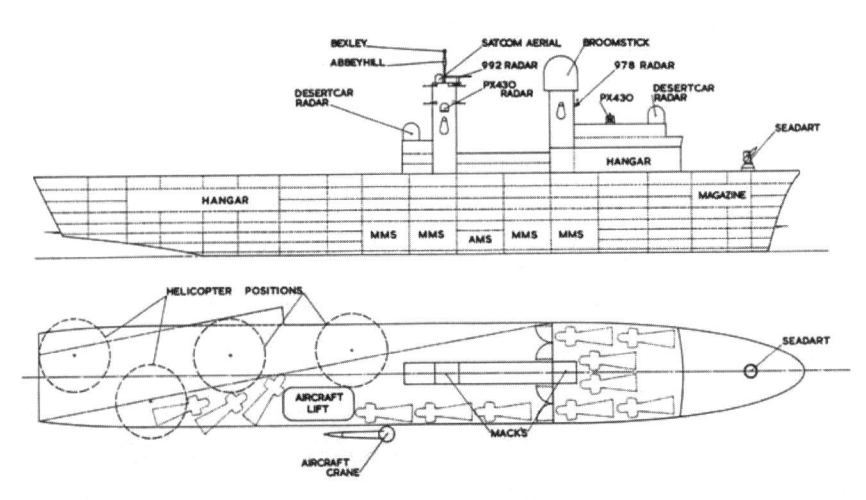

△1966年时一份不可能被当成航母的突击队巡洋舰设计草案。这种政治把戏毫无实用性可言。(作者私人收藏)

主要的变化有二：一是增加载机数量，从6架提高到了18架；二是加大舰体，能够容纳650名突击队员。不过奇怪的是，这650人中有325人完全按照皇家海军的标准安排住宿，其余325人则要忍受最简陋的住宿条件——睡吊床。至于怎样才能让一支需要在潜在目标地域海平线外待机的远征部队保持良好状态，那就不得而知了。即便如此，这些新舰搭载的突击队员人数比起老式轻型航母版突击队母舰来还是少得太多。多出来的飞机将停放在飞行甲板后部下方四层甲板上的"半个机库"里，这里能容纳6架"海王"或"茶隼"，此外飞行甲板旁的舰岛机库里也一样能容纳飞机。这"半个机库"需要一台升降机来转运飞机，这台升降机就布置在飞行甲板的最后部，最大抬升重量为13.6吨。这一新方案消除了先前舰岛机库带来的问题，也无须在飞行甲板上开洞来容纳升降机，但新的后甲板升降机却使得"海标枪"导弹发射架只能挪到舰体前部了。得益于吨位的增加，这一初始设计有机会在主机周围布置装甲防护，同时增加了燃油携载量以满足参谋部对"快速部署"能力的需求，这需要军舰能以25节航速连续航行8000千米[12]。这些变化使得新设计草案的吨位增加到了17000吨，项目造价也提高到"大约3800万英镑"。舰上搭载的航空大队预计包括6架反潜型"海王"、4架雷达预警/电子战型"海王"和8架挂载正在研制中的"战锤"空对面导弹的攻击/搜索型"海王"。服役中期，这8架攻击型"海王"直升机将被换成8架"茶隼"战斗攻击机。舰上的两个机库里各停放6架飞机或直升机，其余6架则停放在飞行甲板上。无论如何，这个放大版的设计方案至少具备了更均衡的性能，但是把它提交给贝格时，他却说这"看起来太像航空母舰了"，因此表示不同意。造船总监反驳道，功能决定形式，既然这艘舰和未来舰队里的其他军舰不同，需要搭载一定数量的飞机，那就必须以最佳的形式来达成这一目的。这一回应也被驳回了，贝格通过未来舰队工作组要求继续研究这一型军舰，而且她不能被误认为是航空母舰。于是，一个舰船设计部门拿出了几种尴尬透顶的初始设计方案，其上层建筑分别布置在舰体中心线的后部、中央和前部。这种设计将过去几十年里艰苦积累起来的经验全部弃置一旁，成本更高，作战能力也远低于"航母型"方案。对一支发明了航空母舰本身、斜角甲板、蒸汽弹射器和助降镜的海军来说，这无疑就是最深的谷底。

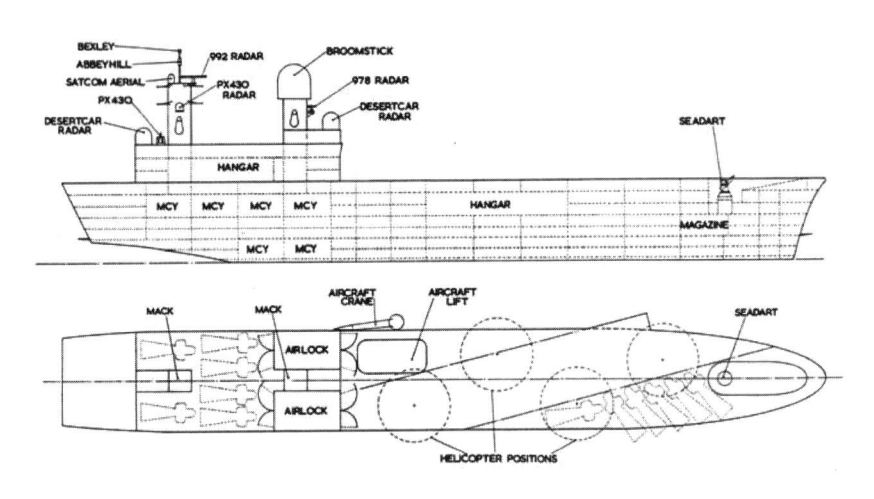

△ 1966年时另一份更混蛋的"不像航母"的突击队巡洋舰设计草案。(作者私人收藏)

造船总监的更合理方案

  舰船处自行主动设计出了一套简单的突击队母舰方案，排水量20000吨，舰体按商船标准建造，其目的在于为这类旨在有效运输一支突击队的军舰确立一个大小和造价方面的标杆。如果不要求安装之前突击队巡洋舰指定的那些指挥设施和武器系统，那么这艘舰就会很便宜，这些指挥设施和武器都将装到另一个专用于搭载它们的舰体上，这样两艘舰都能更有效地专注于其主要任务。船体的基本设计依照劳氏标准[①]进行，其原型原本是一艘潜艇支援舰，也在1966年国防评估时被取消。甲板右侧有一个小型舰岛，内设指挥和控制设施，以及一个用于排放蒸汽轮机烟气的"烟桅"。舰岛和烟桅的设计都来自CVA-01，也算是让为了这艘航母而付出的努力尽量多发挥一些余热。一套单轴机组最大输出功率25000轴马力，全速运转时可以让军舰在6个月不入坞维修的情况下达到20节航速，设计续航力9260千米。飞行甲板下设有前后两个机库，总共可容纳19

[①] 一种商用船舶建造规范。

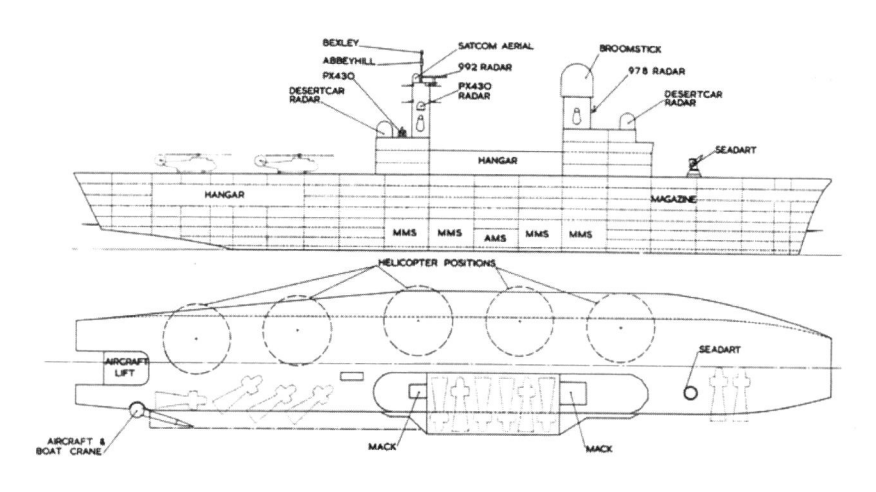

△ 1966年一份更实用的突击队巡洋舰设计草案,虽然比较小,但已经能够看到一点未来无敌级的影子。(作者私人收藏)

架"威塞克斯"HU5突击运输直升机,机库和飞行甲板之间装有两台升降机,分别位于前机库的最前方与后机库的最后方,它们均位于舰体右舷以便腾出飞行甲板中央的跑道,保障"茶隼"一类的垂直/短距起降飞机起飞滑跑时不会与升降机相互冲突。两台升降机都沿用了CVA-01上的剪刀式抬升机构。两个机库之间是车库,其天花板高度比机库低。这里可以停放32辆"陆虎"越野车和16辆拖车,这些车辆进出车库需要通过机库。卡车与其他大型车辆都要系留在飞行甲板上,就像由轻型航母改造而成的突击队母舰"阿尔比翁"号、"堡垒"号一样。

为了让舰体尽可能与原来的潜艇支援舰保持一致,飞行甲板侧面起初没有加装突出部,但随着设计的推进,后来还是装上了一个造价比较低的小突出部。飞行甲板的空间足够让8架"海王"大小的直升机同时起飞,飞行甲板后部两侧的吊艇柱上可以各悬吊4艘(车辆或人员)登陆艇。舰上可以容纳约500名舰员以及一支900人的完整的突击战斗群,所有人的居住条件都按照皇家海军住宿标准设计,这样必要时他们就能在海上长期驻留。这一方案的设计概念回归了先前大获成功的1942年型轻型舰队航母,其性能与美国海军的硫磺岛级两栖攻击舰十分接近。造船总监估算其造价约为2000万英镑。和未来舰队工作组的突击队巡洋舰不同，这一设计草案的目标明确，是这一段时期众多设计方案中最符合实际的一种，但不幸的是，它也只是停留在初始设计阶段。无论是未来舰队工作组还是他们的突击队巡洋舰设计都没有注意到一个事实，那就是现有的航母打击舰队到了20世纪70年代中期就会全部退役，而虎级直升机巡洋舰无论指挥设施还是航空设施都根本无法满足需要，其火炮也已过时。英国海军必须赶紧做些什么来填补这一空缺，而工作组也深知航空母舰都具备哪些能力，这些能力正是那个时代皇家海军作战能力的全部依赖。此时护航巡洋舰项目还没有取消，但自从弹道导弹核潜艇的设计工作获得最高优先级之后，它也算是半死不活了。未来舰队工作组现在把注意力放在了1963年的护航巡洋舰设计上，但必须说明的是，这一型舰艇只能用来辅助航母打击舰队，而无法替代它。英国海军需要更大更好的舰艇，"突击队巡洋舰"这个名词也正是被用来描述这种需要在20世纪70年代的"护卫舰海军"中担任旗舰的舰艇。以此为起点，英国海军后来又进行了一系列研究并最终发展出无敌级轻型航母，这一段历史将在第十六章中详述。

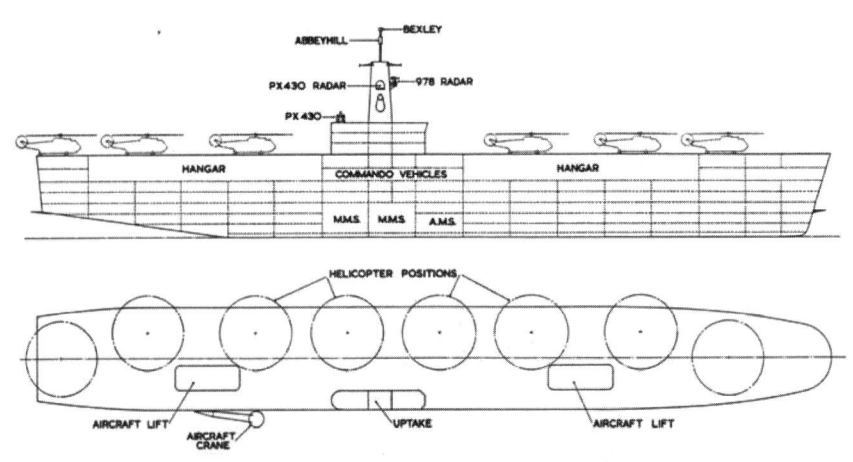

△ 1966年造船总监处提出的一套经济且实用的突击队巡洋舰设计草案。不幸的是这一设计止步于此。（作者私人收藏）

军舰的成本

未来舰队工作组在成立之初就被告知，航空母舰的造价已经高到令人警觉，英国再也无法负担这样一艘军舰了。既然如此，那么其他舰艇或许不会这么贵吧？老实说，当他们看到造船总监提交上来的那些新概念军舰的估算造价时也被吓了一跳。在过去10年的大部分时间里，海军委员会一直专心于航母换代计划，但却没有注意到所有类型军舰的成本在最近都大幅上涨了。这主要是因为整个舰队所需的高技术装备越来越多，包括雷达、通信设施、导弹，以及早期的计算机辅助指挥系统。包括曾任第一海务大臣的卡灵顿勋爵在内的政府人员都还习惯于根据吨位来评估军舰价格，包括瓦里尔·贝格在内的诸多高级将领也没有完全意识到这些变化。造船总监开始愈加担忧未来舰队工作组一直追求的航空母舰的"便宜"替代品（包括各种武器）定位不明，将会陷入昂贵且无用的境地。海军对各类军舰造价表现出的惊讶，使得造船总监在1968年7月12日向管制官发出了一份正式呈情，文中写道：

> 最近几年，事情对我们来说已经很清楚了，我们对新设计舰艇的造价预估给海军委员会的同僚们带来了痛苦和惊讶。痛苦显然来自高昂造价与有限预算之间的矛盾，而惊讶则显示出委员会同僚和我们对某一类型舰船大致价格的期望值差异很大，无论是舰船整体价格还是某一方面的价格，无论是价格的绝对金额还是与其他设计方案或是商船的价格对比。其中部分原因可能在于双方对舰艇造价组成部分的理解方式不同。这对我们双方而言都是个悲剧，我们真诚地希望今天下午就能够解决一部分问题。[13]

恰好，此刻英国海军正准备启动指挥巡洋舰项目的设计，如果要进行有效设计，那就必须对建造成本的构成进行透彻的分析和理解。原来的CVA-01是一个性价比很高的设计，她虽然标价很高，但是却可以使国家获得许多能力。航空母舰在任何时候都能执行攻击水面/地面目标、反潜、防空、打击敌方基地以切断其资源供应的任务，在战争爆发或其他任何紧急情况下还能担任国家级的指挥与控制中心。航母的能力其实远不止于此，若要全部列出来，那就是个很长很长的清单了。现在失去了航母，任何其他的指挥舰也必须装备与其相同的雷达、指挥系统和通信设施，而且更大的问题是，需要装备更多的导弹以实现原本可以由舰载战斗机提供的防空纵深，以及一定的反水面舰艇能力。反潜直升机问题不太大，舰队里仍然可以搭载一部分，但雷达预警机的缺失就只能靠专门设计的直升机来弥补了。这样一艘替代舰艇无论如何也不可能"便宜"，考虑到她还需要保持直升机不间断升空执勤，与航母的区别也就仅仅是尺寸，尤其是内部空间和外壳不同而已。大家都应该知道，各种舰载系统其实比舰体本身更贵。还有一个有利因素是，CVA-01实际上已经完成了设计和研发，各子系统实际上已能够直接拿出来使用。未来舰队工作组讨论的"从一张白纸开始"的设计意味着还需要花费数年来进行各个子系统的开发，而且这些工作也都要被算进成本里。要解决造船总监抛出的关于对军舰造价的理解差异的问题其实并不容易，但他决定，他的部门未来将会通过海军委员会的计划部门把战舰设计设想中的成本因素更详细地传达给海军委员会。这一过程将从下文介绍的指挥巡洋舰项目开始。

海军的信心危机

瓦里尔·贝格爵士实际上是发自内心地深爱皇家海军的，但他认为自己作为第一海务大臣的首要目标是面对他所相信的政治现实。这就有一个问题，因为政客们关于海军及其完成任务所需装备的理解本身就有很大缺陷。简而言之，他选择了把取消航母的政治意愿强加给一个视航母为命根子的军种[14]，而不是去争取保留这一令所有现代化海军趋之若鹜的舰种。虽然他本人对航空母舰的能力理解不深，但这完全可以通过从专业幕僚那里听取知识、经验和建议来弥补，可他并没有这么做。好在，他总算能够意识到海军正在经历一场自信心危机，而这是他解决不了的。于是，他原本可以持续到1969年的第一海务大臣任期在1968年提前结束。他的后继者，海军上将迈克尔·李·法努爵士于1968年8月12日上任。他曾任"鹰"号舰长、管制官，是航空母舰的坚定支持者，他在海军中人气很旺，大家都期待他能成就大事。当他的任命通知于1968年2月下达时，驻扎在布罗迪海军航空站、装备霍克"猎人"T8战斗教练机、位列皇家海军最优秀训练部队行列的第759海军航空中队的军官们联名给他寄去了一张情人节贺卡，这张贺卡体现了整个皇家海军对他的厚望。贺卡上写道："强大的人啊，你的伟力将庇护我们度过这个危难之秋，海军要么被挽救，要么将衰亡。诚挚地祝您情人节快乐！"[15]他清楚地知道这些期待，但却在一封写给朋友的信中写道："我担心很多人都指望我来给这一团乱麻整出头绪并创造奇迹。但这是做不到的，整个海军委员会尤其是第一海务大臣的权力已经被大大削弱了，但我肯定会竭尽全力。"[16]他显然有能力驾驭这成堆的巡洋舰设计方案，把那些吨位小、目的不清而且性能不佳的方案剔除掉，拿出一型具备全通飞行甲板和右舷舰岛、能够搭载垂直/短距起降飞机的大型设计方案来。还有一个重要人物，就是海军上将弗兰克·霍普金斯爵士。在这动荡的年月里，他一直是舰载航空兵坚定而强有力的支持者，他先是担任海军航空作战总监，后来又在几位第一海务大臣手下担任第五海务大臣或海军副总参谋长。在瓦里尔·贝格时代，他对"航母外形"军舰的支持注定举步维艰，但现在变天了。

现在，我们或许应该来反思一下海军部在1966年时坚持保留大型"高性价比"航母的做法是否正确，或者当时是否应该学会变通，拿出垂直/短距起降飞机航母作为大型航母的替代方案。在笔者看来，海军部的路线确实是正确的，但他们的政治敏锐性应该更高一些。事实上，政客们别无选择，只能向海军提供最低限度的短期预算，长期经济情况还得看接下来国会的脸色，很不幸，这也指望不上。其实此前英国所有的航空母舰设计都由于政治原因而受到吨位、尺寸和造价的限制，这就限制了航空母舰"成长"和装备新型飞机、新型系统设备的能力，最严重的例子是舰队航母"不倦"号，由于机库高度过低，她的服役期竟然只有2年。新型航母的设计方案是完全对得起其高昂价格的，她能够起落皇家海军所有型号的飞机，也足以接纳其全寿命周期内所有可能出现的新机型，还能够担负起指挥和控制海军特混舰队的任务。她的雷达预警机在任何形式的战争中都是至关重要的，而且皇家空军也没有这一类机型，不客气地说，直到海军花钱把几架过时的"沙克尔顿"飞机改造成雷达预警机之前，皇家空军甚至都没有意识到自己需要这一机型。后来，有一部分分析家认为如果当时皇家海军转而采购搭载霍克P1127发展型号飞机的小型航母，情况就会好得多，因为最终的事实正是如此。这一观点完全忽略了两个问题：首先，当时P1127的发展程度还远未达到有效全天候战斗机的标准；其次，小型航母所能执行任务的范围远远达不到CVA-01的水平。小型航母的改进空间更小，而且在整个服役期内都会成为与P1127类似尺寸的飞机的"奴隶"，事实上后来的无敌级正是如此。1966年时，英国政府还没有决定要将英军全部撤出中东和远东，恰恰相反，他们仍然在宣称英国在维护这两个地区的稳定方面做出了重要的贡献，而攻击型航空母舰及其配属的皇家陆战队突击队仍然是达成这一目标的最佳手段。关于陆基和舰载喷气式攻击机哪一个"最便宜"的政治斗争抹杀了航空母舰的巨大价值及其应对突发事件的能力。海军部推崇自己认为性价比最高的航母设计方案，这无疑是正确的，但CVA-01取消之后他们就犯了错，错在误以为英国海军将不能再拥有航母，必须找到能够替代航母的军舰，这正是瓦里尔·贝格认为海军必须做的。如果1966年时海军就提出小型航母方案，那就很可能获得批准，但是等到CVA-01项目被取消后，他们就不得不去寻找廉价的替代品，但正如造船总监的20000吨级突击队母舰方案所展现的那样，想要军舰更便宜，那么需要的不是减轻舰体重量和内部容积，而是取消一部分高技术设备，换言之，他们连装备齐全的小型航母都很难保住了。可以说，树大招风的航空母舰成了预算缩减的靶子，当然其他军舰也难以完全置身事外。英国人花了很长时间才认识到这是个错误，其舰队和联合作战部门这才重新开始探讨航空母舰的真正价值。

在役航母的衰落

1966年后，英国国防部的航母政策要求在役航母必须坚持服役到20世纪70年代中期，因为没有新舰可以替代她们，对此海军也只能接受。然而，这些航空母舰却被视为负资产，维持其运转还不如把资金转用于设计新型的军舰，这种军舰将拥有一部分航空母舰的能力，而且遭到削减后的国防预算也能支撑得起。于是航母的裁撤也就在所难免了。第一艘被裁撤的航母是"胜利"号，这艘舰原计划服役到1971年。1967年5月时她正在远东舰队服役，当时她正驶离新加坡准备返回英国本土进行短期改装，但途中遇到阿拉伯国家与以色列之间的"六日战争"[17]，于是"胜利"号被留在马耳他待命，这是能够独立作战的航母特混舰队为国家提供干涉手段的又一个例子——如果这种例证还有意义的话。不过这一次英国政府决定不予干涉，于是"胜利"号在6月抵达朴次茅斯，开始按计划接受改装。但意外出现了。1967年11月11日，正当改造工程即将收尾之时，舰尾后甲板上的13号餐厅发生了火灾，这场火是由一个没有关闭的电茶炉将茶水熬干引起的。这场事故导致J. C. 尼古拉上士丧生，舰体和管线也受到轻微损伤。即使需要修复火损，这次改装仍然能够如期完工，但政府却以此为借口让这艘航母退役了。原计划于1967年11月24日举行的重新服役典礼被改成了舰员的家庭日。我们这些在"胜利"号上服役的人都被她的突然退役震惊了，我们都无法理解为什么这艘能力强大而且久负盛名的军舰会以这种方式离开我们。12月5日，粉刷一新的"胜利"号被拖出D船闸，移动到中央滑堤，在那里，她被清空物资，拆除有用的设备。1968年3月13日日落时，在历任舰长出席的纪念仪式中，这艘航空母舰最后一次降下了海军旗。舰上的第801和第893中队从上空列队飞过，向母舰致敬。做出让"胜利"号退役的决定后，为了避免这样一艘完好的航空母舰停在码头尴尬地无所事事，国防部迅速行动起来，7月11日就把她卖给了拆船厂。当她被拖离朴次茅斯时，她的前任舰长、现任海军航空兵总司令H. R. B. 詹夫林海军中将驾驶着最后一架还能飞的老式"剑鱼"鱼雷攻击机从母舰上空飞过，向老伙计致以最后的敬意。"胜利"号的离去对海军的士气绝没有什么好影响。

△ "胜利"号在一群拖船的簇拥下开出朴次茅斯，她即将被长途跋涉拖往法斯兰的拆船厂。（作者私人收藏）

△ 1972年，靠泊在凯恩莱恩拆船厂旁的"半人马座"号。

由于没钱进行现代化改造，"半人马座"仅仅建成12年就在1965年退役了。虽然她原本能够被改装为支援航母（CVS），搭载最多30架与"海王"大小相当的直升机，但"半人马座"号还是带着一小群行政管理人员沦为其他航母接受改装时的人员住宿船。她第一次充当住宿船是在1965—1966年"胜利"号接受改装时[18]，之后又被拖到德文波特，在1966年容纳"鹰"号的船员。在德文波特当了一段时间皇家海军兵营宿舍后，她又被拖回朴次茅斯充任"竞技神"号船员的住宿船。1970年"半人马座"号再次来到德文波特，此时她的舰体状况已经严重恶化，于是便被列入了拆解名单。1972年8月，她被卖给了拆船厂，随后被拖到了苏格兰威格敦郡的凯恩莱恩拆解。这真是暴殄天物！"半人马座"号的潜力比虎级巡洋舰大得多，除了能搭载反潜直升机，她的蒸汽弹射器还能放飞"塘鹅"雷达预警机，她完全还能再战10年。

"竞技神"号是最新的一艘攻击型航母，1959年才建成，按计划，她将在1970年之后改造为突击队母舰。这项改造很顺利，1973年，她以新的身份开出了德文波特船厂，但和准姊妹舰"堡垒"号、"阿尔比翁"号不同的是[19]，除了"威

△变身支援航母后的"竞技神"号无处不在。在这张照片中,她的飞行甲板上正搭载着"海鹞"FRS1战斗机和"海王"HAS5直升机进行新"滑跃甲板"的验收,这次验收正是由笔者负责进行的。注意原斜角甲板最前端的移动式降落指示投影镜,这次验收证明这一设备在"海鹞"降落时可以发挥重大作用。起飞跑道实际上向右倾斜了1°。

△ 1975年,"皇家方舟"号驶过已经废弃的姊妹舰"鹰"号。退役后,"鹰"号就一直停泊在德文波特以南塔马尔河上的克莱迈尔旁边,直到1978年被拆解为止。(作者私人收藏)

塞克斯"突击运输直升机之外,"竞技神"号还搭载了一个中队的反潜型"海王"直升机。和突击队巡洋舰的几个初始设计方案不同,"竞技神"号在舰体内部空间方面具有很大优势,因此后来被加装了计算机辅助指挥系统和滑跃甲板,从1981年起具备了搭载"海鹞"垂直/短距起降战斗机的能力。虽然政客们在1966年时攻击她太小,不是可靠的攻击型航母,但她还是凭借在1982年战争中发挥的至关重要的作用证明自己是一型可靠的设计。1986年,"竞技神"号被出售给印度,更名为"维拉特"号。直到2015年,她仍然在役,搭载着印度海军的"海鹞"和"海王",而此时距离她加入皇家海军服役已经过去了56年。很明显,当初建造该舰时的投入获得了丰厚的回报。

最悲惨的是刚刚经过现代化改造的"鹰"号,她是皇家海军第一艘装备战场数据自动管理(ADA)系统(一种计算机化指挥系统)的军舰。"鹰"号与"竞技神"号、"胜利"号一样装有984型三坐标雷达,蒸汽弹射器可以将22.7

吨重的飞机加速到105节。在"鬼怪"战斗机海试时,"鹰"号的一根阻拦索进行了改造以回收这种重型战斗机,不过所有阻拦索都要照此进行改造,才能让"鬼怪"机成为标配。此外,若要支持"鬼怪"及其导弹,舰上的工作间也需要改造。"鹰"号原计划最迟服役到1980年,但需要在1971年进行改装。此前不久,"皇家方舟"号刚刚进行了一轮改造,以便起降"鬼怪""掠夺者""塘鹅"和"海王",不过这次改造仅限于此。"皇家方舟"号没有像"鹰"号那样的现代化指挥系统、984雷达和所有其他先进装备,更糟糕的是,在其严重拖延的建造过程中,舰体连续多年没有进行任何维护保养[20],许多管线和机械设备都已经开始老化,舰况一直比较差。实际上这一问题也成了海军部要求尽快建造CVA-01以替代"皇家方舟"的理由。"鹰"号的状况更好,但是英国政府却一时半会凑不出钱开启现代化改造,而且国防部认为自己已经花钱对"皇家方舟"号进行了搭载"鬼怪"的改装,"鹰"号的改造也就暂时没钱来实施了。1970年,决定出来了:裁撤"鹰"号,保留"皇家方舟"号。作为借口,军方声称如果裁撤"皇家方舟"号同时让"鹰"号接受改造,那就会出现航母空白期。但是既然海军只剩下一艘航母了,那么空白期总会来,因为航母必定是需要改装的,所以这个说法也从来没人当真过。1972年1月,"鹰"号最后一次离开远东舰队返回朴次茅斯,当时舰上挂起了137米长的退役彩旗。清空物资后,这艘航母被除籍,之后拖往德文波特,停靠在塔马尔河上的克雷米尔旁边,现在她的用途是为"皇家方舟"号提供零备件。1978年9月,她最终被出售,拖往凯恩莱恩拆解。"皇家方舟"号原先计划服役到1972年,后来又延长到1974年。然而,此时美国政府将他们的大部分航空母舰都投入了越南战争,因而无法满足大西洋上北约打击舰队的需求,于是英国政府受到了很大的压力,要保持"皇家方舟"号尽可能久地持续服役以填补这一空缺。在几乎整个20世纪70年代,她都活跃在大西洋上,屡屡与美国海军、北约盟国海军举行联合演习,使英国皇家海军在新型无敌级航母和"海鹞"战斗机研发和建造期间仍然保持了可观的攻击能力。最终,"皇家方舟"号于1979年2月被除籍,在"鹰"号曾经停泊过的克雷米尔停泊了一段时间后,于1980年9月被拖往凯恩莱恩拆解。

保留现有航母的可能性

1970年，保守党赢得英国大选，组建了以爱德华·黑斯为首相的新政府。在竞选宣言中，他们指出，工党政府裁撤航母打击舰队的做法是错误的，航母代表着政府对英国国防的一项主要投资，不应被轻易更换。实际上他们或许是发现了航母替代方案同样需要高额的投资，想要寻找相对便宜的折中方案。于是国防部应政府要求对将现有航母舰队延寿至1979年的可能性进行评估，1979年看起来应该是当时英国远期国防计划的终点。国防部必须快速给出答案，这样他们在当年春末关于海军价值评估的国会辩论上就能拿出一套明晰的发展路径。参谋部为这项工作投入了很大人力，一连数个星期。刚一开始，倾向于保留现役航母的声音占据了压倒性优势，但是看到政府拨下来的预算并仔细了解了情况后，这些声音又纷纷偃旗息鼓。首先，想要新建一艘航母是不可能的，这样整个评估工作实际上就成了拿一堆政府眼中的"负资产"来做文章。"鹰"号与"皇家方舟"号可以服役到1979年，但"竞技神"号还是需要从1970年开始改装为突击队母舰。"胜利"号已经被拆解了，"半人马座"号若要重新服役就要进行大规模的启封改装，因此也决定不予保留。境况已如此不堪，现实还要雪上加霜，根据1966年的国防评估，海军手中所有的"鬼怪"和"掠夺者"都要移交给皇家空军[21]，皇家海军的固定翼舰载机就只剩下了"塘鹅"预警机和过时的"海雌狐"战斗机。海军还要找预算来采购新飞机才行。同样严重的是，支援航母部队所需的水面支援船和维护航母所需的船厂将要被裁撤以省钱，国防部需要在海军能力评估中把它们"救回来"，这样才能保证"鹰"号与"皇家方舟"号可用。已经移交给皇家空军的物资和零备件也需要重新采购[22]。"阿尔比翁"号和"堡垒"号早已被视为两栖战舰艇，因此本次研究没有涉及她们。其中后者在她最后的军旅岁月里充分展示了轻型舰队航母舰体固有的灵活性，当时她被改造成了支援航母（CVS），同时搭载"海王"反潜直升机和"威塞克斯"突击运输直升机。1979年时，甚至有人考虑要像"竞技神"号那样给她装上滑跃甲板以搭载"海鹞"。

这些残破不堪的储备航母根本无法帮助英国海军实现在10年之内恢复核心能力的终极目标，而1945年之后的整个皇家海军正是围绕这些能力来建设的。国防部被告知，"鹰"号的改装设计、"竞技神"号的改造，连同计划中的物资储备和支援设施的重建,将需要一大笔开支。经过深思熟虑,结果如我们所见,国防部决定在20世纪70年代保留"皇家方舟"号并保持最低限度的"鬼怪"和"掠夺者",抛弃"鹰"号。这一决定并不明智,因为保留"鹰"号和一支有效的航空大队其实花不了多少钱,但她却能为英国赢得时间,并能提供除美国外任何其他北约国家都不具备的战斗力,这将令英国在北约中获得强有力的话语权,这是部署在德国北约中央防区里的那一小批士兵、坦克和战斗机做不到的。这样的小规模部队大部分北约国家都拿得出来,但能在需要的时间和地点提供制海权的国家当时却只有大不列颠和美国,一旦战争爆发,这样的制海能力将令盟国获得很大的作战弹性,也会使英国在制定作战计划时一言九鼎。根据1969年时国防部的估算,他们已经为了"皇家方舟"号的"鬼怪"改装花费了3000万英镑多一点,为了让"虎"号与"布莱克"号能够搭载直升机花了超过1500万英镑,此外,他们还从其他预算里花了不少钱来为接不到订单的上克莱德船厂找活干。与这些相比,CVA-01所需的6000万英镑并不是一个很大的数字,而英国政府关于停建这艘航母的决策必定是由于轻信了空军参谋部的忽悠,这完全忽略了打击舰队的战斗力和作战方式,相对于这样一幅实际上十分宽广的图景,政府的理解实在太狭隘了。

说一千道一万,有什么能替代航母及其航空大队?

首先空军是做不到的。1968年,哈罗德·威尔逊政府被迫承认,大幅裁军无法降低预算赤字,他们同时决定继续承担对北约的主要义务。为此,他们令英军于1971年撤离亚丁、波斯湾,以及尤其重要的远东。亚丁、巴林和新加坡的基地将要关闭,新加坡的船厂也将出售。这一决定显然是英国财力和影响力衰落的极好例证,英联邦国家和其他盟国都对此感到紧张。皇家海军也受到了间接的影响:之前海军都是拿在"苏伊士运河以东"进行远征作战的需要来说明航空母舰的价值。至于航母在大西洋作战中的价值,包括北约打击舰队每年演练的那些,都太过明显,根本没什么好争论的。但是现在,这些显而易见的价值却要被拿出来以便好好说事了,因为从1971年开始,英国在北约中承担主要责任的部队就只剩下一支驻扎在莱茵河方向的英国陆军,以及为其提供空中支援的皇家空军战术航空兵了。英国政府中能认真对待北约需求的政客本来就不多，其中大部分人还认为英国海军在北约中的任务，如果有的话，也只是赶在战争演变成核大战之前，为在德国中央战区前线与大批苏军地面部队浴血奋战的盟国陆军保护好他们后方跨越大西洋的补给线。美国海军将会保护大西洋西半部的海运线，而皇家海军只需要一支象征性的由核潜艇和能够搭载直升机的护卫舰组成的海军力量便足以完成大西洋东北部和英吉利海峡的其余护航任务，英国的海上责任仅限于此。远东舰队那些种类齐全的军舰，例如航空母舰和舰队驱逐舰，都可以被束之高阁，实际上这些军舰也正是被如此对待的。对水面护航部队的象征性空中掩护将由从英国本土机场起飞的皇家空军陆基飞机提供，毕竟在此前十年间的每一场白厅辩论中，皇家空军都说自己可以完成这一任务。然而，政客们却没有注意到皇家空军为兄弟军种提供空中掩护的计划中的自相矛盾之处。大西洋方向空中掩护的战场纵深达到926千米，如果需要，可以通过空中加油技术让战斗机在水面战舰上空进行巡逻。但如果把目光从西面转向东面，那就意味着战斗轰炸机需要从英格兰东部的机场起飞一直飞到柏林，这比北约中央战区更远。但是在这里，皇家空军却坚持要求自己的战术飞机必须驻扎在德国境内，靠近交战地域，以便快速做出反应，以及更频繁地返回基地加油装弹。大概他们认为在海上作战中反应速度和降落补给不重要吧，反正除了皇家海军之外也没别人关注这些事。实际上即便船队接近到距离英国本土只有900余千米的海域，在船队上空保持一架陆基战斗机所需的代价也是高昂的：每有一架战斗机在舰队上空巡逻，就要有另一架战斗机在飞往舰队上空的路上，还有一架在返航途中，而要进行有效的防空巡逻，至少需要有两架巡逻的飞机。这样，仅仅建立一个防空巡逻阵位就需要一整个中队的飞机。空中加油机也必须全部投入到对这项任务的支援中去，因为只要有一架加油机未能按计划行事，空中的所有飞机就会在远离基地的海洋上空耗尽燃料。当然，战斗机在执行任务时的指挥、控制和通信不是问题，军舰上的引导官可以为他们提供这些支援。还有一个显而易见的问题，如果一架战斗机在战斗中打完了所有弹药，那么它就不应该接受空中加油、留在巡逻阵位上了，因为它什么事也做不了，但是接替它的下一架战斗机还要等到先前计划的时间才能赶来，而这架飞机也回不去，因

△ 看见未来。一架 P1127 原型机与"威塞克斯"HU5 直升机群一同参与 1966 年的"堡垒"号垂直/短距起降试验。这架 P1127 将从原斜角甲板上滑跑起飞，飞行甲板 1 区的 4 架"威塞克斯"则全部打开 2 台发动机中的一台。P1127 飞走后，舰上的牵引车将拖动直升机尾轮上的牵引杆，将它们迅速拖到起飞点上。到达起飞位置后，直升机将会启动第二台发动机，离合器与旋翼咬合，之后很快就能升空。这次试验证明，战斗机和直升机完全可以有效而安全地搭载于同一艘航母上。"堡垒"号作为直升机母舰一直服役到 20 世纪 70 年代。（作者私人收藏）

为返航所需的加油机此刻可能正在别处执行任务。人们很快意识到对特混舰队进行远程战斗机支援不仅代价高昂，而且极度缺乏灵活性。攻击机在寻找目标时也会遇到与此相似的问题，而雷达预警机则是任何飞机在有效协同舰队作战时都不可或缺的。但不幸的是，皇家空军此时对雷达预警机根本没有兴趣，他们完全依赖自己的地面雷达来引导驻英国本土的战斗机进行截击作战。20 世纪 60 年代末期，英国空军剩余的大部分战斗机中队装备的都是英国电气公司研制的短航程"闪电"战斗机，这种飞机只是设计用于在英国本土和海外基地周围的狭小空域内执行要地防空任务，哪怕是到距离基地不太远的海洋上空作战，都需要长时间占用英国皇家空军本不充裕的加油机队中的大部分飞机。1968 年时皇家空军自身实力也已堪忧，过时的格洛斯特"标枪"战斗机退役了，一连串的国防评估还大大减少了皇家空军手中飞机的数量，就连空军口中作为远程攻击能力基础条件的从美国采购56架F-111战斗轰炸机的计划也由于经济问题被取消了。空军的轰炸机司令部、战斗机司令部，后来连同海岸司令部都被并入了新成立的打击司令部，这个司令部分为三个小的部门，分别负责攻击机、战斗机和海上巡逻机。

那么海军自己呢？CVA-01被取消后刚刚几天，海军航空作战总监就着手编写一系列文件以研究怎样让海军在舰队航母退役后重新获得至关重要的雷达预警机，此时未来舰队工作组还没有成立。他们考察了几种能从"巡洋舰"上起降的垂直起降飞机方案，并在1966年3月30日一天里提交了4份不同的方案考察文件[23]。其中包括对计划中的民用垂直起降运输机进行改造，加装预警雷达以替代"塘鹅"AEW3的方案。有几种机型在当时来看确实具有改造的潜力，但实际上却未能造出来，其中就有加拿大航空工业公司的CL84和LTV-席勒-瑞安集团的XC-142A。二者的原型机原本都是倾转旋翼客机。航空作战总监希望这些飞机经过改造之后都能从"巡洋舰大小"的小甲板上垂直起飞，可以搭乘与"塘鹅"相同的3名乘员，滞空3小时，机上装备与美国海军的格鲁曼E-1"追踪者"舰载预警机相同的美制AN/APS-82雷达。XC-142A[24]运输机型的原型机已经开始试飞，但是其翼展宽达20.57米，在不安装任何雷达和军用设备的情况下起飞重量达到20.18吨，这就很难在"皇家方舟"号和"鹰"号上起降，从未来舰队工作组设想的小甲板上起降更是基本不可能了。加拿大航空的CL-84更轻更小，但这也意味着它很难装载充当预警机所需的燃油、机组人员和各种设备，无论如何也无法成为合格的雷达预警机。这两种方案无一能够买得起，另外它们也不现实，因为两种飞机都没有任何型号投入量产。如果说这两套方案都不靠谱，那么航空作战总监的第三份文件就更不现实了，这一方案看中的是更远期的德国Do-31运输机的技术验证机。这一机型装有两台罗尔斯-罗伊斯[①]的"飞马座"推力矢量

[①] 原文如此，实际应为布里斯托尔-西德利。

发动机[25]以获得升力和前向推力，两侧翼尖还各有一个装有4台垂直推力引擎的发动机舱。在这架飞机垂直起飞时总共有多达10台发动机同时开足马力！这种飞机可以满足雷达预警机的一切需要，但它的起飞重量高达26.49吨，翼展19.5米，全高7.85米，对除了最大型航母之外的任何军舰而言，这都是一头难以驾驭的巨大怪兽。事实证明，寻求一种能够从非航母类军舰上起降的飞机以替代"塘鹅"AEW3的代价是格外高昂的，稍有现实眼光的人都看得出这更加凸显了一个事实：取消大型航母改建"小平顶"省下来的钱，还不够用来研发"小平顶"专用飞机的。这个研究团队还考察了使用直升机执行雷达预警任务的方案，他们选用的是原本为美国陆军运输部队准备的双旋翼波音CH-47"支奴干"，这一方案有些出人意料地吸引了大部分人的注意。但这型直升机也需要在大甲板上起降，因为它在两个旋翼旋转时的全长达30米，起飞重量也达到了14.97吨。这型直升机需要进行众多改进，包括为旋翼桨叶加装电动折叠机构，以及对机体结构进

△这张照片应当是在博斯康比镇的"鹰"号舯部弹射器上进行的"鬼怪"战斗机弹射起飞试验。引导官打出了"稳住"的手势，绰号"獾"的操作员正拿着未绷紧的牵引绳。这次显然是打算试验不同重量的飞机在弹射时可能遇到的情况，机上挂有454千克惰性炸弹。加挂不同重量的惰性炸弹可以简单有效地调节飞机的重量。（作者私人收藏）

行改进使其适应出海作战时躲不开的腐蚀性盐雾。英国海军所有"巡洋舰"设计草案中的升降机和机库都不够大,无法使用这种大型直升机,即便是CVA-01也很难按常规流程使用它。1966年的这一轮研究得出结论:使用垂直起降或短距起降飞机(包括直升机)来执行雷达预警任务确有可行性,但会非常昂贵。因此如果皇家海军真的采购了这些飞机,那么全世界将独此一家,因为没有任何其他国家认为这在经济上是划算的。更便宜,而且便宜得多的选项,是重新生产"塘鹅"且保留能够起降它的航母。1966年之前,换装AN/APS-82雷达的"塘鹅"AEW7已经准备好替换AEW3型。这原本会是一个低风险、低成本,而且将在1982年发挥无法估量的价值的方案。

虽然都知道它的重要性,但是当1979年第849中队随着"皇家方舟"号的退役而解散时,皇家海军最后还是不得不放弃了舰载雷达预警机。至于1968年之后皇家海军缺乏预警机的问题,过渡方案是这样的:拆解"塘鹅",把它们的雷达和其他各种任务设备一起装到皇家空军多余的"沙克尔顿"MR2飞机上[26]。这项工作的费用还得由海军来支出,因为皇家空军"不需要雷达预警机"[27]。于是皇家空军的机组成员被派到洛西莫斯海军航空站,由第849海航中队的人对他们进行训练,以使其完全符合雷达预警机观察员的标准,这也令他们具备了作为战斗机控制官在海洋上空引导攻击机和战斗机作战的能力。1972年,皇家空军第8中队专为执行此项任务而重建,中队装备12架"沙克尔顿"AEW2预警机,几名皇家海军的飞行员和观察员被派来协助他们达到作战标准。这支中队隶属打击司令部,但起初其大部分任务都是支援海军的作战和演习。然而,当皇家空军自己的人员开始驾驶雷达预警机之后,英国本土的各个战斗机中队立刻看到了这种飞机的价值:它可以在英国防空区内的辽阔海洋上空引导战斗机执行截击任务。皇家空军对雷达预警机一下子开始感兴趣了。他们现在开始寻求进一步开发调频连续波雷达,皇家海军曾在替代"塘鹅"的6166号海军航空参谋部需求中提到过此事。空军后来又为了最终失败的"猎迷"AEW3项目和高价采购波音E-3A空中预警和控制飞机花了一大笔钱。当然,这些项目就超出本书的范围了,但这说明一点,只要肯坐下来听,皇家空军就可以从舰队航空兵的作战能力中学到很多东西。

英国政府关于裁撤航母打击舰队以迫使皇家海军对舰队航空兵进行缩编的决定从1969年开始见效了。这其中有些事情已经为大众所知，但有些则比较隐秘。皇家海军的洛西莫斯、布罗迪、马耳他哈尔法海军航空站都将关闭并移交给皇家空军，新加坡的森巴旺航空站则是交给新成立的新加坡军队。阿布罗斯航空站将改为皇家海军陆战队基地，其担负的技术培训职能被迁移到里－昂－索伦特。设在贝尔法斯特旁西登哈姆的皇家海军飞机停放场也要关闭。那些为"皇家方舟"号保留的舰载航空中队从1972年起移驻皇家空军基地，不上舰的时候他们就会在这些基地里活动，在它们的身旁是已经移交给皇家空军的前海军"鬼怪"和"掠夺者"，这些飞机在本职任务之外也经常会支援海军。第809海航中队移驻霍宁顿空军基地，与皇家空军第12中队共用机场；第892海航中队移驻鲁查尔斯空军基地，与皇家空军第43中队共用机场；原驻西莫斯海军航空站的第849中队[28]在空军接管基地后仍然驻扎在这里，只是身份从房东变成了房客。皇家空军新成立的"沙克尔顿"预警机部队第8中队在1972年进驻洛西莫斯。指挥与控制是一项复杂的工作，但第849中队在"皇家方舟"号上干得非常出色，这个中队是舰队不可或缺的组成部分，受舰队总司令直接指挥。离开母舰回到陆地基地后，这支中队接受皇家空军打击司令部的日常管理，但舰队仍然可以要求他们参加海军的演习、试验和训练季。这样的组织方式在实际操作中总是问题不断，因为打击司令部下辖的战斗机、轰炸机、海岸巡逻部门总是过多地着眼于自己下属的单一任务。而皇家海军航空中队在空军防空演习中表现出了综合性的作战能力[29]，使得空军自惭形秽。在笔者看来，空军的官僚们会对皇家空军防空战斗机飞行员热烈支持第849中队感到很郁闷，这些飞行员都希望得到第849中队的指挥，许多人还坚持要在自己监视靠近英国空域的苏联飞机时得到雷达预警机支援，即使是在例行的"面包黄油"防空演习中也需要。

国防部的其他一些做法也影响了海军航空兵。譬如，他们把所有固定翼飞机的仓储和场站级维护都交给了皇家空军，直升机的这些工作则交给了皇家海军，主要在弗里兰和佩斯的海军飞机停放处执行。皇家海军从1970年起不再训练高速喷气机的飞行员，第759和738中队随之解散；1972年起所有"鬼怪"和"掠夺者"的空勤人员训练都交给了皇家空军，第767和736中队随之解散。1972年之后，由于皇家海军飞行员数量不足，空军飞行员被指派到"皇家方舟"号的航空大队来填补空缺。从积极的一面说，这确实是跨军种协同的一个不错的例子。有些皇家空军飞行员是带着"我来这里是要教你们怎么做事"的态度来的，这对他们自己和航空大队都没有好处，但是绝大部分飞行员都对这段最具挑战性的飞行经历深感着迷，在这里，他们获得了更多的机会，可以更自由地展示自己的才华。他们都很珍视在海军的这段经历，他们接下来的职业生涯也因此而获益匪浅。笔者觉得他们中的许多人都很乐于做一个和那些从模子里铸出来的海军、空军飞行员略有不同的家伙。

　　海空军混合编组在单兵层面取得了成功，而空军的高级幕僚们则想要为这一变革取一个响亮的名字。这个名字就是"海上战术空中支援"（TASMO）。有了这个项目，英国就可以告诉北约，皇家空军的航空中队现在能支援大西洋东北部的作战了。皇家空军中与海军中队共用基地的第43中队装备的是原先由海军采购的"鬼怪"FG1，第12中队则装备前海军的"掠夺者"，读者一定也会想到，为什么不能用这些飞机再组建一支舰载机大队，好让"鹰"号继续服役下去呢？这着实令人费解。若果真如此，皇家海军就会获得全球性而不只是地区性的作战能力，不过那时，政客们都不愿意听到北约战区之外的任何事情。当然，这两支中队也可以呼叫皇家空军的加油机和"沙克尔顿"雷达预警机来支援他们的海上作战，但实际上哪怕只是要保障1架"鬼怪"在大西洋的特混舰队上空保持巡逻阵位，加油机和预警机都要全力投入支援，可这两种飞机数量本来就有限，而且还有诸多其他任务在身。如果硬要为TASMO项目说句好话，笔者觉得那就是它提供了让空军出海作战的象征性能力，而当时英国政府想要的也就仅限于此，他们根本不关注这套方案实际上怎么样，它在空军中的优先级太低了。"海上战术空中支援"还牵扯到其他一些事项，其中有一项就是空军想借此为他们的V系列轰炸机找到新的用途，好使其免于退役。皇家空军宣称，除了服务北约战术核打击力量的基本功能外，第27中队还可以用他们的"火神"轰炸机执行所谓的"海上雷达侦察"任务。也就是让飞机在大西洋上空极高的高度飞行，用雷达搜索水面舰艇以绘制海面情势图。这在理论上讲倒是不错，但实际上人们却在诸如"海上游猎"之类的北约大规模海上演习中发现，"火神"根本找不到北约的打击舰队，甚至需要向被搜索的舰队询问其位置。据说当指挥一支参演舰队的美国海军将领拒绝电告本舰队每日的位置、航向和航速时，皇家空军打击司令部的高级将领"暴跳如雷"。站在皇家空军的角度来看，这样的演习对他们根本没什么意义，因为他们的侦察机根本不知道该往哪里"看"。然而从海军的角度看，自己却学到了很多，因为他们发现广阔大洋上的舰艇并不那么容易被发现。侦察机的意义在于搞清楚战场上发生了什么，而不是靠捡一些便宜任务来赚公众的眼球。笔者从一个职业老水兵的角度来看，"海上战术空中支援"和一切与它相关的事项一旦上了战场就都是无效的。1982年，实战机会来了，但此时皇家海军已经重新拥有真正有效的战斗力了。

两栖战

突击队母舰完全被视为两栖战舰艇，从而躲过了此番对舰队航空兵规模和战斗力的沉重打击。远东舰队解散后，英军决定将第3突击旅从新加坡调回英国本土，并重新赋予其支援北约侧翼作战的战术任务。短期来看，有两艘突击队母舰继续留在皇家海军中服役，虽然以新加坡森巴旺为母基地的第847海军航空中队被解散，但第845、846、848中队依然得以保留，这就使皇家海军陆战队拥有了优异的突袭能力，如果苏联想要对北约的中央防线开战，他们就会派上用场。当然，他们有一个缺陷，由于航母部队不行了，他们在任何登陆行动中都很难得到战斗机掩护和近距空中支援。假如第3突击旅真要从海上发动进攻，他们就只能依靠美国海军和海军陆战队提供空中支援了。1972年，各突击直升机中队的岸基基地从库德罗斯海军航空站迁移到耶维尔顿航空站——当年，耶维尔顿不再被用作战斗机中队的岸基基地了。北约每年都会在土耳其或东地中海海域举行在北约南翼进行干涉行动的作战演习，时间通常是在秋季，英军的突击队母舰、"威塞克斯"直升机和突击队无须进行任何改变就能在这里作战，但在北翼作战，他们就需要更多的训练和投入。从1970年起，北约组织了一系列代号为"发条"的冬训，提升骨干空勤人员和突击队员的北极圈作战技能[30]。每年1—3月，这些参训部队都会进驻巴杜福斯的挪威皇家空军基地，但挪威政府始终不允许英国在挪威领土上建立永久性基地。为了适应在严寒的北极,而不是湿热的热带丛林中的作战,"威塞克斯"HU5直升机必须进行一些改造。但这型直升机和它们的机组成员还是表现出了很强的适应性。值得一提的是,直到今天,皇家海军和海军陆战队的北极圈骨干部队仍然是全世界训练水平最高的寒带突袭部队之一。在巴杜福斯冬训期间,这些部队通常会和附近海岸外的英军突击队母舰或美军两栖攻击舰联合举行类似"严冬"这样的北约演习。从1972年开始,北约秋冬季演习的范围扩大到了辽阔的加拿大。出于种种原因,突击队打击部队熬过了这段极其黑暗的时期,如我们所见,他们甚至还能商议突击队母舰的换代问题。幸运的是,在1966年的大崩溃之前"威塞克斯"HU5直升机已经造出了100架,这足够用到20世纪80年代中期了。

其他的变化

高级飞行训练和作战训练单位使用的霍克"猎人"T8和GA11高速喷气机被用来建立一支新的"舰队需求与飞机指导训练部队"(FRADU),从1972年起该部驻扎在耶维尔顿海军航空站。这些飞机主要由民间飞行员根据军方承包合同来驾驶,但也有一部分飞机由皇家海军固定翼标准飞行部队(RN FixedWing Standards Flight)[31]的军人驾驶。这个新单位接管了原来驻赫恩基地的驾驶"弯刀"战斗机的民间舰队需求单位,以及驻耶维尔顿驾驶"海毒液"战斗机的飞机指导训练单位的任务。FRADU一度装备过几架"海雌狐",但是英国全军也只剩下这几架"海雌狐"了,维护成本太高,于是他们从1974年起全部换装"猎人"战斗机。"猎人"还会一直在皇家海军中服役下去,它们在超期服役中展示出了非凡的灵活性:1982年之后,它们都重新布设线路,能够挂载"响尾蛇"导弹。这些老飞机直到20世纪80年代仍然能在皇家海军预备役飞行员的操控下展现一定的战斗力。这些"猎人"飞机本身也很有意思。一半的T8教练型是专门为皇家海军制造的,其余T8和所有的GA11型机原先都是皇家空军的F4型机,这些飞机在20世纪50年代末期退役,皇家海军按废铁的价格把它们买了下来[32]。它们在1962年到1970年间被用于训练,之后又交给FRADU一直用到20世纪90年代初,真正的物尽其用,用烂用完。

△ "皇家方舟"号，20世纪70年代英国海军仅存的攻击型航母。（作者私人收藏）

理论上说反潜直升机中队并没有受到裁撤航母打击舰队的影响，但怎么能真的不受影响呢？没有了航母的大甲板，能随舰队出击的直升机数量就少多了。每艘虎级可以搭载4架直升机，郡级驱逐舰能搭载1架，这都不足以保持不间断地执行任务。若能对人员和装备进行妥善管理，巡洋舰上的直升机中队或许可以勉强自保，但是对特混舰队或者护航船队的防卫就很难做出什么贡献了。驱逐舰上的单架直升机原本用于与航母上的同型号直升机共同作战，但现在没有了航母，驱逐舰还不如搭载2架小型的韦斯特兰"黄蜂"直升机来执行相同任务。至少这两架直升机的执勤时间，要比一架挂载武器前去追杀舰艇主动声呐捕获的目标的"威塞克斯"长得多。除了搭载的反潜直升机外，郡级驱逐舰上没有任何其他的反潜武器。20世纪60年代末期，英军不得不承认"威塞克斯"HAS3是个失败的作品，这型直升机机体不大，但却塞进了太多的装备。机上的195型吊放声呐虽然很好用,但在炎热的地中海和远东,它根本无法满油起飞,滞空时间连一个小时都达不到。即便是在不那么热的大西洋上,这型直升机在挂载1枚鱼雷时的滞空时间也只有一小时左右,有些中队只能拆除一部分直升机上的声呐,将其用作武器载机来支援那些装有声呐的直升机。为此,英国海军决定采购一批韦斯特兰公司根据许可证在英国制造的美国"海王"直升机,这将在下一章详述。

注释

1. ADM1/24695, Formerly CS 150/53—Committee on the Defence Programme at the National Archives, Kew.
2. 1SL Letter 133/63 dated 22 August 1963, ADM/205 at the National Archives, Kew.
3. 同上，8月18日，第2页。
4. 同上，8月18日，第17页。
5. ADM/205 at the National Archives, Kew.
6. 在1982年的南大西洋战争中，阿根廷飞机也正是运用这一战术打击了已经被政治斗争大大削弱的英国皇家海军。
7. 这也显示出未来舰队委员会很快就进入了工作状态。
8. DNAW FFWP/P(66)9. 福克斯黑尔舰船部 NA/W1 类目下的文件之一，笔者在1997年阅读过这份文件。朴次茅斯的海军历史处与本书作者均藏有本文件副本。
9. DNTWP 4197/66 dated 11 March 1966. 福克斯黑尔舰船部 NA/W1 类目下的文件之一，笔者在1997年阅读过这份文件。朴次茅斯的海军历史处与本书作者均藏有本文件副本。
10. 比1942年型轻型舰队航母短了15.24米。
11. 诸如小型驳船、小艇之类的大物件可以存放在轻型舰队航母的改型舰上，用舰上的起重机吊放到水面。而突击队巡洋舰就做不到这些。
12. 这一时期所有巡洋舰设计方案的详情都取自福克斯黑尔造船总监处的 NA/W1 类目下的各文件。其复印件现存于朴次茅斯的海军历史处。
13. 引自 *Cost of Ships–presentation to Controller on 12 July 1968–Introductory Remarks by AD/DC3*，福克斯黑尔舰船部 NA/W1 类目下的文件之一，笔者在1997年阅读过这份文件。朴次茅斯的海军历史处与本书作者藏有该文件副本。
14. 笔者于1964年加入皇家海军，同一届在达特茅斯服役的新兵中超过一半都将被分配到与海军航空兵及其行动相关的岗位上。不仅仅是像笔者这样的飞行员、地勤人员和观察员，还有舰队航空兵的众多引导官、战斗机管制官、飞机工程师和其他专业人员。
15. Richard Baker, *Dry Ginger–The Biography of Admiral of the Fleet Sir Michael le Fanu GCBDSC* (London: W H Allen Ltd, 1977), p 219.
16. 同上。
17. Hobbs, *British Aircraft Carriers*, p 280.
18. 笔者在登上"胜利"号服役之前也在这艘船上住过一段时间。
19. 1972年"阿尔比翁"号在服役生涯的最后几个月，搭载过执行反潜任务的第826中队。
20. "皇家方舟"号1943年开工，1950年下水，1955年完工。
21. 在接到新的命令之前，皇家空军只能仰仗这些前海军飞机来维持自己在北约体系内的作战能力。
22. 关于是否保留现存航母以及是否值得如此做的争论都被记录在福克斯黑尔舰船部 NA/W1 类目下的文件里，笔者也在1997年查阅了这些文件。朴次茅斯的海军历史处与本书作者均藏有这些文件的副本。
23. 上述所有内容均来自福克斯黑尔舰船部 NA/W1 类目下的文件，笔者也在1997年查阅了这些文件。朴次茅斯的海军历史处与本书作者均藏有这些文件的副本。
24. 根据美国的编号规则，"X"表示飞机处于验证机状态，"C"表示其用途是运输机。
25. 也就是霍克 P1127 飞机使用的发动机。
26. "沙克尔顿"飞机的海上侦察职能后来被"猎迷"MR1 飞机取代。
27. 这一观点是1972年在洛西莫斯航空站负责培训皇家空军预警机人员的皇家海军观察员们告诉笔者的。
28. 笔者当时和随后数年里都在这支中队服役。洛西莫斯航空站有一座新建的军官宿舍楼和其他一些很不错的设施。人们普遍认为这是当时最好的皇家海军航空站，它关闭时大家都很伤心。
29. 笔者还记得当时的一件事情，这显示了皇家空军大队部的人员和海军中队之间关系紧张。离开"皇家方舟"

号之后不久，洛西莫斯空军基地的司令官向我们再三强调，我们现在要接受打击司令部第11大队的指挥。有一次，我们获悉第11大队部的几位军将要前来洛西莫斯讨论雷达预警作战，于是我们买了印有"11大队"字样的领带，穿着便装系在脖子上到军官宿舍的食堂里去迎接来客，以示抗议①。不过此举的结果不如预期。大队部的参谋长指着我们的领带大吼："你们穿的都是什么乱七八糟的，第11大队关你们屁事，都给我脱掉！"可以想见，接下来的讨论气氛尴尬，来访的大队部人员很不情愿接受那些和他们的传统做法不一致的东西。我们在岸上和不在岸上时都是第11大队的人吗？我们从来都搞不清，在心里，我们只属于舰队，只有舰队才真正需要我们。

30. 笔者曾作为突击运输直升机飞行员随第846中队参加了"发条"71演习、随845中队参加了"发条"72演习。"发条"系列冬训直到2015年时仍然在延续。
31. 笔者曾不止一次加入这支部队。
32. 当时采购价格约为3万英镑。

---

① 穿便装打领带是很不符合礼仪的。

第十五章
战斗力、贝拉巡逻、亚丁和伯利兹

当白厅里还在争吵不休的时候，部署在各地的航母仍然在一刻不停地应英国政府要求对各种突发事件做出快速反应，而这些都是空军无法企及或反应不及的。1966年的国防评估提出，"经验和研究显示，航空母舰和舰载飞机只在一种作战场景下是不可或缺的，那就是在陆基空中掩护的范围外，在复杂敌情下进行登陆或撤退。"[1]CVA-01随即就被取消了，然而就在几天之后，一艘航母在接到命令后迅速开赴皇家空军无法企及的印度洋，去应对那里事态的发展。在那里，新一代舰载机表现出了令人印象深刻的战斗力。

"掠夺者" S2和"鬼怪" FG1大显神威

笔者在1966年来到"胜利"号上服役，当时刚刚完成海军军校生的上舰实习，被分配到舰上的航空部门，跟随航空兵少校J. A. 内尔森工作。不久之后，第801中队也登上了这艘航母，这是第一支装备"掠夺者"S2的中队。1966年6月3日，这型飞机在英吉利海峡向报界展示了自己的实力[2]。这天的演示是这样的，一架在机腹弹舱里装上照相侦察套装、两侧翼下吊挂871升副油箱的"掠夺者"从英吉利海峡西南口的航母上起飞，接受801中队其他"掠夺者"的伙伴空中加油，在海面上空高空飞行1850千米来到直布罗陀，之后降至超低空飞越码头，在那里拍摄一位女子勤务队员手拿当天直布罗陀日报的照片，之后再次爬升至高空，再次由801中队的其他"掠夺者"加油后返回母舰。母舰可以借助舰上的984型雷达和探测范围更远的"塘鹅"AEW3预警机长距离跟踪这架飞机的飞出和飞回[3]。这架飞机在空中飞行了4小时50分钟，降落后不久，机上的胶卷就被取下来送到照相部门冲洗了。这张女子勤务队员手持无可争议的日报的照片立即被冲印了几十张，而当时在主简报室里协助把这些照片分发给媒体的正是笔者本人。皇家海军航空兵中校伊万·布朗向媒体简单介绍了"掠夺者"S2带给皇家海军的新战力：我们刚刚起飞的是世界上最先进的攻击机，能够飞到1850千米外进行侦察。它

△1966年，第801中队一架"掠夺者"S2从"胜利"号左侧弹射器弹射起飞。(作者私人收藏)

当然也可以挂载核弹或常规弹药，以当时世界一流的准确度投掷。当然，并不是每一次出击都要飞这么远，但我们都相信，这次展示表明我们有能力满足国家在应对危机态势时的各种需求，诸如打击一支敌方舰队，或者保卫英国在陆地上的权益。不过并不是所有媒体代表都这么看问题，当布朗中校要记者提问时，《飞行》杂志的代表问了个让我们吃惊的问题：为什么皇家海军对霍克P1127不感兴趣？告诉他现在讨论的是"掠夺者"而不是P1127时他还是坚持原来的问题，于是布朗中校把当时对垂直起降飞机原型机兴趣不大的原因告诉了他。他说，1963年2月7日时，一架呼号为XP831的P1127原型机降落到了在多塞特郡外海莱姆湾开进危险水域的"皇家方舟"号上。飞机的燃料不足以从萨利郡顿斯福德的霍克公司机场飞到222千米外的任务水域，于是它被先运到距离海岸只有74千米的埃克塞特机场，然后再起飞。即便如此，"皇家方舟"号也不得不冒着搁浅的危险开到十分靠近海岸的18.28米深的浅水区，好让飞机万一遇到无法降落的情况还有足够燃油飞回机场。正如布朗中校指出的那样，和刚刚展示了一番身手的"掠夺者"相比，这飞机的性能实在不怎么样。通过这一轶事，我们也能理解为什么海军不喜欢理论上很先进的P1127，而更偏向于同期那些战斗力更强的飞机。

两年后的1968年8月，笔者在远东舰队的"竞技神"号上供职，有幸目睹了"掠夺者"强大战力的另一次演示[4]。当时英国政府宣布英国陆军和空军力量将会很快撤离远东，但海军会继续留在这里以支持东盟，一旦有需要即可快速给予增援。为了让人们看到海军有能力满足这一需求，以及凸显舰队航空兵作为皇家海军关键兵种的重要性，新任第一海务大臣，李·法努将军亲自坐在第803中队一架"掠夺者"S2的观察员位置上。飞机飞行近13000千米，于1968年8月23日13:15降落在印度洋东部的"竞技神"号上[5]。当时同行的共有4架飞机，它们从英国本土的洛西莫斯海军航空站起飞，经由皇家空军的空中加油机加油后飞抵马尔代夫的甘空军基地，加油后又飞到了航母上。这就让我们看到了李·法努的领导魅力。他悄悄来到洛西莫斯，接受了全套"掠夺者"观察员培训，在长途飞行中能够作为观察员配合座机的飞行员J.尼古拉斯少校。他在受领了观察员任务后一周之内就完成了这次飞行[6]，这也成了他领导风格的样板，从而大大提振了舰队航空兵低迷不振的士气。降落之前"竞技神"号上没人知道他竟然会飞来，法努露面的时候，自然是欢呼声一片[7]。第803中队是舰队航空兵总部直属的"掠夺者"试验与研究单位，通常驻扎在洛西莫斯的岸基基地，但也能随时支援世界各地的任何一艘航母，正如这一次行动展示的那样。皇家空军的空中加油机在其中扮演了关键性角色，这也展示出了他们对英国国防的重要性。在它们的协助下，第803中队的这次行动证明，高性能飞机完全能够飞越万里之遥来到装备齐全、全副武装的浮动基地，也就是航空母舰上，加强舰上的战斗机或攻击机力量以执行某项任务，或者补充战损。经过检修和装弹，这些飞机一个小时内就能在第801中队新锐飞行员的操控下再次升空，执行战术甚至战略任务。"海雌狐"战斗机，以及不久之后到来的"鬼怪"战斗机都可以按此方式部署。如此使用航母的好处在于，这些增援飞机抵达的是一个功能齐备、全副武装、装备齐全的基地，燃油、弹药、物资和食品等各种后勤支援就手可得。对飞行员来说，熟悉的"旅馆"般的住宿环境就在航空母舰上，而且是在戒备森严的特混舰队中。而被部署到偏远机场的陆基飞机就享受不到这些待遇了，它们需要等候运输机把飞机所需的各种东西空运进来，大批的燃油和弹药等补给物资还要走海运，这依赖于英国及其盟国能够掌握制海权，而且可能要等几个星期才能运到。需要的话，这些偏远基地还要构筑防御，这可能也需要通过海运实现。最后值得一提的一点是，执行完短期任务之后，航母及其特混舰队可以带上所有东西转移到四大洋的任何地方，不留下一针一线，而部署到临时基地的陆基飞机则会留下一大堆需要拆解运回英国的"足迹"，至于跑道、建筑物之类的东西就只能丢掉了。上述这些都是舰载与陆基战术飞机的显著差异，而政客们却看不见。

还有一次很值得一提的飞机性能展示，遗憾的是这一次笔者未能亲眼看见。1969年3月31日，第892中队重新服役，装备麦克唐纳公司的"鬼怪"FG1战斗机，准备进驻"皇家方舟"号。但是这艘航母此时刚刚完成大修归来，还没有做好搭载舰载航空大队的准备，于是英美两国海军达成协议，第892中队将在1969年10月进驻地中海上的美军航母"萨拉托加"号，为期一周，以便获取驾驶新机型上舰的经验[8]。这次合作[9]让两国海军都认识到，盟国之间可以让自己的舰载机进驻对方的航母，就像盟军飞机互相在对方机场降落一样。美国海军和陆战队的飞机后来也在演习中进驻到皇家海军的航母上，这再次展现了英美两军密切协同的能力。

罗德西亚独立和贝拉巡逻，1965—1966

1965年11月11日，英属南罗德西亚总督伊安·史密斯[10]宣布独立，脱离英国管辖[11]。联合国不支持这一举动，英国也不可能袖手旁观。南罗德西亚北方的赞比亚原先是英属北罗德西亚，1964年10月24日才获得独立，赞比亚总统卡翁达向英国求援，以保护其国土尤其是卡里巴大坝免遭罗德西亚空军的空袭。此时，前皇家罗德西亚空军拥有四支作战飞机中队，包括霍克"猎人"FGA9战斗机和德·哈维兰"吸血鬼"FB9战斗轰炸机各1个中队，英国电器"堪培拉"B2轰炸机2个中队[12]。英国政府起初要求皇家空军调派战斗机前往赞比亚，于是，一支装备格洛斯特"标枪"战斗机的中队奉命准备执行这一任务。必须指出的是，虽然这些飞机可以比较快地飞往目的地，但它们在补给物资到达后才能形成战斗力，这将需要几个星期的时间。更糟糕的是，这些飞机驻扎在塞浦路斯，要为这10架战斗机和支援它们的运输机申请领空通

第十五章 战斗力、贝拉巡逻、亚丁和伯利兹　463

△ 1965年11月，"鹰"号做好了准备，一旦有必要就出手协防赞比亚。甲板上停放的飞机包括第899中队的"海雌狐"FAW2，第800中队的"掠夺者"S1，第800B小队的"弯刀"F1，第849D小队的"塘鹅"AEW3和第820中队的"威塞克斯"HAS1。（作者私人收藏）

过权还是很有些难度的。这样就尴尬了，英国一时无法满足卡翁达总统的请求。于是，11月18日，"鹰"号奉命以最大经济航速从新加坡启程开赴东非海岸。1965年11月28日起，舰上的舰载机大队便做好了协防赞比亚的准备，他们可以将"海雌狐""塘鹅"和"弯刀"飞机部署到赞比亚的机场，可以让飞机从航母上起飞进行远程作战，也可以二者相结合[13]。假如罗德西亚真的诉诸武力，那么它其实无法阻止"鹰"号的舰载机打击它的军事设施，先撇开其他不谈，罗德西亚粗陋的防空体系根本找不到航母在哪里，也不知道飞机将从何方飞来。有趣的是，这次事件也显示出哈罗德·威尔逊其实并不太理解为什么空军要说自己能够为舰队提供远程防空，因为他在接受媒体采访时候说"鹰"号上的"海雌狐"战斗机"在赞比亚作战时将会由于距离太远而承受比较大的压力"[14]。皇家空军的战斗机最终抵达赞比亚已是1965年12月3日，要起飞作战还得再等一段时间。《时代》周刊评论说:"'鹰'号航空母舰在坦桑尼亚外海的突然出现,彰显了在印度洋上保留一艘航空母舰带来的优势和弹性。"还有一个营的英军地面部队也部署到了赞比亚恩多拉的机场,必要时,他们将保卫这些皇家空军的"标枪"。

1965年11月20日,联合国安理会商定了解决方案,也就是安理会217号决议[15],要求对罗德西亚进行国际石油禁运。这次又轮到英国上场了,哈罗德·威尔逊政府起初希望用这一纸制裁声明就能解决问题,而不必真的去封锁,但事实并非如此,直到1966年2月,石油仍在源源不断运往葡萄牙殖民地莫桑比克的贝拉港,再从那里通过管道输送到没有出海口的罗德西亚。这个港口位于非洲大陆与马达加斯加岛之间的莫桑比克海峡中段,面朝广阔洋面,油轮可以从任何方向进港。皇家空军手中诸如"沙克尔顿"之类装备雷达的海上巡逻机可以搜索大面积海域以寻找水面目标,同时皇家空军承认,由于在这一地区没有基地,他们还需要花上不少时间才能把支援设施建起来,把一个中队的飞机送过去。现在要赶紧行动起来了,正在蒙巴萨访问的"皇家方舟"号奉命出海,把后来所谓的"贝拉巡逻"组织起来[16]。1966年3月3日,她从港口起航,与护航的护卫舰"里尔"号、"洛斯托夫特"号和后来加入的"普利茅斯"号[17]一起在莫桑比克海峡中央占据了阵位。第849C小队的"塘鹅"AEW3凭借其强有力的雷达、目视搜索能力和优异的续航能力,当仁不让地成为建立封锁线和随时监控区域内所有船只的头号干将。那些速度更快的飞机,包括第890中队的"海雌狐"和第803中队的"弯刀"也都加入到了封锁行动中,它们可以被引导到远处对目标进行拍照、确认并将情况发回母舰,第815中队的"威塞克斯"直升机则用来检查靠近航母的船只。飞行任务一刻不能停,"塘鹅"也一刻不停地连飞了10天。"皇家方舟"号则一直在海上,通过皇家军辅船队的一队油轮和货轮进行补给。

"皇家方舟"号舰长,杰出服务勋章和杰出服务通令得主,M.F.费尔上校在接受媒体采访时说,他的座舰能够"迅速远距离航行,然后执行赋予我们的任何任务,就像我们在贝拉巡逻中表现出来的那样"。他还提出,近期与印尼对峙期间,这艘舰在远东的出现对印尼起到了"不仅是吓阻,更是吓退"的作用[18]。当她最终离开远东时，杰出服务勋章得主，高级巴思勋爵弗兰克·特维斯中将说道："在这艰难的全球时政中，'方舟'是一个关键的因素，它应当成为我们的骄傲。确实如此，因为这艘舰的每一次调动和行动都会做出很大贡献。"这是一个和充斥着官僚主义的白厅截然相反的清新世界，海军的各艘航空母舰长期巡游四海，从美国和加拿大，到非洲和地中海，再到澳大利亚、新西兰和日本，数以千计的人们在港口目睹了她们的雄姿，对其中很多人来说，这些航母和她们的护航舰就是他们对大不列颠的全部理解，是英国力量和威望的具体体现。而那些部署在遥远机场上的"火神"、"堪培拉"、TSR2和F-111轰炸机就很难做到这些。"皇家方舟"号执行贝拉巡逻直至3月15日，"鹰"号到来后，她便返回新加坡船厂接受维护去了[19]。

△1966年，"鹰"号第800中队一架"掠夺者"S1在贝拉外海飞过油轮"乔安娜五世"号以进行查证，图片由该机的僚机拍摄。舰载高速喷气机能够对"塘鹅"发现的远距离目标进行查证，这远比单靠岸基海上巡逻机来得有效。（作者私人收藏）

"鹰"号的任务是搜索贝拉以东的广阔洋面，识别出所有靠近港口的油轮并回报。支援"鹰"号行动的有驱逐舰"威尔士人"号、护卫舰"普利茅斯"号，以及皇家军辅船队的"信赖""复兴""蓄潮池"三艘补给船，这三艘运输船刚刚在蒙巴萨装满物资。3月底，皇家空军的"沙克尔顿"巡逻机终于来到了马达加斯加的马哈赞加，但这些飞机的行动半径无法覆盖所有需要监控的海面。于是"鹰"号舰长，杰出服务勋章和杰出服务通令得主，J. C. Y. 罗森堡上校不得不告诉舰员们，由于"皇家方舟"号无法按期在新加坡完成维修，本舰的这次巡逻将会十分漫长。最终，她在海上停留了71天，行程5.56万千米[20]，刷新了大航海时代以来所有英国军舰的出海时长纪录。巡逻期间"鹰"号舰载机起飞1880架次，每天都要巡逻51.8万平方千米的海域，发现767艘船舶并进行了查证，其中有116艘是油轮。直到4月30日，她才将工作交给护卫舰"莫霍克人"号，结束了贝拉巡逻任务。之后她于1966年5月4日和"皇家方舟"号会合，向后者提供了3架"弯刀"和"塘鹅"，从而把自己继任者的航空大队补充至满编。结束贝拉巡逻后，罗森堡上校在其编写的行动报告[21]中说，自己"为能够在这样的时机，带领这样一群人，这样一批装备和这样一艘船深感自豪和骄傲"。考虑到舰上的许多人最近刚刚受到关于CVA-01取消和裁撤航母舰队消息的打击，心情沮丧，他们的表现已经没法更好了。

一天后的1966年5月5日，"皇家方舟"号开始了她的第二次贝拉巡逻。第849C小队的"塘鹅"预警机有2种使用方式，它们可以在低空飞行直接目视确认可疑目标，或者飞到高得多的6100米获得更大的雷达探测范围并引导低空的侦察机前去确认雷达发现的目标[22]，这些侦察机可以是"弯刀"也可以是"海雌狐"。后一种方式虽然理论上不错，但也有一个缺陷，就是飞机下方海面的雷达杂波干扰太大。这样的飞行任务虽然不算高危，而且简单重复，但也不是全无风险。1966年5月10日晚，XL475号"塘鹅"预警机在执行完4小时的海面监控任务后于21:30进行夜间降落。这架飞机的前起落架支柱下部在接触到甲板时突然断裂，机头随之下沉，机尾也高高扬起，导致尾钩未能钩住任何一根拦阻索[23]。此时飞机已不可能重新拉起，只能冲出斜角甲板前端，从舰体左侧掉出去。几秒钟后，飞机以向左倾斜姿态落进海里，万幸的是所有机组成员，杰米、库伦上尉和当时还是中尉的罗瑟拉姆均成功逃离飞机，分别被搜救直升机和小艇救起。当天早些时候，舰上还因事故损失了一架"海雌狐"，机上观察员不幸丧生。当天，第890中队的艾伦·塔沃尔上尉和约翰·斯图奇伯里上尉驾驶无线电呼号XJ520，机号014/R的"海雌狐"战斗机担任侦察机，负责查证船舶。当时他们正在高空向"皇家方舟"号返航，机上的发电机零件突然断裂飞出，切断了一根输油管，飞机立即开始大量漏油，电力也丧失了。此时塔沃尔机组距离母舰还相当远，于是他关闭了一台发动机，同时开到最大速度以图在燃油漏光之前尽量多利用一部分。与此同时，门罗·戴维斯上尉驾驶的"弯刀"加油机以最快速度从"皇家方舟"号上起飞，被导向014号飞机方向。加油机在两机交会时一个急转，把锥形加油管罩送到了受伤的"海雌狐"面前。但此时塔沃尔已经无力维持飞机的稳定飞行了。剩余的那台引擎动力开始下降，飞机不断掉高度，他发现自己已不可能把"海雌狐"的受油管伸进加油软管末端的锥形罩里了[24]——他试了五次全都没有成功。之后机上那台苦苦支撑的发动机也停机了，显然已经一滴油都没有了。"海雌狐"的机翼面积很大，它的滑翔性能在高速喷气机里算是不错的，但无论如何也算不上好。飞机的航速保持在200节，控制尚能维持，此时航母已经出现在了海平线上。[25]飞行员和观察员都打紧了背带准备弹射，驾驶"弯刀"的门罗·戴维斯则通过收发频道将他看到的一幕幕向母舰"现场直播"。高度1830米时，塔沃尔命令斯图奇伯里弹射跳伞，但却什么都没有发生。后者先是拉动了头部后方的弹射拉环，没用，接着又拉动了座椅侧面的备用拉环，也没用，座舱盖纹丝不动，座椅也没有点火。塔沃尔接着又要斯图奇伯里爬出座舱跳伞，自己则尽量降低飞机的速度以助他一臂之力。接下来他看到座舱盖被弹飞了，观察员的脑袋和肩膀从座舱里伸出来，但斯图奇伯里是个大块头，他似乎卡在座舱哪里了。此时机内通话器已经失灵，二人无法沟通。飞机高度降到接近900米时，塔沃尔驾驶飞机倒飞，希望能帮助斯图奇伯里脱离飞机，但他还是倒挂在那里无法脱身。第二次横滚似乎起到了一点作用，观察员又从座舱里向外挪动了一些，塔沃尔看见他平躺在机身顶部，但还是有东西绊住了他的脚。实在没办法了，塔沃尔把速度降到130节，打开自己的座舱盖想要爬过去解开斯图奇伯里的双脚，

△ 1966年5月开赴贝拉巡逻途中的"皇家方舟"号。图中可见飞行甲板1区停放有第890中队的"海雌狐"FAW1和第803中队的"弯刀"F1。（作者私人收藏）

但却够不着。现在他的观察员看起来已经失去了意识，而在距离海面只有120米高度时飞机也几乎就要失速了。此时，门罗·戴维斯坐在"海雌狐"上空的"弯刀"飞机里，亲眼看到了塔沃尔拼命想要解救观察员，之后"海雌狐"便失速了，向左滚转栽进大海。最后一刻，他看见已经横过来的飞机上，飞行员的弹射座椅点火了，之后便是一朵巨大的水花，门罗·戴维斯报告说塔沃尔离机太晚，已经没救了。实际上他还是活下来了，落水时他的降落伞刚刚打开一半，恰好救了他的命，虽然落水时冲击很大，但他还是爬上了救生艇。一架"威塞克斯"直升机飞来救起了他，仅仅8分钟后他就回到了母舰上。经检查，塔沃尔除了背部肌肉有些拉伤外再无其他损伤。他拼命想要救观察员的命，为此还差点搭上自己的性命，这充分显示了他杰出的勇敢精神，为此，1966年11月1日，英国女王在白金汉宫亲自授予他乔治勋章。"皇家方舟"号执行贝拉巡逻一直到5月25日，之后返回英国，将搜索任务交给总算是做好了准备的"沙克尔顿"机队。在第二次巡逻中,"皇家方舟"号航程22000千米[26],舰载机累计搜索了3100万平方千米的洋面,找到并确认了500艘商船。在远东舰队执勤了一年之后,"皇家方舟"号的下一个任务是在当年9月参加在北大西洋举行的北约"直花边"演习。

英军撤离亚丁,1967—1968

亚丁做了128年的英国殖民地,获悉英国政府打算在1968年1月将英军全部撤离亚丁基地并随后授权其独立时,这块殖民地上的各派势力开始争权夺利,整个地区迅速陷入了内战,同时各派势力也不断对英军发动炸弹袭击。1967年5月,"竞技神"号穿过苏伊士运河来到了亚丁。就在一个月后,苏伊士运河由于阿以"六日战争"而宣告关闭。她的到来恰好赶上英国人员家属撤离工作的最后阶段,加之当地局势日益紧张,这艘航母便奉命留在亚丁。她的舰载机为也门边境上的陆军部队提供了近距支援,南阿拉伯联邦的政府高官们也被带到海上参观了英军的海空力量展示。但不幸的是,这些措施没有收到效果,联邦政府很快崩溃,地区控制权落到了两个组织手中,分别是民族解放阵线(NLF)和南也门解放阵线(FLOSY)。前者已经占据了优势地位,他们认为自己可以在独立后获得统治权[27]。随着英军在整个1967年逐步收缩防线,两派力量开始在英军弃守的真空地带为争夺控制权大打出手。1967年,亚丁发生了超过3000起恐怖事件,导致57名英国公务人员死亡,另有325人受伤。此外英国平民中还有19人遇难、超过100人受伤。9月24日,英国驻亚丁所有部门的人员都撤到了皇家空军霍马克萨基地以北维多利亚时代遗留的旧防御工事后面。现在,撤退行动肯定要在敌人的威胁下进行了,英国政府决定将最后的撤离日期从原定的1968年1月提前到1967年11月末。撤退行动代号"罗马总督",一支强大的皇家海军特混舰队将为其提供掩护,这支舰队编号为TF318,辖2艘攻击型航母、2艘突击队母舰、2艘新型船坞登陆舰和大批驱逐舰、护卫舰。10月,这支舰队开始在亚丁外海集结[28]。

首先抵达的是"阿尔比翁"号,她搭载着第848中队("威塞克斯"HU5直升机)从英国出发,绕过好望角来到这里。舰上的"威塞克斯"直升机都装有座舱装甲和机枪，了解了当地局势和所面临的威胁后，他们开始围绕英国控制区进行武装巡逻。这些巡逻飞行由霍马克萨基地的作战指挥小组控制，皇家空军第78中队的"威塞克斯"HC2直升机也一度加入进来并肩作战。这两型"威塞克斯"都可以在"阿尔比翁"号或者岸上基地起降，而且可以方便地互换使用[29]。"鹰"号于10月从新加坡赶来，在1967年11月初加入 TF318。航母抵达后，皇家空军便开始从霍马克萨基地撤走战斗机，11月7日全部飞离基地。那些"威塞克斯"HC2直升机则经由"不惧"号运送到波斯湾的皇家空军沙迦基地。于是，撤退任务中的防空职责就交给了"鹰"号，利用舰上的984型雷达，她不仅能够对敌方空中威胁进行早期预警，还能对所有空中行动进行协调和控制。舰上的"掠夺者"和"海雌狐"也经常在英军阵地上空进行挂弹巡逻。11月25日，英国驻亚丁最后一任总督汉弗雷·特雷维廉爵士乘坐扫雷舰"阿普尔顿"号正式检阅了 TF318。阅舰之后，来自第848[30]和820[31]海航中队的24架"威塞克斯"HU5和HAS3，以及来自"鹰"号第800、899中队和849D小队的"掠夺者""海雌狐"和"塘鹅"从阅兵场上空依次飞过接受了检阅。

△1967年掩护英军部队从亚丁撤退的皇家海军第318特混舰队的一部分。图中左边是"鹰"号，中间是"阿尔比翁"号，右边是船坞登陆舰"勇猛"号。（作者私人收藏）

最后的撤退在11月26日拂晓开始，各路部队分别从克莱特城、汽船角和莫拉拉撤回基地，皇家空军的运输机将这些人接出了霍马克萨。皇家陆战队第45突击营是最后一支撤走的守军部队，皇家陆战队第42突击营从"阿尔比翁"号飞来掩护最后阶段的撤退行动。11月28日下午15:00，他们最后一次降下了米字旗，搭乘第848中队的直升机飞回了不远处的"阿尔比翁"号。TF318一直驻留在亚丁外海直到当天午夜、亚丁独立正式生效为止。包括"鹰"号在内的一部分舰艇在此之后就各自返航了，但也有一些舰艇还要到别处去为英国权益继续奔波。"堡垒"号连同舰载的第845中队（"威塞克斯"HU5直升机）和陆战队第40突击营被调往波斯湾接替"阿尔比翁"号与"竞技神"号，直到1967年12月再次返回亚丁外海为止。执勤一段时间后，英国政府认为，亚丁不再需要掩护部队，在亚丁执勤的军舰转回常规任务。1968年1月，与亚丁撤退直接相关的所有行动正式结束。

英属洪都拉斯，1972

　　1972年1月，种种情报使得英国政府相信，危地马拉军队即将入侵英属洪都拉斯，危险已经迫在眉睫。洪都拉斯位于中美洲，面积很小[32]，总人口90000人，东临加勒比海，西面就是危地马拉，从17世纪开始这里就是英国的自治领。英属洪都拉斯首府是伯利兹，独立后这也成了整个国家的名称，这里驻扎着一支小规模的英国守军。小规模的增援部队可以用皇家空军的运输机空运过去，但它们无法运输车辆、弹药、燃油等大宗物资，这些还得依靠海运[33]。借助已经十分成熟的空中加油能力，战斗机可以直接飞往伯利兹机场，但建立支持战斗机作战所需的各项基础设施，甚至只是对长途飞行的战斗机进行检修，都要花费几个星期的时间。没有地勤维护和后勤支援，皇家空军打击司令部送去的只不过是一些坐等被危地马拉军队缴获的"人质"而已，这对伦敦方面的决心显然是个考验。危地马拉的领导人或许认为英国刚刚经历了一连串裁军，现在既没有意愿也没有能力去保卫这些远在天边的地盘，他们既不是第一个这么认为的侵略者，也不是最后一个。但事实并非如此，一小批轻装英军部队很快被空运到伯利兹，一艘驱逐舰和两艘护卫舰也被从大西洋派到这一区域，但若真要镇住危地马拉使用武力的欲望，英军还要采取更强大的决定性措施才行。

决定性措施来自"皇家方舟"号。当时她正位于大西洋中部，原计划从英国本土开往美国弗吉尼亚州的诺福克，准备与美国海军进行联合演习。1月26日，她受命开赴墨西哥湾，派出飞机为英属洪都拉斯的英军地面部队提供目视范围内的空中支援。于是，这艘巨舰闯进了狂风巨浪之中，飞行甲板和外部设施还在恶劣天气下遭受了一些损伤，但到1月28日，她还是做好了派出远航程的"掠夺者"攻击机飞往伯利兹上空进行武力展示的准备[34]。此次飞行的时间和燃料消耗必须准确计算，而且飞机在飞行中还会十分接近敏感的美国东南方防空区（这一防区主要针对东方阵营的古巴）和古巴本岛。1972年1月28日中午时分，"皇家方舟"号转向迎风航向，第809中队的4架"掠夺者"S2从甲板上腾空而起，其中2架飞机执行远程任务，另2架则担任加油机，它们将在机群飞出1100千米时对任务机进行空中加油。远程任务双机的长机由第809中队的队长卡尔·戴维斯少校驾驶，史蒂夫·帕克上尉任观察员；二号机由柯林·沃尔金肖少校驾驶，麦克·卢卡斯上尉任观察员。他们将从巴哈马群岛和美国佛罗里达州最南端上空飞过，之后小心翼翼地避开古巴领空，沿尤卡坦半岛南下飞临伯利兹，并在那里降至低空。它们将在那里低空飞行10分钟，让英属洪都拉斯的人都能看到自己，然后爬升，原路返回。在距离母舰740千米的大巴哈马岛上空，返航的任务双机再次严格按照预定时间与另两架"掠夺者"加油机会合，每架飞机都会再次接收1.8吨燃油，足够保证其安全返航。到安全降落之时，这两架飞机已经在空中飞了6个小时，航程4685千米！英国情报人员随后发回消息，危地马拉注意到了英国的打击能力，入侵的危险或许不复存在。危地马拉空军只有3个中队，装备的全部是二战时代的活塞式飞机，分别是P-51D战斗机、B-26轻型轰炸机和C-47"达科他"运输机[35]。无论是危地马拉空军还是他们的总司令部都不知道英国的航母在哪里，也不知道怎样才能让自己的机场和地面部队免遭英军舰载机的空袭。完成任务之后，远程任务双机的每一个人都从"皇家方舟"号舰长J. O. 罗伯茨上校手里接过了自己起飞时的照片。就在他们飞行时，这些照片被冲印出来，裱好，装上了相框。

第十五章 战斗力、贝拉巡逻、亚丁和伯利兹 473

△ 1972年，"皇家方舟"号第809中队的一架"掠夺者"S2飞过英属洪都拉斯首府伯利兹城上空，照片由这架飞机的僚机拍摄。在危局之中，英国舰载攻击机的到来已经足以保卫这片殖民地，这一方面让当地居民知道英国不会抛弃他们，另一方面也让危地马拉政府意识到自己不是英军航母强有力的舰载机大队的对手时，入侵的威胁也就烟消云散了。（作者私人收藏）

　　随着与目的地距离的不断接近，"皇家方舟"已经准备好继续放飞飞机了，但英国政府决定，不必再次出击了。第809中队的第一次亮相就已经足够了。不过航母还是在美国海军基维斯特训练区海域①停留了几天以防形势再次恶化。2月2日，"皇家方舟"号恢复原定任务，开始访问纽约。"皇家方舟"号此行展示了海上力量的最经典用途：在正确的地点、正确的时间展示正确的武力，并持续到足够吓阻侵略为止。她所做的正是1957年国防评估中政治家们认为最适合航母去做的事情。然而后来的政客们似乎忘记了这些。1972年1月，"鹰"号被除籍、拆毁，"竞技神"号被改造为功能有限的直升机母舰，"皇家方舟"成了英国海军硕果仅存的攻击型航空母舰。不过，随着能够搭载垂直／短距起降战斗机的"全通甲板巡洋舰"项目的推进，英国海军至少看到了一丝复兴的希望，虽然其规模已再不能与全盛时代相比。

---

① 位于佛罗里达州南端的基维斯特岛周边。

注释

1. Statement on the Defence Estimates 1966, Part1, The Defence Review, Command 2901(London: HMSO, 1966), p 10, paragraph 4.
2. *HMS VICTORIOUS 1966–1967*, Commission Book published privately and printed by Gale & Polden, Portsmouth, 1967, p 34.
3. 本书作者记得此事。
4. 当时笔者被分配到这艘舰上以获得舰桥值班和海上导航资质，在此之后才能开始飞行训练。
5. Neil McCart, *HMS HERMES 1923 & 1959* (Cheltenham: Fan Publications, 2001), p 114.
6. Baker, *Dry Ginger*, p 220.
7. 但这还是让人感到很怪异。当时舰上已经有两位将军了：远东舰队司令 W. D. 奥勃莱恩中将和远东舰队副司令 A. T. F. G. 格里芬少将。第803中队降落几个小时后，航母部队总监 M. H. 菲尔少将也登上了这艘舰。
8. Sturtivant and Ballance, *The Squadrons of the Fleet Air Arm*, p 322.
9. 英国版"鬼怪"喷出的尾流居然把"萨拉托加"号上的尾流偏流板给融化了！这充分体现了"皇家方舟"号在改装时加装液冷式尾流偏流板的重要性。后来，皇家海军的"鬼怪"就关闭加力，改用正常推力起飞了。
10. 1964年北罗德西亚获准独立之后，南罗德西亚也就改称为罗德西亚了。
11. Roberts, *Safeguarding the Nation*, pp 70 et seq.
12. Green and Punnet, *Macdonald World Air Power Guide*, p 19.
13. 卡里巴大坝距离海岸线大约920千米，这或许不算远吧。按照皇家空军的说法，他们的岸基战斗机能很容易地在这个半径上掩护大西洋上的特混舰队。
14. Neil McCart, *HMS EAGLE 1942–1978* (Cheltenham: Fan Publications, 1996), p 100.
15. Roberts, *Safeguarding the Nation*, p 72.
16. 贝拉巡逻起初只是个临时措施，但却一直实施到1975年6月。不过1966年之后就再也没有航母来执行这一任务了。这一巡逻后来成了英军远东基地那些驱逐舰、护卫舰、皇家军辅船的例行工作。
17. *HMS ARK ROYAL 1964–1966*, Commission Book published privately and printed by Latimer Trend & Co, Plymouth, 1966, pp 108 and 109.
18. 同上，第5页。
19. "鹰"号的B锅炉舱在1965年10月发生过火灾，此时的机械状况仍然不太好。
20. Hobbs, *British Aircraft Carriers*, p 286.
21. McCart, *HMS EAGLE*, p 104.
22. 信息来自与皇家海军少校马丁·罗瑟拉姆的交流，他曾在第849C小队服役，数年后又与笔者在849B小队共事。
23. Sturtivant, Burrow and Howard, *Fleet Air Arm Fixed–Wing Aircraft since 1946*, p 328.
24. Michael Apps, *The Four Ark Royals* (London: William Kimber, 1976), pp 220 and 221.
25. Tony Buttler, *The de Havilland Sea Vixen* (Tonbridge: Air Britain (Historians), 2007), p 190.
26. Neil McCart, *Three Ark Royals 1938–1999* (Cheltenham: Fan Publications, 1999), p 122.
27. McCart, *HMS HERMES 1923 & 1959*, p 101.
28. Roberts, *Safeguarding the Nation*, pp 79 et seq.
29. 当然还有个小问题——两个军种的授勋标准不同。皇家空军第78中队的飞行人员都因参加"罗马总督"行动而获颁1962年度服务奖章，而第848中队的皇家海军与陆战队人员，以及第318特混舰队的舰员们却一无所获。
30. 来自"阿尔比翁"号。
31. 来自"鹰"号的舰载机大队。
32. Rowland White, *Phoenix Squadron* (London: Bantam Press, an imprint of Transworld Publishers, 2009).
33. 当然，皇家空军"岛屿战略"的提案中没有一个岛屿能够得着英属洪都拉斯。
34. *Flight Deck* No 2 (1972), p 30.
35. Green and Punnett, *Macdonald World Air Power Guide*, p 12.

第十六章
小型航母与垂直降落

自从英国政府决定仅保留一艘攻击型航母在役并逐步裁撤其余航母之后,英国海军的注意力就再次转移到了多种不同的巡洋舰方案上。经历了20世纪60年代的一连串官场恶战之后,哪怕是对海军航空兵的价值最深信不疑的海军将领也已不敢奢望政府会批准再设计和建造一艘真正的航母了。于是,一型装有大型飞行甲板,并有潜力改造为轻型航母的巡洋舰方案就成了最佳的选项,其基础设计也随之变得迫在眉睫。公平地说,我们必须承认是瓦里尔·贝格将军在将第一海务大臣大印交给李·法努将军之前批准了参谋部提交的这样一型舰艇的设计草案。更令人惊异的是,国防大臣丹尼斯·希利虽然一直在航母换代的问题上与皇家海军的高级将领们毫无共同语言,但这次却成了巡洋舰项目的坚定支持者。这一项目的总体轮廓最初是在他1967年6月28日写给财政大臣吉姆·卡拉汉[1]的国防部文件[OPD(67)46号文件,附件C]中提出来的,在文件中他强烈要求建造一级新型舰艇,即用于替代虎级巡洋舰的指挥巡洋舰。他还指出,在1966年国防评估中关于裁撤航母舰队的部分有过这样一句话:"我们正在规划一种新型军舰以取代它们。"[2]这句话并没有展开详述,也没什么着重说明,但毕竟提供了一些回旋空间。或许还有一种可能性,希利意识到他的国防评估给海军带来了严重伤害,等到航母退役之后,皇家海军就连二流海军都算不上了[3]。或许他还认识到国防评估大幅削减皇家海军军舰订单的做法将会对造船工业带来毁灭性打击,毕竟商船订单正在被外国船厂一点点蚕食。

无敌级的发展

无论是出于何种原因,希利现在急于推动海军的方案,他还说计划中的指挥巡洋舰具有"一些至关重要的能力,尤以指挥和飞机控制设施为重,如果以相对轻武装的护卫舰为主导的新形态舰队将在20世纪70年代成为现实的话"。他还解释说,这种新型舰艇还可以搭载大型反潜直升机,这将会"愈加重要",尤其是在对付核潜艇的时候。他在描述新舰的"三种能力"时再次使用了"至关重要"一词,"无论我们将海军力量用于欧洲以外还是北约战区内"。希利强调,这种"与小型巡洋舰吨位相当的新级别军舰"将会"是提供这些能力的最具性价比的方案"[4]。为了弥补指挥巡洋舰的建造开支,希利"准备限制82型大型驱逐舰的建造数量,这一级驱逐舰单舰造价2000万英镑,其设计指标沿袭了早先计划中的新型巡洋舰,原型舰已经下达了订单"。他解释说,这将在9年时间里节约"超过2亿英镑"的新舰建造费用,1966年和当前的造价变化对此并无影响。此外他再未做其他详细介绍。信件末尾,他希望卡拉汉能够支持他关于重新装备海军的提议,"包括这些巡洋舰,当然我们两个部门会继续探讨这些计划以使其逐步细化,在我们进行任何主要投资之前,舰艇设计方案的细节将会依照常用的方式逐步明确"。这份信件的称呼是"亲爱的吉姆",落款是"你忠实的丹尼斯"。值得留意的是,CVA-01和82型驱逐舰的造价虽然在当时看来过于昂贵,但事后来看却都是完全合理的,因为这一代舰艇的技术先进性是前代所不能比拟的。我们已经知道,舰艇造价的差异主要来源于系统复杂性,而非吨位,但设计圈子以外的大部分人都还意识不到这一点。

△英吉利海峡中的第五代"皇家方舟"号,此时她即将首次开进朴次茅斯军港,照片摄于1985年7月1日。此时她还没有交付给皇家海军,因此仍然悬挂着红底色的民用船旗。图中,一架第899中队的"海鹞"FRS1停放在滑跃甲板上,后方还停着一架老式"剑鱼"双翼机。(作者私人收藏)

就在希利写这封信的同一个月,设在小城巴斯旁福克斯黑尔镇的国防部舰船处启动了一系列探索性研究。希利对这一系列研究稍作修改,对其进行了"大量投入",其设计过程得到了专业团队的管控,包括4名建造师、4名助理建造师和3名海军工程师[5],福克斯黑尔舰船处的100名参谋人员也参与其中。这些参谋中超过90人在这一系列设计工作中投入了超过4年光阴,与他们并肩作战的还有来自维克斯船厂和巴罗因弗内斯厂工程处的负责细节设计的360名工作人员。在研究无敌级设计的起源时,笔者翻遍了福克斯黑尔舰船处 NA/W1 目录下的所有档案,结果找到了52份参考了各种舰艇而提出的初始设计方案[6]。这其中既有与虎级相似,排水量8300吨,在舰艉安装仅有一个起飞点的飞行甲板以及能容纳4架直升机的机库,没有火炮和导弹,造价2000万英镑的低端方案,也有排水量18750吨,在飞行甲板下方设置机库并容纳9架"海王"直升机或 P1127"茶隼",装备"海标枪"导弹和鱼雷发射管,造价3600万英镑的高端方案。最终得到认可并投入研发的是一个排水量19500吨的方案,其狭窄的跑道和不算大的全通式飞行甲板刚好够让垂直/短距起降战斗机起飞,超大型的舰岛坐落在舰体中轴线右侧,但距离右舷甲板边缘却又远得没有必要,而这只是为了在舰岛右边存放小艇。令人意外的是,和其他更早期的巡洋舰方案中将舰艏上部如航母一般完全布置成一整块全宽度飞行甲板的做法不同,这一方案居然有一个开放式的艏楼,其后部布置了一座"海标枪"导弹发射架,这虽然可以保障导弹的射界,却也占用了在舰岛前方布置停机区的最佳位置。好在这些早期设计得到了建造师劳伦斯和奥斯汀的修订和更正,之后才成为被采纳的定稿方案。

新舰的设计从一开始就考虑到了搭载海军型 P1127 的可能性,此时这一型飞机已经被皇家空军命名为"鹞"式[7]并投入研发,一同被纳入考虑的还有专门的雷达预警直升机。虽然在新舰的早期设计草案中 P1127 的发展型机仍被称为"茶隼",但最终装备皇家海军的型号还是被命名为"海鹞"[8],本书此后也会如此称呼这一机型。在1968年4月对造船总监和自己参谋人员的一次讲解中,管制官霍雷斯·劳将军阐述了自己对这一新型军舰的观点,他的观点后来将和第一海务大臣的理解一道被落实到新舰上。他希望这型军舰具有航母式的飞行甲板和大型机库,能够搭载5架 P1127,9架反潜型"海王"直升机和3架雷达预警型"海王",如果有一部分飞机和直升机无法停进机库也是可以接受的。各不同机型的具体数量可以1:1互换,但大家已经明白,如果多搭载战斗机的话,就需要多得多的基础设施支持,包括加工车间、控制设施、母舰控制降落系统,舰上装载的弹药的数量和种类也会不同。这些装备战斗机的弹药预计将包括"战槌"空对面导弹、"响尾蛇"空对空导弹、51毫米无制导火箭弹、普通的454千克炸弹、"天兔"照明弹和30毫米"阿登"炮弹。一般认为无敌级设计方案是能够搭载有战斗力的最低数量战斗机的最小型方案,而此时此刻,她是能够为舰队提供多层次对空防御能力、对舰艇和地面目标打击能力以及侦察能力的宝贵力量。海军航空作战总监早就提出过,只有战斗机才能击落那些躲在舰载防空导弹射程之外的敌方侦察机和挂载导弹的攻击机,这一点已经被广为接受。后来同样广为人知的是,若要在舰队上空保持防空巡逻,那么少量几架舰载战斗机远比来自远方基地,需要靠空中加油才能往返巡逻阵位的大队岸基战斗机有效得多,也经济得多。但要命的是,由于预计机库空间和容纳能力不足,在详细设计阶段的参谋部需求中居然删除了雷达预警直升机,这在1966年可是最重要的机型。皇家海军未来即将遭受的苦难将会证明这一决定是何等的错误。

  这一型军舰从一开始就应当十分复杂,而且需要巨大的内部容积,但由于政治原因,其吨位却不能超过20000吨。结果便是这艘尺寸与1942年型轻型航母相近的新舰,舰体结构却格外轻[9]。"无敌"号的内部容积为90000立方米,作为对照,虎级巡洋舰内部容积40000立方米,"半人马座"号内部容积92000立方米。为了减轻重量,该舰设计时引入了有限元素分析①,并且严格要求使用轻量型的装备,例如剪刀式升降机[10],从而省去了旧式设计中配重的重量。即便如此,建造这艘舰所需要的钢材重量据计算也要10000吨,但是舰体的建造仅占"无敌"号总建造工时的15%,从这些数字可以清楚地看出,在装备相同的情况下,加大舰体和内部容积并不需要增加太多钢材,增加的工时也不多,但却能显著提升其搭载飞机的能力。关于主机的选择,英国海军在源于CVA-01

---

① 一种结构设计方法。

的先进蒸汽机组、柴电混合机组和燃气轮机之间争论了许久才有定论，奥林巴斯燃气轮机凭借占用人力少，以及与其他新型驱逐舰、护卫舰通用性强而雀屏中选。燃气轮机必要时能在海上更换组件的能力十分有吸引力，但它的反面就是对进气和排烟的需求是典型蒸汽机组的5倍。不要小看这个缺点，为了给舱底的四台燃气轮机布置排烟管道和独立烟囱，舰上的机库被挤得只剩下中间一溜条，这大大制约了机库内可容纳飞机的数量，使其远逊色于"竞技神"号或"半人马座"号。

机库高度要达到6.1米，以为预计中将要在1985年之后替代"海王"的具体情况尚不确定的未来型直升机留足空间，这一需求连同一系列相关设计，使得无敌级的干舷高度比皇家海军的任何其他舰船都要高。这一设计的舷宽—吃水比例格外高，加之排水量不大，这种新型舰体带来了不少问题，不得不用造型特殊的大号船锚来抵消舰体受风吹时的摇摆。舰上装有四台罗尔斯-罗伊斯"奥林巴斯"TM3B燃气轮机，通过两根主轴持续输出最大94000轴马力的动力。每根主轴的动力为47000轴马力，这比英国此前任何一艘战舰都要高。作为对比，1955年时"皇家方舟"号的单轴功率为38000轴马力，"胜利"号36000轴马力，战列舰"前卫"号32000轴马力，战列巡洋舰"胡德"号36000轴马力，巡洋舰"贝尔法斯特"号20000轴马力，1952年时驱逐舰"大胆"号为27000轴马力。这些舰艇的舰体都更重、更坚固，除了"大胆"号之外其他的都是装甲舰体。目睹了如此强大的单轴动力，以及巨大的舰体容积和少见的轻量结构，我们就很容易理解为什么无敌级前两艘舰会深受振动问题困扰，而三号舰为什么又要给主轴增加500吨的重量来解决这个问题——前两艘舰后来也照此进行了改装。初期，这几艘舰被称为"全通甲板巡洋舰"，这听起来相当讽刺[11]，但对这样一级饱经磨难的军舰来说，这样的称谓倒也无可厚非。毕竟她们最初的正式名称是"指挥直升机巡洋舰"（CAH）。

海军参谋部需求7097号

为了加快具体施工图的绘制，新型"巡洋舰"在20世纪70年代初冻结设计。这本是常规流程，但不幸的是，这一时间点恰好赶上计划中舰载机的研发工作

△航空总司令部(海军)用来考虑飞行甲板布局的最初版"指挥巡洋舰"模型。注意此时她还没有滑跃甲板。

突飞猛进,这样,新级别军舰首舰方一完工就需要进行多项改造。改造的依据是海军参谋部需求7097号,即国防部参考文件22400/1号,文件的签发时间是1979年3月,也就是首舰完工前大约1年[12]。根据最初计划,3艘新舰全部要由维克斯造船与工程公司的巴罗因弗内斯船厂建造,正如我们所见,维克斯的造船团队在航母设计图纸的制作中出力甚多。然而由于政治原因,1974年重获政权的工党政府却要求将第二艘和第三艘舰转交给蒂恩的斯旺·亨特船厂建造[13]。这就导致了建造工期的延迟,建造阶段的成本也增加了5000万英镑[14]。首舰改造依据的海军参谋部需求文件是那个时代的典型,其开篇看起来更像是国防评估而非参谋部需求。这段文字提出,新舰的任务应当是这样的:

- 指挥特混舰队并控制陆基飞机作战
- 在北约水面编队中担任反潜战指挥[15]
- 搭载大型反潜直升机进行区域反潜防御
- 装备区域防空导弹
- 进行对海对陆侦察

・使用垂直/短距起降飞机，快速响应对有限范围内防空、侦察和攻击的需求

这段开篇之所以值得一读，是因为其中提出的需求及其排列顺序导致了对无敌级及其作战能力的制约。舰上搭载的特混舰队指挥官"只有在得到明确指示的情况下"才能动用武力反击威胁，这意味着国防部希望在与苏联集团的对峙中对军队的手脚严加管束。这份海军参谋部需求进一步"假定双方互不开火的对峙将持续最多三个月，在这期间各种海上擦枪走火事件将会在所难免"。如果局势进一步升级，"双方交战将会持续一个月，最后一周将会出现大范围的激战"。这份需求文件过分聚焦于全面战争一步步升级的过程，没有考虑从干预"丛林冲突"到大规模战争的广泛需求，这就导致了对武器库存量需求的严重低估。看起来这也显示出国防部的计划制定人员认为从1957年开始英国频繁介入低烈度冲突的时代已经结束了，未来可以预见的唯一战争形式只有苏联集团与北约之间的交锋。因此，新舰需要携载的机载武器只有40枚AIM-9"响尾蛇"空空导弹，18枚空对面导弹，18枚454千克常规炸弹，以及24枚"天兔"照明弹。作为对比，舰内容积相似的"竞技神"号可以携带750枚227千克常规炸弹和多得多的导弹。无敌级还可以装12枚英制WE-177核弹，这种核武器既能由"海鹞"挂载用作空袭武器，也能装备舰上同时搭载的"海王"或"黄蜂"直升机用作核深水炸弹。舰上还可以装54枚反潜鱼雷，但常规的Mk11型深水炸弹却只有24枚[16]。不过幸运的是，航空弹药库所在的舱室足够大，只消一层甲板就可以全部容纳。至少常规炸弹、深水炸弹和成箱的火箭弹、炮弹的装载量可以比设计方案多得多，只要把它们像酒窖里堆放啤酒桶那样堆放在木头架子上就行了。在和平时期，这一级新舰的主要任务是"在整个北约作战区域内参加演习和训练，以及在访问全球其他地点的舰队中担任旗舰"。单舰的预期寿命在20～25年之间，计划每隔4年进行一轮改装[17]。在和平条件下，预计该级舰将会有50%的时间出海执勤，这一比例比过去10年间的那些舰队航母要低多了。虽然无敌级的吨位受到了政治原因的限制，但全舰尺寸却没有任何制约，连穿越巴拿马运河这种需要限制舰宽的需求都没有。

1979年，笔者进入国防部海军分部中总体负责海军航空的部门供职，负责检查无敌级的航空设施，亲眼见证了这级军舰逐渐满足设计需求，并承担试验和测试"海鹞"与"海王"的主要工作这个激动人心的过程。关于无敌级的建造一直有个传闻，说搭载"海鹞"是开工后才提出的新要求，这在建造过程中制造了不少难题。但事实并非如此。搭载垂直/短距起降战斗机的能力从一开始就是无敌级的基本需求之一，"全通甲板"的设计正是为此而生。皇家海军在无敌级设计之初有两个可选方案，一是给新舰装备垂直/短距起降战斗机所需的全部设施，二是做好安装这些设施的准备但暂不安装。为此，1971年，海军作战需求总监与航空作战总监询问造船总监二者之间的成本相差多少[18]。舰船处随即确认，在每艘舰4420万英镑的估算造价中，有150万英镑被用于固定翼飞机所需设施，另有75万英镑用于所需的外设。于是，1972年，关于在皇家空军"鹞"GR1飞机基础上开发"海上垂直/短距起降飞机"的6451号海军参谋部需求正式发布。新机型的开发工作旋即被指定给霍克-西德利公司，首批飞机的制造合同也在1975年签发，这个时间虽然比计划要晚，但还是比无敌级首舰的竣工时间早了5年[19]。第6451号需求的第五章[20]特别指出，指挥巡洋舰的设计方案还可以使用1972年远期开支计划的预算进行进一步调整。令人意外的是，调整设计的过程中遭遇的最大难题竟然是搭载"海王"直升机的最新型号，HAS5型。要知道，稍早型号的"海王"早已装备了"鹰""皇家方舟""竞技神""阿尔比翁"号航母和"布莱克""虎"号巡洋舰。这一新型"海王"是在无敌级设计冻结之后才研发的。早期的"海王"HAS1和HAS2型相对简单，其声呐与雷达和"威塞克斯"HAS3型相同，但机体却更大、更重，这些机型由美国西科斯基公司设计，韦斯特兰公司根据许可证在英国制造。一次代号为"石膏"的试验揭示了被动声呐在跟踪核潜艇时价值重大，于是能够搭载、投放和监控声呐浮标，同时也能使用吊放声呐的"海王"HAS5便应运而生。这意味着无敌级除了要按原计划携带吊放声呐之外，还要为新的一次性使用的声呐浮标提供存储空间，而且要能在作战状态下方便地把这些新装备送到直升机上。后来设计人员发现，无敌级首舰可以集中存放1200枚声呐浮标，并在机库里再存放300枚待用浮标。建造进度较慢的二号舰与三号舰则可以集中存放2000枚。

"海王"HAS5直升机带来的另一项变化是舰上要新安装直升机音响分析设备(HAAU),其作用有二:首先是对返航直升机的信息进行解码,分析飞行途中存储在"海王"直升机"黑匣子"里的被动声呐数据;其次是在出海执勤途中对声呐操作员进行持续训练。不幸的是航空总指挥部(海军)里负责此事的部门将HAAU的布放位置指定在了原定用作辅助训练室的舱室里,此时已是1979年,"无敌"号原定的竣工日期已过,只是由于延误而没有实际完成。辅助训练室,顾名思义,其作用就是对195型主动声呐的操作员进行持续训练,并无作战职能。巴思船厂的项目经理拒绝了这一变更,由于这一舱室原本就是用作训练的,加之HAAU也具有训练功能,他误以为这只是个可有可无的训练设备。但实际上这套设备的作战价值相当重大,"海王"HAS5也正是凭此设备才当仁不让地坐上了反潜战装备的头把交椅。颇费了一番周折和成本之后,"无敌"号最终装上了一台过渡性的HAAU,后续舰则装备了更完善的型号。

滑跃甲板

与最初的全通甲板设计相比,无敌级施工过程中最显著的变化就是安装了滑跃甲板。和之前的蒸汽弹射器、斜角甲板和助降镜一样,滑跃甲板也是现役海军军官的创意,这次立功的是D. R. 泰勒少校,他曾在南安普顿大学攻读航空工程专业,并获得了科研硕士学位(MPhil)。无敌级最初的设定是,战斗机可以在进行137米的短距离滑跑后起飞,同时起飞跑道将向舰体中心线左侧偏移1°,以保证飞机在起飞滑跑时避开"海标枪"导弹发射架的护栏。实际上,真正的"海鹞"战斗机在滑跑到起飞跑道前端时速度会达到90节[21],再加上20节的甲板风速,此时飞机的相对迎风速度为110节,这仍然未达到机翼失速速度,因此,飞行员需要在飞机到达舰艏时将发动机喷口向下偏转50°,并稍稍抬起机头以使机翼获得有利的攻角。此时飞机的大部分重量都将由发动机向下方的推力来承载,但仍有一部分向后的推力能让飞机继续加速。一旦这个速度超过失速速度,飞行员就可以将喷口完全转向后方,飞机便可以像普通飞机那样飞行了。这项起飞技术从1977年起便在"竞技神"号上由专业试飞员驾驶改进型"鹞"式与"海鹞"原型机进行了验证。发动机的动力不足以让飞机在满载燃油和弹药的状态下垂直起飞,但借助平甲板上的短距滑跑，飞机的起飞重量可以比垂直起飞提高30%。P1127、"茶隼"、"鹞"、"海鹞"这一系列飞机十分适宜从航母甲板上短距起飞，它们需要在降落时悬停，所以都安装了专门的飞行状态控制系统，可以在机翼不产生升力且水平尾翼、方向舵的控制力都极弱的情况下控制飞机姿态。当飞机使用机翼提供的升力飞行时，常规的升降舵、副翼和方向舵就能正常发挥作用了。当发动机尾喷口向下旋转超过10°时，这些控制面仍然可以发挥作用，但一组通过专用管路从发动机引出高压气体的"喷嘴"控制系统将被激活，这样即使飞机速度降到零，飞行员仍然可以如常控制飞机姿态。然而这就带来一个问题，当控制喷嘴推力比较大时，它就需要更多的气流，从而降低发动机为悬停提供的升力，如果发动机最大推力比飞机重量高不太多，那么飞机就会因为上升推力不足而下坠。为了解决这个问题，"海鹞"加装了一个装有纯净水的小水罐，飞机在着舰悬停时可以向发动机燃烧室内喷水，在几秒钟的时间里提升发动机推力，从而允许飞机有一个合理的降落重量。但即便如此，飞机在垂直降落前还是需要排放燃油以减轻重量，只能保留几分钟的余油。如此，一旦由于某种原因取消降落，飞机和飞行员就会处于险境。而在平甲板上起飞时，飞机将在离舰后的15秒时间里处于高度与速度双低的危险状态，若是在夜间或者恶劣天气下，就更加危险了。任何一点故障都会令飞机坠海，而飞行员弹射跳伞的时间窗口则极短。另一个缺陷在于，从"无敌"号及其姊妹舰的小甲板上滑跑起飞时，"海鹞"很难满载燃料和弹药。

泰勒在他提交的第一份文件[22]中介绍了更有效放飞垂直/短距起降飞机的若干种方法，包括使用弹射器和类似弩炮的装置，但最精彩的方案则是在飞行甲板前端加装倾斜跳板，也就是所谓的"滑跃甲板"[23]，它可以使飞机在偏转喷口、离开飞行甲板时获得一个向上的飞行方向，这样其最低离舰速度就可以比平甲板起飞时更低。这一效应既可以用来缩短起飞滑跑距离，也可以用来增加飞机的起飞重量。据测算，在飞机重量相同的情况下，20°滑跃甲板可以使飞机的最低离舰速度降低30节。在执行起飞重量比较重的攻击任务时，这意味着飞机的离舰速度可以降低30%，而滑跑距离与速度的平方成正比，这就能让飞机的起飞滑跑距离降低50%。在执行起飞重量较轻的空战任务时，离舰速度甚至可以降

△起重机将一块12°滑跃甲板吊装到第五代"皇家方舟"号舰体的适当位置。照片摄于蒂恩市斯旺·亨特公司沃尔森德船厂。(作者私人收藏)

低40%，这样，飞机只要有平甲板上1/3的滑跑距离就能起飞了。另一方面，如果飞机采用与在平甲板上相同的较长距离滑跑，那么其离舰速度的变化并不会太大，因为"爬坡"损失的速度不过是4节而已。这样，飞机离舰时的飞行速度就能够超过最低失速速度达30节，速度每超过1节可以增加30千克的起飞重量，那么这30节的速度就可以使飞机比在平甲板起飞时多携带约900千克的有效载荷。有趣的是，美国海军陆战队的两栖攻击舰还是选择了平甲板以获得更大的直升机运转空间。他们的AV-8"鹞"式飞机可以享有比英国无敌级长1倍的滑跑距离，但还是不得不接受高度与速度"双低"的离舰状态。

贝德福德的皇家航空研究所搭建了一个用费尔雷桥梁钢构做出来的滑跃甲板，"鹞"与"海鹞"飞机随即在这里进行了试验。理论上看，滑跃角越大飞机起飞性能的提升越大，但实际上飞机的离舰速度和最大起飞重量之间也存在正相关关系。总体而言，要获得理想的最大起飞重量，滑跃角就要尽可能大，飞机的载重系数与离舰速度平方除以上仰弧线半径的商成正比。但角度也会受制于飞机起落架所能承受的上仰弧线半径。这些就决定了滑跃甲板的上扬角度。实践证明，"海鹞"战斗机适宜的上仰弧线半径在183～244米之间。这样，根据设定的上扬角度，结合欧几里得几何原理就可以计算出滑跃甲板的长度和高度。无敌级滑跃甲板的角度后来被大幅提高到了12°，这个角度不能再大了。滑跃甲板的优势很快便在研究所的试验台上显现了出来，这一结果随即被呈交给了舰船处以评估是否应当把它应用在"无敌"号上，虽然其设计已经"冻结"。其结果是"保守乐观"。他们对这一设施带来的好处与在建造途中调整方案，重新绘制工程图所需的成本进行了评估。站在笔者当时所在的航空总指挥部（海军）舰艇与基地科的视角来看，12°滑跃甲板的优势是显而易见的，但在7097号海军参谋部需求文件所列的6条需求中，搭载"海鹞"的需求只是敬陪末座，造船总监还担心滑跃甲板会大大制约旁边的"海标枪"导弹发射架的射界。最后，他们在"海鹞"战斗机和防空导弹之间做了权衡，同意在舰上加装一座7°上扬角度的滑跃甲板。然而，负责"竞技神"号改造的巴思船厂设计处（笔者也与他们共事过）却并不愿意受"海标枪"导弹的制约，他们坚持将提升飞机战斗力作为自己的第一要务。于是，当"竞技神"号在1980年回到朴次茅斯改造时，他们给这艘航母装上了更大型的12°滑跃甲板。此举被证明极其有效，无敌级的三号舰"皇家方舟"号也照此进行了改动。而无敌级的前两艘舰也在后来的改装中把滑跃甲板的上扬角改成了12°。当时人们认为，关于改进滑跃甲板的研究还会持续下去，为此，英国人花费了不少成本，为耶维尔顿海军航空站的模拟飞行甲板设计了一块可以任意改变上扬角的滑跃甲板。但后来，英国海军发现"竞技神"号的滑跃甲板已经是最完美的了，于是30年后伊丽莎白女王级航母上的滑跃甲板也采用了相似的设计。

完成舰

当"无敌"号完成栖装之时，笔者正是负责检查该舰港口测试和海试准备工作的军官小组成员[24]。事情很快清楚了，我们是第一批站在实际操作人员而非那些为设计目的争论不休的理论计划人员的立场来观察这艘新舰的人。双方思维方式的差异是巨大的，当我们想要得到一艘具有强大战斗力的军舰时，那些人却更多地顾虑要顺从白厅里的那些政客，因而只能下达一些改善飞机运转的改进要求。这种视角上的差异在许多方面都是不证自明的，舰上人员的编制就是其体现之一。无敌级确实是皇家海军第一艘试图将人员数量压缩到最低的军舰。1979年发布的第7097号海军参谋部需求第三版规定，这一级舰的人员编制为926人，其中军官114人，高阶士官239人，低阶士兵573人，这其中考虑了该舰作为旗舰需要搭载一个舰队指挥班子的需要，以及一支由5架"海鹞"FRS1和9架"海王"HAS5组成的舰载机大队的人员。二号舰和三号舰虽然人员配置方案相同，但人数增加到了965人，其中军官120人，士官248人，士兵597人。舰上的居住条件将是皇家海军到那时为止最优越的，所有的军官和一部分士官有自己的单人宿舍，其他人居住的舱室里也都有封闭式铺位和休闲活动区。然而到了1997年，舰上的人员编制却增加到了1250人，包括军官201人，士官307人，士兵742人,此时舰上的航空大队也扩大到了6架"海鹞"F/A2,9架"海王"HAS6和3架"海王"AEW2。舰上的铺位也增加到了1249个，没有固定铺位的只有一个低阶士兵而已。起初的人员编制方案由于政治原因而被定得比较低，然而一旦军舰建成，成为不可更改的既定事实，那么人员数量就会提升到一个比较实际的水平。不过无敌级的编制人数从理论值到实际值的增幅高达26%，这也是个前无古人的数字了。令人惊异的是，舰上的指挥团队人手不足，要达到理想状态尚需扩编。好在，最初设计时的高住宿标准为人员的扩充提供了很大便利，

△一张摆拍的照片，但却同样清楚地显示出到20世纪90年代时无敌级已经是货真价实的轻型航母了。图中右边的飞机是"海鹞"FRS1，左边的是"海王"AEW2。第五代"皇家方舟"号的甲板上还停放着其他"海鹞"和"海王"。（图片得到英国皇家授权）

首舰刚刚来到朴次茅斯,新增的铺位便被塞了进去[25]。大部分基层军官的独立住舱里都被塞进了第二个床铺,而为了容纳"海王"雷达预警直升机中队人员所做的改动更为夸张,人们发现如果这些"海王"直升机头朝后停在机库后部,那么直升机上方的空间就能够增加一个隔层,在其中可以安排一个四人或六人的军官住舱。机库前部也加装了一个类似的隔层以容纳飞机的大型零部件——这些部件也找不到其他地方可以放了。当无敌级被用作两栖攻击舰时,这个零部件存放隔间还能在需要时拿来容纳皇家陆战队的突击队员。这些改动也被应用到了剩下两艘舰上。

由于无敌级最初是基于过时的巡洋舰建造标准来设计的,加之设计团队起初应要求将新舰视为"能够搭载飞机的巡洋舰"而非"装备防空导弹并具备指挥能力的航空母舰"[26],舰上的航空设施布置饱受其害。但是当首舰在巴罗因弗内斯船厂内接近完工时,皇家海军的信心显然开始恢复了。首舰最终完成舰体涂装时,这种信心便展示了出来:人们看到舰体上永久舷号的首字母用的是"R"而非巡洋舰的"C",其重要性等级自然不可同日而语[27]。在20世纪70年代艺术家们的想象图中,这些新型军舰的舷号都是CAH、C01之类代表巡洋舰的编号,但随着军舰接近完工和"海鹞"的上天,皇家海军信心十足地为"无敌"号赋予了在北约中代表航空母舰的舷号,继承自"鹰"号的 R 05。对于这一变化,皇家海军并没有做任何特殊说明,但是"指挥巡洋舰"这个名词却渐渐淡去。最后,皇家海军终于能够光明正大地宣称自己拥有一艘虽然很小但却如假包换的新航母了。避讳?不存在的!

人们发现这艘舰上的航空设施设计有诸多不合理之处,需要在军舰开始执勤之前予以解决。人们起初希望"海鹞"战斗机可以使用与护卫舰上相同的原为直升机设计的下滑角指示器,当这一设想被证明不可行后,"无敌"号与"竞技神"号又装上了一套目视助降系统的原型机[28]。但这一设备还是不能满足需要,飞行员们在驾机飞临甲板降落点上空悬停时需要十分准确的下滑角数据,在夜间和恶劣天气下尤是如此,这是一项很高的要求。为此,笔者组织了岸上试验和"竞技神"号的舰上试验,验证了使用前一代固定翼飞机航母上的投影式助降镜来解决问题的可行性,并推动了其改进型号的制造,这一设备后来被称为投影式甲板接近观察镜（DAPS）。这是解决这一问题的理想方案，它首先装备"光辉"号，很快又装备了"竞技神"号和"无敌"号，"皇家方舟"号则在建造时就装上了它。笔者还参加了1981年在圣迭戈外海的美国海军"塔拉瓦"号两栖攻击舰上为美国海军陆战队 AV-8A "鹞"式飞机进行的同类装备试验。另一个问题出在降落导航系统上。在低能见度情况下使用的母舰控制降落系统也是必需之物。虽然当时流行的"塔康"系统已经装备了世界上的大部分航母，"竞技神"号也保留了这一装备，但海军航空作战总监还是十分抵触它，因为它可能会把母舰的位置暴露给敌方侦察机。舰载导航雷达可以用，但是它在恶劣环境下不够精确。于是皇家海军采购了 MEL 航空工业公司开发的被称为微波数字导航仪（MADGE）的设备。母舰的位置信息仅向后方90°扇区内发送，有效距离只有16千米，也就是说其作用范围仅限于"视距之内"，全无被敌人截获之虞。这一设备起初应用范围并不大，但很快便推广开来。此外，"海鹞"战斗机在不良环境下也可以用自己的雷达锁定航母的位置以进行降落。

△ 20世纪80年代初，笔者参加了皇家海军和美国海军联合进行的"海鹞"/AV-8A 试验，并在两军的信息共享项目中担任交换军官。这张照片摄于美国海军"塔拉瓦"号两栖攻击舰（LHA）。

此外还有一些需要尽快纠正的小毛病。飞行控制室的操作台布局不合理就是其中之一，首舰交付时的操作台布局会使负责飞控室的少校军官坐在自己座位上时完全看不到飞行甲板。笔者为此不得不和巴思船厂的对应部门一起迅速拿出新的设计方案并做好安排，等首舰一抵达朴次茅斯就尽快实施这些改造，后续舰也要照此办理。"竞技神"号拥有早先那些攻击型航母上典型的大型飞行控制室，因此在进行搭载"海鹞"战斗机的改装后也从来没有遇到过这些问题。原设计的两个任务简报室古色古香，装着用粉笔写字的黑板，通信设施很少，也没有供机组人员使用的拟写飞行计划用的设施，但却各装了20个舒适的沃尔沃"卡车司机"座椅。这显然不是什么明智之举，因为战斗机中队只有8名飞行员，直升机部队则有50名空勤人员。这些舒服的大椅子后来只能被拆掉，换上简单的条凳。最糟糕的设计在于飞行甲板，我们很难理解，英国海军早在1953年就设计出了用于20000吨级航母的"适于进行垂直起降飞机改造"的、好得多且宽得多的飞行甲板草案，无敌级的飞行甲板为什么还是会设计成这个样子？宽甲板的好处在1973年无敌号开工之前20年就已经显现得很清楚了[29]，当母舰未能迎风航行时，宽甲板会为从任何角度进入甲板上空准备垂直降落的战斗机和直升机提供很大的便利，但这一知识看起来似乎是失传了。那个真的是"从一张白纸"开始设计"指挥巡洋舰"的人创造了一块十分狭窄的飞行甲板，这在舰体中部更加雪上加霜，因为舰岛不仅长得罕见，距离右舷甲板外缘还特别远。这两个问题加在一起，就使得从非正后方进入甲板上空的垂直降落极其危险，这也令军舰的战术灵活性大为下降，而如果能够采用与1953年方案相似的设计，情况就会好得多。这一窄甲板设计迫使无敌级与其前辈航母一样，每次起飞和回收飞机都需要转向迎风方向。两台布置在中心线上的升降机令飞行甲板的问题更加恶化，它们都占用了垂直/短距起降飞机的滑行道，前升降机的问题比后部的更严重。如果前部升降机位于低位，而服役初期并不可靠的剪刀式升降装置偏偏又发生了故障，那么"海鹞"就休想使用滑跃甲板了。

虽然有这样那样的问题，但最重要的是，皇家海军终于拥有了全部三艘无敌级。她们比早先的护航巡洋舰、突击队巡洋舰更大，因此能够吸收各种变化，并且承担起轻型舰队航母的职责，从而对得起她们在北约中 CVS（支援航母）的编号。到1981年，虽然"海鹞"还不算完全形成战斗力，有些计划中的机载武器还无法使用，但新的航母和她们的舰载机中队已经成为一支有效的作战力量了。

诺特国防评估

1979年，以玛格丽特·撒切尔夫人为首的保守党政府赢得大选，他们随即进行了一系列调研以削减政府开支，"平衡赤字"。1981年，新一轮国防评估完成，英国政府决定将军事力量进一步收缩到德国的北约中央防区中。不太熟悉这方面情况的国防大臣约翰·诺特接受了应当降低舰队需求、陆基飞机足以满足需要、海军将主要由核潜艇和一些新型护卫舰组成的观点。因此，1981年2月，英国宣布将把"无敌"号以1.75亿英镑的"甩卖价"出售给皇家澳大利亚海军，这个价格比军舰的实际造价还要低[30]。皇家澳大利亚海军此时也正打算寻找一艘小型航母来取代老旧的"墨尔本"号，他们此前已经拒绝了无敌级的设计方案，认为她太贵太复杂，他们想要的是一艘美国海军硫磺岛级两栖攻击舰的改进型。但英国人给出的如此低价是澳大利亚海军抵抗不了的。澳大利亚海军一直都在使用"海王"直升机，这不会有问题，他们也已经派了两名飞行员在皇家海军中驾驶"海鹞"战斗机，这也是一个可选项。笔者在1981年时参加了澳大利亚高级专员公署的一次会议，会上讨论了在移交军舰时将第801中队（装备"海鹞"FRS1）一同租借给澳大利亚海军的可行性，但没有得出确定结论。加入澳大利亚海军后，"无敌"号将更名为"澳大利亚"号，同时还将进行一些改造，包括拆除"海标枪"导弹。当然，这一计划并没有真正执行，其原因我们将在下一章中揭晓。

新一代飞机

1981年，"竞技神"号航母加装了滑跃甲板，加工车间也做了改造以令其能够搭载"海鹞"。此时，新一代的皇家海军舰载机已经全面统治了"竞技神"号和3艘无敌级轻型航母的飞行甲板。

韦斯特兰"海王"

韦斯特兰"威塞克斯"HAS3反潜直升机虽然被寄予厚望，但事实证明它的作战价值并不高,因为它的留空时间太短了。于是,甚至在首支"威塞克斯"HAS3直升机中队尚未服役的1966年6月，英军便与韦斯特兰公司签订协议，制造英国版的西科斯基"海王"直升机。此时CVA-01项目刚刚被取消，这显示出未来舰队工作组确信舰队需要搭载大型反潜直升机。"海王"是美国方面根据1957年的需求而开发的，它将会成为史上最成功的飞行器之一，美国海军赋予其编号SH-3。"海王"在1959年首飞，英国韦斯特兰公司随后立即购买了它的生产许可证。然而面对如此低风险的成熟方案，英国海军部却并没有去尝试加以利用，这就显示出他们认为要登上当时那些英国小甲板航母，直升机的尺寸、重量不能太大，这是十分重要的[31]。就在"威塞克斯"HAS3证明无法把成堆的电子设备、武器和燃油塞进自己"寸土寸金"的机体之内后不久，英军决定采购"海王"。在开发"威塞克斯"直升机的同时，韦斯特兰也从西科斯基公司买来了"海王"直升机的机体以加快开发速度，到1966年10月他们已经造出了4架。首飞的XV370号"海王"就是一架标准的SH-3D，随后制造的直升机则大胆地安装了与"威塞克斯"HU5相似的罗尔斯-罗伊斯"土神"H1400涡轮轴发动机。一同被装上"海王"的英制设备还有普莱西公司制造的195型吊放声呐，艾可公司的AW391搜索雷达和路易斯·纽马克公司的MK31型自动自主飞控系统[32]。最后这型自主飞控系统是由"威塞克斯"HAS3的同类系统发展而来的简化版，更加可靠。1969年5月，"海王"直升机的集中试飞单位第700S中队在库德罗斯海军航空站成立，第一支作战中队，第824中队从1970年2月开始驾驶该型直升机随"皇家方舟"号出海。"海王"直升机进一步开发的步伐并没有停下，皇家海军利用韦斯特兰的研究成果将这些直升机升级成为HAS2型，其中既有新造的，也有用原有的48架HAS1改造的。改造工作由戈斯波特的弗里兰海军航空工厂和库德罗斯海军航空站的海军飞机支援单位负责实施，包括换装加强型通信传输系统、六叶尾桨，增加载油量，还有一些其他的细节改进。1976年，新机型首次交付第826中队，1978年全军完成换装。HAS1型和HAS2型机都可以挂载最多4枚自导鱼雷或深水炸弹，货舱门和驾驶舱门处可以安装机枪。

△第四代"皇家方舟"号上第824中队的一架"海王"HAS1正在为母舰提供反潜屏护，此时它正将主动声呐吊放至水中。（作者私人收藏）

皇家海军装备的"海王"子型号数量很多，证明了其基本设计相当优异，而这型直升机的应用范围还将进一步扩大。当1978年第一架"海王"HAR3直升机交付皇家空军用于执行搜救任务时，英国政客们关于海空军"通用飞机"的梦想在它身上成为现实。韦斯特兰公司自主开发了一种他们称为"突击队员型"的"海王"，并向埃及销售了21架，这一型号也吸引了皇家海军的注意，海军想要用这种直升机先补充"威塞克斯"HU5数量的不足，之后再取而代之。皇家海军最后采购了66架，并将其命名为"海王"HC4。和反潜型不同，这些突击运输型"海王"装有固定起落架[33]，并做了局部机体结构加强以吊运重物，例如"陆虎"越野车和野战炮等。1979年，第846中队首次使用"海王"替代原来的"威塞克斯"。同一时期，反潜型直升机使用的航空电子设备也取得了长足进步，除了传统的吊放式主动声呐外，被动声呐也加入了航空反潜装备的行列，这些被动声呐被制成声呐浮标，由直升机布放，组成浮标阵列。为了将这些新技术投入应用，"海王"HAS5型机的研发工作在1979年1月启动[34]，由HAS2型机改造而来的首架原型机在1980年8月14日首飞。和前一次换装一样，这次HAS5的换装也包括了新造飞机和旧有飞机改造两个方面，承接相关工作的还是前一次的那两个单位。当年8月，首批2架生产型HAS5型机交付皇家海军，装备第820中队，此时，这个中队刚刚开始驾驶这一型直升机在刚完成服役测试的"无敌"号上进行适应性训练。但如前所述，HAS5型机比前代机型复杂得多，其上舰服役还需要假以时日才能趋于完善。从外观上看，"海王"HAS5和HAS2的最主要差异是在背部加装了一个半球形雷达罩以容纳MEL对海搜索雷达，但在内部，HAS5还安装了马可尼公司的轻量型声学分析和显示系统（LAPADS），用以显示"杰茨贝尔"声呐浮标体系传回的信息。这些声呐浮标存放在机舱后部，需手动投进海里。皇家海军的另一件新装备是磁异探测器（MAD），这套系统在美国海军的固定翼反潜机上已经使用了多年，主要通过捕捉水下大型金属物体导致的地球磁场变化来发现目标。为了免受直升机自身的干扰，磁异探测器被装在一个被称为"MAD鸟"的吊舱里，由一根长绳索拖曳在直升机后方。不用时这个吊舱将被收回右舷起落架舱旁的一个鼓型舱里。只有一部分"海王"HAS5装备了磁异探测器，但所有该型机都具备随时加装这一设备的能力。这一设备的作用距离非常短，在良好环境下作用半径只有91米，因此载机只能在超低空飞行。这显然不是什么可以用来做区域搜索的工具，但却可以准确定位浅深度潜艇的位置并引导武器投放。HAS5型机的标准反潜武器和HAS2一样，都是Mk46鱼雷，后来换成了"黄貂鱼"鱼雷。20世纪80年代，新的复合材料旋翼桨叶替代了原有的金属桨叶，使用寿命增加了四倍。HAS5型机的声学分析和显示系统、声呐浮标都布置在机舱后部，这令直升机的重心后移到了接近极限，这一问题在悬停时尤其严重，导致严重的应力集中和裂纹问题，需要频繁维修。最后一型反潜型"海王"是HAS6型，这一型号对机体结构和传动系统进行了加强以解决前述问题，同时进一步完善了声呐系统。新制造的HAS6型机只有4架，还有25架HAS5按照HAS6的标准进行了升级。首架HAS6于1988年交付驻在普雷斯特威克海军航空站的第824中队。

"海王"直升机最终装备了皇家海军第706、707、737、771、772、810、819、820、824、825、826、845、846、848、854、857航空中队和第849A、849B航空小队,虽然从1980年开始英国海军就一直计划替换这一机型,但直到2015年它仍在一部分部队中服役。"海王"直升机的雷达预警型号将在下一章中与南大西洋战争一并论述。

霍克 - 西德利 / 英国航宇 /BAE 系统公司"海鹞"

皇家海军对垂直起降战斗机的兴趣可以追溯到1945年,当时海军部发布需求,想要一型能够从甲板上发射起飞的垂直起降战斗机以截击日军神风自杀机。当时设想这种飞机可以靠火箭和涡轮喷气发动机混合动力从发射轨上发射升空,虽然费尔雷公司根据这一需求设计了"三角箭"I战斗机并在乌梅拉武器试验场进行了测试,但它还是无果而终。前文提过,1953年英国就设计过垂直起降飞机航母的草案,同时布莱克本公司在对NA39飞机设计需求进行早期检视时就提出过开发旋转喷口以在飞机着舰时让发动机推力支撑一部分机体重量,从而降低着舰速度。海军部起初对1965年在皇家空军西雷纳姆基地进行的霍克-西德利"茶隼"FGA1战斗机三方评估测试不感兴趣,但是1966年6月,一架P1127原型机在"堡垒"号上进行了为期2天的测试,结果显示垂直/短距起降飞机的起降完全可以和直升机的运作流程融为一体。"堡垒"号舰长、员佐勋章和杰出服务勋章得主、D. B. 劳上校随即提出,未来的突击队母舰的航空大队应当"由'威塞克斯'5和霍克P1127垂直/短距起降飞机混编而成"[35],他还提出,"根据指挥'堡垒'号15个月的经验,个人确信这一类军舰的能力还没有完全发挥出来,舰上还能搭载固定翼飞机而不会妨碍她输送登陆并支援一个突击营作战的能力"。试验结束后,他在写给普利茅斯港区总司令的报告[36]中热情满满地写道:"由于这次试验的结果令人振奋,关于为突击队母舰混编垂直/短距起降飞机和旋翼机的方案应当及早予以考虑"。他考虑的要点是为上岸作战的皇家陆战队突击营提供近距空中支援,但是显然,这些飞机能做的并不止于此。虽然这些飞机的性能还远逊于同期攻击型航母上的舰载机,但它们执行不需要太大航程的近距空中支援任务还是没问题的。但是最终,劳上校的热情没有收获任何成果,

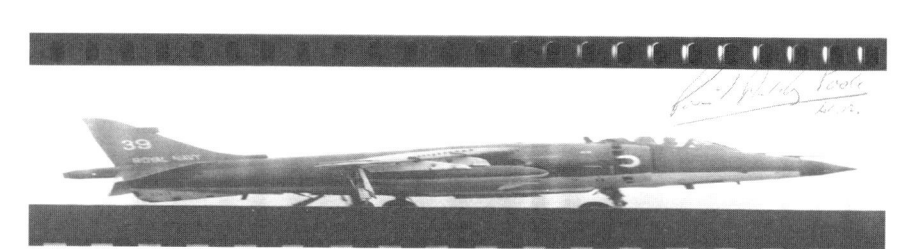

△ 在部队交付试飞时，博斯康比镇航空航天研究所的科研人员使用了特制的摄影机，通过计算飞机在镜头前出现的时间来测算飞机在滑跃甲板尽头处的速度，其结果便是这张看起来很特别的照片。这张图是皇家海军的大卫·波勒少校交给我的，他是执飞早期"无敌"号滑跃甲板起飞试验的试飞员。（作者私人收藏）

因为时机不对。此时距离CVA-01项目被取消刚刚过去几天，政客们都将劳的想法当作海军想要"走偏门"保留航母的套路，而皇家海军的高级将领们还沉浸在失去航母的悲痛中，无力与国防部、政府再战一回合。

但这个思路并没有被完全废弃，如前所述，未来舰队工作组还是注意到了垂直/短距起降战斗机上舰的可能性，并把它们列入了指挥/突击队巡洋舰的初始设计要求中。当英国内阁批准开发更复杂的"茶隼"FGA1以替代"猎人"FGA9作为近距支援飞机时，机会来了。"茶隼"后来发展成为"鹞"式，在短距起飞时载弹量为2.27吨，机腹吊舱里装有30毫米航炮，依托原先为TSR2开发的先进航空电子系统，"鹞"式拥有新锐的导航系统，包括一台移动地图式显示器。1971年，美国海军陆战队也采购了一型"鹞"，并将其命名为AV-8A。由于大部分研发试飞都已经在P1127和"茶隼"原型机时代完成了，"鹞"式的开发相对顺利。1969年，皇家空军第一支"鹞"式中队成军，研制工作大功告成。然而，相对于较为单一的用途，"鹞"式的价格算得上很贵了，因此英军最初的订单只有77架。为了给花在"鹞"式上的本钱来个对冲，皇家空军同时又订购了200架"美洲虎"攻击机，这是一型英法两国联合研制的飞机[37]，它组成了皇家空军战术攻击机部队的核心。与"鹞"式相比，"美洲虎"不仅单机价格更低，性能也好得多。"鹞"GR1的最大起飞重量为11.8吨，采取高—低—高作战模式①并挂载2.27

---

① 即高空接敌，低空攻击，高空返航。

△一架"海鹞"FRS1从第五代"皇家方舟"号的12°滑跃甲板上起飞。注意飞机的后下方可以看到发动机喷出的热浪，这表明飞机的喷口已经向下偏转以提供升力。此时这架飞机已经进入上抛航线，速度持续增加，直到加速至机翼升力足以支撑飞机飞行时即可转入常规飞行。（作者私人收藏）

吨弹药时作战半径只有370千米。而"美洲虎"GR1的最大起飞重量为15.7吨[38]，同样采取高—低—高模式时能够挂载4.54吨弹药，作战半径远达1390千米。"鹞"当然有自己的"一招鲜"，但是其用户为这"一招鲜"付出的代价可不低。无论如何，垂直/短距起降飞机已经成为现实，霍克-西德利公司现在一门心思想要开发它的海军型号。正是在这样的背景下，无敌级设计了全通式飞行甲板，机库空间也足以容纳"鹞"的海军型。1966年，海军航空作战总监就垂直/短距起降战斗机事宜向未来舰队工作组提交了几份文件，展望了新机型上舰的若干可能性。在驱逐舰和护卫舰上搭载垂直起降飞机是不可取的，因为这需要重复配备大量航空设施和人员[39]，代价太高。弹射起飞"海鹞"的方案颇具吸引力，之前P1154项目中也提过这种想法，文件中讨论了多种不需要蒸汽的"活塞槽"式弹射器方案[40]。但最终这些计划全都没有落实。

自从P1154项目取消之后，航空技术日新月异，现在的单座战斗攻击机已经能够在机头安装与武器系统相连的轻型雷达,能够将雷达信息与主要飞行数据投射在飞行员的抬头显示器上,专门的雷达操作员已经不再必要。1972年1月,海军参谋部需求6451号发布,提出要制造一型飞机,具有"多任务快速响应能力,以执行那些其他任何舰载武器系统都无法胜任的任务"[41]。这些任务包括:对水面和地面目标进行区域侦察和重点目标跟踪;阻挠和打击敌方侦察机和数据中继飞机;主动攻击敌方水面舰艇和反舰导弹载机。值得关注的是,文件第五章特别提到"因为在短距起飞时飞机的武器载荷将显著高于垂直起飞,<u>所以常规巡洋舰方案出局</u>"[42]。这种多任务能力就体现在"海鹞"战斗机 FRS1 的编号上:"F"代表战斗机,"R"代表侦察,"S"则是核攻击。机上的罗尔斯-罗伊斯"飞马座"104型矢量推力涡轮风扇发动机在注水时最多可以输出9.75吨的推力,飞机的最大起飞重量则是11.88吨。飞机最大载弹量2.27吨,两侧机翼下共有4个外挂点,机腹下还有1个。采取高—低—高模式时作战半径要达到555千米。要求能够挂载的武器包括 WE-177 型272千克核弹、"海鹰"空对面导弹、AIM-9L"响尾蛇"空空导弹、454千克常规炸弹、51毫米火箭巢、"天兔"照明弹,以及装在2个机腹吊舱里的30毫米"阿登"航炮,各备弹100发。机身右侧座舱前部位置装有一台 F-95 斜置照相机,这为飞机提供了十分重要的侦察能力。1972年,海军型垂直/短距起降战斗机的全面研制正式开始,这比1973年开工的"无敌"号还要早,这样新一级航母显然就是为了搭载垂直起降战斗机而生的了。1975年5月,英国海军与已经更名的英国航宇公司签订了制造3架"海鹞"原型机和31架生产型机的合同。XZ450号原型机在1979年6月首飞,同月,集中试飞单位第700A中队在耶维尔顿海军航空站成立,成立之初他们只有1架"海鹞",即 XZ451 号。为了协助飞机研发,皇家海军给2架"猎人"T8的机头处加装了"海鹞"的费伦第"蓝狐"雷达,改造完成后,这两架飞机被更名为 T8M,后来皇家海军一直用这两架飞机为飞行员提供雷达截击技术训练。海军还订购了3架训练型"鹞"式,它们被命名为"鹞"式 T4N,机上没有雷达但其他方面与普通"海鹞"完全相同。这些飞机装备了第899中队,也就是"海鹞"总部和训练部队,驻扎在耶维尔顿航空站,这支中队还拥有前面说的那两架"猎人"T8M 和一部分普通"海鹞"。装备"海鹞"FRS1 的一线部队有3支,分别为第800、801和809海军航空中队。

△第801中队的两架"海鹞"F/A2同时垂直拉起。注意这一型飞机更大的机头雷达罩,这是和早期FRS1型机的显著区别。(图片获得英国皇家授权)

"海鹞"原计划装备的空对面导弹是"攻城槌",包括电视制导和反雷达两种型号,这一型导弹也曾装备"掠夺者"攻击机。但是到"海鹞"FRS1服役时,这一型导弹已被BAE系统公司的"海鹰"导弹取代,它也是无敌级航母的标准装备。FRS1装备"响尾蛇"红外制导空空导弹,因此不具备超视距或在不良天候下截击的能力。不过"海鹞"的中期升级型号F/A2型机解决了这一问题,这一型号用费伦第公司的"蓝雌狐"脉冲多普勒雷达取代了早期的雷达,飞机也经过改造,得以使用AIM-120先进中距空空导弹,也就是AMRAAM。给这种需要在降落时悬停的飞机加装装备绝非易事,最明显的例子就是当机头加装雷达扫描天线时,机上的"黑匣子"只得挪动到飞机的重心后方,机翼后方的机体还不得不加长0.45米来容纳它。飞机使用的其他武器没有变化,只是核能力被取消了,因为英国政府决定将"三叉戟"D5导弹作为唯一的核投送方式。飞机任务的变化也体现在中期升级机型具有美国海军风格的F/A编号上,这表示飞机具有空战和常规攻击能力。"海鹞"可以在两种任务之间灵活切换,这在许多年里都是遥遥领先于欧洲其他战斗机的。

新飞机的武器
WE177型272千克(600磅)核炸弹

WE177的基本型号是用来填补"蓝钢"核炸弹和"北极星"导弹之间的空白的,皇家空军的V系列轰炸机可以挂载这种核弹,在低空突破苏联防空体系后进行临空轰炸。它有A、B和C三个型号,其中后两个型号用于装备驻英国本土和德国的皇家空军战斗轰炸机,皇家海军型号则是1969年服役的WE177A型。这种核弹既可以用作空袭武器进行水平投弹或上仰甩投,也可以用作核深水炸弹,其爆炸当量可在500吨与1万吨两档上选择。炸弹可以在出击前由军械官设为低当量,但这种状态仅适用于在深度低于40米的浅水区作为核深弹,若要在深水区用作核深弹或者攻击军舰和地面目标,炸弹就要设为1万吨的全当量。这一型炸弹也可以在出击前设置为在不同高度空爆、触发或者安装延时引信。还有一种配套的教练弹,外表看起来和实弹完全一样,但是显然不会有裂变物质、炸药或其他危险物质。这些教练弹被用于在朴次茅斯威尔岛"卓越"号上的皇家海军航空武器学校进行地面训练,也被皇家海军的各个航空站装在飞机上升空,让飞行员们熟悉在各种设置状态下应该如何使用,当然它们从来不会真的被投下来。WE177A在用作核深弹时还可以装在"威塞克斯"HAS3、"黄蜂"、"海王"直升机甚至是"伊卡拉"反潜导弹上。[43] 用于对海对陆攻击时,它主要挂在"掠夺者"S2和"海鹞"FRS1上。

"攻城槌"导弹

20世纪70年代,"攻城槌"导弹主要装备"皇家方舟"号第809中队的"掠夺者"S2攻击机,它是皇家海军的标准空对面导弹,无敌级的一部分弹药库正是为存放它而设计的。这一型导弹由英国霍克-西德利公司和法国马特拉公司联合研制,有两个型号,分别用于反辐射和攻击水面舰艇,前者编号为AS37,后者则是AJ68。"攻城槌"(MARTEL)的名称来自导弹—反雷达—电视(Missile-Anti-Radar-Television)几个词的首字母。导弹重550千克,全长3.89米,由一台两级固体燃料火箭发动机推动。穿甲战斗部重150千克,命中目标片刻后可由一个内变量定时器引爆,从载机发射时射程为74千米。AJ168装有一台马可尼摄像机,可将电视图像信号传回载机的数据链吊舱,"掠夺者"的观察员通过一个小控制手柄和电视屏幕控制导弹,控制信号再次通过数据链吊舱传回导弹。导弹按照预定的中高度航线飞行,中空飞行使得操作员更易于发现目标并保持控制数据链正常运转,之后导弹便在操作员的控制下扑向目标。不难看出,这种导弹在20世纪80年代开始普及的新型反导弹系统面前是十分脆弱的。AS37用预设频率的"雷达信号制导"系统替换了电视制导系统,一旦发现需要压制的敌方雷达,导弹即可发射。如果敌方雷达关机,导弹就会失去目标,但是敌人的雷达也就无法使用了,因此这种导弹还是有价值的。AS37最大的缺陷在于其导引头只能跟踪狭窄波段上的雷达信号,而且只能在飞行甲板上提前设置好,因此攻击机在起飞前必须确定要去攻击的雷达是什么型号。此外,它的重量还是美国海军同类武器AGM-45"百舌鸟"反辐射导弹的三倍。

"海鹰"导弹

BAE系统公司的"海鹰"导弹系遵循空军参谋部1226号需求、海军参谋部6451号需求提出的性能指标,专为"海鹞"设计,这一型导弹从1985年开始替换皇家海军和空军的"攻城槌"。这是一种先进得多的"发射后不管"型掠海攻击导弹,弹头上装有一台马可尼/塞雷斯公司的主动雷达,用于捕获和跟踪目标。导弹由一台法国微型涡轮公司的TRI60涡轮喷气发动机推进,射程达130千米,飞行速度0.85马赫。一台C波段测高雷达使得导弹可以在超低空飞行,极大缩短了被敌人发现的距离,使其难以被对方击毁。J波段的目标搜索雷达可以发现29千米外的目标,需要时,导弹可以发起"跃升"机动以搜索目标。多枚齐射时,导弹也可以预先设置"狗腿"攻击航线。"海鹰"导弹装有十字布局的小型三角翼,以及面积更小、负责控制方向的尾翼。小型发动机进气口布置在弹体下方,导弹挂在载机上时,进气口前覆盖有一个整流罩,发射后即被气流吹落。小型战斗部装在一个合金壳体内,具备良好的穿甲能力,命中目标后剩余的涡轮喷气发动机燃料也会加强破坏效果。和每一枚在发射前都要进行检测的"攻城槌"导弹不同,"海鹰"可以装满燃料像一颗子弹那样长期存放,每两年检测一次即可。当然,这种导弹也有弱点,当目标区域里有多个目标时,飞行员将无法选定攻击目标,因为导弹的雷达引头会自动锁定第一个发现的目标,正是这一问题导致"海鹰"导弹在"海鹞"F/A2退役后也随之撤装。不过"海鹰"在出口方面还是有所斩获的,印度海军用这种导弹装备了他们的"海鹞""海王",甚至苏制图-142"熊"式海上巡逻机。

"响尾蛇"空空导弹

AIM-9L"响尾蛇"空空导弹是皇家海军"弯刀""掠夺者""鬼怪"机上使用的早期"响尾蛇"的后续发展型,"L"是当时最新的型号,"海鹞"FRS1形成战斗力时才刚刚装备部队。它是当时世界上最好的近距空空导弹,其热寻的红外制导系统可以全向捕获目标,具备迎头攻击能力。导弹最大射程20.4千米,使用一台固体燃料火箭发动机,速度可达2.5马赫。它的全重只有86.6千克,这意味着"海鹞"每一侧机翼下的外侧挂点都可以通过一个双联挂架挂载2枚导弹。"响尾蛇"也可以由"鹞"式GR1、3、5、7、9各型号挂载。

504 决不，决不，决不放弃：英国航母折腾史：1945年以后

△来自三支中队的"海鹞"FRS1合影。最近处的飞机来自第800中队，中间的来自第801中队，远处的来自第899中队。近处的两架飞机都挂着AIM-9"响尾蛇"导弹。（图片获得英国皇家授权）

△武器操作员将一枚AIM-120先进中距空空导弹挂装到一架"海鹞"F/A2的左翼挂架上。（图片获得英国皇家授权）

先进中距空空导弹

　　AIM-120先进中距空空导弹（AMRAAM）装备"海鹞"F/A2型机，它与机上的"蓝雌狐"脉冲多普勒雷达共同组成了该机武器系统的一部分。每架飞机最多可以挂载4枚，其中两侧外翼挂架各挂载1枚，机腹下2个30毫米航炮吊舱的位置也可以各挂1枚。在执行防空巡逻任务时，"海鹞"F/A2的典型武器挂载方案是不装机炮，挂载"响尾蛇"和AMRAAM导弹各2枚，这样就可以同时具备近距离攻击和超视距攻击能力。利用"蓝雌狐"雷达在"跟踪扫描并行"模式下提供的信息，全部四枚AMRAAM可以同时发射，攻击从海平面到高空的不同目标。导弹借助雷达提供的制导信息飞到目标附近位置，之后弹上的末段制导雷达就可以主动捕获目标并引导导弹命中。这一型导弹重158.8千克，它服役时，"海鹞"F/A2型机拥有了优于欧洲任何其他战斗机的防空能力。

△1983年后，"无敌"号飞行甲板上进行的"海鹞"FRS1外挂装备展示。包括454千克炸弹、"阿登"航炮、副油箱、"天兔"照明弹和训练炸弹。飞机本身挂有4枚装在双联装挂架上的"响尾蛇"导弹和航炮吊舱。注意飞行甲板右后方的"火神"密集阵近防炮，这是南大西洋战争后临时加装的。（作者私人收藏）

"阿登"航炮和其他武器

　　30毫米"阿登"航炮与装在"弯刀"上的同型炮完全相同，只不过是装在流线型、可拆卸的机腹吊舱里，这个吊舱里还装有100枚炮弹。这使得"海鹞"在空战中射完导弹后还有一种备用武器可用，它也很适合用来打击低速飞机、直升机、无装甲车辆和地面部队。51毫米火箭弹和"天兔"照明弹也和早先战斗机上使用的型号相同。攻击舰船和岸上目标的标准常规武器是454千克炸弹，其引信可以设为空爆、触发或延时爆炸。这种炸弹在军队中使用多年，依然可靠而有效。

注释

1. Ministry of Defence MO.9/1/7/1 dated 28 June 1967. 该文件属于巴斯镇福克斯黑尔造船总监处的 NA/W1 类目下，笔者1997年曾加以研读。朴次茅斯的海军历史处和笔者现藏有其副本。
2. Statement on the Defence Estimates 1966, Part 1, The Defence Review, Command 2901, HMSO, London, p 9, paragraph 2, lines 11 and 12.
3. 在与20世纪60年代多位海军航空作战总监交流时，好几个人都提到，希利当时觉得CVA-01本身还是不错的，但是航母打击舰队的其余航母，例如"竞技神"号，到了20世纪70年代就会显得太小，难当重任。他若真这么想就错了，"竞技神"号正是英国在1982年南大西洋战争中取得胜利的最重要因素。
4. 值得注意的是，希利从来没有针对CVA-01航母在众多方面的任务进行成本收益分析。他最近的国防评论仅仅考虑了航母在远东方向上远征作战的情况，却完全没有考虑到航母在北约作战体系中的价值。
5. 上述所有详细内容均来自福克斯黑尔造船部 NA/W1 类目下的文件，笔者也在1997年查阅了这些文件。朴次茅斯的海军历史处与本书作者均藏有这些文件的副本。
6. Hobbs, *British Aircraft Carriers*, Chapter 31, pp 304. 这一部分介绍了多种初始设计方案和早先突击队巡洋舰的概念设计。
7. Originally allocated to the ill-fated P 1154.
8. Originally allocated to the proposed RN version of the P 1154.
9. David K. Brown, *A Century of Naval Construction* (London: Conway Maritime Press, 1983).
10. 这一设计起初计划用于CVA-01的前部升降机。
11. 有些报刊的评论员将其称为"全通式巡洋舰"，因为她看起来太像一艘小型航母了。
12. 该文件属于巴斯镇福克斯黑尔造船总监处的 NA/W1 类目下，笔者1997年曾加以研读。朴次茅斯的海军历史处和笔者现藏有本文件副本。
13. 当时，这两家船厂实际上都是国有"英国造船"的一部分。
14. 我敢说，这个价格绝对不会比CVA-01便宜多少。
15. 这个说法实际上很不准确。从这一句话与参谋部需求文件的其他内容来看，这艘舰实际将要去指挥一支特混舰队或常备舰队。
16. 舰上搭载的9架"海王"直升机每次出击都能挂载4枚Mk11深弹。
17. "光辉"号，这一航母中最后退役的一艘，在皇家海军中服役了32年，创下了迄今为止英国航母服役时间的最高纪录。
18. Ship Department Remarks Sheet 1220/061/01/01 dated 15 December 1971 originated by M. J. Westlake. 该文件属于巴斯镇福克斯黑尔造船总监处的 NA/W1 类目下，笔者1997年曾加以研读。朴次茅斯的海军历史处和笔者现藏有其副本。
19. 根据1971年的计划，三艘无敌级的竣工时间分别是1977、1979和1981年，实际上前两艘舰竣工时间推迟了3年，第三艘推迟了4年。
20. D/DS4/81/6/9 dated 4 May 1972. 该文件属于巴斯镇福克斯黑尔造船总监处的 NA/W1 类目下，笔者1997年曾加以研读。朴次茅斯的海军历史处和笔者现藏有其副本。
21. 航母式风格的前部飞行甲板可以为舰载机提供更长的起飞滑跑距离，为此，人们难免觉得，之所以采用这种对锚机部门之外的任何人都没用的开放式艏楼，纯粹是为了让这艘舰看起来不那么像航空母舰，以防止一些不必要的麻烦。
22. D.R.Taylor, *The operation of Fixed-Wing V/STOL aircraft from confined spaces*, published by the University of Southampton, 1974.
23. 为什么叫"滑跃甲板"而不是"跳板"？因为皇家海军已经将飞行甲板后部的倾斜结构称为"跳板"了。
24. 笔者也参加了"光辉"号的同类工作，后来又加入"皇家方舟"号团队，参加了其建造工作。
25. 有些床铺还是从"虎"号和"布莱克"号上拆下来的。

26. 此为作者本人观点。
27. 当时笔者出席了"无敌"号的交付仪式。海军舰船接收处司令官对"无敌"号的首任舰长 M. H. 里夫塞上校说道："嗯，上校，这是你的船，你看怎么样？"后者犹豫地答复说这是艘巡洋舰。"不，她不是！"接收处司令官斩钉截铁地回答："她是艘'R'字头的，是航空母舰！"
28. 这一系统被称为水平进场航线指示器或者近接指示器。
29. Hobbs, *British Aircraft Carriers*, p 260.
30. 后海军部时代军舰的真实造价很难计算，因为舰体、动力机组、作战系统和武器都会被分包给不同的厂家。还有一部分来自国防部仓库的外部设备仍然被视为"海军部物资"。
31. 讽刺的是，英国第一艘专为搭载"海王"直升机而设计的母舰，无敌级，却比这些"小甲板航母"更小。
32. Patrick Allen, *Sea King* (Shrewsbury: Airlife Publications, Shrewsbury, 1993), p 3.
33. "海王"反潜型装有可收放式起落架，这样声呐吊放索在放下时就不会被机轮缠住。不过对不装备声呐的型号来说，收放式起落架就可有可无了。
34. Williams, *Fly Navy*, p 147.
35. HMS *BULWARK* 01/15 dated 29 March 1966. 朴次茅斯海军历史处和本书作者藏有该文件副本。
36. HMS *BULWARK* 4/25/11 dated 28 June 1966. 朴次茅斯海军历史处和本书作者藏有该文件副本。
37. "美洲虎"攻击机原计划研发舰载型以装备法国海军，研发陆基型以装备英国皇家空军和法国空军。前者后来由于单发舰性能不佳而被取消。实际上这个缺陷可以通过换装出口型发动机来解决，这一型发动机是用来装备出口阿曼的"美洲虎"的。
38. Stewart Wilson, *Combat Aircraft Since 1945* (Shrewsbury: Airlife Publications, 2000), pp 23 and 124.
39. *Fixed-Wing VTOL Aircraft and their Application in Small Ships*, CAGH/865 dated 4 April 1966. 朴次茅斯海军历史处和本书作者藏有该文件副本。
40. DGA(N) SB/VTO/66 *Take-Off Methods for P1127 Aircraft from Ships* dated 2 August 1966. 朴次茅斯海军历史处和本书作者藏有该文件副本。
41. NSR 6451 contained in ADDC3/1220/650/01. 朴次茅斯海军历史处和本书作者藏有该文件副本。
42. 此处下划线为本书作者添加。
43. 实际上即便是一架从护卫舰上起飞的小型无人机也能把一枚鱼雷或者核深弹投掷到敌方潜艇上方。投射武器后，这些无人机就会坠落海面不再回收。这种无人机的使用成本肯定更高，但在任何天气条件下都具有比反潜直升机更快的反应速度。

第十七章
南大西洋战争

到1982年开年时，皇家海军的航母打击舰队已经经历了几十年的打击，航空母舰换代计划被取消，不得不用更小、性能更弱的舰船和飞机来充门面，经营了百余年的远东也被放弃，就在几个月前，一份国防评估还试图将皇家海军砍为北约内的二流角色。然而，虽然饱受政客们的戕害，皇家海军仍然具有对任何紧急情况做出有效而迅速的反应的能力[1]。终于，危机真的来了，它出现在南大西洋的马尔维纳斯群岛和周围附属岛屿上，英国对这里的主权曾被丹尼斯·希利视为可有可无，后来那些政客的国防需求甚至没有提到过这里。

马尔维纳斯群岛

马尔维纳斯群岛位于南美洲最南端的合恩角东北740千米。1982年时这里的总人口为1800人，大部分居住在东福克兰岛上，首府斯坦利港是主要的人员聚居区，设有小型的机场和港口。西福克兰岛面积较小，人口更加分散，主要是牧场。1592年，英国人约翰·戴维斯第一次发现了这个群岛，有据可考的最早登岛的人是英国私掠船长约翰·斯特朗，登岛时间是英西战争期间的1690年[2]。1765年1月23日，皇家海军分舰队长官约翰·拜伦率领一支来自"海豚"号三桅快船的登陆队首次在岛上升起了米字旗，从1766年起，英国便开始在这里派驻一支小规模的守军和一艘警戒舰。1770年，一大股西班牙军队在与英军激战后占领了这个群岛，并将其纳入阿根廷的西班牙殖民当局管辖。不过1771年英国又夺回了这里，并再次在埃格蒙特堡建立了守备队。1774年，英国政府出于经济考虑撤离了这里的军队。但米字旗仍然在岛屿上空飘扬，堡垒的大门上还挂了一块牌匾，上书："列国周知，福克兰群岛，以及这座堡垒、仓库、码头、港口、港湾和小溪，以上所及之处均为最神圣的国王乔治三世陛下的独有财产。"此后多年，马尔维纳斯群岛都没有常住人口，只有捕猎海豹的美国渔民、法国和西班牙殖民地的水手会在岛上短期居住。19世纪初期，随着贸易的扩大，马

△ 1982年4月5日，"无敌"号随同南大西洋特混舰队一同驶出朴次茅斯军港。（作者私人收藏）

尔维纳斯群岛开始成为一个便利的加煤站和英国船舶的驻地，英国也占据了这里的永久特许专属权，"女王陛下拥有福克兰群岛及其附属岛屿"。1845年，群岛首府迁至斯坦利港，一小队来自皇家海军陆战队的守备队也来到了这里。但是在1879年，这支守备队又因经费问题被撤销了，看来伦敦方面很喜欢干这样的事。不过，1892年2月29日，英国正式宣布这个群岛成为自己的殖民地。1906年，英国政府又不顾阿根廷的反对，将南乔治亚岛和一部分其他小岛，以及南极大陆的一部分宣布为马尔维纳斯群岛的附属岛屿。1908年，阿根廷也根据自己18世纪以来短暂的移民历史宣布拥有马尔维纳斯群岛的主权。

20世纪，英阿两国围绕马尔维纳斯群岛发生了一些小冲突，但是历届阿根廷政府理所当然地认为强大的皇家海军不会对此袖手旁观，于是可能的入侵也就被吓阻了。1955年，前拖网渔船"保护者"号被改装为破冰巡逻船，她经常在南极洲的夏季被派到这一区域，从南大西洋基地的护卫舰手中接过保卫英国利益的任务。这艘船的后部装有飞行甲板和机库，可以容纳2架"旋风"直升机，舰体前部装有一座双联102毫米火炮，可以搭乘一支陆战队分队。东福克兰岛的穆迪·布鲁克还驻有另一支陆战队分队，番号为皇家海军第8901分队。1963年，阿根廷政府用本国的"马尔维纳斯节"的名称命名了这个群岛。1964年，他们把对这个群岛的主权争议提交给了联合国[3]。当年9月，一架阿根廷飞机降落在斯坦利港的跑道上，一个人从飞机里出来，在地上插了一面阿根廷国旗。随后，英国海军护卫舰"山猫"号奉命开赴马尔维纳斯群岛，她于10月14日抵达，并在那里一直停留到11月11日。1976年2月英阿两国断交后，阿根廷驱逐舰"阿尔米兰特·斯图尔尼"号向英国科考船"沙克尔顿"号开了一炮，局势进一步恶化。为应对危局，英军护卫舰"爱斯基摩人"号奉命从西印度群岛全速赶赴南大西洋，途中由皇家军辅船队的"涌潮"号进行海上加油。另一艘从香港返回英国本土并途经此地的护卫舰"奇切斯特"号为在海上加油的两舰提供警戒，随后也被派往南大西洋停留了一段时间。1976年3月，阿根廷总统伊莎贝尔·庇隆夫人被军人政变集团赶下台，但南大西洋局势仍然暂时保持稳定。4月，"爱斯基摩人"号返回西印度群岛基地[4]。

稳定的态势没能保持多久，1977年1月6日，接替"保护者"号执行任务的破冰巡逻船"持久"号在南图勒的独立岛上发现了一支阿根廷探险队。这艘巡逻船搭载有2架"黄蜂"直升机，直升机有武装，但巡逻船本身却是民船设计，没有装备火炮。和通体灰色的"保护者"号不同，"持久"号船体被涂成红色，上层建筑涂成白色。船上搭载有海军第8901分队的部分兵力。当英国外交部与阿根廷就此进行交涉时，他们就在一旁监控着形势的发展。9月，阿根廷军舰开始驱赶马尔维纳斯群岛周边水域的渔船，宣称他们是在阿根廷领海非法捕捞。还有一次，一艘保加利亚渔船在遭到阿根廷军舰射击时出现了人员伤亡[5]。11月，阿根廷海军宣布要在马尔维纳斯群岛周边海域举行演习，英国联合情报委员会（JIC）向政府提出，该群岛面临的威胁已经迫在眉睫。英国政府迅速做出了反应。在与第一海务大臣特兰斯·莱文上将协商后，政府授权海军启动"熟练工"行动。海军总司令亨利·里奇上将向南大西洋派遣了一支小规模的特混舰队，包括攻击型核潜艇"无畏"号与护卫舰"活泼"号、"月神"号，由皇家军辅船队的货船

"奥尔文"号与"复兴"号提供后勤支援。这支小舰队的行动秘而不宣,"无畏"号核潜艇在马尔维纳斯群岛近旁占据了阵位,水面舰艇则在目的地东北方1850千米处占据了阵位,她们既可以为核潜艇提供通信中继,也可以在必要时采取行动。这正是海上力量的典型运用方式:军舰可以在海平面之外长期巡弋,一旦有需要就可以迅速做出决定性反应,如果没需要,也可以悄悄撤离而不会引发尴尬。1977年12月19日,危机局势趋于平缓,这支小型特混舰队就像他们出发时那样悄悄地撤离。经受了如此频繁的考验之后,人们或许会认为英国的政客们会吸取教训,但事实并非如此。1981年的国防评估决定撤回南大西洋的破冰巡逻船"持久"号,并不再安排其他船只替代,以此节约成本。这可是英国在这一区域的最后一点存在感!阿根廷军政府立刻抓住了这一点,将此视为英国不再关注马尔维纳斯群岛的示弱信号,他们由此迈出了走向战争的第一步。在此前的许多年,英国与阿根廷之间一直在进行副部长级的会谈,而关于马尔维纳斯群岛主权问题的争议则愈加尖锐,无法化解。同时马尔维纳斯群岛上的居民都是英国公民,从政治上说,英国不可能不顾及他们的诉求。尽管如此,1981年年末时,白厅里的人普遍相信英国政府正在考虑在计划于1982年6月举行的会议上与阿根廷讨论以一种类似于"售后回租"的方式将群岛主权实际交托阿根廷的解决方案。英国公民在岛上的居住权则会作为双方协议的内容之一。但是这次会议注定开不起来了。

阿根廷的行动

1982年年初,阿根廷总统加尔铁里将军和以他为首的军政府在经济、社会、政治各方面都陷入了四面楚歌之境[6]。在他们看来,英国已经对马尔维纳斯群岛失去了兴趣,而英国的诺特国防评估大肆裁撤越洋海战所需的力量,这也进一步坚定了阿根廷军政府的判断。于是,他们决定用武力夺取马尔维纳斯群岛及周边区域以分散国内对政府所犯错误的注意力,相信此举可以为军政府赢得国内支持,而英国对此将会无能为力。阿根廷人在严格保密的情况下推进着他们的计划,3月19日,阿军举行两栖作战演习,但英国情报部门却未能意识到其意义。与此同时,英国驻布宜诺斯艾利斯大使馆被告知,阿根廷企业将雇请41

个人前往英属南乔治亚岛上已被废弃的捕鲸站进行废物回收，为此他们还签订了拆解项目合同。这些人搭乘阿根廷海军的运输船"巴希亚 - 布恩 - 苏塞索"号于1982年3月19日登上南乔治亚岛。上岛后，他们立即升起了阿根廷国旗。此时，尼克·巴克尔上校正指挥着"持久"号巡逻船在南大西洋巡弋，闻讯后他立即带着20名皇家海军陆战队员从斯坦利港出发前去南乔治亚岛查看情况。根据国防部的指示，这艘巡逻船的任务仅是观察，不能采取任何有可能引发国际事件的行动。3月24日，阿根廷海军派遣了一艘小型护卫舰前往南乔治亚岛。两天后，一支强大的特混舰队离开阿根廷海岸，他们自称是要进行反潜演习。这支舰队编入了阿根廷唯一的航空母舰"五月二十五日"号，这艘航母原本是英国海军航母"可敬"号（HMS Venerable），之后变身为荷兰海军"卡雷尔·多尔曼"号，又在1968年出售给阿根廷。舰队还有2艘新型英制42型驱逐舰"大力神"号与"圣三位一体"号，以及2艘法制小型护卫舰"德拉蒙德"号和"格兰维尔"号。随同舰队行进的还有坦克登陆舰"卡波圣安东尼奥"号，舰上搭载着阿根廷海军陆战队第2步兵营，这个步兵营的出现揭示了这支舰队的真正意图。英国在南太平洋的情报网已经有些失灵了，英国政府直到3月31日才获悉这支特混舰队的存在，此时，阿根廷军政府已经做出了致命的决定：进攻。更多的军舰随之加入了舰队。

阿根廷此次行动代号为"罗萨里奥"，部队分为第20、40和60三个特混大队（TG）。进攻部队主力TG40开往马尔维纳斯群岛；TG60开往南乔治亚岛；TG20则是掩护部队，包括搭载着A-4"天鹰"攻击机和S-2"追踪者"反潜机的航空母舰，由驱逐舰"塞吉""科摩多罗·佩""希波里多·布查德"和"佩德拉·博纳"号护航。登陆行动在1982年4月2日破晓前的夜色中展开。一支70人组成的特种部队从"圣三位一体"号驱逐舰出发，乘坐小艇上岛，之后兵分两路，一路攻击了政府驻地，另一路则攻击了穆迪·布鲁克的英国皇家陆战队兵营。还有一支蛙人部队从"圣菲"号潜艇上出发，夺占了斯坦利港的机场。进攻穆迪·布鲁克的阿军扑了个空，因为驻守这里的皇家陆战队已经提前接到预警，前去占领防御阵地了。万幸，前来接替第8901分队40名陆战队员的一支新分队刚刚在3月30日乘坐英国搜索船"约翰·比思科"号抵达，总督雷克斯·亨特见形势紧张，于是要求原本要撤走的老部队留下来，这样就令岛上的防御力量翻倍。06:15，英国政府办公楼遭到进攻，但是当负责指挥进攻的阿军指挥官战死后，其部队便被英军火力击退。双方的交火随后持续了三个小时。在此期间，搭乘两栖装甲输送车的阿军部队从"卡波圣安东尼奥"号出发开上了滩头。英国皇家陆战队用卡尔·古斯塔夫火箭筒直接命中阿军的领头战车后，阿军向斯坦利港的进攻一度被阻止，但是乘坐直升机和登陆艇上陆的阿军越来越多，阿军特种部队又攻占了机场，其C-130运输机得以将更多部队空运上岛。当天下午晚些时候，守岛皇家陆战队指挥官诺曼少校不得不向雷克斯·亨特提出，鉴于敌军部队已拥有压倒性数量优势，继续抵抗已经没有意义，反而会危及当地民众的生命安全。总督于是下令投降。但皇家海军陆战队无愧于自己的声誉，他们在具有压倒性优势的敌人面前抵抗了如此之久，打死打伤了一些敌军，自己却无一伤亡。当天晚上，雷克斯·亨特和陆战队守军乘飞机飞往阿根廷，从那里出发，于4月5日返回英国。最终，登上马尔维纳斯群岛的阿根廷军队达到13000人。

4月3日，搭乘"持久"号巡逻船登上南乔治亚岛古利特维肯的那支英军陆战队小分队接到了阿根廷人攻占马尔维纳斯群岛的消息，他们随即做好了防御准备。1982年4月3日，阿军搭乘运输舰"巴希亚·帕莱索"号从坎伯兰湾登岛，并要求这支英军分队投降。英军当然不接受，他们向运输阿军上陆的直升机举枪射击，击落第一架，击伤了第二架。附近的英军"持久"号巡逻船放飞了一架"黄蜂"直升机，由舰载机分队指挥官托尼·埃勒贝克少校驾驶，前往交火区域了解情况，并随时汇报战事进展。此时，阿军轻型护卫舰"格里科"号开进坎伯兰湾，用舰上的40毫米和20毫米火炮在近距离向英军陆战队开火，但是海湾里的狭窄水域限制了护卫舰的机动，英军随即用机枪扫射军舰甲板，卡尔·古斯塔夫火箭筒也多次命中阿军护卫舰。军舰迅速退回外海试图用100毫米舰炮继续开火，但这门炮已经被英军击伤，打不响了。最终，在数量上居于绝对劣势的英军还是投降了，但他们的奋战还是告诉阿根廷人，南乔治亚岛和马尔维纳斯群岛一样，都是英国领土，你们别指望轻松拿下。

伦敦的反应

当时笔者正在航空总指挥部（海军）任职，负责"无敌"号的竣工事务，以及增加订购"海鹞"战斗机的事务，以使其装备"竞技神"号与全部的无敌级航母。就在阿根廷占领马尔维纳斯群岛后不久，和笔者同一个办公室的负责旋翼机的同僚出了点小意外，笔者不得不把他的工作也一并接管过来。这些工作包括迅速组建运作航母所需的参谋团队，以及在一部分征用商船（STUFT）[7]上加装搭载直升机的设施，不过除了集装箱货轮"大西洋输送者"号之外，这些征用商船与航母打击舰队并无直接关联，因此本书也就未做论述。时任第一海务大臣亨利·里奇海军上将在海军参谋部和整个海军中都很受欢迎。笔者在介绍航母和飞机的发展历程时多次提到过他，此人不仅学识渊博，而且为人热情[8]。我们都知道他和诺特在国防评估问题上针锋相对，他成功地让人们认识到诺特的观点是站不住脚的，既不明智，也不可信。这是个让大家愿意跟着他干事的人。

言归正传。为了应对阿根廷的入侵，一艘核潜艇从直布罗陀外海的"春天列车"演习中调回，装上实战所需的鱼雷和物资后前往南大西洋，第二艘潜艇已经做好了南下的准备，第三艘的部署也已经开始考虑。原本计划离开南大西洋的"持久"号巡逻船现在奉命留在原地，皇家军辅船队的补给船将从直布罗陀赶来支援她。

3月31日一整天，第一海务大臣都待在朴次茅斯北边朴茨敦山上的海军部水面武器研究所，接运他的是被称为"海军上将驳船"的两架"威塞克斯"直升机之一，这两架直升机由里-昂-索伦特海军航空站的第771中队负责维护，由于直升机的存在，第一海务大臣可以在必要时随时应召返回国防部。这天，伦敦方面并没有召唤他，但是他在18:00左右以工作状态回到办公室，看到了最新的情报文件和几条简讯。前者语气笃定地声称阿根廷对马尔维纳斯群岛的入侵很可能在4月2日早晨开始，而令他惊讶的是，后者又说进一步加强海军的备战部署既不必要也不合适。对他来说这些文件显然是相互矛盾的：英国领土已经受到近在眼前的威胁，而受威胁的地点只有通过海路才能到达。他决定立即将此事告知国防大臣。现在我们知道，他当时在国会大楼里见到了首相玛格丽特·撒切尔，一同会面的还有国防大臣和财政大臣，以及其他一些人。他连军服都没脱就驱车去了那里，很快被请进会场。接下来的对话满满的全是传奇。里奇将军问自己能做些什么，国防大臣便征求他关于当前局势的意见。他答道："我们必须假定这个群岛将会遭到入侵，这在未来几天内就会发生。"若如此，岛上那支小小的守备队是完全无法有效抵挡随阿根廷海军特混舰队同行的两栖作战部队的。不仅如此，现在已经没有什么能够吓阻阿根廷人的办法了，因此群岛必丢。他还补充道："我们是否要采取行动收复群岛，这个我说了不算，但我强烈建议这么做。为此我们需要一支十分强大的海军特混舰队，以及强大的两栖战部队。"他相信这样一支特混舰队应当"立即组建，毫不犹豫"。这与诺特的提议截然相反，后者想要小心从事，千万不能影响计划于6月进行的会谈，但里奇的观点却正合首相心意，首相问他是否能将"无敌"号航母、"大胆"号船坞登陆舰和一部分护卫舰编入特混舰队。第一海务大臣告诉首相，海军不仅可以出动"无敌"号和"大胆"号，还可以出动"竞技神"号与"勇猛"号（后者此时实际上已经转入了预备役），以及相当一部分现役的驱逐舰、护卫舰、皇家军辅船和一些从航运线上征用的商船。两栖战部队要包括整个第3突击旅，外加至少一个陆军旅。接下来首相表现出自己对当前的防务状况知之甚少，她问了"皇家方舟"号的情况，结果得到的答复是，老的"皇家方舟"已经拆了，新的"皇家方舟"还要再过3年才能建成。不过她还是很有预见性地问到英军能不能得到足够的空中支援，对此，里奇上将解释道，整个行动都依赖于"无敌"号和"竞技神"号上的"海鹞"战斗机，他相信这些飞机性能优秀，"对阿根廷能够派出来的飞机而言绝不只是等量齐观而已"。海军需要动用每一架能飞的飞机，包括那些平常用来训练的飞机，以在英军登陆之前"对敌人造成足够大的打击并至少夺取局部制空权"。风险不算小，但第一海务大臣认为这是可以接受的，而且也别无选择。接下来首相又问"那些'掠夺者'和'鬼怪'怎么样了？"结果是这些飞机在老"皇家方舟"号除籍时都移交给皇家空军了，它们现在驻扎在苏格兰的陆上基地，无法抵达战场。接下来便是一连串的快问快答：组建这样一支特混舰队需要多久？第一艘舰48小时内就能到位。开到目的地需要多久？大约三个星期。什么，你说三天？不，是三个星期，那可是15000千米外。会议的最后一个关键性问题是："如果他们真的入侵，我们确定可以夺回群岛吗？"里奇上将的回答充满了他本人的风格："是的，我们可以，而且我认为——虽然这不该由我来说——我们应当这么做。如果不这样，或者只是行动不坚定以及未能取得全胜，过不了几个月我们就会生活在一个完全不同的人微言轻的国家里。"首相看起来舒了一口气，她点了点头，下定了决心：大不列颠将要为解放这个南大西洋上的群岛及其附属岛屿而战。正如玛格丽特·撒切尔为另一本书撰写的序言所说："再一次，时势造英雄。"[9]是的，决心已下。

航母战斗群

1982年4月3日，玛格丽特·撒切尔在议会宣布，一支编号为TF317的特混舰队将由海军总司令费尔德豪斯上将指挥，于1982年4月5日起航。舰队中的领衔主角是航空母舰"无敌"号——舰长是员佐勋章得主J. J. 布莱克上校，以及"竞技神"号航母——舰长是L. E. 米德尔顿上校。这两艘航母从朴次茅斯起航，随后一众军舰和后勤船只在海边万众的欢送下从朴次茅斯和普利茅斯陆续启程。阿根廷攻占马尔维纳斯群岛之后，英国全国上下一片抗议之声，派出特混舰队迎战也就成了顺应民心之举。此时正在直布罗陀外海参加"春天列车"演习的军舰都奉命加入这支特混舰队，演习舰队总指挥桑迪·伍德沃德海军少将也担负起了整个特混舰队的战场总指挥之责。此时英军已经失去了他们的2艘突击队母舰[10]，因此第3陆战队突击旅只能和陆军第16伞兵旅一起搭乘经过改造的巡洋舰"堪培拉"号。陆军第5旅乘坐经过改装的"伊丽莎白女王"Ⅱ号邮轮。这次行动代号"公司"，其范围涵盖本场战争的所有方面。距离英国本土5955千米，大约位于航渡路线半途的阿松森岛上很快建立起了中转基地。由美国人建造的威迪威克机为场拥有大型跑道，岛上还有良好的港口可供特混舰队的军舰休整备战。舰队抵达后，各舰之间可以大量使用直升机相互运送物资、人员和弹药。从现在起，笔者将专注于航空母舰及其舰载机大队的行动，这是整场战役的核心。读者也不妨通过其他书籍来了解这次战役的更多细节[11]，介绍"公司"行动中海空作战的著作也不少[12]。必须说明的是，接下来关于1982年航母作战的介绍将主要根据笔者当时的记录来进行。

1966年的国防评估中如此写道：英国"若没有盟军的支援，将不会……在陆基空中掩护的范围之外面对敌人的顽强抵抗发动登陆作战"[13]。事实证明，此言向来虚妄至极，此时，英国政府正要这么干。为此，英国不得不仰赖一艘按照

1981年的国防评估马上就要卖给澳大利亚的航母,以及另一艘被这次评估认为没有多大用处、很快就要退役的航母[14]。特混舰队中的许多人都根据这次国防评估的结果在4月1日被告知即将退役,但出于对海军及其战友的敬意,他们还是打起了精神。英军起初计划让舰队保密出航,但他们很快意识到这是不可能的,于是他们干脆开动宣传机器,将航母出航的照片撒的满世界都是,彰显了英国的决心。就在舰队奔赴南大西洋的这段时间里,英国人在联合国与阿根廷进行了谈判,这支舰队既可以长期停留在海上以震慑对手,也可以转身返航,这正是海上力量的两大优势。很难想象,陆基轰炸机部队要怎样才能发挥如此有效的作用。

1982年4月2日,第800和801中队("海鹞"FRS1)的中队长接到命令,要他们整备飞机,人员扩充至战时编制,随时准备上舰。"海鹞"总部和训练单位,第899中队的中队长奉命向那两支一线中队输出飞机、空勤人员和维护人员。他们的航母此刻都停在朴次茅斯:"无敌"号的舰员正在放复活节假,"竞技神"号正在维护。"竞技神"号的第800中队原有5架"海鹞",现在又从899中队获得4架,从南威尔士圣阿桑空军基地维护单位的长期库存里获得2架,从博斯康比的航空与武器实验中心获得1架。第801中队原本也有5架"海鹞",现在为了登上"无敌"号作战,他们又从第899中队补充了3架飞机。用于召回离岗人员的"瀑布系统"运转良好,舰载机中队赶在航母离港前上舰了,这样,4月5日的时候出海准备工作业已完成。为了将"竞技神"号从维修状态恢复,英国人花费了巨大努力,拆除脚手架,装运弹药[15],她能在4月5日起航算得上一个重大成就了。当特混舰队在阿松森岛"列队"时,"竞技神"号将成为伍德沃德将军的旗舰。出海之后,这两支到加强的中队将会分属两舰:第800中队由中队长安迪·奥尔德少校指挥,搭载于"竞技神"号;第801中队由飞行十字勋章得主,中队长沙基·沃德少校指挥,搭载于"无敌"号。第899中队长内尔·托马斯少校任舰队的战术总指导(CTI),第801中队的候任中队长托尼·奥吉尔维少校稍早就加入了舰队,任航空作战指导(FAWI)。这个经验丰富的团队将以自己的卓越表现来统领这支规模虽小但却作风顽强的"海鹞"部队。在南下的航程中,这些"海鹞"通体都涂上了灰色,取代了出厂时的灰白两色涂装。不过"竞技神"号舰载机的颜色比"无敌"号更深。舰载的"海王"直升机中队包括:第826中队("海王"HAS5),

第十七章 南大西洋战争 519

△ "无敌"号与特混舰队内的其他舰船。近处是护卫舰"仙女座"号和驱逐舰"布里斯托尔"号。从这个角度看，"无敌"号那要命的窄甲板一览无余。(作者私人收藏)

由飞行十字勋章得主 D. J. S. 斯奎尔少校指挥，搭载于"竞技神"号；第820中队（"海王"HAS5），由飞行十字勋章得主 R. J. S. 威克斯 - 施耐德少校指挥，搭载于"无敌"号。他们的直升机通体涂成深蓝色，白色的数字和"皇家海军"字样被涂黑以便不那么显眼。"竞技神"号发挥了她舰体空间大的优势，在原来的战斗机和反潜型"海王"之外，还搭载了第846中队的9架"海王"HC4。这支中队由 S. C. 桑尼维尔少校指挥，他们的突击队型"海王"全都涂成暗绿色，白色的数字和字母也被照例涂黑。

1982年4月7日下午，第800中队前中队长蒂姆·盖奇少校被调离他在国防部的新"办公室职位"，去组建一支新的"海鹞"部队，这就是后来的第809中队。他的任务是掘地三尺搜罗飞机和飞行员，并接管第899中队留下来的大部分技术人员，目的是为已经远赴南大西洋的两支中队提供增援和战损补充。他们最后收集了8架飞机，其中5架来自圣阿桑的库存，2架来自耶维尔顿海军航空站的"海鹞"支援单位，还有1架是英国航宇公司顿斯福德工厂加班加点赶制出来的。除了中队长之外，队里还有6名飞行员，其中1个人刚刚在耶维尔顿的"海鹞"模拟器上完成训练，2人是美国海军陆战队的交换人员，1人是皇家澳大利亚海军的交换人员。驻德国皇家空军有2名有经验的"鹞"GR3飞行员志愿参战，他们被送到耶维尔顿进行了十分简短的换装训练。第809中队的飞机全部涂上了很特别的浅灰色，其上再绘制英军的同心圆徽和各种标志。这种涂装专为制空战斗机设计，设计者是皇家航空研究所一位名叫巴雷的科学家，因此也被称作巴雷灰。在南大西洋，这种涂装的伪装效果不如其他飞机上更暗的灰色，因此不受欢迎。在四月的大部分时间里，这支新的中队都在努力提升战斗力。4月25日，盖奇少校驾机降落在了普利茅斯外海的战时征用民船——货轮"大西洋输送者"号上，以证明这种做法可行。结论是肯定的，他还证明了这种飞机可以在货轮甲板上转运和加油，他随后驾机垂直起飞，返回耶维尔顿。在德文波特船厂里，这艘巨轮仅仅花了6天时间就从商船摇身一变成为飞机运输和支援舰。这又是一艘笔者不得不说的船只，她拥有宽大的上甲板空间，甲板外围有护板保护，飞机就可以停放其中，这些护板外都敷设一层塑料，以使其免遭海上盐雾的侵蚀。英军计划用这艘船将"海鹞"、"威塞克斯"和皇家空军的"鹞"式、"支奴干"送

△停靠在南安普顿加装直升机起降甲板以担任临时两栖攻击舰的"女王伊丽莎白二世"号邮轮，笔者曾参与过该舰的征用和改造。当时笔者提出有些舱壁需要拆除以为直升机降落点提供空间，工人们立刻拿起乙炔焊枪开工了。遗憾的是，国防部在需要做决定时远不如工人们干净利落。这艘邮轮上的游泳池原本是为容纳成吨的淡水而设计的，现在恰好成了安装直升机起降点的理想基座。（作者私人收藏）

到战场。她还运载着大量的各种备用飞机发动机，以及其他物资和武器。事实证明，这艘船还可以加装支持"海鹞"作战所需的航空油罐和液氧存储设备，从而保持1架挂载武器的"海鹞"在甲板上待命，一旦遇到敌方空袭威胁即可起飞迎战。液氧显然会在航行途中不断蒸发，但启程时装入的液氧那么多，到南大西洋时怎么说都会剩下来不少[16]。4月30日，第809中队的6架飞机从耶维尔顿起飞，在途中多次接受皇家空军"胜利者"加油机的空中加油后飞抵冈比亚首都班珠尔，在当地休整一晚后又于次日飞抵阿松森岛。其余2架飞机一天后沿同一线路飞抵目的地。他们依靠空中加油实现超远程转场的做法和1968年第803中队"掠夺者"远程飞赴新加坡如出一辙。5月初，皇家空军第1中队的6架"鹞"GR3也如法炮制。5月6日，海军第809中队和空军第1中队双双搭乘上阿松森岛外海的"大西洋输送者"号，奔赴航母战斗群所在的马尔维纳斯群岛周围隔离区。皇家海军的一组飞机操作员被调入这艘船，他们负责飞机的转运，并确保搭载飞机占用的甲板面积最小。一架挂有武器的"海鹞"随时停放在垂直起落平台上，以便在必要时为本船进行防空作战，不过"海鹞"在垂直起飞后的滞空时间只有大概30分钟，因此英军随时保持1架"胜利者"加油机在"大西洋输送者"号附近盘旋，一旦这架"海鹞"升空就为其进行空中加油。这全部8架增援"海鹞"先是飞到"竞技神"号上，随后其中4架飞机连同飞行员又飞到了"无敌"号上。空军第1中队则进驻"竞技神"号，最终证明了皇家空军的飞行中队也可以加入航母舰载机大队——要知道，搭乘"大西洋输送者"号是皇家空军飞行员们的第一次上舰经历[17]。根据最初的设想，空军第1中队的"鹞"式将被用来补充"海鹞"的战损，因此他们只派遣了少量的高级技术军士上舰，他们只需指导皇家海军的维护人员维护"鹞"GR3特有的系统和装备就行了。但实际上"海鹞"的战损率非常低，这就意味着"鹞"式GR3将要与"海鹞"并肩作战，而非作为补充，海军的维修人员也就腾不出手来照管这些空军飞机了。于是空军派来的那些"技术指导"只好亲自操刀，转行成为修理工，彻夜维护他们的"鹞"式。5月20日，皇家空军战斗机首次出战，攻击福克斯湾的一处油库区，之后他们又执行了总共126次作战任务。5月21日，一架"鹞"在对霍华德港进行武装侦察时被击落，另一架在根据前线空中指挥（FAC）的要求攻击古斯格林时损失。最终英军总共

第十七章 南大西洋战争 523

△ 4月5日，"竞技神"号驶出朴次茅斯。飞行甲板上停放着11架"海鹞"FRS1和18架"海王"，后者包括HAS5和HC4两种型号。她舰体内部空间和"无敌"号相当，但飞行甲板更大，是更强大的载机平台。（作者私人收藏）

损失了4架"鹞"式，4架同型补充飞机在空中加油机的支援下从阿松森岛直接飞抵"竞技神"号。

如前文所述，英国人从一开始就清楚地知道，如果敌人握有制空权，马尔维纳斯群岛就不可能夺回，因此"海鹞"的首要任务就是防空。为了对付远道而来的英军，阿根廷空军几乎投入了自己所有能用的空中力量，包括第8航空旅的6架达索"幻影"Ⅲ战斗机，第4和第5航空旅的31架道格拉斯A-4B型和C型攻击机，第6航空旅的19架以色列航空工业公司（IAI）的"短剑"战斗轰炸机（实际上就是更换了发动机的"幻影"），以及6架英国电气公司的"堪培拉"轰炸机。此外还有阿根廷国产的"普卡拉"双发涡轮螺桨轻型攻击机，C-130"大力神"空中加油机/运输机和少量马奇MB-339教练机。阿根廷巡洋舰"贝尔格拉诺将军"号在5月2日被击沉后[18]，其航母"五月二十五日"号便返回港口不再出海，舰载机也只能从岸基基地出击[19]。阿根廷海军航空兵各中队总共拥有5架能够挂载"飞鱼"导弹的达索"超军旗"攻击机，以及8架道格拉斯A-4Q"天鹰"攻击机，不过导弹的数量很少。此外还有2架洛克希德SP-2H"海王星"海上巡逻机。这样，所有的阿根廷飞机都不得不从陆地机场起飞，在极限作战半径上作战，有时还需要C-130空中加油机的支援，这就令阿根廷航空兵处于十分不利的境地，因为他们需要时时留意自己的燃油消耗情况。英军也有自己的难处，航母若有任何一点闪失，都会对其计划造成致命打击，因此英军航母只能部署在马尔维纳斯群岛以东。"海鹞"战斗机要在群岛上空组织防空巡逻，但却得不到雷达预警机支援，自从失去老"皇家方舟"号后，英国海军就丧失了这一能力。阿根廷飞机很快采取了皇家海军首创的低空攻击战术，以利用舰载雷达的低空盲区。他们还利用岛屿的地形来隐蔽接敌，因为大部分军舰上的脉冲雷达无法探测到岛屿另一侧的目标。不幸的是，皇家海军创

△第809中队长蒂姆·盖齐少校驾驶一架飞机降落在普利茅斯水道中的"大西洋输送者"号上。注意，这艘船在降落点后方用集装箱围起了飞机停机区，皇家空军的"支奴干"直升机已经被送上了船。（作者私人收藏）

立的低空攻击战术令英军舰队作战指挥室里那些后辈人员措手不及，这显示出英国海军的海上训练在实用性方面并没有达到应有的水平。较新型的"海标枪"和"海狼"导弹取得了几个击落记录，但战斗机仍然是消灭敌人的最有效的手段，远远优于其他武器。

1982年5月1日，英国皇家海军自1956年苏伊士运河危机之后的第一次实战空中打击拉开序幕，从"竞技神"号上起飞的"海鹞"机群空袭了斯坦利港和古斯格林，由"无敌"号机群负责掩护。这是第一场电视记者可以大量随特混舰队前往战区的战争，数字广播技术使战场上的画面近乎实时地传回英国本土[20]，这场战斗随着BBC记者布里安·罕拉汉的一句"我一架架数着他们飞出去，一架架数着他们全都飞回来"而闻名遐迩，这名记者被告知严禁说出出击飞机的数量，也不能说这些飞机要执行何种任务。"竞技神"号的全部12架海鹞在破晓前很短的一段时间里全部升空，从超低空直扑东福克兰岛。接近海岸后，他们分成3个小队，其中2个小队前往空袭斯坦利港机场，另1个小队攻击古斯格林的跑道。4架海鹞负责投弹轰炸斯坦利港周围的高炮阵地，这些飞机每架挂载3枚454千克炸弹，2枚装有空爆引信，1枚装延时引信。他们投下的无线电近炸引信炸弹凌空开花，弹片横扫守军。几秒钟之后，奥尔德少校率领他的5架"海鹞"战斗机趁机突破防线直取目标。这些战机都挂载着3枚带有降落伞的454千克减速炸弹和12具集束炸弹投放器。贴地高速突破之后，攻击机群爬高至60米，以便在有效高度投放炸弹，确保弹药正常发挥威力。他们遭到了阿军高炮和肖特"山猫"[21]、欧洲导弹公司"罗兰"两型地空导弹的攻击，但只有1架海鹞被击中。中弹的是皇家空军大卫·摩根中尉的座机[22]，他驾机最后一个进入攻击时，尾翼被一枚20毫米炮弹击穿。降落之后，他指着弹孔的照片成了BBC新闻摄影记者的杰作。空袭斯坦利港之后几分钟，皇家海军人称"弗雷德"的弗雷德里克森少校率领3架挂载减速炸弹和集束炸弹的海鹞空袭了古斯格林的跑道。他们紧贴海面掠过福克兰海峡，通过范宁角后转向东南，飞越拉福尼亚的泥炭平原时突然爬高，突袭了猝不及防的守军。只有最后一架攻击机投完炸弹脱离时才有一挺孤零零的机枪向它开火。这两次空袭都给阿军带来了损失和伤亡，阿军第3航空旅的一架"普卡拉"攻击机和马尔维纳斯群岛政府的一架布里顿-诺曼"岛人"轻型运输

△虽然航母停在港口时看起来是个庞然巨物，似乎极易被发现，但对1982年时阿根廷空军的侦察能力而言，英军航母不过是茫茫大洋上一个难以看到的小点。图为从护航护卫舰上拍摄的"竞技神"号。（作者私人收藏）

机被击毁。英军的炸弹击中了两处目标跑道，不过在斯坦利港，炸弹未能穿透跑道表面，损伤很快被修复。在古斯格林，炸弹炸开的弹坑也很快被阿根廷人用泥土填满，算是勉强补平。

空袭正在进行时，"无敌"号组织了2架战斗机进行防空巡逻，另有2架在甲板上保持5分钟警戒[23]。这一天上午，这些飞机和战友们一直在云层间时进时出，与阿军的"幻影"和比奇"涡轮教师"（后者是从斯坦利港起飞的）展开一轮接一轮毫无结果的格斗。午后，阿根廷空军判断自己已经锁定了英军航母的位置，于是发动了一连串空袭。"无敌"号的一支防空巡逻小队在驱逐舰"格拉摩根"

第十七章 南大西洋战争 527

号战斗机引导官的指挥下前往迎击首批来袭敌机,他们在圣卡洛斯水域上空截住了2架"幻影"战斗机。令人意外的是这两架阿军战斗机并没有组成战斗队形,第二架飞机跟在第一架尾后很远处。于是,史蒂夫·托马斯海军上尉和保罗·巴尔滕空军航空上尉各驾驶自己的座机迎头冲了上去,第一架"幻影"在距离9.2千米处发射了一枚"马特拉"530导弹,但没有命中。托马斯随即拉升右转,从第一架"幻影"上空30米处掠过。"幻影"立刻左转俯冲,结果刚好让"海鹞"用AIM-9导弹锁定了目标。托马斯射出了导弹,并眼看着导弹追踪对方战斗机飞进了云层。阿根廷飞行员加西亚·库尔瓦上尉很是不幸,导弹被近炸引信引爆,

△这张照片充分展现了"竞技神"号的多用途性:一架"海鹞"FRS1和一架"鹞"GR3排列在跑道上准备起飞。飞行甲板3区停放着7架"海鹞"和1架"鹞"GR3。一架"海王"HAS5停放在跑道后部,另一架"海王"正要垂直吊起一包物资送往其他舰船。照片左边飞行甲板后方停着一辆叉车,负责把打好包的物资送到吊运点供"海王"吊运。"无敌"号可没法同时干这么多事,不过这并不妨碍她为特混舰队做出关键性的贡献。(作者私人收藏)

击伤了他的飞机,于是他决定飞往斯坦利港降落,但在飞越海岸线时被岛上阿军自己的高炮击落阵亡。与此同时,巴尔滕也开始抢占阵位,准备攻击第二架"幻影",他用导弹锁定了目标,在1800米距离上发射,随后看见自己的"响尾蛇"直接命中了目标的后机身。阿军飞行员跳伞,降落在了西福克兰岛上。这是阿根廷有史以来第一位在战斗中被对方击落的飞行员,他的飞机也成了自从20世纪50年代以来皇家海军战斗机击落的第一架敌机。这边的空战正在进行时,由"竞技神"号上海军上尉马丁·黑尔和空军航空上尉"巴蒂"·本福德驾驶的防空巡逻双机被引导飞向两个快速移动的雷达信号,这是两架"短剑"战斗机,正在斯坦利港阿军机动雷达引导下飞来。他们从10600米高空向6100米高度上的"海鹞"发起迎头俯冲。在8千米距离上,"短剑"射出了2枚以色列制造的"怪蛇"导弹,其中1枚成功锁定目标,向黑尔的飞机飞来。黑尔立即转向并俯冲至4500米寻求云层掩护,随后看见导弹已被他甩脱。阿军"短剑"战斗机双机没有看到第二架"海鹞",于是缓慢转弯并打开加力燃烧室想要退出战斗,但却刚好落在了第二架也就是本福德的"海鹞"面前,打开的加力燃烧室为"响尾蛇"导弹的红外导引头提供了绝佳的追踪目标。本福德在5.5千米外向正在快速远去的敌机射出了导弹,击中了其中1架敌机,阿军飞机凌空爆炸,飞行员当场殒命。这天一整个下午和晚上,"海鹞"防空巡逻机不停地在引导下飞向新出现的雷达目标,麦克·布罗德沃特少校及其僚机艾伦·寇蒂斯上尉截击了"光芒"号护卫舰发现的3架低飞而来的"堪培拉"轰炸机。寇蒂斯在距目标1800米外向左手边的轰炸机发射了导弹,他起初以为导弹射失了,于是又发射了第二枚"响尾蛇",但第一枚导弹还是击中了目标,第二枚导弹紧跟着飞进火球并爆炸。"堪培拉"的两名机组无一跳伞。另两架"堪培拉"丢弃了炸弹,抛弃了翼尖副油箱,转向相反方向夺路而逃。布罗德沃特追击阿军长机,在3600米的距离上发射了2枚"响尾蛇",但均未命中。此时英军飞机燃油已经不足,布罗德沃特只好退出战斗返回母舰。在首日战斗中,"海鹞"战斗机击落了3架敌机,重创了第4架,致其被己方高炮击落。不过即使没有被高炮击落,它可能也无法飞回阿根廷,甚至无法在斯坦利港机场安全降落。之后,英军航母仍在不断放飞防空巡逻机,保持不间断的直升机反潜巡逻,并发动空袭。

下一场大规模空战发生在1982年5月21日，当天是英军第3突击旅在圣卡洛斯水域登陆东福克兰岛的"D日"[24]。这一天中，10架阿根廷飞机被击落，"海鹞"却在空战中无一损失。当"竞技神"号的麦克·布里塞特少校和内尔·托马斯少校驾驶"海鹞"双机抵达他们的防空巡逻阵位时，这天的战斗就开始了。布里塞特看到4架A-4"天鹰"在自己下方从左向右飞过，他立即呼叫僚机右转，两架"海鹞"随后追到了敌机尾后720米处。两名飞行员各发射一枚"响尾蛇"，双双命中目标，一架阿军飞机凌空爆炸，另一架起火后失控坠毁，两名阿军飞行员战死。在攻击第二架敌机时，布里塞特的导弹始终无法锁定目标，他随后打光了机炮的弹药，但也没起到什么作用。托马斯的导弹也锁定不住第二个目标，返航后他告诉"竞技神"号的飞行员们，遇到多个目标时要一次射出2枚导弹。这一整天，阿根廷飞机向守卫两栖舰艇的英军军舰发起了一轮又一轮的突击。"沙基"·沃德少校和托马斯上尉在护卫舰"光芒"号的引导下迎向了从西边飞来刚刚飞过海岸线的几个快速运动目标。他们靠上去后发现来者是3架"短剑"，随即展开了教科书式的进攻：他们利用"海鹞"卓越的低空机动性咬住了阿军飞机的尾后，阿军飞行员还没从震惊中回过神来就遭到了打击，三架飞机被悉数击落。当沃德转弯准备返回"无敌"号时，他看见3架A-4"天鹰"正向着福克兰海峡中一艘燃烧的护卫舰飞去，随即向"光芒"号与正从"竞技神"号赶来的防空巡逻机发出了警报。赶来的是克里夫·"斯帕盖蒂"·莫雷尔海军上尉和约翰·莱明空军航空上尉双机。他们向来袭的阿根廷海军"天鹰"俯冲了过去，但还是没能在它们向"热心"号护卫舰投下"铁炸弹"前将其截住。坐在最后一架"天鹰"座舱里的德·弗雷加塔·马奎兹中尉亲眼看到莫雷尔的"海鹞"插到了自己前方友机的背后，但还没等他向友机喊出警告，他自己就被莱明那架"海鹞"的机炮从背后击落。莫雷尔的第一枚"响尾蛇"击中了德·科贝塔·菲利比上尉驾驶的"天鹰"长机，但第二枚导弹却锁定不住目标，于是他只得靠上去，用航炮击落了德·纳维奥·阿卡中尉驾驶的第三架"天鹰"。菲利比和阿卡二人均安全弹射跳伞。

虽然"海鹞"的总战绩有接近一半是在1982年5月21日这天取得的，但在随后的一个星期里，"海鹞"机群还是不断取得令人瞩目的战果。"海鹞"的导弹击落了不少敌机，空战的次数太多了，难以逐一介绍，但有两次空战十分特别，值得一提。5月23日，摩根和莱明驾机在格兰瑟姆海峡上空巡逻，他们看到比自己低2400米的高度上有一架直升机在沙格峡谷上方飞行。两架英军飞机立即俯冲下去攻击，他们发现这是两架"美洲豹"直升机，旁边还有一架他们认为是"休伊"的直升机，但实际上那是一架护航的阿古斯塔 A-109A 武装直升机。在摩根拉起飞机准备抢占位置用航炮开火时，领头的"美洲豹"飞行员看到了他，随即试图机动规避但却不慎撞上了自己一直紧贴着飞行的山坡。另两架直升机赶紧降落，机上人员四散奔逃，这两架直升机随后被"海鹞"用航炮扫射击毁。6月1日，"沙基"·沃德正在佩波尔岛上空巡逻，"弥涅尔瓦"①号护卫舰上的战斗机引导官在雷达屏幕上发现北方有一个断断续续的"蒙皮回波"[25]。虽然燃油已经不足，但沃德还是前往查证，用自己机上的雷达捕获了目标并开始"咬尾追踪"，他的僚机托马斯一直紧随其后。目标是一架执行低空侦察巡逻任务的 C-130"大力神"，它总是间断性跃升高度，用雷达快速扫描后再下降，这让"弥涅尔瓦"号的警戒雷达操作员有机会探测到它的雷达回波。这架 C-130 或许是得到了斯坦利港阿根廷地面雷达的警告，它立即低空高速脱离，但还是很快被"海鹞"咬住。由于担心燃油不足，沃德在射程外就射出了第一枚"响尾蛇"导弹，当然没有命中。他等不及看导弹是否击落了这个大家伙，于是驾机靠了上去，把航炮的所有弹药都倾泻在了目标上，看着它燃起大火坠入海中。此时，两架飞机上都只剩下了170升燃油[26]，但却还要飞行330千米才能返回"无敌"号。在"公司"行动之前，这被认为是不可能的，但这两位飞行员还是使出浑身解数节约燃油，最终安全降落了。假如一次降落未能成功，机上的剩余燃油就不够让他们再降落一次了。

5月25日，"大西洋输送者"号位于彭布罗克角东北157千米处，此时她正赶往战区以卸载直升机和从英国本土带来的各种物资。这天，她被阿军"超军旗"攻击机发射的2枚"飞鱼"导弹命中，而这两枚导弹无疑原本是要攻击英军

---

① 意即古罗马神话中掌管智慧和技艺的女神。

第十七章 南大西洋战争 531

△1982年5月，一架"海王"HC4从圣卡洛斯湾里的"大胆"号上起飞。注意近处的临时高射机枪阵位，当时特混舰队的舰艇上部署了很多这种阵位。通用机枪挂着一个弹带随时待发，机枪手则靠沙袋来保护自己。（作者私人收藏）

航母的。这显示了第一代掠海反舰导弹的弱点，它们的制导雷达会锁定发现的第一艘舰船并引导导弹向其发动进攻，这次的替死鬼便是"大西洋输送者"号。她燃起了大火，随后沉没，船上12人死亡，包括杰出的船长，杰出服务勋章得主伊恩·诺斯[27]。到6月，圣卡洛斯水域已经足够安全，"海鹞"们可以在"大胆"号和"勇猛"号船坞登陆舰等其他军舰上降落，快速补充燃料后再垂直起飞返回母舰。"大西洋输送者"号的姊妹船"大西洋之路"号也赶来了，她运来了大量物资，其中包括足够多的打孔钢板，这样皇家工程兵部队就可以在圣卡洛斯建造一条垂直/短距起降飞机跑道了。根据皇家海军用鸟类命名机场的习惯，这条跑道被非正式地称为"鞘嘴雀"，这是一种白色的南极海鸟，通常在马尔维纳斯群岛过冬。大量燃油很快被运进这个简易机场，战斗机防空巡逻的时间也可以进一步延长。空军第1中队的"鹞"式在执行近距支援任务时也拥有了一块"备用甲板"。

鉴于本书的主题，航母及其舰载机在南大西洋战事中的表现只能作此简单介绍。在整场战争中，"海鹞"总共战斗起飞2000架次，击落24架敌机（包括那架最终被阿根廷高炮"结果"的"幻影"），自身在空战中无一损失，这是一项杰出的成就。但不幸的是还是有2架"海鹞"被高炮和防空导弹击落，4架毁于事故。阿根廷飞行员将"竞技神"号上那些深色涂装的飞机称为"黑死神"[28]，这无意之中呼应了英国海航延续的1917年皇家海军航空兵第10中队那些黑色索普威思三翼战斗机的血脉。"海鹞"在1982年战争中成功的关键是素质高超的空勤和地勤人员，其中很多人都有在"鬼怪""掠夺者"和"海雌狐"之类常规舰载机上飞行多年经验。"海鹞"是一种小飞机，发动机很"干净"，不会拖出烟尾暴露自己的位置，这在近距离空战中是一个优势。在这样的空战中，飞行员们尽可以在晴朗的天空中用红外制导"响尾蛇"导弹大加挞伐。"海鹞"的另一个重大优势是，当航母在恶劣海况下摇晃时，飞机可以在航母中心线旁悬停数秒钟，这样飞行员就可以选择最佳时机切入甲板上空降落。在南大西洋的惊涛骇浪之中，航母飞行甲板的摇晃幅度很大，这就使得"竞技神"号和"无敌"号这样大小的航母很难搭载常规舰载机[29]。战争结束后，皇家空军第1中队的"鹞"式飞离"竞技神"号进驻斯坦利港，变身为防空战斗机，成了岛上英国守军的一部分。

没有雷达预警机，意味着英军驱逐舰只能冒险前出担任哨舰，而她们原本不必如此。说这些驱逐舰被置于相当危险的环境中，这算是说轻了，42型驱逐舰"考文垂"号舰长哈特·戴克上校从他的视角讲述了这些驱逐舰的经历[30]。"考文垂""谢菲尔德"和"格拉斯哥"三艘驱逐舰组成了一道前出警戒屏障，对来袭敌机进行预警。5月1日，皇家海军占据了绝对上风，"海鹞"击落了多架敌机而自身无一损失。但是5月4日"谢菲尔德"号重创沉没，一个星期后"格拉斯哥"号被一枚炸弹击中退出战斗，这道警戒屏障上最后只剩下了"考文垂"号。5月25日，她也被击沉了，舰长哈特·戴克上校如此描述自己失去座舰的经过："我们遭到了一场勇敢无畏而且决心坚定的攻击，四架飞机从陆地背后向我们飞来，在最后18千米左右时他们飞得很快而且很低，直扑向我们在福克兰海峡西北的阵位。我们用手头所有能用的东西向他们开火，从'海标枪'导弹到机炮，甚至是步枪，但还是有一架飞机穿过火网向我们投下了四枚炸弹，其中三弹撞进了

△ "海鹞"FRS1的多种用途总是被用好用足。这架飞机就在"大胆"号上降落,加满油后再垂直起飞返回母舰。机上装有2枚 AIM-9L "响尾蛇"导弹和机炮吊舱。(作者私人收藏)

我舰左舷并发生爆炸。我们的火炮至少击中了一架飞机,后来我们知道敌人有两架飞机未能返回基地……作战室位于舰体深处,我和大概30个人在那里指挥战斗,它被爆炸摧毁,立刻就被浓烟吞没。"[31]两架负责防空巡逻的"海鹞"拼死想要截住这批敌机,但却在最后时刻被命令离开以避开"考文垂"号防空导弹的射界[32]。哈特·戴克说他的弟兄们很英勇:"一名指挥近防火炮的年轻军官站在舰桥侧面十分暴露的位置上,当敌机直冲着他飞来并用航炮扫射时他没有寻找掩护,而是始终坚守战位,观察目标并命令炮组成员留在岗位上向敌人开

△ "大西洋输送者"号的姊妹船"大西洋之路"号正在德文波特码头进行改装，即将成为货轮航母。得益于早期改造工作的经验，她的改造效果更好，只是时间上拖了几天。这里可以看到船的舰楼后部正在搭建一个半封闭的掩蔽部。（作者私人收藏）

火，直到他下令停火为止。操炮的水兵们都很年轻，他们执行起上级的命令来毫不犹疑，即便位置完全暴露，他们还是在不断开火。至少有一架敌机被击中，有两架被密集的弹幕击退。"在1982年之前，人们普遍认为火炮在防空作战中已无立足之地，有导弹就够了。但马尔维纳斯群岛战争显示，并不是所有来袭敌机都会装备防区外攻击导弹，皇家海军随时可能要赶赴全球任何地方参加战斗，挂着"铁炸弹"的攻击机始终是无法忽略的威胁，而近防武器打出的曳光弹仍然是迫使攻击机飞行员偏离目标的有效手段。他接下来说到了轮机舱里的技术兵："他听到了一声巨响，抬起头来，看到一枚炸弹钻进了舰体，就落在他站立的地方几米外。他没有逃离，而是拿起电话把这个情况报告给了损管指挥部，描述了这枚炸弹本身、舰体侧壁上弹孔的位置，以及动力机组遭受的损伤。他还在通话时，炸弹爆炸了。然而这个轮机兵奇迹般地活了下来，舱里的机械设备

△燃烧的"考文垂"号驱逐舰,她被阿根廷A-4"天鹰"攻击机投下的常规炸弹击中——飞机是20多年前的老飞机,炸弹更老。照片是首批赶往现场的一架英军直升机拍摄的。(作者私人收藏)

为他挡住了爆炸的冲击波,他发毫无损地走了出来。其他人都被炸死了。"弃舰后,两名士官"不约而同地主动回到满是浓烟的舱内",此时舰体已经倾斜。一名士官救出了一个衣服着火且昏迷不醒的高级技师,另一名士官则带着一名被吓坏了的年轻水兵从破口处来到安全地带,而火焰就跟在他们身后。哈特·戴克说出了特混舰队中许多人的心声,他说自己永远不会忘记自己舰上勇敢的战士们卓越的表现,也不会忘记那19位同样勇敢但却献出了生命的人,他们同样为这场战斗做出了卓越的贡献。"他们在至少四个星期紧张且危险的战斗中始终超水平发挥……我们的国家,我们的海军有着无价的珍贵传统,这使我们的军人拥有极佳的能力,在每一个时代都一样地表现优秀,远不止于1982年在南大西洋的战斗。"

△战争后期，"海鹞"能在圣卡洛斯搭建的临时跑道上降落加油了。这张照片摄于1982年7月13日，可见2架挂载着"响尾蛇"导弹的"海鹞"和1架皇家空军的"支奴干"直升机。（作者私人收藏）

早期空中预警

　　缺乏雷达预警机支援，这是1982年时皇家海军最主要的缺陷之一，让敌人能够对皇家海军以其人之道还治其人之身。站在舰队的角度来看，为了把"塘鹅"上的AN/APS-20雷达拆下来装到"沙克尔顿"上而花费金钱完全是浪费，而皇家空军则由此明白了啥叫雷达预警机，现在这些预警机的主要作用是支援英国本土的战斗机。3月31日玛格丽特·撒切尔突然意识到，与其将皇家海军的那些"鬼怪""塘鹅"和"掠夺者"交给皇家空军的海上战术空中支援部队，还不如保留"鹰"号航母，这是海上战术空中支援计划的第一大失败，而皇家空军第8中队的那些"沙克尔顿"AEW2则是1982年时海上战术空中支援计划的又一个失败。如前所述，英军一度考虑过在无敌级上搭载雷达预警直升机，但是却由于担心机库空间不足、舰上可容纳人员不足而放弃。幸运的是，韦斯特兰公司曾经试图评估在"海王"直升机机体上安装合适的雷达的可行性，项目终止后他们保留了这些设计图纸。如果说皇家海军在CVA-01被取消后未能保住舰载雷达预警机，那么马尔维纳斯群岛炮声乍响之初，他们就想起了这一至关重要的能力，并着手弥补短板。1982年5月的第二周，英国海军就启动了LAST项目[33]，海军航空作战总监要求航空总指挥部（海军）和国防部采购处[MOD(PE)]紧急研究在很短时间内拿出形式不限的雷达预警机的可行性。这个项目从一开始就广泛地考虑了各种可能性,包括复活仅存的少量"塘鹅"AEW3机体[34]。当然,这个方案是不可行的,因为"塘鹅"需要阻拦索,即便"竞技神"号仍有可能重新加装,也只有让她回到船厂才能实施[35]。假如"塘鹅"真的登上"竞技神"号,它仍然可以借助原有的斜角甲板自由滑跑起飞,但这只是理论上的,因为它得先飞到舰上才行。还有一种理论是一旦英军占领一条陆地跑道,就可以把"塘鹅"用船运到机场上,但这个方案也很牵强。复活"塘鹅"的方案最终未能成为现实,但这一方案的提出也意味着英军认真考虑了所有的可能性,而没有轻易抛弃任何一种。

最有可能在短期内见效的办法是在"海王"直升机上加装索恩/EMI公司的ARI-5980对海搜索雷达[36]。这一方案系由先前的研究结果发展而来,但英国人还是需要拿出几种将雷达天线从机腹下方伸出以覆盖360°方位的方案来,飞机的机体结构和气动外形都会发生变化,任何实际用来修改飞机的方案都必须考虑这两点。1982年5月13日,韦斯特兰直升机公司和索恩/EMI公司的代表被邀请到国防部开会,探讨这一方案的可行性。两家公司均确认这个项目是可行的,并且接受了在三天半的时间里拿出一份详细方案的任务,这一工作要在5月17日星期一中午前完成。他们被告知,如果确认可行,他们接下来就会接到一份海军参谋部需求,在1982年7月17日前将2架"海王"HAS2按照AEW2标准进行改造,也就是大概9个星期的时间。付出了巨大努力之后,两家公司按时拿出了方案,包括成本、所需时间、性能和飞机/设备接口。海军参谋部花了一个星期时间研读这份文件,之后便给出了下一步工作说明。海军将提供两架"海王"机体,其中XV704来自国防部采购处,XV650则是库德罗斯航空站的修复品。到5月末,两架直升机均已就位,机上的195型声呐被拆除,机舱也已腾空。除了新型对海搜索雷达外,直升机还要安装电子支援设备和额外的通信设备,并进行一些其他的作战所需的改造。索恩/EMI的核心工作是制造3台B型雷达。这型雷达的主要设计特点是配备了一块用以容纳外场可更换单元(LRU)的平板,雷达天线可借由这块平板下降到工作位置。工作进展得迅速且顺利,第一台平板设备在6月26日就交付了韦斯特兰公司,第二台在1982年7月15日交付。7月14

日，XV704号机改装完成。7月23日，XV650号也完成了。雷达测试时，天线要降低到工作位置，为此，英国人选择了一个简单的临时办法：用吊车把直升机吊起来，使其能够开动发动机、打开电源、操作雷达。雷达还进行了电磁兼容性检测，以确保一些必要的安全指标。值得一提的是，这套新系统没有出现任何问题，之后韦斯特兰公司和博斯康比飞机与武器研究中心的飞行人员驾机进行了一系列简短的试飞。最后，过渡型的"海王"AEW2在1982年7月30日做好了服役准备，这不能不说是个奇迹。

此时，皇家海军中恰好编有一支第824中队，所有不成中队建制零散搭载在各舰上的"海王"小队都被编入其中以保证行政编制，这两架正在测试的雷达预警直升机也就顺理成章地在1982年6月14日被编成第824D小队。英军准备让这支小队登上新建成的"光辉"号，这艘航母即将在蒂恩的斯旺·亨特船厂提前竣工并交付部队出海，以便尽快奔赴南太平洋接替"无敌"号。幸运的是，海军中还有不少前"塘鹅"预警机观察员，这足以让预警直升机系统有效运转，这些观察员和地勤军官、技师们一起，在上舰之前到索恩/EMI公司进行了为期三周的雷达培训。为了保障预警直升机上舰，英军要在7月30日前把超过2000件测试设备和支撑其运转的物件送上"光辉"号，这些都是航空总指挥部（海军）精心挑选出来的，此前他们用计算机对空军的"猎迷"预警机在对海搜索时的可靠性和维护数据进行了分析[37]。虽然这些设备只能放在加工车间里的一些犄角旮旯，但也算是在舰上找到了安身之地。他们还编写印刷了一整套维护手册。笔者本人也曾亲身参与了"光辉"号提前服役并清空修造设备以允许舰载机上舰的工作[38]，就在她出航的8月2日当天，海军签发了一份过渡性服役许可，第824D小队获得了上舰的资格。整个项目耗费了大量的精力，但是大获成功，这要感谢所有参与方的积极努力。

"光辉"号很快就具备了临时性的雷达预警机，但要将"海王"AEW2及其支撑系统完全融入一线作战体系并制造更多预警直升机，则还需要再付出18个月的努力。1984年11月，第849司令部中队重建，849A和849B两支一线小队也在1985年成立，在当时在役的2艘航母上投入使用。不过预警直升机系统在加工车间里占用的空间已经超出了这一级航母原始设计的承受能力，因此部分必不可少的支撑设备只好被放到了机库里的"小隔间"。从1985年起，英国海军每一艘航母都搭载了一支由3架"海王"AEW2直升机组成的中队。到2008年，原来的第849A和849B小队分别改编为第854和857中队。"海王"直升机随后又发展出了极其有效的升级型号，这一型号是十分成功的，其任务编号也从AEW改成了ASaC（空中监控）。2003年，"海王"ASaC7直升机首次装备"皇家方舟"号，它立刻在第二次海湾战争中展现出了自己的价值。

反潜战

马尔维纳斯群岛战事打响时，阿根廷海军拥有4艘常规潜艇：2艘1974年完工的德国209/1型潜艇，以及2艘1945年建成、1971年出售给阿根廷的前美国海军孔雀鱼级潜艇。因此，对英国皇家海军特混舰队来说潜艇的威胁是不可忽视的，其反潜直升机也不得不一刻不停地在各个海域巡逻。例如"无敌"号的第820中队在5月就飞行了1560个小时，相当于在一个月的时间里每天都全天保持2架直升机留空。然而唯一受到它们攻击的阿军潜艇只有"圣菲"号，这是阿根廷2艘孔雀鱼级潜艇之一，当时她刚刚向南乔治亚岛的古利德维肯送去了20名阿根廷海军陆战队员，之后以海面航行状态回到海上，并被英军驱逐舰"安特里姆"号上伊恩·斯坦利少校驾驶的"威塞克斯"HAS3直升机发现。后者立即投下了深水炸弹[39]，其中一枚的落点距离阿军潜艇很近，将其炸伤并使其无法下潜。"圣菲"号试图继续返回港口，但接下来英军驱逐舰"普利茅斯"号和护卫舰"持久"号上的"黄蜂"直升机又赶来用AS-12导弹攻击了她，英军机枪的射击也造成了一些损伤。最终她还是带着火焰，向右倾斜着回到了港口。在那里，"圣菲"号靠上了码头，随后就被抛弃了。

战事结束

1982年6月14日，斯坦利港升起了白旗，阿根廷守军投降。但是肃清西福克兰岛和周边岛屿上的残敌还需要费些周折，10000名阿根廷战俘的缴械和关押、敌我双方伤员的救治，也都是很费力的事情。"竞技神"号首先回到了英国，"无敌"号则留在战区以防阿根廷破坏停战协议，她最后于当年8月被新服役的"光辉"号接替回国[40]。除了前文所述的海空战外，英军的"海王"HC4和"威塞克斯"HU5

突击运输直升机也为登陆部队提供了至关重要的战术机动性。这些直升机在各舰之间往来穿梭,协助登陆部队为最后的登陆战做好准备,登陆部队指挥官将直升机在这方面的表现称为"现象级"的。它们是登陆部队取得胜利的基石,"海王"和"威塞克斯"直升机经常运载着部队、弹药、食品和燃料穿越无法通行的地区来到前线,有时还要冒着狂暴的天气和敌人的炮火。"公司"行动是一场杰出的胜利,皇家海军和海军陆战队在其他军兵种的协同下发挥了主要作用,完成了国家赋予的任务。海军的优异能力从第317特混舰队动员、准备和起航的速度上就能看出来。到战争结束时,英军共有34艘主要作战舰艇参战[41],其中4艘战沉[42]。此外英国还损失了皇家军辅船队的登陆后勤船"加拉哈德爵士"号与征用商船"大西洋输送者"号。战争期间,英国的研发机构和采购部门一直是连轴转,对大量紧急作战需求进行了评估,创造出了众多能在各个战场发挥作用的新系统和新战法。英国的各个工厂也是通力合作[43],全力以赴。举个例子,英国航宇公司的工人们刚刚被告知他们所有的加班费都因为诺特国防评估而被取消,紧接着就随着战事爆发转入了三班倒且周末无休的工作状态。金斯顿/敦斯福德分部在战争期间向特混舰队交付了4100件产品,而平时,他们在相同的时间里只能造出1500件[44]。除了提早交付"海鹞"战斗机整机外,这个分部还制造并交付了可以挂载2枚"响尾蛇"导弹的挂架(之前的挂架只能挂1枚),使"海鹞"战斗机的挂载能力翻倍。除了导弹挂架,他们还制造了能装在"海鹞"战斗机机腹减速板槽里的金属箔条投放器。此外,这个分部还参与了费伦第惯性导航参照和测高设备(FINRAE)的开发,让"鹞"式GR3的航电系统得以与航行中的军舰相接通。海军内部也是全力以赴,其飞机维修部门修复了58架储备飞机,将其交付英国三军。舰队航空兵用这些储备飞机新组建了4支新的中队:装备"海鹞"的第809中队,装备"海王"HAS2直升机的第825中队(实际用于突击队运输),装备"威塞克斯"HU5的第847和848中队。飞机发动机和零部件维修都是在极短的时间里完成的,而上至"海鹞"战斗机机炮零部件,下到担架、绑扎带的各种小部件也都被紧急制作出来。我们同样不能忘记,物资储备总管和海军运输部门在毫无事先警告的情况下,仅仅用了3天就为TF317备足了作战所需的各种物资,向舰队送去了超过3万吨补给、物资和弹药。

△ "竞技神"号在返回英国后与新建成的"光辉"号并行。(作者私人收藏)

△ 1982年7月,第847中队的"威塞克斯"HU5降落在马尔维纳斯群岛的海军角。(作者私人收藏)

△ 在海上连续航行108天后,"竞技神"号回到了朴次茅斯。飞行甲板上停放的飞机有"海鹞"FRS1、"海王"HAS5和HC4、"威塞克斯"HU5,另外还有1架"山猫"HAS1和1架缴获的阿根廷UH-1"易洛魁"。(作者私人收藏)

关于这场战争的记述,最后也要回到航空母舰本身上来。事实证明,在国家需要它们时,"海鹞"战斗机比皇家海军以外的任何一型战斗机都要得力得多。当空军海上战术支援部队的飞行员们只能从报纸上关注战争的消息时,"海鹞"却统治了南大西洋的天空。它们的表现也证明了在国家遭遇危机时,将战斗机部署到热点地区的能力是至关重要的。同时,航母自带的全套支撑设施也能够保证这些战斗机到达战区后即可升空作战,而持续的后勤保障则可以通过皇家军辅船队来实现。"海鹞"战斗机部队在1982年的这场战争中收获巨大,也因此成了英国的荣光。

注释

1. Peter Hore (ed), *Dreadnought to Daring—100 Years of Comment, Controversy and Debate in The Naval Review* (Barnsley: Seaforth Publishing, 2012), pp 358 et seq.
2. J. David Brown, *The Royal Navy and the Falklands War*(London:Leo Cooper, 1987), pp22 et seq.
3. Roberts, *Safeguarding the Nation*, p 55.
4. 同上，第121页。
5. 同上，第126页。
6. 同上，第136页等。
7. 加装直升机搭载设施的征用商船包括"堪培拉""女王伊丽莎白二世""天文学家""大西洋输送者""竞争者巴赞特""波罗的海渡船""北欧渡船""欧洲渡船"，等等。
8. Henry Leach, *Endure No Makeshifts—Some Naval Recollections* (Barnsley: Pen & Sword Select Books, 1993), pp 216 et seq.
9. Admiral Sandy Woodward, *One Hundred Days—The Memoirs of the Falklands Battle Group Commander* (London: Harper Collins Publishers, 1992), p xii.
10. 当时"堡垒"号正停泊在朴次茅斯，可惜状态不佳，正在等候送往拆船厂拆解。笔者曾受命评估她是否能被带到前线充当维护和维修航母，如果有必要的话把她拖到南大西洋也可以。但这个主意并没有可行性，因为她的状况实在太差了。海军陆战队的特别侦察分队拿她当作训练设施，已经把内部的不少设施都炸掉了。不过最主要的原因是，她再次栖装所需的设备和机械必须从弗里兰的海军航空工厂拆下来运来，而这就意味着英国所有不参战的直升机都停飞。
11. David Brown, *The Royal Navy and the Falklands War*. Admiral Sandy Woodward, *One Hundred Days*. Michael Clapp and Ewen Southby-Tailyour, *Amphibious Assault Falklands—The Battle of San Carlos Water*. Max Hastings and Simon Jenkins, *The Battle for the Falklands*.
12. Commander 'Sharkey' Ward DSC AFC RN, *Sea Harrier Over the Falklands* (London; Leo Cooper, 1992). Lieutenant Commander David Morgan DSCRN, *Hostile Skies—My Falklands Air War*(London: Weidenfeld&Nicolson, 2006). Richard Hutchings, *Special Forces Pilot—A Flying Memoir of the Falklands War* (Barnsley: Pen & Sword Aviation, 2008).
13. Statement on the Defence Estimates 1966, Part 1, The Defence Review, Command 2901, HMSO, London February 1966, p 10.
14. "竞技神"号于1986年被出售给印度，直到2016年仍然作为印度海军"维拉特"号，搭载着"海鹞"和"海王"混合大队奋战在一线。
15. 舰上首次建立超市以管理和分发储备食品，不过蔬菜品种很少，因为"时间太紧了"。装的最多的是西兰花，有人告诉我"竞技神"号的舰长甚至试着制作各种西兰花味冰激凌，直到后勤部门送来更多口味的冰激凌为止。
16. 美国海军设计了一套被称为"阿拉帕霍系统"的预制构件直升机搭载系统，紧急情况下能够为运输船快速搭建搭载直升机所需的机库、油库和飞行甲板，不用的时候可以储存在海军基地里。我们检视了这一系统，并建议皇家海军无须采购，因为它价格不菲，而使用机会却很少。"大西洋输送者"号的设施条件实际上更理想，并且在6天内就完成了改装，这显示出皇家海军确实无须采购"阿拉帕霍系统"。要把这套系统装到合适的船只上也需要这么长时间。虽然被航空总司令部（海军）否决，但国防部还是采购了一套，把它装在了后来成为皇家军辅船"信赖"号，也就是原征用货轮"天文学家"号上。这艘船先是在1984年为黎巴嫩的联合国部队提供支援，之后又搭载第826中队（"海王"HAS 5）于1984—1986年间在马尔维纳斯群岛周边进行反潜巡逻。执行后一项任务时，她在海上航行了566天，航程超过18.5万千米。虽然这些数字令人印象深刻，但正如我们所料，其空中支援任务并不十分成功，因此这艘舰在1986年退役。这样一套预制构件系统的使用频率并不高，如果真的需要经常使用，那么专门的直升机母舰会更好用，而且可能更经济。
17. *Flight Deck*, Falklands Special Edition (1982), p 46.
18. "贝尔格拉诺将军"号巡洋舰原是美国海军"凤凰城"号，是为数不多的经历了日军偷袭珍珠港而仍然未被拆除的军舰之一。她被英国海军"征服者"号潜艇用与巡洋舰同样老的 Mk8 Mod4 型鱼雷击沉。这是核潜艇

19. 国防部情报部门认为"五月二十五日"号无法起飞"超军旗"攻击机，但与布朗兄弟工程公司核对情况后，笔者确信她的蒸汽弹射器刚刚进行过整修，能够起飞这种新型喷气机。唯一的限制在于该舰最高航速比较慢，这样就需要借助一些自然风才能放飞满油满弹的"超军旗"。
20. Hore (ed), *Dreadnought to Daring*, p 371.
21. "山猫"导弹是皇家海军"海猫"近程防空导弹的出口型，用于在陆地上使用。
22. 大卫·摩根原属皇家空军，后来加入皇家海军并最终获得海军少校军衔。
23. "5分钟警戒"指：飞机的机械师和操作员在旁待命，只要军舰开始转向迎风航行，就可以在5分钟或更短时间内将目标位置信息输入导航、航向与高度指示系统（NAVHARS）并让飞机起飞升空。
24. 之所以选择在圣卡洛斯水域登陆，是因为这里几乎各个方向都被陆地包围，英军认为这可以大大限制阿根廷飞机从超低空对两栖舰艇发动进攻。话虽如此，但这也让阿军飞机可以利用地面杂波掩护逼近英军舰队，英军的雷达或目视预警时间大为缩短。
25. 这主要是因为舰上装备的是早期雷达，没有运动目标指示器（MTI）或者多普勒效应设备之类的升级装备。
26. "海鸥"在执行防空巡逻任务时的标准载油量是2271升。
27. 不过舰上的高级军代表，M. 拉雅尔德上校存疑。
28. 此战之后很多年，不少"海鸥"飞行员还喜欢骄傲地在自己的飞行夹克里穿一件印有"El Muerte Negro"（西班牙语：黑死神）的 T 恤。
29. 但是笔者必须指出，CVA-01这般大小的航母就不受这一问题的影响。她的舰体更长，纵摇幅度更低，而且拦阻索的位置与纵摇中心高度重合，实际上她就是为了应对北半球或南半球的最恶劣情况设计的。
30. DavidHart-Dyke, *HMS Coventry in the Falklands Coflict-Apersonal Story*, The Naval Review 1, 9 (1983).
31. Hore (ed), *Dreadnought to Daring*, p 364.
32. 这一情况系当时"考文垂"号的防空指挥官在1991年告诉笔者的，当时我们在国防部里共事。
33. LAST 即"低空监控任务"（Low-Altitude Surveillance Task）。
34. 皇家海军的历史飞行协会还保留有1架"塘鹅"AEW3和1架 T5，各海军航空站和研究所据信还有一些可修复的同型机。作为一名前"塘鹅"飞行员，笔者也曾警告过上级，我们也许会需要在紧急情况下迅速恢复使用这些飞机。航空总司令部（海军）里有人告诉我，"大西洋输送者"号在奔赴南太平洋的时候带上了"塘鹅"的备用零部件，但笔者相信这只是谣传。
35. 另一个传言是"竞技神"号上原来的拦阻机构并没有被拆除，只是被覆盖了起来。若果真如此，这套设备在出发前就需要进行大量的整修，时间上根本来不及。
36. 这套雷达原本是为皇家空军的霍克-西德利"猎迷"MR 1海上巡逻机设计的。
37. 皇家空军的雷达维护人员习惯于在金罗斯军事基地里那无尘、有空调，而且宽敞的加工车间里工作，他们看到"光辉"号上过于狭小局促的雷达维护间时都大为恼火。这正是对早先皇家空军关于皇家海军不需要大型航母的论调的有力反驳。大型航母是十分有用的。
38. 笔者有一次终生难忘的经历，就是在下着雨的凌晨2点，站在停靠在纽卡斯尔港沃尔海军船厂的"光辉"号湿漉漉的照明甲板上评估舰上的甲板照明系统并通过交付验收。当时一个船厂工人过来找我，说他的屋子里有电话找我。这个电话来自诺斯伍德的舰队参谋部，要我批准让一艘征用商船搭载"威塞克斯"直升机。好在我早就做好了身兼多职的准备，把各种文件都带在身上。花了几分钟查阅材料后，笔者给出了他要的答复。2点30分，笔者又回到了甲板照明系统旁。
39. 这是英军飞机自从1945年以来首次向潜艇发动进攻。
40. Hobbs, *British Aircraft Carriers*, p 324.
41. Lawrie Phillips, *The Royal Navy Day by Day* (Stroud: Spellmount, animprint of the History Press, 2011), p 340.
42. 战沉的4艘舰分别是"羚羊"号和"热心"号护卫舰，"考文垂"号和"谢菲尔德"号驱逐舰。
43. 笔者还记得自己当时曾坐在闪着警灯的警车里紧急穿过城市，前去进行甲板降落投影指示器的测试，以保证其能赶在"光辉"号出发前完成调测。警察和所有人都非常想为皇家海军尽绵薄之力。
44. Flight Deck, Falklands Special Edition (1982), p 52

第十八章
十年征战

1982年9月17日,"无敌"号回到朴次茅斯。自从4月5日出港以来,她在海上一连航行了160天,创下了英国航空母舰连续出海时长的新纪录,超出之前"鹰"号保持的纪录一倍有余。舰上的"海王"直升机战斗起飞3099架次,"海鹞"则是599架次,击落7架敌机,可能击落3架[1]。"无敌"号受到了英国女王伊丽莎白二世的致敬。安德鲁王子作为第820中队的一名飞行员从头到尾参加了这场战争,他是伊丽莎白女王的儿子。

6月1日,澳大利亚总督马尔科姆·弗雷泽写信给玛格丽特·撒切尔,主动提出如果英国政府"需要重新评估'无敌'号出售事宜,澳大利亚将不会强求英国履约"[2]。7月7日—13日,澳大利亚国防部长率领一个代表团造访伦敦,商谈总督这封信的相关事宜。英国政客们仿佛突然记起原来航空母舰对一个岛国来说如此重要,于是这个澳大利亚代表团被告知:"由于国防计划的重大调整",英国政府决定保留全部3艘无敌级航母。英国人曾经让澳大利亚人觉得一年前刚刚由女王母亲亲自敲瓶下水的无敌级第三艘"皇家方舟"号可能会被提供给皇家澳大利亚海军,但现在英国人"相当确定"地[3]告诉澳大利亚人,"皇家方舟"号完工后,英国只会出售已有23年舰龄的"竞技神"号。在1968年就提出过要将这艘舰移交给澳大利亚,这次澳大利亚又以与前次相同的理由拒绝了:这艘舰需要的人员太多,皇家澳大利亚海军对她不感兴趣。"竞技神"号最后被出售给了印度海军,更名为"维拉特"号,直到2015年仍在服役。1982年,澳大利亚海军失去了他们的航空母舰——"墨尔本"号于这一年退役,没有接班人。有意思的是,澳大利亚内部关于是否需要新航母的争论基本就是英国的翻版:过度关注成本,并且关于无论舰队布置在哪里,陆基飞机都能为其提供空中支援的"理论"甚嚣尘上。不过,虽然英国政府决定保留全部三艘无敌级,他们还是只打算随时保持2艘在役,第三艘则转入预备役或进行改装。

国防大臣约翰·诺特对1982年3月发生的事情，以及英国为此应该做些什么，能够做些什么，都知之甚少。如果说海军排斥这个人，或许有些不妥，但笔者却记得他在访问某艘军舰的时候确实没受到什么热烈欢迎。他还算是有点良心，能够意识到自己犯的错，阿根廷入侵马尔维纳斯群岛后他立刻就提交了辞呈，但是玛格丽特·撒切尔却没有批准。然而，1983年1月时他还是宣布自己将要退出政坛，甚至在即将到来的大选中都不会到议会去站台。他回到了自己在康沃尔郡的农场。接替他的是迈克尔·赫塞尔廷，后者立即开始以宗教般的狂热推进三军及其支撑组织架构的融合。最后一任海军大臣兼第一海务大臣凯斯·斯比德离职后，原来三个军种的部长被分别负责部队人员、装备和部署的三位部长取代。自从1964年海军部被撤销后，海军参谋部和皇家海军的支撑组织架构一直被称为国防部海军分部，虽然权限和影响力剧降，但还是继承了海军部的传统，还是代表着海军的名分。但随着赫塞尔廷的重组，这一切都消失了。新的国防参谋指挥部成立了，原来全部三个军种的军官和管理体系全部被纳入其中，许多皇家海军支撑部门被编入了新的大型部门中，例如补给和运输局（海军）[DGST(N)]就被编入了国防后勤部。这一改组在短期内带来一片混乱也就可以想见了，那些为皇家海军忠诚服务了几十年的人，现在突然发现自己的上级换成了背景各异的联合参谋部，而这些人或许对海军及其运作方式一无所知。但这一措施的着眼点却在十年后，当一切落定，新的常态也就建立起来了。

南大西洋战争方一结束，新的军舰和飞机的订单就下达出来以填补战争中的损失，但是随着1989年东方阵营开始解体，政客们又开始寻求"和平红利"了。很多人都认为以后不会再有战争了。但现实几乎立刻就打了他们的脸：冷战压制了很多小规模的战争，现在冷战不存在了，众多被压抑许久的矛盾也开始浮出水面，战火随即燃起。1990年8月2日萨达姆·侯赛因入侵科威特，随即宣布后者是伊拉克领土[4]。8月6日，联合国安理会通过了661号决议，对伊拉克进行经济制裁；8月9日又通过662号决议，宣布伊拉克武力吞并科威特为非法，授权多国部队使用武力解放科威特。最终参加多国部队的国家达到了30个。当时伊拉克军队是世界第四大军事力量，而多国部队要集结地面部队解放科威特还需要假以时日。为此,英国向海湾地区部署了皇家空军几个中队的"狂风"和"美洲虎"飞机,它们依托当地机场,参加了整场战争。英国空军上将帕特里克·海因爵士被任命为英国联合军种部队的总司令,其司令部设在伦敦郊区的海威科姆,另有部分参谋人员驻在诺斯伍德的新常设联合司令部(PJHQ)。陆军中将彼得·德·拉·比利尔任英军"现场"总指挥,其总部设在沙特阿拉伯利雅得的盟军司令部内。由于当地已经有了大量的盟军飞机,英国政府认为再派遣航母打击舰队就是多此一举了[5],一场有意思的争论随之展开。皇家海军想要出动"皇家方舟"号,利用舰上的指挥和控制设施来担任当地大量驱逐舰和护卫舰的旗舰。而政客们却忘记了自己在20世纪60年代关于要指挥巡洋舰不要航空母舰的主张,声称这一型军舰虽然起初被视为指挥巡洋舰,但现在实际上却是航空母舰,因此不必参战。无论具体原因如何,英军航母还是未能直接参加这场后来被称为第一次海湾战争的战事,但"皇家方舟"还是在1991年1月10日从英国本土出发,开赴东地中海,加入盟军舰队,以防止伊拉克飞机对地中海发动空袭[6]。她率领的第323.2特混大队还拥有护卫舰"谢菲尔德"号与"卡律布狄斯"号,以及皇家军辅船队的补给船"奥尔梅达"号和"摄政王"号,她们与美国海军第六舰队的"弗吉尼亚""菲律宾海"和"斯普鲁恩斯"号密切协同。这次"皇家方舟"号无须参战,但她还是在高等级戒备状态下在海上停留了51天。

"哈姆登"行动,1991—1996

在接近五年的时间里,皇家海军一直在亚德里亚海部署有多艘军舰以支援前南斯拉夫共和国(FRY)境内的英国和联合国地面部队。前南问题可以追溯到1980年铁托元帅去世时,南斯拉夫的一部分半自治地区从那时起便开始寻求独立。1991年,斯洛文尼亚在选举后宣布独立,克罗地亚也紧随其后。这就使得波斯尼亚和黑塞哥维那陷入了困境,南斯拉夫的面积缩小,塞尔维亚人加强了他们的统治。这一地区有大量的穆斯林人口,塞尔维亚族人也很多,此外还有一些克罗地亚族社区。1992年,波黑举行了全民公投,随后在当年宣布独立,它的独立得到了美国、英国和其他欧盟国家的认可。但内战随即爆发,联合国安理会试图在其境内建立安全区,其中就包括斯雷布雷尼察①。1994年,波黑内战恶化,联合国为此建立了一支轻武装的维和部队(UNPROFOR),但这支部队显然无法与强大的塞尔维亚军队抗衡,于是联合国又建立了一支快速反应部队,一旦有必要,他们将前去保护维和部队[7]。地面上的血战不在本书介绍范围之内,但皇家海军很快便卷入到了英国、联合国和北约从亚德里亚海出发支援地面作战的行动中。联合国第713号决议宣布对前南斯拉夫进行武器禁运,第743号决议要求建立联合国维和部队,起初部署在克罗地亚境内,但是其防御范围不久便在1992年扩大到了波斯尼亚。安理会第757号决议扩大了对前南斯拉夫的贸易禁令,除食品和药品之外任何物资均列入禁运范围。禁运随后发展成为由北约牵头组织的"锐利卫士"行动,1993—1996年间,皇家海军的多艘驱逐舰和护卫舰都曾参与其中。皇家海军还支援了英军的"格斗"行动,皇家军辅船队的补给船与第845中队B小队("海王"HC4直升机)联合行动。他们为英国远程侦察部队提供了基地,一旦有必要,随时可以将其撤回。1993年1月,英国政府下令建立本国特混大队,编号为TG612,以1艘航母为首。这支大队将停留在亚德里亚海,根据陆地战况需要,可在1~96小时内投入战斗。虽然其任务是在英国地面部队遭袭时提供支援,但这支特混大队实际上和美国、法国的航母特混大队合兵一处,三国舰队的指挥官还组织例行会议来商讨作战事宜。他们的油轮都是共用的,但是政治上的考虑却令其无法真正联合作战。在前南斯拉夫上空建立"禁飞区"后,空中支援已经成了盟军行动中必不可少的环节,无论是强化联合国制裁,还是为联合国维和部队提供空中保护以便其运用直升机进行补给和后撤伤员,都是如此。航空母舰的到来既可以展示武力,也可以应地面部队召唤提供近距空中支援,舰载机能够随叫随到,而不像在意大利空军基地的北约飞机那样经常在早晨被浓雾环绕无法起飞。舰载"海鹞"和北约那些陆基飞机相比有不少优势:它们更接近战场,因此两次出击之间的时间间隔更短;同一架飞机在一次出击中可以兼顾对空截击、近距离对地支援和侦

---

① 这里曾在1995年发生种族屠杀事件。

察任务，因为机上既装有F-95照相机，又可以混装多种武器。后一种能力尤其受到地面上英国和联合国前进对空指挥所的欢迎。1995年，"海鹞"F/A2型机取代了FRS1型，其战斗力更强。虽然任何一艘航母上搭载的"海鹞"数量都不会超过8架，但它们却出击了超过2200架次，大约相当于支援巴尔干作战期间英军全部高速喷气机总架次数的1/3。"海鹞"还参加了波斯尼亚战争最后阶段的军事行动，加入北约"慎重武力"行动，与北约的飞机和炮兵一起轰炸塞尔维亚军队阵地。虽然从飞机数量上看，皇家海军在整场空中行动中的贡献不算大，但其安全、机动而且不受天气影响的浮动基地还是发挥了相当大的作用，它们更靠近前线，更难以遭到敌人锁定和攻击。航母可以占领有利位置，对前线需求做出快速反应，同时还能填补浓雾和陆基飞机故障给北约飞行计划造成的空缺。考虑到联合国维和部队的地面阵地实际上很脆弱，这最后一项能力便显得格外重要。最后，航母在亚德里亚海的成绩也吸引了英国政客们的注意，他们

△1994年亚德里亚海上的"皇家方舟"号。飞行甲板上的飞机为"海鹞"FRS1和"海王"HAS6。（作者私人收藏）

意识到可以增加航母搭载飞机的数量和种类，以进一步提升其作战灵活性。与美国和法国一样，航空母舰表现出了作为至关重要的指挥中枢的能力，能够全盘掌控本国和北约的战场态势。虽然其自身仍要接受本国的作战指挥，但她们完全能够放飞飞机去执行北约或者联合国赋予的任务。同样重要的是，航母也是和平谈判时一个很重的筹码。

第一艘执行这项任务的皇家海军航母是"皇家方舟"号，到达亚德里亚海后她就成了英国TG612.02特混大队的旗舰。她的主要任务当然是支援英军，但是1993年4月，舰上的"海鹞"被指派给北约部队，以向那些由地面前进对空指挥组用激光器照射的目标投掷激光制导炸弹。她的舰载机也奉命参加了"拒绝飞行"行动，保证了对前南斯拉夫上空禁飞区的有效管控，同时还能快速支援亚德里亚海上的英国和盟国舰船，使其免遭挂载导弹的高速攻击机的袭击。"皇家方舟"号在大部分时间里都要靠近作战区域，但总有例外的时候，在局势紧张程度降低时，她造访了意大利的巴里市和希腊的科孚岛，还开到马耳他进行了短期维护。回到战区后，舰上的"海鹞"与意大利海军"加里波第"号航母上的AV-8B飞机进行了互换母舰训练。1993年8月，"无敌"号前来接替"皇家方舟"号。"无敌"号这次与法国航母"克莱蒙梭"号共担前线作战任务，这样两艘航母中任何一艘要暂离，另一艘就可以顶上了。1994年2月，"皇家方舟"又回来接替了"无敌"号。除了原有的舰载机大队之外，她还额外搭载了第899中队的2架"海鹞"F/A2以验证新机型的海上作战能力。她的舰载机每天都要在前南斯拉夫上空飞行至多14架次，"海鹞"的侦察能力被证明极有价值，它为本国、北约和联合国的指挥官提供了塞族坦克和火炮运动的侦察照片。由于作战飞行的压力一刻不停，"皇家方舟"号原定访问法国土伦和意大利那不勒斯的行程被迫取消，但她还是于当年4月到希腊的比雷埃夫斯进行了短期维修。正当她在比雷埃夫斯时，波斯尼亚的塞族军队进攻了戈拉日代市，"皇家方舟"号只好立即返回战区。1994年4月16日，第801中队的2架"海鹞"受命前去消灭一辆在戈拉日代附近林地里向英军开火的坦克。长机"雌狐"23号由尼克·理查德森海军上尉驾驶，当地面前进对空指挥组试图把他导向目标时，他从无线电里听到了炮声。于是他带着2号机降到低空，试图目视发现目标，但这也使他们进入了肩携式防空导弹和高射炮的攻击范围。他们在林地里发现了2辆T-55坦克，随即进入攻击航线，但两架飞机上的空对地投弹系统都未能锁定目标，二人急于支援地面上的战友，便冒险进行了二次攻击。理查德森第二次还是没能锁定目标，其座机反而被一枚导弹击中，发动机燃起大火。他的飞机还能控制，但2号机却呼叫道："你的火太大了，快弹射！"他跳伞[8]并活了下来，最终被与塞族军队对抗的"友方"穆斯林部队找到。友军把理查德森交给了一个英军特种空勤团小分队，他在敌后待了一段时间后得以安全脱身。5月，"皇家方舟"号展示了航母多样能力的另一个方面，她把任务交给友军航母后离开了战区，前去参加北约"动力冲击"演习，这是冷战结束后地中海上举行的最大规模演习。参加演习的军舰多达93艘，来自10个国家，"皇家方舟"号的加入显示出英国舰队航空兵仍然投身于北约事务之中，而且不像投送相等规模的陆基航空兵力那样需要巨大的后勤支援。演习结束后，她回到原来的岗位上，但此时波斯尼亚冲突双方达成了停火，行程骤然轻松了许多。

△一架正在执行"慎重武力"行动的"海鹞"F/A2，机翼外侧挂架上挂有454千克炸弹。(作者私人收藏)

△ 亚德里亚海行动中，"无敌"号第800中队的飞行员正登上他们的"海鹞" F/A 2。（作者私人收藏）

  1994年8月，"无敌"号来到亚德里亚海接替"皇家方舟"号。此时，战火重燃，多架"海鹞"都遭到了攻击，其中2架遭到了导弹攻击，但都使用金属箔条和热焰弹成功规避。"无敌"号在马耳他渡过了1994年的圣诞节，随后在1995年2月被"光辉"号接替。"光辉"号最近刚刚接受了一次大规模现代化改造，是第一艘战斗机中队完全装备"海鹞" F/A2的航母。她在亚德里亚海停留的时间相对比较短，之后在6月把任务交给了"无敌"号。从那以后，北约就从联合国手中接管了所有地面行动。9月，波斯尼亚塞族武装围攻萨拉热窝城，"无敌"号的飞机与美军航母"美国"号、"西奥多·罗斯福"号的舰载机一起空袭了城市周围的塞族阵地。在这10天里，第800中队的"海鹞"执行了24架次轰炸任务，42架次防空巡逻任务和28架次侦察任务，帮助盟军达成了作战目标：塞族武装最终向联合国低头，将重武器从萨拉热窝周围撤离。"海鹞"F/A2也因其有效的多用途能力而广受赞扬。暂离战场期间，"无敌"号与美国海军"美国"号航母及其他盟军舰艇一起参加了代号为"无限勇气"的北约演习，之后其任务再度交给"光辉"号。1995年12月，"光辉"号抵达亚德里亚海，此时陆地上的局势已经开始缓和。1996年2月15日，英国特混大队奉命回国，不过英国政府还是同意保持一艘航母能够在21天内返回战场。"光辉"号接下来担任了一支英国特混大队的旗舰，横越大西洋参加英美两国联合举行的代号"紫星"的两栖作战演习[9]。1996年3月，"无敌"号奉命准备重回亚德里亚海参战。不过这一次，敌对双方都遵守了和平协定，她也就没有成行。于是，她转而搭载皇家空军的"鹞"GR7飞机进行了"号笛"演习，这次演习旨在评估这型飞机长期上舰使用的能力，尤其是夜间作战和海上导航系统与母舰的融合能力。"无敌"和"光辉"两舰因在巴尔干冲突中的表现而被共同授予威尔金森"和平之剑"勋章。

"律政"行动，1998

1997年年末，伊拉克独裁者萨达姆·侯赛因拒绝执行联合国决议，不允许武器核查人员在其国内搜查大规模杀伤性武器，当时外界普遍认为他把处于可用状态的这一类武器隐藏了起来。于是西方盟军计划强行执行决议。英国政府起初计划向海湾部署皇家空军的"狂风"机群，但随后他们发现这一做法在政治上行不通——有些国家不允许英军飞机飞越，于是转而决定派遣以航母为核心的皇家海军特混舰队。虽然只是小型航母，但她还是再一次给了英国政府任何其他东西都给不了的选择权。此时，"无敌"号正在地中海执勤，她向人们展示了这一类小型航母到底能搭载多少飞机：第800中队（"海鹞"F/A2）、第849A 小队（"海王"AEW2）、第814中队（"海王"HAS6），外加皇家空军第1中队的7架"鹞"GR7[10]。舰上减少了"海王"HAS6的搭载数量，以便为皇家空军的"鹞"式腾出空间。连同原有的8架"海鹞"一起，这艘舰总共搭载了15架高速喷气机，从而拥有了实质性的打击能力。1998年1月25日，"无敌"号开进波斯湾，开始放飞舰载机，与陆基飞机和美国海军"尼米兹""乔治·华盛顿""独立"三艘航母的舰载机一起执行任务[11]。参加"南部守望"和"律政"行动期间，"海鹞"在伊拉克南部的禁飞区上

△在前南斯拉夫上空，一架"海鹞"F/A2正在接受皇家空军加油机的空中加油。（作者私人收藏）

空飞行了800小时,与友军一同向伊拉克施压,迫使其遵从联合国的要求。3月,"光辉"号抵达海湾,两舰先是并肩作战,之后"无敌"号回国,而英军飞机继续在伊拉克南部上空飞行。到4月,皇家空军终于向这一地区部署了足够数量的"狂风"飞机,具备了长期执行任务的能力,于是"光辉"号奉命撤回。

1999年1月,"无敌"号重返海湾执行第二阶段任务,行动代号"博尔顿Ⅱ",这一次,她没有搭载皇家空军的"鹞"式,只是搭载了普通的航空大队。舰上的"海鹞"与美军飞机在伊拉克南部上空比翼齐飞,但是为了让这些短航程的"海鹞"尽可能长时间地执行任务,"无敌"号被部署在美军舰队北面,这样就更容易受到伊拉克空中和水面力量的威胁。为此,英国驱逐舰"纽卡斯尔"号和护卫舰"坎伯兰"号充当航母的贴身护卫,"海王"雷达预警直升机则保持不间断巡逻,时刻掌握海空情势。此次行动持续到4月,"无敌"号随后返回了英国本土。

"麦哲伦"行动,1999

返回英国途中,"无敌"号转道前往艾奥尼亚海参加北约"联盟力量"行动,其中英国海军的行动代号为"麦哲伦"。此举旨在保护前南斯拉夫的科索沃省在法国朗布依埃的和平谈判破裂后免遭塞尔维亚的种族清洗。行动的第一阶段对今天的人们来说早已习以为常:用巡航导弹摧毁敌方的防空力量,而对皇家海军来说,这次行动却有个特别之处,就是英国潜艇首次实战发射"战斧"对地攻击巡航导弹(TLAM)[12]。在北约的首轮齐射中,敏捷级核潜艇"壮观"号发射了一枚"战斧"导弹,这显示出核潜艇现在也具有了十分有效的打击能力,能够从敌人无法探知的潜伏水域攻击相当远距离外的目标。现在,在一场战争的初始阶段,核潜艇能够提供比舰载机更佳的打击能力,但她也有一个缺陷。与航母不同,潜艇上的"战斧"导弹一旦射出,就无法在海上再次装填,这样潜艇就只能返回一个主要基地再次装弹。在塞浦路斯短暂停留整补后,"无敌"号在皇家军辅船队"贝叶"号的伴随下于4月底抵达艾奥尼亚海。她加入了美国海军"西奥多·罗斯福"号航母战斗群,舰上的"海鹞"战斗机完全被用于在敌方的普里什蒂纳机场和波德戈里察机场上空巡逻。塞尔维亚军队的火控雷达经常锁定这些英军飞机,但却从来没有真的发射过防空导弹。到5月中旬,北约司令部认为可用的陆基飞机已经足以应对后续的战斗，因此"无敌"号完成任务后返回英国本土。此次行动期间，第800中队的"海鹞"F/A2总共执行了300个飞行小时的对空巡逻任务。

"栅栏"行动，2000

经过多年的议而不决，1993年，英国海军下达了新一艘突击队母舰的订单，新舰于1995年下水，1998年9月服役，这就是"海洋"号。她拥有航母式的外观，装有全通式飞行甲板和右舷舰岛，但其内部空间的设计却优于那些由轻型舰队航母改造来的同类舰艇。飞行甲板是一整块平甲板，没有开放式舱楼，但是由于一些说不清道不明的原因，其飞行甲板1区前部很像是20世纪20年代的"竞技神"和"鹰"号，大大压缩了可以停放飞机、车辆和预装待吊运物资的空间。"海洋"号飞行甲板的中心线上绘制有跑道标识，"鹞"式可以轻松降落，理论上说她也可以让"鹞"式在平甲板上短距起飞，但是舰艏正中央却装有一座"密集阵"近防炮，这对起飞的飞机来说显然是个严重的威胁[13]。舰上没有航母上那样的飞机加工车间，但布置了集装箱化的两栖支援套件，这也可以进行改造，以便支撑她在执行特殊任务时搭载特别航空大队（TAG）。"海洋"号从一开始就忙碌不停，即使在首次试航中也是如此。当时她搭载着"海王"HC4直升机赴加勒比海试航，但中途任务中断，她奉命对遭受"米奇"飓风灾害破坏的洪都拉斯和中美洲摩斯基多海岸地区进行人道主义救援。舰上的直升机可以把食品和药品送到距海岸185千米的内陆社区，航母本身则每日为灾区提供最多300吨淡水。

2000年年初，"海洋"号运载着两栖值班部队（ARG）出海，参加"曙光女神2000"行动，舰上搭载有第846中队（"海王"HC4）和847中队（"山猫"AH1），以及皇家陆战队第42突击营和第三突击旅旅部的部分人员。航行途中，这艘突击队母舰组织了一系列两栖作战适应性训练，包括在直布罗陀进行的"罗克·韦德"演习、在葡萄牙进行的"佩恩·韦德"演习，以及在法国南部坎果尔营地（一个大型炮兵射击场）举行的"安布罗斯山"演习。与此同时，同样准备参加"曙光女神"行动的"光辉"号航母也正在大西洋上参加"五洋相通"演习，此番她除了搭载自己的"海鹞"和"海王"之外，还搭载了皇家空军的"鹞"式飞机。2000年5月8日，"光辉"号连同其特混大队一同退出演习，奉命全速开往塞拉利昂，担负起"栅栏"行动的核心角色。这次行动旨在撤出英国侨民,同时投入部队恢复局势平稳,保证该国境内的联合国维和部队恢复行使职能。5月5日凌晨02:00,两栖值班部队,包括"海洋"号[14],受命准备参加"栅栏"行动并尽快启程前往塞拉利昂[15],在那里,她将与"光辉"号航母,以及在西非执行警戒任务的护卫舰"阿吉尔"号会合。于是,"安布罗斯山"演习紧急叫停,登陆部队返回母舰,两栖值班部队启程开往直布罗陀港,在那里补充了作战物资、人员和弹药后奔赴西非。

2000年5月时,塞拉利昂已经遭受了9年的内战摧残,当地叛军一直想要推翻卡巴总统的民选政府。被称为ECOMOG的西非维和部队当时已经撤离塞拉利昂,一支被称为UNAMSIL的小规模联合国部队接替了西非维和部队的任务,但他们在当地还没有站稳脚跟。于是革命联合阵线(RUF)试图利用这一力量真空,他们袭击了联合国部队,打死7人,俘虏了超过400人。英国军事观察团逃出了马肯尼镇周围的RUF包围圈,团长菲尔·阿什比少校被接到了"海洋"号上,刚一到达,她就向大家介绍了陆地上的形势。RUF的战士正在向首都弗里敦推进,基本没有遇到什么抵抗,城里的恐慌氛围激起了人们对英国公民安全的担忧。一位英国军事观察员——安迪·哈里森少校此时还停留在该国东部,他已经被RUF部队包围,但仍能通过无线电与外界联系。于是,英国政府决定,5月11日空运"尖刀部队"伞兵团第一营战斗群进入塞拉利昂,执行撤侨行动。这个营很快在隆吉机场和弗里敦周围占领了阵地,使这一地区的态势恢复了平静,联合国部队的组建得以不受干扰地继续进行。RUF的头领福戴·桑科从居住的房子里打出一条血路逃进丛林。此时,忠于卡巴总统的部队只有大约2000人,他们装备有英国制造的步枪,但没有车辆、没有军服,也没有靠谱的指挥官。我们或许可以想见这支部队的纪律很差,但他们却有一件最有用的装备,一架由雇佣兵驾驶的米-24"雌鹿"武装直升机。这架直升机对付叛军很管用,但地勤维护和弹药供应却一直是个老大难问题。所谓的武装部队革命委员会(AFRC)由忠于约翰尼·科罗马的前军人组成,2000年5月时他们通常是忠于民选政府的,但是其中有些派别却我行我素,拒绝与RUF作战,包括奥克拉山派、"西部男孩"和塞拉利昂边境警卫部队。当英军第1伞兵营到达时,他们面对着十分现实的威胁:RUF可能压倒联合国维和部队和前政府的杂牌军,夺占首都及其机场。

△一张摆拍的宣传照：2000年，"海洋"号两栖攻击舰上的"海王"HC4直升机在塞拉利昂海滩快速索降陆战队突击队。（图片获得英国皇家授权）

5月14日，"光辉"号与两栖值班大队在塞拉利昂外海占据阵位，开始进行侦察并运送车辆和装备上陆，此时，装备照相机的"海鹞"的价值就不可估量了。5月17日，RUF战士们攻击了设在隆吉鲁尔村的一个英国探路部队的哨站，当时皇家陆战队第42突击营的里奇·坎特里尔上尉正带队在那里执行侦察任务。其结果是，RUF头领被生擒，几名叛军在随后的交火中被击毙。5月25日，登陆部队全部上岸，伞兵们则被接回"海洋"号"喘口气"。他们基本是空着手被接回来的，但登上母舰后，淋浴房、美食和干净的制服还是让他们大感欣喜。突击队战斗群在陆地上的行动种类十分繁多，仅这一点就很值得一提了：除了安定局势之外，他们还要准备撤退人员、修理当地政府的车辆、为塞拉利昂军队训练新兵、支援当地警察部队，并且在首都北边的丛林里猎杀RUF叛军的残兵。他们还组织了广泛的水上巡逻以防止RUF乘坐小船渗透到英军控制区域的后方。他们的步行巡逻都让众多小村里的居民看在眼里，从而恢复了民众的信心。第

第十八章 十年征战 559

847中队的"山猫"直升机能够夜间在丛林里搜索叛军,这就使突击队员们能对周边地带进行24小时监控。"光辉"号第801中队的"海鹞"则负责对距离突击队控制区稍远的村庄和岛屿进行照相侦察。它们也做好了在必要时使用武力的准备,但这些飞机,加上英军炮兵和政府军那架武装直升机,就足以吓阻 RUF 的任何行动了。不战而屈人之兵,这又是海上力量吓阻作用的一个绝佳例子。"栅栏"行动另一个不同寻常的方面就是在本古埃玛为塞拉利昂军队建立了一个有效的训练营,并为当地军队提供帮助,这也是英军扶助当地以争取人心的工作之一。第42突击营的医疗分队为超过1000名塞拉利昂新兵进行了体检,60名突击队员帮助新兵进行训练。两栖值班大队在6月撤离后,这项任务被交给了一支英国陆军部队。来自多艘军舰的水兵也上岸协助皇家陆战队在弗里敦周围建立警戒线,他们还重建并粉刷了两所学校。后者尤为重要,因为战乱使得塞拉利昂的发展陷于停滞,而在2000年5月,英国水兵们的善举也成就了这个国家仅有的建设成果。"海洋"号的主机还接入了当地电力系统,弗里敦郊区也由此在长期断电之后恢复了电力供应。

△ AIM-9"响尾蛇"导弹被送到飞行甲板,准备挂装到图中的"海鹞"F/A 2机上。(作者私人收藏)

英国新一届工党政府正确地理解了"栅栏"行动的卓越成效,从而开始着手制定计划,建造一艘新一代航空母舰。问题的关键在于这是一场运转良好的跨军种联合行动,参与各方有机地结合成了一个整体,而不是各自为战相互争抢,这正是皇家海军自从20世纪60年代初拉姆比将军提案以来一直在坚持的东西。空运力量迅速把"尖刀部队"第1伞兵营投送到塞拉利昂,但是他们落地后只有随身携带的装备和物资可用,不得不仰赖靠不住的本地资源。英国的空运力量不足以投送如此规模的行动所需的车辆、弹药和后勤支援,但这却是一项十分重要且与海军互补的能力。两栖值班大队,连同航母、突击队母舰和皇家军辅船队自带大型基地的所有设施,一旦部署到位,它们能做的事情就多得多了:向任何需要的地方投送部队、通过直升机和车辆保证部队机动性,支援"尖刀部队"以保持其战斗力、使用登陆艇和直升机沿河巡逻,甚至帮助当地武装。虽然这里远离英军基地,但航母及其舰队却能愉快胜任。

"泰利克"行动,2003

英国国防部原本打算2003年在远东实施一次大规模部署以参加"飞鱼3"联合演习,这是《五国联防协议》①早已约定好的。然而到了2002年下半年,联合国武器核查人员在伊拉克开展工作时却屡屡受阻,动武看起来已经在所难免。于是英国政府调整了部署计划,一部分皇家海军舰艇被派到海湾,准备参加美国牵头的"伊拉克自由"行动。组建联军的时间比较宽松,进度也相对慢一些,一批陆基固定翼飞机中队及其后勤支援都被纳入其中,因此英国政府认为无须派遣航母。但是最后,英国的参战部队还是包括了"皇家方舟"号和"海洋"号[16],行动名称则毫无想象力地被称为"泰利克"②。不过"皇家方舟"号本次不再作为固定翼飞机航母参战,而是化身为两栖攻击舰/突击队母舰。2003年1月,她从朴次茅斯起航,搭载了一支特别航空大队,包括皇家空军第18中队的双旋翼"支奴干"直升机和第849海军航空中队A小队的"海

---

① 即1971年英国、马来西亚、新加坡、澳大利亚、新西兰五国签订的军事条约。
② 即"有目的的"。

△ 2003年第二次海湾战争中的"皇家方舟"号。她在此战中的任务是搭载"支奴干"直升机支援陆战队进攻法奥半岛。图中可见甲板上停放着3架"支奴干"和1架皇家海军的"海王"ASaC7,第四架"支奴干"正在降落。(作者私人收藏)

王"ASaC7直升机。"海洋"号和同行的运输船搭载有第845中队("海王"HC4)和第847中队("山猫"AH1),以及第3突击旅旅部、陆战队第40和第42突击营、陆战队第539突击中队、陆军第29突击团、工兵第59独立突击中队。英国特混舰队指挥官戴维·斯奈尔逊海军少将的司令部设在陆地上,与美国海军第五舰队总部同驻,组成了联合指挥部,从那里,他可以与英国本土诺斯伍德的常设联合指挥部保持联系。第3突击旅由吉姆·杜顿陆战队准将指挥,他将与美国海军陆战队第三远征军保持密切协同。皇家海军特混大队的首要任务是对法奥半岛发动两栖突击,这个半岛控制着通往乌姆卡斯尔地区和巴士拉港主要水道的接近水域,战略地位十分重要。这里也是阿拉伯河流域一处重要的油田。

战斗是由射向伊拉克指挥与控制设施的"战斧"巡航导弹打响的,皇家海军的"壮观"号和"湍流"号核潜艇也参与其中。2003年3月20日22:00,突击队进攻开始,第40突击营搭乘"海王"和来自"皇家方舟"号的"支奴干"直升机在夜间登陆。但第二波登陆却因美国海军陆战队一架CH-46"海骑士"直升机坠毁、机组和搭乘的英军第3突击旅侦察大队部分人员遇难而被推迟。两栖突击最后还是照常进行,英军第一波部队乘坐英国海军的"海王"和英国空军的"支奴干"直升机突击上岸,第二波部队比原计划推迟了6个小时,而且遭遇了恶劣天气和敌人的顽强抵抗,但最终还是取得了成功,完成了任务。护卫舰"里士满""查塔姆"和皇家澳大利亚海军"安扎克"号为第3突击旅提供了格外精准的舰炮火力支援。2003年3月22日凌晨04:30左右,第849A小队的2架"海王"ASaC7直升机发生撞机事故,其中1架直升机返回"皇家方舟"号,另一架则刚刚准备执行任务便坠毁了,机上7人全部不幸遇难,其中还有1名美国海军的交换军官。尽管遭此不幸,升级后的"海王"ASaC7直升机上的2000型对海搜索雷达及其"地狱犬"系统还是显示出了格外优异的精确性,无论对海还是对陆皆如此,它甚至能够跟踪穿越沙漠的人员和车辆[17]。交战阶段不久之后就结束了,包括"皇家方舟"号在内的一部分英国军舰便从海湾撤离了。2003年5月,"皇家方舟"号回到朴次茅斯,"无敌"号接替了她高戒备等级舰队旗舰的任务。不久,"海洋"号也带着突击直升机中队回来了。

△第814中队的一架"海王"HAS6降落在"无敌"号上。最近处的直升机绘制了"虎头"图案。这支中队前不久刚涂上老虎涂装参加了北约的"老虎会",他们的队徽里也画上了老虎图案。其后方的那架直升机也是HAS6型,正在降落的三架直升机都是"海王"AEW2。(作者私人收藏)

很多人都期待着苏联解体后世界再无战火,但事实远非如此,1991年之后的十余年里,各种大大小小的冲突在全球范围内此起彼伏,英国也往往不得不采取行动。这正是海军部在被撤销之前预言过的局面,无敌级航空母舰在其中做出了重要的贡献。不得不说,她还是不如当初海军部想要建造的那一类航母来得有效。但事情的关键在于,无敌级已是既成事实,而且她们就在第一线,或者能在需要时迅速冲到第一线。

注释

1. Hobbs, *British Aircraft Carriers*, p 320.
2. David Stevens, *The Royal Australian Navy* (Melbourne: Oxford University Press, 2001), p 227.
3. 同上，第228页。
4. Roberts, *Safeguarding the Nation*, p 209 et seq.
5. 这段回忆来自在国防部海军分部的任职经历。
6. Hobbs, *British Aircraft Carriers*, p 332.
7. Gary E.Weir and Sandra J.Doyle(eds),*You Cannot Surge Trust*(Washington DC:Naval Heritage & History, Department of the Navy, 2013), pp 46 et seq.
8. Nick Richardson, *No Escape Zone* (London: Little, Brown and Company, 2000), p 137.
9. Hobbs, *British Aircraft Carriers*, p 326.
10. Neil McCart, *Harrier Carriers Volume1 HMS INVINCIBLE* (Cheltenham: Fan Publications, 2004), p 97.
11. Roberts, *Safeguarding the Nation*, p 246.
12. 同上，第259页。
13. Hobbs, *British Aircraft Carriers*, p 338.
14. 除了"海洋"号之外，两栖值班部队还编有"查塔姆"号护卫舰和皇家军辅船队的"奥斯汀"号、"乔治堡"号、"比德维尔爵士"号、"垂斯特拉姆爵士"号运输船。除了皇家海军陆战队第42突击营外，"海洋"号还载有皇家陆战队突击队后勤团、皇家炮兵的第29突击团下属第8"艾尔玛"突击炮兵连，以及皇家工程兵的第59独立突击工兵连。
15. MOD, *The ARG in Sierra Leone–Operation Palliser* (London: HMSO, 2000).
16. Roberts, *Safeguarding the Nation*, p 276.
17. 同上，第277页。

第十九章
新的国防评估、航母和飞机

21世纪出现了新的挑战，而皇家海军的航母部队还要继续面对来自本国的连番打击，但是这个世纪头两个十年的主题却仍然是上一个世纪末做出的决定及其三心二意的执行。从20世纪80年代初期开始，英军水面舰队在与华约开战时的主要任务便是组建反潜打击群，阻止苏联潜艇突破格陵兰、冰岛、英伦三岛一线进入北大西洋。新型拖曳式被动声呐阵列能够探测到185千米外的潜艇，虽然"海王"直升机的作战半径不足以让它从母舰起飞，到如此远处去查证目标，但是"海王"HAS6在其航程范围内仍然具有令人生畏的战斗力。新一代军舰也是个议题，其中的护卫舰设计方案后来发展成为23型护卫舰，直到2015年仍在服役。这一型舰最初的设计思路只是简单地作为拖曳声呐阵列的"拖车"，除了声呐外只要装个飞行甲板和机库以容纳"海王"直升机就行，武器可以完全不需要。好在，更现实的思路后来还是占了上风，因为这些军舰将要在远离友军支援的情况下独立作战，所以她们必须具有自卫能力，以应对敌方的各种攻击。最近的南大西洋战事告诉英国人，所有护卫舰都必须具有多用途能力，包括装备中口径舰炮，这样才能在需要她们的时候发挥作用，无论是局部治安战还是全面战争。当时人们认为无敌级能够提供编队指挥、防空和舰队周围区域的反潜能力，这样其他舰上的直升机就可以专门用来查证远程拖曳声呐阵列发现的目标。这一做法看似简单，实际上操作起来极其复杂，其复杂程度令笔者感到震惊，后来的事实也证明了这一点。

新一级"一站式"补给船也成了问题。她原本要能够为反潜特混舰队提供燃料、弹药和其他物资。国防部参谋部相信若是给这一级补给舰安装标准化的"箱式"机库并在其后部安装飞行甲板，她们就能搭载4架"海王"直升机并形成一个廉价的移动航空基地，其直升机可以临时配属到装有拖曳声呐阵列的护卫舰上去[1]。但实际上，航空设施会大大增加军舰的成本，与原有的多种既能补充干货也能补充液货的补给设施一起上舰，会使补给舰的造价极其昂贵。这样一来，皇家海军便只能为皇家军辅船队采购2艘，其后续运行成本也会很高[2]。同时，这也会使补给舰无法搭载足够一支大型特混舰队使用的燃料、弹药和零备件。新型补给舰要么结伴行动，要么与其他单一用途的补给舰同行，这样才能解决问题。

1998年国防战略评估

1997年大选上台的工党政府花了14个月进行了一轮国防战略评估（SDR），其基础便是对英国安全态势的重新审视，以及对外政策的防务需求。1998年7月8日，工党政府在英国下院发表演讲，指出华沙条约组织的崩溃意味着英国本土将不会受到直接的军事威胁[3]，然而他们同时也提出，世界"愈加不稳定，无法预测地点的对英国的间接威胁将会持续不断，在有些区域还会愈演愈烈"。为应对这些威胁，国防战略评估要求对现有的部队组织结构进行大范围调整，使其转变为更具机动性的联合远征军，能够"快速投送可持续作战的军事力量，而且通常是远距离投送"。在这一重心调整之下，皇家海军也要"将关注点从先前的在北大西洋开阔水域作战转移到武装护卫和近岸行动上来"[4]。新的力量投送战略将以2艘新型航空母舰为中心，这两艘航母预估排水量约为40000吨，载机量"最多50架"，她们将取代3艘无敌级轻型航母。读者们应当还记得，无敌级最初的设计任务是反潜，而非兵力投送。笔者暂时不清楚40000吨这个预估排水量到底是怎么拍脑袋拍出来的，但值得一提的是，这正是1963年卡灵顿勋爵对CVA-01的设计吨位水涨船高产生警觉后提出的新航母吨位。看起来政客们对这个数字有一种神奇的共鸣。据说英国内阁对当时皇家海军航空母舰在亚德里亚海支援北约领导下英国干涉部队的行动印象深刻，国防大臣乔治·罗伯逊也大声疾呼要加强英国的航母打击能力。然而，虽然大家都热情满满，但为国防战略评估白皮书[5]准备的研究报告却令人意外地在这个问题上表现得缩手缩脚，还特别指出新航母会很贵。文件还提出，新一届工党政府采购新一代大型航空母舰的决定很有讽刺意味，因为正是早先的工党政府在1966年时取消了新一代大型固定翼飞机航母的建造计划。

"大联合"

1998年国防战略评估的要点是建立一套能够支撑1～2支联合快速反应部队（JRRF）的组织架构以实施远征军战略，这与1957年国防评估的结论十分相似。其实这只是更大范围的多军种联合作战思想的一部分，这一思想旨在通过多军种协作或者说"三维立体作战"来使军队的效费比和作战效率最大化。为了指挥这些联合部队，诺斯伍德的常设联合指挥部里新设置了联合作战总司令一职。起初他的地位和其他单一军种总司令齐平，但从2012年起，联合作战总司令能够管辖各军种并指挥所有作战部队。各单一军种的组织机构转为从事行政管理，战争指挥和备战任务则移交给专司作战的联合司令部。第一海务大臣变身为负责制定部队标准和训练的操盘手，不再是作战指挥官。在诺斯伍德，除了常设联合司令部之外，英军又新设了专门负责远征作战的联合快速反应部队司令部，与常设联合司令部共用一套核心班子。为了推进三军融合，三个军种原有的后勤体系被纳入新的国防后勤总司令麾下，他的任务是在1999年之后将其融合成为统一的后勤系统。2005年，完全整合三军的爆炸物存储和分发体系投入运行，随后联合军用飞机维修部也开张了，皇家海军原有的飞机维修机构和设在弗里兰与佩斯的海军飞机工厂都被并入联合军用飞机维修部。

从逻辑上看，可能有人会认为适度扩编舰队航空兵是满足远征部队对固定翼飞机需求的最好方式，反正他们已经接受了上舰训练，在陆地机场起降更是不在话下。当然，皇家空军的"鹞"式分遣队已经展示了他们上舰作战的能力，但空军的运行方式却没能吸取以往的教训。皇家空军每次都从各个不同中队临时抽调飞机组成舰载分遣队，这样他们每次都要对临时编组的维护人员进行上舰训练，包括灭火、损管，以及诸如海上补给、飞机转运之类需要全员参与的任务。而海军航空中队就不会有这样的问题[6]。更严重的是，皇家空军每次组建新的上舰分遣队，其飞行员先前都没有过航母甲板降落经验。虽然他们只需要几天时间就能完成昼间航母起降训练并获得其资格，但若要形成包括夜间和恶劣气象条件下起降能力在内的完整作战能力，就需要实际经验，这通常要耗时数月。而当飞行员真的达到这一标准时，他们又要回到自己原来的陆基中队去了，下次再组建上舰分遣队时，一切又要从头再来。有人提出，这种情况是可以理解的，皇家空军的军官们普遍把航母视为将自己运抵战区的工具，因而不需要像对待空军自己的作战系统那样花费很长时间的训练和实践来熟练掌握。由于皇家空军飞机上舰的次数比较少，航母方面也需要花费时间来熟悉他们的优点和缺点，而且空军的上舰分遣队在航母上运作起来也从来比不上训练有素的海军航空中队那般顺畅。尽管如此，皇家海军的"海鹞"中队和皇家空军的"鹞"中队还是被整编成了新的"联合部队2000"，后来改称"鹞"联合部队（JFH），以"协调作战训练，并使皇家海军和皇家空军的'鹞'式部队同步具备陆地和海上作战能力"[7]。不幸的是，虽然理论上是跨军种联合，但"鹞"联合部队在行政上却归皇家空军的打击司令部管辖，他们对上舰作战毫无兴趣，想方设法限制这些飞机出海训练的时间，最后这个司令部在时机远未成熟的2006年就提出要让"海鹞"退役，因为他们觉得舰队在短期内不需要战斗机，而后继者JSF飞机在2012年就能服役。从2006年开始，JFH的规模被压缩至仅剩4个中队，海空军各2个，另有第5支中队充当联合训练单位。但实际上真正的海军中队只有1支，即第800中队，打击司令部以海军人手不足为由一而再再而三地拖延第二支海军中队，也就是第801中队的建立。但实际上海军并不缺少用来组建第二支中队的人员，他们只能被用来加强第800中队。2006—2010年，海军"海鹞"机中队的上级单位是海军打击联队。看起来，皇家海军关于建立常设舰载固定翼飞机部队的需求并没有获得足够的优先级，这也是所有联合部队的固有缺陷，即每次只能有一个主人，无法兼顾。JFH被投入阿富汗的军事行动之后，第800中队的大部分时间都花在了进驻陆基基地支援北约部队、准备进驻陆基基地和完成任务的途中。而诸如"光辉"号[8]等几艘航母在执行任务时，通常只能搭载美国海军陆战队、西班牙和意大利海军的"鹞"式飞机，很难有机会搭载JFH的飞机。同样，跨军种联合空中协同作战也是新成立的联合直升机司令部的理论基础，这个司令部统一负责皇家海军突击运输直升机、陆军航空兵的攻击直升机和皇家空军的战场支援直升机的作战指挥，所有这些机型都可以组成特别航空大队上舰作战。但问题依旧存在，陆军和空军的直升机设计上并不适于上舰，对其进行改造在这两个军种看来并非"补缺补漏"，完全就是"推翻重来"。不过公平地说，当陆军意识到航母能把他们的直升机运到战区后，他们便积极主动地接受了这一新能力，并且广泛组织专项训练，他们的上舰作战能力在2010年干涉利比亚时得到了展现。皇家空军的"支奴干"直升机在2003年的第二次海湾战争时就证明自己具有海上作战能力，即便它们体积太大，装不进无敌级的机库。所有这些"大联合"的目的都是扩大"最佳作战样式"并提升作战效能。这在一部分情况下毫无疑问被证明是正确的，但在有些情况下，联合行动的主导军种总是顽固坚持自己原来的做法，其他加入的军种就不得不削足适履。

阿古斯塔－韦斯特兰"灰背隼"直升机

1977年，国防部发布了用以替代"海王"的新一代反潜直升机需求，最初希望新型直升机能够在1985年前后服役。它的作战理念是：每艘"一站式"补给舰上搭载一支四机小队，根据需要将这些直升机临时配属给前出执行任务的拖曳声呐护卫舰。护卫舰上的直升机若需要维护就飞回补给舰，新的直升机将前来接替其任务。护卫舰只需给直升机加油装弹即可，这些直升机可以系留在飞行甲板上，或者水兵们进行简单的人力推拉就可以进出机库。但是再多考虑一层就会发现，这种作战方法会带来诸多"如果……该怎么办？"之类的问题[9]，因此很快就被放弃了，更合理的作战方式逐步占了上风。随着23型护卫舰的设计性能逐步提升，英军最终同意在舰上配备能够独立作战的舰载机，以及为每艘舰配备完整的地勤维护团队，即便这意味着需要额外增加人手[10]。但是能够满足这一需求的直升机开发得很缓慢。韦斯特兰直升机公司提出了一份代号为WG-34的三引擎直升机方案，其航程和滞空时间比"海王"更长，采用先进的碳纤维机体结构。于是这一方案在几年时间里成了皇家海军制定未来计划的基础。好事成双，恰好此时意大利海军也需要一款新型大型直升机来替代他们的"海王"，于是韦斯特兰和意大利阿古斯塔公司一拍即合，双方签订协议共同推进这一联合项目的实施，此举也获得了英国国防部的认可。双方建立了一家合资公司，也就是后来的欧洲直升机工业公司（EHI），既然"海王"的替代机型是这家公司的第一款设计，那么新直升机的编号也就顺理成章地编为EHI-01。但不幸的是诸多媒体都误读了这个编号，于是"EH-101"这个错误的编号便不胫而走，正确的编号反而没几个人知道了。不大不小的一个尴尬。最终阿古斯塔和韦斯特兰的合作更进了一步，2000年，两家公司干脆宣布合并，成立阿古斯塔 - 韦斯特兰公司，这型直升机也改称为 AW-101。为了便于读者理解，本书此后就会将新型直升机的制造商统称为阿古斯塔 - 韦斯特兰，而不再考虑合并时间。1981年6月，英国政府确认同意参与新直升机项目，1984年，英国和意大利两国政府同意在这一联合直升机项目基础上发展2个型号——反潜型和突击运输/货运型，其中后者的订单主要来自英国皇家空军[11]。新机型总共造了9架原型机，其中第一架在1987年10月首飞，但随后的研发工作却进展缓慢，第一架完全符合皇家海军要求的实用型机要迟至1997年才开始试飞。皇家海军和空军都为新机型选择了"灰背隼"这个名称，海军型起初编号为 HAS1，不过在服役之前就改成了 HM1，以体现其更广泛的水面侦察职能。1998年，第一批"灰背隼"交付皇家海军，装备库德罗斯海军航空站的集中试飞单位，第700M 中队，后续所有"灰背隼"中队的岸基基地都设在这里。由于这一型直升机的系统十分复杂，试飞单位也参与了研发，并在部队中服役多年，直到2008年才告解散。2000年，作为"灰背隼"训练和总部中队的第824中队成立，之后又成立了2支准备登上航母的一线中队，第814和820中队。2010年之后，这些直升机作为特别舰载航空大队的一部分被分配给两栖攻击舰快速反应特混大队[12]和补给舰。第三支一线中队，第829中队在2004年成立，负责为6艘23型护卫舰各配属一支舰载直升机小队[13]。皇家海军至今仅下达过一批"灰背隼"订单，共计44架，在1998—2002年之间交付。

"灰背隼"是一型很大的直升机，和美国海军同期的西科斯基 SH-60R "海鹰"直升机相比，无论是采购成本还是运行成本都要高得多[14]。"灰背隼"的最大起飞重量为14.5吨，能够挂载最多4枚"黄貂鱼"轻型鱼雷或者一些深水炸弹，舱门处可以架设机枪[15]。但是它不像 SH-60R 那样可以携载空对面导弹，在对海作战中难以发挥作用。机上装有3台罗尔斯 - 罗伊斯 RTM322发动机，每台可输出超过2000轴马力的动力，直升机能够连续飞行6个小时，几乎是"罗密欧"①的2倍。

---

① 英军对 SH-60R 的昵称。

机上的"蓝隼"雷达装在机腹前部的大型整流罩内,能够覆盖360°方位,这与"海王"将扫描天线装在机背上的做法截然不同。"灰背隼"主要的反潜探测设备是泰尔公司的2089型直升机用折叠式轻型声响系统(FLASH)[16]。这种吊放式声呐能够探测到1.85～48.15千米距离内的目标,并且能够通过高分辨多普勒处理技术和整形脉冲技术来探测慢速潜艇。与同时期的其他两型制海直升机相同,"灰背隼"也能够使用主动和被动声呐浮标,通过一台AQS-903A音响信号处理器对声呐浮标发回的信息进行处理,所有信息都能记录下来,以便返回母舰后做进一步分析。"灰背隼"直升机起初设想的作战样式是从拖曳声呐阵列的护卫舰上起飞,向潜艇信号所在的方位飞行,飞到目标的大致位置上空之后投放声呐浮标阵列以确定目标位置,如有必要,它还可以用投下的浮标组成箭头形阵列以精确锁定目标,这就是所谓的"箭头跟踪"战术。一旦获得目标的准确位置,"灰背隼"就可以发射自导鱼雷进行攻击了。如果直升机仅使用被动声呐浮标,那么敌方潜艇要一直到听到鱼雷航行的声响才会知道自己遭到了攻击,此时已经来不及规避了。有意思的是,1987年加拿大政府也订购了"灰背隼"直升机,用以替代"海王"和用于搜救的波音CH-113"拉布拉多犬"。不过加拿大反对党自由党坚决反对这一采购,他们说冷战已经结束,这一采购项目是没有必要的。于是他们在1993年赢得大选上台后便取消了这个价值4.7亿加元的项目。不过加拿大政府后来办了一件大蠢事,换届后的加拿大政府继续采购"灰背隼"直升机以替代"拉布拉多犬",但却在2000年决定采购尚未完成研发的西科斯基H-92人员运输直升机用于为皇家加拿大海军的护卫舰和驱逐舰执行反潜任务,并将其命名为CH-148"旋风"。这项合同要求购买28架直升机,并于2008年装备部队,但实际上直到2015年加拿大海军都没能得到一架达到标准的"旋风"[17]。在决定替换"海王"28年后,工做了超过50年的"海王"直升机仍然要继续服役。或许加拿大人的问题在于缺少合作伙伴,没有任何其他国家的海军对H-92感兴趣,于是加拿大国防部不得不独自承担项目的管理及其成本。而反观英国,皇家海军从20世纪70年代开始就会为每一个军用飞机项目寻求合作伙伴。以韦斯特兰"山猫"为例,这种直升机的设计意图在于在非航母的其他舰船上使用,它是与法国联合研制的。如我们所见,"灰背隼"是与意大利联合研制的。而在此之前,

△一架"灰背隼"HM1直升机在一艘机敏级核潜艇上空盘旋。(作者私人收藏)

皇家海军就直接采购了美国海军的成熟产品，包括"海王"直升机和"鬼怪"战斗机，虽然后者选择了价格更昂贵的型号。

刚一服役，英国人就开始着手提升"灰背隼"的性能并延长其机体寿命，以保证能够使用到预定退役的2029年[18]。改进后的型号编为HM2，英军决定将30架HM1型升级至HM2标准，此项目将花费7.5亿英镑，计划2015年完成。与早期型号相比，新型号做了一系列重大改进，包括增加一套新型多功能座舱平面显示设备，这套设备设有5台与夜视镜相连的触摸屏式显示器，所有显示器都能展示8项主要飞行信息或者战场信息和数据。HM2最大的改进还是采用了开放式架构的人机界面（HMI），据说比HM1"强得多"。后舱里的观察员和系统操作员有了一个装有24英寸战场信息主显示器的新型控制台，其位置设计更合理更舒适。机上装有一套新型数字地图系统，最多能同时显示4路不同的地图数据[19]，并将各战术单元在图上标绘出来，还有一台融合了合成孔径/逆合成孔径雷达功能，具有更佳"边扫描边跟踪"能力的升级版"蓝隼"雷达。

另有一套新型声学组件，可圈可点之处包括更好的声音信号处理能力、新的探测算法和一台兼容主被动声呐系统的声学处理器。随着皇家海军的重心在21世纪转向近海和两栖作战，反潜作战开始更多地使用主动声呐，因为近岸海域的高背景噪声制约了被动声呐的有效性；但在公海大洋，这些被动声呐仍然重要。这些新型声学系统安装在固态硬盘和记录系统上。HM2型机的改进之处还有很多，笔者在此只能再介绍2项：一是新型导航组件，包括一套高度与航向参照系统和嵌入式GPS/惯性联合导航系统，定位精度可达米级；二是改进型通信系统，包括北约第二代抗干扰战术甚高频无线电（SATURN）、高频通信系统和能够与水面舰艇共享数据的数据链。

"海王"ASaC7的换代

2010年英国国防部决定，所有型号的"海王"都将在2016年3月退役，于是英军对"海王"ASaC7的各种替代选项进行了一系列调研。一个显而易见的选项是美国海军的E-2C"鹰眼"雷达预警机，新一代航母足够大，能够搭载这种飞机[20]，但是国防部还是拒绝吸取历史教训，出于某些不可言说的原因，他们拒绝在设计新型航母时将固定翼空中监控飞机纳入考虑。能够垂直/短距起降的方案还有2个，一是MV-22"鱼鹰"偏转旋翼机的发展型号，二是移植了"海王"ASaC7"地狱犬"系统的"灰背隼"[21]。要在MV-22基础上改造预警机，其费用就要完全由英国政府承担，因为美国海军和海军陆战队无此需求，这笔费用不可能便宜。如此，用"灰背隼"改装预警机就成了顺理成章的选择，尤其是英国海军手中还有12架HM1放在仓库里没有升级到HM2呢。然而国防部再一次选择了没有任何其他海军尝试过的别无分店也未经验证的技术方案。他们发起了代号"克罗斯内斯特"①的项目，试图利用"灰背隼"HM2的开放架构任务系统让航母上已有的直升机能够根据需要转换任务模式，执行空中监控任务。这个项目交给洛克希德-马丁公司英国分部管理，他们在两种不同的系统之间发

---

① 加拿大地名。

起竞争以择优选用。其中一个系统正是由"地狱犬"系统发展而来的。这种方案的如意算盘是，在伊丽莎白女王级航母搭载的"灰背隼"直升机数量不变的情况下，指挥官可以根据每一次任务的需要灵活决定多少架执行反潜任务，多少架进行空中监控。这么做的好处是可以让特别航空大队中需要编入的多用途直升机数量降到最低，但是笔者很难相信同一支中队的观察员能够很好地同时胜任反潜和空中监控两个专业。反潜和空中监控是两个不同的观察员专业，其训练内容截然不同，虽然二者在对海监控技术方面有一定重叠，但反潜观察员不会进行战斗机引导和攻击机战术训练，空中监控观察员同样不会接受声呐运用和反潜战术训练。依笔者看来，任何打造"超级观察员"的尝试都将彻底失败，就如同20世纪40年代想要训练全能型飞行员兼观察员那样。这样的训练必定耗时

△一架正在执行监控任务的"海王"ASaC7预警直升机，机上的雷达罩已经展开并放下到工作位置。（图片获得英国皇家授权）

长久而且耗资巨大,加入部队后,他们在短期内也不可能在两个方面都达到备战所需的高专业水平。到2015年,由于特混舰队真正出海训练时间的缩水,观察员们连两个专业的基本能力都难以维持了。国防部的犹豫不决意味着"克罗斯内斯特"改造后的"灰背隼"直升机无法在2016年3月"海王"全部退役之前加入部队。为了填补这一空白并保证"伊丽莎白女王"号在服役首年能够具有空中监控能力,2014年国防部又决定把7架"海王"ASaC7的服役时间延长到2018年,此时,这些"海王"直升机在皇家海军中服役已经接近50年了。笔者那些早在20世纪80年代初期就负责替换"海王"的同僚们,谁也没有把这个"迫切需求"当回事,因为"只有十来岁的孩子"才会觉得这种事能快得起来。

寻找"海鹞"的后继者

"海鹞"F/A2可以被视为这一型飞机的中期升级型号,它在马尔维纳斯群岛战争和后来的冲突中暴露出的问题得到了纠正。虽然皇家海军为此花的钱不算多,但当改进后的"海鹞"带着"蓝雌狐"雷达和AMRAAM导弹装备部队时,它却成了全欧洲最好的战斗机。但毕竟它的机体本身已经完全过时了。新增加的装有雷达和武器瞄准系统的"黑盒子"导致机翼后方的机身加长了457毫米[22],飞机的空重也增加了不少[23],但是其最大起飞重量仍然维持在11.9吨,2.27吨的武器载荷也还能保得住。同一时期美国海军陆战队的麦道公司AV-8B(皇家空军也装备了这一型号,命名为"鹞"GR5/7/9)情况好一些,它空机重量略低,因为机体结构大量使用碳纤维来替代铝合金,同时也无须那个"黑盒子"。若是没有合作伙伴,单凭皇家海军自己是没钱去研发推力更大的新型发动机的,而美国海军陆战队和英国皇家空军对此又都没有兴趣。这样,垂直/短距起降的"海鹞"也就成了皇家海军别无选择的选择,因为他们再没有别的可以垂直降落的飞机了,他们不得不把一切控制在标准"飞马座"发动机的推力限制之内。在北大西洋,这并不会带来太大的问题,但在冷战结束后,皇家海军发现自己不得不越来越多地奔赴东地中海、阿拉伯海、波斯湾和远东执行任务,而那里炎热的气候使发动机出力不足。这就大大降低了飞机的悬停重量,这一困难在飞机带回未用武器时尤其严重。飞行员经常需要带着仅够飞行几秒钟的余油垂直降落,要么就把未用的武器丢弃掉，而这些武器通常很贵，甚至整个英国都没能购买多少枚，哪能轻易浪费？这些问题加之"鹞"GR7更易于升级的说法，成了国防部让"海鹞"在2006年就提前退役的官方理由。实际上有些"海鹞"的飞行时长还不满1000小时，在笔者看来，它们的除籍实在是个悲剧。

所有的军用飞机在服役生涯中都会越变越重，因此对国防部参谋部里的海军军官们而言，"海鹞"的替代机型是必不可少的了，而且他们还需要一个合作伙伴来分担研制新飞机的费用。皇家空军对此完全不感兴趣，他们已经采购了不同型号的帕那维亚"狂风"多用途战斗机来执行战斗机和战斗轰炸机的任务，近距空中支援则有"美洲虎"和"鹞"式担纲。从长远看，空军的参谋军官们仍然坚持着他们"陆基飞机能够做任何事"的理想，而其精力则大部分集中到了后来成为联合欧洲战斗机"台风"的新设计上。我们来看看法国人，法国海军和空军联合研制了兼具舰载和陆基使用能力的达索"阵风"战斗机，其研发体系和训练框架都是共用的。反观英国，英国空军对所有想要上舰作战的飞机一律不感兴趣，那些为了政府近期再三强调的联合远征作战而开发的飞机也不例外。这样，皇家海军唯一可能的合作伙伴只剩下了同样在为 AV-8B 寻找替代机型的美国海军陆战队，"鹞"式在他们那里是用来和直升机混编成为两栖攻击舰混合航空大队的。因此，20世纪80年代末，英国国防部和五角大楼就此举行了会谈，双方同意共同出资联合研制一型"买得起"的超音速垂直/短距起降战斗机以替代"海鹞"和 AV-8B"鹞"式。有一款设计方案甚至一度得到了 AV-16 的美式编号。差不多与此同时，美国海军和空军也在考虑在新飞机研制方面采取一定程度的联合，两个军种对各自战斗机的要求都包含不同程度的"买得起""隐身"，或者只是简单的能够比其所要替代的机型更好就行了。随着1991年冷战的结束，美国国会开始寻求"和平红利"，他们决定把所有项目合并成为一型战斗机基础型号，仅以不同的具体型号来满足美国空军、海军、海军陆战队和国外客户的需要，从而通过单一机型的大批量生产来获取最大限度的经济性[24]。到1994年，这一计划发展成了著名的联合打击战斗机（JSF）项目，它有3种子型号，采用相同的传感器和武器，机体结构设计也有80%相同。英国当然加入了这一项目，而且将自己所需的型号命名为英国未来舰载机（FCBA），不过大部分人还是习惯管它叫JSF。英国承担了一部分项目研发经费，并且派遣了一些海军和文职人员加入到联合项目组中，这是美国政府采购项目中第一次吸纳"外国"官方人士。这样英国就成了JSF项目的一级合作伙伴。后来其他国家也陆续加入了这个项目，但是英国在JSF的整个研发阶段始终保持唯一的一级合作伙伴地位。当时人们普遍认为皇家海军能够以其最新的垂直/短距起降经验入股，而且虽然没有最终决定，但垂直/短距起降型JSF是英国最有可能采购的型号，同时这也是英国投入最多的型号。另两个子型号分别是为美国空军研发的在陆地机场起落的基本型，和为美国海军研发的加大机翼、加装尾钩的舰载型。不过，受到1998年英国国防战略评估的影响，英国在JSF项目中的参与程度提高了，英国政府宣布，他们还将采购JSF以替代皇家空军中的"鹞"式。注意，被替代的是"鹞"式，不是"台风"[25]。于是FCBA的代号又被改成了联合作战飞机（JCA），当然人们仍然习惯称之为JSF。显然，凡是涉及这一机型及其装备的时候，JSF这个缩写的地位是无可动摇的。三家航空工业集团应邀提出了设计方案。令人意外的是，第一个出局的竟是研制了AV-8B"鹞"的麦克唐纳-英国航宇联盟，他们的设计方案被美国国防先进研究项目局（DARPA）批为"概念不够先进"[26]。波音的设计方案也在2001年落败，洛克希德-马丁公司最终赢得了190亿美元的JSF设计和研发合同，预计10年完成。英国政府在其中出资20亿美元。此时这一型飞机获得了美军编号F-35，名称为"闪电"Ⅱ。F-35分为三个基本型号，其起飞和降落方式各不相同。美国空军型F-35A机翼面积较小，降落速度很高；美国海军陆战队、英国海空军型F-35B是垂直/短距起降型，装有可旋转的喷口；美国海军的F-35C是舰载型，机翼较大以把降落速度控制在可接受的范围内，同时装有尾钩和前起落架弹射牵引装置。海军型的最大起飞重量比另两个型号重4.54吨，因此能够装载更多的燃油和武器。公正地说，A型和C型机为了与十分特殊的B型机保持通用性而付出了沉重的代价。如果没有B型机，A和C型机本可以是更坚固的双发机，并能够发展出单座和双座两种型号。2015年，许多美国分析人士认为，如果能把常规起降和垂直/短距起降两种型号作为两个项目分别研制，只是尽可能地共用航空电子设备，那么其结果可能开支更少，进度更快，效果也更好。以笔者来看，他们很可能是正确的。JSF项目中影响到全部三种型号的第一次重要延误的原因之一就是需要大幅度降低原始设计方案的机体结构重量，以保证 B 型机能够带着未用弹药悬停并垂直降落在两栖攻击舰上，这就暴露了这个项目的关键缺陷。人们认为，正是由于同样的原因，英国政府才不得不早早就让"海鹞"离开了军队。

洛克希德 – 马丁"闪电"Ⅱ

由 JSF 研制和演示项目发展而来的机型被命名为"闪电"Ⅱ[27]，但是和其他英国飞机不同的是，直到本书成稿的2015年，它还没有得到英军编号。譬如英国版麦克唐纳"鬼怪"战斗机在美国海军中的编号是 F4H[28]，皇家海军则将其编为"鬼怪"FG1。即便是英国国防部看来也打算直接沿用其 F-35 的美国编号。"闪电"的主要特点在于隐身性，机体设计令其能够在特定波段范围的雷达面前保持最小的反射面积。JSF 另一项最初的设计理念是"通用可承担轻型战斗机"（CALF），但最终的"闪电"无论如何也算不上"轻型"，更不是"可承担"。英军采购的垂直／短距起降型 F-35B 最大起飞重量高达27.2吨[29]，若是和第四代"皇家方舟"号航母上搭载的最后一批英国常规起降舰载机做个比较，就能看出"闪电"Ⅱ实际上成了英军航母有史以来搭载的最重的飞机。"皇家方舟"号上那些舰载机的最大起飞重量是这样的：

"鬼怪" FG1　　24.5吨
"掠夺者" S2　　20.4吨
"塘鹅" AEW3　　11.8吨

"闪电"Ⅱ本身十分复杂，其飞行和引擎控制、雷达、通信、导航、电子战、传入信息整合、武器控制和诸多其他系统都需要依靠软件来驱动。而这些软件程序都是在经过测试后以不同的版本发布出来的，截止本书成稿时，最新的软件版本是 Block 2B，这一版本软件已经装在了英军采购的飞机上，美国海军陆战队也打算利用这一版软件来形成初始战斗力。正在研发的 Block 3F 版本软件将是在实战评估阶段使用的最终版本，美国海军和英军的飞机将从2019年起使用这一版软件，随后所有的"闪电"战斗机软件也都将升级至这一版本。和2B相比，3F版本软件具有更强大的战斗力，飞机可用的武器种类更加宽泛，并且可以完整传输图像和数据。诺思罗普-格鲁曼公司的AN/APG-81有源相控阵雷达（AESA）在机头里装有数百个收发单元，但完全不需要机械运动。软件能够对雷达波束进行整形并提供32种雷达模式，包括12种空对空模式，12种空对面模式——包括舰船跟踪和对海搜索，4种电子战模式，2种导航模式和3种天气预警模式。AESA阵列本身的设计也能够满足飞机全寿命周期的需要，其故障间隔时间期望为10000飞行小时，雷达装有内置式监控系统，能够对其"黑箱"结构进行"健康检查"，一旦发生故障，可以快速找出需要更换的组件。雷达获得的目标跟踪信息将会提供给集中中央处理器，处理器将其与其他传感器传来的数字化信息进行综合处理，为飞行员提供洛克希德-马丁所说的"杰出的态势感知能力"。处理后的目标信息将通过头盔显示器和全景式座舱显示器提供给飞行员，这样"闪电"Ⅱ就连抬头显示器都不再需要了。"闪电"Ⅱ的另一个法宝是AN/AAQ-37型分布式孔径系统（DAS）[30]，它包括一组安装在机身四周的红外传感器，能够提供不受干扰的全方位视野，信息被输入集中中央处理器并接受处理之后，飞行员便可以获得导弹和飞机的探测、跟踪和预警，甚至很远距离上的弹道导弹发射警告。通过头盔显示器，飞行员能获得昼夜360°全向视野，即便是他脚下的座舱地板也挡不住他的视线。无论飞行员看向哪里，他或她的眼前都将出现那个方向的传感器捕获的图像。这些传感器都是被动式的，不会把飞机暴露给敌人，但是有些传感器的位置很接近机体上的高温热源，因此需要靠低温冷却剂系统来降温，这就增加了复杂性。机上所有的运动部件都是靠电子系统驱动的，因而会在机身内产生相当大的热量，而燃油会被用作热量吸收剂以冷却机身。

洛克希德-马丁AN/AAQ-40光电目标探测系统（EOTS）同样可以通过集中中央处理器和头盔显示器、全景式座舱显示器向飞行员提供信息。这一设备挤在雷达和座舱之间的狭小空间里，根本不可能像先前的目标跟踪系统那样获得直视视野。因此EOTS通过镜面和棱镜对光线进行折射，从而成了有史以来最紧凑的光学系统。其主镜头装在机身下部雷达后方的"隐形窗口"内，由7个切面的蓝色镜片组成。作为雷达和分布式孔径系统的补充,它可以为激光制导武器提供目标指引,还可以在协同作战时用一个激光光斑跟踪器为友机的武器指示目标。这一设备在在前方广大区域进行红外空对空和空对面目标跟踪时,还具备数字放大能力,同时还能与地理协同系统匹配以便使用 GPS 制导武器。此前的同类跟踪系统都装在机体下方挂架上的风冷吊舱里,但是在"闪电"Ⅱ上,这种布置方式会破坏飞机的隐身性。因此 AAQ-40 就只能依靠自带的液冷系统,用专门的冷却液降温。经过处理后的数据据说能为飞行员提供比先前任何战斗机都准确的目标信息。BAE 系统公司的 AN/ASQ-239 "梭子鱼"电子战系统能够与机上的其他传感器互操作,通过网络还能与其他飞机、地面站和军舰的系统互动。其数据通过一套多功能先进数据链(MADL)实现实时传输。和 EOTS 一样,ASQ-39 也必须装在机体内部以免破坏飞机的低可探测隐身外形,它通过 10 个装在机身周围的传感器及自带的雷达接收阵列来提供雷达照射预警,并且分析和锁定照射源。这套系统还具备电子监控能力,包括锁定敌方雷达的地理位置,从而使"闪电"Ⅱ能够进行规避、干扰、打击,或者通过网络调用友军实施打击。它还可以收集敌方系统的信号情报,并且用 APG-81 雷达进行有源干扰,不过雷达的大功率输出会暴露飞机自身。美国空军已经在佛罗里达州的艾格琳空军基地组建了专门的第 513 电子战中队,飞行员全部来自美国三军的"闪电"Ⅱ部队,其任务就是不断根据最新的威胁来刷新"梭子鱼"系统。笔者暂不清楚英国的"闪电"Ⅱ能否与美军同步这些数据,或者是否会在英国建立同类单位。

"闪电"Ⅱ的座舱格外干净,开关很少,毫无拥挤感。全景式座舱显示器由多块 51 厘米宽、20 厘米高的触摸屏组成,这些触摸屏分成 4 个"入口",飞行员可以在这里任意设置。数据显示,大部分人都会在左侧显示战场信息,在右侧显示经过处理的传感器信息。[31] 显示器上方有一个条形区域,用以展示引擎温度、油量、警示和告警、武器状况、起落架状况和其他友机信息。飞机由一根布置在座舱右侧的侧位操纵杆控制,操纵杆后部还有一个供飞行员放置手臂的托板。左手边的节流阀是前后推动式而非旋钮式的。操纵杆和节流阀都具有"手不离杆"操作能力,这样飞行员在战斗中无须松手即可进行各种操作。座舱的中央控制台上有一个电池供电的小型备用飞行显示器,一旦唯一的发动机停车或者战损,它可以继续向飞行员提供足够的信息以便他继续控制飞机,直到发动机重启成功或者飞行员被迫弹射跳伞为止。美国海军陆战队、英国皇家海军、英国皇家空军采购的F-35B型机共有11个武器挂点,左翼最外侧是1号,右翼最外侧是11号,中间依次排列,这些挂点总共能挂载5.44吨武器或副油箱。其中4、5、7、8号挂点位于内置弹舱,可以在隐身状态下使用,但是其他挂点就只能加装挂架使用,这会降低飞机的隐身性能。F-35B型机的内置弹舱比A型和C型更小。两侧机翼上的最内侧挂点,也就是3号和9号,可以各挂载最多2.27吨弹药或者1612升副油箱[32],其外侧的2号和10号挂架可以挂载680千克弹药,最外侧的1号和11号挂点只能用来挂载空对空导弹。在使用Block 2B飞行控制软件时,飞机可以挂载和发射AIM-120空空导弹、GBU-12激光制导炸弹和GBU-32联合直接攻击弹药(JDAM)。升级到3F版本软件后,F-35的可用弹药还将增加英国的先进近程空空导弹(ASRAAM),以及其他一些美制弹药,包括AGM-154联合防区外发射武器、GBU-39小直径炸弹和"宝石路"Ⅳ型精确制导弹药。英国政府为此专门采购了一批美制弹药以供本国的"闪电"Ⅱ使用,英国也将继续投资未来的软件升级,令F-35能够使用"流星"空空导弹和"硫黄石"反坦克导弹之类的英制武器。

△编号ZM136的英军F-35B"闪电"Ⅱ从艾格琳空军基地起飞,其起落架即将完成收起。(图片获得英国皇家授权)

全部三个型号的"闪电"Ⅱ都由一台普拉特＆惠特尼公司的F-135发动机推动，这是有史以来最强有力的一型批量生产型战斗机发动机。F-35B使用的F-135-PW-600型发动机自有其特别之处，它通过线轴联动两台低功率涡轮，涡轮带动传动轴，经由离合器和变速箱驱动一台水平布置在座舱后方的罗尔斯-罗伊斯升力风扇。当飞机悬停或垂直升降时，离合器咬合，风扇就可以提供8.16吨的升力，从某种意义上说，这令"闪电"Ⅱ成了世界上推力最强的涡轮螺旋桨飞机，虽然风扇提供的推力方向是垂直的而非水平的。不过，F-135发动机要"兼顾三种型号"而垂直/短距起降型的F-35B型机需要次级动力来驱动传动轴，因此F-35A和C型机的发动机也被迫带上了这台次级低压涡轮，虽然它们并没有传动轴和升力风扇，也并不需要这些。PW-600型发动机还采用了罗尔斯-罗伊斯公司的其他一些设计来为飞机提供垂直推力并使飞机能够可控悬停。旋转式尾喷管可以将发动机核心舱的高压尾流导向下方，滚转喷嘴可以为飞机提供滚转控制，也能使用从发动机中导出的高压气流为悬停中的飞机保持平衡。通过旋转尾喷管、升力风扇和滚转喷嘴，新型F-135发动机在理想状况下可以为悬停状态下的飞机输出18.44吨的垂直推力，只要飞机重量不超过这个数值，就可以在航母上垂直降落。在常规水平飞行状态下，F-135发动机打开加力燃烧室后可输出18.6吨的推力，使飞机的最大飞行速度达到约1.6马赫，这比"鬼怪"FG1在无外挂条件下最高2.2马赫的飞行速度低了不少。

自动后勤信息系统

"闪电"Ⅱ飞机本身只是整个作战系统的一部分，若没有自动后勤信息系统（ALIS）的支持，它们也将难以维系。ALIS系统的主要职责是对飞行任务、维护计划、飞机故障诊断和维修、供应链、飞行员及维护人员的训练和认证、每一架飞机的档案管理和操作进行统一管理。研发之初，飞机可以插上一台用于安装和检索机上信息的笔记本电脑，也就是所谓的便携式维护辅助系统（PMA），但在软件升级至Block 2B版本后，PMA和飞机之间就可以通过Wi-Fi数据链连接了。PMA本身是舰载或中队运行组件的一部分，这个体系中还有一台标准作战单位服务器，包括无纸化操作和维护系统、低可探测性管理系统和任务计划软件。每一台作战单位服务器上的数据都会同步传输到各"闪电"Ⅱ使用国的中央服务器,也就是所谓的中央节点(CPE)上。美军的 CPE 设在佛罗里达州的艾格琳空军基地,英国则打算设在马尔汉姆的联合军种基地。每一架飞机的信息都存储在各国的 CPE 中,其他国家无法访问,但是有一组核心数据集会传输到洛-马公司设在得克萨斯州沃斯堡的全球支持系统,以为全球的"闪电"Ⅱ机队提供维护数据。新型"伊丽莎白女王"号和"威尔士亲王"号航母服役后,也将安装母舰级运行组件,并与英国 CPE 实现数据交换。任务计划软件可以通过笔记本电脑访问并操作,ALIS 系统会将任务数据下载到单架飞机的任务系统里,并将任务所需的武器挂载和燃油量信息传递给地勤部门。ALIS 还可以发起例行机务检查和维护流程,并通过 CPE 持续更新数据以保证所有信息都是最新的。如果有一架飞机发生了故障,系统就会给 PMA 发送一个编码,以及相关的问题解决信息、一段正确维修方法的视频、修复故障所需的外场可更换部件或零备件的编号与位置,还有维修人员需要具备的技术认证列表。每一次故障信息都会传输到沃斯堡的全球支持系统里,以便统计全球的飞机系统状况和支撑需求。舰载运行组件必定是移动式的,这样就有人质疑它在美国海军陆战队远征作战中的可靠性,于是它的研发还需要继续推进,这个问题或许将在未来十年得以解决。在无法连接到 CPE 的情况下,ALIS 系统也能够保证飞机操作人员的短期工作需求,但显然这时的 ALIS 系统是无法从 CPE 获取更新信息的。在本书成稿时,这一缺陷使得搭载"闪电"Ⅱ的母舰远离基地不能超过28天。国防部对 ALIS 系统及其在皇家海军中的运用并未做评述。

"闪电"Ⅱ拥有有史以来最先进的战斗机机载系统,而它的多国联合研发也毫不意外地成了历史上最昂贵的武器采购计划。英国国防部的媒体部门对这一型飞机毫无疑问的优越性大加赞赏,但笔者怀疑他们当初在讨论对能买得起的"海鹞"替代型号的需求时,对这个令其越陷越深的项目的最终规模是否真的心中有数。当然,公平地说,美国的各个军种也一样心里没谱。美国不同部门给出的关于"闪电"Ⅱ的价格数字计算口径各不相同,因此很难对比。洛克希德-马丁公司给出的单架 F-35A 机体的价格是9800万美元,这还没有包括发动机和解决试飞过程中新发现问题的固定配件的价格,这样其单机总价便大大超过1亿美元①。而F-35B型机无论是采购还是运行成本都显著高于A型机。无论英国拿到手的"闪电"Ⅱ价格到底是多少，飞机本身的价格还只是总成本的一部分。在这些飞机能够上天并执行作战任务之前，英国政府还需要为ALIS系统和所有用于保障其隐身能力、武器弹药和训练的基础设施花上一大笔钱。"闪电"Ⅱ已经是英国采购过的最昂贵的武器系统了，而计算显示它还是英国用过的最贵的飞机。截至2015年，英国已经有了4架用于继续研发的"闪电"Ⅱ放在美国。其中2014年购买的2架英军飞机正在美国切里角海军陆战队航空站内的东部舰队维修中心进行改造，以达到最新生产型机的标准，这两架飞机和第3架一起交付给了驻美国佛罗里达州爱德华兹空军基地的皇家空军/海军第17联合中队，在那里他们将代表英国参加正在测试Block 2B软件的联合作战测试组，这个测试组最终还将测试Block 3F软件。这是美军之外的第一支F-35部队。这支中队很可能会长期留在美国，以作为英美两军在新机型研发方面的纽带。英国飞行员和维护人员都在南卡罗莱纳州波弗特陆战队航空站的VMFAT-501"战神"陆战队训练中队接受训练，英军第4架"闪电"Ⅱ也被送到这里，与美军飞机一同管理和使用。皇家海军和皇家空军的飞行员和维护技师与美国海军陆战队的同行们一同接受训练，这也是英美两国在航母使用方面的合作的一部分。英军第一支"闪电"Ⅱ实战部队是第617海空军联合中队，其中皇家海军和皇家空军人员各半。这支中队计划于2016年在美国波弗特陆战队航空站成立，首批将装备4架2014年订购的生产型"闪电"Ⅱ。英国国防部还宣布将在2015年国防评估后逐年订购新的生产批次。第617中队将用2年时间形成初始战斗力，并计划在2018年移驻英国马尔汉姆。第二支英军"闪电"Ⅱ部队是第809海空军联合中队，它们将继617中队之后在波弗特成立，但国防部暂未公布这个中队的具体成立时间。

作为新一级航空母舰的首舰，英国国防部计划对"伊丽莎白女王"号进行三个阶段的固定翼飞机使用试验，以测试和确认其正式搭载"闪电"Ⅱ执行任务的能力。所有的测试都将在美国海域进行，因为英国没有完成全套评估所需的设施。

---

① 2019年之后F-35的价格开始下降，而这在本书原版成稿时并未出现。

第一阶段测试将从2019年开始，由第17中队上舰实施。第三阶段将在2020年与这艘航母的战备检查（ORI）同时进行，由达到一定备战状态的第617中队上舰实施。2014年，英国"闪电"Ⅱ采购项目的牵头人里克·汤姆逊海军准将（其联合项目办公室设在美国弗吉尼亚州克里斯托尔市）提出，第617中队将要进驻航空母舰，驾驶海军型F-35，"他们在各方面都将是一支海军航空中队，除了名称之外"[33]。在任何其他国家的部队里，这样一支中队都会是海军航空中队，从一开始就由受过这方面专门训练的人员组成，并决意将结果做到最好。但人们很好奇为什么英国政府不这么认为。没有任何证据证明英国这样一套做法会更经济、更有效或者更适合进行多军种联合指挥和控制，恰恰相反，诸多证据都显示他们做不到这些。2019年，英国将在马尔汉姆建立一支训练中队，其编号尚未公布，飞机将使用英国后续订购的生产型机，教官是来自美国波弗特陆战队航空站的受训人员——当然后者并没有明说。马尔汉姆基地从2015年便开始为"闪电"Ⅱ的训练做准备了，那里新建了几个专门设计的垂直起降平台，平台表面能够承受飞机垂直降落时巨大的尾喷流[34]。2018年之前，这个基地还将建成新的跑道和滑行道，以及2个专用的F-35B机库，其中一个机库用于日常维护和维修，以及升级部件的安装，另一个则专用于隐身蒙皮的维修。英国计划成为美国之外第一个建立自己的F-35维护和训练中心，包括低可探测性检验设施的国家，并希望以此吸引其他F-35使用国引进这套系统并为此支付一定的费用。洛-马公司宣称飞机与PMA、笔记本电脑、舰载运行组件、CPE和全球支持系统之间的所有信号传输都是绝对安全的，但是在2015年时，网络安全已经成了一个重要课题，英国和美国军队都建立了专门的网络战部队。潜在敌国到底能否侵入ALIS系统仍然有待检验，如果他们真的能做到，飞机能否脱离这一系统独立作战也将是个问题。

新一代航空母舰

1998年7月，英国宣布：将要建造2艘更大型的航空母舰以替代3艘无敌级轻型航母，这一路线完全正确，理应抓紧实施。皇家海军在此方面拥有丰富的经验，在先前的"北极星"弹道导弹核潜艇项目中，马肯齐将军就是个专业精熟且强悍的总负责人，他的强力推进保证了项目在指定时间、预定预算内完成并达到了设计性能指标。他们本应造出一艘强大的舰艇，其舰载机大队至少在10年内都应保持强大的战斗力。但事实并非如此。其中，政治影响和项目牵头人不够专业都难辞其咎。其结果是，2艘伊丽莎白女王级航母完工时间更晚，价格更贵，战斗力也逊于预期。新航母的预研充分吸收了航母部队在1982年南大西洋战争、20世纪90年代亚德里亚海行动，以及本书前文介绍过的更早的战事中的使用经验。1998年，国防大臣乔治·罗伯逊说要建造2艘"更大、更先进的航空母舰"。据他说，这两艘舰将在2012年到2015年期间服役。最后，政客们看起来终于意识到舰体本身并非现代化军舰的主要成本来源，因此吨位也不会对采购价格带来太大的影响。实际上在这样一艘航母的造价中，舰体结构只占20%，其余80%都花在指挥、控制、通讯和高技术系统上，这些将使航母运行所需的人数降到最低。这意味着使用更多的钢材、获得更大的舰体空间只会增加一小部分造价，但却能让军舰的灵活性和通用性大为增加。老一代造船人关于船体空间的俗话"空间不值钱，钢材也便宜"还是有道理的。

  不幸的是，这些好的想法并没有被带到航母的设计和开发阶段，尤其值得一提的是，此时，海军部舰船处连同那些极具天赋并且享誉业界的造船大师早已成为历史，军舰设计工作现在交给了专门负责与工厂签合同的国防部采购处负责。2000年时，皇家海军已经退化成为一个行政管理单位，只是负责为多军种组成的联合特遣部队提供兵力，他们早已失去了20世纪四五十年代大力推进航空母舰和舰载机研发时所仰赖的那种强势。由于认为未来舰载机将会从无敌级上开始它们的服役生涯，英国国防部参与了垂直/短距起降型F-35B的部分投资。但是事情最终变清楚了，未来航母将是个大家伙，搭载专用攻击机，而且其服役期会延伸到他们难以预期的30年后，此时垂直/短距起降飞机就未必是个合适的选项了。为美国海军开发的舰载型F-35C型"闪电"Ⅱ从许多方面看都是更明智的选择，但是皇家空军却担心如果海军采购了这种飞机，他们自己采购新型远程战斗轰炸机以取代帕那维亚"狂风"的计划就危险了[35]。实际上，一艘与CVA-01大小相当，装有2台蒸汽弹射器和拦阻索的航母可以搭载多种成熟而有效的"货架"机型，根本无须英国去等待甚至是投资。这些飞机包括波音 F/A-18E/F"超级大黄蜂"战斗攻击机、达索"阵风"多用途战斗机，E-2C 空中监控飞机，甚至是 EA-18G"咆哮者"电子战飞机。这其中任何一型飞机都可以在 2010 年之前交付英国海军航空中队，这些飞机完全符合"负担得起"的标准，而且在未来 10 年都足以保证有效的战斗力，同时英军仍然有机会在 F-35C 完成研发并投入批量生产、价格降低后予以采购——如果这一型飞机到时确实具有可靠的战斗力并且性价比良好的话。笔者在此提及的所有飞机都还能至少再战 20 年。

然而到了 2000 年，这一状况不但没有好转，反而更加恶化，国防部参谋部的核心部门与先前海军部的专业精神愈加背道而驰，这个参谋部现在由各种联合作战小组组成，他们的精力主要集中在诸如远程打击、远征作战之类的能力建设方面，却没有一个团队能完整搞清一艘航空母舰能够做些什么。他们没有

△ 2014 年 7 月，"伊丽莎白女王"号被拖船拖出 1 号船坞，开往罗赛斯的栖装厂。注意舰上的双舰岛、大飞行甲板和左前方的滑跃甲板。飞行控制室布置在后部舰岛上。和小吨位小甲板的"无敌"号相比，这无疑是个巨大的进步。（图片获得英国皇家授权）

建立一个完整的航母专家团队，反而让多个不同的专业部门各自为政，而这些部门中真正了解舰载航空兵的人又少之又少。在一系列分不清是政治把戏还是作战需求的关于新舰能够是什么以及应当什么样的争论之后，新航母的设计愈加像"盲人骑瞎马"。国防部的采购实施部门没有首先征求专业人士意见——需要的话美国海军是可以提供这些意见的，而是立即推进强有力的中型常规航母的建造，他们对1943年到1966年之间的各种现成结果视而不见，反倒是糜费巨大地去搞各种不同方案。毫不意外地，他们得出了很多与之前相同的结论，但却忽略了最重要的方面，即航母应当装备弹射器和拦阻索。

国防部没有做出任何决定，而是把设计合同授予了两家公司，BAE系统公司和英国泰尔斯公司。每家公司都要拿出2套设计方案，一套是小型垂直/短距起降航母，另一套是更大的常规航母。他们期待这四套方案中能有一套雀屏中选，然后在其所要搭载的舰载机最终选定之时建成。然而事实证明，就连如此简单的工作也超出了这个项目团队的管理能力。很明显，较大型航母将具有更强的应用灵活性，理论上说对可搭载舰载机种类的限制也更少，让空中监控飞机、战斗攻击机和反潜机上舰都不是问题，她还能搭载突击运输直升机和皇家陆战队去"跨界"扮演两栖攻击舰。不仅如此，使用常规航母的美国海军、美国海军陆战队和法国海军的舰载战斗机都可以与英军大型航母的舰载机互相在对方航母上降落，从而让联合行动中的关系更加密切。如此，国防部采购处的最终决定不仅格外复杂而且令人惊异，他们毫无意义地为大型舰体设定了人为限制，而且造价也不便宜。小型的垂直/短距起降航母方案因灵活性太差因而被否决[36]。泰尔斯公司的常规航母设计被选中成为进一步开发的基础，这一方案与1952年时被取消的海军部舰队航母方案十分相似，装有2个舰岛以满足相距遥远的2个独立轮机舱的排烟需求[37]。然而，这艘舰还是需要由两家公司联合开发和建造，并要进行重新设计以搭载一直作为英国战斗攻击机计划焦点的F-35B垂直/短距起降型"闪电"Ⅱ，以及空中监控直升机。有批评指出，这两艘舰的设计使用寿命达50年，但却只能如同前一代的无敌级那样搭载垂直/短距起降飞机。为此，国防部采购处在与造船厂联合体签订协议时要求在设计和建造这些航母时采用"创新而且适应性强的设计"。她们将安装滑跃甲板和其他相关设施以起降F-35B，但同时也要像常规航母那样安装斜角甲板突出部。这样在F-35B时代之后，她们就可以进行改装以搭载那些需要用弹射器起飞、靠拦阻索降落的飞机了。建造合同的附属细则就连这些弹射器和拦阻索的型号都规定好了，弹射器是C-13蒸汽弹射器，回收飞机则是靠Mk7 Mod3型拦阻索，美国海军的尼米兹级和法国"夏尔·戴高乐"号航母使用的也是这两型设备，做出这一决定或许为时过早。其后续设计被命名为D方案，这套方案注定一波三折。

2007年新舰设计定稿并进行展示，当年7月，英国政府为其进入建造阶段开了绿灯。2008年5月，新舰最终获准开始建造，距离国防战略评估后宣布建造航母十周年只差几天。此时，负责建造两艘新航母的团队已经发展成为航空母舰联合体，包括BAE系统公司、英国泰尔斯公司、BAE系统公司的造船与系统集成分部，以及巴布科克军工集团造船分部，还有既是合作方也是用户的国防部。在这个联合体中，BAE系统公司负责设计整合、建造，以及两艘航母的交付与验收；BAE系统集成分部负责英国军舰上有史以来最复杂（当然也最贵）的指挥系统的设计和安装；英国泰尔斯公司负责整体设计、动力和推进系统以及与舰载航空兵部队的融合界面。首舰原本应当在2014年完工，但是英国政府在2008年12月又宣布首舰的完工日期要推迟到2016年以减少短期的费用开支，虽然这会使整个项目的长期总开支显著增加。这一延误也不可避免地影响了二号舰的建造，因为她只有在首舰下水后才能进入罗塞斯船厂的一号船坞进行组装。2009年7月7日，"伊丽莎白女王"号开始切割第一块钢板，"威尔士亲王"号则在2011年2月16日开始切割。此时，英国的政客们突然又跑来横插了一杠子。2010年，英国新一届保守党/工党联合政府匆匆搞了个2010年国防与安全战略评估（SDSR），其结果主要就是要降低短期开支，并让当时皇家海军唯一可用的航母"皇家方舟"号立即退役[38]。同时"鹞"式联合部队也很快被"砍掉"，那些刚刚花了大价钱升级开放式系统架构以达到"鹞"GR9标准的飞机都被卖给美国海军陆战队充当其AV-8B部队的零备件提供者。但诡异的是，这一期国防与安全战略评估却还强调政府将继续支持快速反应远征部队以及支援其作战所需的航空母舰。正因为如此新型航母项目才没有被取消，但是在2020年新航母形成战斗力之前，本轮评估提出的对海军打击能力的需求是没有着落的[39]，据说根据当前世界局势，这是可以接受的。在评估过程中，人们普遍认为相当数量的老旧"狂风"战斗轰炸机将会被裁撤以节约费用，联合部队的"鹞"GR9将会被保留，因为它们是英军中唯一既能在海上也能在陆地部署以支援远征部队的攻击机，它们提供的灵活部署能力在快反部队应对突发危机时十分重要。然而就在评估文件定稿前的最后一个周末，据说空军参谋长史蒂芬·达尔顿给戴维·卡梅伦首相打了电话，提出要完全裁撤"鹞"式部队而保留"台风"，这或许仅仅因为"鹞"式隶属于联合部队，因此空军不喜欢。无论原因如何，"鹞"式中队很快解散了，许多飞行员也下了岗。

在消灭了皇家海军仅存的小小的空中打击力量的同时，国防安全战略评估倒是对2020年之后的航母打击力量给予了相当的重视，还声称伊丽莎白女王级航母应当搭载的最好的飞机是舰载型"闪电"Ⅱ，F-35C。他们从一开始就应该这么决定，但是现在再这么做，英国在F-35B上已经花出去的那一大笔钱就白费了，英国的人员已经加入到了F-35B项目办公室，并对其设计施加了相当的影响，英国的工业企业也成了它不可忽视的股东[40]。此时"伊丽莎白女王"号开工已经一年，再要更改她的设计已经太晚了，修改"威尔士亲王"号的设计则意味着她的服役时间将拖到2020年以后[41]。2010年时，英国已经订购了3架F-35B验证机，但他们还是开始与美国人协商将最后一架飞机改为F-35C。英国人已经埋头于B型机超过10年，他们当然对C型机的研发毫无参与，这一型号完全就是为美国海军的尼米兹级和CVN-21型航母量身定制的[42]。为此，英国国防部决定让"伊丽莎白女王"号航母暂不加装滑跃甲板，以平甲板的形式竣工并进行为期两年的首舰试验，之后她将作为世界上最大最昂贵的直升机母舰运行一段时间，直到被搭载F-35C的攻击型航母"威尔士亲王"号接替为止。关于是否要在"伊丽莎白女王"号首次改装时为其加装弹射器和拦阻索，这将在计划于2015年进行的下一轮国防与安全战略评估后再做决定。在超过一年的时间里，航母联合体开始围绕修改航母设计以加装弹射器和拦阻索一事与美国海军密切交流。美国海军在许多方面真是掏出了家底。英美两国达成了一项关于互相使用对方攻击型航母的协议，15名英军飞行员被派到美国海军舰载机中队去驾驶F/A-18E战斗机，还有数百人被派到美国航母上出海训练。双方还打算不再为新航母安装C-13蒸汽弹射器和Mk7拦阻索，转而使用为美国海军新型CVN-78"杰拉尔德·R. 福特"号航母设计的电磁弹射系统（EMALS）和先进拦阻设备（AAG），"福特"号是CVN-21级别的首舰，也将于2015年完工。第一套新型弹射与拦阻系统自然安装在了"福特"号上，但美国海军还是大方地制造了第二套系统以供"威尔士亲王"号使用。然而，2012年，英国人痛苦地发现，2010年评估过于草率，对许多方面情况的分析并不全面，航母设计的修改也是其中之一。为了给在建的"威尔士亲王"号加装电磁弹射和先进拦阻系统，航母联合体给出了20亿英镑的报价，大概相当于这艘舰原本总造价的一半。若最终决定给已经完工的"伊丽莎白女王"号加装这套系统，那么报价就会超过航母本身的造价。根据美国海军方面的资料，这套系统的政府间售价只有4.5亿英镑，当然这没有体现在任何合同文本里。多出来的这15亿英镑用于安装施工，以及加装弹射器驱动设备，这一设备能够在军舰的电动引擎保持高速运转的同时额外输出瞬时大功率电能。我们无法排除工业界为了保护自己在垂直/短距起降型F-35上的投资而对政府施压的可能性，但现在可以确信的是，新航母的设计实际上根本达不到开工后还能任意调整的地步，在搭载F-35C方案上投入的资金算是浪费了。2012年5月10日，英国国防部宣布，英国政府已经决定回归到为2艘航母采购垂直/短距起降型F-35B的道路上来，这两艘航母也都将装上滑跃甲板。令笔者感兴趣的是，在这一轮颠三倒四之中，国防部竟然完全没有考虑到可以如同合同规定的那样为新舰安装C-13弹射器和Mk7拦阻索。航母的设计中已经为这两型设备的安装做了准备，但是当需要到来的时候，它们却未能登场，这可能意味着航母联盟的违约，而国防部对此本应有所作为。这一套弹射和拦阻设备还要在尼米兹级和"夏尔·戴高乐"号上再使用几十年，那么为什么英国国防部不肯接受它们，而宁愿选择压根不在性能指标内也从没有纳入设计过程的电磁弹射器和先进拦阻设备呢？这一反复撕扯中还有一个未被公开解释过的侧面，那就是国防部显然没能考虑到短距起飞拦阻降落（STOBAR）技术的可行性，印度、俄罗斯和中国都已经将其投入了使用。这使得诸如米格-29K、沈飞歼-15这一类装有尾钩的强有力的战斗机能够使用滑跃甲板起飞，同时使用常规拦阻索拦阻降落。让航母搭载常规起降舰载机的决策无疑是正确的,但它来得太晚了,已经无法实现。英国海军没能造出一级能够搭载现有和可预见未来将会出现的多种舰载机型的航母,而是打造了两艘在攻击、空中监控、电子战和无人驾驶飞机方面都不强,无法与盟国密切协同,而且价格昂贵的四不像。2012年的决定已经将这两艘舰完全"锁死"在只能搭载垂直/短距起降飞机和直升机的定位上了,因为若要在未来的改装中加装弹射器和拦阻索,其报价不会比2012年时更便宜。至于航母的"适应型设计",这看来又是一个馊主意,是一个项目管理团队犯下的代价高昂的判断错误。

然而,笔者必须强调的是,无论我们怎么批评这两艘舰没有达到她们本应达到的水平,她们毕竟是两艘能够搭载全世界最先进战斗机F-35B的大型航空母舰。如果能够正确地驾驭和使用,她们必定能够在维护英国国家利益方面发挥出比被其替代的无敌级轻型航母大得多的作用。

△2015年正在罗塞斯栖装的"伊丽莎白女王"号。(图片获得英国皇家授权)

伊丽莎白女王级的设计

伊丽莎白女王级航空母舰是被分成多个模块分别建造的，建造商包括戈万的 BAE 系统公司、朴次茅斯的斯科特斯顿船厂、罗塞斯和阿珀多尔的巴布科克公司、伯肯海德的卡梅尔·拉尔德船厂和蒂恩的 A&P 公司[43]。各个模块建成后用驳船送到罗塞斯，在建于1916年的1号船坞里组装成型。为此，这个船坞的入口从37.8米拓宽到42米，侧壁也进行了修改，拆除了阶梯结构使得底部拓宽了9.14米，大小刚刚好。舰上的两座舰岛里各设有一套排烟设备，以满足相距较远的两个独立主机舱的排烟需求。两艘舰均采用全电推进设计，由2台罗尔斯-罗伊斯 MT-30燃气轮机发电机提供电力，每台发电机可输出36兆瓦功率，还有4台瓦锡兰公司的辅助柴油发电机，每台输出功率7兆瓦[44]。舰体各处装有多台2兆瓦的应急柴油发电机以在主机受损的情况下继续保证电力供应。2根主推进轴各由一台30兆瓦电动机驱动，使军舰获得了26节的设计最大航速，这比核动力的"夏尔·戴高乐"号慢了大约1节，但和航速超过30节的尼米兹级核动力航母相比就慢多了。电动机布置在04号下部模块后部，这个位置相当靠后，可以缩短主轴的长度，这一级航母很令人意外地没有像其他新型电驱动舰船那样安装航向推进器舱①，这是为了节约成本。军舰的经济航速为15节，此时续航力可达18500千米，军舰能够以最高强度连续作战7天而无须海上补给。全舰所有机组都通过一套整合式平台管理系统集中控制，这个平台同时还兼管作战室、领航和飞行计划室，平台采用开放式系统架构，可以不断升级。完工后的航母全长284米，水线宽39米，飞行甲板全宽72.8米。计划舰员人数仅有679人，作为对比，更大型的美国"杰拉尔德·R. 福特"号的舰员多达4660人。当然，搭载的舰载机大队会再增加1000人，这样他们的住宿条件就会稍差一些了。飞行甲板和机库都是英军航母有史以来最大的（当然这就使得这艘航母可搭载固定翼飞机的型号如此之少的缺陷显得更加令人遗憾）。和 CVA-01 一样，这一级航母设计能够搭载一支由36架战斗攻击机和额外的直升机组成的"标准的"舰载机大队，但

---

① 一种装在舰体底部，能够变换水平方向的螺旋桨，可以使军舰不需要安装舵面并提高转向灵活性。

是在2015年，她们看起来只能搭载一支由6架"闪电"Ⅱ和6架"灰背隼"HM2/"克罗斯内斯特"型直升机组成的小型舰载机大队了，这种规模的航空部队只能算刚刚具有战斗力。2014年时也传来了一个好消息，英国首相戴维·卡梅伦宣布两艘航母都将交付皇家海军服役。2010年国防安全战略评估之后，有人担心两艘舰中的一艘可能会转入长期储备甚至干脆被卖掉。而现在同时拥有两艘舰就意味着可以随时保持至少一艘可用，另一艘则可以根据需要接替执行任务、充当两栖攻击舰或者在必要时进行改装。

走向未来

从前文就可以清楚看出，笔者认为英国海军的新型航母项目本应更经济、更迅速以及更有效。他们本应充分利用英国丰富的航母设计经验，而其他那些更有效的设计方案原本应该能够让皇家海军在2012年就获得有效的舰载战斗攻

△2015年，正在1号船坞施工的"威尔士亲王"号。从这张图可以看出在建航母的船体几乎已经紧挨着船坞的侧壁了。（图片获得英国皇家授权）

△驻美国艾格琳空军基地英国联合"闪电"部队的一架F-35B战斗机，英军"闪电"Ⅱ机的种子飞行员和技师都是在这个基地训练的。注意打开的内置弹舱门和装在内侧舱门上的AMRAAM空空导弹挂点。（图片获得英国皇家授权）

击机，而无须等到2020年。波音F/A-18E/F"超级大黄蜂"和达索"阵风"M都是战力充足且价格可承受的，它们还是就手可得的"货架"型号，能够与盟军共享训练资源与后勤支持，同时也不妨碍英国在2020年之后继续采购完成研发的F-35C。就在2010年国防安全战略评估声明发出后仅仅几个月，英国政府就决定向不听话的利比亚军队发动空袭。美国海军陆战队"奇尔沙治"号两栖攻击舰上的"鹞"式和法国"夏尔·戴高乐"号上的"阵风"都能够从它们在利比亚海岸外的阵位上起飞，根据战场情报迅速抓住攻击敌方目标的机会，同时每天都能多次出动，而英国皇家空军就只能先后从英国本土和意大利的基地起飞"台风"战斗机，依靠空中加油进行长途奔袭，这样它们的反应速度就很慢，根本无法打击非固定目标。此时英国政府一定希望自己能收回仓促拆解"皇家方舟"号的决定，这艘航母和搭载的"鹞"式联合部队在一起，完全具有理想的作战灵活性。这时候哪怕只有一艘"海洋"号直升机母舰，也能搭载陆军航空兵的"阿帕奇"攻击直升机来让人们联想英军攻击型航母的风采。但是现在说什么都晚了。

现在，无论其采购过程多么折腾，伊丽莎白女王级终究让英国得以在2060年之前近50年的时间里获得了用途极其广泛的打击能力。若能正确使用，她们完全能够成为杰出的国家财富。当她们的设计方案最终敲定之后，罗塞斯船厂的实际建造便成了一项可观的工程成就，英国完全有理由引以为傲。

注释

1. 这一部分内容来自笔者1979—1982年间在航空总司令部（海军）供职期间收集的资料。
2. 运营成本真的很高，以至于两艘船中的一艘，"乔治堡"号，在2010年仅有17年船龄时就被当年国防评估要求退役并拆解。第二艘船"维克多利亚堡"号直到2015年仍然在役。
3. *The Strategic Defence Review*, Command 3999 (London: HMSO, 1998).
4. 同上，第36页。
5. Strategic Defence Review White Paper, Research Paper 98/91 dated 15 October 1998, International Affairs and Defence Section, House of Commons Library, London, 1998, p 37.
6. 海军航空中队的编制是作为一个整体设计的，无论他们到哪里作战，包括航母、航空站或前进基地，都会有自己的炊事兵、勤务兵和行政人员同行。皇家空军的中队则不然，它们是设计用于依托永久性基地作战的。因此上舰作战时，支援航空中队所需的各类人员都要从整个皇家空军中调派，单靠派入联合部队的空军单位是不够的。许多人对此很不满意，这也使得关于不使用海军航空单位的决策更加令人费解。
7. Research Paper 98/91, p 28.
8. Hobbs, *British Aircraft Carriers*, p 330.
9. 如果前出到护卫舰上的直升机勤务状态太差无法起飞怎么办？如果让补给船上的专业维护人员飞到护卫舰上修直升机，那么其他护卫舰上的直升机飞回补给船维修而关键人员又不在怎么办？补给船上的直升机机组人员怎样与护卫舰保持战场信息同步？这些都是问题。
10. 之前关于在补给船上集中部署直升机的设想，其主要目的正在于最大限度减少人力需求。
11. 皇家空军的"灰背隼"订单或许只是为了让阿古斯塔－韦斯特兰的联合工作组可以继续待在耶维尔顿基地，实际上皇家空军丝毫没有掩饰自己想建立一支完全装备"支奴干"运输直升机队的想法。
12. "海洋"号完工后，英国海军将先前的突击队母舰改称为北约军语中的LPH①，"海洋"号也由此永久性获得了"L"开头的舷号。
13. 其余舰载直升机部队都装备"山猫"直升机，2015年后将逐步换装"野猫"直升机。
14. SH-60R的最大起飞重量仅有10.4吨。
15. Conrad Waters (ed), *Seaforth World Naval Review 2011* (Barnsley: Seaforth Publishing, 2010), pp 178 et seq.
16. SH-60R直升机使用同一款吊放式声呐，其美国海军编号为AN/AQS-22。法国、荷兰、意大利和其他欧洲国家海军装备的欧洲直升机公司NH-90用的也是这套FLASH吊放声呐，这就使得三型直升机具有了相近的主动声呐探测能力。
17. Conrad Waters (ed), *Seaforth World Naval Review 2015* (Barnsley: Seaforth Publishing, 2014), p 166.
18. Air International Magazine Vol 85 No 5 (November 2013), pp 88 et seq.
19. 海图对反潜战和海面监控任务是十分重要的，除了海底地形外，可能导致误判的其他船只残骸的位置可以通过声呐和在沿海海域航行的船只来确定。
20. 法国海军就采购了E-2C雷达预警机来装备他们的核动力航母"夏尔·戴高乐"号，并直接使用了美国海军的训练和支援设施以降低成本。
21. 意大利海军便选择了这一方案。
22. 这些装备不得不装在机体后部以平衡机头处沉重的雷达扫描天线，将整套系统的重量平均分布在飞机重心的前后两边，如此便不会影响飞机在喷口下转垂直降落时的平衡。但这样一来，连接两部分设备所需的线缆也会带来一部分重量，这就使系统全重比常规固定翼飞机上集中布置在机头处的雷达更重。这也是为了垂直/短距起降能力付出的代价之一。

---

① 译注：Landing Platform-Helicopter，意为直升机登陆平台，国内习惯称之为"两栖攻击舰"。

23. "海鹞"FRS1的空机重量是6.30吨，F/A2增加到了6.62吨。但两型飞机的最大起飞重量都是11.88吨。两种型号装备的发动机都是最大推力9.75吨的"飞马座"矢量推力涡轮风扇发动机。
24. David Hobbs, *Lockheed-Martin F-35 Lightning* II, *Warship World* Vol 14 No 2 (November/ December 2014), p 16.
25. 这一轮国防战略评估之前，英军并不打算用另一型垂直／短距起降飞机来取代"鹞"式。皇家空军原来的想法是使用欧洲战斗机"台风"来执行从防空到战术空袭、侦察和近距空中支援的所有任务，从而淘汰"狂风""美洲虎"和"鹞"等所有飞机。空军同时也希望"台风"之后的"未来远程战斗轰炸机"将会兼具轰炸能力。
26. 每当JSF由于设计或研发缺陷而延误，当时的这一说法都会阴魂不散。JSF原计划2012年装备英军，但截至本书2015年定稿时，这一型飞机看起来要迟至2020年才能形成战斗力。
27. 洛克希德公司研制的第一架战斗机是二战期间美国陆军航空队使用的P-38"闪电"战斗机。无独有偶，英国皇家空军在1960—1985年间使用的英国电气公司研制的战斗机也名叫"闪电"。
28. 1962年之后都改成了F-4B、J之类。
29. 取自洛克希德—马丁公司官网，2015年。
30. 介绍"闪电"II战斗机时恐怕免不了使用这些英文缩写了，因为机上这一类功能复杂的系统太多了。
31. 这一信息来自2012年范堡罗航展专业观众日上笔者与洛—马公司模拟器解说员的交流。
32. 取自洛克希德—马丁公司官网，2015年。
33. Mark Ayton, *F-35 Lightning* II —*An Air Warfare Revolution* (Stamford: Key Publishing, 2014), p 138.
34. 确实如此，专为美国海军陆战队设计的，需要在没有机场的前沿降落的F-35B，在正规机场垂直降落时确实需要特制的降落平台以免高温高压燃气损坏地面。
35. 笔者确听国防部里的空军参谋军官说过，皇家空军绝不可能采购F-35C，因为它是作为海军飞机设计的。当年皇家空军打压"掠夺者"攻击机的一幕再次上演。
36. Hobbs, *British Aircraft Carriers*, p 344.
37. 同上，第262页。
38. 战略国防安全评估发布的当天上午，"皇家方舟"号的舰员们，包括舰长，在开进朴次茅斯海军基地时听到了这一消息。作为一名从1985年在纽卡斯尔的建造工程的最后阶段就站在"皇家方舟"号上的海军高级军官，笔者参加了退役计划公布几天后在朴次茅斯的舰上举行的一次生日宴会。此时的母舰已近末路，每个人的悲伤都写在脸上，令人难以忘怀。
39. 这艘航母在2016年就建成了，之后将经历长达4年的验收和高级试飞。
40. 升力风扇和可偏转尾喷口由罗尔斯—罗伊斯公司设计。
41. 待到2020年，那时距离1998战略国防评估做出要建造更强大航母的决定已经22年了。
42. 但是和F-35的所有型号一样，BAE系统公司的F-35C后机身、马丁·贝克公司的弹射座椅，还有诸多其他部件都要由英国公司制造，这使得飞机的采购价增加了15%。
43. Hobbs, *British Aircraft Carriers*, p 347.
44. 不过这一功率不足以让动力系统和电磁弹射装置同时正常运转，因此还需要进行大幅度改进。

第二十章
若干思考

虽然在二战胜利后遭遇了大规模裁撤和人力危机，但是皇家海军的航母打击舰队还是保持了可靠的战斗力。在20世纪50年代初期的冲突中，舰载机在战事爆发几天之内就可以投入战斗，他们可以迅速做好战斗准备而无须等待后勤支援到来，舰队里的飞行员们都精熟于航母起落，技术人员也知道如何在军舰上生活和战斗。一旦有需要，他们能在很短的时间内转入战斗状态以防卫盟国的各个利益要冲，同时英国舰队的无处不在也告诉美国海军，你们不是一个人在战斗。这些战事凸显了英国和英联邦国家军队之间天衣无缝的协作，以及与美国及其他盟国联合行动的能力。为了在上舰作战期间尽可能久地维持飞机可用，英军发明了各种灵活多样的维护方法，同时整整一代飞行员也在实战中学会了真正的实用技战术。在技术方面，虽然海军部引进喷气式战斗机的步伐艰难而缓慢，但活塞引擎攻击机直到20世纪50年代初期之前都还具有不错的经济性和战斗力。和许多专家的观点相反，核武器并没有让海军过时，包括航母和舰载机在内的常规军力仍然在各种类型的现代战争中扮演着极为重要的角色。在这一系列战事中，英国从二战中学到的那些经验教训被再次证明有效，那就是皇家海军常常需要为了保护英国的国家利益而与对方的空军和陆军作战，在其他军种无法到达的时间和地点独当一面。

喷气时代到来后，航母起落飞机的方式需要改变，此时，皇家海军再一次引领时代，发明了一众革新性的航母设计和装置，例如斜角甲板。然而英国政府决定，在20世纪50年代末期爆发大战的危险达到高潮之前暂且放弃一代飞机以节约经费，这被证明是一个危险的失误，使英军不得不继续使用那些过时的机型，这一决策若放在10年前还算是明智，但此时已经不再适宜了。后勤供应部的无能和英国航空工业的衰落，使得单靠海军的推动或者航空工业的全力设计已无法让英国飞机跟上同期美国飞机的发展步伐，譬如F-4H"鬼怪"。政客们还开始认为，既然皇家海军和皇家空军都需要飞机，那么它们的需求一定是相似的。

但实际上，两个军种使用飞机的方式截然不同，对皇家海军来说，与皇家空军的协同关系甚至还不如与盟国海军同行来得更密切。那些舰载机中队具有十分优越的机动性，它们自身也是航母特混舰队的一部分，能够应对并打败一切可能的战争威胁。而空军的航空兵中队则长期依赖固定基地，因此很难快速移动，当然这或许对静态防御来说是很好的，例如英国的本土防空以及驻德国的北约部队的防空。如果政府需要长期防御固定目标，那么空军就很合适，但如果政府想要一支能够在到达危机地域后立即投入战斗的快速反应部队，那么这就不行了。空军中队通常倾向于专攻防空或空袭之类某一单项任务，正如我们在介绍P1154飞机时看到的那样，但海军飞机和飞行人员则要能够执行多种任务。以笔者的经验，皇家空军的许多飞行人员都很乐于到海军航空中队里短期交换，之后他们将会拥有更广泛、更全面的视野。但预备役人员就鲜有这样的机会了。

在本书即将收官之际，笔者希望读者能够更好地理解航空母舰和舰载航空兵在英国国防中扮演的独一无二而且至关重要的角色，以及那些反对之声是多么的浅薄。对历届迫切想要找到军事危机的解决方案的英国政府来说，航母和舰载机往往是唯一的可选项，它们同时也在全球的人道主义救援行动中发挥着独有的作用，而且，这一切毫无疑问还会持续下去。它们实际上是纷繁复杂的国际平衡的重要组成部分，而政客们应当好好想想，为什么空军参谋部总是粗暴地反对采购能够从航母上起飞的飞机，这也是陆军元帅费斯汀在他关于英国战术航空兵的研究中提出的问题。空军花纳税人的钱去拆除F-4"鬼怪"上的航母起降设备，否则这些飞机原本可以是联合作战部队的强大支柱，这就是众多这方面例子中的一个。各种国防评估总是在一些局部细节上钻牛角尖，而没能认识到航空母舰作为敌方难以打击甚至难以定位的"移动基地"和"流动领土"的广泛能力。这或许正是由于航母的实际能力过于广泛，超出了那些半吊子政客的理解能力。值得注意的是，皇家空军正是从1963年英国政府决定取消轰炸机司令部的核威慑任务而代之以潜射"北极星"弹道导弹系统之后，才真正开始拼命打压皇家海军的航空母舰的。可以这样认为，从那以后的大部分争论中，皇家空军为的不仅仅是保证自己的独立性而不至于沦为另两个军种的支援力量，他们是为了生存。但是毫无疑问，皇家空军不再是他们创建之初想要的那种独立军种了。幸运的是，英国陆军航空兵吸取了空军的教训，从2015年开始，他们开始成为基于航母的联合作战的积极支持者。

航空母舰被普遍视为造价高昂的平台，虽然实际上她们远不像历届英国政府说的那么贵。1966年之后的一系列研究都想要找出一套建设无航母海军的方法，但却发现这样的尝试不仅更加昂贵，效果也更差。有些高级将领花了相当长的时间才意识到，技术的进步已经使国防的各个方面都很昂贵，而不仅仅是航母。至少航母的建造成本可以均摊到超过50年的时间跨度里，而为了"台风"这样的陆基飞机建设的临时基地却做不到这一点，它们甚至会在自己所服务的行动结束之后就被废弃。笔者希望读者也能感受到，在1966年时取消CVA-01，也就是伊丽莎白女王级前身的那一届英国政府，他们显然根本不知道自己给海军、给国家、给国家的造船工业带来了多么深重的伤害，皇家海军花费了足足几十年才从中恢复过来，如果现在算是完全恢复的话。1982年，后届的英国政府把1966年国防评估中断言不会再发生的事情完整地经历了一遍：在远离英国本土、没有盟军的情况下面对敌人的抵抗打了一场两栖登陆战。幸运的是，英国海军那时仍然保有舰载战斗机来支援英军收复马尔维纳斯群岛和周边岛屿，这些飞机的飞行员训练有素，对自己所从事的事业坚信不疑。但是在2010年国防评估之后，拥有这样的飞行员就只是奢望了。

回顾1966年的航母取消危机，就能清楚地看到这是三个主要因素共同导致的，三者并发，形成了致命的结果。首先是1946年以后的20年里，历届英国政府都没能新订购一艘新航母，这意味着航母的替换需求越积越多，最终在一个长期计划周期即将结束时形成了建造成本极其高昂的总爆发。当时人们早已预见到这一问题将在20世纪60年代末期出现。如果能够每10年建造1艘航母，那么其成本开支就会更平均，而不会出现集中爆发的情况。现在我们知道，新建一艘航母实际上比改造"胜利""鹰"和"皇家方舟"更经济。第二个因素当时人们并未意识到，那就是海军参谋部虚报了现役航母的退役日期，有些航母甚至被早报了接近10年，这也对危机的出现起到了推波助澜的作用。"胜利"号舰龄虽老，但在现代化改造之后其原来的舰体已经所剩无几，机库甲板以上部分被全部拆掉重建，锅炉和涡轮机也换成了新的。若放在美国海军，这艘舰肯定至少要被用到1980年，英国海军完全没有理由不这么做。"复仇"号是最后一艘1942年型轻型舰队航母，直到2001年她才在巴西海军中以56岁高龄退役，当然中间经历了现代化改造。"竞技神"号是最后一艘1943年型轻型舰队航母，她在印度海军中直到2016年才退役，此时距离她完工已经过去了57年，她原本肯定可以在皇家海军中效力更长时间。若是从本书前文所述的众多成功战例来看，政府未能订购新型航母一事有些令人意外，但是这大部分应当归因于在内阁大臣层面对航母的真正价值缺乏理解。虽然当时大部分人都认为只有迅速更新作战装备体系才能跟上技术发展的步伐以及应对苏联的潜在威胁，但海军提前替换现有航母的要求被证明是极其不利的。海军参谋部的高官们都是从诸如"剑鱼"和"海火"这一类的老飞机上开始他们的海军生涯的，而此时他们谈论的已经是即将用来替换"掠夺者"的超音速飞机了。他们几乎不可能意识到飞机和军舰本身的技术已经达到了一个平台期，许多例子都证明，这套系统未来可以在部队中服役几十年。接下来的主要进步将体现在电子设备方面，但这对平台本身并没有必然的影响。同时，这一时期皇家空军对海军航空兵的恶意打压也使得航母的替代工作步履维艰，对皇家空军来说，这也不是什么光彩的历史。第三个因素就是20世纪60年代中期英国糟糕的经济状况，这是海军参谋部无法左右的。但这也并非必然导致新航母的丧失，若向克莱德船厂下达一个大订单，订购一艘技术先进的军舰，这可能会给当地经济带来强大的刺激，也会鼓励船厂争取各种船舶的出口订单。但不幸的是，这已经无从验证了。

这一时期还有一个有意思的趋势，就是让航母"跨界"去充当两栖直升机母舰。由轻型舰队航母改造而来的"堡垒"号和"阿尔比翁"号拆除了所有服务于固定翼飞机的设施，只能用作直升机航母了。"堡垒"号舰长 D. B. 劳上校就认为这些巨舰并未被充分利用，她们能做的本应更多。1966年3月，就在CVA-01项目取消几天之后，他在本舰进行 P1127垂直/短距起降飞机原型机试验后的报告中提出，本舰可以搭载近距支援飞机以支援上岸作战的突击队。他的这一提议比美国海军陆战队决定引进 P1127 的发展型号装备两栖直升机母舰要早5年有余，但是此时英国国防部对舰载固定翼战斗机毫无兴趣，这一思路在英国也被束之高阁多年。谢天谢地，人们逐渐意识到应当最大限度地利用这些巨舰，"阿尔比翁"

号和"堡垒"号在继续搭载突击运输型"威塞克斯"直升机的同时也搭载上了反潜型"海王"直升机。"竞技神"号在这个概念上又向前走了一步,能够搭载一支"海鹞"中队,以及原有的反潜和突击运输直升机。但"海洋"号是一个退步,她只能搭载突击运输直升机并短期使用空中监控型"海王"。舰上没有支撑反潜作战的各种设施。今天,美国海军的两栖攻击舰既能搭载一支由 MV-22 倾转旋翼机、直升机和一部分垂直/短距起降战斗机组成的混合突击航空大队,也能搭载最多 22 架 F-35B,具备了仅次于美国核动力航母的打击能力——当然也次于完全发挥出载机能力的"伊丽莎白女王"号。"伊丽莎白女王"号具有惊人的"跨界"能力,能够搭载一支由垂直/短距起降战斗攻击机、空中监控直升机、反潜直升机和突击运输直升机组成的特别舰载机大队,如果需要,执行所有任务所需的指挥、控制和通信设施都可以纳入其开放式系统架构。只要装上弹射器和拦阻索,她们就能具有堪称优异的战斗力,能够搭载英国和盟国的大部分战术舰载机和直升机,并在覆盖地球表面 70% 的大洋上的任何一处长期保障这些飞机的行动。

那么,笔者还能做些什么?作为一个舰上经验丰富、热爱航母,而且能为理想奋斗的充满活力的行动派海军军官,笔者当然要在国防战略评估之后立即争取推动大约 60000 吨,具有平行甲板、两台 C-13 蒸汽弹射器和 Mk7 拦阻索的新型航母成为现实。她的舰载机大队将由 F/A-18E/F "超级大黄蜂"、E-2C "鹰眼"和阿古斯塔-韦斯特兰"灰背隼"中队组成,其中前两种机型的人员训练和支援保障可以与美国海军共享。笔者相信这样一套模式不仅比现在的军舰和飞机更具战斗力,还能使我们避免历时数十年的、不必要的概念研究——这种研究当前还没有启动,同时采购和运行成本也会更低。而从长远来看,各种型号的 F-35 在其完成研发、单价降下来、可靠性升上去之后,仍然是可选项。

就在本章即将完成之时,笔者留意到一份报纸上的大标题,几名退役军官提出皇家海军采购的 F-35 型号应当被称为"海闪电",以与皇家空军的型号相区别。或许他们忽略了一点,皇家海军和皇家空军采购的"闪电"Ⅱ实际上没有区别,英军采购 F-35B 之初就将其作为"闪电"Ⅱ联合部队的海空军通用机型。这些飞机不是用来组建海军航空中队的,最近在美国加州爱德华兹空军基地成立的第 17(预备役)中队的人员也是皇家海军和皇家空军各占一半。这支中队的首任中队长是一名皇家空军中校，他卸任后，接替他的将是一位皇家海军中校或者陆战队中校，这支中队在其存续期间将一直由两个军种的指挥官轮流指挥。第617中队也将照此办理，那也是一支由两个军种人员共同组成的中队。第809中队亦然。这些联合部队的战力究竟如何还有待观察，"鹞"式联合部队显然不是一个理想的先例，但无论如何我们大家都已经投入其中。考虑到"闪电"Ⅱ战斗机的采购和运用方式，笔者看不出给联合部队中的一部分飞机换个名称能有什么意义。笔者或许并不主张选择"大联合"的道路，但是在2015年，皇家海军和舰队航空兵已经投入于此，而且参与其中的人都已在努力让它做到最好。当然，给飞机改名字对此并无帮助。"闪电"Ⅱ的名称已经被各国认可，让它形成战斗力对盟国之间的协同一定是有好处的，因此，笔者实在看不出费时费力去给飞机改名能有什么正面的意义。由此，笔者将引出自己最终的观点。"伊丽莎白女王"号、"威尔士亲王"号及其搭载的"闪电"Ⅱ战斗攻击机和"灰背隼"HM2/克罗斯内斯特中队将会让英国航空母舰在2020年之后迎来一个崭新而辉煌的时代。但是，这个未来的主题将是三军联合，而不再是对过去那些表现良好的作战样式的简单复制。联合部队中的皇家空军固定翼飞机、空军和陆军航空兵的直升机中队将与联合部队中的海军固定翼飞机、海军直升机中队发挥同样重要的作用。笔者希望看到，留守本土但同样亲近海洋的舰队航空兵能够成为"最佳表现"与"海洋标准"的准绳，而他们在联合部队里的同僚将会以自己的最精彩表现为荣，如果他们想要继承1945年之后皇家海军航母打击舰队的所有伟大成就的话。对此，我们将拭目以待。

参考文献

一手资料

ADM1/22418 Proposal to fit angled decks in future carriers.
ADM1/22667 The versatility of naval air power.
ADM1/22672 Support of land forces by a British carrier task force.
ADM1/23069 Hooked Swift fighter project.
ADM1/23245 1952 requirements for strike aircraft.
ADM1/23263 Report of the 1952 catapult committee on the BS–4.
ADM1/23452 Exercise 'Mainbrace'–report of observers on USS *Midway*.
ADM1/23788 Command facilities in aircraft carriers.
ADM1/23981 Motion of carriers at sea in relation to aircraft operation.
ADM1/24145 Specifications for new aircraft carrier designs.
ADM1/24508 New design for a fleet carrier.
ADM1/24518 Naval aircraft–future needs and tactical roles.
ADM1/24623 Deck landing–proposed investigation of problems.
ADM1/24695 Formerly Chiefs of Staff 150/53 The role of aircraft carriers and the Radical Review.
ADM1/25057 HMS *Glory*–return from Korean operations to the UK.
ADM1/25058 Future of HMS *Indomitable*.
ADM1/25061 HMS *Glory*–proposal to re–commission.
ADM1/25062 HMS *Glory*–programme.
ADM1/25067 HMS *Glory*–proposed use in Training Squadron.
ADM1/25076 Naval aircraft requirements.
ADM1/25083 Super–priority production of the Supermarine N–113.
ADM1/25111 HMS *Ark Royal*–approval to fit angled deck.
ADM1/25149 Cheapest possible carrier capable of operating modern jets.
ADM1/25282 RAF Coastal Command–proposed transfer to RN.
ADM1/25288 Operation of aircraft carriers–aircraft complements.
ADM1/25318 NA–19 requirement for a single–seat strike aircraft.
ADM1/25405 Comparative merits of DH–110 and N–113 aircraft.
ADM1/25419 Draft sketches for 20,000–ton carriers.
ADM1/25794 All weather fighters–respective merits of DH–110 and N–113 designs.
ADM1/25795 Memorandum on Fleet Air Arm by serving officers.
ADM1/25891 Long term plans for the RN in 1954.
ADM1/25901 Naval anti–submarine aircraft–comparison of fixed and rotary wing.
ADM1/25931 Amphibious warfare–1955 helicopter requirements.
ADM1/25933 Trade protection carriers.
ADM1/25934 Surface strike potential of aircraft carriers.
ADM1/25935 Fighter development.
ADM1/25987 Cost of HMS *Centaur* 1950–9.
ADM1/26006 1955 study into high–altitude fighter requirements.
ADM1/26009 Integration of fighters and missiles.
ADM1/26139 Reserve ships–worth for retention.
ADM1/26357 1955 NATO Review–carrier–borne aircraft.

ADM1/26437 Helicopter platforms on RFA vessels.
ADM1/26450 HMS *Ocean*-mass helicopter trials.
ADM1/26468 Plans for air defence of the fleet in 1965-75.
ADM1/26655 Attacks by helicopters on long-range sonar contacts.
ADM1/26676 Naval aviation matters from 1956 Navy Estimate debate.
ADM1/26689 Staff targets for atomic weapons.
ADM1/26720 Aircraft Carrier squadron Memoranda.
ADM1/26842 Staff requirement for HMS *Hermes*.
ADM1/26966 HMS *Eagle*-voice-controlled catapult launch.
ADM1/27047 Air defence of a carrier force.
ADM1/27051 Operation 'Musketeer'-carrier operational analysis.
ADM1/27153 HMS *Bulwark*-requirement for conversion to a commando carrier.
ADM1/27359 Steam catapult development.
ADM1/27371 1957 Defence Review-long-term plans.
ADM1/27441 Naval staff requirement for the Bullpup missile.
ADM1/27685 Case for the Escort Cruiser Project.
ADM1/27811 Sidewinder missiles for Scimitar aircraft.
ADM1/27814 1960 views on naval air defence requirements.
ADM1/27845 The P-1127 aircraft.
ADM1/27871 Aircraft complements of carriers.
ADM1/27966 Future naval aircraft.
ADM1/28592 *Tiger* class cruiser conversions.
ADM1/28609 Formally M1/288/2/63 Fleet air defence, V/STOL fighters and threats.
ADM1/28617 Planned RN amphibious capability 1966-72.
ADM1/28644 Planned aircraft carrier programme for 1963 to 1973.
ADM1/28853 Work study report on flight deck layout for CVA-01.
ADM1/28876 Staff requirement for CVA-01.
ADM1/29044 Name for CVA-01.
ADM1/29048 McDonnell *Phantom*-Admiralty fact finding mission to USA.
ADM1/29052 CVA-01-development and design contracts.
ADM1/29053 Escort cruiser construction and conversion programmes.
ADM1/29054 Meeting between First Lord and Minister of Aviation to discuss areas of difficulty.
ADM1/29055 Replacement of the Sea Vixen by the F-4 *Phantom*.
ADM1/29065 Long-term carrier plan 64A.
ADM1/29132 Bid to Treasury for P-177 aircraft.
ADM1/29135 Continued development of P-177.
ADM1/29144 Wartime reinforcement of the Far East Fleet.
ADM1/29154 P-1154-a Joint Strike Fighter to replace the Sea Vixen.
ADM1/29156 P-1154 costing.
ADM1/29323 Review of 1957 air defence working party report.
ADM 205/195 CVA-01 papers.
ADM 205/196 CVA-01 papers.
ADM 205/197 CVA-01 papers.
ADM 205/200 CVA-01 papers.
ADM 205/214 CVA-01 papers.

英国海军和加拿大海军的二手资料

BR 1736(54) Naval Staff History–British Commonwealth Naval Operations Korea 1950–53. [London: Ministry of Defence (Navy), Naval Historical Branch, 1967].

BR 1736(55) Naval Staff History–Middle East Operations–Jordan/Lebanon 1958 and Kuwait 1961. [London: Ministry of Defence (Navy), Naval Historical Branch, 1968].

Flight Deck–The Quarterly Journal of Naval Aviation published by the Naval Air Warfare Division of the Admiralty. Every edition between Winter 1952 and Number 1 in 2000.

CB 3053(11) Naval Aircraft Progress & Operations, Periodical Summary No. 11–Period Ended 30 June 1945.

CB 03164 Progress in Naval Aviation, Summary 1 for period ending 1 December 1947.

CB 03164(48) Progress in Naval Aviation, Summary 2 for year ending 1 December 1948.

CB 03164(49) Progress in Naval Aviation, Summary 3 for year ending 31 December 1949.

CB 03164(50) Progress in Naval Aviation, Summary 4 for year ending 31 December 1950.

CB 03164(51) Progress in Naval Aviation, Summary 5 for year ending 31 December 1951.

CB 03164(52) Progress in Naval Aviation, Summary 6 for year ending 31 December 1952.

CB 03164(54) Progress of the Fleet Air Arm, Summary 7 for year ending 31 December 1954.

CB 03164 Progress of the Fleet Air Arm, Summary 8. 1 January 1955 to 30 June 1956.

BR 642B Summary of British Warships.

AP(N) 71 Manual of Naval Airmanship. Admiralty, London, 1949.

AP(N) 144 Naval Aircraft Handbook. Admiralty, London, 1958.

Kealy, J D F and Russell, E C, *A History of Canadian Naval Aviation* (Ottawa, Naval Historical Section, Canadian Forces Headquarters, Department of National Defence, 1965).

图书

Allen, Brian R, *On the Deck or in the Drink* (Barnsley: Pen & Sword Aviation, 2010).

Allward, Maurice, *Buccaneer* (Shepperton: Ian Allen, 1981).

Anon., *HMS Hermes*, a special edition of *The Vickers Magazine* (1960).

Anon., *Les Marines de Guerre du Dreadnought au Nucleaire* (Paris: Service Historique de la Marines, 1988).

Anon., *The ARG in Sierra Leone–Operation Palliser* (London; HMSO, 2000).

Allen, Patrick, *Sea King* (Shrewsbury: Airlife, 1993).

Apps, Michael, *Send her Victorious* (London: William Kimber, 1971).

Apps, Michael, *The Four Ark Royals* (London: William Kimber, 1976).

Arnold, Lorna, *A Very Special Relationship–British Atomic Weapon Trials in Australia* (London: HMSO, 1987).

Askins, Simon, *Gannet–From the Cockpit 7* (Ringshall: Ad Hoc Publications, 2008).

Baker, Richard, Dry Ginger. *The Biography of Admiral of the Fleet Sir Michael Le Fanu GCB DSC* (Letchworth, The Garden City Press, 1977).

Benbow, Tim (ed), *British Naval Aviation–the First 100 Years* (Farnham: Ashgate, 2011).

Berg, Paul D. (ed), *USAF Air and Space Power Journal* Vol XVII No 4 (Winter 2004).

Bishop, Patrick, *Scram* (London: Preface Publishing, 2012).

Black, Admiral Sir Jeremy, GBE KCB DSO, *There and Back* (London: Elliott & Thompson, 2005).

Blackman, Raymond, *The World's Warships* (London: Macdonald, 1960).

Blundell, W.G.D., *British Aircraft Carriers* (Hemel Hempstead: Model & Allied Publications, 1969).

Boswell, Richard, *Weapons Free–The Story of a Gulf War Helicopter Pilot* (Manchester: Crecy Publishing, 1998).

Brown, D.K., *Rebuilding the Royal Navy: Warship Design since 1945* (London: Chatham Publishing, 2003).

Brown, Captain Eric, CBE DSC AFC RN, *Wings on my Sleeve* (London: Weidenfield & Nicolson, 2006).

Brown, Captain Eric, CBE DSC AFC RN, *Firebrand–From the Cockpit 8* (Ringshall, Ad Hoc Publications, 2008).

Brown, Captain Eric, CBE DSC AFC RN, *Seafire—From the Cockpit 13* (Ringshall: Ad Hoc Publications, 2010).
Brown, Captain Eric, CBE DSC AFC RN, *Wings of the Navy —Testing British and US Carrier Aircraft* (Manchester: Hikoki Publications, 2013).
Brown, J.David, *HMS Illustrious—Warship Profile 11* (Windsor: Profile Publications, 1971).
Brown, J.David, *Carrier Air Groups—HMS Eagle* (Windsor: Hylton Lacy, 1972).
Brown, J.David, *The Royal Navy and the Falklands War* (London: Leo Cooper, 1987).
Brown, J.David, *The Seafire—the Spitfire that went to Sea* (London: Greenhill Books, 1989).
Brown, J.David, *Aircraft Carriers* (London: MacDonald & Jane's, 1977).
Burns, Ken and Critchley, Mike, *HMS Bulwark 1948—1984* (Liskeard: Maritime Books, 1986).
Buttler, Tony, *The de Havilland Sea Vixen* (Stapleford: Air Britain (Historians), 2007).
Buttler, Tony, *Sturgeon—Target Tug Extraordinaire* (Ringshall: Ad Hoc Publications, 2009).
Carter, Geoffrey, *Crises do Happen—The Royal Navy and Operation Musketeer, Suez 1956* (Liskeard: Maritime Books, 2006).
Chant, Chris (ed), *Military Aircraft of the World* (Feltham: Hamlyn, 1981).
Chartres, John, *Westland Sea King* (Shepperton: Ian Allen, 1984).
Chatfield, Admiral of the Fleet Lord, PC GCB OM etc, *It Might Happen Again*, Volume II of his autobiography (London: William Heinemann, 1947).
Childs, Nick, *The Age of Invincible—The Ship that Defined the Modern Royal Navy* (Barnsley: Pen & Sword Maritime, 2009).
Clapp, Michael, and Southby—Tailyour, Ewen, *Amphibious Assault Falklands* (London: Orion Books, 1997).
Cooper, Geoffrey, *Farnborough and the Fleet Air Arm* (Hersham, Midland Publishing, 2008).
Crosley, Mike, *Up in Harm's Way—Flying with the Fleet Air Arm* (Shrewsbury: Airlife, 1995).
Cull, Brian, with Nicolle, David and Aloni, Shlomo, *Wings Over Suez* (London: Grub Street, 1996).
Davies, Brian, *Fly No More* (Shrewsbury: Airlife, 2001).
Davies, Giles (ed), *Murricane's Men* (Paisley: Giles Davies Ltd, 1997).
Doust, Michael J., *Phantom Leader* (Ringshall: Ad Hoc Publications, 2005).
Doust, Michael J., *Scimitar—From the Cockpit 2* (Ringshall: Ad Hoc Publications, 2006).
Doust, Michael J., *Buccaneer S1—From the Cockpit 6* (Ringshall: Ad Hoc Publications, 2007).
Doust, Michael J., *Sea Hawk—From the Cockpit 3* (Ringshall: Ad Hoc Publications, 2007).
Dyndal, Gjert Lage, *Land—Based Air Power or Aircraft Carriers?* (Farnham: Ashgate Publishing, 2012).
Dyson, Tony, *HMS Hermes 1959—1984* (Liskeard, Maritime Books, 1984).
Ellis, Herbert, *Hippocrates RN—Memoirs of a Naval Flying Doctor* (London: Robert Hale, 1988).
Ellis, Paul, *Aircraft of the Royal Navy* (London: Jane's, 1982).
Fazio, Vince, *Australian Aircraft Carriers 1929—1982* (Garden Island, Sydney: The Naval Historical Society of Australia, 1997).
Fox, Robert, *Iraq Campaign 2003—Royal Navy and Royal Marines* (London: Agenda Publishing, 2003).
Friedman, Norman, *Carrier Air Power* (Greenwich: Conway Maritime Press, 1981).
Friedman, Norman, *US Aircraft Carriers—An Illustrated Design History* (Annapolis: Naval Institute Press, United States, 1983).
Friedman, Norman, *The Postwar Naval Revolution* (Greenwich: Conway Maritime Press, 1986).
Friedman, Norman, *British Carrier Aviation* (London: Conway Maritime Press, 1988).
Gibson, Vice Admiral Sir Donald, KCB DSC, *Haul Taut and Belay—The Memoirs of a Flying Sailor* (Tunbridge Wells: Spellmount, 1992).
Gillet, Ross, *HMAS Melbourne* (Sydney: Nautical Press, 1980).
Glancey, Jonathan, *Harrier—The Biography* (London: Atlantic Books, 2013).
Goldrick, James, *No Easy Answers* (New Delhi: Lancer Publishers, 1997).
Goldrick, James, with Frame, T.R., and Jones, P.D. (eds), *Reflections on the RAN* (Kenthurst, NSW: Kangaroo

Press, 1991).

Godden, John (ed), *Harrier–Ski–Jump to Victory* (Oxford: Brassey's, 1983).

Graham, Alastair, and Grove, Eric, *HMS Ark Royal–Zeal Does Not Rest 1981–2011* (Liskeard, Maritime Books, 2011).

Green, William, *The World's Fighting Planes* (London: Macdonald, 1964).

Green, William, *The World Guide to Combat Planes*, Volumes 1 and 2 (London: Macdonald, 1966).

Green, William, and Punnett, Dennis, *Macdonald World Air Power Guide* (London: Macdonald, 1963).

Grey, Jeffrey, *Up Top–The Royal Australian Navy and Southeast Asian Conflicts 1955–1972* (St Leonards, NSW: Allen & Unwin, 1998).

Grove, Eric J., *Ark Royal–A Flagship for the 21st Century* (Privately published by the Ship's Company, 2001).

Grove, Eric J., *Vanguard to Trident–British Naval Policy since World War II* (London: The Bodley Head, 1987).

Gunston, Bill, *Attack Aircraft of the West* (Shepperton: Ian Allen, 1974).

Grove, Eric J., *Early Supersonic Fighters of the West* (Shepperton: Ian Allen, 1976).

Grove, Eric J., *F–4 Phantom* (Shepperton: Ian Allen, 1977).

Grove, Eric J., *Harrier* (Shepperton: Ian Allen, 1981).

Grove, Eric J., *Fighters of the Fifties* (Cambridge: Patrick Stephens, 1981).

Grove, Eric J., *The Development of Jet and Turbine Engines* (Sparkford: Patrick Stephens, 2006).

Hall, Timothy, *HMAS Melbourne* (Sydney: Allen & Unwin, 1982).

Harding, Richard, *The Royal Navy 1930–2000–Innovation and Defence* (Abingdon: Frank Cass, 2005).

Harrison, W., *Fairey Firefly* (Shrewsbury: Airlife Publishing, 1992).

Hezlet, Vice Admiral Sir Arthur, KBE CB DSO DSC, *Aircraft and Sea Power* (London: Peter Davies, 1970).

Hezlet, Vice Admiral Sir Arthur, KBE CB DSO DSC, *The Electron and Sea Power* (London: Peter Davies, 1975).

Hibbert, Edgar, *HMS Unicorn–The Versatile Air Repair Ship* (Ilfracombe: Arthur Stockwell Limited, 2006).

Higgs, Geoffrey, *Frontline and Experimental Flying with the Fleet Air Arm* (Barnsley: Pen & Sword Aviation, 2010).

Hirst, Mike, *Airborne Early Warning* (London: Osprey Publishing, 1983).

HMS *Ark Royal*–1956–7 Commission, published by the Ship's Company.

HMS *Ark Royal*–Third Commission 1959–61, published by the Ship's Company.

HMS *Ark Royal*–Fifth Commission 1964–6, published by the Ship's Company.

HMS *Ark Royal*–1970–3 Commission, published by the Ship's Company.

HMS *Ark Royal*–1974–6 Commission, published by the Ship's Company.

HMS *Bulwark*–1969–71 Commission, published by the Ship's Company.

HMS *Bulwark*–1974–6 Commission, published by the Ship's Company.

HMS *Centaur*–Fourth Commission 1963–5, published by the Ship's Company.

HMS *Eagle*–1970–2 Commission, published by the Ship's Company.

HMS *Hermes*–Third Commission 1966–8, published by the Ship's Company.

HMS *Victorious* 1960–2 Commission, published by the Ship's Company.

HMS *Victorious* 1963–4 Commission, published by the Ship's Company.

HMS *Victorious* 1966–7 Commission, published by the Ship's Company.

Hobbs, David, *Aircraft of the Royal Navy Since 1945* (Liskeard, Maritime Books, 1982).

Hobbs, David, *Aircraft Carriers of the Royal and Commonwealth Navies* (London: Greenhill Books, 1996).

Hobbs, David, *Moving Bases* (Liskeard: Maritime Books, 2007).

Hobbs, David, *A Century of Carrier Aviation* (Barnsley: Seaforth Publishing, 2009).

Hobbs, David, *The British Pacific Fleet–The Royal Navy's Most Powerful Strike Fleet* (Barnsley: Seaforth Publishing, 2011).

Hobbs, David, *British Aircraft Carriers* (Barnsley: Seaforth Publishing, 2013).

Hore, Peter (ed), *Dreadnought to Daring–100 Years of Comment, Controversy and Debate in The Naval Review* (Barnsley: Seaforth Publishing, 2012).

Howard, Lee, Burrow, Mick and Myall, Eric, *Fleet Air Arm Helicopters since 1943* [Stapleford: Air Britain (Historians), 2011].
Howard, David, *Sea and Sky—A Life from the Navy* (2011).
Humble, Richard, *Fraser of North Cape* (London: Routledge & Kegan Paul, 1983).
Hunter, Jamie, *Sea Harrier—The Last All-British Fighter* (Hinckley: Midland Publishing, 2005).
Hutchings, Richard, *Special Forces Pilot* (Barnsley: Pen & Sword Aviation, 2008).
Jackson, Robert, *Strike from the Sea—A History of British Naval Air Power* (London, Arthur Barker, 1970).
Jackson, Robert, *Suez 1956* (Shepperton: Ian Allen, 1980).
Jackson, Robert, *The Malayan Emergency & Indonesian Confrontation 1948–1966* (Barnsley: Pen & Sword Aviation, 2011).
John, Rebecca, *Caspar John* (London: Collins, 1987).
Johnstone-Bryden, Richard, *HMS Ark Royal IV—Britain's Greatest Warship* (Stroud: Sutton Publishing, 1999).
Jones, Barry, *British Experimental Turbojet Aircraft* (Marlborough: Crowood Press, 2003).
Jones, Colin, *Wings and the Navy* (Kenthurst, NSW: Kangaroo Press, 1997).
Kemp, P.K., *Fleet Air Arm* (London: Herbert Jenkins, 1954).
Knowlson, Joyce, *HMS Ocean 1945–1957—Peacetime Warrior* (Privately published, 1998).
Laming, Tim, *Buccaneer—The Story of the Last All-British Strike Aircraft* (Sparkford: Patrick Stephens, 1998).
Lansdown, John R.P., *With the Carriers in Korea* (Worcester: Square One Publications, 1992).
Leach, Admiral of the Fleet Sir Henry, GCB, *Endure No Makeshifts—Some Naval Recollections* (Barnsley: Pen & Sword, 1993).
Lehan, Mike, *Flying Stations—A Story of Australian Naval Aviation* (St Leonards, NSW: Allen & Unwin, 1998).
Leahy, Alan J., *Sea Hornet—From the Cockpit 5* (Ringshall: Ad Hoc Publications, 2007).
Leahy, Alan J., *Sea Fury—From the Cockpit 12* (Ringshall: Ad Hoc Publications, 2010).
Lindsay, Roger, *de Havilland Venom* (Privately published, 1974).
Lord, Dick, *From Tail-Hooker to Mud Mover* (Irene, South Africa: Corporal Publications, 2003).
Lygo, Admiral Sir Raymond, KCB, *Collision Course—Lygo Shoots Back* (Lewes: The Book Guild, 2002).
Lyon, David, *HMS Illustrious—technical history, Warship Profile 10* (Windsor: Profile Publications, 1971).
MaCaffrie, Jack (ed), *Positioning Navies for the Future* (Broadway, NSW: Halstead Press, 2007).
Marriott, Leo, *Royal Navy Aircraft Carriers 1945–1990* (Shepperton: Ian Allen, 1985).
Marriott, Leo, *Jets at Sea—Naval Aviation in Transition 1945–1955* (Barnsley: Pen & Sword Aviation, 2008).
Mason, Francis K., *Harrier* (Cambridge: Patrick Stephens, 1981).
Mason, Francis K., *Hawker Aircraft since 1920* (London: Putnam, 1993).
Mason, Francis K., *The Hawker Sea Hawk* (Leatherhead: Profile Publications, n.d.).
Mason, Francis K., *The Hawker Sea Fury* (Leatherhead: Profile Publications, n.d.).
McCandless, Robert, *Barracuda—From the Cockpit 16* (Ringshall: Ad Hoc Publications, 2012.
McCart, Neil, *HMS Albion 1944–1973* (Cheltenham: Fan Publications, 1995).
McCart, Neil, *HMS Eagle 1942–1978* (Cheltenham: Fan Publications, 1996).
McCart, Neil, *HMS Centaur 1943–1972* (Cheltenham: Fan Publications, 1997).
McCart, Neil, *HMS Victorious 1937–1969* (Cheltenham: Fan Publications, 1998).
McCart, Neil, *Three Ark Royals 1938–1999* (Cheltenham: Fan Publications, 1999).
McCart, Neil, *The Illustrious and Implacable Classes of Aircraft Carrier 1940–1969* (Cheltenham: Fan Publications, 2000).
McCart, Neil, *HMS Hermes 1923 & 1959* (Cheltenham: Fan Publications, 2001).
McCart, Neil, *HMS Glory 1945 1961* (Liskeard: Maritime Books, 2002).
McCart, Neil, *The Colossus Class Aircraft Carriers 1944–1972* (Cheltenham: Fan Publications, 2002).
McCart, Neil, *Harrier Carriers #1—HMS Invincible* (Cheltenham: Fan Publications, 2004).
Mills, Carl, *Banshees in the Royal Canadian Navy* (Willowdale, Ontario: Banshee Publications, 1991).

Moore, Captain J.E., RN, *The Impact of Polaris—The Origins of Britain's Seaborne Nuclear Deterrent* (Huddersfield: Richard Netherwood Limited, 1999).

Moore, Richard, *The Royal Navy and Nuclear Weapons* (London: Frank Cass, 2001).

Morgan, Eric, and Stevens, John, *The Scimitar File* [Tonbridge: Air Britain (Historians), 2000].

Morgan, David, *Hostile Skies—My Falklands Air War* (London: Weidenfeld & Nicolson, 2006).

Morton, Peter, *Fire Across the Desert—Woomera and the Anglo-Australian Joint Project 1946–1980* (Canberra, ACT: AGPS Press, 1989).

Nash, Peter V., *The Development of Mobile Logistic Support in Anglo-American Naval Policy 1900–1953* (Gainsville: University Press of Florida, 2009).

Neufeld, Jacob, and Watson, George M. (eds), *Coalition Air Warfare in the Korean War 1950 to 1953* (Washington DC: US Air Force History & Museums Programme, 2005).

Newton, James, *Armed Action—My War in the Skies with 847 Naval Air Squadron* (London: Headline Review, 2007).

Norman, J.G.S.('Joe'), *Firefly—From the Cockpit 4* (Ringshall: Ad Hoc Publications, 2007).

Oldham, Charles, *100 Years of the Royal Australian Navy* (Bondi Junction, NSW, Faircount Media Group, 2011).

Orchard, Ade, *Joint Force Harrier* (London: Michael Joseph/Penguin, 2008).

Parry, Chris, *Down South—A Falklands War Diary* (London: Penguin Group, 2012).

Pettipas, Leo, *The Supermarine Seafire in the Royal Canadian Navy* (Winnipeg: Canadian Naval Air Group, 1987).

Phillips, Lawrie, *The Royal Navy Day by Day* (Stroud: Spellmount, 2011).

Polmar, Norman, *Aircraft Carriers* (London: Macdonald, 1969).

Polmar, Norman, *Aircraft Carriers Volume II 1946–2006* (Washington DC: Potomac Books, 2008).

Popham, Hugh, *Into Wind—A History of British Naval Flying* (London: Hamish Hamilton, 1969).

Reece, Colonel Michael, OBE, *Flying Royal Marines* (Eastney: The Royal Marines' Historical Society, 2012).

Richardson, Nick, *No Escape Zone* (London: Little, Brown & Company, 2000).

Roberts, John, *Safeguarding the Nation—The Story of the Modern Royal Navy* (Barnsley: Seaforth Publishing, 2009).

Rodger, N.A.M., *Naval Power in the Twentieth Century* (Basingstoke, Macmillan Press, 1996).

Ross, T., and Sandison, M., *A Historical Appreciation of the Contribution of Naval Air Power* (Canberra, ACT: Sea Power Centre—Australia, 2008).

Rowan-Thomson, Graeme, *Attacker—From the Cockpit 9* (Ringshall: Ad Hoc Publications, 2008).

Shaw, Anthony, *The Upside of Trouble* (Lewes: The Book Guild, 2005).

Smith, Admiral Sir Victor, AC KBE CB DSC RAN, *A Few Memories of Sir Victor Smith* (Campbell, ACT: Australian Naval Institute, 1992).

Snowie, J.Allan, *The Bonnie—HMCS Bonaventure* (Erin, Ontario: Boston Mill Press, 1987).

Soward, Stuart E., *Hands to Flying Stations—A Recollective History of Canadian Naval Aviation, Volume 1 1945 to 1954* (Victoria, Neptune Developments, 1993).

Stevens, David, *The Royal Australian Navy* (Melbourne: Oxford University Press, 2001).

Stevens, David (ed), *Maritime Power in the 20th Century* (St Leonards, NSW: Allen & Unwin, 1998).

Stevens, David, *Naval Networks: The Dominance of Communications in Maritime Operations* (Canberra, ACT: Sea Power Centre—Australia, 2012).

Stevens, David, and Reeve, John (eds), *The Face of Naval Battle* (Crow's Nest, NSW: Allen & Unwin, 2003).

Stevens, David, and Reeve, John (eds), *The Navy and the Nation* (Crow's Nest, NSW: Allen & Unwin, 2005).

Stevens, David, and Reeve, John (eds), *Sea Power Ashore and in the Air* (Ultimo, NSW: Halstead Press, 2007).

Sturtivant, Ray, *British Naval Aviation—The Fleet Air Arm 1917–1990* (London: Arms & Armour Press, 1990).

Sturtivant, Ray, and Ballance, Theo, *The Squadrons of the Fleet Air Arm* [Tonbridge: Air Britain (Historians), 1994].

Sturtivant, Ray, Burrow, Mick and Howard, Lee, *Fleet Air Arm Fixed-Wing Aircraft since 1946* [Tonbridge: Air Britain (Historians), 2004].

Swanborough, Gordon, and Bowers, Peter M, *United States Navy Aircraft since 1911* (London: Putnam, 1990).

Taylor, H.A., *Fairey Aircraft since 1915* (London: Putnam, 1974).

Taylor, John W.R., *Fleet Air Arm* (Shepperton: Ian Allen, 1958, 1959 and 1963 editions).
Thetford, Owen, *British Naval Aircraft since 1912* (London: Putnam, 1962).
Till, Geoffrey, *Air Power and the Royal Navy 1914–1945–a historical survey* (London: Macdonald & Jane's, 1979).
Till, Geoffrey, *Seapower–A Guide for the Twenty–First Century* (London: Frank Cass, 2004).
Treacher, Admiral Sir John, KCB, *Life at Full Throttle* (Barnsley: Pen & Sword Maritime, 2004).
Vicary, Adrian, *Naval Wings* (Cambridge: Patrick Stephens, 1984).
Wakeham, Geoff, *RNAS Culdrose 1947–2007* (Stroud, Tempus Publishing, 2007).
Ward, 'Sharkey', *Sea Harrier over the Falklands* (London: Leo Cooper, 1992).
Warner, Oliver, *Admiral of the Fleet–The Life of Sir Charles Lambe* (London: Sidgwick & Jackson, 1969).
Watkins, David, *De Havilland Vampire* (Stroud: Sutton Publishing, 1996).
Weir, Gary E., and Doyle, Sandra J. (eds), *You Cannot Surge Trust* (Washington DC: Naval History & Heritage Command, Department of the Navy, 2013).
Whitby, Michael, and Charlton, Peter (eds), *Certified Serviceable–Swordfish to Sea King* (Canada: CNATH Book Project, 1995).
White, Rowland, *Phoenix Squadron* (London: Bantam Press, 2009).
Williams, Ray, *Fly Navy–Aircraft of the Fleet Air Arm since 1945* (Shrewsbury: Airlife Publishing, 1989).
Wilson, Stewart, *Sea Fury, Firefly & Sea Venom in Australian Service* (Weston Creek, ACT: Aerospace Publications, 1993).
Wilson, Stewart, *Combat Aircraft since 1945* (Shrewsbury: Airlife, 2000).
Wood, Derek, *Project Cancelled* (London: Macdonald and Jane's, 1975).
Woodward, Admiral Sir Sandy, *One Hundred Days. The Memoirs of the Falklands Battle Group Commander* (London: Harper Press, 2012).
Wright, Anthony, *Australian Carrier Decisions–The Acquisition of HMA Ships Albatross, Sydney and Melbourne* (RAN Maritime Studies Programme, 1998).
Young, Kathryn, and Mitchell, Rhett (eds), *The Commonwealth Navies–100 Years of Co–operation* (Canberra, ACT: Sea Power Centre–Australia, 2012).

年鉴

Jane's Fighting Ships (1950/51 to 2012/13 Editions).
Seaforth World Naval Review 2010 to 2016 Editions.
Conway/NIP Warship (Volume 1 to 2014 Edition).

期刊

Air Enthusiast International Volume 1 Number 1 (June 1971) to Volume 88 Number 6 (June 2015).
Warship World Volume 1 Number 1 (November 1984) to Volume 14 Number 5 (May/June 2015).
The Navy Volume 63 Number 2 (April 2001) to Volume 77 Number 2 (April/June 2015).
Headmark, Journal of the Australian Naval Institute, Volume 26 Number 4 (Summer 2000) to Issue 153 (December 2014).
Proceedings, the Journal of the United States Naval Institute, Various Editions from 1964 to date.